Neuroanatomie

Neuroanatomie

Eine Einführung

Walle J. H. Nauta und Michael Feirtag

Aus dem Amerikanischen übersetzt von Bärbel Holländer

Erschienen bei  in Heidelberg

Für Ellie
Für Deborah

Inhalt

Das Titelbild zeigt einen Schnitt durch die menschliche Kleinhirnrinde. Das Gewebe ist einer Silberimprägnierung nach Cajal unterzogen worden. Bei den vier großen Zellen mit ihren weitverzweigten Ausläufern handelt es sich um Purkinje-Zellen. Die Aufnahme stammt von Manfred Kage (Institut für wissenschaftliche Fotografie, Schloß Weissenstein).

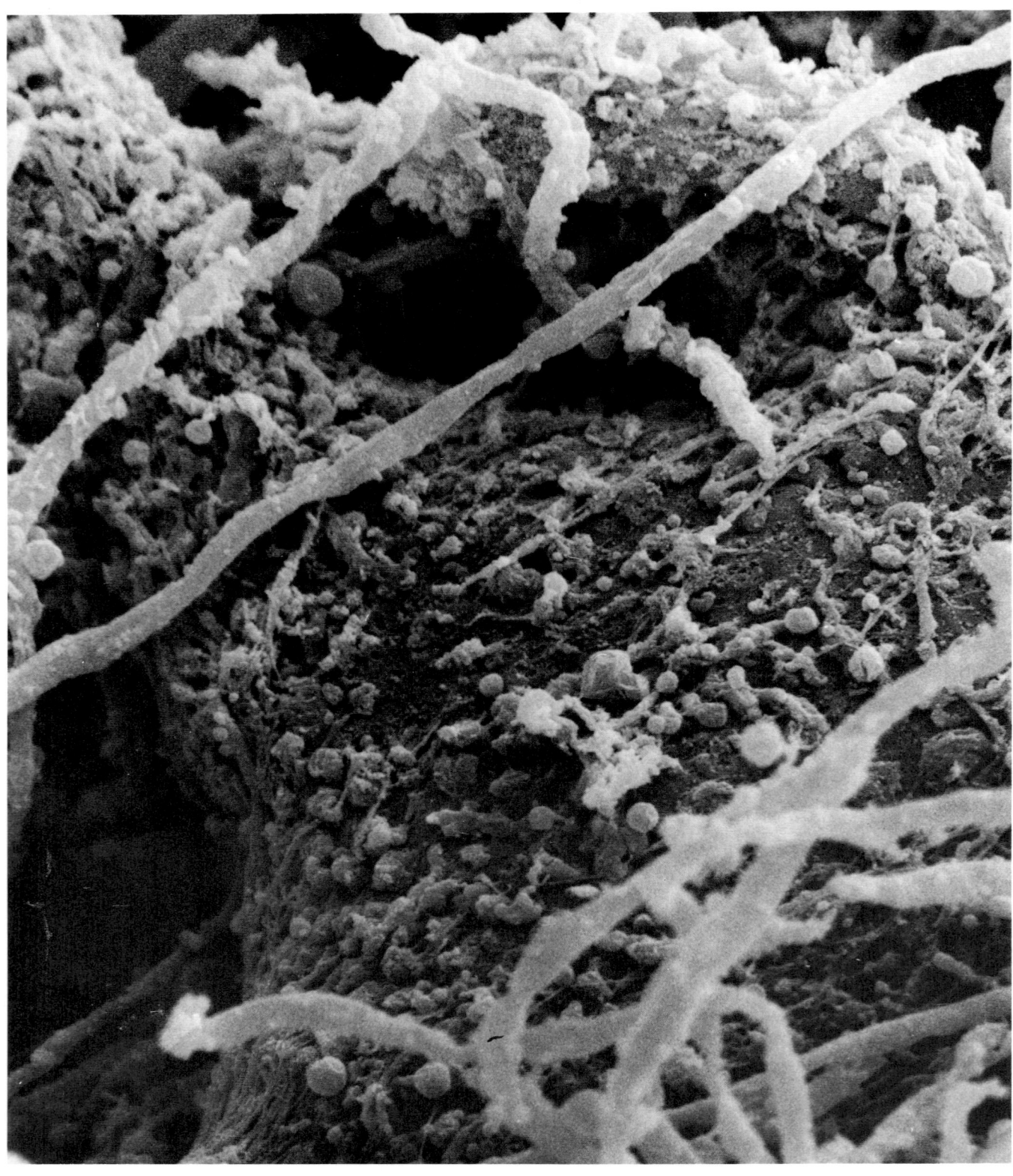

I. Grundlagen

Diese rasterelektronenmikroskopische Aufnahme zeigt ein Neuron aus dem Gehirn einer Katze (genauer gesagt, aus einem Teil des Hirnstammes, der als Nucleus reticularis magnocellularis bezeichnet wird). Die Oberfläche dieser Nervenzelle nimmt den größten Teil des Bildes ein. Unten sieht man den Zellkörper des Neurons; er ist etwa 60 Mikrometer breit und damit für eine Nervenzelle ziemlich groß. Oben sind zwei der Dendriten genannten neuronalen Fortsätze zu erkennen; ein Dendrit biegt unter den anderen ab. Sowohl auf dem Nervenzellkörper als auch auf seinen dendritischen Fortsätzen sitzen zahlreiche abgerundete Schwellungen mit Durchmessern von 0,5 bis zwei Mikrometern. Es handelt sich dabei um synaptische Endknöpfchen: die Orte, an denen die Nervenzelle chemische Signale von den Axonen oder Nervenfasern erhält, die andere Neuronen entsenden. Ein einzelnes Neuron kann Tausende solcher Verbindungen aufweisen, und tatsächlich sind Neuronen regelrecht eingebettet in ein Filzwerk aus Axonen und Dendriten, das Neuropil. Hier ist ein großer Teil dieses Filzwerkes abgetragen worden. Dennoch durchziehen noch mehrere Axone das Blickfeld. Die Mikrophotographie stammt von Linda Paul, Itzhak Fried, Peter Duong und Arnold B. Scheibel von der School of Medicine der University of California in Los Angeles.

1. Frühe Phylogenese:
Das große vermittelnde Netzwerk

Dieses Buch ist eine Einführung in den Aufbau von Gehirn und Rückenmark; es geht insbesondere auf das Gehirn und das Rückenmark von Säugetieren, vor allem des Menschen, ein. In erster Linie ist es ein medizinisches Lehrbuch: Es beschreibt anatomische Verhältnisse, mit denen sich Medizinstudenten befassen müssen. Wir hoffen jedoch, daß es mehr bietet. Auch ein Student der Physiologie, der Chemie, der Psychologie, der Computerwissenschaften oder der Künstlichen Intelligenz – im Grunde jeder, der sich mit den Geweben im Inneren des Schädels und im Wirbelkanal vertraut machen will – sollte in diesen Seiten eine Orientierungshilfe finden. Deshalb erwarten wir vom Leser auch kein Fachwissen; wir fangen ganz von vorne an. Von Zeit zu Zeit werden wir Ausflüge in die Neurophysiologie, die Neurochemie, die Neuroembryologie und die Neurologie unternehmen und auch da jeweils ganz von vorne beginnen. So gesehen führt dieses Buch nicht nur in die Neuroanatomie, sondern in die gesamten Neurowissenschaften ein. Es sei hier jedoch betont, daß das Buch keineswegs ein umfassendes Nachschlagewerk ist. Es vernachlässigt insbesondere die molekulare Grundlage nervlicher Aktivität und die komplizierten lokalen Muster, in denen Nervenzellen angeordnet sind. Statt dessen schweift es großzügig durch Gehirn und Rückenmark, und selbst dabei bietet es dem Leser nur Beispiele an, keine Inventarlisten. Aber wir wollen das Nervensystem ja auch als Ganzes behandeln und nicht als eine Anhäufung von Einzelheiten. So ist dieses Buch unorthodox: Es stellt Gehirn und Rückenmark zunächst als ein Kommunikationsnetzwerk aus von Nervenzellen entsandten Fasern dar und erst im Anschluß daran als kompliziert gebaute dreidimensionale Struktur.

Der erste Teil des Buches besteht aus einer Reihe vorbereitender Schritte. Hier geht es um die Entstehungsgeschichte des Nervensystems, um die Grundmerkmale der Nervenzelle und jener Zellen, die ihre Aktivitäten unterstützen, um die grobe anatomische Unterteilung des Gehirns und schließlich um die Techniken, die es den Wissenschaftlern ermöglichen, die Verbindungen von einer Nervenzelle zu anderen zu verfolgen. Der zweite Teil des Buches gibt eine Übersicht über das Zentralnervensystem bei Säugetieren; er liefert eine topologische Beschreibung von Gehirn und Rückenmark und stellt die grundlegenden Verknüpfungsmuster vor – sozusagen einen groben Schaltplan des Säugetiergehirns. Der dritte Teil fügt dann dieser Topologie etwas echte Neuroanatomie hinzu.

Interneuronale Kommunikation

Wann im Laufe der Evolution traten erstmals Nervenzellen auf? Noch immer gehen Biologen dieser Frage nach – obwohl doch Wissenschaftler vor ihnen sie bereits geklärt zu haben hofften. So kommt es, daß wir uns heute der richtigen Antwort nicht mehr so sicher sind – nicht, weil die frühen Ideen falsch waren, sondern, weil sie, wie ein moderner Wissenschaftler es formuliert hat, nicht wahr genug sind. Das Problem ist, daß sich die Nervenzellen in die Phylogenese (die Stammesgeschichte) eingeschlichen zu haben scheinen: Sie unterscheiden sich kaum von anderen Zellen und zeigen die für alle Zellen typischen Merkmale. Zum einen sind nämlich sämtliche Zellen reizbar: Fast jeder Reiz – mechanisches Anstoßen, Hitze oder Kälte, Elektrizität – kann in der Membran, von der die Zelle umhüllt ist, eine örtliche Veränderung auslösen und ihre Durchlässigkeit für verschiedene Ionen senken oder steigern. Auf diese Weise kommt es zu Ionenströmen durch die Membran, die ihrerseits bewirken, daß sich die Ionenkonzentrationen auf beiden Seiten der Membran und damit der Spannungsunterschied (das bioelektrische Potential) verändern. Zum anderen sind alle Zellen leitend: Eine örtliche Veränderung der Durchlässigkeit kann sich entlang der Membran fortpflanzen, so daß sich ein verändertes bioelektrisches Potential über die Oberfläche der Zelle ausbreitet. Obwohl bei Nervenzellen oder Neuronen diese Eigenschaften besonders gut entwickelt sind – Neuronen zeichnen sich durch eine hohe Erregbarkeit und eine außerordentliche Leitfähigkeit aus –, macht die Universalität ihrer charakteristischsten Merkmale die Erforschung ihrer Phylogenese äußerst problematisch.

Betrachten Sie den Schwamm. Man hält ihn für den primitivsten vielzelligen Organismus, der heute auf der Erde lebt. Schwämme haben kein geordnetes System von Zellen, die auf Kommunikation spezialisiert sind: Sie besitzen kein Nervensystem. Ihnen scheint überhaupt jegliches biologische System zu fehlen. Dennoch kann sich ein Schwamm auf unterschiedliche Weisen zusammenziehen und so in gewissem Maße auf seine Umwelt reagieren. Wird ein Schwamm berührt, so beginnt oftmals die Oberfläche des Zellverbands örtlich rhythmisch zu pulsieren. Die lokalen Oscula (die Öffnungen, durch die ein Schwamm Wasser ausstößt) können sich zusammenziehen. Auch kann sich der ganze Schwamm einrollen.

Wie ist all das ohne ein Nervensystem möglich? Beginnend mit C. F. A. Pantin an der Cambridge University und fortgesetzt von Max Pavans de Ceccatty an der Université Claude Bernard in Lyon, hat eine Schule von Wissenschaftlern die Feinstruktur von Schwämmen untersucht, zum Teil mit elektronenmikroskopischen Techniken (Abb. 1.1). Aus diesen Untersuchungen weiß man, daß die Oberfläche eines Schwammes aus Zellen besteht, die fliesenartige Platten bilden. Man könnte sie mit der Epidermis eines Wirbeltieres vergleichen. Unter diesen abgeflachten Zellen liegen andere, spindelförmige Zellen, die sich – wie das Muskelgewebe eines Wirbeltieres – kontrahieren können. Elektronenmikroskopische Bilder lassen immer Zweifel offen, ob sie die Struktur des lebenden Tieres getreu wiedergeben, und eigentlich ist blindes Vertrauen bei jeder histologischen Technik fehl am Platze. Schließlich muß das zu untersuchende Gewebe abgetötet und dann einer chemischen Behandlung unterzogen werden, bevor man seine mikroskopische Struktur betrachten kann. Nichtsdestoweniger scheinen die Oberflächenzellen eines Schwammes dünne Fortsätze zu haben, die zu

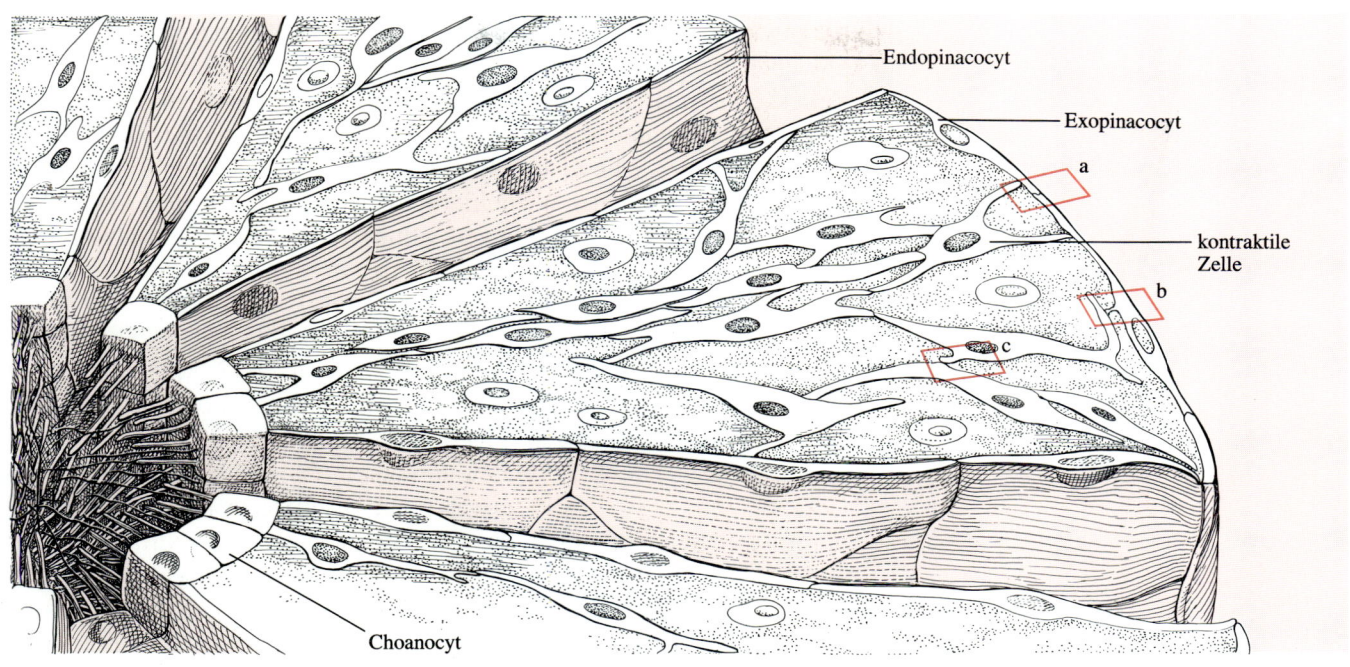

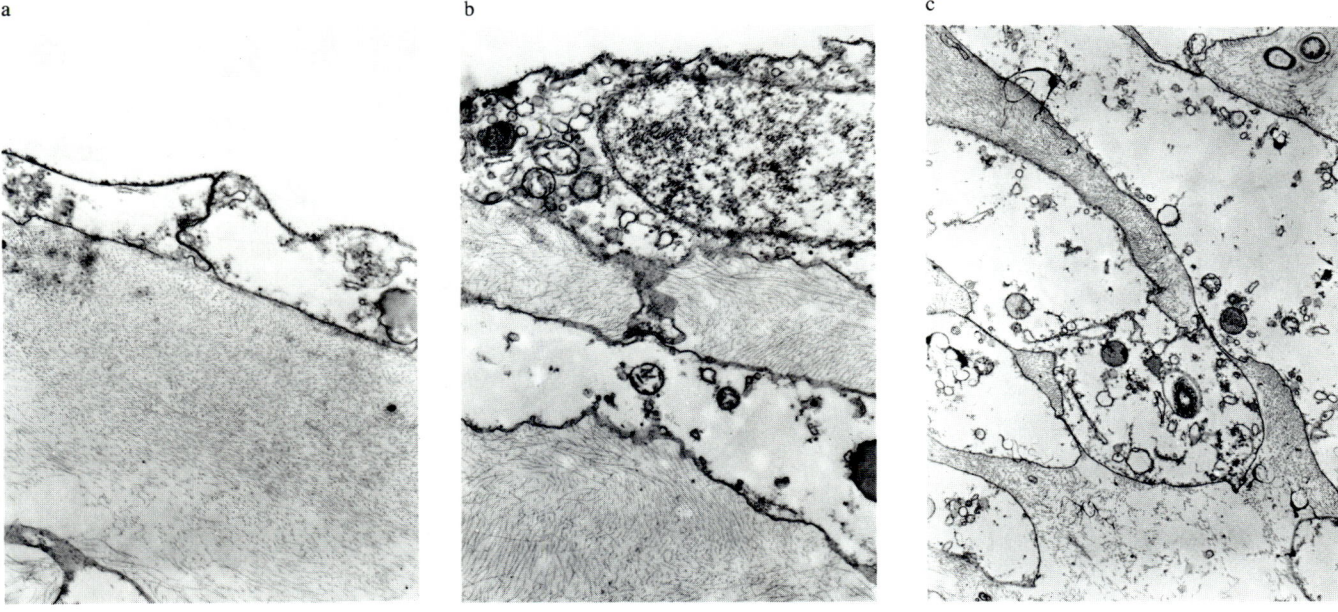

a   b   c

1.1 Zell-Zell-Kontakte tragen bei Schwämmen wahrscheinlich dazu bei, das Herausfiltern von Nährstoffen aus dem Meerwasser zu steuern; sie könnten also so etwas wie ein Nervensystem bilden. In der groben Anatomie des Schwammes (oben) ist allerdings kein derartiges System zu erkennen. Die Oberfläche besteht aus abgeflachten Zellen, die man Exopinacocyten nennt, und anderen, die Endopinacocyten heißen; darunter liegen Netzwerke aus kontraktilen Bindegewebszellen, die in eine Matrix großer Moleküle, insbesondere Glykoproteine und Kollagen, eingebettet sind. Weitere, Choanocyten genannte Zellen treiben mit ihren schlagenden Geißeln Wasser durch das Tier. Elektronenmikroskopische Aufnahmen zeigen, wie die Zellen miteinander verbunden sind. Die Oberflächenzellen stellen sowohl untereinander Kontakte her (a) als auch mit den unter ihnen liegenden kontraktilen Zellen (b); diese wiederum stehen ebenfalls untereinander in Kontakt (c). Die Mikrophotographien stammen von Max Pavans de Ceccatty von der Université Claude Bernard in Lyon; sie zeigen Gewebe des dickwandigen Meerschwammes *Hippospongia* (eines Vertreters der Badeschwämme) in etwa 9000facher Vergrößerung.

15

tieferliegenden kontraktilen Zellen ziehen und diese offenbar in spezialisierten Bereichen berühren, nämlich an Stellen, wo sich die Membranen der beiden Zellen ohne oder mit nur geringem Zwischenraum aneinanderlagern. Außerdem scheinen auch die kontraktilen Zellen untereinander über ähnliche spezialisierte Bereiche zu kommunizieren. Bestimmte Membrankontaktstellen im Nervensystem der Wirbeltiere sehen fast genauso aus (Abb. 1.2). Sie werden *gap junctions* („Lückenverbindungen") genannt, und gegen allen

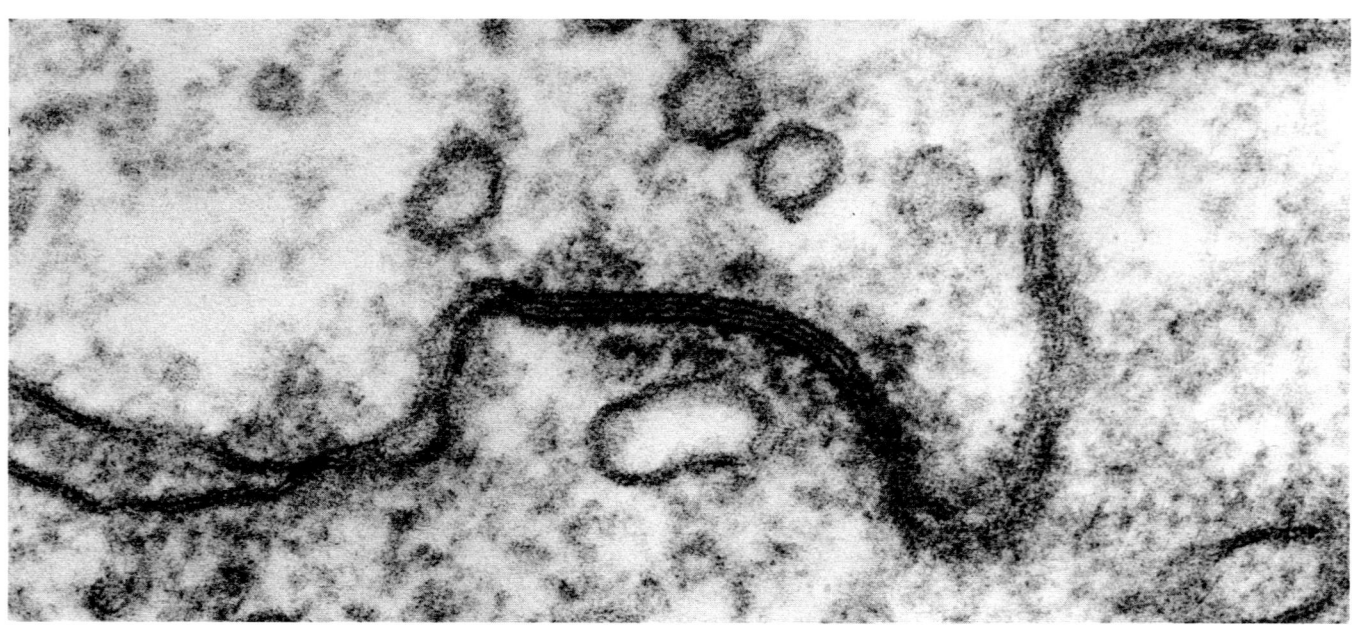

1.2 Die *gap junctions* im Nervensystem der Wirbeltiere ähneln, wenn vielleicht auch nur oberflächlich, den Zell-Zell-Kontakten der Schwämme. Die hier gezeigte *gap junction* verbindet zwei Neuronen im Ciliarganglion hinter dem Augapfel eines Huhnes; diese Nervenzellen steuern die Kontraktion der Pupille. Im allgemeinen ermöglichen *gap junctions* Ionen und kleinen Molekülen den Übergang von einer Zelle zur anderen durch ein Gitterwerk von Kanälen, die den Raum zwischen den Oberflächenmembranen der beiden Zellen überbrücken. Im Bereich der Kontaktstelle ist diese Lücke nur zwei Nanometer (2×10^{-9} Meter) weit. Die neuronale Membran selbst hat eine Dicke von etwa sieben Nanometern. Die elektronenmikroskopische Aufnahme stammt von Thomas S. Reese und Milton W. Brightman von den National Institutes of Health der USA.

Anschein können einige der von Forschern eingesetzten Substanzen (besonders das Enzym Meerrettich-Peroxidase) an diesen Stellen die einander gegenüberliegenden Membranen passieren. Bei Wirbeltieren sind die *gap junctions* bekanntermaßen Orte der elektrischen Übertragung, einer Form der interzellulären Kommunikation, bei der das bioelektrische Potential über der Membran des einen Neurons die Membran des Nachbarneurons beeinflußt, indem durch die Kanäle, die die Lücke überbrücken, Ionen von Zelle zu Zelle wandern. (An typischen *gap junctions* sind die Membranen zwei Nanometer, also 2×10^{-7} Zentimeter, voneinander entfernt.) Es erscheint plausibel, den Membrankontaktstellen zwischen den Zellen eines Schwammes eine ähnliche Aufgabe zuzuschreiben.

Es gibt jedoch noch eine zweite (wenn auch weniger wahrscheinliche) Möglichkeit. Das Elektronenmikroskop zeigt, daß sowohl die Oberflächenzellen als auch die kontraktilen Zellen eines Schwammes bläschenförmige Organellen einschließen. Jede dieser Organellen hat einen Durchmesser von rund 140 Nanometern ($1{,}4 \times 10^{-5}$ Zentimetern). In Wirbeltierzellen kommen solche Bläschen oder Vesikel häufig vor. Als sekretorische Vesikel schütten sie beispielsweise eine von der Zelle erzeugte Substanz aus — in einer Speicheldrüsenzelle etwa den Speichel. In Neuronen setzen sie Neurotransmitter frei, jene von Nervenzellen abgegebenen Substanzen, die eine chemische Form der interzellulären Kommunikation vermitteln. Die typischste Anordnung zeigt Abbildung 1.3: Die Vesikel in einem Neuron

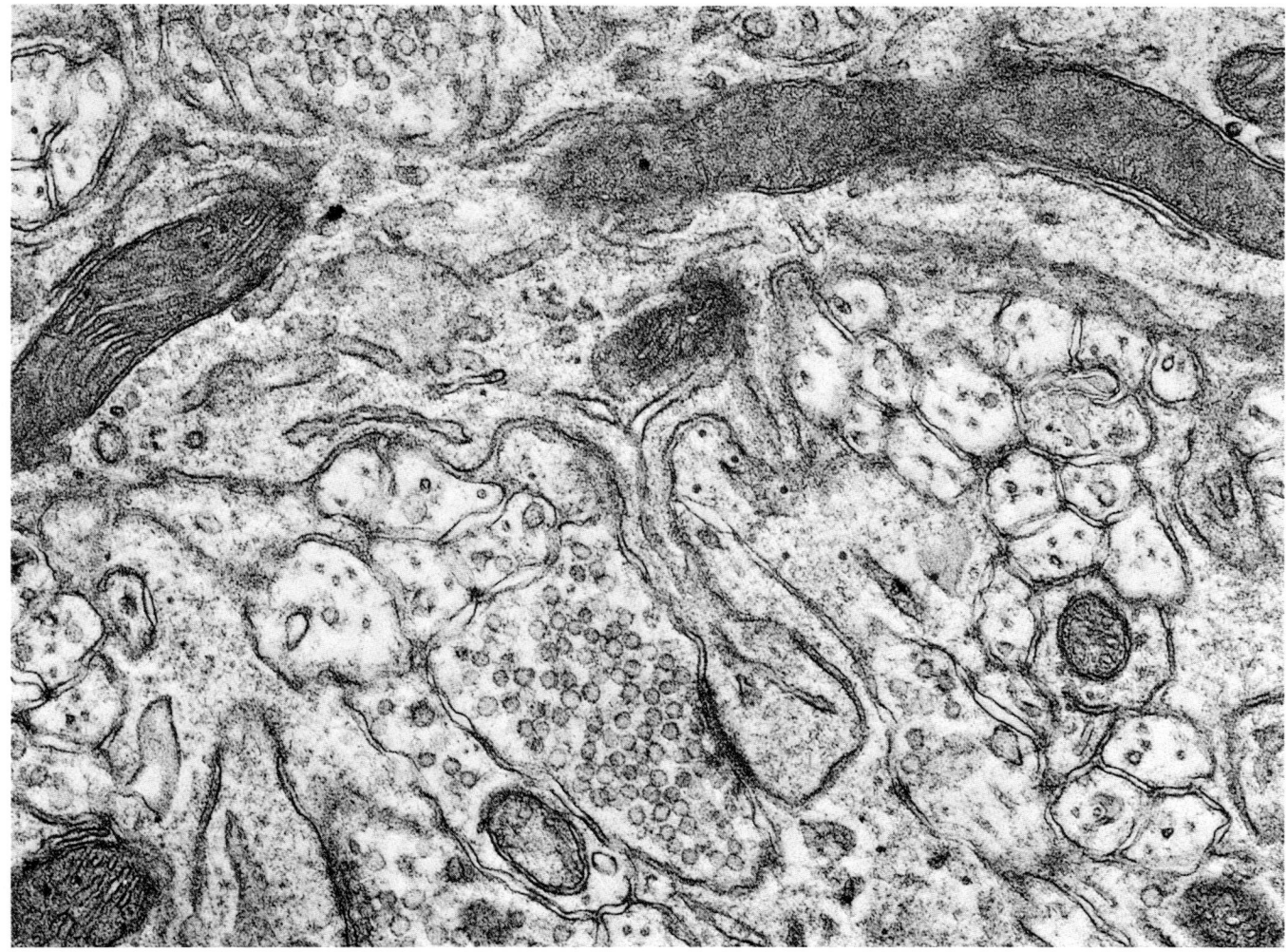

1.3 Die Synapse ist das charakteristische Grundelement der interneuronalen Kommunikation bei Wirbeltieren und höheren Wirbellosen; an Synapsen bewirkt die elektrische Aktivität eines Neurons die Freigabe eines Neurotransmitters: eines chemischen Überträgerstoffes. Die hier gezeigte Synapse ist recht typisch. Ein Dendrit zieht sich durch die obere Bildhälfte; die zwei langen, dunkelgrauen Strukturen sind längsgeschnittene Mitochondrien in seinem Inneren. In der Mitte des Bildes entsendet der Dendrit einen feinen Ast nach unten, einen sogenannten dendritischen Dorn. Dessen linke Seite tritt mit einem hier quergeschnittenen Axon in Verbindung. Das Axon ist der präsynaptische Teil der Synapse: der Teil, der den Transmitter freisetzt. Er ist mit runden synaptischen Vesikeln (Bläschen, die den Transmitter speichern) gefüllt. Der durch einen etwa 20 Nanometer bre ten Spalt von ihm getrennte dendritische Dorn bildet den postsynaptischen Teil der Synapse. Hie⁻ löst die Bindung von Transmittermolekülen an Rezeptormoleküle eine elektrische Aktivität auf seiten der postsynaptischen Zelle aus. Die synaptische Membran wirkt in diesem Bereich dunkler, dicker und deutlicher als die übrige Zellmembran. Ihr charakteristisches Aussehen beruht auf einer Verdichtung im daruntergelegenen Cytoplasma, die gewissermaßen die Membran unterfüttert. Die elektronenmikroskopische Aufnahme stammt von Sanford L. Palay von der Harvard Medical School. Sie zeigt Gewebe aus der Kleinhirnrinde einer Ratte in etwa 54 000facher Vergrößerung.

sammeln sich, wie man dort sieht, an einem strategisch günstigen Ort, wo die Zellmembran (bei schwacher Vergrößerung) dicker und dichter erscheint als anderswo. In Wirklichkeit ist die Membran dort gar nicht außergewöhnlich; bei starker elektronenmikroskopischer Vergrößerung wird deutlich, daß die Verdichtung auf von innen angelagerten Substanzen beruht. Offensichtlich kennzeichnet diese Verdichtung eine „aktive Zone"– im Fachjargon spricht man von einer Synapse –, in der sich Vesikel an die Membran anheften und nach außen öffnen können, um ihren chemischen Inhalt in den extrazellulären Raum abzugeben. Dieser Vorgang stimmt mit einer Entdeckung aus den fünfziger Jahren überein, wonach Neurotransmitter in einzelnen, genau bemessenen „Spritzern" (sogenannten Quanten) freigesetzt werden. Nach einer solchen Freisetzung treten die Transmittermoleküle sofort mit den spezialisierten Rezeptormolekülen in Verbindung, die auf der Membran eines benachbarten Neurons (oder einer Muskelzelle) sitzen. Und in der Tat findet sich oft ganz nahebei eine Verdichtung entlang der Membran einer zweiten, postsynaptischen Nervenzelle (oder eine komplizierte Furchenstruktur in der Membran einer Muskelzelle). Die Wechselwirkung zwischen dem Transmitter und seinen Rezeptoren kann Kanäle in der postsynaptischen Membran öffnen, ermöglicht so den Fluß von Ionenströmen und führt auf diese Weise zu einer bioelektrischen Aktivität auf seiten der postsynaptischen Zelle. Wenn man all das bedenkt, scheinen doch selbst in einem Schwamm einige strukturelle Grundlagen für elektrische wie auch chemische Kommunikation im Stil eines Wirbeltierneurons zu existieren. Trotzdem hat ein Schwamm keine Neuronen – oder aber alle seine Zellen sind Neuronen.

Das Ein-Neuron-Nervensystem

Unter den Wissenschaftlern, die schon lange vor den jüngsten Bemühungen die Phylogenese des Nervensystems erforschten, verdient George Parker von der Yale University besondere Beachtung. Er veröffentlichte seine Ergebnisse im Jahre 1919. Parker war auf der Suche nach dem „Ur-Reflexbogen", dessen mutmaßliche Abkömmlinge man beim Wirbeltier nachgewiesen hatte: Bahnen, die nur aus einem oder zwei Neuronen bestehen und die eine durch sensorische Reizung eines Körperteiles ausgelöste Erregung zum Muskelgewebe leiten und dadurch eine Muskelkontraktion herbeiführen können. Zu Parkers Zeit hielt man Reflexbögen gemeinhin für das einfachste Muster, nach dem die Natur Zellen zu einem Nervensystem zusammenfaßt; man glaubte dementsprechend, das Nervensystem sei entstanden, als erstmals Organismen über eine Zelle oder eine Kette von Zellen verfügten, die zwischen Umweltreizen und den als Reaktion darauf erfolgenden Bewegungen des Organismus vermitteln konnten. Für die Evolution des Nervensystems war demgemäß eine wachsende Zahl und Vielfalt von Reflexbögen zu fordern.

Parkers Suche nach dem Ur-Reflexbogen wurde durch ein Färbeverfahren ermöglicht, über das der italienische Arzt Camillo Golgi um 1870 berichtet hatte. Der Erzählung eines redseligen Laborassistenten zufolge war Golgi eigentlich darauf aus gewesen, die Hirnhäute anzufärben, also jene Hüllgewebe, die das Zentralnervensystem umkleiden und polstern. Zunächst hatte er keinen Erfolg, aber als er einen Block von Nervengewebe einschließlich

Hirnhäuten einer Folge von chemischen Behandlungen unterzog – ihn nämlich zuerst Kaliumdichromat und dann Silbernitrat aussetzte –, färbten sich
einige der Zellen in diesem Block tiefbraun, nahezu schwarz (Abb. 1.4).
Das bei der Reaktion entstandene Silberchromat war bis in die feinsten fadenartigen Ausläufern der geschwärzten Zellkörper vorgedrungen. Was man

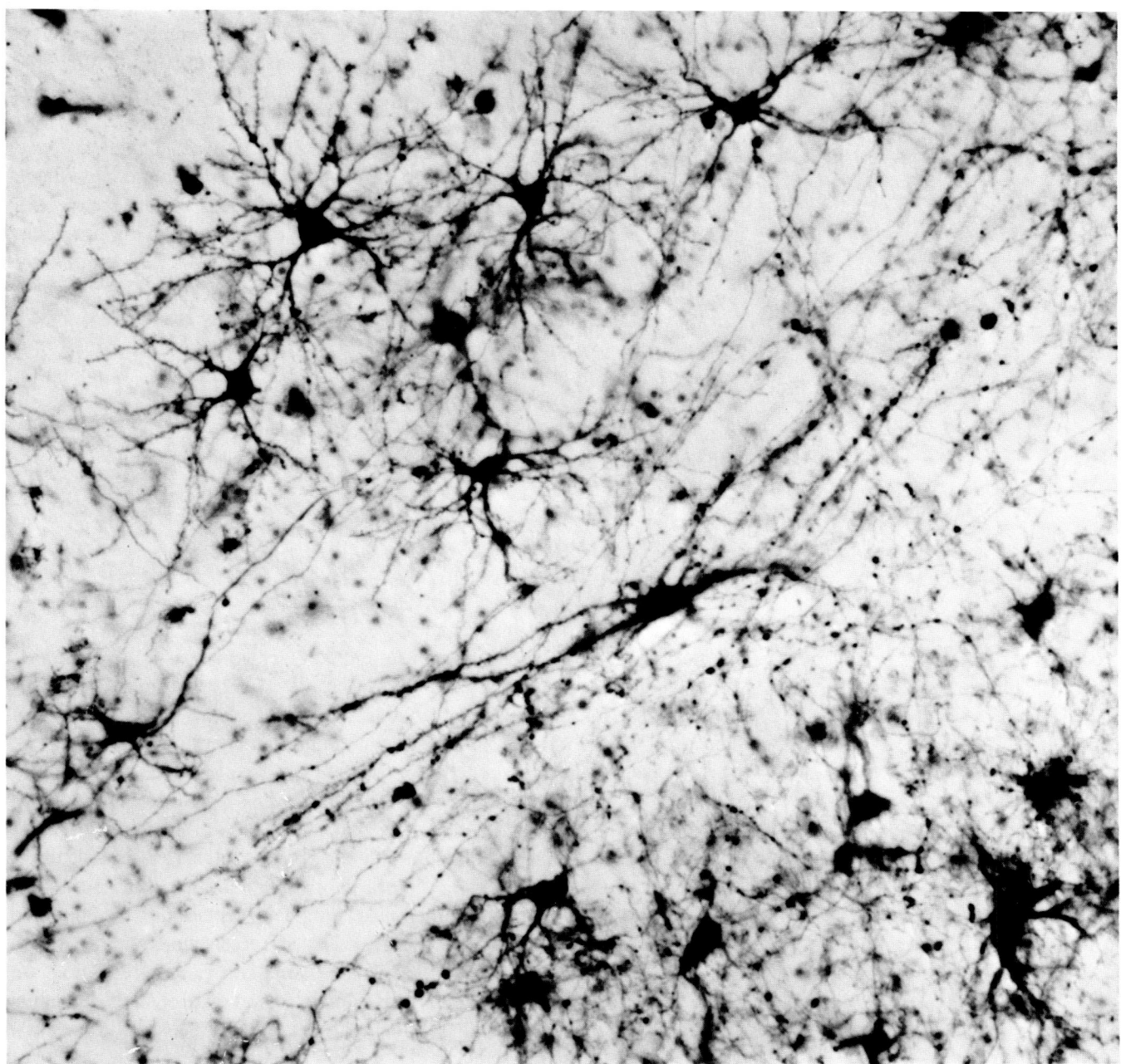

1.4 Mit der Golgi-Technik zur Färbung von Hirngewebe begann das moderne Zeitalter neuroanatomischer Forschung. Die zu Beginn der siebziger Jahre des vorigen Jahrhunderts von dem italienischen Arzt Camillo Golgi entdeckte Färbetechnik schwärzt in offenbar zufälliger Auswahl einen nur kleinen Teil der vorhandenen Neuronen. Das übrige Gewebe macht sie durchsichtig. Die von den geschwärzten Neuronen ausgehenden fadenartigen Fortsätze – Axone und Dendriten – sind klar zu erkennen, und die Technik zeigt ihre Verteilung. Vor der Ent-deckung der Golgi-Färbung konnten Forscher, die Nervenfortsätze untersuchen wollten, wenig mehr tun, als sie aus ihrem Neuropil-„Gefängnis" herauszupräparieren. Das hier gezeigte Gewebe stammt aus dem Gehirn einer Katze, genauer gesagt, aus dem Thalamus. Das Blickfeld überspannt die Grenze zwischen zwei thalamischen Zellgruppen, dem Nucleus lateralis anterior (oben links) und dem Nucleus ventralis anterior (unten rechts). Das Präparat wurde von Enrique Ramón-Moliner von der University of Sherbrooke in Quebec angefertigt.

sah, waren also die Silhouetten von Neuronen mit all ihren Fortsätzen. Die Hirnhäute dagegen nahmen keine Farbe an. Wie sich später herausstellte, durchtränkt Golgis *reazione nera* („schwarze Reaktion") nicht nur Neuronen, sondern auch stützende Zellen im Zentralnervensystem sowie Epithel- und Muskelzellen in der Peripherie des Körpers. Die Technik zeichnet sich jedoch durch eine sehr bemerkenswerte Eigenschaft aus: Von hundert Neuronen in einem beliebigen Gewebeblock hebt sie lediglich zwischen null und fünf hervor. Genau darin liegt der Wert dieses Färbeverfahrens. Würden alle Neuronen des Nervensystems gleichermaßen auf die Behandlung reagieren, sähe ein Nervengewebeschnitt einfach völlig schwarz aus. So geheimnisvoll die Golgi-Technik auch bleibt (ihre launische Selektivität läßt sich noch immer nicht erklären) − ihre Entdeckung war für die frühen Untersuchungen der Struktur des Nervensystems der größte Glücksfall.

George Parker wandte die Golgi-Färbung auf viele primitive vielzellige Organismen an. Auch er sah Neuronen − zumindest hob sich unter den Zellen, die in den Tentakeln um die Mundöffnung gewisser Seeanemonen die Epithelschicht bilden, gelegentlich eine schwarz aus ihrer Umgebung ab (Abb. 1.5a). An der Basis jeder derartigen Zelle erkannte Parker den Ursprung einer abwärtsziehenden Faser, die sich bei Annäherung an eine Muskelfaser in Endäste verzweigte. Zwar konnte er nicht sicher sein, daß die zwei Fasern sich berührten, aber er nahm doch an, daß sie miteinander kommunizierten. Und damit hatte er recht; seine Ergebnisse können als eine Art vereinfachte Vorwegnahme neuerer Entdeckungen gelten. Noch ist die Verschaltung einfach: Die gesamte Leitungsbahn besteht aus einer einzigen Zelle. Es handelt sich um ein Ein-Neuron-Nervensystem, und seine Reaktion auf einen Reiz ist voraussagbar wie die Funktion einer Türklingel. Bei höher entwickelten Nervensystemen dagegen ist das Verhalten, das sie ermöglichen, leider alles andere als vorhersehbar.

Ganz offensichtlich muß in der Phylogenese irgend etwas zu dem Türklingelmechanismus hinzugekommen sein. Folgerichtig untersuchte Parker die Wirkung der Golgi-Färbung auf etwas komplexere Organismen. Im Epithel bestimmter Quallen fand er eine Anordnung von Neuronen, die der bereits zuvor entdeckten ähnelte, nur stieß er jetzt unter dem Epithel noch auf weitere Neuronen, die ein ausgedehntes Geflecht bildeten (Abb. 1.5b). Die Verschaltung wird damit komplizierter: Neuronen im Epithel stellen den Kontakt mit einem subepithelialen Netzwerk her, und die Zellen dieses Netzwerkes treten ihrerseits mit kontraktilem Gewebe im Inneren des Tieres in Verbindung. Diese Anordnung erfordert zum ersten Mal in der Evolution (soweit es Parkers Untersuchungen erkennen lassen) einen funktionellen Kontakt zwischen zwei Neuronen. In einem echten Nervensystem bezeichnet man einen solchen Kontakt als Synapse, ein Begriff, der 1897 von dem Begründer der modernen Neurophysiologie, dem englischen Physiologen Charles Sherrington, geprägt wurde und der die griechischen Worte *syn* („zusammen") und *haptein* („haften") vereint. Eine Synapse ist die Haftstelle zweier Neuronen. Das Entscheidende am synaptischen Kontakt ist, daß die Neuronen nicht miteinander verschmelzen − ein Tatbestand, den der Spanier Santiago Ramón y Cajal, ein Zeitgenosse von Sherrington und der Begründer der modernen Neuroanatomie, aufdeckte und in der Folgezeit heftig verteidigte. Dieser Befund bildete den Kernpunkt der „Neuronentheorie", die das Neuron als anatomische, histologische, embryologische und funktionelle Einheit des Nervensystems ansieht. Danach ist, kurz gesagt, jedes Neuron ein Individuum, und alle funktionellen Kontakte zwischen Neuronen sind in Wirklichkeit Zusammenlagerungen zweier Membranen über eine Lücke hinweg, die man heute als synaptischen Spalt bezeichnet. Dieser Spalt mißt bei einer chemischen Synapse (einer, an der Neurotransmitter freigesetzt wird) gewöhnlich 15 bis 25 Nanometer und ist damit ungefähr zehnmal breiter als der bei einer elektrischen oder *gap junction*-Synapse.

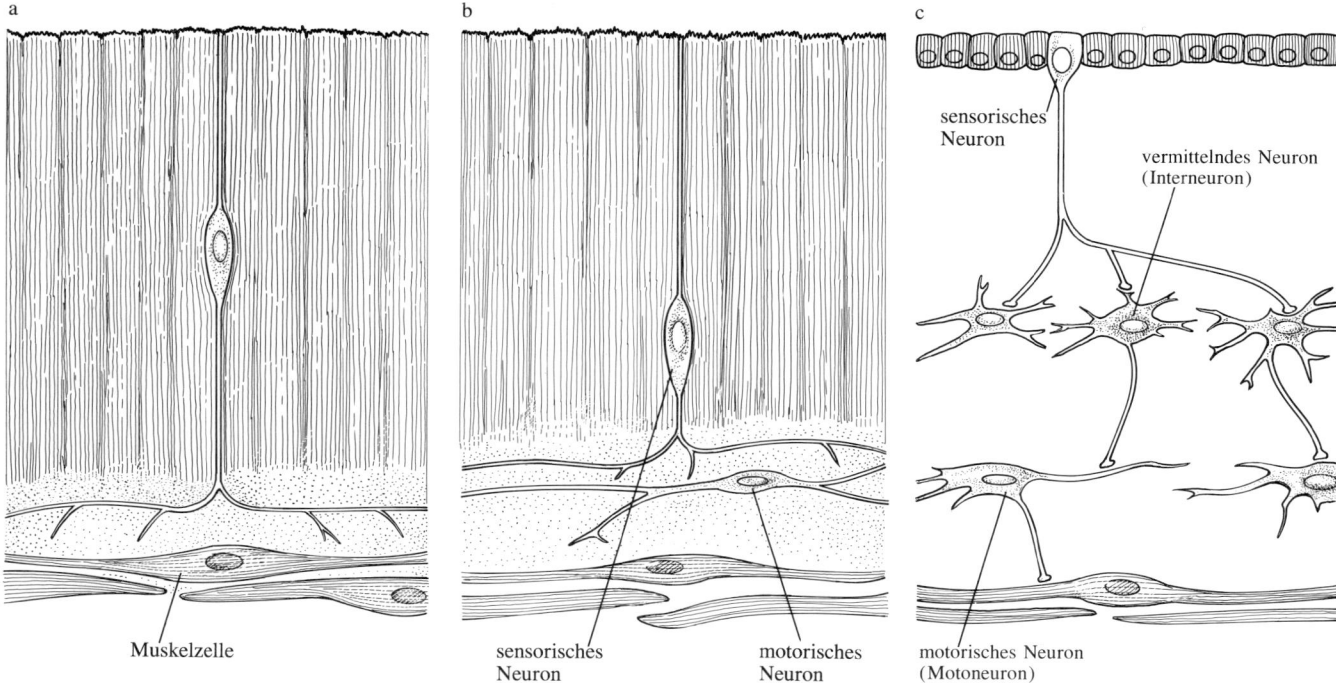

a

Muskelzelle

b

sensorisches Neuron

motorisches Neuron

c

sensorisches Neuron

vermittelndes Neuron (Interneuron)

motorisches Neuron (Motoneuron)

Zusammenfassend ist also zu sagen, daß bestimmte Quallen über ein Zwei-Neuronen-Nervensystem verfügen, in dem sensorische Neuronen (bei diesen einfachen Wesen die Nervenzellen in der epithelialen Oberflächenschicht des Körpers, die in Kontakt mit der Umwelt des Organismus stehen) mit motorischen Neuronen kommunizieren (also Nervenzellen, die mit Effektorzellen, in diesem Fall mit kontraktilen Zellen, also letztendlich mit Muskelfasern, in Kontakt treten). Läßt sich das Verhalten einer solchen Anordnung vorhersagen? Nicht unbedingt. Stellen Sie sich vor, daß die motorischen Neuronen oder Motoneuronen miteinander kommunizieren, so daß jedem dieser Neuronen nicht nur Nachrichten aus der Umgebung des Tieres (durch die sensorischen Neuronen), sondern auch Botschaften von benachbarten Motoneuronen zugetragen werden. Stellen Sie sich weiter vor, daß manche Eingangsinformationen erregend wirken und das motorische Neuron dazu bringen, eine eigene bioelektrische Aktivität zu entwickeln und weiterzuleiten, wogegen andere Nachrichten einen hemmenden Einfluß ausüben. Diese Umstände geben uns eine Rechenaufgabe auf: Um vorhersagen zu können, wie ein Neuron auf seine Eingangsinformationen reagieren wird, muß man offenbar die algebraische Summe der ihm zugehenden erregenden und hemmenden Botschaften bilden.

Schließlich kommt ein dritter Fortschritt hinzu. Auch er ist bei primitiven Meeresorganismen wie Quallen und Weichtieren (Mollusken) zu finden. In gewisser Hinsicht stellt er die entscheidende Errungenschaft dar, denn wie

1.5 Das Nervensystem entstand nach Ansicht von George Parker von der Yale University in drei Evolutionsschritten. Parker untersuchte mittels der Golgi-Technik gefärbte Gewebe in mehreren zunehmend höher entwickelten vielzelligen Organismen und veröffentlichte seine Ergebnisse im Jahre 1919. Bei bestimmten Seeanemonen fand er ein Ein-Neuron-Nervensystem (a). Hier bestehen also Leitungsbahnen vom sensorischen Stimulus (Sinnesreiz) zur motorischen Reaktion jeweils aus einer einzelnen Zelle. Bei einigen Quallen entdeckte Parker ein Zwei-Neuronen-Nervensystem (b). Darin treten sensorische Neuronen mit motorischen Neuronen (Motoneuronen) in Verbindung, die ihrerseits die Kontraktion von Muskelzellen verursachen können. Schließlich fand er bei bestimmten Quallen und Mollusken ein Drei-Neuronen-Nervensystem (c). Hier sind die motorischen Neuronen durch ein Netzwerk vermittelnder Neuronen (Interneuronen) von den sensorischen Nervenzellen getrennt.

21

das Nervensystem dieser Quallen und Mollusken besteht auch das des Menschen im wesentlichen aus nur drei Klassen von Neuronen. Bei Weichtieren wie bei Menschen kommunizieren nämlich die meisten der sensorischen Neuronen nicht mehr direkt mit motorischen Neuronen. Zwischen beiden hat sich eine Barriere aus Nervenzellen entwickelt, die nicht nur mit den Motoneuronen, sondern auch untereinander in Verbindung stehen (Abb. 1.5c).

Zweifellos kann dieser dritte und letzte Schritt schon von allen Organismen vollzogen worden sein, die subepitheliale Neuronen besitzen. In der obigen Beschreibung eines Zwei-Neuronen-Nervensystems haben wir alle diese subepithelialen Nervenzellen als motorische Neuronen betrachtet, als Zellen also, die Effektorgewebe innervieren. In Wirklichkeit stellen vielleicht nur wenige der vielen subepithelialen Zellen solche Effektorverbindungen her. Der Rest mag so angeordnet sein, daß die Zellen ihre Eingangsinformation von den sensorischen Neuronen im Epithel erhalten, aber dann nur mit ihresgleichen oder mit echten motorischen Neuronen, nicht aber mit Effektorgeweben, kommunizieren können. Diese weder sensorischen noch motorischen Nervenzellen liegen als Zwischenglieder in den Bahnen, die Sensorik und Motorik verknüpfen. Kurzum, auch hier gibt es vermittelnde Neuronen – die letzte Entwicklungsstufe sozusagen. Obwohl eine Drei-Neuronen-Anordnung in einem diffusen Nervennetz schwer zu identifizieren ist, tritt sie anderswo überdeutlich hervor, denn bei Tieren, die höher entwickelt sind als Quallen und deren Körper eine klare Polarität aufweist – mit einem Vorderende (das heißt, einem Kopf), einem Schwanzende und bilateraler Symmetrie –, sind die subepithelialen Neuronen entweder in Folgen von Ganglien (Neuronennestern, die in Bindegewebe eingebettet sind) oder in einem einzelnen, unsegmentierten Zentralnervensystem konzentriert. Entscheidend ist – so schwer es sich auch fassen läßt – das Erscheinen des großen vermittelnden Netzwerkes: jener Barriere aus vermittelnden Neuronen (Interneuronen), die sich schon früh in der Entwicklungsgeschichte zwischen die sensorischen und die motorischen Neuronen gesetzt hat.

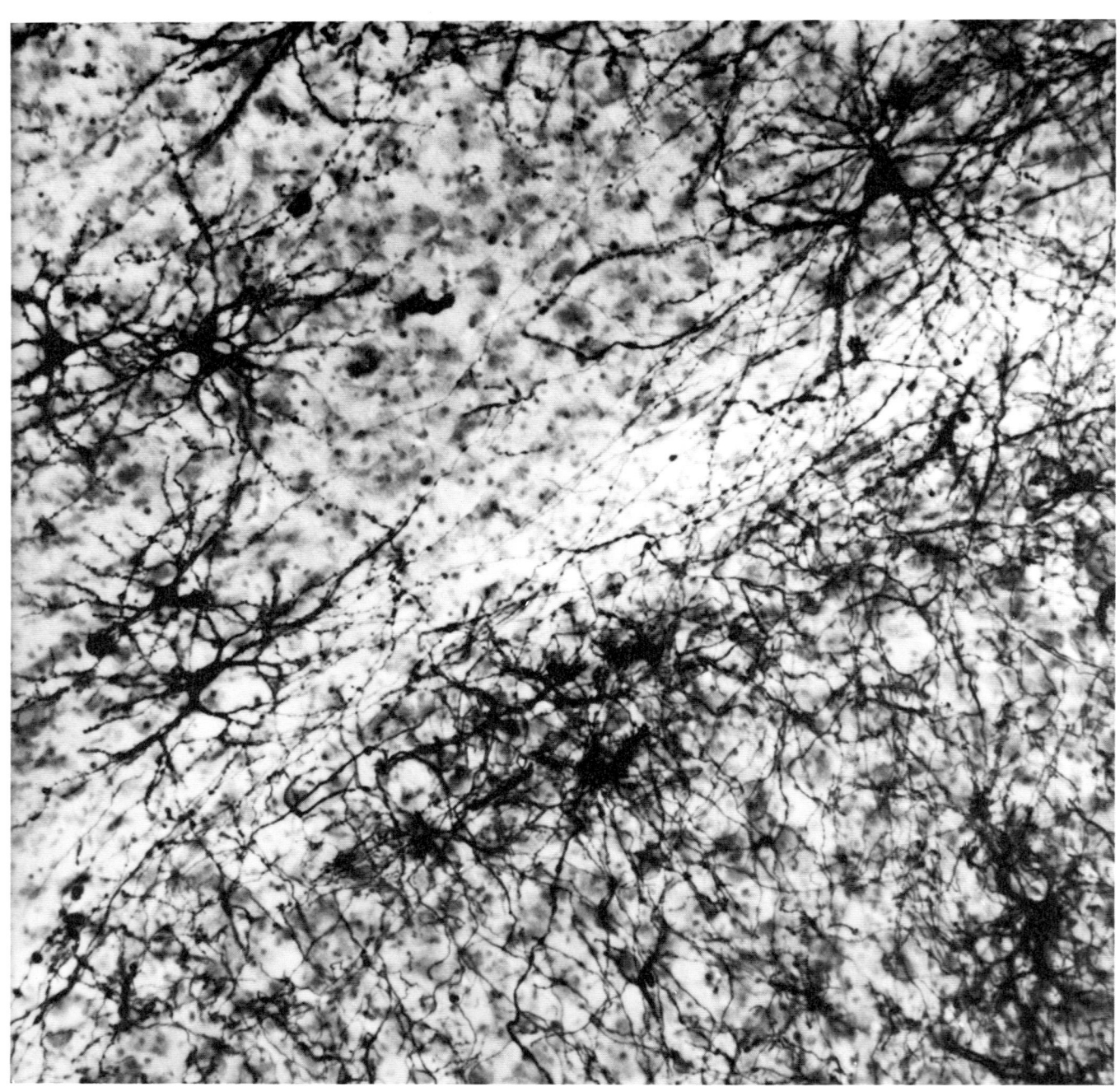

2.1 Die Nissl-Technik — ein Gegenstück zur Golgi-Färbung — wurde in den achtziger Jahren des vorigen Jahrhunderts von dem Münchner Psychiater Franz Nissl entwickelt. Sie färbt alle Neuronen gleichmäßig. Genauer gesagt, ein Nissl-Farbstoff wie Cresylviolett bindet sich an die sogenannte Nissl-Substanz: Anhäufungen von Ribosomen, also jenen intrazellulären Maschinen, die Proteine herstellen. Ribosomen sind in Neuronen in bemerkenswert großer Zahl vorhanden. Das in dieser Abbildung gezeigte Gewebe ist gegengefärbt: Sowohl das Nissl-Verfahren als auch die Golgi-Technik wurden auf den Hirngewebeschnitt ange-

wandt, der übrigens an den in Abbildung 1.4 dargestellten Schnitt angrenzt. Auch hier hat Enrique Ramón-Moliner die Färbung durchgeführt. Golgi-gefärbte Neuronen erscheinen schwarz; Nissl-gefärbte Nervenzellen sind als undeutlichere graue Körper zu erkennen. Der schmale zellarme Streifen zwischen dem Nucleus lateralis anterior und dem Nucleus ventralis anterior zieht sich diagonal über das Bild. Das Präparat belegt, daß die Golgi-Färbung nicht mehr als etwa fünf Prozent der Neuronen in einem Gewebeblock markiert. Die Nissl-Technik eignet sich besonders für einen Überblick über die Gewebearchitektur.

2. Das Neuron

Eine Färbetechnik, die das Golgi-Verfahren ergänzt, wurde in den achtziger Jahren des vorigen Jahrhunderts in München entwickelt, zu einer Zeit, als die Erforscher des Nervensystems überwiegend Neurologen und Psychiater waren, die von der Hoffnung angetrieben wurden, daß man, wenn die Struktur des Gehirns bekannt wäre, bald auch seine Arbeitsweise und seine Störungen verstehen würde. Franz Nissl, ein 24 Jahre alter Student, der später ein hervorragender klinischer Psychiater werden sollte, erkannte die Notwendigkeit, Neuronen in Hirngewebeschnitten deutlicher darzustellen. Die zu diesem Zweck von ihm entwickelte Methode brachte Einzelheiten der Nervenzellen ans Licht, die keine der früheren Techniken hatte zeigen können. Zu seinem Verfahren (siehe die Abbildungen 2.1 und 2.12) kam er in zwei Schritten: Erstens wählte er Alkohol zur Fixierung des Hirngewebes, und zweitens färbte er die Neuronen in dem fixierten Gewebe mit Magentarot, einem Farbstoff, den er später — mit wachsendem Erfolg — durch eine sonderbare Mischung aus Methylenblau und Seife (er verwendete zerkleinerte venezianische Seife) und schließlich durch Anilinfarben, genauer Thionin oder Toluidinblau, ersetzte. Auch noch hundert Jahre später braucht man Nissls Methode. Heute kann man sie allerdings auf aldehydfixierte Gewebe anwenden (Formaldehyd, Glutaraldehyd oder beide sind üblich) und verschiedene basische Farbstoffe einsetzen.

Axon und Dendriten

Abbildung 2.2 zeigt zwei Nissl-gefärbte Motoneuronen eines menschlichen Gehirns. Als Farbstoff wurde Cresylviolett verwendet. Das Aussehen der Zellen ist charakteristisch für die Nissl-Färbung. Die Zellkörper sind deutlich zu erkennen, ebenso die Anfänge ihrer dünnen Fortsätze. Letztere verschwinden aber bald im, wie Santiago Ramón y Cajal es einst ausgedrückt hat, „trüben Nebel". Trotzdem ermöglicht das Nisslsche Färbeverfahren wertvolle Beobachtungen. Beachten Sie, daß beide Neuronen in der Abbildung mit fleckförmigen, dunkel gefärbten Massen angefüllt sind. Diese sehen manchmal wie Streifen aus und erhielten deshalb die Bezeichnung Tigroidsubstanz. Heute nennt man sie Nissl-Substanz oder Nissl-Schollen. Soviel wir wissen, bestehen sie hauptsächlich aus Stapeln abgeflachter Hohlräume, die man als endoplasmatisches Reticulum zusammenfaßt. An den Membranwänden dieser Hohlräume sitzen Ribosomen, also jene Maschinen, die Aminosäuren zu Proteinen zusammenbauen; sie folgen dabei den verschlüsselten Anweisungen, die durch Fäden von Ribonucleinsäure (RNA) aus dem Zellkern übermittelt werden. (Die Farbstoffe für die Nissl-Färbung verbinden sich mit Säuregruppen, wie sie in der RNA vorkommen. Zufällig bestehen die Ribosomen selbst zu zwei Dritteln aus RNA.) Am endoplasmatischen Reticulum sitzende Ribosomen kommen in allen Zellen vor, aber nur in Neuronen häufen sie sich derart eindrucksvoll.

Eine nähere Betrachtung der Abbildung 2.2 zeigt, daß längliche Schollen von Nissl-Substanz in zwei der Nervenzellfortsätze, die in der Schnittebene

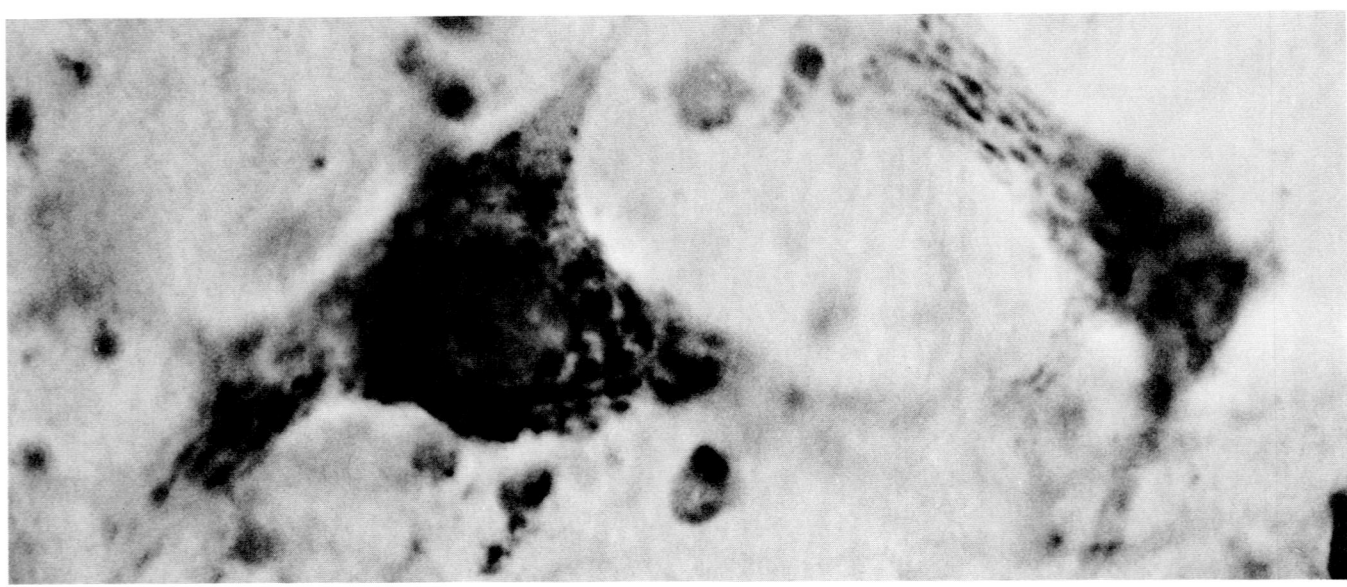

2.2 Diese zwei Nissl-gefärbten Neuronen aus einem menschlichen Gehirn verdeutlichen das zuverlässigste Merkmal für die Unterscheidung von Axonen und Dendriten, nämlich, daß in Axonen Ribosomen fehlen. Im allgemeinen hat ein Neuron genau ein Axon — eine glatte, zylindrische Faser, mit der die Zelle Signale an andere Zellen sendet. Hier sieht man ein solches Axon von der Oberseite des links gelegenen Zellkörpers abgehen; sein Ursprungsbereich, der sogenannte Axonhügel, ist eine kegelförmige Region, deren gleichmäßig graue Farbe in dieser Mikrophotographie anzeigt, daß sie keine Nissl-Substanz enthält. Dagegen hat ein typisches Neuron zahlreiche Dendriten — knorrige, unregelmäßige Fasern, mit denen die Zelle Signale aufnimmt. Hier kommen zwei Dendriten aus dem links gelegenen Zellkörper und vier oder fünf aus dem rechten. Die Dendriten sind, wie die zugehörigen Zellkörper, mit dunkel gefärbten Massen von Nissl-Substanz angefüllt. Die Zellen besitzen noch weitere Dendriten, die aber außerhalb der Schnittebene liegen. Beide Zellen sind motorische Neuronen des Oculomotoriuskernes; ihre Axone ziehen im Nervus oculomotorius vom Gehirn zu einem Muskel, der das Auge dreht.

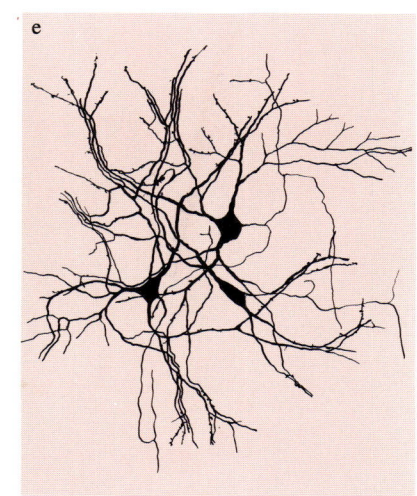

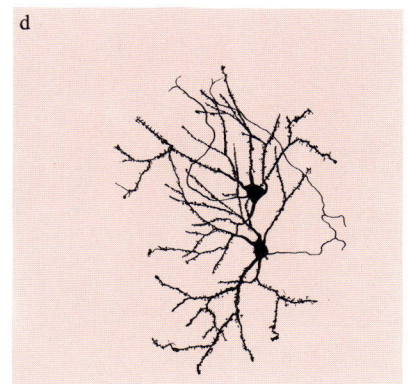

der linken Zelle liegen, eindringen, nicht jedoch in den dritten. Anhand dieses Kriteriums lassen sich zwei Arten von neuronalen Fortsätzen unterscheiden. Die erste enthält Nissl-Substanz in ihrem Anfangsabschnitt, und ein typisches Neuron umfaßt mehrere solcher Fortsätze. Dagegen besitzt der zweite Typ keine Nissl-Substanz. Hat man Nissl-Präparate vor sich, gibt es weiter nichts zu sagen. Schauen Sie sich nun jedoch die Zeichnungen von Neuronen in Abbildung 2.3 an. Sie sind nach Golgi-Präparaten erstellt worden, und sie zeigen die Fortsätze in ihrer vollen Ausdehnung. Die meisten dieser Fasern — diejenigen, deren Anfangszonen Nissl-Schollen enthalten — erweisen sich als kurz; die zwei Millimeter langen darf man schon als riesig bezeichnen. Diese Zellfortsätze, die sich anhand der Nissl-Substanz in ihnen sehr zuverlässig (wenn auch nicht untrüglich) identifizieren lassen, heißen Dendriten, was eine Verkleinerungsform des griechischen Wortes *dendron* für „Baum" darstellt. Der Name ist sehr treffend. Wie die Golgi-Färbung offenbart, neigen Dendriten zu baumförmigem Wuchs: Sie gabeln sich wiederholt in immer dünnere Äste. Manchmal entsteht dadurch ein dichtes, buschartiges Gewirr von Verästelungen. In anderen Fällen ist die Verzweigungsdichte weniger extrem. Selbst in den letzten Einzelheiten seiner Gesamtform erinnert ein Dendrit an einen Baum, denn Dendriten sind oft knorrig: Sie tragen an ihrer Oberfläche Auswüchse wie Galläpfel am Stamm einer Eiche. Die am deutlichsten ausgeprägten Auswüchse heißen dendritische Dornen.

Der noch verbleibende Fortsatz des linken Neurons in Abbildung 2.2 — der ohne Nissl-Schollen — ist ein Axon. Dieses Wort bedeutet im Griechischen „Achse". Fast jedes Neuron besitzt nur einen solchen Fortsatz — im

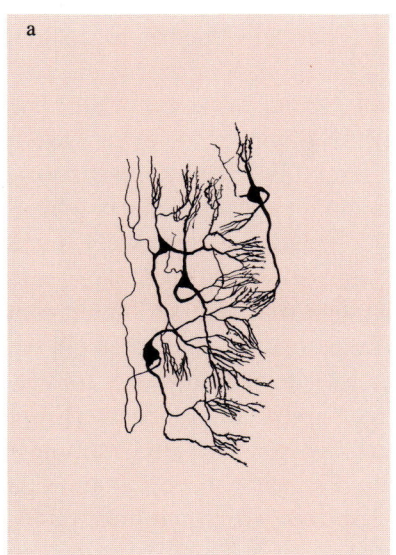

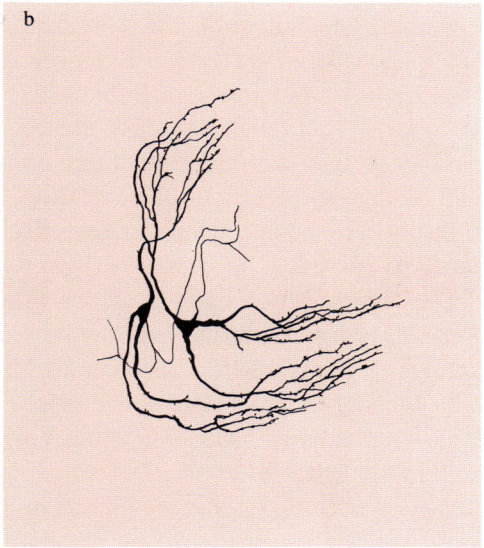

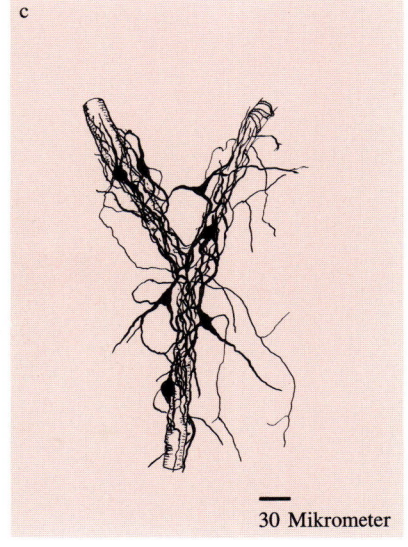

30 Mikrometer

2.3 Die unterschiedliche Gestalt von Nervenzellen wird in diesen Camera-lucida-Zeichnungen von Neuronengruppen aus dem Hirnstamm der Katze deutlich. An einer Stelle, dem Nucleus reticularis lateralis (a), sind die Dendriten kurz und buschig und enden in signalaufnehmenden „Sammelstellen". Die Axone — um einiges dünner als die Dendriten — ziehen nach oben. An einer zweiten Stelle, in der Nähe des Nucleus hypoglossi (b), sind die Dendriten lang, leicht gekrümmt und relativ wenig verzweigt. Die wiederum dünneren Axone streben hier nach rechts. An einer dritten Stelle, den Raphekernen (c), bilden die Dendriten dichte Geflechte, die in diesem Fall der Oberfläche eines sich gabelnden Blutgefäßes folgen. Die Axone laufen nach unten. An einer vierten Stelle, dem Nucleus reticularis gigantocellularis einer neugeborenen Katze (d), ziehen die Dendriten in alle Richtungen und sind dicht mit dendritischen Dornen besetzt. Die Axone neigen zu Verzweigungen. Wenn eine Katze fünf Monate alt ist (e), haben die Dendriten der Neuronen im Nucleus reticularis gigantocellularis die meisten ihrer Dornen verloren. Überdies verlaufen sie nun vielfach in kleinen, dichten Bündeln. Die Zellen haben jetzt eine eindrucksvolle Größe: Ihre Zellkörper können Durchmesser von mehr als 30 Mikrometern erreichen. Die Zeichnungen stammen von Arnold Scheibel von der University of California in Los Angeles.

Gegensatz zu der Vielzahl von Dendriten. Die Abbildung zeigt, daß das Axon in einem kegelförmigen Bereich entspringt, dem das Fehlen von Nissl-Substanz ein glasiges Aussehen verleiht. Man nennt diesen Bereich Axonhügel (oder Axonkegel). Das Axon selbst ist in seiner ganzen Länge glatt und zylindrisch: Es hat keine Auswüchse. Anders als Dendriten können Axone beachtliche Längen erreichen: im menschlichen Nervensystem bis zu einem Meter. Dies macht natürlich auch die hohe Dichte ribosomaler Aggregate – also von Nissl-Schollen – in Neuronen verständlicher. Stellen wir uns einen Nervenzellkörper mit einem Durchmesser von 100 Mikrometern, also einem zehntel Millimeter, vor. Er wäre damit einer der größten im menschlichen Zentralnervensystem; selbst ein halb so großer Zellkörper ist für ein Neuron ziemlich groß. Nehmen wir weiter an, der Zellkörper sende ein mehrere hundert Millimeter langes Axon aus. Das Axon ist somit mehrere tausendmal länger als der Zellkörper, aus dem es entspringt. Da ihm jedoch Ribosomen fehlen, muß der Zellkörper für den Bedarf des Axons an verschiedenen Molekülen aufkommen. Beispielsweise muß die axonale Membran ständig instandgehalten werden – wie eine lange Brücke, die immer wieder einen neuen Anstrich braucht. Wie man weiß, stirbt ein Axon, wenn es von seinem Ursprungszellkörper abgetrennt wird. Man weiß auch, daß Moleküle, die von Ribosomen im Zellkörper aufgebaut wurden, in Richtung Axonende fließen. Einige dieser Moleküle (darunter Enzyme, die im Cytoplasma löslich sind) bewegen sich nur wenige Millimeter pro Tag. Andere Moleküle jedoch, oder eher Molekülverbände (vorwiegend Aggregate von Proteinen und Fetten, die sich zu vorgefertigten Zellmembranpaketen fügen), wandern hundertmal schneller. Axone (und übrigens auch Dendriten) enthalten fadenartige Proteine. Die dünneren Fäden oder Filamente sind Fasern mit einem Durchmesser von nur zehn Nanometern; sie laufen gewöhnlich annähernd koaxial mit dem Axon (oder dem Dendriten), in dem sie angeordnet sind. Indem sie Querbrücken untereinander ausbilden, formen sie ein dehnbares inneres Skelett. Vielleicht stützen sie das Axon. Die dickeren – ebenfalls länglichen, aber bis zu 30 Nanometer breiten – Fasern sind Mikrotubuli. Werden sie durch einen Wirkstoff wie Colchicin zerstört, entfällt der schnelle Transport im Axon. Man nimmt an, daß sich das schnell transportierte Material auf der Oberfläche der Tubuli entlangbewegt, nicht in ihnen.

Die Aufzweigung eines Axons beschränkt sich oft auf eine kurze, vom Zellkörper weit entfernte Endstrecke – die Faser spaltet sich hier in ein sogenanntes Endbäumchen auf. Dieses Muster ist jedoch keineswegs universell. Manchmal endet ein Axon in einer einzigen Spitze, ohne sich überhaupt verzweigt zu haben. Manchmal bildet es schon ziemlich nahe am Ursprungszellkörper Seitenäste und gelegentlich auch auf seiner ganzen Länge. Alle derartigen Seitenäste, die gleichfalls in Einzelspitzen wie in stattlichen Endbäumchen enden können, sind als Axonkollateralen bekannt. Sie zweigen gewöhnlich im rechten Winkel vom Hauptstamm des Axons ab, und an jeder Gabelung verringert sich dessen Durchmesser ein wenig. Axongabelungen sind jedoch zu selten, um den Eindruck einer schnellen Verjüngung zu erwecken, wie sie für Dendriten typisch ist. Alle Äste eines Axons enden üblicherweise in kleinen Schwellungen, die man seit ihrer Beschreibung durch Cajal allgemein als *boutons terminaux* oder Endknöpfchen bezeichnet. (Cajal wird meistens aus *Histologie du Système Nerveux* zitiert, der französischen Übersetzung seines spanischen Buches über die Struktur des Nervensystems.) Unter dem Elektronenmikroskop findet man in den Endknöpfchen fast immer synaptische Vesikel, also jene bläschenartigen Organellen, die den Neurotransmitter speichern, mit dessen Hilfe sich die Zelle mit anderen Neuronen oder mit Effektorzellen in der Peripherie des Körpers verständigt.

Signalübertragung

In diesem Abschnitt werden wir ein wenig über die Physiologie der Nervenzelle erfahren. Der klassischen Auffassung zufolge führt der Weg der elektrischen Aktivität in einem Neuron von den Dendriten zum Axon, wobei der Zellkörper des Neurons (in den allermeisten Fällen) dazwischen liegt. Der erste Teil dieses Weges – die Ausbreitung eines erregenden oder hemmenden Signals entlang der Membran, die Dendriten und Zellkörper umhüllt – unterliegt der Dämpfung; das bedeutet, die Änderung des bioelektrischen Potentials verliert bei der Ausbreitung entlang der Membran an Intensität (Abb. 2.4). Schließlich kommt die Potentialänderung am Axonhügel an; dort trägt sie zur algebraischen Summe aller Signale bei, die bei dem Axon zusammenlaufen. So bedingen die Form des Neurons und die Lage der Synapsen auf ihm die für diese Zelle typische Art der Datenintegration. Nun beginnt der zweite Teil des Leitungsweges. Elektronenmikroskopische Aufnahmen zeigen, daß die Axonmembran direkt nach dem Axonhügel für ein

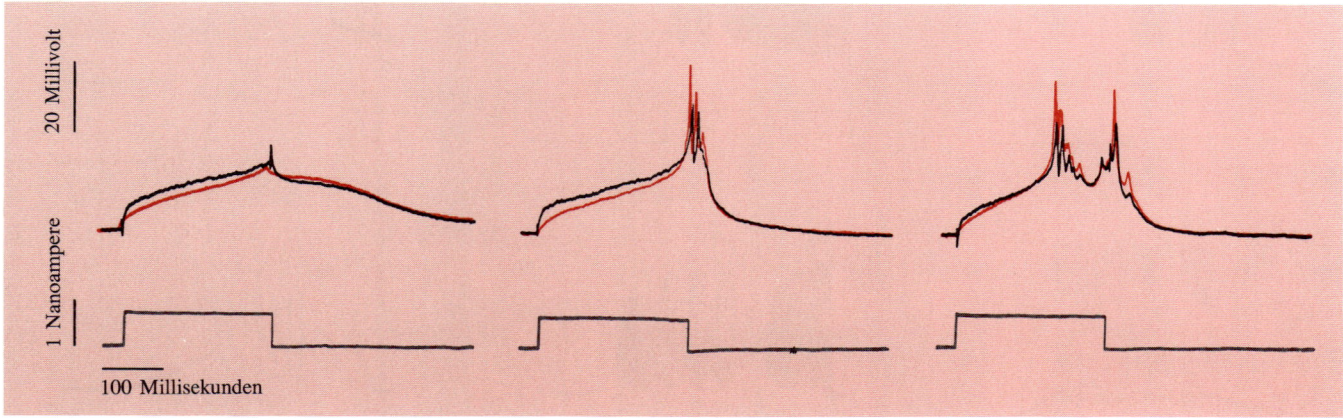

2.4 Eine gedämpfte Signalleitung ist typisch für Dendriten, zumindest nach dem klassischen Konzept der neuronalen Informationsverarbeitung. Die in dieser Abbildung dargestellten elektrischen Ableitungen wurden mit zwei Mikroelektroden gemacht; die eine war im Zellkörper eines Neurons (einer Purkinje-Zelle) im Kleinhirn einer Ratte, die andere ein Stück weiter oben in einem Dendriten dieser Zelle plaziert. In jedem der drei Versuche gab die erste Elektrode Strom in Form von Rechteckimpulsen an das Gewebe ab (grau); außerdem registrierte sie die dadurch bewirkte kuppelförmige Veränderung der Spannung im Zellkörper (schwarz). Die Veränderung wurde den Dendriten entlang weitergeleitet (in einer zur physiologischen Richtung entgegengesetzten – antidromen – Richtung) und weist daher in der Ableitung der zweiten Elektrode (rot) eine geringere Höhe auf. An einem bestimmten Punkt löste die veränderte Spannung die Öffnung von Membrankanälen für Calciumionen aus und versetzte den Dendriten so in die Lage, einen „Calcium-Spike" hervorzubringen. Dieser Spike oder Impuls (beziehungsweise eine Gruppe solcher Spikes) ragt aus der Kuppel hervor. Der Impuls wurde zurück zum Zellkörper geleitet; daher ist seine gemessene Intensität dort niedriger. Im Grunde sind diese Aufzeichnungen ein doppelter Beweis für die sich abschwächende („passive") Signalleitung in einem Dendriten. Demgegenüber zeugen die Calcium-Spikes von den „aktiven" elektrischen Eigenschaften des Dendriten, die dem klassischen Verständnis von Dendriten als ausschließlich passiven Elementen widersprechen. Die Experimente wurden von Rodolfo R. Llinás und seinen Mitarbeitern an der New York University School of Medicine durchgeführt.

kurzes Stück von einer granulären Verdichtung unterlagert ist; man nennt diesen Abschnitt das Initialsegment des Axons. Zweifellos hängt diese spezielle Struktur mit einer besonderen Art von bioelektrischer Aktivität zusammen: Am Initialsegment des Axons wird nämlich, wenn die ankommende Erregung die ankommende Hemmung hinreichend weit übersteigt, eine bioelektrische Spannungsspitze erzeugt, die man Impuls oder Aktionspotential – und nach dem Englischen auch „Spike" – nennt (Abb. 2.5).

Dieser elektrische Impuls weist stets denselben Anstieg und denselben Abfall sowie dieselbe Größe auf; er existiert oder er existiert nicht, und man spricht deshalb von einem „Alles-oder-Nichts"-Impuls. Ist ein Aktionspotential erst einmal erzeugt, pflanzt es sich ohne Abschwächung entlang der Axonmembran fort, denn dieser Typ von bioelektrischen Signalen ist imstande, sich selbst zu erneuern. Wenn der Impuls schließlich die Endknöpfchen des Axons erreicht, löst er dort die Ausschüttung von Neurotransmitter aus, meistens an einer erkennbaren Synapse mit spezialisierten Rezeptoren auf der Membran eines zweiten Neurons, das jenseits des etwa 20 Nanometer weiten synaptischen Spaltes liegt. Nach dem klassischen Konzept der interneuronalen Kommunikation erfolgt der synaptische Kontakt über einen der Dendriten des zweiten Neurons (dendritische Dornen sind die bevorzug-

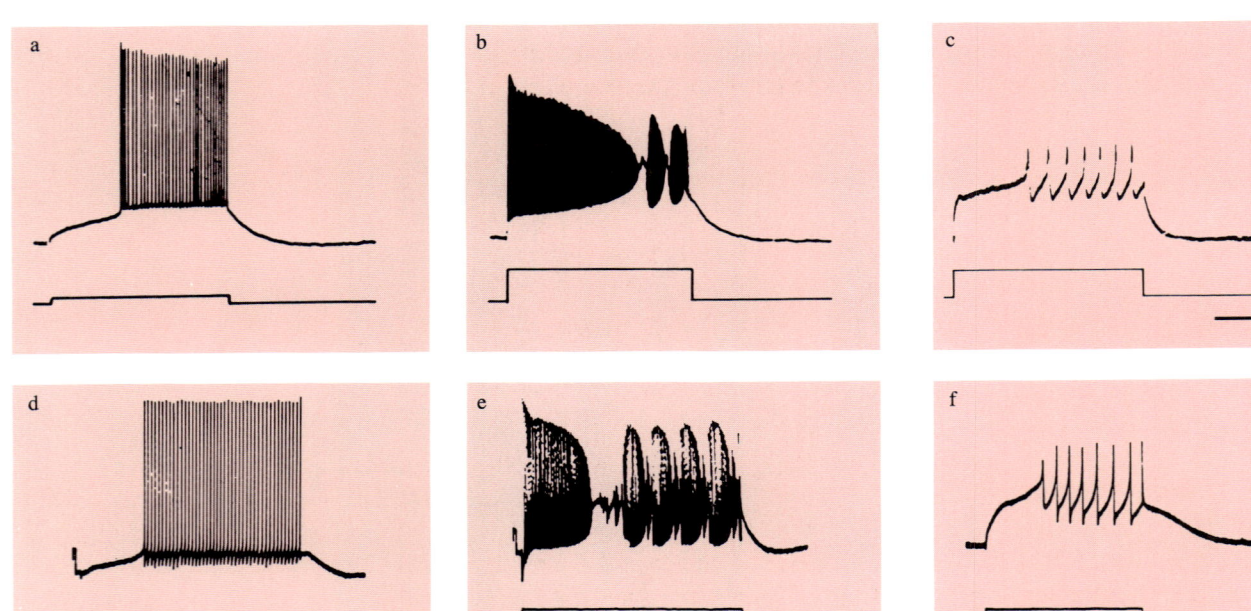

2.5 Eine sich selbst erneuernde Signalleitung ist typisch für Axone, die Signale über große Entfernungen von manchmal mehreren hundert Millimetern befördern müssen. In dem im oberen Teil dieser Abbildung dokumentierten Experiment wurde das Axon einer Purkinje-Zelle eines Reptils (einer Schildkröte) durch Zufuhr elektrischen Stroms (untere Linie) in den Zellkörper des Neurons dazu gebracht, zu „feuern"; das Ergebnis war eine Salve von Aktionspotentialen (obere Aufzeichnung): eine Serie rascher und steiler, sich selbst erneuernder Veränderungen in der Spannung über der Axonmembran (a). Ein stärkerer Strom (b) führte bei Ableitung vom Zellkörper zu einem Muster oszillierender Spannung. Die Anwendung von Tetrodoxin, des Giftes des japanischen Kugelfisches (c), das Aktionspotentiale unterbindet, indem es die Leitung von Natrium über die neuronale Membran blockiert, ließ die Ursache der Oszillationen erkennen: Die Aktionspotentiale wurden durch Calcium-

Spikes moduliert, die in den Dendriten der Zelle entstanden. Das Experiment führte Jorn Hounsgaard an der New York University School of Medicine durch. Der untere Teil der Abbildung stellt eine ähnliche Reihe von Ableitungen dar, die an einer Purkinje-Zelle eines Säugetieres (eines Meerschweinchens) gewonnen wurden. Dem Zellkörper zugeführter Strom löste wieder Aktionspotentiale aus (d), stärkerer Strom führte zu Spannungsoszillationen (e), und die Anwendung von Tetrodoxin offenbarte dendritische Calcium-Spikes (f). Dieses Experiment wurde von Rodolfo Llinás und Mutsuyuki Sugimori an der New York University durchgeführt. Neuronen zeigen für Natrium, Kalium und Calcium eine Vielfalt von Leitfähigkeitswerten, aber in praktisch allen Evolutionslinien sind Salven von Aktionspotentialen, die auf dem Einstrom von Natrium- und dem Ausstrom von Kaliumionen beruhen, die Grundwährung der axonalen Signalleitung.

ten Stellen für Synapsen) oder aber über die Membran des postsynaptischen Zellkörpers. In beiden Fällen ruft der Neurotransmitter in der empfangenden postsynaptischen Zelle eine elektrische Aktivität hervor, die sich — schwächer werdend — zum Axonhügel der zweiten Zelle hin ausbreitet.

So also sieht das klassische Konzept aus: In den Worten Cajals ist das Nervensystem „dynamisch polarisiert" — stets senden Axone Signale zu Dendriten (oder zu einem postsynaptischen Zellkörper). Doch Neuronen haben sehr viel mehr Variationsmöglichkeiten. Axone können Signale an Axone weiterleiten. Dendriten können an Dendriten Signale senden. Und erstaunlicherweise können auch Dendriten an Axone Signale übermitteln — nicht als Kurzschluß, sondern als Umkehrung der „dynamischen Polarisation". Alles in allem scheint jede mögliche Art der Übermittlung zwischen Nervenfortsätzen ihren Platz in der Organisation des Gehirns und des Rückenmarks zu haben.

Axone, die Signale an Axone senden. Synapsen dieser Art werden oft durch reine Schlußfolgerung entdeckt. So kann es vorkommen, daß ein Forscher bei der Betrachtung einer elektronenmikroskopischen Aufnahme eine Synapsenserie bemerkt, die von den Endigungen dreier neuronaler Fortsätze gebildet wird. Die erste und die zweite Endigung enthalten synaptische Bläschen, die dritte dagegen nicht. Der Forscher schließt daraus, daß es sich bei den ersten beiden um Axonendknöpfchen handelt und daß somit eine axoaxonale Synapse vorliegt. Das Problem ist, daß synaptische Vesikel nicht eindeutig ein Axon kennzeichnen. Auch Dendriten können präsynaptisch sein. Andere Fälle sind weniger zweideutig. Ein Axon kann beispielsweise mit einem klar identifizierbaren axonalen Initialsegment in synaptischen Kontakt treten (Abb. 2.6). Hier spart der Weg der Signalleitung also einen großen Teil der postsynaptischen Zelle aus, nämlich ihre Dendriten und ihren Zellkörper. Wofür mag diese Abkürzung gut sein? Die Morphologie einer solchen Synapse entspricht oft dem Typ, den man mit Hemmung in Zusammenhang bringt. Der synaptische Kontaktbereich ist ziemlich klein, die Membranverdichtungen sind nur schwach ausgeprägt, und die synaptischen Vesikel in den präsynaptischen Endknöpfchen sind abgeflacht, nicht rund. Außerdem zeigen Ableitungen mit einer in die postsynaptische Zelle eingestochenen Mikroelektrode oft, daß die Zelle Phasen starker Hemmung durchläuft. So liegt die Vermutung nahe, daß eine axoaxonale Synapse immer hemmend (inhibitorisch) wirkt, und tatsächlich kennt man neuronale Verschaltungen, in denen eine axoaxonale Synapse den Output der postsynaptischen Zelle blockiert: Sie übermittelt eine derart starke Hemmung, daß das postsynaptische Axon zeitweilig unfähig ist, die von der postsynaptischen Zelle selbst erzeugten Impulse weiterzuleiten. Man tut jedoch gut daran, hier vorsichtig zu sein. Bei einigen Arten von Wirbellosen haben Neurophysiologen von Riesenneuronen gebildete Leitungsbahnen eingehend untersucht. So befähigt beispielsweise eine aus drei Riesenneuronen bestehende Bahn den Tintenfisch, sich von einer Gefahrenquelle weg zu katapultieren, indem er aus seinem Trichter Wasser ausstößt. Jede der Synapsen in einer solchen Bahn ist offensichtlich axoaxonal, und einige sind bekanntermaßen chemischer, nicht elektrischer Natur. Dennoch wirken manche dieser chemischen Synapsen nachweislich erregend; erreicht ein Aktionspotential die präsynaptische Endigung, löst dies beim nächsten Axon in der Reihe ebenfalls ein Aktionspotential aus.

31

Dendriten, die Signale an Dendriten senden. Solche Kontakte hat man in vielen Bereichen des Gehirns entdeckt, insbesondere im Bulbus olfactorius (Abb. 2.7) und in der Netzhaut (Retina). Es ist sogar behauptet worden, die Retina verarbeite visuelle Daten fast ausschließlich über dendrodendritische Synapsen. Bestimmte retinale Neuronen, die man als Horizontalzellen bezeichnet, sind jedenfalls ein extremes Beispiel für die Abhängigkeit eines Neurons von dendrodendritischen Synapsen. Eine Horizontalzelle besitzt ein Axon, oder zumindest ist einer ihrer vielen Fortsätze merklich dünner (ein Mikrometer) und weitaus länger (mehrere hundert Mikrometer) als die

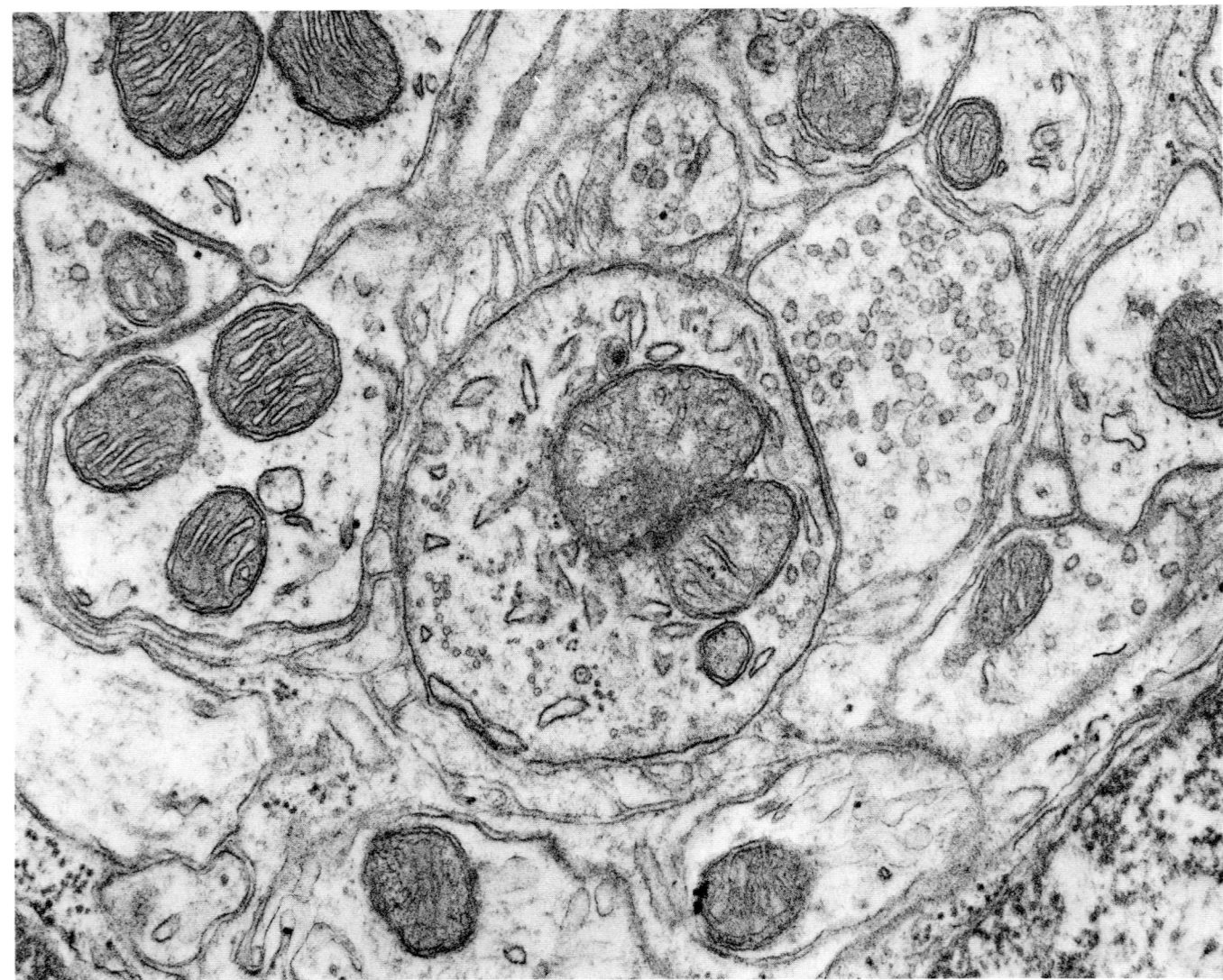

2.6 Axoaxonale Synapsen widersprechen der klassischen Auffassung, der zufolge Axone Signale immer an Dendriten oder Zellkörper übermitteln. Der große, mehr oder weniger kreisförmige und von einer Zellmembran begrenzte Bereich im Zentrum des Bildes ist ein quergeschnittenes Axon (genauer gesagt, dessen Initialsegment) einer Purkinje-Zelle aus dem Kleinhirn einer Ratte. Er umfaßt diverse intrazelluläre Strukturen, von Mitochondrien bis zu Neurofilamenten und einigen wenigen Ribosomen. Seine Mikrotubuli treten in Gruppen auf, was charakteristisch für das Initialsegment eines Axons ist. Rechts schmiegt sich ein Axonendknöpfchen an das Axon; es stammt von einer Korbzelle des Kleinhirns und ist mit synaptischen Vesikeln gefüllt. Die Vesikel sind abgeflacht — ein Hinweis auf eine hemmende Synapse. Querschnitte durch andere Axone von Korbzellen nehmen einen großen Teil des übrigen Bildes ein. Die elektronenmikroskopische Aufnahme wurde von Sanford L. Palay an der Harvard University mit etwa 52 000facher Vergrößerung erstellt.

anderen, die das Neuron aussendet. Das Axon gabelt sich am Ende sehr
stark, so daß die Zelle zwei dichte Büsche dendritenartiger Verzweigungen
aufweist – einen nahe beim Zellkörper und einen ein Stück entfernt. Jeder
Busch erhält Signale von den Photorezeptoren der Retina (den Stäbchen und
Zapfen des Auges), und jeder sendet Signale zu den Dendriten der Bipolarzellen, jener retinalen Neuronen, die als nächste in der Kette die visuelle Information weiterverarbeiten. So gibt jeder Busch seinen Output über dendrodendritische Synapsen weiter. Das Axon spielt bei der Übertragung visueller
Information keine Rolle: Es überträgt keine bioelektrische Aktivität von

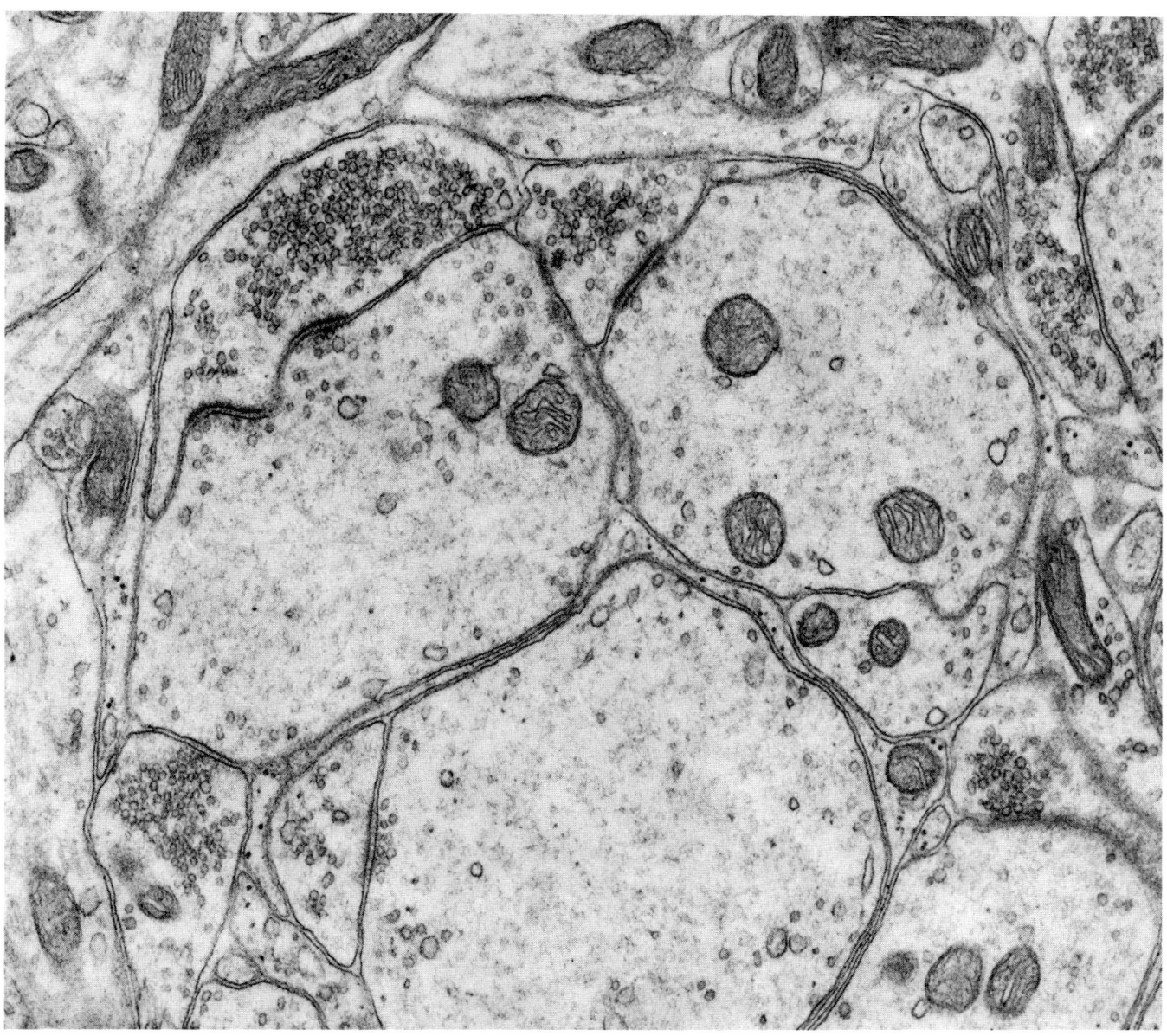

2.7 Auch dendrodendritische Synapsen stehen im Widerspruch zur klassischen Auffassung in-
terneuronaler Kommunikation. Diese Mikroaufnahme zeigt Gewebe aus dem Bulbus olfactorius
(dem Riechkolben) einer Ratte in 27 000facher Vergrößerung. Drei große, quergeschnittene Dendriten beherrschen das Blickfeld. Der Dendrit links bildet mit einem kleineren Dendriten über ihm
reziproke Synapsen; das bedeutet, die Zellen tauschen gegenseitig Informationen aus. Der kleinere Dendrit ist dicht mit synaptischen Vesikeln gefüllt. Die elektronenmikroskopische Aufnahme
stammt von Thomas Reese und Milton Brightman von den National Institutes of Health der USA.

einem Busch zum anderen und scheint somit lediglich als Stoffwechselrohr zu fungieren, das es einem einzelnen Nervenzellkörper erlaubt, zwei integrative Apparate – praktisch zwei unabhängige Mikrocomputer – zu unterhalten. In einer dendrodendritischen Synapse umgeht die Leitungsbahn ein präsynaptisches Axon und damit auch den Ort des „Alles oder Nichts" in der präsynaptischen Zelle. Dies läßt vermuten, daß an der Signalleitung kein Alles-oder-Nichts-Aktionspotential beteiligt ist. Statt dessen könnte die variable elektrische Aktivität – das sogenannte abgestufte Potential –, die man Dendriten üblicherweise zuschreibt, den Anstoß für die Ausschüttung von Neurotransmitter geben. Vermutlich erfolgt die Ausschüttung portionsweise (in Quanten): Jedes synaptische Bläschen enthält eine bestimmte Menge an Transmitter, und die Zahl der Vesikel, die an einer präsynaptischen dendritischen Endigung ihren Inhalt freisetzen, könnte sich mit der Stärke der ankommenden bioelektrischen Aktivität ändern. Man findet allerdings auch Fälle, in denen dendritische Membranstücke nachweislich impulsähnliche Signale erzeugen können.

Dendriten, die Signale an Axone senden. Das bisher beste Beispiel für Synapsen dieser Art hat man in der Substantia gelatinosa entdeckt, einem Bereich des Rückenmarks, der erstmals im 18. Jahrhundert von dem italienischen Anatomen Luigi Rolando beschrieben wurde. Bei der Untersuchung frischer Rückenmarksschnitte bemerkte Rolando, daß ein Teil der Schnittfläche ein deutlich gallertartiges Aussehen zeigte und auffallend wenig opak war. Die Nissl-Färbung sollte später zeigen, daß sich die Substantia gelatinosa aus kleinen und sehr kleinen Neuronen zusammensetzt, unter ihnen die kleinsten im Rückenmark überhaupt. Noch später wies man dann mit der Mikroelektrode nach, daß einige der Neuronen – und zwar die größeren, denn die kleinsten lassen sich bislang noch nicht auf diese Weise sondieren – mehr oder weniger selektiv auf Schmerzreize reagieren, die auf die Körperperipherie einwirken. Sie antworten, anders ausgedrückt, nicht auf Berührung oder leichte Temperaturschwankungen, sondern nur auf sehr heftige mechanische Reizungen oder extreme Temperaturen, die die Gewebe des Körpers zu schädigen drohen und wirklich als schmerzhaft empfunden werden. Schließlich machte das Elektronenmikroskop die dendroaxonalen Kontakte sichtbar. Sie scheinen in der Regel mit der reziproken Verbindung – einer „orthodoxen" axodendritischen Synapse – gepaart aufzutreten. Vielleicht verlängern sie die Übertragung eines Signals (eines Schmerzsignals?), indem sie Erregungen in die präsynaptische Endigung zurückübertragen. Oder sie dämpfen die Übertragung durch eine Feedback-Hemmung. Möglicherweise erfüllen sie auch eine komplizierte Mischung beider Funktionen.

Trotz dieser Synapsenvielfalt gibt es aber keinen Grund zur Verzweiflung; im großen Maßstab muß die Lehre von der dynamischen Polarisation gelten. Schließlich hat ein bestimmter Bereich des Gehirns oder des Rückenmarks ganz offensichtlich Inputs und Outputs. Diese breiten sich entlang langer Nervenfasern aus, die zweifellos Axone sind, und sie sind als Folgen von Aktionspotentialen verschlüsselt, die sich selbst erneuernde Signale darstellen. Nur ein solches Signal kann sich weiter als ein paar Millimeter entlang eines Nervenfortsatzes fortpflanzen; ein Signal geringerer Größe würde bei der Weiterleitung schwächer werden und schließlich ganz verschwinden. Nicht so einfach verhalten sich die Dinge innerhalb eines gegebenen Gehirn-

oder Rückenmarksbereichs. Ein bestimmter Ort auf einem bestimmten Neuron kann sich als präsynaptisch, postsynaptisch oder als beides erweisen, außerdem als aktiv (fähig, aktionspotentialähnliche bioelektrische Signale zu erzeugen) oder als passiv (lediglich zu gedämpfter Signalleitung fähig). Unter diesen Umständen mag es die beste Strategie sein, einen Nervenfortsatz einfach aufgrund morphologischer Kriterien wie beispielsweise des Verzweigungsmusters oder der An- oder Abwesenheit von Nissl-Substanz als Axon oder als Dendriten zu identifizieren. Die funktionellen Eigenschaften neuronaler Fortsätze könnten dann unabhängig davon untersucht werden. Wie groß mag der Anteil der Synapsen sein, die sich als „orthodoxe" axodendritische Synapsen herausstellen? Es hilft wenig, das zu wissen. In der Retina sind die Synapsen oft „unorthodox". Aber man kann die Retina deshalb nicht als exotisch ansehen. Mit Sicherheit ist sie nicht unzulänglich. Vermutlich spiegelt die retinale Verschaltung eine extreme Notwendigkeit zur Miniaturisierung wider. In der Großhirnrinde sind die synaptischen Anordnungen weitaus „konventioneller". Die Mehrheit der Synapsen ist wahrscheinlich axodendritisch, und fast alle übrigen sind wohl axosomatisch (senden also Signale von einem Axon zu einem postsynaptischen Zellkörper). Dennoch scheint die Großhirnrinde den „modernsten", entwicklungsgeschichtlich jüngsten Gehirnfunktionen zu dienen. Im menschlichen Gehirn ist sie die neuronale Grundlage der Sprache. Die extreme Vielfalt neuronaler Verschaltungen läßt vermuten, daß die Evolution unvoreingenommen vorgeht – daß sie einen Entwurf als brauchbar wertet, wenn er die Informationsverarbeitungsfähigkeit des Gehirns weiterentwickelt.

Eine letzte Besonderheit sei hier erwähnt, die nicht in den orthodoxen Rahmen paßt. Man hat Axone entdeckt, die Neurotransmitter nicht an erkennbaren Synapsen ausschütten. Ein Beispiel liefern Axone, die bei Ratten zur Großhirnrinde ziehen und den Neurotransmitter Serotonin enthalten. Diese Axone haben Schwellungen (Varikositäten), die synaptische Vesikel enthalten. Viele der Schwellungen zeigen jedoch keine präsynaptische Verdichtung. Außerdem liegen sie meistens nicht in der Nähe postsynaptischer Membranen. Möglicherweise geben diese Schwellungen ihr Serotonin einfach in den Extrazellulärraum ab. Das erscheint nicht gerade geeignet, um eine private Botschaft zu überbringen. Es ist eher so, als würfe man Flugblätter von einem Dach. Andererseits hat diese Anordnung den Vorteil, daß ganze Gruppen von Neuronen von einer Neurotransmitterausschüttung beeinflußt werden könnten. Vielleicht sollen solche nichtsynaptischen Axonendigungen überhaupt keine genau geordnete Information übertragen, sondern vielmehr ausgedehnte Veränderungen im Funktionszustand der Hirnrinde vermitteln. Außerdem ist es möglich, daß sogar eine scheinbar ziellose Anordnung (eine Anordnung ohne erkennbare Synapsen) nur bestimmte Neuronen beeinflußt – sagen wir diejenigen, auf deren Oberfläche unauffällig ein bestimmter Rezeptortyp sitzt. Man sollte an dieser Stelle erwähnen, daß auch die in glattes Muskelgewebe eindringenden motorischen Axone keine erkennbaren Synapsen bilden. In glatter Muskulatur (dem kontraktilen Gewebe in den Wänden von Hohlorganen) liegen die Axonendigungen verstreut, vielleicht an strategisch günstigen Punkten der Muskelfasermatrix, und wenn eintreffende Neurotransmitter eine bestimmte glatte Muskelfaser veranlassen, sich zusammenzuziehen, kann deren Reaktion durch zwischen den Fasern liegende *gap junctions* an ihre Nachbarn weitergegeben werden. Dagegen stellt jede der Muskelfasern, die die quergestreifte Muskulatur aufbauen, ihre eigene Verbindung mit einem Axon her, und zwar an jener komplizierten Membranspezialisierung, die als motorische Endplatte oder auch als neuromuskuläre Synapse bekannt ist. Des weiteren sollte man erwähnen, daß Neuronen möglicherweise über viele Kommunikationsweisen verfügen, die Synapsen gänzlich umgehen. Schließlich sind zelluläre Mechanismen für die Abgabe und Aufnahme von Molekülen allgegenwärtig. Vielleicht rufen Übertragungen dieser Art langsame metabolische Veränderungen bei ihren Zielzellen hervor.

Neurotransmitter und Neuropeptide

Was nun folgt, ist ein grober Abriß der Chemie von Neuronen. Die chemischen Substanzen, die Nervenzellen am besten kennzeichnen, sind Neurotransmitter, jene Substanzen, die Neuronen ausschütten, um anderen Zellen Signale zu übermitteln. Ihre Identifizierung kann schwierig sein. Im Idealfall versucht der Neuropharmakologe zu beweisen, daß die Reizung einer bestimmten Gruppe von Neuronen diese dazu veranlaßt, aus ihren präsynaptischen Endigungen eine bestimmte chemische Substanz auszuschütten, die ihrerseits bestimmte postsynaptische Zellen so beeinflußt, wie man es in der Natur beobachtet. Die Peripherie des Körpers ist einer solchen Untersuchung zugänglich, und ein entscheidender Erfolg wurde schon 1921 beschrieben. Otto Loewi, ein deutscher Pharmakologe, durchspülte (perfundierte) das isolierte Herz eines Frosches mit einer Salzlösung: Es schlug weiter. Ein Stück des Vagusnervs war mit dem Organ verbunden geblieben; Loewi reizte den Nerv elektrisch, und der Herzschlag verlangsamte sich. Er sammelte das Perfusat und durchspülte das Herz eines zweiten Frosches damit, das daraufhin ebenfalls langsamer schlug. Wie man schließlich feststellte, enthielt das Perfusat Acetylcholin, das der Vagusnerv ausgeschüttet hatte. In Gehirn und Rückenmark konnten solche Untersuchungen nie mit vollem Erfolg durchgeführt werden. Die Größe präsynaptischer Endigungen liegt im Bereich von Mikrometern (Tausendsteln eines Millimeters), die präsynaptische Membran hat eine Oberfläche von vielleicht höchstens zwei Quadratmikrometern, die Endigungen liegen in einem Wirrwarr neuronaler Schaltkreise, und die Ankunft eines präsynaptischen Aktionspotentials löst an jeder Endigung die Ausschüttung von vielleicht einigen hundert synaptischen Vesikeln aus, von denen jedes nur wenige zehntausend Transmittermoleküle enthält.

Man sucht deshalb nach Indizienbeweisen. Wenn Neuronen den mutmaßlichen Neurotransmitter synthetisieren müssen, anstatt ihn einfach aus der extrazellulären Umgebung einzufangen, sollten sie die Maschinerie, sprich die Enzyme, enthalten, die diese Synthese bewerkstelligen. Der mutmaßliche Neurotransmitter müßte in den präsynaptischen Endknöpfchen zu finden sein. Eine elektrische Reizung sollte seine Ausschüttung bewirken. Die Anwendung des mutmaßlichen Neurotransmitters auf postsynaptische Neuronen (man kann beispielsweise Gewebeschnitte in eine entsprechende Lösung eintauchen) sollte die Wirkung natürlicher neuronaler Ereignisse nachahmen; ein Transmitter mag zum Beispiel die Permeabilität der postsynaptischen Membran für bestimmte Ionentypen ändern. Es sollte auch einen Mechanismus geben, durch den der mutmaßliche Neurotransmitter inaktiviert wird; eine Wiederaufnahme in die präsynaptische Endigung oder der Abbau der Substanz durch extrazelluläre Enzyme kämen dafür in Frage. (Anderenfalls würde eine synaptische Übertragung niemals aufhören.) Wirkstoffe, von denen man weiß, daß sie eine Station im Kreislauf eines Transmitters beeinflussen – seinen Aufbau, seine Speicherung in synaptischen Bläschen, seine Ausschüttung aus präsynaptischen Endigungen, seine Wechselwirkung mit postsynaptischen Rezeptoren oder seine Inaktivierung –, sollten die Wirksamkeit der Übertragung verändern: Sie sollten in voraussagbarer Weise als Agonisten oder als Antagonisten wirken.

Neun Substanzen, die man in Gehirn und Rückenmark der Wirbeltiere findet, sind als Neurotransmitter gesichert; man hält die entsprechenden Indizien allgemein für überzeugend. Bemerkenswerterweise handelt es sich bei vier dieser Substanzen – Glutamat, Aspartat, Glycin und Gamma-Aminobuttersäure oder GABA – um Aminosäuren (Abb. 2.8). Bis auf GABA sind sie sogar alle in Proteinen enthalten, also Bestandteile der Nahrung eines Tieres. Die Synthese von GABA erfordert lediglich die Decarboxylierung

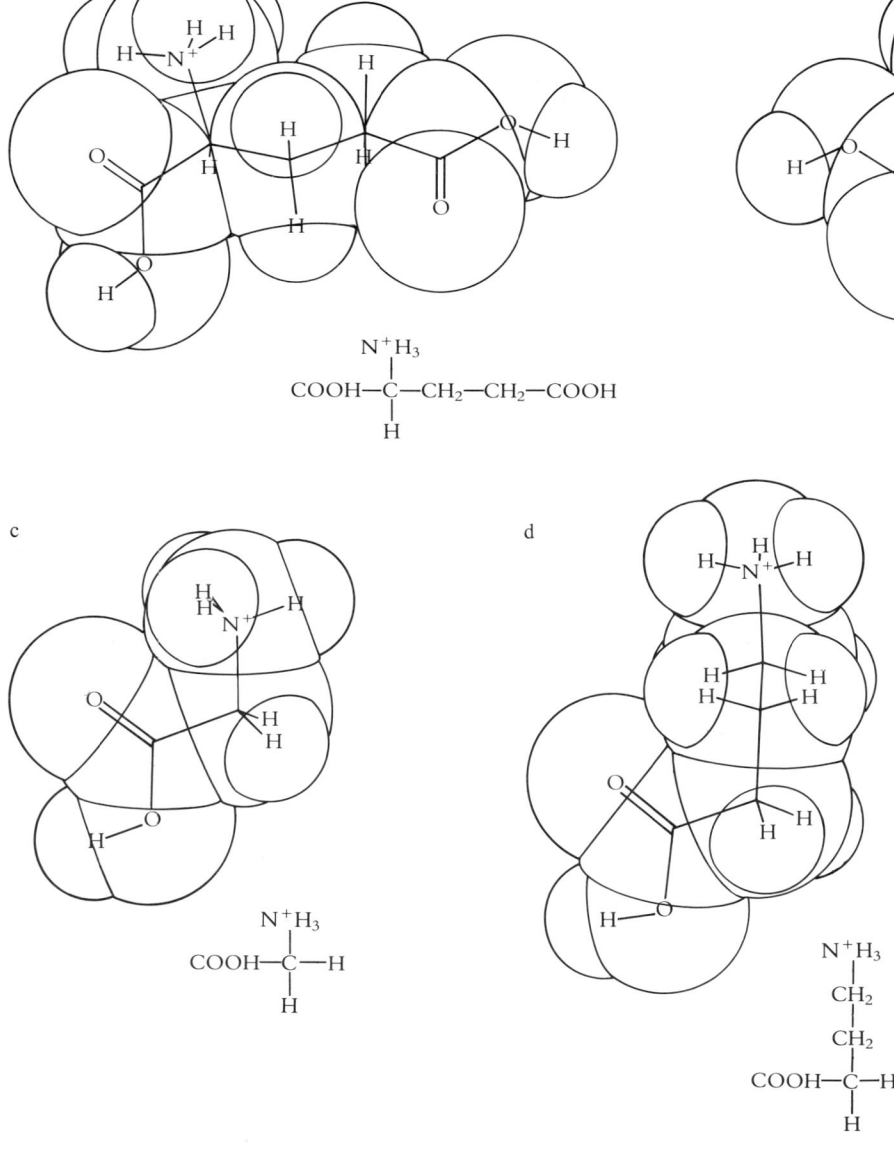

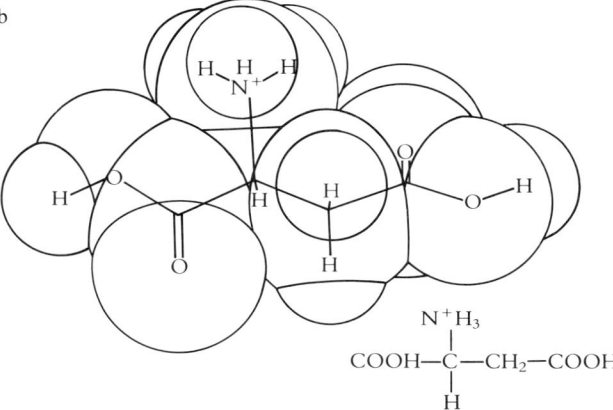

2.8 Vier Aminosäureneurotransmitter (beziehungsweise Aminosäuren, von denen man heute annimmt, daß Neuronen sie als chemische Überträgersubstanzen verwenden) sind bekannt: Glutamat (a), Aspartat (b) und Glycin (c) sind normale Proteinbausteine; Gamma-Aminobuttersäure oder GABA (d; das A am Ende steht für das englische *acid*) entsteht durch Abspaltung einer Carboxylgruppe (COOH) von Glutamat. Die vier Aminosäuren sind hier als Modelle dargestellt, die ein Computer mit Hilfe von Röntgenbeugungsdaten erzeugt hat; solche Daten spezifizieren die Positionen der Atome in einem Kristall der Substanz. Jedes Modell gibt im wesentlichen die Form der Elektronenhülle des Moleküls wieder. (Einfachere Strukturformeln stehen jeweils daneben.) Unter physiologischen Bedingungen sind die Formen zweifellos anders. So haben beispielsweise Glutamat und Aspartat bei dem für Cytoplasma typischen pH-Wert eine negative Ladung, weil dann jede ihrer Carboxylgruppen ein Wasserstoffatom verloren hat. Die Modelle (und die in den nächsten zwei Abbildungen) wurden von David Barry mit dem PROPHET-Computersystem erstellt, das von der Firma Bolt, Beranek & Newman in Cambridge (Massachusetts) für die National Institutes of Health betrieben wird.

2.9 Es gibt vier Monoaminneurotransmitter (zumindest ist für diese vier Moleküle eine Funktion als Neurotransmitter erwiesen). Sie alle entstehen durch enzymatische Veränderung einer Aminosäure in einem Neuron. Dopamin (a), Noradrenalin (b) und Adrenalin (c) gehen in einer Reihe von chemischen Schritten aus der Aminosäure Tyrosin hervor. Alle drei sind Catecholamine: Monoamine, die einen Ring aus sechs Kohlenstoffatomen enthalten. Serotonin (d) entsteht aus der Aminosäure Tryptophan. Es ist ein Indolamin: Es besitzt einen Ring aus sechs Kohlenstoffatomen und einen zweiten Ring aus fünf Atomen.

von Glutamat, das heißt, die Abspaltung einer Carboxylgruppe (COOH). Weitere vier Substanzen – Dopamin, Noradrenalin, Adrenalin und Serotonin – sind Monoamine (Abb. 2.9); das bedeutet, sie leiten sich durch nur wenige kleine Veränderungen von Aminosäuren ab: durch die Anlagerung von Hydroxylgruppen (OH), die Abspaltung einer Carboxylgruppe und die Anlagerung einer Methylgruppe (CH₃). Dopamin, Noradrenalin und Adrenalin stammen von der Aminosäure Tyrosin ab, die ebenfalls in Nahrungsproteinen vorkommt; ein Ring aus sechs Kohlenstoffatomen in ihrer Struktur macht sie alle zu Vertretern einer Klasse von Molekülen, die man als Catecholamine bezeichnet. Serotonin leitet sich von der gleichfalls in Proteinen enthaltenen Aminosäure Tryptophan ab; ein Sechserring aus Kohlen-

a
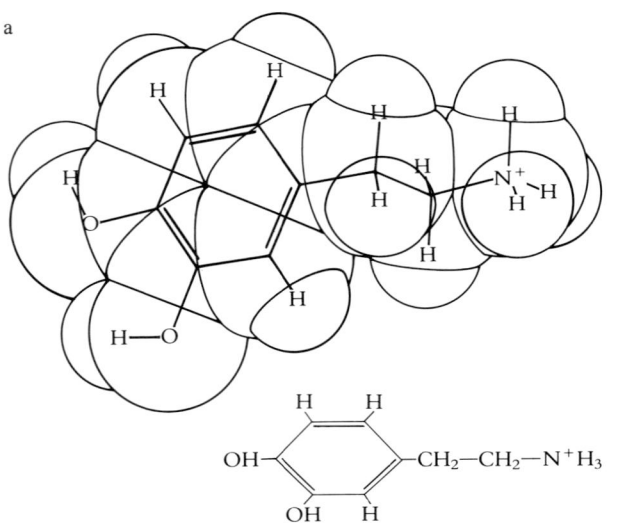

b
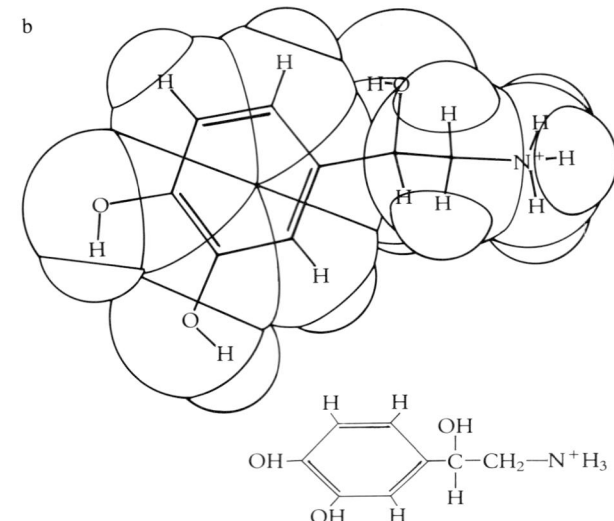

c
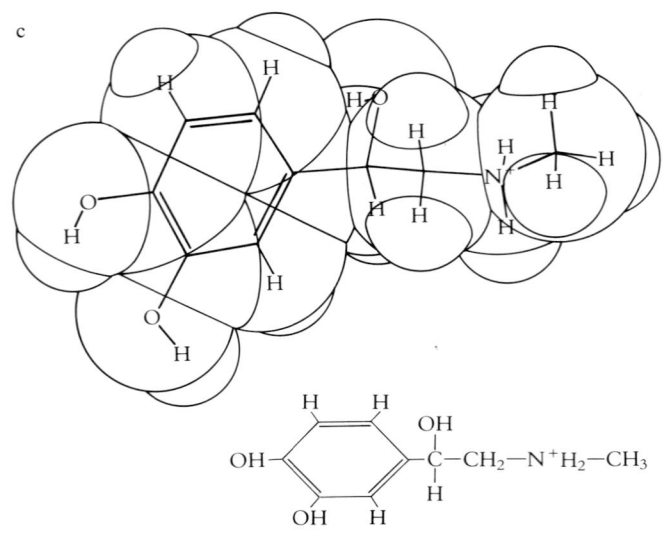

d
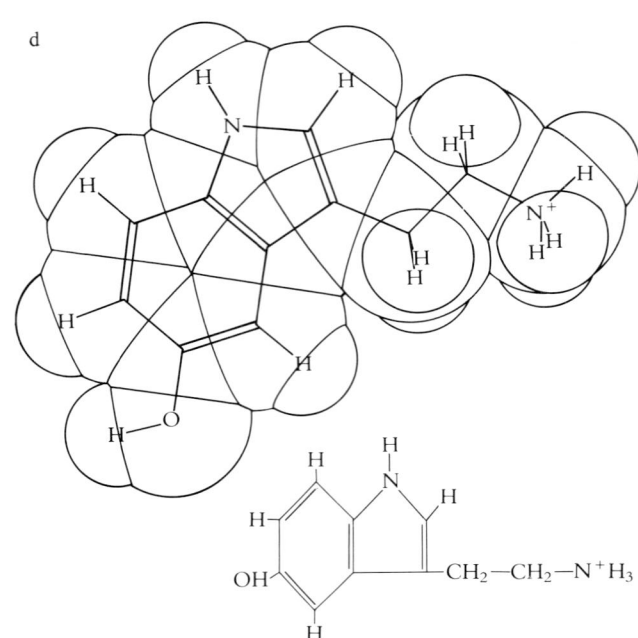

stoff in Verbindung mit einem Fünferring aus Kohlenstoff- und Stickstoff-atomen kennzeichnet Serotonin als ein Indolamin. Der neunte klassische Neurotransmitter ist Acetylcholin (Abb. 2.10). Er entsteht durch die Anlagerung von Cholin an eine Acetylgruppe (CH_3CO). Das Cholin stellt ein Problem dar: Das Gehirn kann es nicht selbst erzeugen. Doch Cholin ist in großen Mengen in Lipiden in der Nahrung enthalten. Die Leber kann es abgeben oder *de novo* herstellen. Alles in allem ist das Grundmuster also ungebrochen: Sämtliche neun klassischen Neurotransmitter sind einfache Moleküle, die von Enzymen, deren Substrate in der Nahrung des Tieres reichlich zur Verfügung stehen, in nur wenigen chemischen Schritten erzeugt (oder freigesetzt) werden. Das macht sie gut geeignet für hohen Verbrauch und schnellen Nachschub. In diesem Zusammenhang mag von Bedeutung sein, daß die allereinfachsten klassischen Neurotransmitter, nämlich die Aminosäuren, für die synaptische Übertragung an der Mehrzahl der Synapsen im Zentralnervensystem verantwortlich zu sein scheinen. Eine grobe Hirngewebeanalyse legt diese Vermutung nahe. Die Aminosäureneurotransmitter treten in mikromolaren Konzentrationen (10^{-6} Mol pro Gramm Gewebe) auf. Das entspricht 10^{18} Molekülen pro Gramm. Die Konzentrationen der Catecholaminneurotransmitter liegen im Bereich von Nanomolen (10^{-9} Mol) pro Gramm. Diese ungleiche Verteilung läßt sich am einfachsten damit erklären, daß im Gehirn auf jede Synapse, die mit einem Monoamin arbeitet, tausend kommen, die Aminosäuretransmitter verwenden.

In den dreißiger Jahren vertrat der englische Pharmakologe Henry Dale die Ansicht, ein gegebenes Neuron verwende wohl für alle seine Synapsen denselben Neurotransmitter. Zu dieser Zeit waren Acetylcholin und Noradrenalin als Transmitter bekannt. Ließ sich also der eine oder der andere an einer beliebigen präsynaptischen Endigung eines Neurons identifizieren, so konnte man darauf vertrauen, daß die Substanz auch an anderen, dem Forscher schlechter zugänglichen Endigungen als Transmitter wirkt. Das soll nicht heißen, daß die Wirkung eines Neurons an jeder seiner Synapsen gleich sein muß. Entscheidend ist stets die Wechselwirkung zwischen dem Transmitter und seinem postsynaptischen Rezeptor. Das Nervensystem der Meeresschnecke *Aplysia* (des Seehasen) bietet ein spektakuläres Beispiel. Im Abdominalganglion von *Aplysia* können Wissenschaftler — wie etwa Eric R. Kandel und seine Mitarbeiter von der Columbia University — reproduzierbar über 50 große Neuronen einzeln identifizieren. Diese Identifizierungsmöglichkeit ist einer der Gründe, weshalb Neurowissenschaftler wirbellose Tiere schätzen. Keiner, der höherentwickelte Arten untersucht, kann darauf hoffen, große Neuronen zu finden, die in jedem Tier exakt dieselben Verbindungen herstellen. Unter den identifizierten Nervenzellen steht das mit *L*10 bezeichnete Neuron mit den Neuronen *L*2, *L*3, *L*4, *L*6 und *R*15 in Kontakt. Es hemmt alle bis auf das letzte, das von ihm erregt wird. Auf die Oberfläche von *L*2, *L*3, *L*4 und *L*6 aufgebrachtes Acetylcholin erweist sich als hemmend. Bei *R*15 wirkt es dagegen erregend.

Dales Prinzip muß heute auch im Lichte neuerer Entdeckungen gesehen werden, die vermuten lassen, daß bestimmte Peptide (kurze Aminosäureketten) im Gehirn als interzelluläre Boten dienen (Abb. 2.11). Diese Peptide sind meistens im ganzen Zentralnervensystem zu finden. Rezeptoren, die sie binden, kommen gewöhnlich in ähnlich weiter Verbreitung vor. An manchen Stellen mag die Konzentration irgendeines dieser Peptide weit über dem Hintergrundniveau liegen. Anderswo kann es dagegen fast völlig feh-

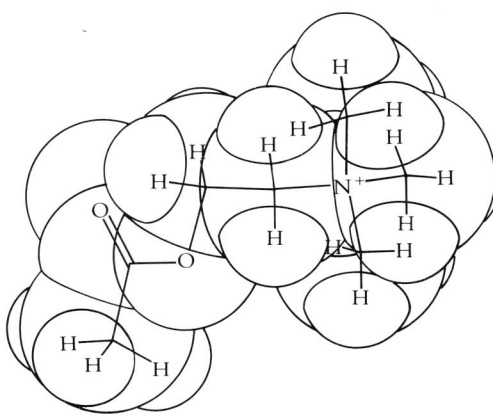

2.10 Acetylcholin ist die neunte Substanz, die eindeutig als Neurotransmitter feststeht; identifiziert wurde sie sogar als erste. Acetylcholin entsteht durch Anlagerung einer Acetylgruppe (CH_3CO) an Cholin, einen Lipidbestandteil. Wie die anderen acht Transmitter ist es ein ziemlich einfaches Molekül, das in wenigen chemischen Schritten aus in der Nahrung des Tieres enthaltenen Vorstufen erzeugt wird.

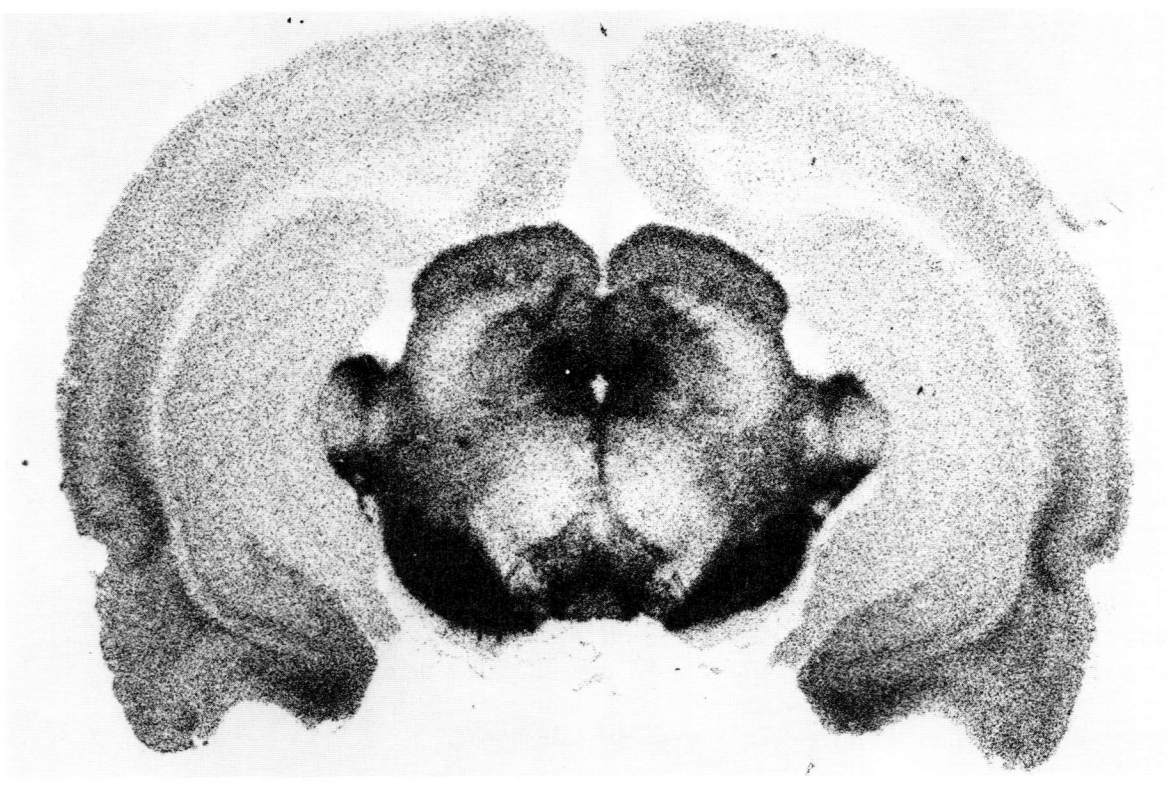

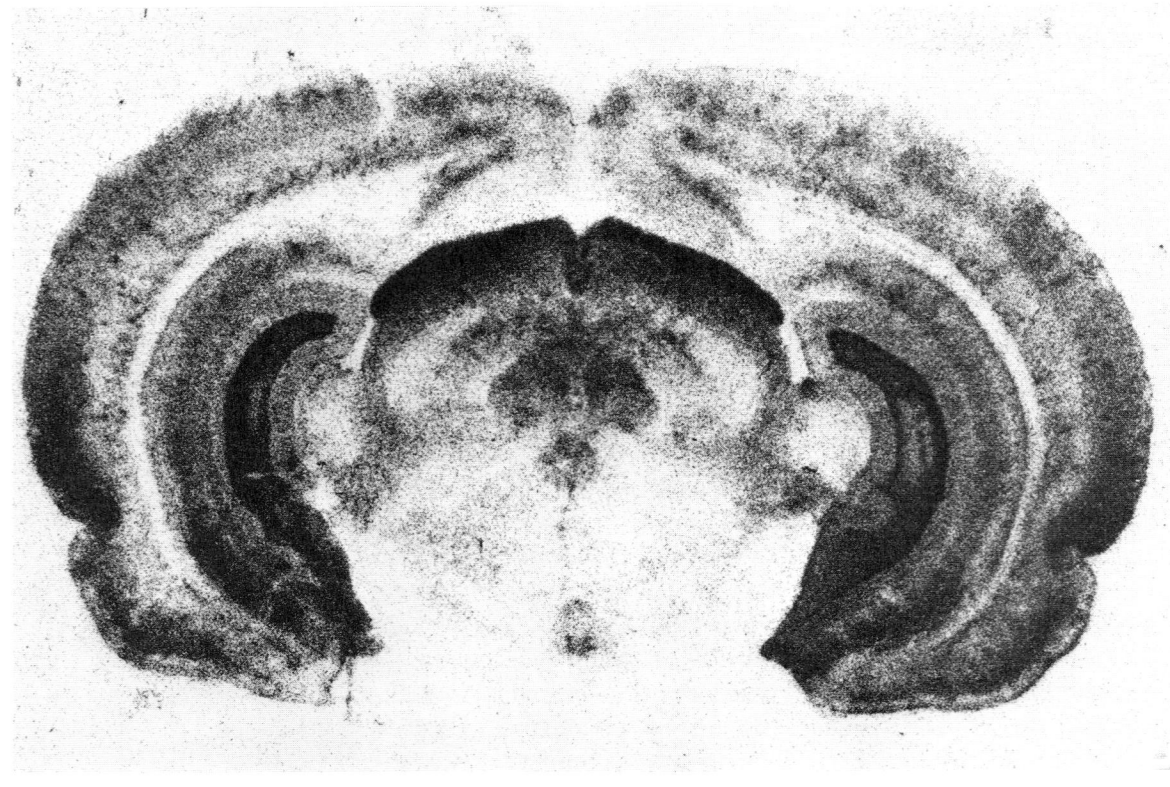

len. Der Gehalt an jenen Peptiden ist niedrig: Im Gehirn liegt er für die einzelnen Typen üblicherweise zwischen zehn und Hunderten von Picomol (10^{-12} Mol) pro Gramm. Überdies findet man bei näherer Betrachtung des Gehirns die Peptide oft nur in wenigen, verstreuten Nervenzellen; es ist deshalb schwer festzustellen, ob die elektrische Erregung der Neuronen, die das Peptid enthalten, dessen Freisetzung auslöst. Andererseits beeinflußt die Anwendung des Peptids auf Hirngewebeschnitte die Aktivität vieler Neuronen. Drei solche „Neuropeptide" – die Substanz P, das vasoaktive intestinale Peptid und das Octapeptid Cholecystokinin – fand man zuerst im Darm von Säugetieren. Im Gehirn zeigten sie sich erst später; heute weist man sie beispielsweise in Neuronen der Großhirnrinde nach. Umgekehrt entdeckte man das Peptid Somatostatin zuerst im Gehirn: Es wurde in winzigen Mengen aus buchstäblich Tonnen von Gehirngewebe gereinigt, und zwar anhand seiner Fähigkeit, im Vorderlappen der Hypophyse (Hirnanhangsdrüse) die Ausschüttung von Wachstumshormon zu unterdrücken. Jetzt stellt sich heraus, daß Somatostatin fast überall im Nervensystem zu finden ist, von der Großhirnrinde bis zu den peripheren Ganglien. Außerdem kommt es in Zellen vor, die den Darm auskleiden, sowie in bestimmten Zellen der Bauchspeicheldrüse. Die heute als Endorphine bekannten Peptide tauchten sowohl im Gehirn als auch in einer Drüse auf; genauer gesagt, Neuronen im Gehirn und Zellen im Vorderlappen der Hypophyse synthetisieren ein Protein, das Pro-Opiomelanocortin, das mehrere Botenpeptide umfaßt, darunter das Beta-Endorphin, einen mutmaßlichen Neurotransmitter, und das Hormon Corticotropin. (Letzteres wird vom Vorderlappen ausgeschüttet und regt die Nebennierenrinde an.) An manchen Stellen im Gehirn tragen Neuronen Rezeptoren, die Opiate wie Morphin binden, und man weiß, daß einige dieser Stellen – nicht alle – mit der Schmerzwahrnehmung zu tun haben. Die natürlicherweise im Gehirn vorkommenden Endorphine können sich an diese Rezeptoren binden. Auch die Enkephaline (zwei leicht unterschiedliche Pentapeptide) sind dazu fähig. Man weist Enkephaline heute auch als Bestandteile längerer Peptide nach, etwa des sogenannten Dynorphins.

Durch die Untersuchung von Neuropeptiden wird Dales Prinzip insofern modifiziert, als man die Peptide manchmal in Neuronen findet, von denen man bereits weiß, daß sie einen der klassischen Neurotransmitter verwen-

2.11 Die Substanz P und ihre Rezeptoren sind ein Beispiel für neuere Entdeckungen, wonach eine Reihe von Peptiden (kurzen Aminosäureketten) im Gehirn aktiv ist, vielleicht als Neurotransmitter. Sie werden allgemein als Neuropeptide bezeichnet. Substanz P ist ein Neuropeptid aus zehn Aminosäuren. Wie mehrere andere Neuropeptide wurde sie zunächst im Darm gefunden und erst dann im Gehirn: in Nervenzellkörpern, Axonen und Axonendigungen. Auch Neuronen mit Substanz-P-Rezeptoren an ihrer Oberfläche sind entdeckt worden. In diesen Mikrophotographien, die bei schwacher Vergrößerung Querschnitte eines Rattengehirns zeigen, wurde die Verteilung der Substanz P (oben) durch ein immunologisches Verfahren nachgewiesen. Man markierte einen Antikörper gegen Substanz P mit dem radioaktiven Isotop Iod-125 und brachte ihn auf die Hirnschnitte auf. Diese wurden dann mit einer photographischen Emulsion überzogen, in die die Radioaktivität durch Umwandlung von Silberhalogenid in schwarze metallische Körner ein deutliches Muster hinterließ. Die Mikroaufnahme zeigt die Emulsion, nicht das darunterliegende Gewebe. Die Verteilung der Substanz-P-Rezeptoren (unten) wies man auf ähnliche Weise nach, indem man die Substanz P mit Iod-125 markierte und auf Gewebeschnitte aufbrachte, so daß sie (und ihr Marker) sich dort an Rezeptoren binden konnten. Eigenartigerweise scheint sich die grobe Verteilung der Substanz P nur wenig mit der der Substanz-P-Rezeptoren zu decken. So ist beispielsweise die Substantia nigra – an der Basis jedes Schnittes etwa zwei Zentimeter beiderseits der Mittellinie – reich an Substanz P, aber arm an Rezeptoren. Vielleicht ist hier eine Klasse von Rezeptoren mit niedriger Affinität für die Substanz P der Entdeckung entgangen. Die Verteilung der Substanz P wurde von Stafford McLean von den National Institutes of Mental Health bestimmt, die der Rezeptoren von Richard B. Rothman, Miles Herkenham und Candace B. Pert (ebenfalls am N.I.M.H).

den. Einige Zellen enthalten sowohl das vasoaktive intestinale Peptid als auch Acetylcholin. Andere enthalten Cholecystokinin und Dopamin, wieder andere die Substanz P und Serotonin. Ein Neuron vermag folglich eine Mischung chemischer Boten auszusenden, die zweifellos unterschiedlich wirken. Die klassischen Neurotransmitter öffnen Ionenkanäle in der postsynaptischen Membran und vermitteln auf diese Weise ziemlich direkt zwischen der bioelektrischen Aktivität der präsynaptischen und jener der postsynaptischen Zelle. Die Monoaminneurotransmitter verfügen über einen weiteren Wirkungsmechanismus: Sie scheinen den Stoffwechselzustand der postsynaptischen Zelle zu verändern. Neuropeptide tun ebenfalls beides. Zusätzlich sind einige von ihnen, darunter die Endorphine, an einem eigenartigen Wirkungsmechanismus beteiligt: Dabei öffnet das ankommende Neuropeptid weder postsynaptische Kanäle noch führt es Stoffwechselveränderungen herbei; trotzdem behindert es irgendwie die Fähigkeit der postsynaptischen Zelle, auf eintreffende klassische Neurotransmitter — seien sie nun erregend oder hemmend — zu reagieren. Um einen Ausdruck zu gebrauchen, den Floyd E. Bloom von der Scripps Clinic in Kalifornien bevorzugt: Das Neuropeptid „entfähigt" zeitweilig die postsynaptische Zelle. Es zeichnet sich also die Möglichkeit ab, daß eine Mischung von Botenstoffen, die einen synaptischen Spalt überqueren und an einer postsynaptischen Membran ankommen, eine äußerst komplexe Folge von Ereignissen auslöst. Dieses Bild wird noch komplizierter, wenn man berücksichtigt, daß Neuronen ihren Input meistens von verschiedenen Gehirnstrukturen erhalten, was allein schon verschiedene chemische Vermittler impliziert. Im Kleinhirn beispielsweise tragen die als Purkinje-Zellen bezeichneten Neuronen Rezeptoren sowohl für Noradrenalin als auch für GABA. Andere Neuronen des Kleinhirns (welche die Purkinje-Zellen beeinflussen) besitzen bekanntermaßen Rezeptoren für GABA sowie solche für Serotonin. Mutet die Entdeckung eines Peptids sowohl im Darm als auch im Gehirn wie ein demütigender Scherz an? Vielleicht zeigt sie uns einfach, daß sich bestimmte Moleküle in besonderer Weise als Botensubstanzen eignen. Die Evolution hat sie an vielen Orten eingesetzt. Erscheint die Anzahl der Substanzen, die man für Neurotransmitter hält — es sind inzwischen Dutzende —, nicht als Überfluß? Möglicherweise spiegelt sich in ihr einfach die Vielfalt und Differenziertheit interzellulärer Kommunikation wider.

Gliazellen

Jetzt wollen wir in den „trüben Nebel" schauen, der ein Nissl-gefärbtes Neuron umgibt (Abb. 2.12). Er ist keineswegs strukturlos; man sieht schwarze Flecken in ihm. Die meisten dieser Flecken sind die Kerne von Gliazellen oder — in wörtlicher Übersetzung — „Leimzellen": Zellen, die im ganzen Zentralnervensystem die Neuronen unterstützen. Es gibt vermutlich zehnmal so viele Gliazellen wie Neuronen. Dennoch bleibt der Zellkörper, in den jeder Gliazellkern eingebettet ist, in Nissl-Präparaten unsichtbar, denn er enthält zu wenig Ribosomen, um genügend Nissl-Farbstoff zu binden.

Die größten, aber am schwächsten angefärbten Flecken im trüben Nebel sind eigentümlich glasig-helle Kerne; jeder von ihnen gehört zu einem unregelmäßig geformten Zellkörper, der in histologischen Präparaten, die ihn sichtbar machen, manchmal wie ein stilisierter Stern aussieht, weil seine ge-

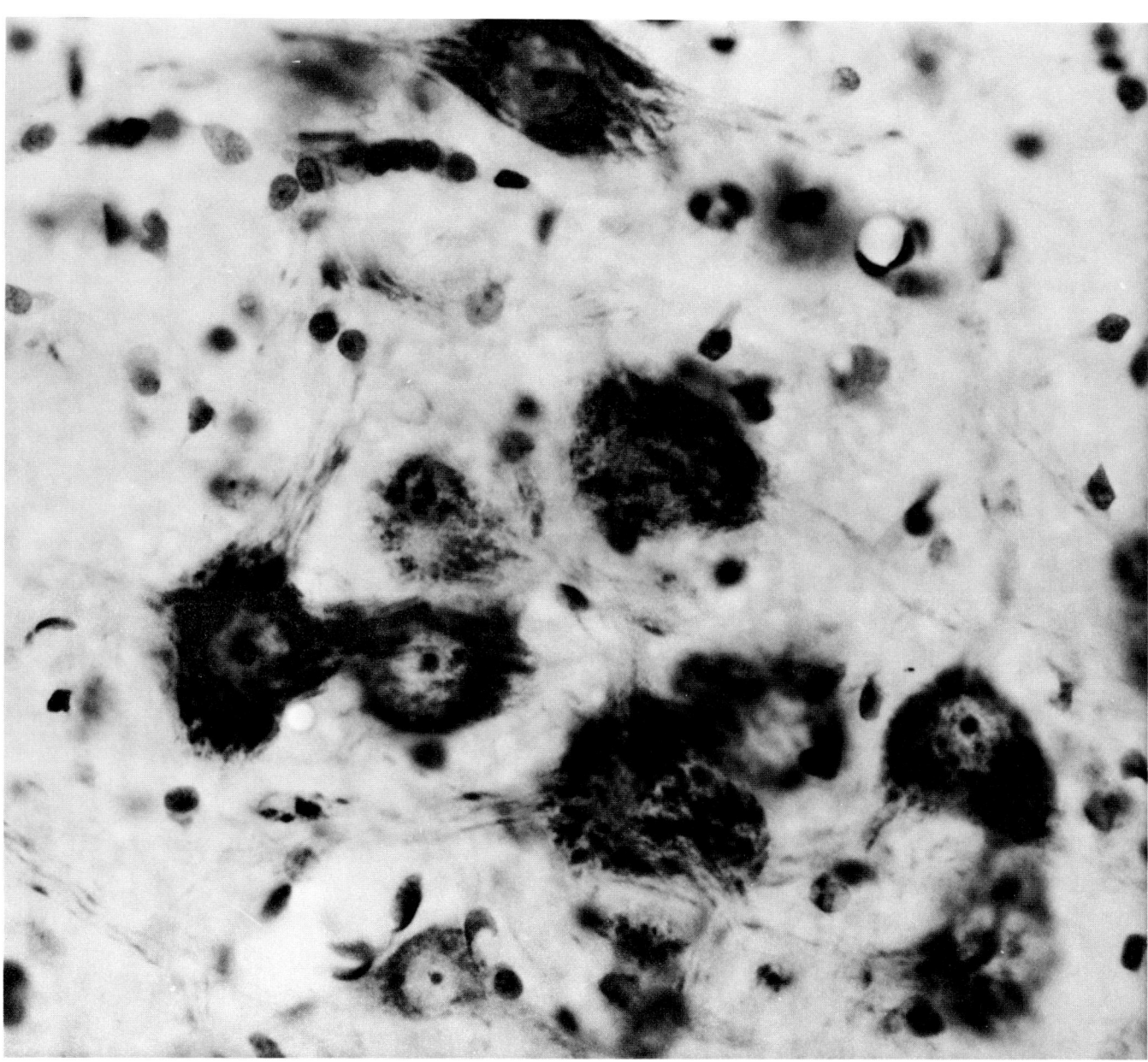

2.12 Der „trübe Nebel" ist der Ausdruck, mit dem der spanische Neuroanatom Santiago Ramón y Cajal seinen Ärger darüber zum Ausdruck brachte, daß in Geweben, die man zum Nachweis von Zellkörpern angefärbt hat, neuronale Fortsätze kurz nach dem Austritt aus ihren Zellkörpern „verschwinden". Hier, in Nissl-gefärbtem Gewebe aus dem Gehirn einer Ratte (genauer gesagt, aus dem motorischen Trigeminuskern), kommen Dendriten aus mehreren Nervenzellkörpern hervor. In die Dendriten dringen langgezogene Strähnen von Nissl-Substanz ein, durch die sich ihr anfänglicher Verlauf aufspüren läßt. Dann jedoch verschwinden die Dendriten. Dennoch ist der „trübe Nebel" keineswegs strukturlos. Er wird von den Kernen nichtneuronaler Zellen bevölkert, die man unter der Bezeichnung Glia (griechisch für „Leim") zusammenfaßt. Die größten, am schwächsten gefärbten Flecken sind die Kerne von Gliazellen, die Astrocyten heißen; die dunkleren Flecken entsprechen den Kernen von Zellen, die man als Oligodendroglia (oder auch Oligodendrocyten) bezeichnet, und die dunkelsten, eckigen Flecken denen der sogenannten Mikroglia. Um ein paar Beispiele zu geben: Einige nahe beieinanderliegende gliale Kerne bilden oben links in der Mikrophotographie einen augenbrauenförmigen Halbmond. Drei runde, ziemlich dunkel gefärbte Körper bilden die Mitte des Halbmondes; sie sind die Kerne von Oligodendrogliazellen. Der größere, heller gefärbte Körper, der an den linken der drei grenzt, ist der Kern eines Astrocyten und der sehr dunkle Fleck am rechten Rand des Halbmondes der Kern einer Mikrogliazelle. Der kleine weiße Kreis oben rechts stellt ein Blutgefäß dar. Es wird von zwei dunklen Halbmonden begrenzt: den Kernen von Gefäßendothelzellen.

zackten Seiten bisweilen spitz zulaufen (Abb. 2.13). Darüber hinaus (und das ist vielleicht charakteristischer für sie) besitzen diese Zellen viele Fortsätze, die seitlich ausstrahlen wie ein berstender Stern. Der Name Astrocyt (nach dem griechischen *astron* für „Stern") ist in beiden Fällen treffend. Astrocyten bilden den Hauptteil der Matrix – des molekularen Gerüsts –, in welche Neuronen eingebettet sind. Die Astrocyten nahe der Oberfläche des Zentralnervensystems haben eine zusätzliche Aufgabe. Sie schicken Fortsätze an die Oberfläche, wo ihre Enden sich zu einer begrenzenden Membran, einer Gliakapsel, vereinen, die die Außenwand des Gehirns und des Rückenmarks bildet. Die Oberfläche dieser Kapsel liegt direkt unter der Pia mater, der innersten der Hirnhäute des Zentralnervensystems. Tatsächlich verschmelzen die Gliakapsel und die Innenschicht der Pia mater miteinander zur sogenannten pia-glialen Membran. Diese Membran ist überall zu finden: Sie bedeckt das Zentralnervensystem vollständig und ohne Unterbrechung. Wo immer ein Blutgefäß in das Zentralnervensystem einzudringen scheint, liegt es in Wirklichkeit in einem von der pia-glialen Membran gebildeten Trichter. Auf diese Weise werden Blutgefäße daran gehindert, direkten Kontakt mit Neuronen aufzunehmen.

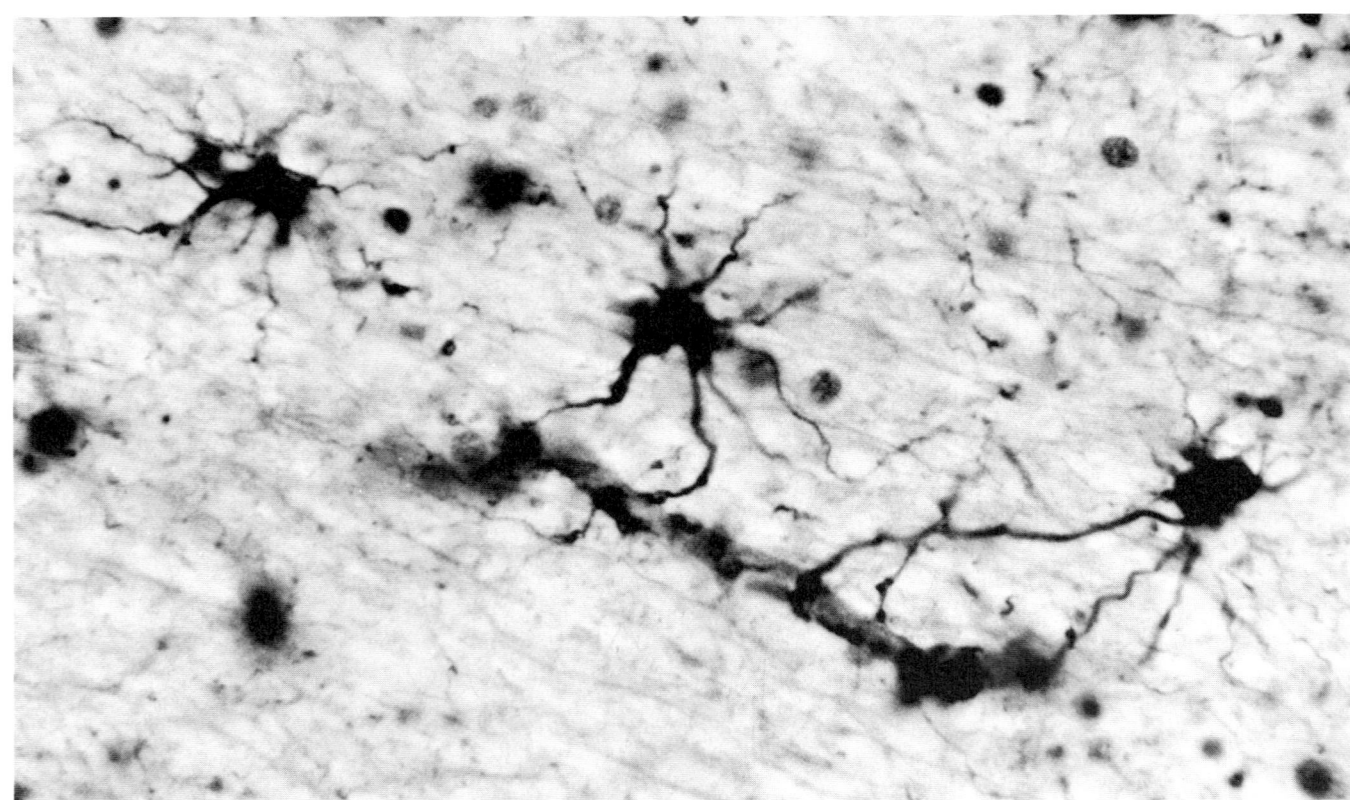

2.13 Astrocyten sind die größten Gliazellen; ihre eckigen Zellkörper entsenden eine Fülle von Fortsätzen, die sich strahlenförmig nach außen ausbreiten wie ein berstender Stern. In dieser Mikrophotographie ist Gewebe aus dem axonalen „Kabelkeller" unter der Großhirnrinde eines menschlichen Gehirns mit dem Cajalschen Goldsublimatverfahren gefärbt worden, das für Astrocyten spezifisch ist. Mehrere dieser Zellen sind zu sehen. Zwei von ihnen schicken ihre Fortsätze zu einem kleinen Blutgefäß, das die untere Bildmitte kreuzt. Dort tragen die Endfüßchen der Astrocytenfortsätze zu einer membranösen Gliakapsel bei, die das Gefäß daran hindert, mit Nervengewebe in Verbindung zu treten. Astrocyten dienen anscheinend dazu, neuronale Räume abzugrenzen. Tatsächlich schließen die Endfüßchen von Astrocytenfortsätzen die Oberfläche von Gehirn und Rückenmark nach außen ab.

Ein zweiter Typ von Gliazelle ist in Nissl-Präparaten durch einen sehr viel dunkleren, runden Kern gekennzeichnet, in dem die Nucleinsäuren sich gewöhnlich dichter zusammenballen. Es handelt sich um die Oligodendrogliazelle (Abb. 2.14), was soviel bedeutet wie „Leimzelle mit wenigen Fortsätzen". Zwar hat diese Zelle wirklich weniger Fortsätze als ein Astrocyt, doch sind es immer noch Dutzende: Das Elektronenmikroskop macht sie sichtbar. Die Oligodendroglia überzieht Axone in Gehirn und Rückenmark mit einer Schicht aus Lipid und Protein, die man als Myelin- oder Markscheide bezeichnet (Abb. 2.15). Die Oberflächenmembranen einer Oligodendrogliazelle legen sich fest aufeinander, um bis zu 40 schleierartige Ausläufer hervorzubringen, und jeder dieser Ausläufer — im wesentlichen eine doppelte Zellmembran — hüllt sich um ein Axon. In dem Maße, wie das Axon im sich entwickelnden Zentralnervensystem dicker wird, kommen weitere Hüllschichten hinzu. Je dicker also das Axon ist (bei Säugetieren messen die dicksten Axone einschließlich Myelin zwischen 12 und 14 Mikrometer im Durchmesser), desto dicker ist seine Markscheide. Andererseits erhalten Axone, deren Durchmesser einen bestimmten Grenzwert unterschreitet, überhaupt keine solche Scheide. Dieser Grenzwert scheint ungefähr bei

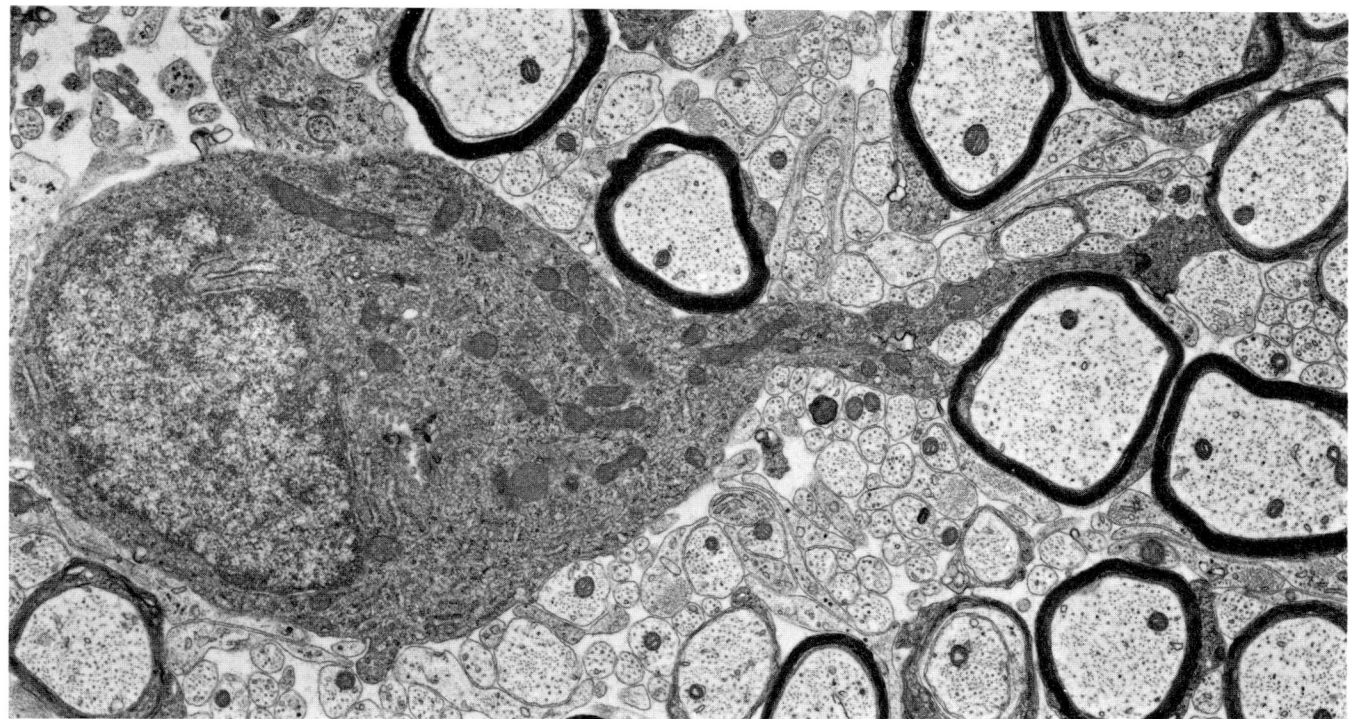

2.14 Die Oligodendroglia umkleidet die Axone von Neuronen in Gehirn und Rückenmark mit einer Hülle aus dem fettigen Isolierungsmaterial, das Myelin heißt. Diese elektronenmikroskopische Aufnahme zeigt einen Ausschnitt aus dem Rückenmark einer neugeborenen Katze in 12 200facher Vergrößerung. Links liegt der Zellkörper einer Oligodendrogliazelle. Ihr Kern (ganz links außen) füllt fast den gesamten Zellkörper aus. Nach rechts entsendet die Zelle einen Ausläufer oder Fortsatz, der mit zwei quergeschnittenen Axonen in Verbindung tritt. Eine Oligodendrogliazelle entsendet viele solche Ausläufer und kann so mit 40 oder mehr Axonen in Kontakt treten, wobei sie jedes mit einer Hülle ausstattet, die einen Abschnitt des Axons bedeckt. Oligodendrogliazellen entlang des übrigen Axons steuern die anderen Abschnitte der Hülle bei. In diesem Bild füllt eine Vielzahl kleiner Axone den größten Teil der restlichen Fläche aus; einige von ihnen hätten sich während des Wachstums des Tieres noch vergrößert und dann ebenfalls eine Myelinscheide erhalten. Die elektronenmikroskopische Aufnahme (wie auch die in Abbildung 2.15) stammt von Cedric S. Raine vom Albert Einstein College of Medicine der Yeshiva University.

einem halben Mikrometer zu liegen. Nach Abschluß der Myelinisierung ist das ganze Axon von Lipoprotein umhüllt – mit Ausnahme des Axonhügels, des Initialsegments und der Endigungen; ebenfalls myelinlos sind eine Reihe schmaler Lücken entlang des ganzen Axons, die jeweils da entstehen, wo die von einer Oligodendrogliazelle gelieferte Scheide aufhört und die einer anderen beginnt. Diese Lücken nennt man Ranviersche Schnürringe. Sie sind die einzigen Stellen jenseits des Initialsegments, an denen Ionen in ein myelinisiertes Axon eindringen oder es verlassen können. Die Weiterleitung eines Impulses in einem myelinisierten Axon muß folglich diskontinuierlich erfolgen: Sie läßt sich nicht einfach als das Weitereilen eines veränderten bioelektrischen Potentials erklären. Die Erregungsleitung ist nur möglich, weil alle Ranvierschen Schnürringe genau wie das Initialsegment des Axons nach dem Alles-oder-Nichts-Prinzip funktionieren; jeder Schnürring ist mit einer granulären Verdichtung unter der Membran ausgestattet, an der der Impuls regeneriert wird. Der Impuls springt von Schnürring zu Schnürring und pflanzt sich auf diese Weise sehr viel schneller fort, als es bei einem myelin-

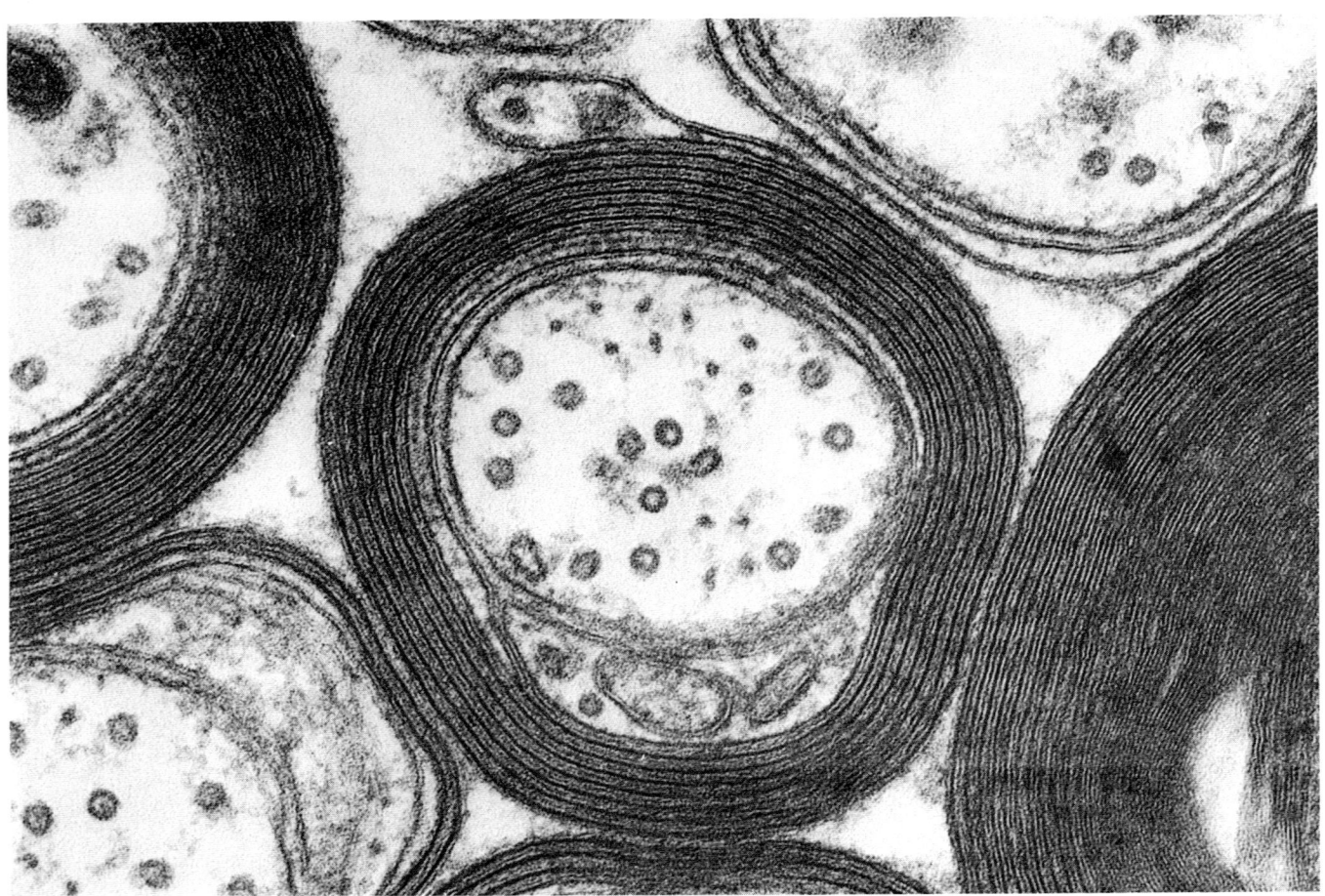

2.15 Diese Nahansicht von Myelin zeigt im Detail, wie Oligodendrogliazellen die Myelinscheide herstellen. Oberhalb des Axons im Zentrum des Bildes befindet sich ein oligodendroglialer Fortsatz, der – wie das Axon – quergeschnitten ist. Nach rechts hin verdichtet sich der Fortsatz zu einer Zellmembrandoppelschicht; diese Doppelschicht ist dann etliche Male um das Axon gewickelt. Die Umwicklung erfolgt im Uhrzeigersinn. Am Ende der innersten Wicklung dehnt sich der Fortsatz wieder aus und bildet so eine letzte, mit Cytoplasma gefüllte Kammer. Das Axon selbst umfaßt mehrere Mikrotubuli. Die elektronenmikroskopische Aufnahme zeigt Gewebe aus dem Rückenmark eines Hundes in 163 000facher Vergrößerung.

losen Zellfortsatz möglich ist. Man spricht hier von saltatorischer − „sich in Sprüngen fortbewegender" − Erregungsleitung. Es ist nicht verwunderlich, daß Bahnen für die neuronale Langstreckenkommunikation, die eher Zentimeter als Millimeter überspannen, bei Wirbeltieren fast immer von myelinisierten Axonen gebildet werden.

Der letzte Gliazelltyp im Zentralnervensystem ist die Mikroglia. Der Kern dieser Zellen ist selten rund oder auch nur oval; er hat oft eckige Form. Unter den Gliakernen, die im trüben Nebel zu sehen sind, ist dieser Kern der dunkelste. Mikrogliazellen scheinen ihren Ursprung nicht in den embryonalen Geweben zu haben, aus denen sich das Zentralnervensystem entwickelt. Man nimmt vielmehr an, daß sie zusammen mit einwachsenden Blutgefäßen hineingelangen. Auf jeden Fall sind Mikrogliazellen die einzigen Zellen im Zentralnervensystem, die „militant" werden können. Das bedeutet, daß sie sich als Reaktion auf einen pathologischen Prozeß in Phagocyten verwandeln: Zellen, die Mikroben und Gewebeabbauprodukte fressen.

Wie viele Neuronen?

Da die Zellkörper von Gliazellen in Nissl-Präparaten unsichtbar bleiben, kann die Nissl-Technik nichts anderes zeigen als die Verteilung von Nervenzellkörpern in einem Gewebeschnitt. Doch aufgrund dieser Schwäche − oder vielmehr dank dieser Stärke − gewährt jene Technik einen orientierenden Überblick über die Zellarchitektur von Gehirn und Rückenmark und erlaubt, ganz grundlegend, ein einfaches Auszählen der Nervenzellen pro Volumeneinheit. Wie viele Neuronen kommen im menschlichen Zentralnervensystem vor? Echte sensorische Neuronen sitzen nicht im Zentralnervensystem, sondern in Ganglien, die Gehirn und Rückenmark begleiten; um die Frage zu beantworten, muß man also vermittelnde und motorische Neuronen zusammenrechnen. Oft hört man einfach 10^{10} als Antwort. Die Zahl ist attraktiv − leicht zu merken und leicht wiederzugeben. Es gibt jedoch Gruppen von Neuronen, die so klein und so dicht zusammengedrängt sind, daß sich ihre Zahl nur schwer oder überhaupt nicht schätzen läßt. Die Körnerzellen bilden eine solche Gruppe. Es gibt so viele Körnerzellen in nur einem Teil des menschlichen Gehirns, nämlich im Kleinhirn, daß die geschätzte Zahl von 10^{10} Neuronen im gesamten Zentralnervensystem ziemlich fragwürdig erscheint. Die Summe aller Neuronen im Zentralnervensystem könnte ohne weiteres eine, vielleicht sogar zwei Größenordnungen höher liegen.

Nehmen wir also an, die Gesamtsumme betrage 10^{12}. Wie viele dieser Nervenzellen sind motorische Neuronen? Schätzt man die Zahl der Axone, die das Zentralnervensystem verlassen, um Muskelfasern zu erregen, so kommt man auf zwei oder drei Millionen − beunruhigend wenig, wenn man bedenkt, daß die Arbeit des Nervensystems einzig und allein durch motorische Neuronen ihren Ausdruck in Körperbewegungen finden kann. Dieser Zahl nach müssen motorische Neuronen hoch im Kurs stehen, und zahlreiche Einflüsse müssen auf ihnen zusammenlaufen; anders ausgedrückt, ein typisches motorisches Neuron muß Synapsen von einer Vielzahl von Axonen erhalten, die ihrerseits von vielen verschiedenen Neuronen des großen vermittelnden Netzwerkes ausgesandt wurden. Und genau so ist es auch. Ein typisches Motoneuron hat vielleicht 10 000 *boutons terminaux* an seiner

Oberfläche. Etwa 8000 befinden sich an seinen Dendriten und etwa 2000 an seinem Zellkörper. Das heißt nicht etwa, daß auf ein motorisches Neuron 10 000 vermittelnde Neuronen (Interneuronen) einwirken; diese stellen gewöhnlich mehrfache synaptische Kontakte her, wenn sie mit einer Zelle kommunizieren. Dennoch muß das durchschnittliche motorische Neuron (als eines unter sehr wenigen) vielfältigen Einflüssen ausgesetzt sein; wenn es wirklich 10^{12} Neuronen im Zentralnervensystem gibt, entfallen auf jedes einzelne Motoneuron nicht weniger als eine halbe Million Neuronen des großen vermittelnden Netzwerkes. Nicht ohne Grund hat Charles Sherrington das motorische Neuron und besonders sein Axon als die „gemeinsame Endstrecke" des Nervensystems bezeichnet.

Ein letzter Schluß ist noch aus den angeführten Zahlen zu ziehen: Mit Ausnahme der paar Millionen motorischen Neuronen bildet das gesamte menschliche Zentralnervensystem (Gehirn und Rückenmark) ein großes vermittelndes Netzwerk. Und wenn jenes Netzwerk tatsächlich 99,9997 Prozent aller Neuronen im Zentralnervensystem umfaßt, wird diese Zahl ziemlich bedeutungslos: Sie beschreibt dann bloß noch, mit welch ungeheurer Komplexität man konfrontiert ist, wenn man versucht, das Nervensystem zu verstehen. Diese Zahl bleibt nur insofern nützlich, als sie uns daran erinnert, daß die allermeisten Neuronen des Gehirns, strenggenommen, weder sensorisch noch motorisch sind. Sie sind vielmehr zwischen die echt sensorische und die echt motorische Seite des Gefüges eingeschoben. Sie bilden die Komponenten eines Informationsverarbeitungsnetzwerkes.

3. Anatomische Unterteilungen

Beim Embryo eines jeden Wirbeltieres treten Gehirn und Rückenmark zuerst lediglich als ein Schlauch in Erscheinung, der von einem nur eine Zellschicht dicken Epithel gebildet wird. Den vorderen Teil dieses Schlauches oder Rohres umschließt später die Hirnschale. Aber schon lange bevor es dazu kommt, entwickeln sich in jenem Abschnitt drei knollige Schwellungen, die sogenannten primären Hirnbläschen (Abb. 3.1). Von hinten nach vorne folgen das Rhombencephalon oder Rautenhirn, das Mesencephalon (Mittelhirn) und das Prosencephalon (Vorderhirn) aufeinander. Bei allen dreien leitet sich der griechische Name von der Endung *-encephalon* her, was „im Kopf" bedeutet. Bei höheren Wirbeltieren ist das Vorderhirn gewissermaßen das produktivste der drei Hirnbläschen, sowohl bezüglich der weiteren Untergliederung als auch hinsichtlich der weiteren Differenzierung. Als wichtigstes Ereignis in seiner Ontogenese kann die Bildung je einer Kammer auf seiner linken und seiner rechten Seite gelten. Diese Kammern entwickeln sich zu den Großhirnhemisphären – man spricht auch vom Telencephalon oder Endhirn –, die bei niederen Wirbeltieren wie Fischen von bescheidener Größe, bei höheren Arten jedoch riesig sind. Zwischen den Großhirnhemisphären liegt der unpaare Mittelteil des Vorderhirns, von dem die Hemisphären ausgehen. Man nennt ihn Diencephalon, was wörtlich „Zwischenhirn" bedeutet. Gleichzeitig mit diesen Entwicklungen bringt das Prosencephalon

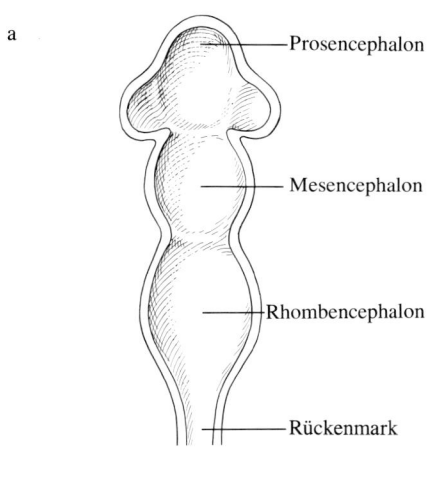

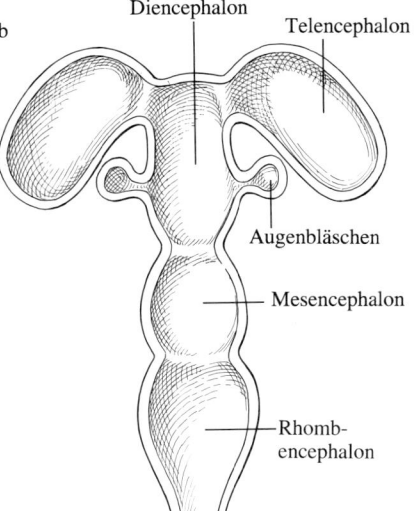

3.1 Die primären Hirnbläschen sind ein frühes Anzeichen dafür, daß das Gehirn im Embryo eines Wirbeltieres Gestalt annimmt. Es handelt sich um eine Gruppe von drei knollenförmigen Schwellungen am vorderen Ende des Neuralrohres, des Vorläufers von Gehirn und Rückenmark. Diese Schwellungen sind, von hinten nach vorne, das zukünftige Rhombencephalon oder Rautenhirn, das zukünftige Mesencephalon oder Mittelhirn und das zukünftige Prosencephalon oder Vorderhirn. In einem menschlichen Embryo sind die primären Hirnbläschen bereits vor der fünften Schwangerschaftswoche zu erkennen (a). Dann, in der fünften Woche, beginnt das Diencephalon, die zentrale Kammer des Vorderhirns, Seitenkammern zu entwickeln: das Telencephalon, die späteren Großhirnhemisphären (b).

49

in etwas ventralerer Lage ein weiteres Paar lateraler Ausstülpungen hervor, die sogenannten Augenbläschen.* Selbst blinde Tiere haben solche Augenbläschen, aber bei sehenden Tieren dehnen sie sich bis an die Kopfoberfläche aus. Sie entwickeln sich letztlich zu den beiden Netzhäuten, die durch ihre „Stiele", die Sehnerven, mit der Basis des Vorderhirns verbunden sind. Schließlich bildet die ventrale Wand des primären Prosencephalon in der Medianebene eine unpaare Ausstülpung, die sich zum Hinterlappen des Hirnanhangsdrüsen- oder Hypophysenkomplexes (zur Neurohypophyse) weiterentwickelt.

Caudale Unterteilungen

Abbildung 3.2 veranschaulicht das Ergebnis all dieser Ereignisse; die schematische Zeichnung gilt im großen und ganzen für alle Säugetiere und zeigt die Untergliederung ihres Zentralnervensystems in mehrere Abschnitte und Teilbereiche. Viele der Grenzlinien sind eher konzeptioneller als biologischer Natur, denn die einzelnen Nervenstrukturen gehen ineinander über. Aber Trennlinien — selbst willkürlich gezogene — sind willkommen. Auf der linken Seite der Abbildung befindet sich der erste, caudalste Abschnitt des Zentralnervensystems, das Rückenmark, das hier äußerst verkürzt gezeichnet ist. Dann richtet sich der Blick des Betrachters — ohne daß es auf einer bestimmten Höhe einen plötzlichen Übergang gäbe — auf das voll ausgebildete Rhombencephalon, das den caudalsten Teil des Gehirns darstellt. Wir werden diesen Teil oft als Rautenhirn bezeichnen (was dem griechischen Begriff entspricht). Die Vorsilbe *rhomb-*, die dem bei allen großen Unterteilungen des Gehirns benutzten Stamm *-encephalon* voransteht, bezieht sich auf eine allmähliche Erweiterung des hintersten Gehirnabschnitts, der — ähnlich einem Rhombus oder einer Raute — seine maximale Breite ungefähr auf halber Länge erreicht und sich oberhalb und unterhalb verjüngt. Die Organisation dieses Gehirnteiles stimmt bei allen Wirbeltierordnungen bemerkenswert stark überein. Der caudale, direkt in das Rückenmark übergehende Abschnitt des Rhombencephalon heißt Myelencephalon (vom griechischen *myelos* für „Mark"). Er wird auch Medulla oblongata genannt, was der lateinische Ausdruck für „verlängertes Mark" ist. Beide Bezeichnungen gründen sich auf denselben Sachverhalt. Frühe Anatomen hatten zunächst dem weichen, weißlichen Gewebe innerhalb der Knochen der Wirbelsäule den nahe-

---

* Die Begriffe ventral und lateral dienen als eine Art Navigationshilfe. Es gibt noch einige andere. Durch das ganze Buch hindurch gelten für sie folgende Definitionen. Das Wort median (vom lateinischen *medium* für „Mitte") bezeichnet eine Lage in der mittleren Ebene des Zentralnervensystems, also auf der Mittellinie eines Querschnittes durch das Nervensystem. Das Wort medial steht für eine Lage zur mittleren Ebene hin; eine Struktur kann also nur in bezug auf irgendeine andere Struktur medial liegen. Das Wort lateral (vom lateinischen *latus* für „Seite") bezeichnet eine von der mittleren Ebene entfernte Position. Wieder ist der Begriff relativ. Das Wort rostral (vom lateinischen *rostrum* für „Schnauze") bedeutet „zu dem Ende des Organismus hin, das der Nase am nächsten liegt". Anterior ist ein Synonym dafür. Das Wort caudal (vom lateinischen *cauda* für „Schwanz") und das Synonym posterior bedeuten „zum Schwanzende des Organismus hin". Das Wort dorsal (vom lateinischen *dorsum* für „Rücken") bedeutet „zur Rück(en)seite des Organismus hin" und das Wort ventral schließlich (vom lateinischen *venter* für „Bauch") „zur Vorderseite hin". Bei diesen Definitionen haben wir allerdings eine Komplikation außer acht gelassen, die für die vergleichende Anatomie des Gehirns von Bedeutung ist. Einige Tiere gehen auf allen Vieren, so daß sich das Rückenmark waagerecht hinter dem Gehirn hinzieht, andere Tiere dagegen bewegen sich auf zwei Beinen, so daß das Rückenmark vom Gehirn aus senkrecht absteigt, und genau dieser Unterschied macht alle Versuche zunichte, eine völlig unzweideutige Nomenklatur zu erstellen.

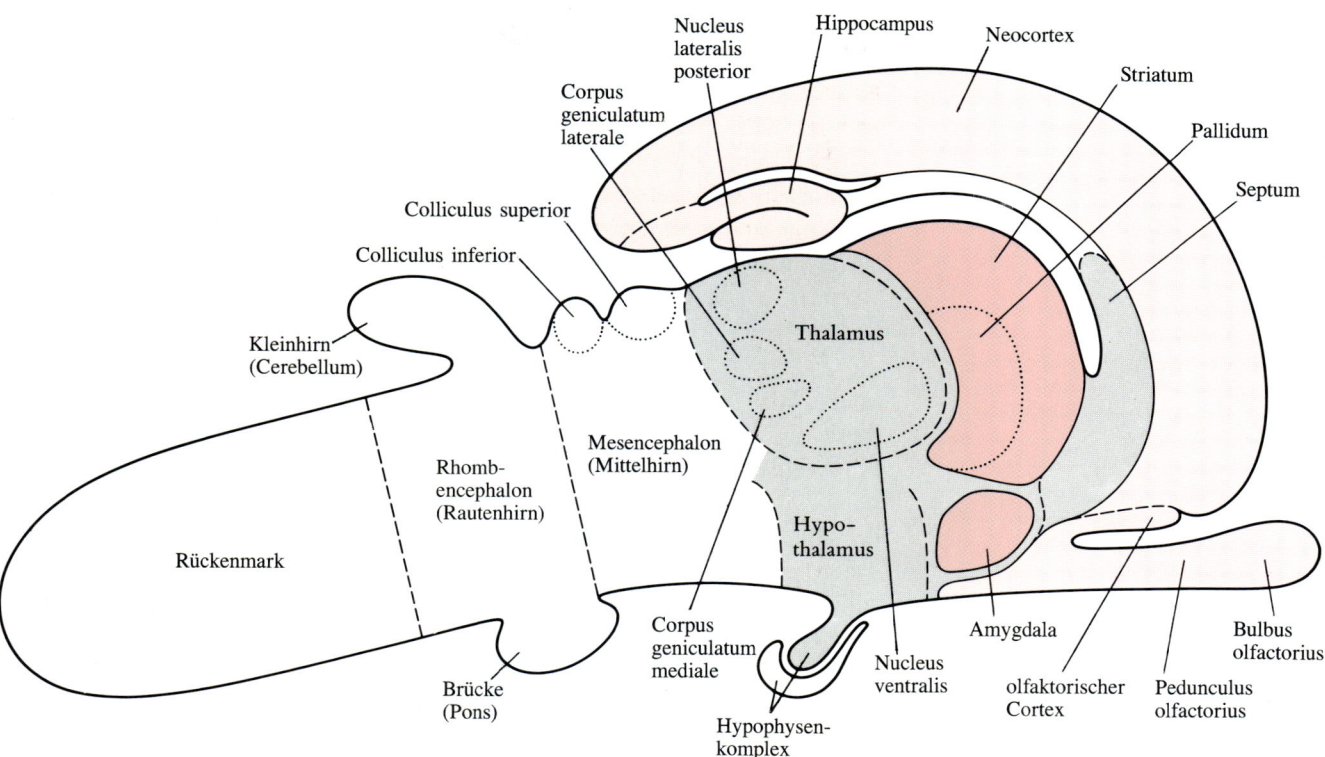

liegenden Namen Rücken-*Mark* (Medulla spinalis) gegeben, und die caudale Hälfte des Rhombencephalon wurde dann in Fortführung dieser Logik benannt. Das Myelencephalon wird auch als Nachhirn bezeichnet.

Die rostrale Hälfte des Rhombencephalon heißt Metencephalon, was sich vom griechischen *meta* für „nach, hinter" ableitet; die entsprechende deutsche Bezeichnung ist Hinterhirn. Das Metencephalon läßt sich noch weiter unterteilen. Sein ventraler Abschnitt wird Pons oder Brücke genannt, weil sich das Metencephalon dort zur sogenannten „Brücke des Varolio" oder „Varolsbrücke" (Pons Varolii) vorwölbt. (Costanzo Varolio war ein italienischer Anatom des 16. Jahrhunderts.) Sein dorsaler Teil ist ein Anhang, den man Cerebellum oder Kleinhirn nennt – wenngleich die Größe dieses Anhangs bei den verschiedenen Arten beträchtlich variiert: Während einige Fische über ein imposantes Kleinhirn verfügen, ist es bei den meisten Amphibien winzig. Seine stammesgeschichtliche Entwicklung läßt vermuten, daß das Cerebellum anfänglich nur dem Vestibularsystem (dem Gleichgewichtssinn) diente, aber dann später auch von anderen sensorischen Systemen in Anspruch genommen wurde. Schließlich liefen fast alle Sinne über das Kleinhirn. Eine Auflistung der Kleinhirneingänge beantwortet jedoch nicht die wichtigere Frage, wie die efferenten, also die von dieser Struktur nach außen führenden Nervenbahnen den Bedürfnissen des lebenden Tieres dienen. Eine Gruppe von Indizien ist sofort greifbar: Wenn man einen Menschen mit einer Kleinhirnschädigung auffordert, seinen Zeigefinger zur Nasenspitze zu führen, bleiben seine Bemühungen oft ohne Erfolg: Die Bewegungen erfolgen ruckartig, und das um so mehr, je näher der Finger seinem Ziel kommt. Diese motorische Störung heißt Ataxie, was wörtlich Verlust der Taxis, also der Ordnung, in den Körperbewegungen bedeutet. Die Ataxie ist der einzige Defekt, der sich bei einem solchen Patienten feststellen

3.2 Die hier gezeigten groben Unterteilungen des Zentralnervensystems gehen aus dem Neuralrohr hervor. Dargestellt ist das Gehirn eines Säugetieres. Zum Rautenhirn (Rhombencephalon) gehören eine massive dorsale Ausbuchtung, das Kleinhirn (Cerebellum), sowie auf der anderen Seite ein Vorsprung, den man als Brücke (Pons) bezeichnet. Das Mittelhirn (Mesencephalon) umfaßt zwei Erhebungen, den Colliculus inferior und den Colliculus superior. Das Vorderhirn (Prosencephalon) ist komplizierter untergliedert. Es besitzt einen äußeren Teil, die Großhirnhemisphäre (rot), und einen inneren Teil, das Zwischenhirn oder Diencephalon (grau). Beide Bereiche sind noch weiter unterteilt. Die Großhirnhemisphäre hat eine „Rinde" (Cortex cerebri, hellrot), die den Hippocampus, den Neocortex und die olfaktorischen Felder umfaßt. Darunter liegen (dunkelrot) der „Mandelkern" (Corpus amygdaloideum oder kurz Amygdala) und das Corpus striatum (mit seinen zwei Unterteilungen Striatum und Pallidum). Das Zwischenhirn umfaßt den Thalamus und den Hypothalamus, der in den Hinterlappen der Hirnanhangsdrüse oder Hypophyse übergeht. Das Septum betrachtet man am besten als eine Art Außenposten des Zwischenhirns. Das mit dieser Abbildung eingeführte Schema wird die Grundlage für eine Serie von Graphiken im gesamten Teil II dieses Buches sein.

läßt. Ein Sinnesverlust tritt nicht auf. Das Kleinhirn stellt also offenbar einen Mechanismus dar, der Botschaften von allen oder den meisten Sinnen integriert und dieses Integral dann Einfluß auf die Bewegungen des Organismus nehmen läßt.

Rostral vom Rhombencephalon liegt das Mesencephalon oder Mittelhirn. Bei einem Säugetier entwickelt das Mittelhirn zwei dorsale Paare von Vorwölbungen; sie bilden zusammen die sogenannte Vierhügelplatte, die auch als Lamina quadrigemina sowie als Tectum mesencephali oder einfach als Tectum, was „Dach" bedeutet, bekannt ist. Das caudale, untere Paar sind die Colliculi inferiores (vom lateinischen *colliculus* für „kleiner Hügel"), die zu den zentralen Leitungsbahnen für das Hören zählen. Das rostrale, obere Paar – die Colliculi superiores – gehört zur Sehbahn. Abgesehen von den Colliculi bietet das Mittelhirn äußerlich wenig Anlaß für eine Unterteilung; tatsächlich ist es auch nur ein ziemlich kleiner Abschnitt des menschlichen Gehirns. Bei Wirbeltieren, die primitiver sind als Säugetiere, weist das dorsale Mittelhirn lediglich ein einziges Hügelpaar auf. Jeder dieser beiden Hügel entspricht insofern einem Colliculus superior, als seine Funktion visuell und nicht auditorisch ist. Deshalb spricht man hier auch vom Tectum opticum. Die funktionelle Entsprechung der Colliculi inferiores sitzt bei diesen Nichtsäugetieren tiefer und bildet keine Ausbuchtung an der Oberfläche.

Rostral vom Mittelhirn liegt der zentrale, unpaare Abschnitt des Prosencephalon, das Zwischenhirn. Seine dorsalen zwei Drittel bilden den Thalamus (dessen Name sich von dem griechischen Wort für „Zimmer" ableitet). Der Thalamus wird sich als eine entscheidende Zwischenstation erweisen, als ein letzter Kontrollposten, der Botschaften an die Großhirnrinde von allen Sinnen (außer, wie es scheint, dem Geruchssinn) abfängt und weitervermittelt. Man ist versucht, jede derartige Unterbrechung als Relais zu bezeichnen (tatsächlich spricht man von thalamischen Relaiskernen) oder sie mit den Wechseln bei einem Staffellauf zu vergleichen. Bei solchen Unterbrechungen im neuronalen Schaltkreis geschieht jedoch weit mehr als bei einem Staffellauf, bei dem jeder Läufer dem nächsten einfach einen Stab übergibt und dieser Stab somit in unveränderter Form zum Ziel gelangt. Die „Staffel" im Zentralnervensystem läuft ganz anders ab. Bei jeder synaptischen Unterbrechung einer sensorischen Bahn wird der Input umgewandelt: Der Code, in dem die Botschaft ankommt, wird grundlegend verändert. Vermutlich könnten die Daten sonst auf anderen Ebenen gar nicht „verstanden" werden; es ist also eine Übersetzung erforderlich, und man sollte die synaptischen Relaisposten daher besser als Verarbeitungsstationen bezeichnen.

Im Thalamus sind viele solcher Stationen zu finden. Jede von ihnen wird als Nucleus oder Kern bezeichnet, ein Begriff, der verwirrend sein mag. In einem cytologischen Kontext meint man damit natürlich den Zellkern. In der neuroanatomischen Nomenklatur jedoch versteht man darunter eine größere Gruppe von Nervenzellkörpern, die nahe beieinander liegen und einen Zellhaufen bilden, der in entsprechend gefärbten Schnitten des Gehirns oder des Rückenmarks mehr oder weniger deutlich von benachbarten Strukturen abgegrenzt ist (Abb. 3.3). Der Nucleus ventralis des Thalamus ist eine große Zellmasse. Ein Teil davon dient somatosensorischen Modalitäten, insbesondere der Exterozeption, also der Verarbeitung von Berührungs-, Schmerz- und Temperatursignalen von der Körperoberfläche, und der Propriozeption, der Wahrnehmung des Körpers selbst, in die Signale von Muskeln, Sehnen sowie Gelenkkapseln und -bändern einfließen. Andere thalamische Kerne

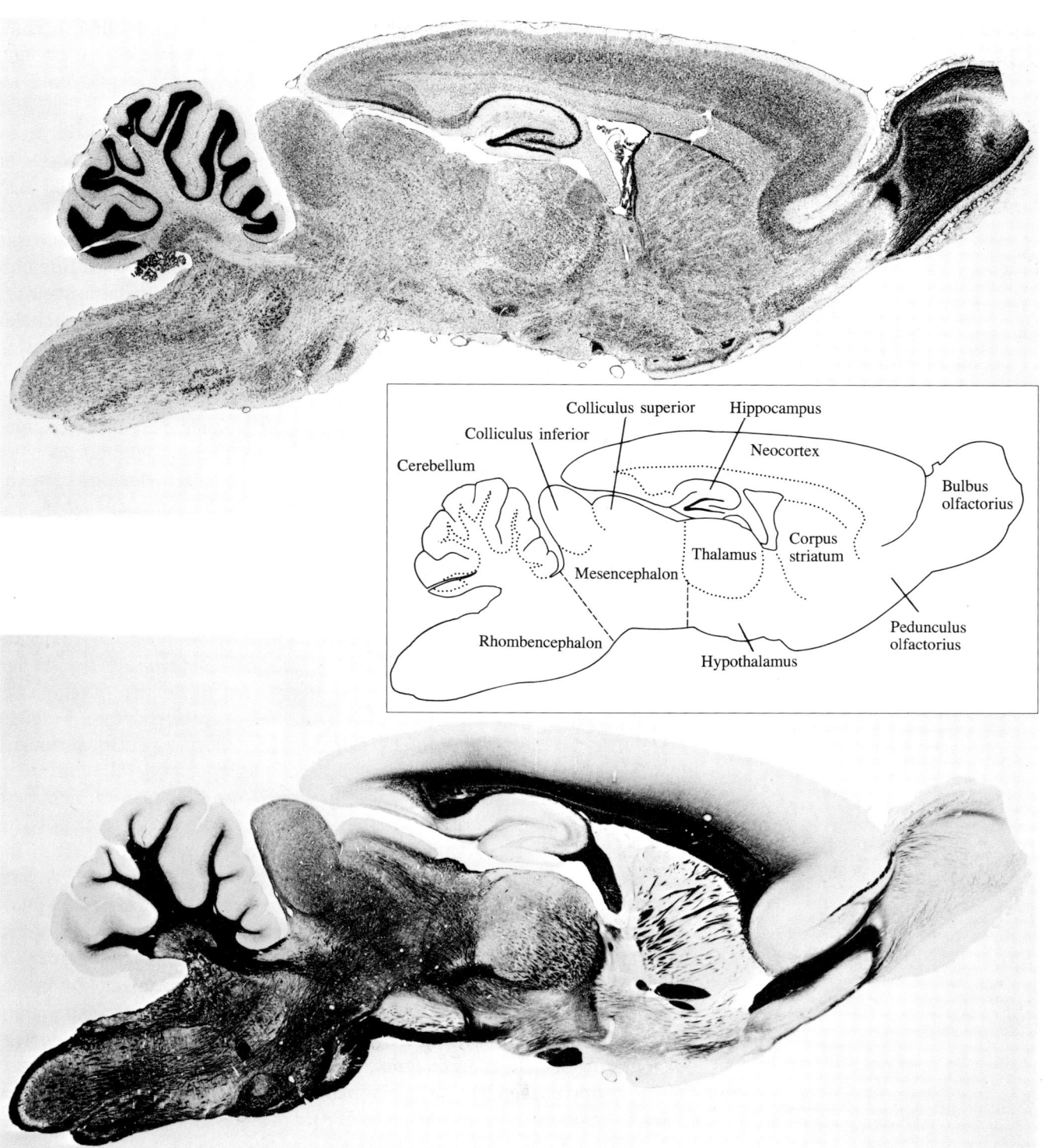

Colliculus superior   Hippocampus

Colliculus inferior

Cerebellum   Neocortex

                                                          Bulbus
                                                          olfactorius

                                    Corpus
                            Thalamus striatum

              Mesencephalon

                                                          Pedunculus
Rhombencephalon   olfactorius

                         Hypothalamus

3.3 Das Gehirn einer Ratte sieht dem in Abbildung 3.2 dargestellten Schema eines Säugetiergehirns sehr ähnlich. Hier sind zwei aufeinanderfolgende Schnitte gezeigt; sie wurden mit komplementären Verfahren gefärbt. In dem Nissl-gefärbten Schnitt (oben) entspricht jeder Punkt einem Nervenzellkörper; die dunkel gefärbten Regionen und Bänder sind dichte Neuronenanhäufungen. Das Präparat belegt, daß der Hirnstamm (Rautenhirn und Mittelhirn) deutlich abgegrenzte Gemeinschaften von Neuronen, sogenannte Kerne oder Nuclei, enthält. Gleiches gilt für das Zwischenhirn: für Thalamus und Hypothalamus. Im Gegensatz dazu besitzen Großhirnrinde und Kleinhirnrinde einen geschichteten Zellaufbau. In dem mit dem Loyez-Verfahren gefärbten Schnitt (unten) ist nur das Myelin hervorgehoben: Diese Technik färbt selektiv die fetthaltige Umhüllung von Axonen. Dementsprechend sind die dunklen Regionen (einschließlich des gesamten Hirnstammes) axonreiche Bezirke. Die dunkelsten Regionen zeigen Axonbündel und damit die großen Kommunikationskanäle des Gehirns an. So ist das schwarze Band unter dem Neocortex so etwas wie der neocorticale Kabelkeller. Eine Anzahl kleinerer Axonbündel, die das Corpus striatum durchqueren, rechtfertigt den Namen dieser Struktur („Streifenkörper"). Die eingeklinkte Zeichnung weist die in den Schnitten sichtbaren anatomischen Strukturen aus.

dienen anderen Sinnen. Das Corpus geniculatum mediale, der mittlere Kniehöcker (geniculatum kommt vom lateinischen *genu* für „Knie"), ist eine Verarbeitungsstation für auditorische Wahrnehmungen, wogegen das Corpus geniculatum laterale, der seitliche Kniehöcker, auf die Verarbeitung visueller Information spezialisiert ist. Abbildung 3.2 zeigt eine weitere thalamische Zellmasse, die man unter dem Namen Nucleus lateralis posterior kennt. Sie entzieht sich jeder einfachen Beschreibung, denn sie läßt sich nicht als bloße Verarbeitungsstation für hereinkommende sensorische Daten charakterisieren. Vorläufig sagt man wohl am besten, daß diese Zellmasse aufgrund ihrer Lage im Schaltkreis des Gehirns tief in das große vermittelnde Netzwerk einzuordnen ist. Gleiches gilt für viele andere thalamische Kerne, die in der Abbildung nicht gezeigt sind. Tatsächlich machen die Thalamuskerne, die „lediglich" in aufsteigende sensorische Leitungsbahnen zwischengeschaltet sind, nur ein Achtel des menschlichen Thalamus aus.

Der ventrale Bereich des Zwischenhirns ist der Hypothalamus, ein Gehirnteil, dessen Aktivität sich in der neuronalen Kontrolle der inneren Organe und der endokrinen Drüsen ausdrückt. Wie der Thalamus umfaßt auch der Hypothalamus etliche Kerne. Schätzungsweise nimmt er jedoch im menschlichen Gehirn nicht mehr als ein Zehntel des Thalamusvolumens ein. In rostraler Richtung geht der Hypothalamus in das Septum über, eine annähernd dreieckige Platte aus Hirngewebe, die man ungeachtet ihrer trügerischen Lage am besten als Teil des Diencephalon klassifiziert. In ventraler Richtung verjüngt sich der Hypothalamus zu einem engen Stiel. Dieser Stiel stellt die Verbindung zwischen dem Hypothalamus und der Hypophyse oder Hirnanhangsdrüse dar. Er ist somit ein Symbol für einen Mechanismus, über den der Hypothalamus die inneren Organe steuert. Der Stiel endet im sogenannten Hypophysenhinterlappen, den man auch als Neurohypophyse bezeichnet; dieser Anhang ist ein echter Gehirnteil. Er schüttet zwei Hormone aus. Der Rest des Komplexes, der Hypophysenvorderlappen oder die Adenohypophyse (die Vorsilbe *adeno-* weist auf eine Drüse hin), gehört nicht zum Gehirn: Es handelt sich vielmehr um ein epitheliales Organ, das sich aus dem Dach der embryonalen Mundhöhle entwickelt und — wie eine Klette an einem gewebten Stoff — dem Hinterlappen direkt anliegt. Der Vorderlappen schüttet mehrere Hormone aus. Die lateinische Bezeichnung Glandula pituitaria und der englische Name der Hypophyse, *pituitary*, beruhen auf einem Mißverständnis früher Anatomen, die die Struktur an unfixierten Leichen entdeckten. Der Komplex hatte sich zu einem Klumpen breiiger Masse zersetzt. Da er direkt über dem Dach einer Nasennebenhöhle saß, sah man in ihm die Hauptdrüse für die Sekretion von Schleim und nannte ihn folgerichtig die „schleimabsondernde Drüse", Glandula pituitaria (*pitus* ist das lateinische Wort für „Schleim"). Trotz dieses Mißverständnisses hat sich insbesondere im englischen Sprachraum der ursprüngliche Begriff erhalten.

Die Großhirnhemisphäre

Der noch verbleibende Abschnitt des Vorderhirns ist das Telencephalon oder Endhirn, das auch als Cerebrum oder Großhirn(hemisphäre) bezeichnet wird. Im Gehirn eines Säugetieres nimmt es bei weitem den größten Raum ein, und bei vielen Säugetierarten ist seine äußere Schale, der Hirnmantel (Pallium) beziehungsweise die Großhirnrinde (Cortex cerebri), durch Windungen (Gyri) und Furchen (Sulci) stark gefaltet. Das Ausmaß der Furchenbildung ist nicht kennzeichnend für die phylogenetische Entwicklungsstufe eines Lebewesens; es scheint vielmehr allein von der Größe der Arten abzuhängen. Viele kleine Neuweltaffen – beispielsweise das Seidenäffchen und auch das Totenkopfäffchen – haben Gehirne mit fast vollkommen glatter Oberfläche. Schaf, Kuh und Pferd hingegen können sich beachtlicher Windungen rühmen – wie auch der Mensch, dessen Großhirn eine Oberfläche von mehr als 1400 Quadratzentimetern aufweist. Jedes große Säugetier hat eine stark gefurchte Großhirnrinde; am extremsten sind vielleicht die Gehirnwindungen der Wale.

Zur Definition: Als „Cortex" bezeichnet man jede neuronale Struktur, die die folgenden vier Eigenschaften vereint. Erstens ist es eine Schicht aus grauer Substanz* an der Oberfläche des Gehirns; es handelt sich im wahrsten Sinne des Wortes um die Rinde des Gehirns. Zweitens sind seine Nervenzellkörper so in Schichten angeordnet, daß bei mikroskopischer Betrachtung Zellen derselben Größe und Form zusammen in einer bestimmten Tiefe auftreten und daß in verschiedenen Tiefenbereichen jeweils unterschiedliche Zellpopulationen zu finden sind. Ein Cortex ist also, kurz gesagt, geschichtet. Drittens enthält die äußerste Schicht (oder Lamina) Axone und Dendriten, aber nur wenige Nervenzellkörper; sie wird als Molekularschicht (Lamina molecularis) oder als plexiforme Schicht bezeichnet. Schließlich – und das ist vielleicht am charakteristischsten – zeichnen sich die Neuronen in einem Cortex gewöhnlich dadurch aus, daß einer ihrer Dendriten besonders lang ist und senkrecht durch die Rindenschichten in die Molekularschicht aufsteigt, wo er sich dann verzweigt. Solche Fortsätze nennt man apikale Dendriten. In gefärbten Gewebeschnitten erzeugen sie ein palisadenartiges Erscheinungsbild: eine klare Ausrichtung des dendritischen Feldes senkrecht zur Oberfläche des Gehirns. Nur zwei Strukturen erfüllen all diese Bedingungen vollständig: die Rinde der Großhirnhemisphären und die Kleinhirnrinde.

Die Großhirnrinde der Säugetiere läßt sich in mehrere Bereiche einteilen. Es ist sinnvoll, an der Basis des Endhirns zu beginnen, wo eine Struktur vorspringt, die zwar gänzlich aus Cortex besteht, deren Zellarchitektur jedoch variiert. Das vorderste, verdickte Ende dieser Struktur ist der Bulbus olfactorius (Riechkolben), ihr Schaft der Pedunculus beziehungsweise Tractus

---

* Der Begriff „graue Substanz" läßt sich am besten mit Bezug auf den Gegenbegriff „weiße Substanz" definieren. Weiße Substanz kennzeichnet Bereiche des Zentralnervensystems, die aus unzähligen Axonen bestehen. Die weitaus meisten dieser Axone sind von Myelin umhüllt, einer glänzenden, fettigen Substanz, die Licht stark reflektiert. Es ist also das Myelin, das der weißen Substanz ihr namengebendes weißes Aussehen verleiht; graue Substanz erscheint deutlich dunkler. Als graue Substanz bezeichnet man Bereiche des Zentralnervensystems, die viele Nervenzellkörper, aber nur wenige myelinisierte Axone beinhalten. Die Nervenzellkörper sind in Neuropil eingebettet: ein dichtes Filzwerk, das hauptsächlich aus hereinkommenden Axonen und ihren Endverzweigungen sowie den Dendriten besteht, über welche die ortsansässigen Zellen mit den Axonen Verbindung aufnehmen. Weder die Dendriten noch die dünnen Endstücke axonaler Verzweigungen sind von Myelin umkleidet.

olfactorius (Riechstrang). Lediglich der Teil, der der Großhirnhemisphäre direkt anliegt, ist der eigentliche olfaktorische Cortex. Alle drei Bereiche zeichnen sich durch eine bemerkenswert einfache Architektur aus: Einschließlich der Molekularschicht kann man nicht mehr als drei Schichten unterscheiden, wohingegen sich in höher entwickelten Großhirnrindenregionen sechs Schichten abgrenzen lassen. Der olfaktorische Cortex ist eine allen Wirbeltiergehirnen gemeinsame Struktur; er wird oft Paläocortex genannt, was auf griechisch „alter Cortex" bedeutet. Während er bei einem Fisch noch den größten Teil der Großhirnrinde stellt, findet man bei Reptilien und Vögeln einen weiteren Cortexbereich, der ebenfalls einfach strukturiert und von beachtlicher Größe, aber weiter dorsal gelegen ist. Da sich die Funktion dieses Cortexbereichs außerordentlich schwer bestimmen läßt, hat man ihn zurückhaltend allgemeiner Cortex genannt.

Ein zweiter Teil der Großhirnrinde bei Säugetieren besitzt eine komplexe Struktur: Beim Menschen und bei den anderen Primaten umfaßt er schätzungsweise mindestens 70 Prozent aller Neuronen im Zentralnervensystem. Es handelt sich um den Neocortex (Abb. 3.4), jene Cortexstruktur, die in der Evolution am spätesten aufgetaucht ist. Wir verdanken diese Struktur einer phylogenetischen Aufzweigung: Oberhalb der Entwicklungsstufe der Reptilien entwickelte ein Zweig – nämlich die Vögel – die Anlagen der Reptilien weiter, während der andere, „innovativere" Zweig – die Gruppe der Säugetiere – den Neocortex hervorbrachte. Streng phylogenetisch gesehen stellen Vögel also das logische Endprodukt der traditionellen Gehirnentwicklung dar, während die Säugetiere Abweichler sind: Unter ihren Vorfahren finden sich keine Vögel. Auf einem der vielen Äste der Säugetierevolution erschienen dann die Primaten, eine Ordnung, in der der Neocortex seine höchste Entwicklungsstufe erreicht. Wir Menschen haben alle Folgen davon geerbt, zu denen vielleicht auch die psychiatrischen Erkrankungen gehören.

Ein letzter Bereich der Großhirnrinde der Säugetiere befindet sich an ihrem medialen Rand, wo sich das corticale Blatt so einrollt und übereinanderlegt, daß es einen zusammengesetzten Gyrus bildet, der im Querschnitt an ein Rokokoornament erinnert. Diese bemerkenswerte Struktur heißt Hippocampus – „Seepferdchen" –, und im menschlichen Gehirn sieht sie – zumindest, was die Form ihrer dorsalen Oberfläche angeht – tatsächlich einem Seepferdchen so verblüffend ähnlich, daß kaum ein anderer Name denkbar scheint. Der hippocampale Cortex ist insofern einzigartig, als seine Nervenzellkörper nur eine einzige Schicht einnehmen. (Im olfaktorischen Cortex besetzen sie zwei, im Neocortex fünf Schichten.) Deshalb nennt man den hippocampalen Cortex auch Archicortex („primitiver Cortex"). Dieser Ausdruck ist jedoch problematisch. Er legt nahe, daß der Hippocampus (wie auch der olfaktorische Cortex) in einer phylogenetischen Reihenfolge vor dem Neocortex entstand. Aber der Hippocampus läßt sich nicht in ein evolutionäres Zeitschema einordnen; er ist einfach eine charakteristische Struktur des corticalen Mantelsaumes. Dort, wo der Neocortex in seinen medialen, freien Rand übergeht, nimmt eben die Zahl der Schichten schrittweise ab, bis nur noch eine einzige übrigbleibt. Man sollte hier erwähnen, daß der freie Rand des Hirnmantels bei Reptilien und Vögeln – also der freie Rand des allgemeinen Cortex – ebenfalls nur aus einer Zellschicht besteht. Deshalb wird dieser Bereich manchmal mit dem Hippocampus der Säugetiere homologisiert. Das Ausmaß der Homologie ist jedoch umstritten. Eine echte Ent-

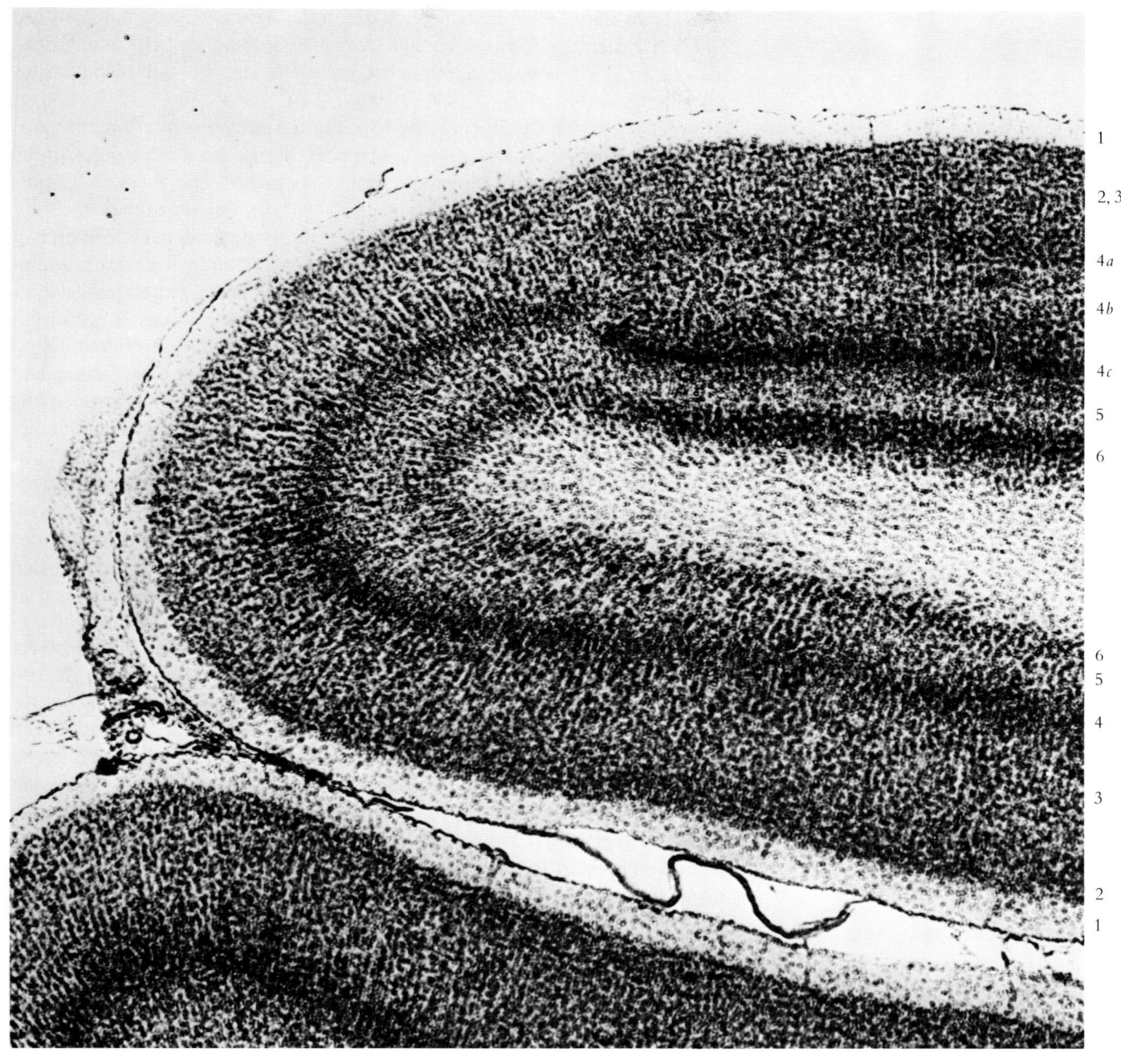

1

2, 3

4a

4b

4c

5

6

6
5

4

3

2
1

3.4 Der Neocortex, wie ihn dieses Nissl-Präparat aus dem Gehirn eines Makaken zeigt, erfüllt (sichtbar) drei der Kriterien, die Cortexgewebe von anderen neuronalen Strukturen unterscheiden. Das corticale Gewebe liegt an der Oberfläche des Gehirns, seine Nervenzellkörper sind in Schichten angeordnet, und die äußerste Schicht, die sogenannte Molekular- oder plexiforme Schicht, besteht aus dichtgepackten Dendriten und Axonen und enthält kaum Nervenzellkörper. Im Neocortex bezeichnet man die Molekularschicht als Schicht 1. Der Bildausschnitt schließt eine Hirnwindung, einen Gyrus, ein. Der größte Teil der oberen Krümmung des Gyrus gehört zur primären Sehrinde, dem Bereich des Neocortex, in dem visuelle Daten ankommen. In ihrem Schichtenmuster sind drei Lagen dicht mit Zellkörpern besetzt: Schicht 6 und die Unterschichten 4c und 4a. An der Grenze der primären Sehrinde verschmelzen die Unterschichten plötzlich, und Schicht 4 wird einheitlich. Die Mikroaufnahme stammt von David H. Hubel und seinen Mitarbeitern von der Harvard Medical School; der primäre visuelle Cortex eines menschlichen Gehirns ist in den Mikrophotographien der Abbildung 16.5 zu sehen.

57

sprechung würde eine ähnliche Funktion oder ähnliche Verbindungen mit anderen Teilen des Gehirns voraussetzen. Die Faltung des Hirnmantelsaumes zu einer komplexen Windung ist jedenfalls eine Eigentümlichkeit der Säugetiere.

In der Tiefe der Großhirnhemisphäre der Säugetiere gibt es weitere Anhäufungen von Neuronen. Eine davon, der Mandelkern oder das Corpus amygdaloideum – meist kurz Amygdala (das griechische Wort für „Mandel") genannt –, besteht aus grauer Substanz, in der Anatomen mehrere Kerne unterscheiden. Die Amygdala liegt direkt unter dem olfaktorischen Cortex. Einer ihrer Kerne (der corticale Kern oder Nucleus corticalis amygdalae) verschmilzt regelrecht mit dem olfaktorischen Cortex über ihm. Amygdala und Hippocampus sind die Hauptbestandteile des sogenannten limbischen Systems. Sie scheinen eine sonderbare Allianz zu bilden. Zum einen ist der Hippocampus Cortex, die Amygdala dagegen nicht (abgesehen von dem eben erwähnten corticalen Kern). Dennoch gehören Hippocampus und Mandelkern (um den einfachsten Grund anzugeben) kraft ihrer Plazierung im Schaltplan des Gehirns zusammen. Sie fallen in der Großhirnhemisphäre dadurch auf, daß ihre Axone in besonders starkem Maße zum Hypothalamus absteigen.

Eine letzte Anhäufung von Neuronen tief in der Großhirnhemisphäre der Säugetiere ist größer als die Amygdala; tatsächlich könnte man sie für den eigentlichen festen Kern des Gehirns halten. Gemeint ist das Corpus striatum, der „Streifenkörper". Klinische Beobachtungen zeigen, daß es von entscheidender Bedeutung für die Programmierung komplizierter Körperbewegungen ist. Beim Menschen kann beispielsweise eine ausgedehnte Zerstörung von Gewebe im Corpus striatum motorische Automatismen hervorrufen. Das heißt, es kommt zu komplexen, weit über ein bloßes Muskelzucken (Tremor) hinausgehenden Bewegungen, die ohne den Willen des Patienten einsetzen und die er auch nicht willentlich stoppen kann. Die Komplexität der Bewegungen läßt sie oft wie vorsätzliche Handlungen erscheinen: Treten oder Greifen zum Beispiel. Der Name Corpus striatum wurde schon vor mehreren hundert Jahren geprägt, als Anatomen tief im Inneren der Großhirnhemisphäre eine große graue Masse entdeckten, die von schlanken weißen Streifen durchzogen ist. Mittlerweile hat man diese Streifen als Bündel myelinisierter Axone identifiziert. Das Corpus striatum setzt sich – genauer betrachtet – aus zwei großen Bereichen zusammen, die sich histologisch voneinander unterscheiden. Den einen, eine innere Zone mit relativ großen Zellen, nennt man Pallidum oder Globus pallidus („bleiche Kugel"). Der andere, äußere Bereich, der besonders in frischem (das heißt, unbehandeltem) Gewebe dunkler aussieht, weist kleinere und dichter gepackte Zellen auf und wird als Striatum bezeichnet. Bei vielen Säugetierarten einschließlich des Menschen spaltet eine Platte von Axonen, die sogenannte innere Kapsel (Capsula interna), das Striatum in zwei anatomische Teilgebiete auf: den Nucleus caudatus (Schwanz- oder Schweifkern) und das Putamen (Schalenkörper). „Caudatus" bezieht sich auf das ausgezogene Ende der Zellmasse – cauda ist das lateinische Wort für „Schwanz" –, und putamen bedeutet im Lateinischen „Schale".

4. Aufspüren von Axonen (Axon-Tracing)

So hilfreich die im vorigen Kapitel gemachten groben anatomischen Unterscheidungen auch sind, sie lassen doch die Frage, die man als erstes zur Organisation des Zentralnervensystems stellt, unbeantwortet. Auf welchen Hauptbahnen leiten Gehirn und Rückenmark Informationen weiter?

Beginnen wir mit einem mehr oder weniger eng begrenzten Teil des Nervensystems: einem Kern (Nucleus) oder einem Cortexfeld. Grundsätzlich lassen sich in einer solchen Struktur zwei Klassen von Neuronen unterscheiden. Die Neuronen der einen Klasse besitzen jeweils ein langes Axon, mit dem sie Signale aus dem Gebiet heraussenden können; in der Neuroanatomie sagt man, sie „projizieren" auf andere Gebiete, nämlich auf andere Kerne oder andere Cortexfelder. Diese Nervenzellen heißen Projektions- oder Hauptneuronen oder auch (Camillo Golgi zu Ehren) Typ-I-Golgi-Zellen. Die Neuronen der anderen Klasse besitzen jeweils kürzere Axone (oder sogar nur Dendriten), und ihre Verbindungen sind auf Zellen in ihrer Nachbarschaft beschränkt. Sie verarbeiten Informationen lokal. Man nennt diese Nervenzellen intrinsische Neuronen oder Interneuronen (*local circuit*-Neuronen) oder auch Typ-II-Golgi-Zellen.

Ein „sensorischer Relaiskern" des Thalamus (der Nucleus ventralis, das Corpus geniculatum mediale oder das Corpus geniculatum laterale) soll uns als Beispiel dienen. In einem thalamischen sensorischen Relaiskern gibt es nur relativ wenig intrinsische Neuronen: Ihre Zahl erreicht höchstens ein Viertel der Zahl der Projektionsneuronen. Dieses Verhältnis ist ziemlich ungewöhnlich. Im Gehirn als Ganzem — vor allem im Gehirn eines Primaten — sind die intrinsischen oder Interneuronen mindestens dreifach häufiger als die Projektionsneuronen. (Im Striatum übersteigen sie deren Zahl fast um das Zwanzigfache.) Das Ausmaß der Informationsverarbeitung in einem solchen thalamischen Relaiskern muß also relativ bescheiden sein. Trotzdem wandelt der Kern die einlaufenden sensorischen Daten grundlegend um. Ein Großteil der synaptischen Kontakte innerhalb des Kernes liegt in synaptischen Glomeruli vor: knäuelartigen Aneinanderlagerungen zahlreicher Axon- und Dendritenendigungen mit rund zehn Mikrometern Durchmesser, die durch eine von Astrocytenmembranen gebildete Gliakapsel isoliert sind. Die Analogie zur Abzweigdose des Elektrikers ist einfach unwiderstehlich. Man findet solche Kapseln auch an anderen Stellen im Gehirn, insbesondere im Kleinhirn. In jedem thalamischen Glomerulus gibt ein Axon, das mit sensorischen Daten in den Thalamus eintritt, an Synapsen Signale an die Dendriten von Projektionsneuronen weiter. Die Projektionsneuronen wiederum exportieren Daten aus dem Thalamus: Sie projizieren auf den Neocortex. Diese Sequenz erscheint höchst einfach. Doch die Einfachheit wird durch mehrere Komplikationen gestört. Im Glomerulus leitet das ankommende sensorische Axon Signale nicht nur an Projektionsneuronen weiter, sondern auch an die Dendriten intrinsischer Neuronen. Diese Dendriten bilden ihrerseits mit den Dendriten der Projektionsneuronen dendrodendritische Synapsen aus. Außerhalb der Glomeruli treten die intrinsischen Neuronen auf orthodoxere Weise mit Projektionsneuronen in Verbindung, nämlich über axodendritische Synapsen. Man nimmt an, daß die Interneuronen kontrollieren, welche von den Synapsen, die in die sensorischen Leitungsbahnen eingeschaltet sind, dem Impulsverkehr offenstehen und welche zeitweilig geschlossen sind.

Die Muster der Verbindungen zwischen Eingängen, lokal verschalteten (intrinsischen) Neuronen (*local circuit*-Neuronen) und Projektionsneuronen sind im Zentralnervensystem regional sehr verschieden (Abb. 4.1). Es gilt jedoch stets, daß bestimmte Axone – häufig in gebündelter Form – in einen Kern oder ein Cortexfeld eindringen und daß andere ebenfalls oft zu Bündeln zusammengefaßte Axone es verlassen. Diese Axone bilden die Hauptleitungsbahnen in Gehirn und Rückenmark. Sie zu verfolgen ist eine der Aufgaben des vorliegenden Buches. In der Praxis fängt dieses Unternehmen mit zwei Fragen an. Wenn man von einem Teilstück des Gehirns oder des Rückenmarks ausgeht, sagen wir von einem Kern oder einem Cortexfeld – wohin führen seine Axone? Um diese Frage zu beantworten, muß man die Axone der Projektionsneuronen dieses Bereichs vor- beziehungsweise aufwärts verfolgen, das heißt, in der Richtung, in der die Neuronen Information entlang ihrer Axone zu ihren Endigungen leiten. Kurz und in der Fachsprache der Neuroanatomen ausgedrückt: Die Antwort erfordert ein anterogrades Tracing. Und umgekehrt: Wo beginnen die Axone, die das betreffende Teilstück des Gehirns oder des Rückenmarks erreichen? Hier muß man die Axone, die Synapsen mit den Neuronen dieses Teiles ausbilden, rückwärts (abwärts) bis zu den Projektionsneuronen verfolgen, von denen sie ausgehen. Kurz gesagt, die Antwort erfordert ein retrogrades Tracing. Man hat mehrere Methoden entwickelt, um die beiden Anforderungen erfüllen zu können. Die ersten, vor etwa hundert Jahren erfundenen Techniken verdankten ihre Entdeckung im allgemeinen einem glücklichen Zufall. Sie wurden vor ein oder zwei Jahrzehnten durch Methoden verdrängt, die sich auf die Erkenntnis gründen, daß ein Axon Substanzen nicht nur vorwärts zu seinen Endigungen, sondern auch rückwärts zu seinem Ursprungszellkörper transportiert. Heute schließlich treten an die Stelle dieser Methoden wieder andere, bei denen man sich neue molekularbiologische Entdeckungen zunutze macht.

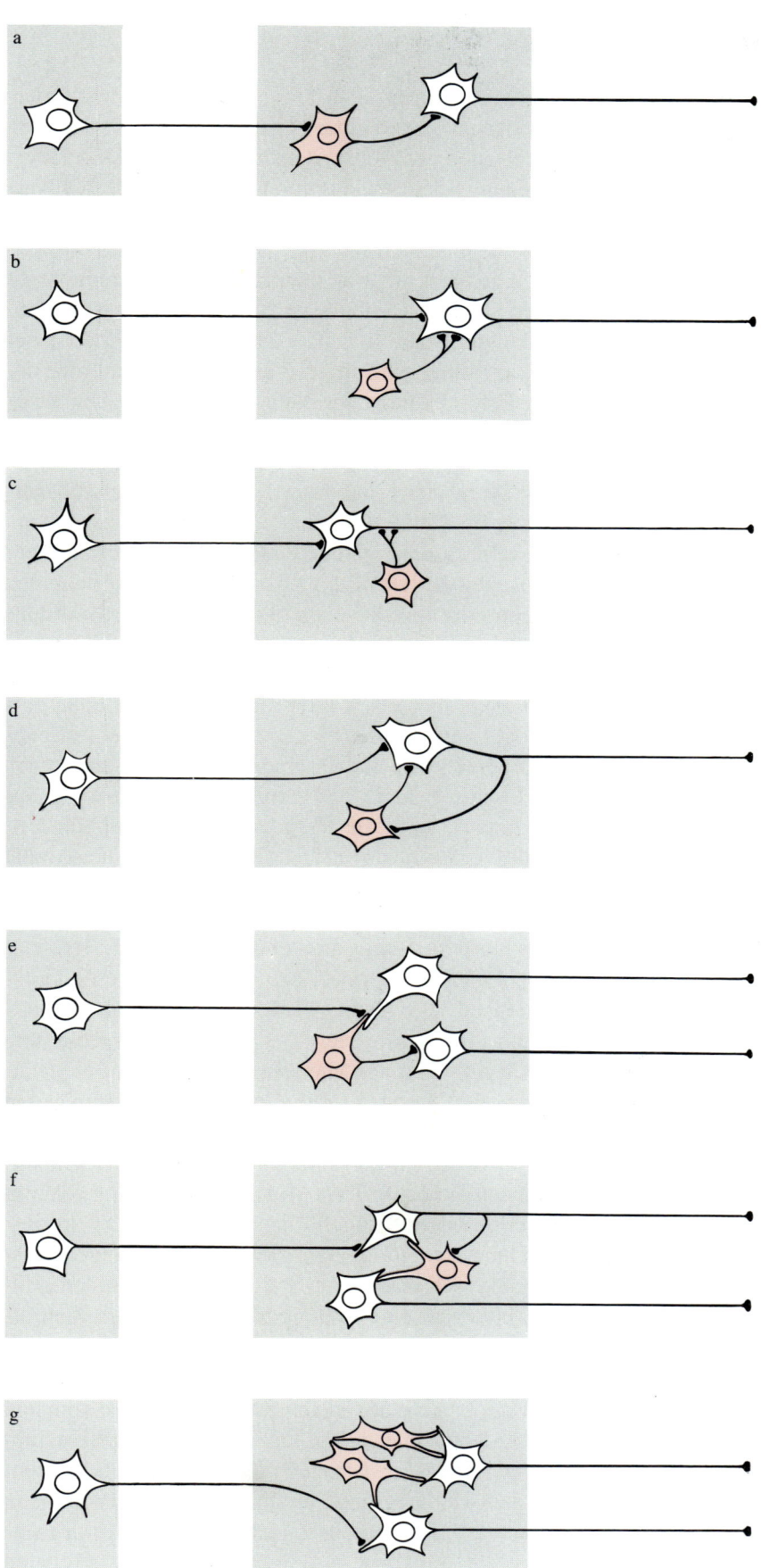

4.1 Die lokalen Verschaltungen (*local circuits*) zwischen Neuronen im Zentralnervensystem sind von Ort zu Ort verschieden. Diese Abbildung gibt einige Beispiele. Ein Projektionsneuron schickt jeweils von einem (links gelegenen) Kern – also einer umschriebenen Neuronengruppe – Signale aus. (Genausogut könnte es Signale aus dem Cortex übermitteln.) Zur Mitte hin treten die Axone der Projektionsneuronen dann in synaptischen Kontakt mit Zellen in einem Zielkern (oder einem corticalen Feld). In a nimmt das Axon Verbindung mit einem *local circuit*-Neuron (rot) auf: einer Nervenzelle, deren Axone und Dendriten sich lokal verzweigen. Dieses Neuron – man kann es auch als Interneuron oder intrinsisches Neuron bezeichnen – tritt seinerseits wieder mit einem Projektionsneuron in Kontakt. In b, c und d empfängt das *local circuit*-Neuron keine Fernsignale; es ist quasi ein Satellit der benachbarten Projektionszelle. (In d schließt es eine lokale Rückkopplungsschleife.) In e, f und g wirken die *local circuit*-Neuronen als Brücken zwischen Projektionsneuronen; sie stellen gewissermaßen Durchwahlverbindungen her. (In f und g fehlt diesen Neuronen ein Axon; sie geben Signale dendrodendritisch weiter.) Synaptische Komplexe in Gehirn und Rückenmark können weit komplizierter sein als die hier dargestellten. Die Abbildung wurde von Pasko Rakic von der Yale University School of Medicine entworfen.

Retrogrades Tracing

Betrachten wir die Techniken des retrograden Tracing. Anfangs identifizierte man die Neuronen, die ihre Axone zu einer gegebenen Struktur des Nervensystems senden, dadurch, daß man diese Struktur zerstörte. Dabei werden auch die Axonendigungen in der Struktur zerstört, und im ganzen Nervensystem unterliegen daraufhin diejenigen Nervenzellkörper, von denen diese Axone ausgehen, der sogenannten retrograden Zellreaktion. Die Zellen nehmen ein typisches Aussehen an, was man oft erkennen kann, wenn man zwei oder drei Wochen nach der Läsion Schnitte des Nervensystems anfertigt und mikroskopisch untersucht. In jeder solchen Zelle schwillt der Zellkern an und verlagert sich vom Zentrum des Zellkörpers in die Nähe der Zellmembran. Parallel dazu verschwindet der größte Teil der Nissl-Substanz dieser Zelle. (Dieser Vorgang heißt Chromatolyse.) Die periphersten Nissl-Schollen – also diejenigen, die direkt unter der Zelloberfläche liegen – bleiben am längsten erhalten. Dementsprechend wird der Zellkörper außerordentlich blaß, behält aber einen dunklen Saum.

Die Technik, Nervengewebe zu zerstören und dann den Rest des Nervensystems nach chromatolytischen Zellkörpern zu durchsuchen, wurde in den achtziger Jahren des vorigen Jahrhunderts eingeführt. Ein anderes, weitaus wirkungsvolleres Verfahren kam etwa 90 Jahre später auf. Krister Kristensson, ein schwedischer Neuropathologe, untersuchte damals den Mechanismus, über den das Tetanustoxin motorische Neuronen lähmt. Er hatte herausgefunden, daß mit radioaktivem Jod markiertes Toxin von Axonendigungen im Muskelgewebe aufgenommen und in einer dem axoplasmatischen Strom entgegengesetzten Richtung durch das Axon transportiert wird; das heißt, es wird die Axone hinauf bis in die Ursprungszellkörper befördert. Dort konnte Kristensson das Toxin nachweisen, weil dessen Radioaktivität die photographische Emulsion, mit der er seine Nervengewebeschnitte überzog, schwärzte. Ein solcher Transport ist nicht verwunderlich. Wird ein Nerv in der Peripherie des Körpers durchschnitten, so zeigen die Motoneuronen, die den motorischen Anteil des Nervs bilden, die retrograde Zellreaktion. Sie versuchen anschließend, ihre Axone wieder neu auswachsen zu lassen. In vielen Fällen gelingt ihnen das, denn im peripheren Nervensystem wird das axonumhüllende Myelin von der Membran sogenannter Schwann-Zellen gebildet, und anders als Oligodendroglia behalten Schwann-Zellen nach dem Tod der Axone, die sie umkleiden, ihre Positionen bei; so liefern sie Tunnel, durch die neu auswachsende Axone ihren Weg finden können. Während der Monate, in denen die denervierte Muskelgruppe völlig gelähmt (und daher schlaff) ist, verbleiben die zugehörigen Motoneuronen im Zustand der Chromatolyse. Dann erfolgt die erste Neuinnervierung des Muskels, und binnen kurzer Zeit verschwinden alle Spuren der retrograden Zellreaktion. Wie erfährt der Zellkörper eines motorischen Neurons im Zentralnervensystem, daß sein Axon wieder motorische Endplatten am Muskel ausgebildet hat? Er muß ein Signal empfangen: Die Axonendigungen müssen an den neugebildeten Endplatten eine Substanz aufnehmen, die von dem Muskel (selbst von einem stark atrophierten) produziert wird, und diese Substanz muß irgendwie Zeichen ihrer Anwesenheit das Axon hinaufschicken.

Kristensson entdeckte, daß Rinderserumalbumin, ein großes Protein, in gleicher Weise von Axonendigungen aufgenommen und das Axon hinauftransportiert wird. Den größten Erfolg mit dem retrograden axonalen

Transport erzielte er jedoch mit Hilfe des Enzyms Meerrettich-Peroxidase (englisch *horseradish peroxidase*, kurz HRP). HRP gehört zu einer Klasse von Peroxidasen, die man in verschiedenen Pflanzen, nicht nur im Meerrettich, findet; man hätte es genausogut aus der Kartoffel gewinnen können. Es spaltet ein Sauerstoffatom von Wasserstoffperoxid ab und reduziert dieses dadurch zu Wasser. Seine Fähigkeit, neuronale Barrieren zu durchdringen, hatte man schon früher ausgenutzt – beispielsweise, um *gap junctions* zu untersuchen. Jetzt wurde es zur Grundlage einer Technik des retrograden Tracing (Abb. 4.2). Man injiziert bei diesem Verfahren zunächst HRP in eine bestimmte Struktur des Nervensystems. Das Enzym wird von den dortigen Axonendigungen aufgenommen und wandert dann die Axone hinauf zu den Ursprungszellkörpern. Es bewegt sich dabei mit einer Geschwindigkeit von 200 bis 300 Millimetern pro Tag; ein oder zwei Tage nach der Injektion wird das Tier daher getötet. Sein Gehirn durchtränkt man nun mit Lösungen von Formaldehyd, Glutaraldehyd oder beidem. Diese Perfusionsflüssigkeiten lassen Proteine gerinnen und fixieren so das Gewebe, machen es also fest. Daraufhin kann man das Gehirn schneiden, wobei die Schnitte typischerweise nicht mehr als 50 Mikrometer (ein Zwanzigstel eines Millimeters) dick sind. Bei einer solchen Schnittdicke liefert das Gehirn einer Ratte, eines gebräuchlichen Versuchstieres, einige hundert Schnitte. Jeder Schnitt

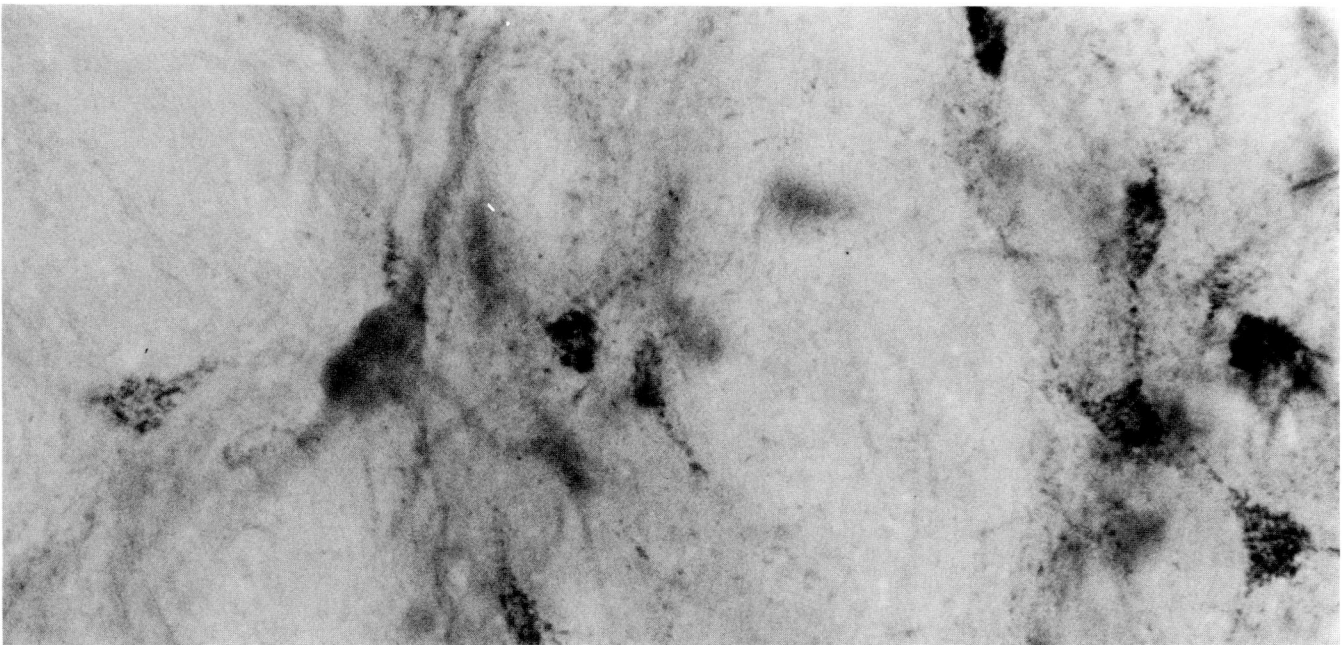

4.2 Mit Hilfe des retrograden Axon-Tracing verfolgt man Axone rückwärts (also entgegen der Richtung der Signalleitung) von ihren Endigungen zu den Nervenzellkörpern, aus denen sie entspringen. In diesem Beispiel für retrogrades Tracing wurde das Enzym Meerettich-Peroxidase (nach dem englischen *horseradish peroxidase* als HRP abgekürzt) in einer winzigen Menge (0,1 Mikroliter einer zehnprozentigen Lösung) in den Nucleus subthalamicus einer lebenden Ratte injiziert. Die dortigen Axonendigungen nahmen das Enzym auf, und die Axone transportierten es hinauf zu ihren Ursprungszellkörpern. (Der Transport in beide Richtungen ist kennzeichnend für Axone.) Die Mikrophotographie zeigt den Globus pallidus. Diejenigen Neuronen, die als Ursprünge der pallidosubthalamischen Projektion markiert sind, erscheinen als mittelgroße Zellkörper (20 bis 25 Mikrometer im kürzesten Durchmesser), die bis weit in ihre Dendriten hinein ein dunkles, körniges Pigment enthalten. Dieser Farbstoff entsteht bei der Oxidation von Tetramethylbenzidin durch den Sauerstoff, der mit Hilfe der HRP aus Wasserstoffperoxid freigesetzt wird. Auf der linken Seite zeigt sich ein größeres Neuron in gleichmäßigen Grautönen. Es wurde sichtbar gemacht, indem man das Gewebe einem zweiten histochemischen Verfahren unterzog, das man benutzt, um die Acetylcholinesterase nachzuweisen, jenes Enzym, das den Neurotransmitter Acetylcholin inaktiviert. Das größere Neuron ist nicht durch HRP markiert. Die vorsichtige Schlußfolgerung aus mehreren solchen Experimenten lautet, daß die cholinergen Neuronen des Globus pallidus nicht zur pallidosubthalamischen Projektion beitragen.

wird mit Diaminobenzidin oder – bei moderneren Techniken – mit Tetramethylbenzidin behandelt. Dann fügt man Wasserstoffperoxid hinzu. Das Wasserstoffperoxid wird reduziert, und der freigesetzte Sauerstoff verbindet sich mit der Benzidinkomponente zu einem Farbstoff; durch diese verhältnismäßig einfache histochemische Reaktion heben sich die Nervenzellkörper, die das transportierte HRP enthalten, durch farbige Punktierung ihres Inneren hervor.

Anterogrades Tracing

Wie kann man Axone in die entgegengesetzte Richtung verfolgen – vorwärts zu ihren Endigungen anstatt rückwärts zu ihren Ursprungszellkörpern? Wieder zerstörten frühere Forscher zu diesem Zweck Teile des lebenden Nervensystems. In einigen Experimenten zerstörten sie Zellkörper, in anderen schnitten sie ein Bündel von Axonen durch. In beiden Fällen trennte der experimentelle Eingriff Axone von ihren Ursprungszellkörpern. So isolierte Axonstücke pflegen bald zu zerfallen (ein Phänomen, das man nach dem englischen Physiologen Augustus Waller, der es Mitte des 19. Jahrhunderts entdeckte, als Wallersche oder anterograde Degeneration bezeichnet), und bei myelinisierten Axonen löst sich gewöhnlich auch das Myelin auf. Diese Zersetzung ruft eine entscheidende Veränderung in der Zusammensetzung des Myelins hervor. Normales Myelin enthält viele ungesättigte Fettsäuren. Solche Säuren sind in der Lage, Osmiumtetroxid zu schwarzem, metallischem Osmium zu reduzieren. Legt man also normales Nervengewebe in eine Osmiumtetroxidlösung, so färbt sich das Myelin schwarz. Nehmen wir an, das Gewebe enthält Markscheiden, die in Auflösung begriffen sind, weil ein Wissenschaftler irgendwo im Nervensystem eine Läsion gesetzt hat. Nehmen wir außerdem an, daß das Gewebe zunächst für drei Wochen in eine Lösung des starken Oxidationsmittels Kaliumdichromat gelegt und erst dann dem Osmiumtetroxid ausgesetzt wird. Unter solchen Umständen färbt sich normales Myelin nicht. Alle ungesättigten Fettsäuren haben bereits Sauerstoff vom Kaliumdichromat übernommen, so daß der Sauerstoff des Osmiumtetroxids sie nicht mehr angreifen kann. In Zersetzung befindliches Myelin färbt sich dagegen. Selbst nach drei Wochen in Kaliumdichromat ist es noch fähig, Osmiumtetroxid zu schwarzem, metallischem Osmium zu reduzieren. Aller Wahrscheinlichkeit nach steigt während des Zerfalls sein Gehalt an ungesättigten Fettsäuren an. Da sich einzig und allein die zerfallenden Markscheiden schwarz färben, kann man sie erkennen und verfolgen. Diese Methode wurde 30 Jahre nach Wallers Entdeckung von Vittorio Marchi, einem italienischen Arzt, entwickelt.

Noch später gelang es, zerfallende Axone und nicht nur ihre Markscheiden nachzuweisen. Das bedeutete einen wichtigen Fortschritt im anterograden Tracing neuronaler Verbindungswege, denn jetzt konnte man auch Axone, die dünner sind als etwa einen halben Mikrometer, sowie Axonendigungen anfärben, obwohl beide Strukturen kein Myelin aufweisen. Die fortgeschrittenen Techniken, bei denen man die Axone mit Silber durchtränkt (imprägniert), wurden etappenweise entwickelt, beginnend mit Cajal, der um die Jahrhundertwende Blöcke – nicht Schnitte – von fixiertem Nervengewebe in ein Silbernitratbad legte. Nach mehreren Tagen überführte er die Blöcke in ein starkes Reduktionsmittel, beispielsweise Hydrochinon. Daraufhin bildete sich im Gewebe allmählich metallisches Silber und sammelte sich ohne erkennbaren Grund selektiv in Axonen an. Im gleichen Jahr – 1901 – führte der deutsche Neuropathologe Max Bielschowsky eine zweite, demselben Zweck dienende Technik ein. Bei diesem Verfahren wird das Gewebe fixiert und geschnitten, und die Schnitte werden dann für eine Zeit von einer Stunde bis zu mehreren Tagen in einer Silbernitratlösung durchtränkt. Anschließend überführt man sie in eine Lösung des Doppelsalzes Silberammoniumnitrat, einer äußerst instabilen Substanz. Über Nacht fällt das entstehende metallische Silber langsam aus. (Auf diese Weise pflegte man übrigens Spiegel herzustellen.) So kann ein eher schwaches Reduktionsmittel wie zum Beispiel Formaldehyd das sonst erforderliche starke Reduktionsmittel ersetzen. Beide Silbertechniken – die von Cajal und die von Bielschowsky – imprägnieren normale, intakte Axone; in dieser Form hat der Silberniederschlag folglich nur begrenzten Nutzen als Tracing-Methode. Um mit der Methode von Bielschowsky selektiv zerfallende Axone zu markieren, ist ein Zwischenschritt nötig; er wurde in den vierziger Jahren eingeführt. Unmittelbar vor dem ersten der zwei Silberbäder werden die Schnitte in eine Reihe von Beizen gelegt, die man als Gerbstoffe bezeichnen könnte. Das Gerben macht ausschließlich zerfallende Axone für Silber empfänglich.

Bei den anterograden Techniken entspricht die Tracing-Richtung der Richtung des vorwärts gerichteten (anterograden) axoplasmatischen Transports; so kann man bei diesen Verfahren durchaus damit beginnen, daß man einen Tracer – eine aufspürbare Substanz – in die betreffenden Zellkörper einschleust. Eine solche Technik, das sogenannte autoradiographische Tracing, kam in den siebziger Jahren auf; hierbei verwendet man Aminosäuren, die mit Tritium, dem radioaktiven Isotop von Wasserstoff, markiert sind (Abb. 4.3). Die tritiierten Aminosäuren werden in die Nervenstruktur injiziert, deren Projektionen man untersuchen will. Die Zellen, die diese Struktur aufbauen, nehmen die Aminosäuren aus dem extrazellulären Raum auf. Oft hat eine Zelle auf eine Aminosäure größeren Appetit als auf eine andere. Bestimmte Aminosäuren sind jedoch allgemein begehrt: Eine Injektion tritiierten Leucins oder Prolins ist fast immer wirksam. Innerhalb von Stunden bauen die Neuronen an der Injektionsstelle die markierten Aminosäuren in

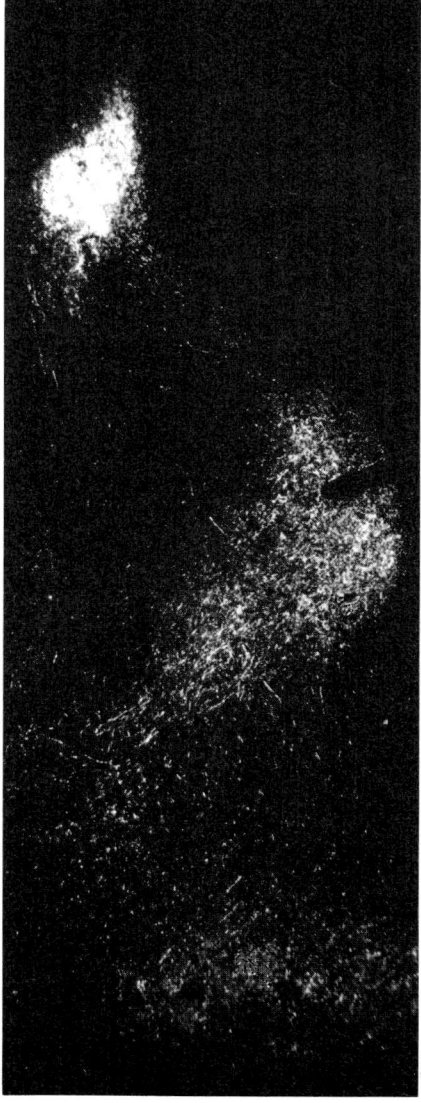

4.3 Mit dem anterograden Axon-Tracing kann man Axone vorwärts, in Richtung der Signalleitung, verfolgen – also von den Ursprungszellkörpern zu den Endigungen, wo die Axone Signale an andere Neuronen übermitteln. In diesem Beispiel erfolgte das Tracing autoradiographisch. Die Aminosäure Leucin wurde mit Tritium (radioaktivem Wasserstoff) markiert und in das innere Segment des Globus pallidus einer Katze injiziert. Die Nervenzellkörper dort nahmen das Leucin auf, bauten es in Proteine und Peptide ein und beförderten es so ihre Axone hinab. Die Axone verlassen das innere Segment des Globus pallidus in einer Bahn, die man Ansa lenticularis nennt. Vier Tage nach der Injektion wurde das Gehirn geschnitten; die Schnitte überzog man mit einer photographischen Emulsion und lagerte sie anschließend sechs Wochen lang bei einer Temperatur von −20 Grad Celsius. Während dieser Zeit machten die markierten Axone in jedem Schnitt ihre Position sichtbar, weil sie Beta-Teilchen (energiereiche Elektronen) freisetzten, welche die Silberhalogenide in photographischen Emulsionen zu Körnern von metallischem Silber reduzieren, ähnlich wie es die Lichtenergie bei der gewöhnlichen Photographie tut. Die Abbildung, eine Dunkelfeldaufnahme, zeigt einen Schnitt durch den caudalen Thalamus; Silberkörner erscheinen weiß. Der breite Halbmond von Körnern in der Mitte rechts kennzeichnet den Nucleus medialis centralis, ein thalamisches Zielgebiet für die Ansa lenticularis. Das schmale schwarze Oval, das von rechts in den Kern eindringt, ist ein Blutgefäß im Querschnitt; es erstreckt sich etwa einen Dreiviertelmillimeter weit in den Kern. Eine dichtere, kompakte Wolke von Körnern oben links kennzeichnet den Nucleus lateralis habenulae, den man zu Beginn des 1974 durchgeführten Experiments nicht als Zielgebiet erwartet hatte. Die diffuse Wolke unten rechts ist die Ansa lenticularis selbst, die sich von unten dem Thalamus im sogenannten Forelschen Feld H-1 nähert. Das Experiment wurde von Haring J. W. Nauta an der Case Western Reserve University durchgeführt.

die von ihnen hergestellten Proteine ein, und viele dieser Proteine werden das Axon hinuntertransportiert. Einige bewegen sich – in der langsamen Form des axoplasmatischen Transports – nur einen oder zwei Millimeter pro Tag voran, andere wandern dagegen wesentlich schneller, nämlich in der Größenordnung von 400 Millimetern pro Tag.

Die nachfolgende Gewebebehandlung beginnt mit dem Fixieren und Schneiden des Gehirns. Die Schnitte werden dann auf Objektträger aufgezogen und getrocknet; anschließend taucht man sie in einer Dunkelkammer in eine photographische Emulsion, trocknet sie erneut und legt sie in lichtundurchlässige Behälter, die dann bis zu zwölf Wochen lang in einer Kühltruhe gelagert werden. Während dieser Zeit zerfallen einige der Atomkerne des Tritiums. Dieser Vorgang geht mit der Freisetzung freier Elektronen (Beta-Teilchen) einher. Die aus der Oberfläche jedes Schnittes herausfliegenden Teilchen werden in der darüberliegenden Emulsion als Körner schwarzen, metallischen Silbers aufgezeichnet. Später, nachdem man die Emulsion entwickelt hat (im photographischen Sinne), lassen sich die Körner mikroskopisch kartieren. Wenn sie eine Linie bilden, läßt das auf die Anwesenheit eines Axons schließen, durch das sich, als das Tier getötet wurde, gerade radioaktive Moleküle bewegten; die Fixierung des Gewebes ließ im Axon und anderswo alle Proteine gerinnen und hielt so die markierten Moleküle an Ort und Stelle fest. Eine Wolke von Körnern deutet auf eine Endverzweigung hin. Untersucht man Schnitt für Schnitt die Körnungsmuster, so kann man die Verteilung der von den Zellen an der Injektionsstelle ausgehenden Axone ziemlich genau bestimmen.

Neue „Färbungen"

Ein entscheidendes Merkmal der bisher beschriebenen Axon-Tracing-Techniken ist, daß sie alle experimenteller Natur sind; das heißt, sie erfordern ein Experiment: Man muß eine Region auswählen, deren Verbindungen untersucht werden sollen, und dann eine Läsion setzen oder dem lebenden Tier an der gewählten Stelle eine Tracer-Substanz injizieren. Kurz, alle diese Techniken erfordern einen örtlichen Eingriff in das Gehirn. Die neuesten Verfahren laufen oft ganz anders ab. Viele sind kompliziert, aber in gewissem Sinne stellen sie Rückschritte dar: Genau wie die Nissl-Technik, die Nucleinsäuren markiert, zeigen auch sie die Verteilung von etwas, das normaler Bestandteil des Gehirns ist. Sie erfordern also keinen örtlichen Eingriff. Im Grunde handelt es sich bei den neuesten Verfahren um Färbungen. Man kann wohl sagen, daß wir ihre Entdeckung der Hoffnung verdanken, man könne Nervenzellen, die den gleichen Neurotransmitter verwenden, jeweils im ganzen Nervensystem zur „Selbstdarstellung" bringen.*

---

* Diese Hoffnung wurde allerdings meistens enttäuscht; die einzige Methode, mit der sich ein Neurotransmitter auf einfache Weise markieren läßt, ist die Histofluoreszenztechnik. Diese Technik, die in den sechziger Jahren von Bengt Falck von der Universität von Lund und von Nils-Åke Hillarp vom Karolinska-Institut entwickelt wurde, weist die Monoaminneurotransmitter Serotonin, Dopamin, Noradrenalin und Adrenalin in Zellkörpern, Axonen und Axonendigungen an der Oberfläche von dünn geschnittenem Nervengewebe nach. Sie beruht auf dem glücklichen Umstand, daß ein Indolamin wie Serotonin oder Catecholamine wie Dopamin, Noradrenalin und Adrenalin mit Formaldehyd Verbindungen eingehen, die unter ultraviolettem Licht fluoreszieren. Schnitte des Gewebes werden also Formaldehyddämpfen ausgesetzt. Serotonin fluoresziert gelb; Dopamin, Noradrenalin und Adrenalin fluoreszieren grün.

Im Grunde machen sich die neuesten Techniken die Natur von Proteinen zunutze. Proteine sind zum Beispiel wirksame Antigene: Wenn sie in den Körper eines Wirbeltieres eindringen, richten sich Verteidigungsmaßnahmen gegen sie, die man unter dem Begriff Immunantwort zusammenfaßt. Ein Aspekt dieser Reaktion ist, daß Plasmazellen — die Abkömmlinge von B-Lymphocyten, einem Typ von weißen Blutkörperchen — Antikörper ausschütten: Moleküle (genauer: Immunglobuline), die dazu bestimmt sind, sich an die Eindringlinge anzuheften. Jede Plasmazelle sondert einen ganz bestimmten Antikörper ab. Die Idee liegt nahe, mit einem Antikörper gegen ein Protein, das für den Forscher interessant ist, dessen Verteilung im Nervengewebe zu markieren. Daraus ergibt sich eine immunhistochemische „Färbe"-Methode (Abb. 4.4). Zuerst gewinnt man aus dem Gehirn einer Art, beispielsweise einer Ziege, ein Protein. Dieses Protein kann ein mutmaßlicher Neurotransmitter sein, der sich als Peptid erwiesen hat. (Die Endorphine, eine Gruppe von Neuropeptiden, sind dafür hervorragende Beispiele.) Bei dem Protein kann es sich auch um ein Enzym handeln, das an

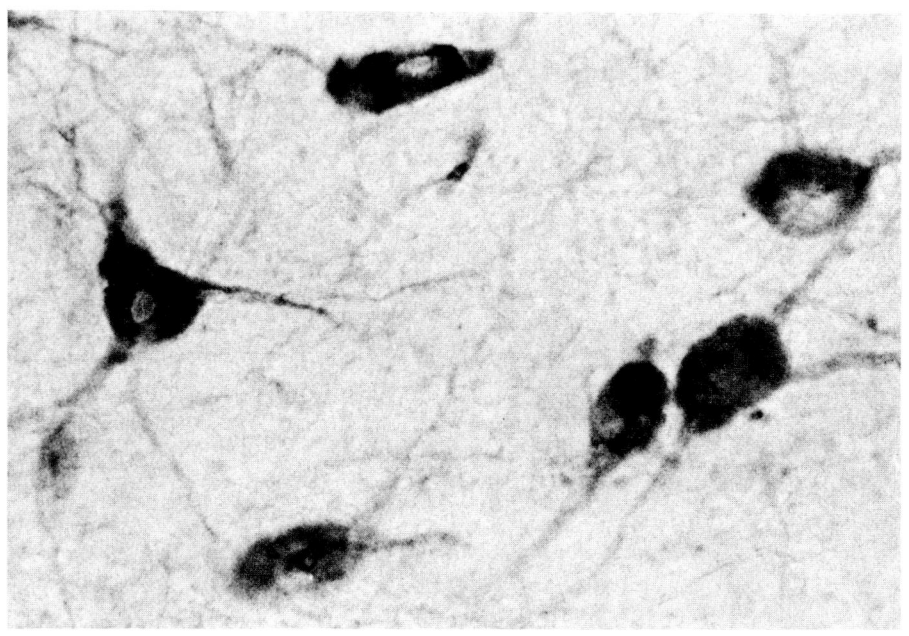

4.4 Die Immunhistochemie, ein neues „Färbe"-Verfahren für Nervengewebe, macht sich die Immunreaktion von Wirbeltieren zunutze; genauer gesagt, sie arbeitet mit Antikörpern. In der neuesten Version dieser Technik sind die Antikörper monoklonal und monospezifisch: Sie werden von einem Klon (den identischen Abkömmlingen einer einzigen Ursprungszelle) erzeugt, und sie binden sich nur an ein einziges Protein. Das gezeigte Gewebe stammt aus dem Nucleus basalis, einem Teil der Substantia innominata an der Vorderhirnbasis. Es wurde einem monoklonalen Antikörper ausgesetzt, der spezifisch für das Enzym Cholinacetyltransferase ist; dieses Enzym besorgt die Synthese des Neurotransmitters Acetylcholin. Der Antikörper war zuvor an eine Peroxidase gekoppelt worden, so daß sich seine Bindungsstellen im Nervengewebe durch ein Pigment kennzeichnen ließen. Auf dem Bild sind mehrere Neuronen dunkel gefärbt. Ihr Cytoplasma enthält Cholinacetyltransferase, und folglich ist ihr Transmitter wohl Acetylcholin. Tatsächlich stellen sie die einzigen bekannten cholinergen Neuronen dar, die auf den Neocortex projizieren. Die Aufnahme (das Gewebe stammt von einem Rhesusaffen) wurde von M. M. Mesulam und seinen Mitarbeitern an der Harvard Medical School gemacht.

der Synthese eines Neurotransmitters mitwirkt — sagen wir, die Cholinacetyltransferase, die Acetylcholin herstellt —, oder um eines, das einen Neurotransmitter abbaut — etwa die Acetylcholinesterase. Es kann auch ein Enzym mit einer vollkommen anderen Funktion sein. Schließlich kann es sich um ein strukturelles Protein handeln — Tubulin, ein Protein in Mikrotubuli, wäre ein Beispiel — oder aber um ein Membranprotein: einen Rezeptor oder einen Teil eines Kanals zur Ionenleitung. Es gibt hier keinen grundsätzlichen Unterschied: Jedes Protein ist eine Kette aus Aminosäuren und daher ein potentielles Antigen. Das Protein wird in das Blut einer anderen Art, etwa eines Kaninchens, injiziert. Dessen Immunsystem behandelt es als Eindringling und richtet Antikörper dagegen. Diese Antikörper sammelt man und versieht jeden davon mit einer Markierung wie radioaktiven Atomen oder einer fluoreszierenden Gruppe. Schließlich bringt man die Antikörper auf Gehirnschnitte einer beliebigen Art auf. Sie binden sich dort an das gewebeeigene antigene Protein.

Zwei Probleme können dieses Vorhaben stören. Zum einen ist die Immunreaktion vielfältig: Die gebildeten Antikörper richten sich gegen verschiedene Moleküle an der Oberfläche eines Eindringlings (wie beispielsweise der Proteinkapsel eines Virus) oder sogar gegen verschiedene Teile eines Moleküls. Das bedeutet, daß das Abwehrsystem des Körpers typischerweise keine reine Antikörperlinie hervorbringt, selbst wenn es auf einen einzigen Typ von Eindringling reagiert. Überdies kann sich ein bestimmter Antikörper an unterschiedliche Moleküle binden, vorausgesetzt, sie enthalten die Aminosäuresequenz, gegen die der Antikörper gerichtet ist. (Diese Ausweitung der Reaktion bezeichnet man als Kreuzreaktivität.) Man überwand dieses Problem – zumindest teilweise – im Jahre 1975, als es gelang, Mäuselymphocyten mit Mäusemyelomzellen (Knochenmarkskrebszellen) zu verschmelzen. Die dabei entstehenden Hybridzellen – man nennt sie Hybridome – vereinen die Eigenschaften der Ursprungszellen: Wie Plasmazellen sondern sie Antikörper ab, und wie Krebszellen sind sie in Zellkultur unsterblich. Ähnlich wie zuvor setzt man ein Tier einem Protein aus, das von einer anderen Art gewonnen wurde. Die Lymphocyten des Tieres vermehren sich, wobei jeder von ihnen einen bestimmten Antikörper erzeugt. Die Lymphocyten werden nun mit Myelomzellen verschmolzen und dadurch unsterblich gemacht. Jede der Hybridzellen läßt man dann einen Klon hervorbringen: eine Kolonie identischer Nachkommen. Jede solche Kolonie geht der Synthese eines reinen – monoklonalen – Antikörpers nach.*

Das zweite Problem mit der Immunhistochemie liegt ebenfalls in der Technik selbst begründet, die ein Protein und seine Verteilung nicht nur in jenen Zellen nachweist, die es herstellen, sondern auch in solchen, die die Substanz einfach anhäufen: quasi den Zielzellen für das Protein. Auch hier hat sich eine Lösung ergeben. Sie tritt in Form einer brandneuen „Färbe"-Technik auf, die derzeit – während dieser Text hier geschrieben wird – noch verfeinert wird. Das als *in situ*-Hybridisierung bezeichnete Verfahren (Abb. 4.5) gründet sich auf das zentrale Dogma der Molekularbiologie, wonach die Synthese eines Proteins in einer Zelle durch die Ribosomen nach Anweisungen erfolgt, die zuerst in einem Gen im Kern der Zelle verschlüsselt sind und dann von einer Boten- oder messenger-RNA (mRNA) vom Kern zu den Ribosomen übermittelt werden. (In der Sprache der Molekularbiologie wird das genetische Material, die DNA, in mRNA transkribiert und diese dann im Zuge der Translation in Protein übersetzt.) Die *in situ*-Hybridisierung markiert nun die Verteilung einer mRNA: also eines Datenträgers mit den Syntheseanweisungen für das Protein, der nur in den Zellen zu finden ist,

---

* Eine Anwendung der Immunhistochemie verspricht jetzt die Autoradiographie als Methode des anterograden Axon-Tracing zu verdrängen. Man injiziert dabei zunächst ein als Lectin bekanntes pflanzliches Protein in einen ausgewählten Bereich des Gehirns oder des Rückenmarks. Das derzeit meistens verwendete Lectin wird aus Feuerbohnen gewonnen. Die Zellkörper an der Injektionsstelle nehmen das Lectin auf und transportieren es ihre Axone hinab. An den Axonendigungen wird es dann zu einem Marker, wenn es sich an einen Antikörper bindet, der gegen das Lectin gerichtet und außerdem mit einer Peroxidase gekoppelt ist. (Der Antikörper dient gleichsam als Schleppdampfer, der die Peroxidase zu den Ankerplätzen zieht, die der Untersucher im Gehirn vorbereitet hat.) Die Lectinimmunhistochemie ist die empfindlichste Methode des anterograden Tracing, die man bislang entwickelt hat; sie deckt eine solche Fülle von Details auf, daß sie zu einem Konkurrenten für die Golgi-Färbung wird. In routinemäßiger Anwendung enthüllt sie zum Beispiel komplizierte synaptische Geflechte, die Axone um ihre Zielneuronen gewebt haben. Ein Beispiel für die Lectinimmunhistochemie zeigt das Eröffnungsbild zu Teil II dieses Buches.

die das Molekül auch tatsächlich produzieren. Man beginnt mit einer Kollektion oder „Bibliothek" von mRNAs, die man aus Zellen extrahiert hat. Jede mRNA ist eine einzelsträngige Nucleinsäure. Durch eine Reihe von Manipulationen entsteht daraus eine entsprechende doppelsträngige DNA, die jeweils in großer Menge von einem Bakterienklon hergestellt wird. Nachdem man das Produkt eines einzelnen Klons ausgewählt hat, kann das eigentliche „Färben" beginnen. Zunächst macht man die DNA radioaktiv, und durch Erhitzen trennt man jeden Doppelstrang in Einzelstränge auf. Diese DNA-Einzelstränge werden im nächsten Schritt auf Schnitte von Nervengewebe aufgetragen. Einer der Stränge jedes Paares ist „codierend": Seine Nucleotidfolge stellt im wesentlichen ein Duplikat eines Teiles der nachzuweisenden messenger-RNA dar. Als Marker ist er nicht zu gebrauchen. Der andere DNA-Strang ist „anticodierend": Er stellt das chemische Gegenstück der mRNA (die komplementäre Sequenz) dar, und so können sich die beiden Moleküle verbinden, wobei ein *in situ*-Hybrid entsteht — ein Doppelstrang mit einem Strang aus mRNA und einem aus radioaktiv markierter DNA. Die

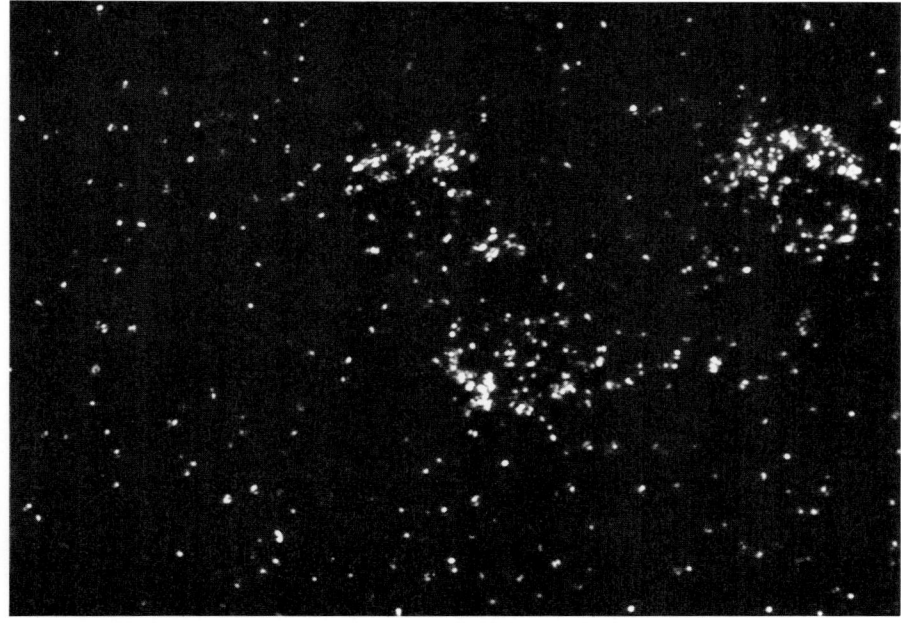

4.5 Die *in situ*-Hybridisierung, ein zweites neues „Färbe"-Verfahren, bedient sich der Techniken der DNA-Rekombination und des *genetic engineering*. Hier wurde das Verfahren mit dem Ziel angewandt, Neuronen zu lokalisieren, die Corticotropin (ACTH) synthetisieren. Die Dunkelfeldaufnahme zeigt Gewebe aus dem Nucleus arcuatus des Hypothalamus einer Ratte. Das Gewebe wurde einer eigens für dieses Experiment neukombinierten DNA ausgesetzt. Zum einen bindet sich diese DNA an eine bestimmte Boten- oder messenger-RNA (mRNA): nämlich diejenige, die die Struktur von ACTH bestimmt. Außerdem enthält sie Tritiumatome, deren Radioaktivität in der photographischen Emulsion, mit der man das Gewebe überzogen hat, Körner von metallischem Silber (weiße Punkte) erzeugte. Punkthaufen kennzeichnen Nervenzellkörper, in denen die genetischen Instruktionen für die Herstellung von ACTH in Protein umgesetzt (exprimiert) werden. ACTH, das man bereits als ein vom Vorderlappen der Hypophyse abgegebenes Hormon kennt, könnte sich jetzt auch als Neurotransmitter erweisen. Die „Färbung" wurde von Josiah N. Wilcox vom College of Physicians and Surgeons der Columbia University durchgeführt.

Schnitte werden schließlich in eine photographische Emulsion getaucht und für die Autoradiographie vorbereitet.

Diese Reaktionsfolge ist kompliziert. Trotzdem stellt sie eine einfache Übung in den neuen Technologien der DNA-Rekombination und des *genetic engineering* dar. Tatsächlich geht man fast zu bereitwillig von einer Proteinbibliothek zu einer Bibliothek monoklonaler Antikörper oder von einer mRNA-Bibliothek zu einer Bibliothek von DNA-Sonden über. Man kann Präparate von markierten Neuronen anfertigen, ohne zu wissen oder auch nur zu ahnen, was für eine Substanz man markiert hat. Andererseits kann es auf unerwartete Weise aufschlußreich sein, in einer Bibliothek zu blättern. Forscher um Floyd Bloom und J. Gregor Sutcliffe am Salk Institute und an der Scripps Clinic haben eine, wie sie es nennen, „unbeschränkte" Durchmusterung der mRNAs in Neuronen im Gehirn der Ratte durchgeführt. Sie schätzen, daß die mRNA-Bibliothek im gesamten Tier 50 000 bis 100 000 mRNAs umfaßt. Davon hat ein beliebiges Neuron etwa 1000. Diese Zahl mag gering erscheinen, aber schließlich ist ein Neuron eine hochdifferenzierte Zelle; sie hat unter den vielen Entwicklungswegen, die von der genetischen Ausstattung des Organismus angeboten werden, einen ganz bestimmten eingeschlagen. Das bedeutet, sie hat auf eine Vielzahl möglicher Karrieren verzichtet und dementsprechend die Fähigkeit zur Synthese zahlreicher Proteine verloren. Von den 1000 mRNAs kommen 200 in ungefähr gleichen Mengen auch in Zellen der Leber und der Niere vor. Die von diesen Botenmolekülen verschlüsselten Proteine werden dort ebenso gebraucht. Weitere 200 finden sich zwar ebenfalls in Leber und Niere, aber in ungleichen Mengen. Die verbleibenden 600 treten allein im Neuron auf. Das soll nicht heißen, daß sich das Gehirn nur dadurch von anderen Organen unterscheidet, daß es bloße 600 organspezifische Proteine zu synthetisieren vermag. Neuronen unterscheiden sich nicht nur von Leber- oder Nierenzellen, sondern auch untereinander: Sie weisen charakteristische Formen, charakteristische Verbindungen sowie charakteristische Membrankanäle und Rezeptoren auf. Sie haben auch charakteristische mRNA-Bibliotheken. So könnte es immerhin 30 000 mRNAs geben, die ausschließlich im Gehirn vorkommen. Einige spezifizieren ziemlich lange Proteine. Andere sind unter Neuronen recht weit verbreitet. Wieder andere kommen in bestimmten Neuronen so reichlich vor, daß sie solche Zellen befähigen, ein Protein in großer Menge herzustellen. Es verbleiben ungefähr 800 mRNAs. Jede davon befähigt die jeweiligen Neuronen, eine kurze Aminosäurekette – ein Peptid – in kleiner Menge zu bilden. Diese 800 Peptide sind Kandidaten für bisher unbekannte Neurotransmitter.

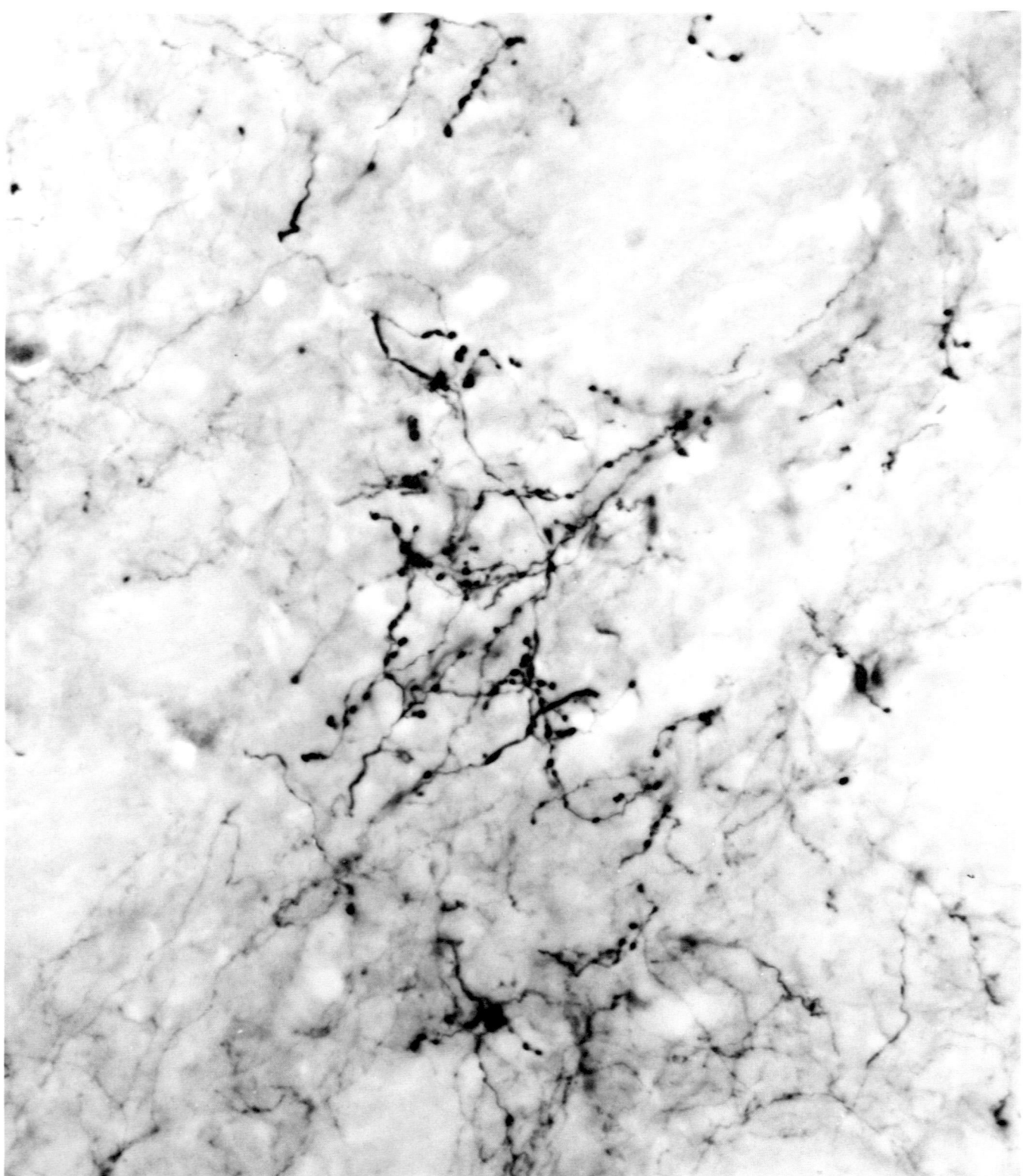

II. Verbindungen

Diese Aufnahme zeigt einen Ausschnitt aus dem Corpus striatum einer Ratte. Die darin erkennbaren Axonendigungen kennzeichnen eine der Hauptleitungsbahnen im Zentralnervensystem der Säugetiere, also jener Bahnen, die in dem nun folgenden Teil des Buches beschrieben werden sollen. Um die „Färbung" der Endigungen zu erleichtern, wurde ein Lectin (ein pflanzliches Protein) in die Substantia nigra an der Mittelhirnbasis injiziert. Da das Lectin von Axonen in anterograder Richtung befördert wird, gelangte es von dort zum Striatum tief in der Großhirnhemisphäre, wo man es dann immunhistochemisch nachwies (das heißt, man erzeugte einen Antikörper gegen das Lectin und markierte ihn mit einem Farbstoff). Das Experiment zeigte, daß es zwei Klassen von nigrostriatalen Endigungen gibt. Die eine, ein feines Geflecht axonaler Verzweigungen, dehnt sich hier über das ganze Blickfeld aus. Die andere, ein Netzwerk von Fasern, die sich durch große Varikositäten oder *boutons* auszeichnen, erscheint größtenteils in der Bildmitte. In einem weiteren immunhistochemischen Experiment setzte man einen Antikörper gegen das Enzym Tyrosinhydroxylase ein, das die Synthese des Neurotransmitters Dopamin einleitet. Auf diese Weise konnte man nachweisen, daß das feine Geflecht dopaminerg ist. Man nimmt an, daß beim Menschen eine Funktionsstörung der dopaminergen Projektionen der Parkinsonschen Krankheit zugrundeliegt. Die Experimente wurden von Charles R. Gerfen und seinen Mitarbeitern von den National Institutes of Mental Health durchgeführt.

5. Aufsteigende Bahnen

Ein Aspekt der eben erfolgten Beschreibung von Axon-Tracing-Techniken ist es wert, hier noch einmal wiederholt zu werden: Die Techniken setzen voraus, daß man eine Läsion setzt oder an einer ausgewählten Stelle eines lebenden Tieres eine Markersubstanz injiziert. Das bedeutet, daß man sie nicht verwenden kann, um das menschliche Gehirn direkt zu untersuchen.

Kann man sich statt dessen der Autopsie bedienen? Die Antwort lautet: nur selten. Erstens bleibt ein menschliches Gehirn nach dem Tod gewöhnlich noch einen Tag lang unfixiert; am Ende eines Menschenlebens läßt sich schwerlich anders verfahren. In dieser Zeit aber hat die nach dem Tod (*post mortem*) beginnende Zersetzung (die sogenannte Autolyse) des Gehirngewebes dessen chemische wie auch morphologische Eigenschaften in einem solchen Maße verändert, daß die für die verschiedenen Axon-Tracing-Techniken erforderlichen chemischen Verfahren in der Regel unbrauchbar sind. Zweitens führt die durch ein Trauma oder eine Krankheit hervorgerufene retrograde Zellreaktion im lebenden Nervensystem oft dazu, daß die Zellkörper selbst verschwinden. Der Bereich, den sie bevölkerten, füllt sich statt dessen mit Glia. Man schätzt, daß eine Nervenzellgruppe um mindestens 30 Prozent dezimiert sein muß, ehe überhaupt ein Forscher, der diese Region mikroskopisch untersucht, irgend etwas Ungewöhnliches bemerkt. Drittens beschränkt sich ein pathologischer Prozeß, der Nervengewebe zerstört, meistens nicht auf eine umgrenzte Stelle. Selbst wenn das Gewebe sofort fixiert würde, könnte es sich für den Forscher als unmöglich erweisen, die degenerierenden Axone, die in einer bestimmten Struktur entspringen, von denen zu trennen, die aus benachbarten, ebenfalls geschädigten Strukturen stammen. Einige degenerierende Axone könnten ihren Ursprung auch durchaus ziemlich weit von der Läsion entfernt haben. Sie wurden entlang ihres Verlaufs geschädigt.

Natürlich kann der Forscher darauf bauen, daß ihm eine Übersichtsmethode wie die Nissl-Färbung hilft, großräumige Unregelmäßigkeiten in der Verteilung von Nervenzellkörpern im Zentralnervensystem aufzudecken. Die Erfolge solcher Bemühungen sind keineswegs als gering einzuschätzen. Beispielsweise verursacht der Verschluß einer Endarterie, die einen bestimmten Teil der Großhirnrinde versorgt, eine retrograde Zellreaktion in einem bestimmten Bereich des Thalamus. Die mächtigen thalamocorticalen Verbindungen im menschlichen Gehirn wurden auf diese Weise kartiert. Umgekehrt weiß man, daß die anterograde Degeneration von Axonen, die sich infolge einer Läsion in einem bestimmten Teil der menschlichen Großhirnrinde, nämlich dem motorischen Areal, einstellt, zu einer allmählichen Verringerung von Größe und Myelinisierungsgrad („Entmarkung") eines bestimmten Axonbündels, der sogenannten Pyramidenbahn, führt. Des weiteren weisen Axon-Tracing-Studien an Tieren darauf hin, daß bei den verschiedenen Säugetierarten eine gewisse Übereinstimmung in den Hauptmerkmalen des Zentralnervensystems besteht. Die Verbindungen, die sich bei der Ratte finden, treten sehr wahrscheinlich auch beim Affen auf, wenngleich vielleicht der umgekehrte Fall nicht unbedingt gilt. Die bei Autopsien gemachten Entdeckungen passen sich gut in dieses Grundmodell ein. Tatsächlich hat man in einzelnen Fällen die Silberimprägnierungsmethoden auf das menschliche Gehirn und Rückenmark angewandt, um detaillierte Muster der Faserdegeneration aufzuzeigen. Überraschungen ergaben sich dabei nicht. Das ändert jedoch nichts an der Tatsache, daß die Erkenntnisse, die ein Forscher durch eine Autopsie über das menschliche Gehirn gewinnen kann, gewöhnlich recht grob sind, wenn man sie mit der detaillierten Information vergleicht, die sorgfältig ausgeführte Experimente an Versuchstieren liefern. Es bleibt uns nichts anderes übrig, als im folgenden eine Art von Zwitter zu beschreiben. Die Anatomie ist die des Menschen, aber die Verschaltung die eines Säugetieres allgemein.

Somatosensorische Endigungen und Reflexverbindungen

Wir wollen unsere Entschlüsselung der Schaltkreise im Zentralnervensystem der Säugetiere mit der Identifizierung sensorischer Neuronen beginnen, also solcher Nervenzellen, wie sie George Parker einst in der Epithelschicht der Quallen fand. Bei Wirbeltieren sind sie jedoch ganz anders angeordnet. Nur in einem einzigen Fall ist ein sensorisches Wirbeltierneuron noch ein Rezeptor an der Oberfläche des Körpers: Lediglich die Riechepithelzellen in der Schleimhaut des Nasenhöhlendaches sind direkt der äußeren Umgebung ausgesetzt. Alle übrigen sensorischen Neuronen liegen ein gutes Stück unter der Oberfläche; jene, die für somatische (Körper-)Empfindungen zuständig sind, befinden sich in Ganglien entlang des Rückenmarks oder in ähnlichen Ganglien in Gehirnnähe. (Der Begriff „Ganglion" ist bei Wirbeltieren eingekapselten Neuronenhaufen außerhalb des Zentralnervensystems vorbehalten.) Jedes dieser sensorischen Neuronen ist pseudounipolar: Es hat ein Axon, das sich in zwei Äste gabelt. Ein Ast dringt in das Zentralnervensystem ein, der andere zieht nach außen durch den Körper und folgt dabei — als Teil eines peripheren Nervs — einer Bahn, die ihn entweder zu einem quergestreiften Muskel, zu dessen Scheide, einer Muskelfaszie, zu einer Gelenkkapsel, einer Sehne oder einem Band, zum Periost, also der Bindegewebsscheide, die einen Knochen überzieht, oder zur Haut bringen wird. In der Haut gibt es viele Endigungen sensorischer Axone. Einige von ihnen sind einfach die nackten Spitzen von Axonen*; diese sogenannten freien Nervenendigungen scheinen zum Teil als Nocizeptoren zu dienen (das heißt, auf gewebeschädigende Reize anzusprechen), zum Teil temperaturempfindlich zu sein. Andere, scheibenförmige Endigungen nehmen Kontakt zu spezialisierten Epithelzellen auf (Abb. 5.1). Diese als Merkel-Scheiben bezeichneten Endigungen sprechen vor allem auf Druck an, der auf die Haut ausgeübt wird. Die Rolle der Epithelzellen ist noch immer schwer faßbar. Nach einer erstmals von Cajal aufgestellten Hypothese üben sie

---

* Indem wir in dieser ganzen Beschreibung somatosensorischer Endigungen einfach von „Axonspitzen" sprechen, vernachlässigen wir die bemerkenswerte Hypothese von David Bodian von der Johns Hopkins University, wonach die Spitzen der von pseudounipolaren Neuronen ausgesandten sensorischen Axone eigentlich dendritisch sind. Am Anfang von Teil III werden wir auf Bodians Hypothese zurückkommen.

lediglich einen trophischen Einfluß aus: Sie entwickeln sich früh im Embryo und weisen dann einigen der sensorischen Axone, die in die Haut eindringen, den Weg.

Die übrigen sensorischen Endigungen in der Haut sind eingekapselt: Sie werden von kolbenförmigen, manchmal ziemlich kompliziert aufgebauten Hüllen umkleidet. Solche eingekapselten Endigungen kommen in zahlreichen Variationen vor. Die sogenannten Krauseschen Endkolben hält man für Kälterezeptoren. Sie liegen direkt unter der Epidermis, der Oberflächen-

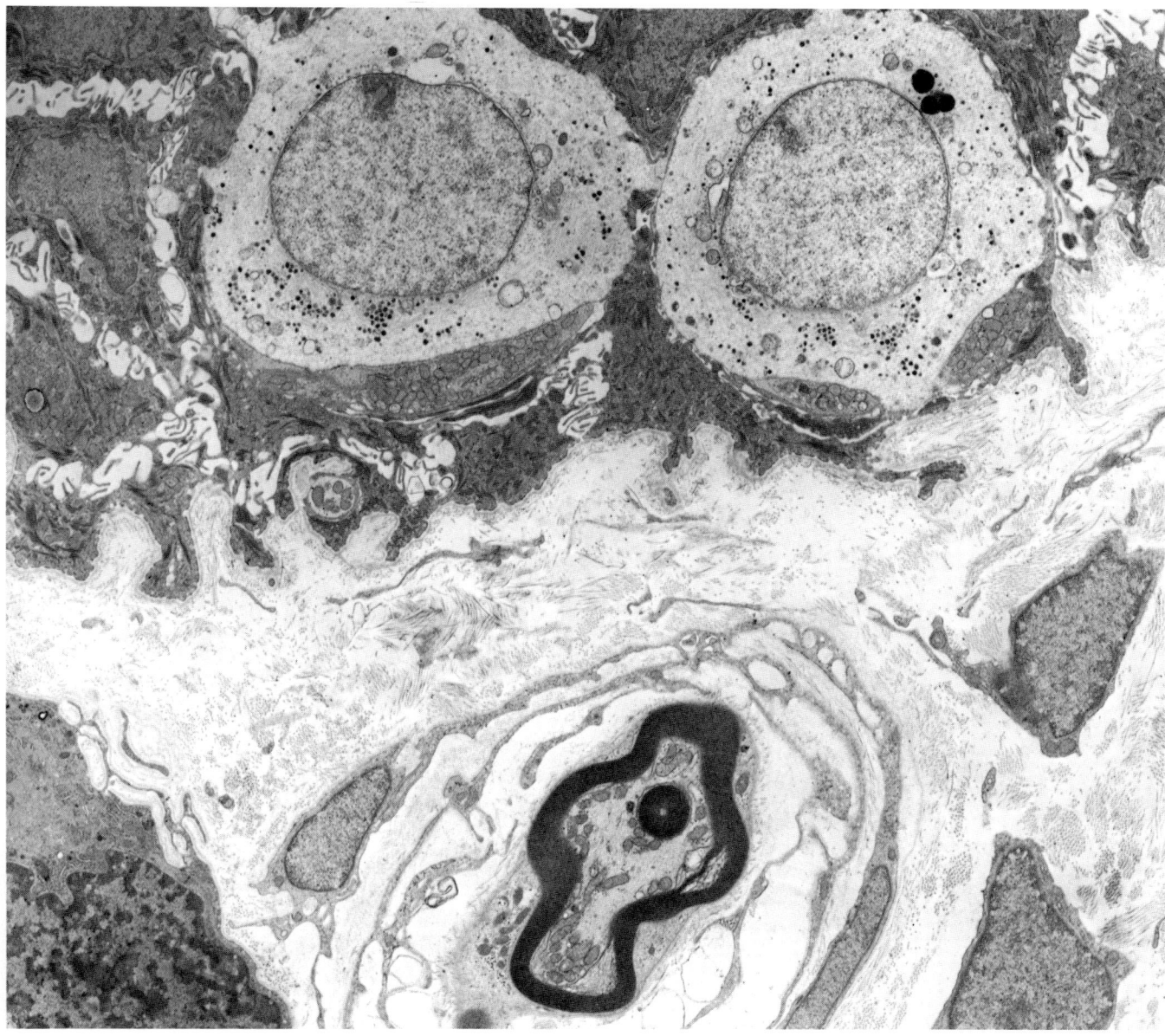

5.1 Merkel-Scheiben bilden das Anfangsglied einer sensorischen Leitungsbahn: Es sind Rezeptoren in der Haut, die in erster Linie auf gleichmäßigen Druck auf die Körperoberfläche reagieren. Jede Scheibe tritt mit einer spezialisierten Epithelzelle in Verbindung. Im oberen Teil des Bildes sitzen zwei solche Zellen, sogenannte Merkel-Zellen, direkt nebeneinander in der Epidermis. Die Zelle rechts enthält drei schwarze Flecken des Pigments Melanin. Von unten liegen den Zellen jeweils halbmondförmige Axonendigungen an: die Merkel-Scheiben. Am unteren Bildrand (in der Dermis) sieht man den unregelmäßigen Querschnitt eines myelinisierten Axons mit einem Durchmesser von ungefähr vier Mikrometern. Wahrscheinlich gehören die Merkel-Scheiben zu diesem Axon. Die elektronenmikroskopische Aufnahme stammt von Bryce L. Munger vom Hershey Medical Center der Pennsylvania State University; sie zeigt Haut vom Finger eines Mannes, bei dem durch eine Verletzung der Nervus ulnaris im Arm durchtrennt worden war. Das regenerierende Axon hat seine Verbindung mit Merkel-Zellen wiederhergestellt.

schicht der Haut. Jeder dieser Endkolben ist eine kleine, runde Anhäufung extrem abgeflachter Epithelzellen, die die verknäuelten Endverzweigungen eines einzelnen sensorischen Axons umschließen. Die als Meißner-Körperchen bezeichneten Endigungen scheinen Berührungsrezeptoren zu sein. Sie treten hauptsächlich in haarloser Haut, direkt unter der Epidermis, auf. Reichlich und dicht gedrängt findet man sie beispielsweise in der Haut an den Fingerspitzen. Jeder dieser rund 100 Mikrometer langen, ovalen Körper besteht aus Schichten abgeflachter Zellen und empfängt ein bis vier sensorische Axone, die spiralförmig durch die Zellschichten ziehen und dabei variköse Kollateralen abgeben. Die Vater-Pacinischen oder kurz Pacinischen Körperchen (Abb. 5.2) sind zweifellos Vibrationsrezeptoren. Sie stellen die sicherlich bestuntersuchten der eingekapselten Endigungen dar. Sie liegen tief in der Dermis, der unteren (auch Corium genannten) Hautschicht. Diese großen, ovalen Körper messen bis zu 2000 Mikrometer (zwei Millimeter) in der Länge und 1500 Mikrometer in der Breite; jeder besteht aus bis zu 100 zwiebelschalenartigen, dünnen Schichten abgeflachter Zellen, die die nackte Spitze eines Axons umgeben. Die ganze komplizierte Kapsel ist nichts anderes als eine Art mechanisches Hochpaßfilter: Sie überträgt bevorzugt schnelle Druckzunahmen und -entlastungen, die dann das Axon veranlassen können, ein oder zwei Aktionspotentiale zu erzeugen. Für stetigen Druck macht die Kapsel das Axon dagegen relativ unempfänglich. Die Axonspitze selbst ist das für mechanische Reize empfindliche Element: Sie allein überführt sensorische Stimuli in die bioelektrische Währung des Nervensystems. Hier drängt sich die Frage auf, wie denn Axonspitzen für jeweils so unterschiedliche Reize wie Berührung, Druck, Dehnung, Hitze und Kälte empfänglich gemacht werden.

Die Endigungen somatosensorischer Axone, die tiefer als die Haut liegen, sind genauso kompliziert und vielfältig. Quergestreiftes Muskelgewebe liefert das verwickeltste Beispiel dafür. Zwischen die aktiven Muskelfasern —

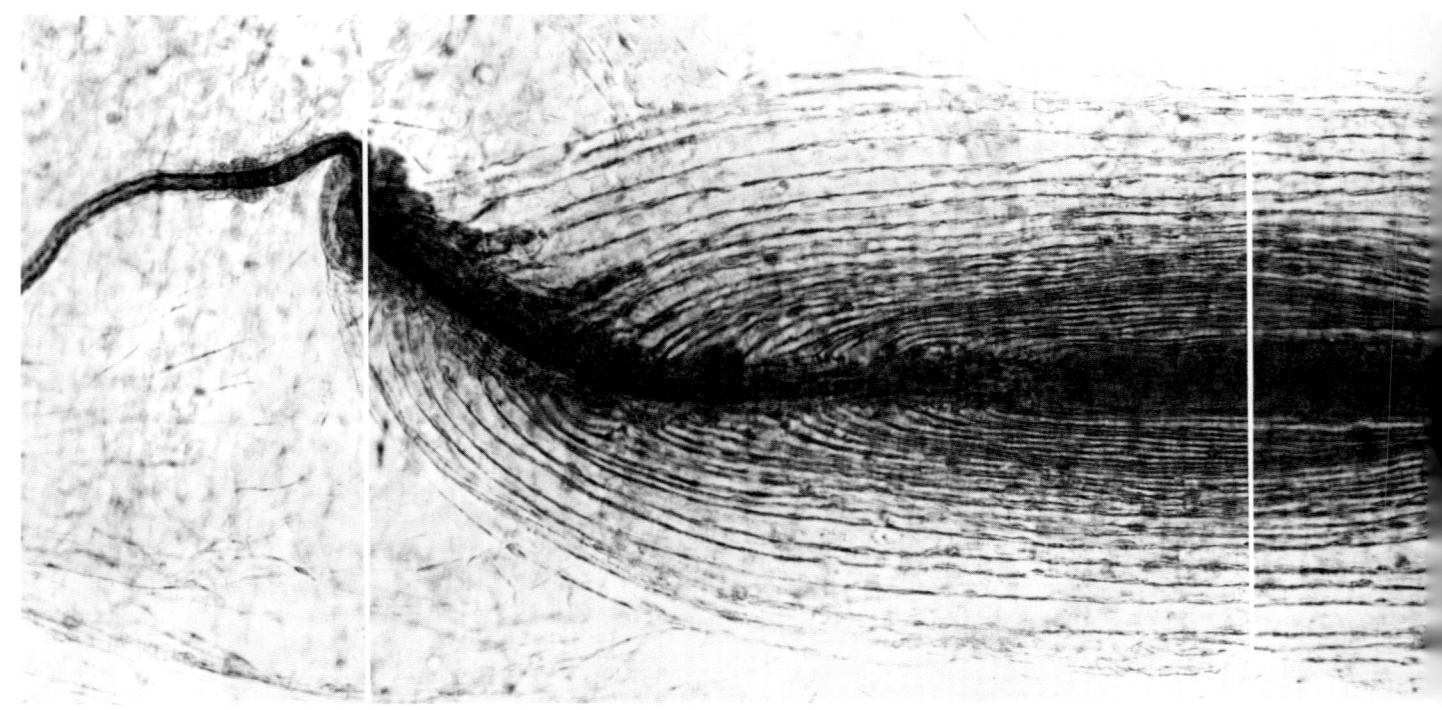

diejenigen, die zur Kraft einer Muskelkontraktion beitragen – sind in gewissen Abständen eher unscheinbare quergestreifte Muskelfasern eingeschoben, die jeweils in Gruppen von zwei bis zehn die sogenannten Muskelspindeln bilden: fusiforme – das heißt spindelförmige – Organe, die typischerweise zwei bis vier Millimeter lang und parallel zu den aktiven Muskelfasern angeordnet sind. Man findet sie in allen quergestreiften Muskeln, besonders häufig jedoch in den kleinen Hand- und Fußmuskeln, wo in einem Gramm Muskelgewebe hundert oder mehr von ihnen vorkommen können. Jede Muskelspindel empfängt mehrere somatosensorische Axone. Alle außer einem enden in kleinen, dichten, netzartigen Endigungen („Blütendoldenendigungen") an der Oberfläche von Spindelfasern. Über ihre Funktion ist man sich nicht im klaren. Das verbleibende, deutlich dickere Axon versorgt jede Spindelfaser mit einer gegabelten Kollateralen. Der eine Ast windet sich jeweils spiralförmig um die Faser herum nach oben, der andere spiralförmig nach unten. Gemeinsam bilden sie die sogenannte annulospirale Endigung. Sobald ein Muskel – durch die Schwerkraft oder die Aktivität einer entgegenwirkenden Muskelgruppe – gedehnt wird, werden auch seine Muskelspindeln in die Länge gestreckt, und dabei ziehen sich die Windungen jeder Spirale auseinander. Das Ergebnis ist eine Salve von Aktionspotentialen: ein Alarmsignal für das Nervensystem, daß der Muskel gedehnt wird. Bemerkenswerterweise erhalten die Fasern, die die Muskelspindel bilden, auch eine motorische Innervation durch kleine Motoneuronen, die man Gamma-Motoneuronen nennt. In gewisser Weise gleicht die annulospirale Endigung einer Rebe, die sich um ein verstellbares Spalier windet. Die Verstellbarkeit ist sehr wichtig. Wenn ein Muskel sich zusammenzieht und somit verkürzt, würden seine Muskelspindeln erschlaffen, falls sie nicht ebenfalls zur Kontraktion gebracht würden. Das gamma-motorische System befähigt Muskelspindeln, die Kontraktion eines Muskels zu ignorieren und immer bereit zu sein, die nächste passive Dehnung zu melden.

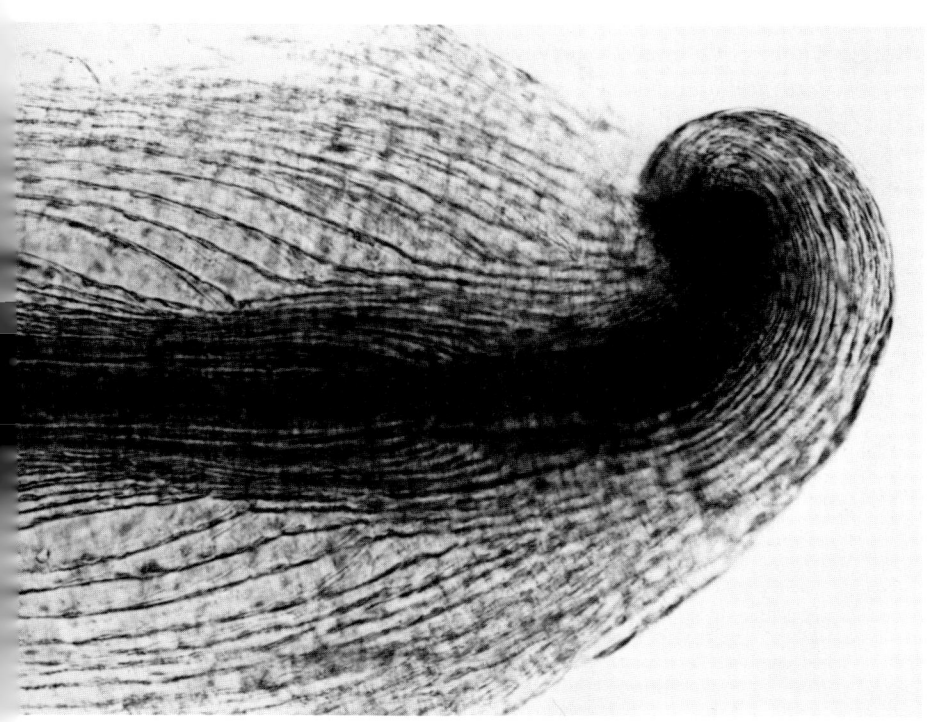

5.2 Pacinische Körperchen sind die größten und höchstentwickelten Sinnesrezeptoren in der Haut. Sie zeigen auch die schnellste Adaptation bei einer länger anhaltenden somatosensorischen Reizung, das heißt, sie stellen die Reaktion darauf sehr rasch ein. Folglich spricht ein Pacinisches Körperchen vor allem auf schnelle, vibratorische Kompressionen der Haut an. Sein zwiebelartiger, geschichteter Aufbau umfaßt eine Außenzone abgeflachter Zellen und ein Zentrum (dunkelgrau) spezialisierter „Lamellenzellen". Das in dieser Bildmontage gezeigte Körperchen stammt aus der Hinterpfote einer Katze. Es ist ungefähr 700 Mikrometer (0,7 Millimeter) lang. Vor der Aufnahme wurde es von dem umgebenden Gewebe befreit. Ein Axon mit einem Durchmesser von zehn Mikrometern zieht von links herein. Nach etwa einem Drittel der Strecke nach rechts endet seine Myelinisierung, und das lamellare Zentrum beginnt. Das Axon selbst ist der Reizumwandler; seine komplizierte Verkapselung dient als mechanischer Filter. Die Mikrophotographien stammen von Peter S. Spencer und Herbert H. Schaumburg vom Albert Einstein College of Medicine in New York.

Muskelspindeln sind nicht die einzigen Mittel, mit denen das Zentralnervensystem die Muskelspannung oder, allgemeiner, die Stellung des Körpers im Raum kontrolliert. Zum einen enthalten Gelenkkapseln und die bewegungsbeschränkenden Bänder in Gelenken Dehnungsrezeptoren. Zumindest teilweise nehmen sie die Form dichter Endverzweigungen sensorischer Axone an. Zum anderen sind in den Sehnen (die Muskeln an Knochen befestigen) die als Golgi-Sehnenorgane bekannten Dehnungsrezeptoren zu finden. Sie bestehen jeweils aus einem Büschel von Ausläufern eines einzelnen, dicken sensorischen Axons, die sich zwischen die leicht gewundenen Kollagenfasern schieben, aus denen sich eine Sehne zusammensetzt. Die Dehnung einer Sehne wird ihre Sehnenorgane zusammendrücken und damit aktivieren. Sehnenorgane sind jedoch unverstellbar und reagieren daher, anders als Muskelspindeln, auf jede Spannungszunahme, unabhängig davon, was sie verursacht: eine passive Muskeldehnung oder eine aktive Kontraktion.*

Was wird aus den von somatosensorischen Endigungen erzeugten Signalen, wenn sie in das Zentralnervensystem eintreten? Auf der linken Seite der Abbildung 5.3 schickt ein repräsentatives somatosensorisches Neuron – wir werden es primäres sensorisches Neuron nennen – aus einem das Rückenmark flankierenden Ganglion pseudounipolarer Neuronen sein Axon in das Rückenmark; dieses Axon überträgt Meldungen über somatosensorische Ereignisse wie Berührungen der Haut, Bewegungen eines Gelenks oder Kontraktionen eines Muskels. Die Botschaften erreichen aber nicht sofort motorische Neuronen. Vielmehr stellt das primäre sensorische Neuron seine ersten synaptischen Kontakte mit vermittelnden Neuronen (Interneuronen) her. Es gibt jedoch eine Ausnahme, nämlich den monosynaptischen Reflexbogen, den Abbildung 5.3 ebenfalls zeigt. Hier überbrückt ein Seitenzweig eines primären somatosensorischen Axons einen beträchtlichen Teil der Breite des Rückenmarks und tritt direkt mit einem Motoneuron in synaptischen Kontakt. Das ist nun wirklich ungeheuerlich. Noch vor nicht allzu vielen Seiten haben wir gesagt, daß jenseits der frühesten Entwicklungsstufen des Nervensystems Motoneuronen nicht länger mit Rohdaten belästigt werden, sondern ausschließlich weiterverarbeitete Information von Neuronen des großen vermittelnden Netzwerkes angeboten bekommen. Ein monosynaptischer Reflexbogen mag daher als eine primitive neuronale Verschaltung erscheinen. Doch er könnte auch jüngeren Datums sein. Luft und Land sind schließlich die erbarmungslosesten Lebensräume; für eine Bergziege kann schon ein einziger falscher Tritt tödlich sein. Dagegen kann ein Fisch jede Menge vergleichbarer Fehler machen, ohne im mindesten Schaden zu nehmen. Das Leben auf dem Festland erfordert einfach ein sehr zuverlässiges Reflexsystem zur Erhaltung des Gleichgewichts. Insbesondere bedarf es eines Mechanismus, durch den ein Muskel den zuständigen motorischen Neuronen (und nur diesen) signalisieren kann, daß er von der Schwerkraft über-

---

* Bei den bisher erwähnten sensorischen Endstrukturen scheint in der Regel die periphere Spitze des sensorischen Axons, die manchmal eingekapselt, manchmal frei ist, das eigentliche Rezeptorelement zu sein. Anders ausgedrückt: Die Aufgabe, einen mechanischen oder thermischen Reiz in ein Nervensignal umzuwandeln, fällt dem sensorischen Neuron selbst zu. Das ist nicht überall in sensorischen Systemen der Fall. Mehrere Sinne, etwa der Gehör- und der Geschmackssinn, nutzen epitheliale Rezeptorzellen an den Endigungen ihrer sensorischen Axone. Beim Gehörsinn wandeln diese Zellen mechanische, beim Geschmackssinn chemische Reize um. Diese Zellen sind allgemein als Neuroepithelzellen bekannt, und sie stellen tatsächlich fast Neuronen dar: Obgleich ihnen Dendriten und Nissl-Substanz fehlen, enthalten sie synaptische Vesikel in jenem Bereich, an dem sie mit einem sensorischen Axon eine Synapse ausbilden.

mäßig gedehnt wird. Darin scheint die Aufgabe des monosynaptischen Reflexbogens zu liegen. Er beginnt mit somatosensorischen Endigungen in gestreiften Muskeln und in ihren Sehnen, die auf Propriozeption spezialisiert sind; Propriozeption ist quasi der Lagesinn des Körpers. Muskelspindeln sind ebenso ein Beispiel für Propriozeptoren wie Golgi-Sehnenorgane. Ihre Meldungen über eine passive Dehnung können direkt an die Motoneuronen gehen, die den Muskel erregen. Stellen Sie sich vor, Sie kippen aus dem Stand unversehens nach vorne. Die an Ihren Kniebeugen ansetzenden Muskeln werden passiv gedehnt, und die Muskelspindeln in ihnen lösen durch Alarmsignale an das Rückenmark die sofortige Kontraktion eben dieser Muskeln aus. Ohne solche Korrekturmechanismen wären Sie nicht fähig, zu stehen. Nehmen Sie an, die Korrektur schießt über ihr Ziel hinaus, so daß Ihr Körper sich jetzt in die entgegengesetzte Richtung zu neigen beginnt. Dann werden von der Quadricepsmuskulatur (den Streckmuskeln der Oberschenkel) einer anderen Gruppe motorischer Neuronen ähnliche Alarmsignale übermittelt.

Monosynaptische Reflexbögen hat man nur innerhalb des Propriozeptionssystems gefunden. So scheinen die umweglosen Verschaltungen zwischen sensorischem Input und motorischem Output lediglich eine kleine Minderheit darzustellen. Die große Mehrheit primärer sensorischer Axone bei Säugetieren (einschließlich zahlreicher propriozeptiver Axone) treten in das große vermittelnde Netzwerk ein und bilden Synapsen mit Mitgliedern einer Zellgruppe, die wir als sekundäre sensorische Zellen bezeichnen werden – Neuronen, die als erste in der Verschaltung primäre sensorische Daten empfangen. Von ihnen führen dann viele Wege mehr oder weniger direkt zu den motorischen Neuronen. Man könnte all diese Wege zusammenfassend als lokale Reflexkanäle bezeichnen, sollte dabei aber beachten, daß „lokal"

5.3 Reflexverbindungen im Rückenmark sind in dieser Abbildung farbig dargestellt; sie ist die erste von insgesamt 15 Zeichnungen, die das Grundmuster der „Verdrahtung" von Axonbündeln im Zentralnervensystem der Säugetiere grobschematisch zusammenfassen. Die in diesen Schemata verwendeten anatomischen Unterteilungen wurden in Abbildung 3.2 eingeführt. Oben links schickt ein das Rückenmark flankierendes primäres sensorisches Neuron einen Ast seines Axons in die Körperperipherie, um als nackte Axonspitze oder in somatosensorischen Rezeptoren wie Pacinischen Körperchen oder Merkel-Scheiben zu enden. Der zweite Ast des Axons tritt in das Rückenmark ein, wo eine seiner Kollateralen zu einem motorischen Neuron (ausgefülltes Dreieck) abzweigt. Die Synapse dort ist durch einen Punkt am Ende der Faser dargestellt. Das Motoneuron innerviert seinerseits quergestreifte Muskulatur. Eine andere Kollaterale leitet Signale zu einem vermittelnden Neuron (offenes Dreieck) in einer Gruppe sekundärer sensorischer Zellen. Von dort läuft die Bahn zu motorischen Neuronen weiter. Sie ist jedoch unterbrochen; das Neuron, das letztlich mit einem Motoneuron Synapsen ausbildet, wird als Interneuron (im engeren Sinne) bezeichnet. Die Bahnen, die mehr oder weniger direkt von Sinnesrezeptoren zu motorischen Neuronen führen, könnte man als lokale Reflexkanäle bezeichnen.

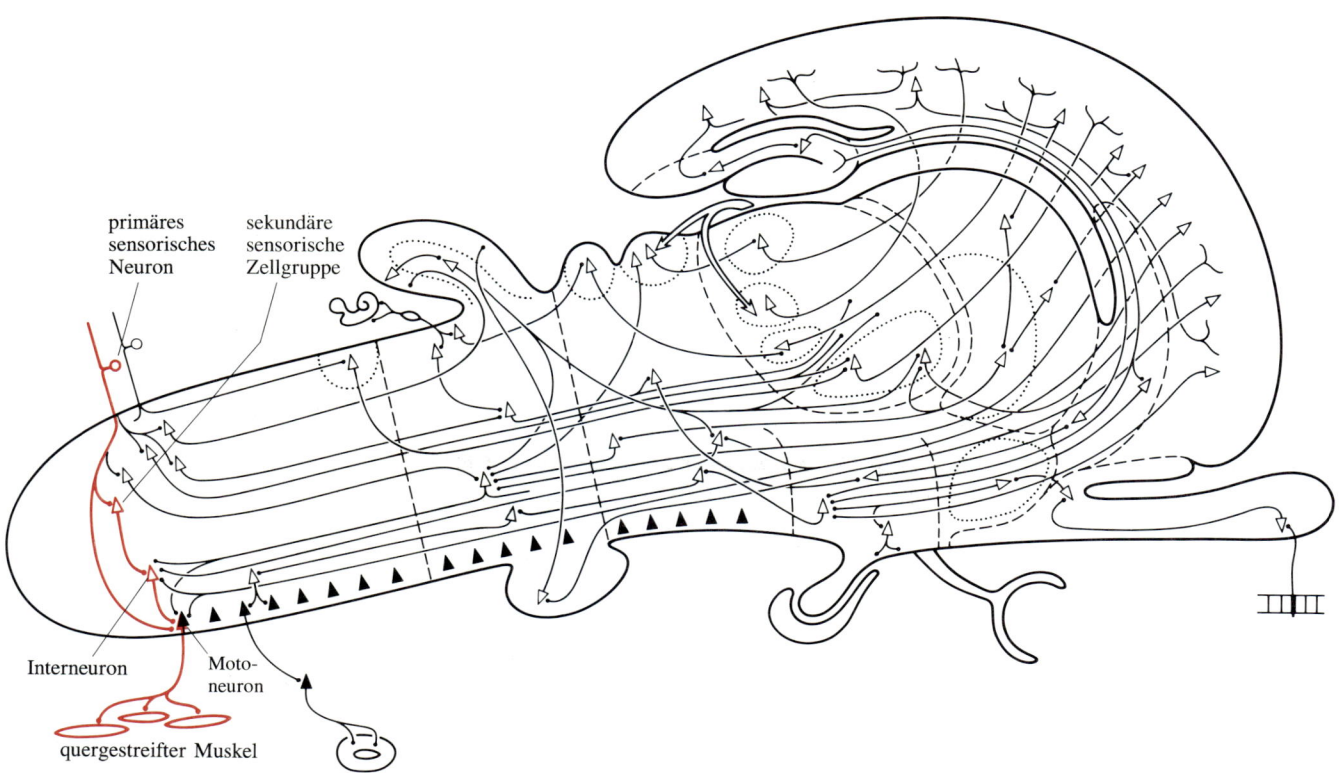

primäres
sensorisches
Neuron

sekundäre
sensorische
Zellgruppe

Interneuron

Moto-
neuron

quergestreifter Muskel

irreführend sein kann; Viele Reflexe beanspruchen die gesamte Länge des Rückenmarks; sie werden aber trotzdem als lokal angesehen, weil sie im Rückenmark bleiben. Das erste Glied in einem lokalen Reflexkanal ist eine Zelle einer sekundären sensorischen Zellgruppe. Oft stellt auch diese Zelle noch keinen Kontakt mit einem Motoneuron her; sie könnte sich vielmehr mit weiteren Zellen des großen vermittelnden Netzwerkes synaptisch verbinden, und erst diese letzteren Neuronen nehmen dann die Verbindung mit einem Motoneuron auf. Im engeren Sinne werden wir nur die Neuronen, die Synapsen mit motorischen Neuronen ausbilden, als Interneuronen bezeichnen. Dieser Begriff ist etwas willkürlich: Es ist schwer zu sagen, ob das Neuron, das man gerade betrachtet, wirklich das letzte Glied einer zu einem Motoneuron führenden Kette darstellt. Der Begriff entspricht eher einem physiologischen Befund. Bei jeder synaptischen Unterbrechung eines bestimmten Leitungsweges gibt es eine Übertragungsverzögerung von einer halben Millisekunde oder mehr. Solche Verzögerungen lassen sich messen, und man kann dann vermuten, daß zwischen einem Axon, das elektrisch gereizt wird, und einem Motoneuron, das darauf reagiert, ein Interneuron zwischengeschaltet sein muß. Die Latenzzeit kann aber auch so kurz sein, daß von einer direkten Verbindung auszugehen ist.

Der cerebelläre und der lemniscale Kanal

Welche anderen Kanäle gehen von einer sekundären sensorischen Zellgruppe aus? Kanal Nummer 2 ist der cerebelläre Kanal: Von sekundären sensorischen Zellgruppen im Hirnstamm und im Rückenmark steigen zahlreiche Axone direkt zum Kleinhirn (Cerebellum) auf. Das entsprechende Axon

5.4 Der spinocerebelläre Kanal besteht aus Axonen, die von sekundären sensorischen Zellgruppen in das Kleinhirn (Cerebellum) ziehen, das sich dorsal vom Rautenhirn vorwölbt. Die Abbildung zeigt ein solches Axon (rot); in Wirklichkeit gibt es davon Millionen, die in zwei mehr oder weniger deutlich umschriebenen Axonbündeln oder spinocerebellären Bahnen auf jeder Seite des Rückenmarks zum Kleinhirn ziehen.

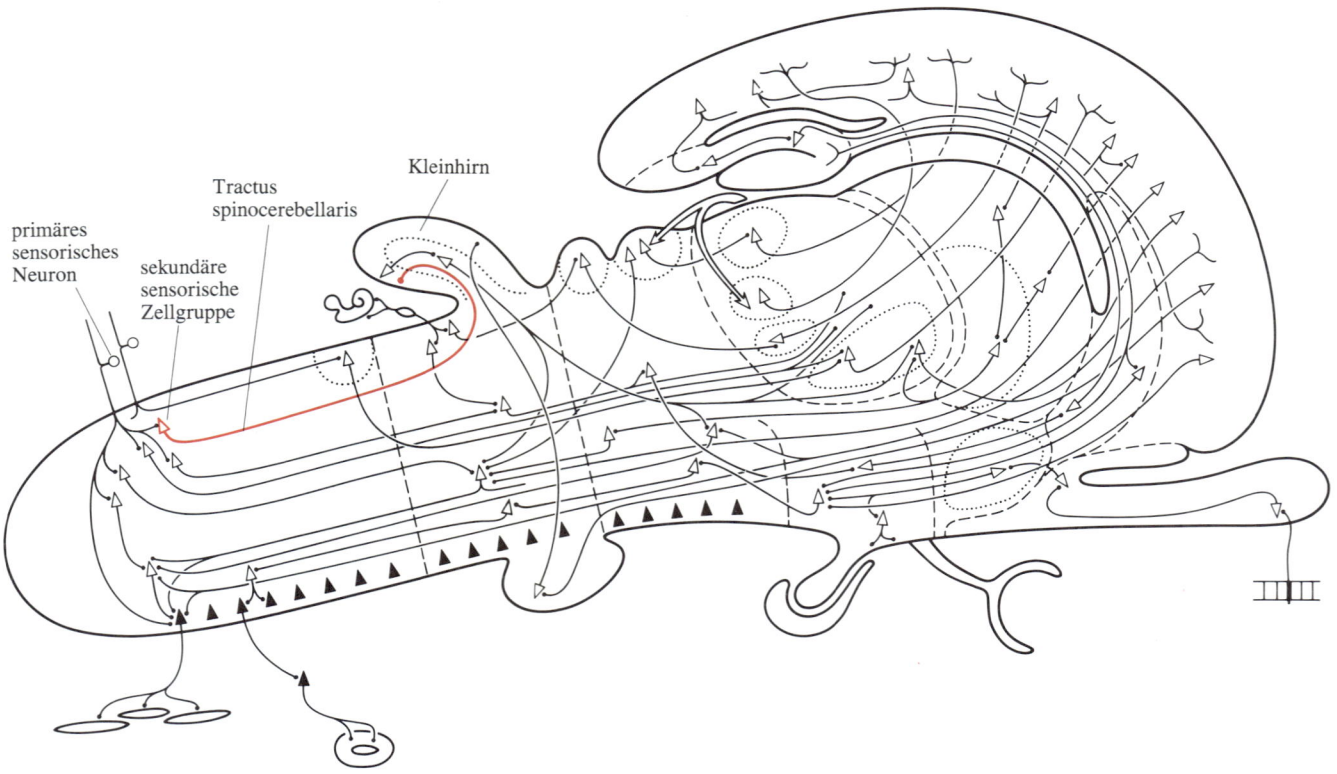

in Abbildung 5.4 entspringt in einer sekundären sensorischen Zellgruppe des Rückenmarks und wird deshalb als spinocerebelläre Faser bezeichnet. („Axon" und „Faser" sind im neuroanatomischen Sprachgebrauch Synonyme.*) Viele solcher Fasern zusammen bilden ein spinocerebelläres Bündel (Tractus spinocerebellaris).

Kanal Nummer 3 ist der Lemniscus oder lemniscale Kanal. Lemniscus ist das lateinische Wort für Band oder Schleife und bezieht sich hier auf Faserbündel, die in sekundären sensorischen Zellgruppen entspringen und zum Vorderhirn aufsteigen – insbesondere zum Thalamus. In Abbildung 5.5 zieht ein solches Bündel im Zentrum des Rückenmarks aufwärts. In Wirklichkeit steigt es nahe dessen lateraler Oberfläche auf. (Wir sollten betonen, daß ein Schema wie Abbildung 5.5 topographisch nicht exakt sein kann.) Das Bündel heißt zwar Tractus spinothalamicus, aber nur eine seiner drei repräsentativen Fasern kommt in der Darstellung beim Thalamus an. Die anderen begleiten diese eine Faser ein Stück weit, machen aber dann sozusagen eine Bruchlandung: In der Abbildung enden beide an Neuronen im Inneren des Rhombencephalon. (Genausogut hätten sie etwas weiter rostral, im Mesencephalon, enden können.) Entscheidend ist, daß von den spinothalamischen Fasern nur ein kleiner Teil den Thalamus erreicht. Trotzdem wurde

5.5 Der Tractus spinothalamicus besteht aus Axonen (dunkelrot), die von sekundären sensorischen Zellgruppen durch das ganze Rückenmark in Richtung Vorderhirn ziehen. Die Axone, die das Vorderhirn erreichen, enden im Nucleus ventralis des Thalamus, der seinerseits Fasern zum primären somatosensorischen Cortex, einem Teil des Neocortex, schickt (hellrot). Die anderen Axone enden im Inneren des Hirnstammes, in der sogenannten Formatio reticularis. Zwei solche Axone sind hier gezeigt. Eines von ihnen bildet eine Synapse mit einem Neuron, das auch auditorischen Input empfängt. Die weitere Bahn zum Vorderhirn bezeichnet man deshalb als multimodal, unspezifisch oder offen. Bahnen, die von sekundären sensorischen Zellgruppen zum Vorderhirn führen, sind als Lemnisci bekannt; der Tractus spinothalamicus wird manchmal Paläolemniscus genannt.

---

* Zu Synonymen für Axon und Dendrit: Das Wort Faser bezieht sich auf ein Axon oder den Zweig eines Axons, ob es nun eine Myelinscheide hat oder nicht. So bezeichnen die Begriffe Faserbündel oder Fasersystem (genauso wie Fasciculus und Tractus) Axone, die in einer mehr oder weniger umgrenzten Gruppe durch das Gehirn oder Rückenmark laufen. Auch Dendriten sind faserartige Strukturen, und an bestimmten Stellen treten sie ebenfalls zu Bündeln zusammen. Dennoch werden Dendriten nicht Fasern genannt. Bei einigen Neuronen erweist es sich als schwierig, Dendriten und Axone voneinander zu unterscheiden. In solchen Fällen bietet sich der unverbindliche Ausdruck Neurit für alle dem Zellkörper entspringenden faserartigen Ausläufer an.

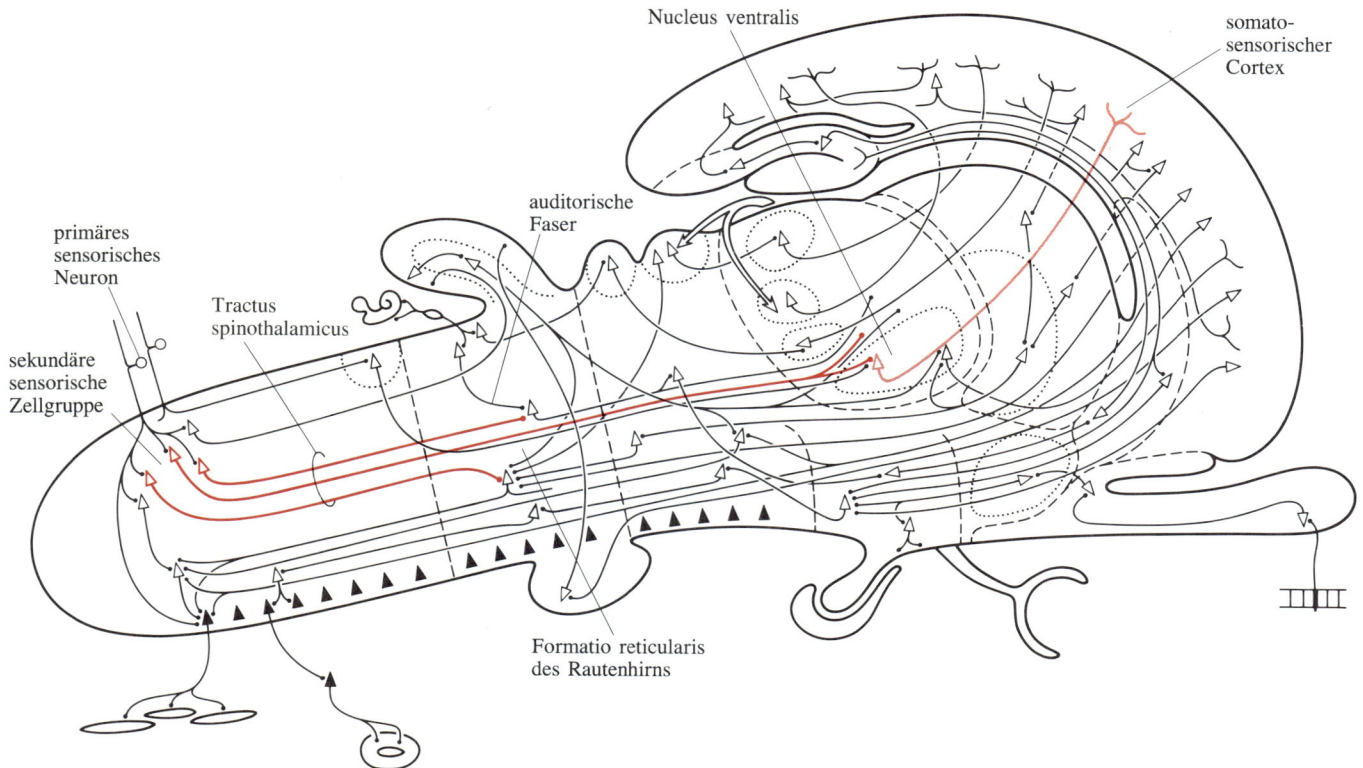

Nucleus ventralis

somato-sensorischer Cortex

auditorische Faser

primäres sensorisches Neuron

Tractus spinothalamicus

sekundäre sensorische Zellgruppe

Formatio reticularis des Rautenhirns

die Bahn nach der Minderheit jener Fasern benannt, die im Nucleus ventralis des Thalamus enden. Sie bilden dort Synapsen mit thalamischen Neuronen, deren Axone ohne Unterbrechung zu einem bestimmten Neocortexfeld ziehen, das als primärer somatosensorischer Cortex bekannt ist.

Man beachte, daß die Bahn von einem primären sensorischen Neuron zum Neocortex in diesem Fall nur zwei synaptische Unterbrechungen — oder, genauer gesagt, zwei Orte der Informationsübertragung von Axonen zu Konstellationen von intrinsischen und Projektionsneuronen — aufweist. Die erste derartige Unterbrechung liegt im Rückenmark zwischen einer primären sensorischen Faser und Neuronen in einer sekundären sensorischen Zellgruppe. Die zweite Unterbrechung erfolgt im Diencephalon zwischen einer lemniscalen Faser und Neuronen im Nucleus ventralis des Thalamus. Bei sensorischen Bahnen zum Neocortex scheinen zwei synaptische Unterbrechungen das Minimum zu sein; von daher könnte man eine sensorische Leitung mit zwei Synapsen ohne weiteres eine Direktleitung nennen. Sie ließe sich auch als geschlossene oder als „etikettierte" Leitung bezeichnen, denn im allgemeinen behalten solche minimal unterbrochenen sensorischen Leitungsbahnen die Topologie der sensorischen Peripherie, von der sie kommen, streng bei. Eine Fingerspitze kann beispielsweise noch zwei getrennte Reize wahrnehmen, wenn die Spitzen eines Stechzirkels sie im Abstand von nur zwei oder drei Millimetern berühren. Diese Fähigkeit wird Zwei-Punkt-Diskrimination genannt. Ihre Existenz bedeutet, daß jeder Reizpunkt eine Leitungsbahn aktivieren muß, die unabhängig genug ist, um einen Vorgang zu erlauben, den man sensorische Auflösung nennen könnte. Eine bestimmte Zelle im somatosensorischen Cortex, die man mit einer Mikroelektrode „befragt", könnte anzeigen, daß sie ausschließlich an einem Quadratmillimeter Haut auf dem Zeigefinger interessiert ist. Eine unmittelbar benachbarte Zelle könnte für einen angrenzenden Quadratmillimeter zuständig sein, und so weiter. Auf diese Weise kann die Topologie der Körperoberfläche getreu erhalten werden.

Einer „etikettierten" Bahn genau entgegengesetzt wäre eine Leitungsbahn, die eine Übertragung topologisch zusammengewürfelter Botschaften von einem bestimmten Sinnessystem oder sogar von Botschaften mehrerer verschiedener Sinne besorgt. Eine solche Anordnung gibt es tatsächlich: Eine der Fasern in Abbildung 5.5, die den Thalamus nicht erreichen, endet in synaptischem Kontakt mit einem Neuron im Rautenhirn, dessen Axon die Verbindung dann zum Thalamus weiterführt. Diese Anordnung könnte eine Drei-Synapsen-Leitung zum Neocortex darstellen. An der zusätzlichen Unterbrechung nimmt die Leitung jedoch nicht nur Botschaften von der spinothalamischen Faser entgegen, sondern auch (in diesem Beispiel) vom auditorischen System. Wie kann der Thalamus wissen, was geschehen ist, wenn ein Impuls ankommt? Das Neuron im Rautenhirn bezeichnet man als multimodal oder unspezifisch, und die Leitungsbahn könnte man „offen" nennen: Wo immer es eine synaptische Unterbrechung gibt, ist die Leitung offen für Inputs von anderen Neuronen. Die weitaus meisten Nervenzellen im Inneren des Rauten- und des Mittelhirns sind von dieser sonderbaren unspezifischen Art. Sie sitzen quasi da und breiten ihre Dendriten — ihre zellulären Hände — über mehrere Millimeter aus, in der Hoffnung, wie es scheint, irgendeine Art von Nachricht zu erwischen. Sie sind typisch für die sogenannte Formatio reticularis, eine Region, in der nur wenige Zellgruppen einheitliche Inputs erhalten. Man könnte diese Situation untersuchen und voraussagen, daß sie nichts als Rauschen produziert. Nichtsdestoweniger herrscht sie in den Gehirnen aller Wirbeltiere vor. Man muß daher annehmen, daß ihre Existenz einem bestimmten Bedürfnis entspricht.

Mit mehr Freude kann man einen zweiten somatosensorischen Lemniscus betrachten, der vom Rückenmark aufsteigt (Abb. 5.6). Er wird bisweilen als Neolemniscus bezeichnet, weil man lange glaubte, er sei Tieren vorbehalten, die eine gut entwickelte Großhirnrinde haben. Und wirklich sticht er bei Säugetieren weitaus stärker hervor als bei Nichtsäugern. Der Neolemniscus ist straffer organisiert als der Tractus spinothalamicus: Fast alle seine Fasern sind etikettierte Leitungen, die direkt zum Nucleus ventralis des Thalamus aufsteigen, und zwar von einem Paar sekundärer sensorischer Zellgruppen im Übergangsbereich zwischen dem Rückenmark und der Medulla oblongata, die man Hinterstrangkerne nennt. Es verwundert nicht, daß die Zwei-Punkt-Diskrimination in erster Linie im Neolemniscus repräsentiert ist, weitaus stärker als im Tractus spinothalamicus, der dem Ausdruck Neolemniscus folgend auch „Paläolemniscus" genannt wird. Übrigens ist der Neolemniscus der erste Lemniscus, der entdeckt wurde, und er hat allen Lemnisci den Namen gegeben: Sein Entdecker, der deutsche Neurologe Johann Reil, beschrieb ihn als Band. In neuerer Terminologie wird er als Lemniscus medialis bezeichnet, weil er im Hirnstamm (Rauten- und Mittelhirn) medial von einem anderen Lemniscus liegt, nämlich dem Lemniscus lateralis, der dem Gehörsinn dient.

Wir können das bisher Gesagte folgendermaßen zusammenfassen. Der Lemniscus medialis und der Tractus spinothalamicus sind grundlegend verschiedene Systeme der somatosensorischen Leitung zum Vorderhirn. Der Lemniscus medialis oder Neolemniscus ist im wesentlichen eine Gruppe etikettierter Leitungen, die eine Karte der sensorischen Rezeptoroberfläche

5.6 Der Neolemniscus steigt wie der Tractus spinothalamicus vom Rückenmark zum Vorderhirn auf. Auch er schickt seine Fasern (dunkelrot) zum Nucleus ventralis des Thalamus. Diese Fasern sind jedoch geschlossen: Fast alle durchqueren die Formatio reticularis ohne Unterbrechung. Außerdem entspringen die Fasern in einem spezialisierten Paar sekundärer sensorischer Zellgruppen: den sogenannten Hinterstrangkernen, die am Übergang vom Rückenmark zum Rautenhirn liegen. Die primären sensorischen Fasern, die aufwärts durch das Rückenmark zu den Hinterstrangkernen ziehen, bilden ein umschriebenes Bündel: den Funiculus dorsalis oder Hinterstrang (hellrot). In neuerer neuroanatomischer Terminologie wird der Neolemniscus als Lemniscus medialis (mediale Schleife) bezeichnet.

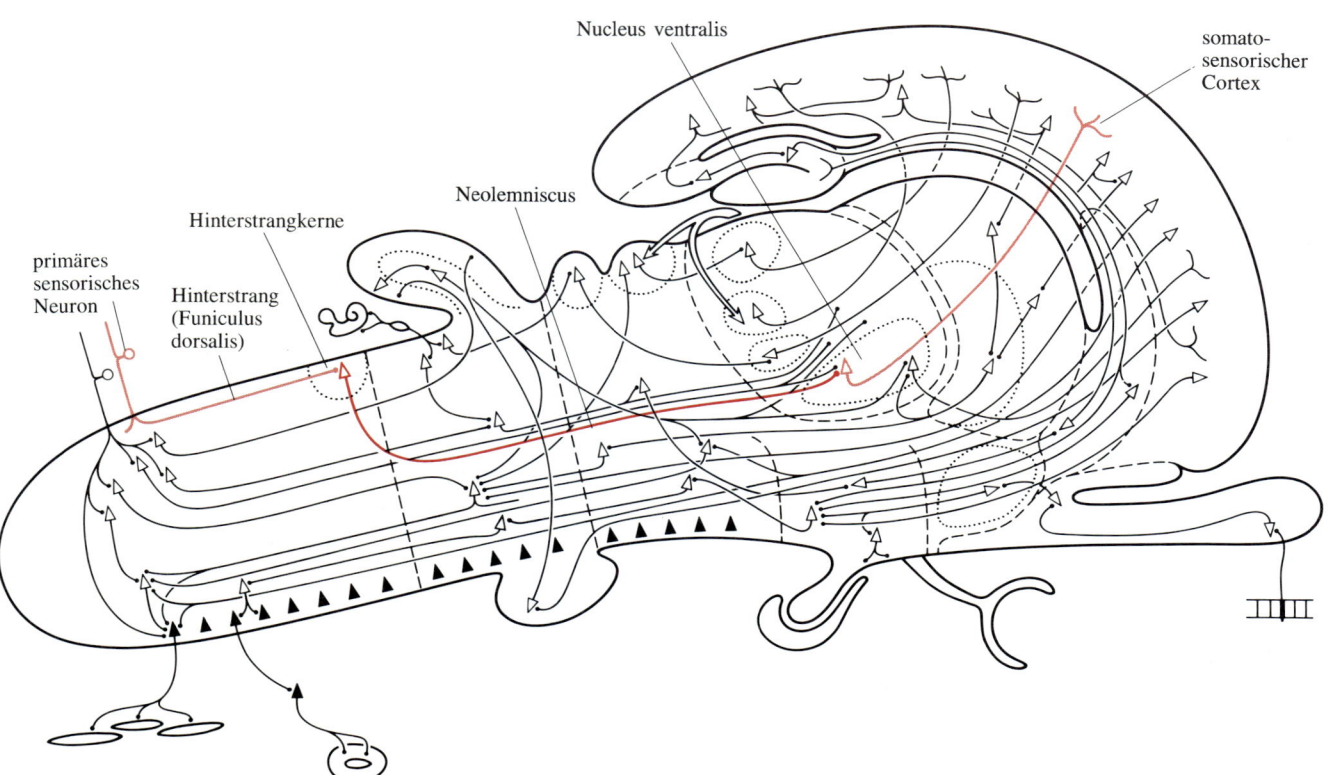

Nucleus ventralis

somato-
sensorischer
Cortex

Neolemniscus

Hinterstrangkerne

primäres
sensorisches
Neuron

Hinterstrang
(Funiculus
dorsalis)

bewahren. Der Tractus spinothalamicus (Paläolemniscus) stellt zum großen Teil ein offenes, polysynaptisches System dar; einige seiner Leitungen erreichen aber auch den Thalamus. Noch immer existiert die Vorstellung, daß die etikettierten Leitungen phylogenetisch jünger sind, doch man hat hier Grund, skeptisch zu sein. Nehmen wir an, die Aufmerksamkeit eines Frosches richte sich auf einen kleinen, dunklen Fleck, der sich vor seinen Augen bewegt. Wird ein solcher Fleck registriert, gelangt über eine Folge von Synapsen in der Netzhaut ein Signal zu Neuronen im Lobus opticus. Die weiteren Einzelheiten der Verschaltung sind noch nicht geklärt. Sicher ist jedoch, daß die Schaltkreise motorische Neuronen miteinbeziehen. Schließlich bewegt sich der Frosch nach vorne (und läßt seine Zunge vorschnellen), und zwar gemäß eines motorischen Programms, das auf den Fang des Bissens zugeschnitten ist. Außerdem scheint klar, daß jede einzelne sensorische Leitungsbahn im Sehsystem des Frosches nur einen kleinen Teil seines Gesichtsfeldes überwachen muß; sonst könnte der Fliegenfang nicht gelingen. Ohne Zweifel benötigen alle wildlebenden Tierarten ähnlich geartete etikettierte Leitungen, um sich in einer komplexen Welt zurechtzufinden. Es ist also sicherlich falsch zu glauben, daß polysynaptische Bahnen vom offenen Typ älter sind. Es sieht vielmehr so aus, als wären die beiden Kategorien Zeitgenossen. Dennoch zeigte im Laufe der Evolution der Landtiere das System geschlossener Leitungen, das es schon immer gegeben hatte, eine Tendenz, sich deutlich zu vergrößern, während das System der offenen Leitungen sich viel unauffälliger entwickelte. Im menschlichen Gehirn ist der Neolemniscus groß: Er umfaßt vielleicht eine Million Fasern, was ihn mit einem Sehnerv gleichstellt. Der Tractus spinothalamicus ist schwieriger zu prüfen; er erscheint auf Querschnitten des Hirnstammes oder des Rückenmarks als weitaus weniger umschriebene Struktur. Er schließt eine Vielzahl von Fasern ein, aber die Zahl derer, die den Thalamus erreichen, mag nur in die Tausende, vielleicht sogar lediglich in die Hunderte gehen. Der Rest hat andere Ziele.*

---

* Eine Liste von Zielen spinothalamischer Fasern, die nicht zum Thalamus gelangen, wird erst im Teil III dieses Buches Bedeutung gewinnen. Dennoch lohnt es sich, diese Liste hier anzugeben. Viele spinothalamische Fasern enden, wie wir gerade gesehen haben, direkt in der Formatio reticularis des Hirnstammes. Sie sind daher spinoretikulär. Andere enden in der unteren Olive, einem Teil des Rautenhirns. Sie sind spinoolivär. Wieder andere enden im Kern des Tractus solitarius, der ebenfalls zum Rautenhirn gehört. Sie sind spinosolitär. Eine beträchtliche Anzahl steigt zum Mittelhirn auf – insbesondere zum Colliculus superior (als Tractus spinotectalis) und zum zentralen Höhlengrau des Mesencephalon (als Tractus spinoannularis). Im Rückenmark besetzen diese verschiedenen Fasersysteme alle den Bereich der weißen Substanz, in dem echte spinothalamische Fasern als erstes identifiziert wurden.

Hören, Sehen und Riechen

Wie verhält es sich mit den Sinnen, die es neben dem somatischen Sinn gibt?
Die kleine Struktur, die in Abbildung 5.7 aus graphischer Bequemlichkeit
neben dem Kleinhirn eingezeichnet ist, soll das membranöse Labyrinth, einen Teil des Innenohres, symbolisieren. Das vordere Ende des Labyrinths
ist der Schneckengang (Ductus cochlearis), ein mit Flüssigkeit gefüllter Spi-
ralkanal, der in einem knochigen Gehäuse fast drei volle Umdrehungen
macht und eine Gesamtlänge von knapp drei Zentimetern aufweist. Entlang
der Innenseite des Ganges verläuft ein epithelialer Komplex, das spiralige
Cortische Organ (Abb. 5.8). Es umfaßt vier oder fünf Reihen sensorischer
Zellen — im ganzen ungefähr 15 000. Jede Zelle schickt etwa 50 bis 100 Stereocilien (haarartige Ausläufer) in das Lumen des Ganges, allerdings nicht
in den flüssigkeitsgefüllten Raum, sondern in eine feine, fast gallertartige
Membran, die an der Wand des Ganges aufgehängt ist. Den Zellen fehlen
Dendriten und ein Axon, sie sind daher keine Neuronen. Andererseits schließen sie Vesikel ein, die mit den in den präsynaptischen Endigungen von Neuronen gefundenen identisch sind. Diese Vesikel häufen sich gewöhnlich in
der Nähe desjenigen Teiles der Zellmembran an, der der Spitze eines Axons
gegenüberliegt. Ohne Zweifel wandeln die „Haarzellen" des Cortischen Organs sensorische Reize in Nervensignale um. Genauer gesagt, sie registrieren Schallschwingungen, die an den Haaren entlang der gesamten Länge des
Cortischen Organs ein kompliziertes Muster von Scherkräften erzeugen.
Dann übernimmt das Nervensystem. Die Zahl der im Cortischen Organ ankommenden Axone liegt in etwa bei 30 000. Sie werden von primären sensorischen Neuronen ausgesandt, die im Innenohr im sogenannten Spiralgan-
glion angeordnet sind. Jedes solche Neuron ist bipolar, nicht pseudounipo-

5.7 Die Hörbahn (rot) steigt vom Ohr zum
Neocortex auf. Sie beginnt im Cortischen Organ, einem sensorischen Epithel im Innenohr.
Dann folgen die Nuclei cochleares, ein Paar
spezialisierter sekundärer sensorischer Zellgruppen im Rautenhirn. Die Cochleariskerne
entsenden den Lemniscus lateralis, der nicht
weiter aufsteigt als bis zum Mittelhirn, genauer
gesagt, zum Colliculus inferior. Von dort zieht
die Bahn zum Thalamus, genauer gesagt,
zum Corpus geniculatum mediale. Als letztes
erfolgt die Projektion auf die primäre
Hörrinde.

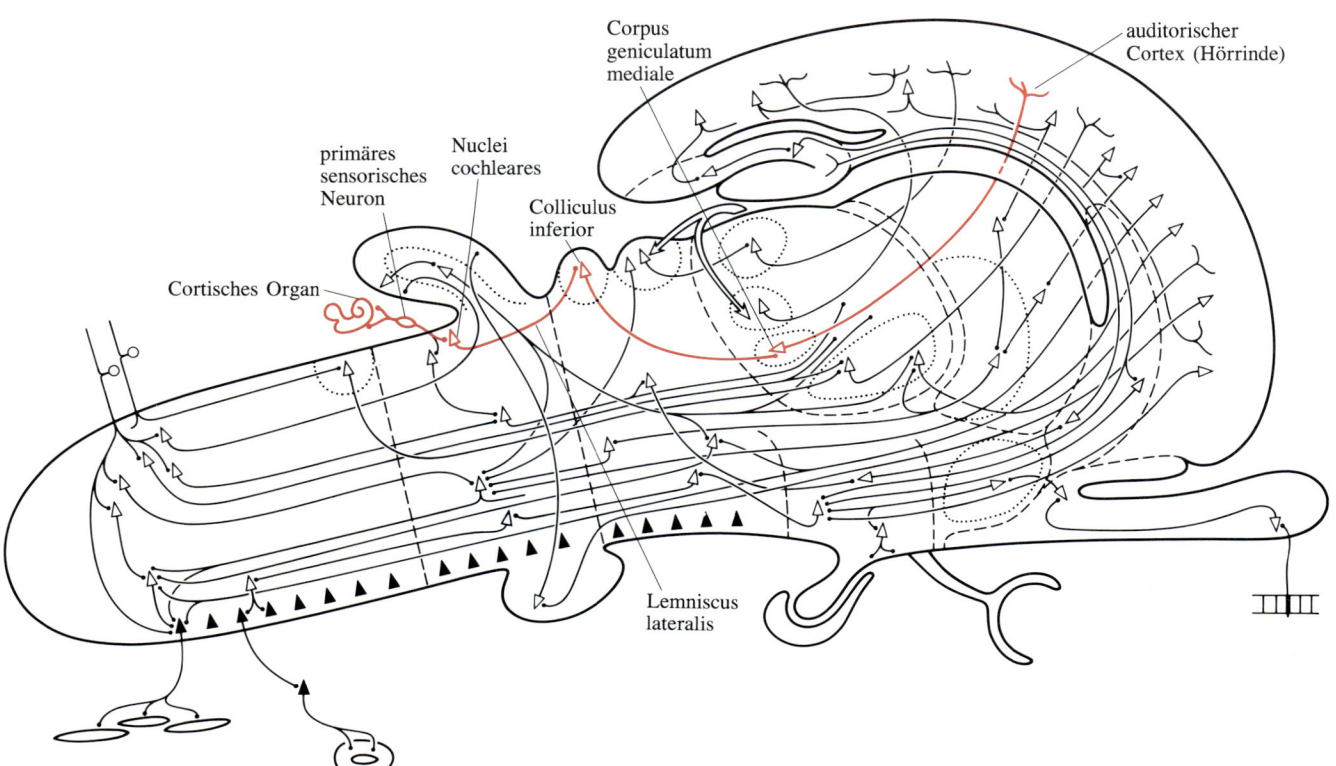

NEUROANATOMIE

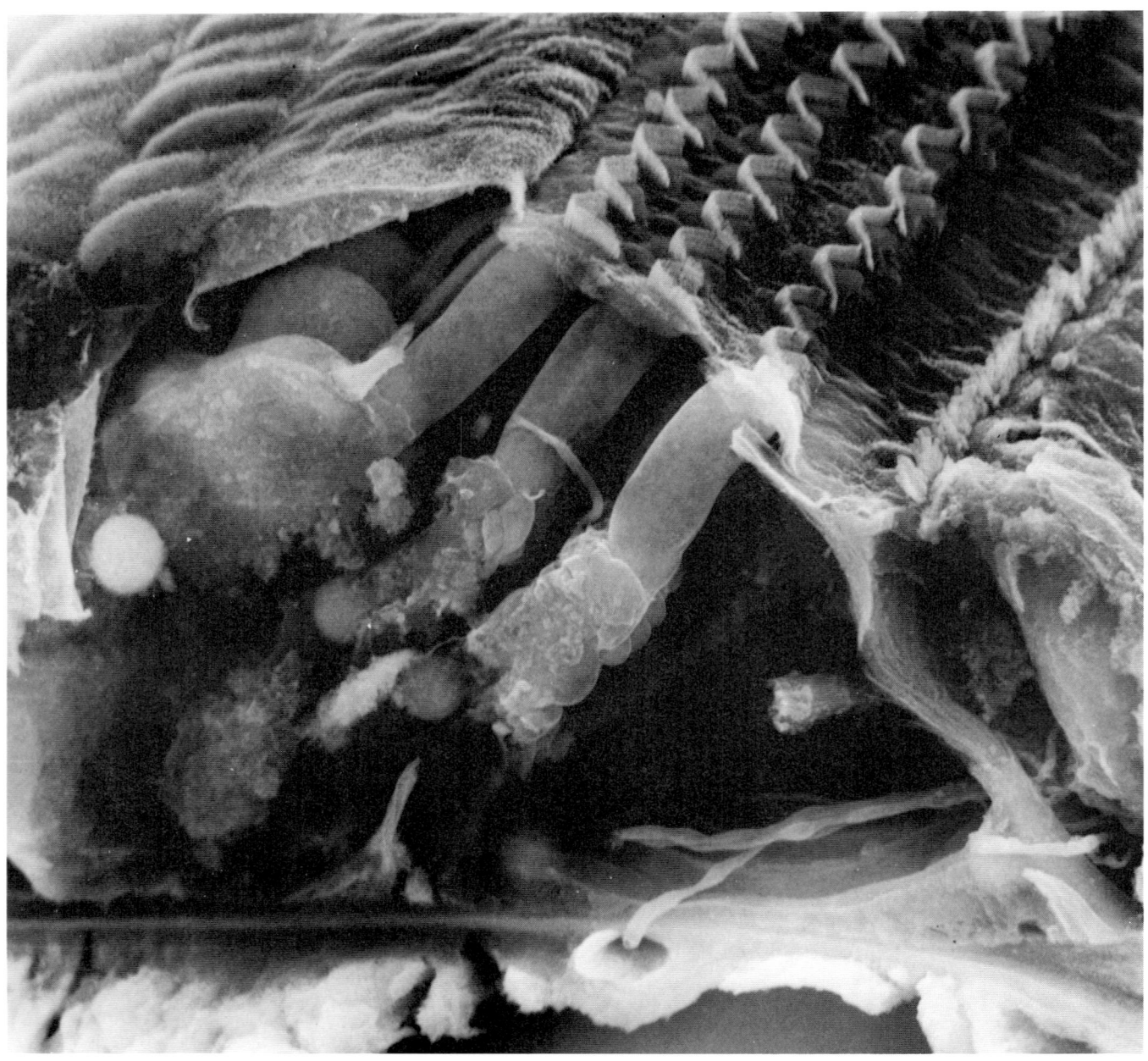

5.8 Das Cortische Organ, der epitheliale Komplex, der dem Gehörsinn dient, ist hier in einem Querschnitt von Gewebe aus dem Innenohr eines Meerschweinchens gezeigt. Drei glatte, röhrenartige Körper nehmen das Zentrum des Schnittes ein. Es sind Haarzellen — oder genauer, äußere Haarzellen — des Cortischen Organs. Jede dieser Zellen entsendet bis zu hundert haarartige Fortsätze, sogenannte Stereocilien, die zu den drei gezackten Reihen an der Oberfläche des Organs oben rechts beitragen. (Die Deckmembran oder Membrana tectoria, eine gallertartige Masse, die die Stereocilienreihen normalerweise einhüllt, wurde hier aus dem Gewebe entfernt.) Ganz rechts außen tritt ein geraderer Saum von Stereocilien aus einer einzigen Reihe innerer Haarzellen hervor. Die Haarzellen sind sensorische Wandler; jede enthält synaptische Vesikel, die sich an der Zellbasis, nahe dem Ende eines sensorischen Axons, anhäufen. So wandelt die Haarzelle auditorische Reize (eine auf die Stereocilien ausgeübte Scherkraft) in Nervensignale um, die sie an das Nervensystem weiterleitet. Ein sensorisches Neuron ist hier deutlich zu erkennen: jene Faser, die über die Oberfläche der vordersten äußeren Haarzelle in der mittleren Reihe läuft. Andere Axone ziehen unten rechts waagerecht durch einen dreieckigen Raum, den man als Cortischen Kanal bezeichnet. Die rasterelektronenmikroskopische Aufnahme wurde bei 2150facher Vergrößerung von Robert S. Kimura vom Massachusetts Eye and Ear Infirmary in Boston gemacht.

88

lar: Es schickt von beiden Enden seines fusiformen Zellkörpers ein Axon aus. Eines dieser Axone zieht zu den Haarzellen; es empfängt primäre sensorische Daten. Das andere dringt in das Gehirn ein. Dort gibt es die Daten an sekundäre sensorische Neuronen der Nuclei cochleares weiter, eines Zellgruppenpaares im Rautenhirn, das auf die Verarbeitung auditorischer Informationen spezialisiert ist. Abbildung 5.7 zeigt zwei solche Neuronen; in Wirklichkeit gibt es Hunderttausende. Vom Nucleus cochlearis zieht die als Lemniscus lateralis bezeichnete Bahn zum Thalamus hin. Sie ist nicht gerade zielstrebig, denn nur wenige ihrer Fasern kommen, wenn überhaupt, über den Colliculus inferior hinaus. In dieser unumgehbaren Zwischenstation im Mesencephalon (sie ist die einzige in der Abbildung gezeigte auditorische Schaltstation, wenngleich noch mehrere andere, offenbar aber weniger entscheidende, mit dem Lemniscus lateralis selbst verbunden sind) entspringen Axone, die nun tatsächlich den Thalamus erreichen, wo sie im Corpus geniculatum mediale, dem medialen Kniehöcker, enden. Die Neuronen des Corpus geniculatum mediale projizieren ihrerseits auf einen spezifischen Teil des Neocortex, den man primären auditorischen Cortex oder primäre Hörrinde nennt.

Das Sehsystem ist ganz anders organisiert (Abb. 5.9). Zum einen sind die Rezeptorzellen für das Sehen, die Stäbchen- und Zapfenzellen, Bestandteil des Gehirns selbst. Sie bilden eine Schicht in der Netzhaut (Retina) und gehören somit zum Vorderhirn. Wie den Haarzellen im Cortischen Organ fehlen auch ihnen Dendriten und ein Axon; sie sind also keine echten Neuronen. Sie besitzen jedoch synaptische Vesikel und dienen als sensorische Wandler. Das Stäbchen oder der Zapfen jeder Rezeptorzelle ist bis oben hin mit einem Stapel abgeflachter Membransäckchen gefüllt. Zweifellos stellt dieser Stapel

5.9 Die Sehbahnen beginnen in der Retina, die zum Gehirn gehört. (Sie entsteht als eine Ausstülpung des embryonalen Vorderhirns.) Von der Netzhaut führt die Hauptsehbahn (dunkelrot) zur primären Sehrinde. Sie passiert dabei eine thalamische Zwischenstation im Thalamus, das Corpus geniculatum laterale (den seitlichen Kniehöcker). Eine zweite Bahn (hellrot), die bei Primaten — Menschen eingeschlossen — weniger stark ausgeprägt ist, erreicht als erstes den Colliculus superior, einen Teil des Mittelhirns, dann den Nucleus lateralis posterior des Thalamus und schließlich ein Neocortexfeld, das sich von der primären Sehrinde unterscheidet. Solche Cortexareale, denen ein „roher" sensorischer Input (also Signale mit klarem sensorischen Inhalt) fehlt, werden als Assoziationsfelder bezeichnet. Entsprechend kann auch der Nucleus lateralis posterior, dem ebenfalls ein eindeutiger klarer sensorischer Input fehlt, nicht als sensorisches „Relais" gelten.

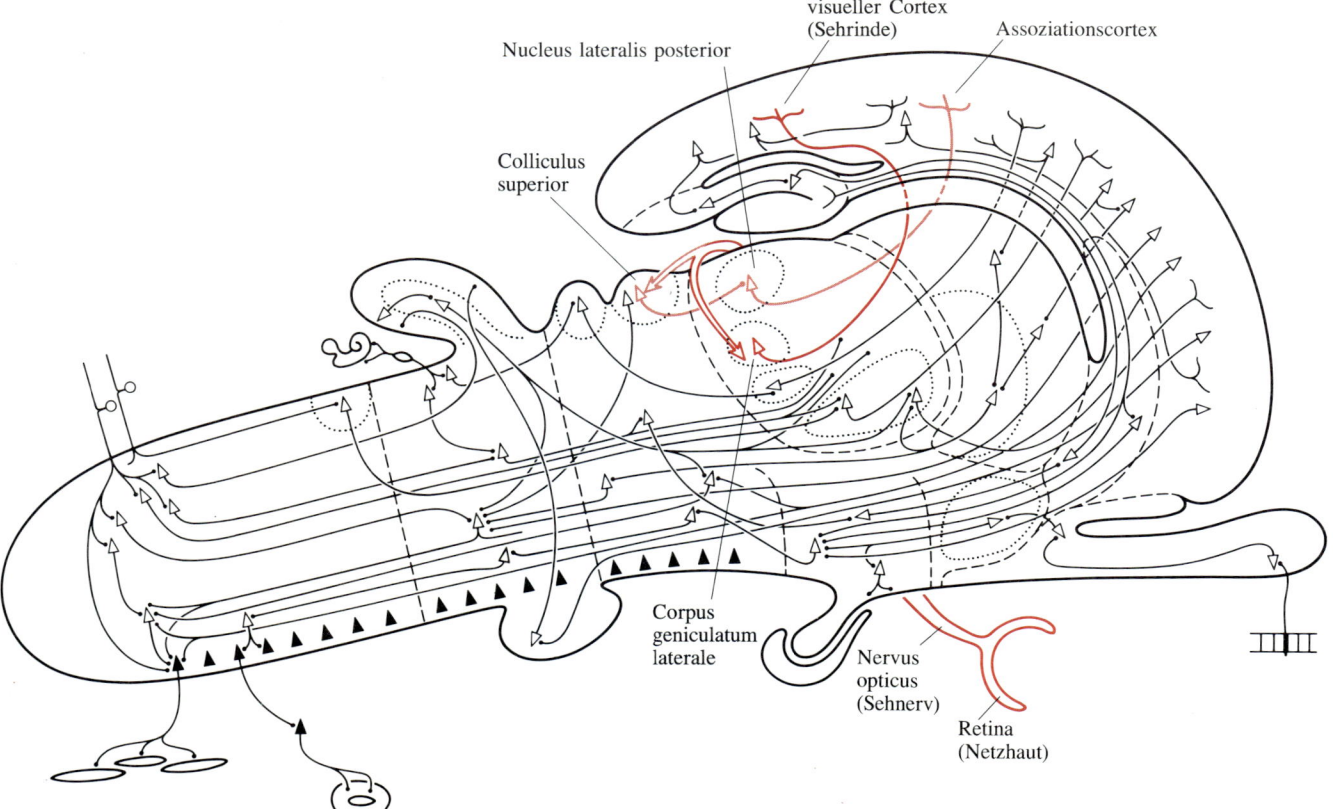

den Ort dar, an dem die Zelle auf die Ankunft von Photonen (Lichtquanten) reagiert, indem sie Nervensignale erzeugt. Die Retina selbst umfaßt nicht nur die Schicht der Stäbchen- und Zapfenzellen, sondern auch eine komplizierte neuronale Verschaltung (Abb. 5.10). Dazu gehören etwa die Bipolarzellen, eine Klasse von Neuronen, auf die die Stäbchen und Zapfen ihren Output übertragen. Weiter aufwärts in der Hierarchie schließen sich die retinalen Ganglienzellen an, eine Klasse von Neuronen, mit denen die Bipolarzellen kommunizieren. Die Ganglienzellen erhielten ihren Namen von frühen Wissenschaftlern zum Zeichen ihrer Ähnlichkeit mit den Nervenzellen in den echten Ganglien außerhalb des Zentralnervensystems. Man ist versucht, den Bipolarzellen die Stellung primärer sensorischer Neuronen zuzuteilen; die Ganglienzellen nähmen dann die Stellung einer sekundären sensorischen Zellgruppe ein. Die Retina umfaßt jedoch noch zusätzliche Klassen von Neuronen (Horizontalzellen und Amakrinzellen), die verwickelte Querverbindungen zwischen den Hauptleitungsbahnen herstellen.

Eines ist sicher: Die Konvergenz retinaler Leitungsbahnen ist gewaltig. Im menschlichen Auge umfaßt die Retina bis zu 125 Millionen Stäbchen – bei einer maximalen Packungsdichte von 160 000 Stäbchen pro Quadratmillimeter Retinaoberfläche – und 6,8 Millionen Zapfen, deren Packungsdichte 150 000 pro Quadratmillimeter erreichen kann. Die von dieser Vielzahl von Zellen erzeugten Daten ergießen sich in Kaskaden zu den Ganglienzellen hin, von denen es 1,2 Millionen gibt. Die Ganglienzellen sind Projektionsneuronen: Sie exportieren Daten aus der Netzhaut. Ihre Axone sammeln sich an der (inneren) Oberfläche der Retina und bilden den Sehnerv. An der Gehirnbasis kommt es dann zu einer Umgruppierung von Axonen, bei der jeweils diejenigen aus der medialen Hälfte der Retina eines Auges die Mittellinie kreuzen, um sich zu denjenigen aus der lateralen Hälfte der Retina des anderen Auges zu gesellen. Man spricht hier von einer Hemidekussation.* Das Ergebnis ist der Tractus opticus. (In Abbildung 5.9 weist nichts auf dieses teilweise Kreuzen hin.) Jeder Tractus opticus verteilt seine Axone auf zwei große Endgebiete. Eines davon ist der Colliculus superior. Bei allen Primaten stellt jedoch, was die Zahl der Axone angeht, das Corpus geniculatum laterale (der seitliche Kniehöcker) das wichtigere Gebiet dar. Die Neuronen des Corpus geniculatum laterale projizieren ihrerseits auf den Neocortex, genauer gesagt, auf ein Gebiet am hinteren Pol der Großhirnhemisphäre, das weit vom auditorischen Cortex entfernt ist und als primäre Sehrinde (primärer visueller Cortex) bezeichnet wird. Man muß hier hinzufügen, daß der Colliculus superior zwar auch auf den Thalamus projiziert, aber nicht auf das Corpus geniculatum laterale, sondern auf den Nucleus lateralis posterior. Die Neuronen dieses Kernes ziehen ihrerseits zum Neocortex. Sie projizieren jedoch nicht auf das Gebiet, in dem Axone vom Corpus geniculatum laterale enden, sondern auf ein nahegelegenes Cortexfeld, das sich von der

---

* Der Begriff Dekussation leitet sich von *deca* ab, der römischen Ziffer X. Er bezieht sich auf ein Kreuzen von Fasern über die Mittellinie zur entgegengesetzten Seite des Gehirns oder des Rückenmarks, wo die Fasern dann zu irgendeinem entlegenen kontralateralen (das bedeutet, auf der entgegengesetzten Körperseite liegenden) Ziel ziehen. Die Fasern des Tractus spinothalamicus dekussieren beispielsweise auf ihrem Weg zum Hirnstamm. Bei einer zweiten Art von Kreuzung, die man Kommissur nennt, erfolgt ein Austausch von Fasern zwischen zwei Strukturen, die symmetrisch auf der linken und rechten Seite des Gehirns oder des Rückenmarks liegen. Die größte Kommissur im menschlichen Gehirn ist der Balken (Corpus callosum), jene große Faserplatte, die homotope Felder des Neocortex der beiden Großhirnhemisphären miteinander verbindet.

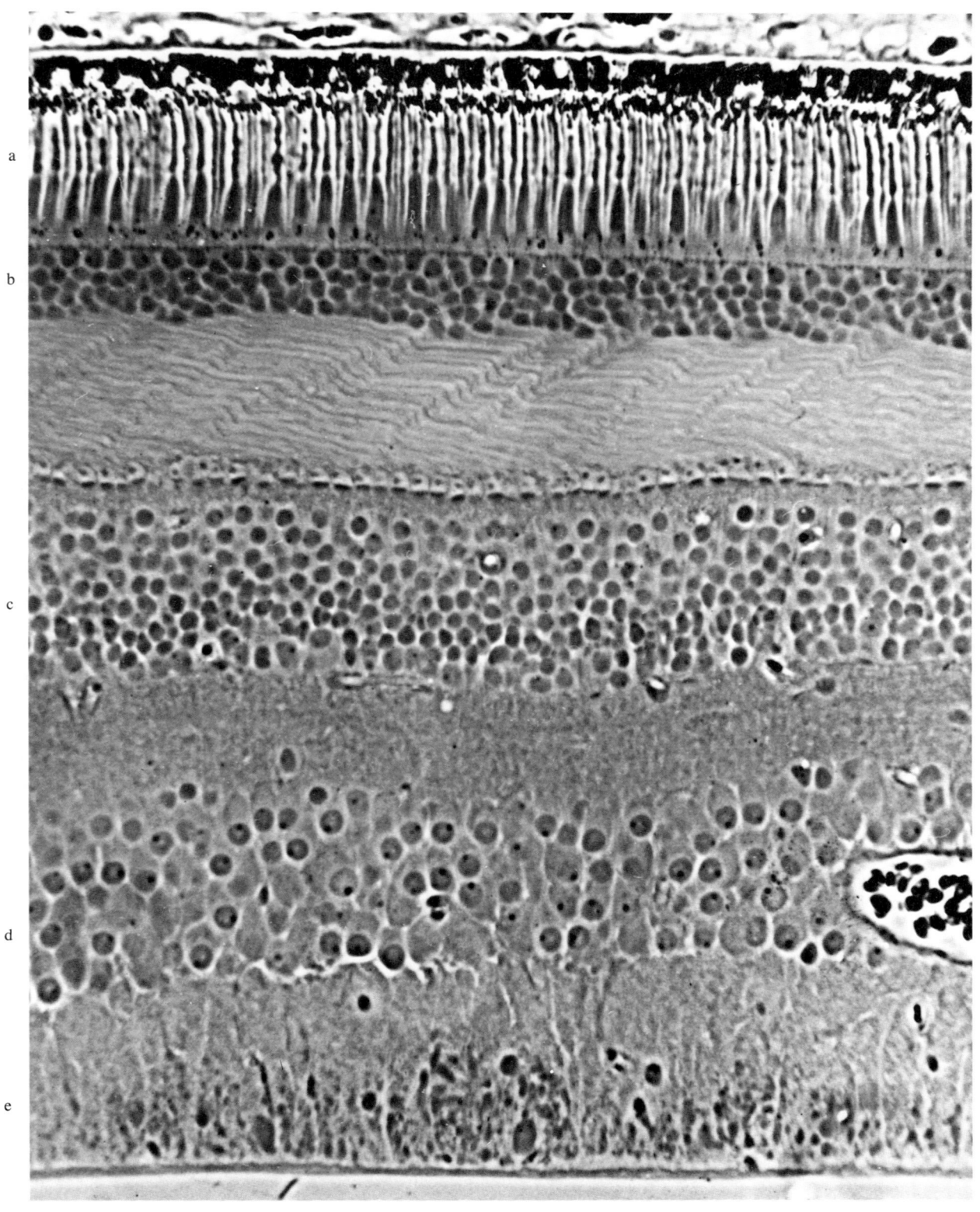

a

b

c

d

e

5.10 In der Netzhaut oder Retina sind in jede Leitungsbahn für visuelle Daten mehrere Synapsen eingeschaltet. Grundsätzlich umfaßt die Netzhaut drei Schichten von Zellkörpern sowie Zwischenschichten, in denen Zellfortsätze synaptische Kontakte herstellen. An erster Stelle in der Signalverarbeitung, aber an der Rückseite des Augapfels und damit am weitesten vom einfallenden Licht entfernt, liegen die Rezeptorzellen des visuellen Systems: die Stäbchen und Zapfen der Retina (a). Ihre Zellkörper nehmen die äußere Körnerschicht ein (b). Dann kommen Neuronen: die Bipolarzellen, Horizontalzellen und Amakrinzellen der Retina. Ihre Zellkörper besetzen die innere Körnerschicht (c). Als letztes folgen die retinalen Ganglienzellen, deren Zellkörper in einer eigenen Schicht liegen (d). Jede Ganglienzelle entsendet ein Axon, das sich direkt unter der Innenseite der Retina mit anderen Axonen dieser Art verbindet (e) und so den Nervus opticus, den Sehnerv, bildet. Die Leitungsbahnen von den Stäbchen und Zapfen zu den Ganglienzellen laufen über die Bipolarzellen; die Horizontal- und die Amakrinzellen sorgen für Querverbindungen zwischen diesen Bahnen. Der mit Osmiumtetroxid gefärbte Schnitt stammt aus dem menschlichen Auge, etwa 1,25 Millimeter vom Zentrum der Fovea (dem Ort größter Sehschärfe) entfernt; das Präparat wurde von B. B. Boycott und John E. Dowling von der Harvard University angefertigt. Der Bereich der neuronalen Verschaltung von der äußeren Körnerschicht (b) zu der Zone der Sehnervenaxone (e) ist etwa 400 Mikrometer breit. Die Schicht der Ganglienzellen schließt rechts ein quergeschnittenes Blutgefäß ein, das mit Erythrocyten gefüllt ist.

Sehrinde unterscheidet. Das Sehsystem verfügt offensichtlich über zwei Kanäle, die von der Retina zur Großhirnrinde aufsteigen.

Der Geruchssinn (Abb. 5.11) sprengt alle Gesetze, die es für die Organisation anderer sensorischer Mechanismen zu geben scheint. Von Gehör- und Sehsinn unterscheidet er sich insofern, als er es unterläßt, nichtneuronalen Zellen die Aufgabe zu übertragen, sensorische Reize in Nervensignale umzuwandeln. Die Zellen, die diese Aufgabe verrichten, die olfaktorischen Chemorezeptoren, sind primäre sensorische Neuronen (Abb. 5.12). Noch eigenartiger ist es, daß diese olfaktorischen Chemorezeptoren, die in einem spezialisierten Epithel sitzen — welches beim Menschen fünf Quadratzentimeter der Oberfläche der epithelialen Auskleidung am Dach der Nasenhöhle einnimmt —, zumindest bei Säugetieren das einzige bekannte Beispiel für primäre sensorische Neuronen an der Körperoberfläche darstellen. Sie sind daher beim Säugetier die einzigen bekannten Neuronen, welche die Welt unmittelbar wahrnehmen. Ein Kaninchen besitzt 100 Millionen solcher olfaktorischer Chemorezeptoren. Die Leitungsbahnen für den Geschmack, der ebenfalls ein chemischer Sinn ist, gehorchen einem typischeren Muster. (Hier innervieren die primären sensorischen Neuronen, die man in Ganglien in der Nähe des Gehirns findet, nichtneuronale Rezeptorzellen, die in der epithelialen Auskleidung der Mundhöhle sitzen.) Jeder olfaktorische Chemorezeptor ist senkrecht zur Körperoberfläche ausgerichtet. Von dem Ende, das näher an der Oberfläche liegt, führt ein einzelner Dendrit bis an die Oberfläche heran; er erstreckt sich sogar in einer Endschwellung mit einem Durchmesser von zwei bis drei Mikrometern ein wenig darüber hinaus. Die Schwellung sendet etliche Cilien aus. Vom tieferliegenden Zellende geht ein dünnes, unmyeliniertes Axon aus. Tatsächlich ist es eines der dünnsten im Nervensystem: Sein Durchmesser beträgt nur 0,2 Mikrometer. Der Zielort

5.11 Die Riechbahn (rot) bricht die Regeln, denen die anderen sensorischen Bahnen zu gehorchen scheinen. Beim Geruchssinn sind die Rezeptorzellen und die primären sensorischen Neuronen (die ersten Neuronen, die sich mit den sensorischen Daten befassen) identisch: Es handelt sich um Neuronen, die an der Körperoberfläche im Riechepithel, einem spezialisierten Teil der Nasenschleimhaut, freiliegen. Die Axone, die von diesen Neuronen entsandt werden, projizieren ohne die Vermittlung eines thalamischen sensorischen Relaiskernes auf die Großhirnrinde — genauer gesagt, auf den Bulbus olfactorius. Die Neuronen des Bulbus olfactorius wiederum bringen ein Axonbündel hervor, den Tractus olfactorius, das auf die primäre Riechrinde projiziert.

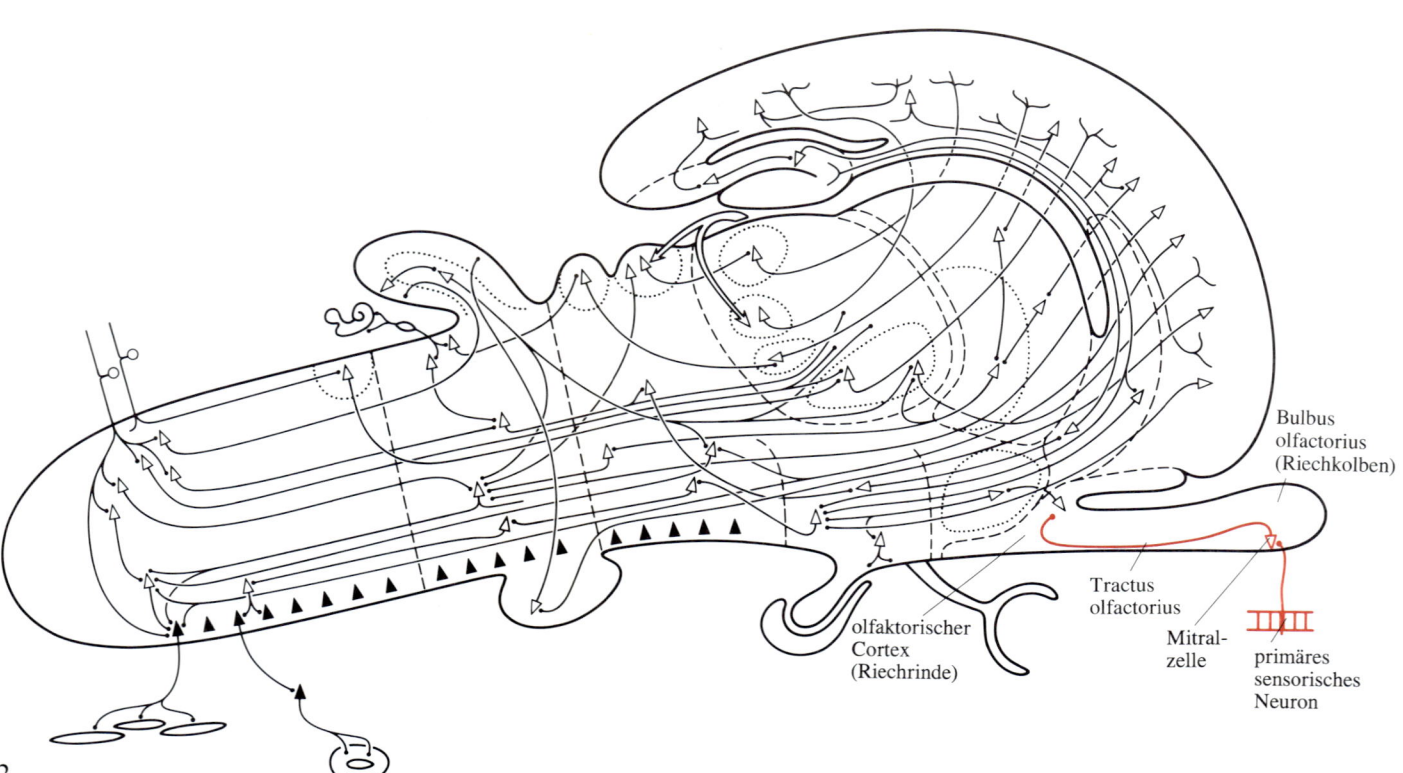

Bulbus olfactorius (Riechkolben)

Tractus olfactorius

olfaktorischer Cortex (Riechrinde)

Mitralzelle

primäres sensorisches Neuron

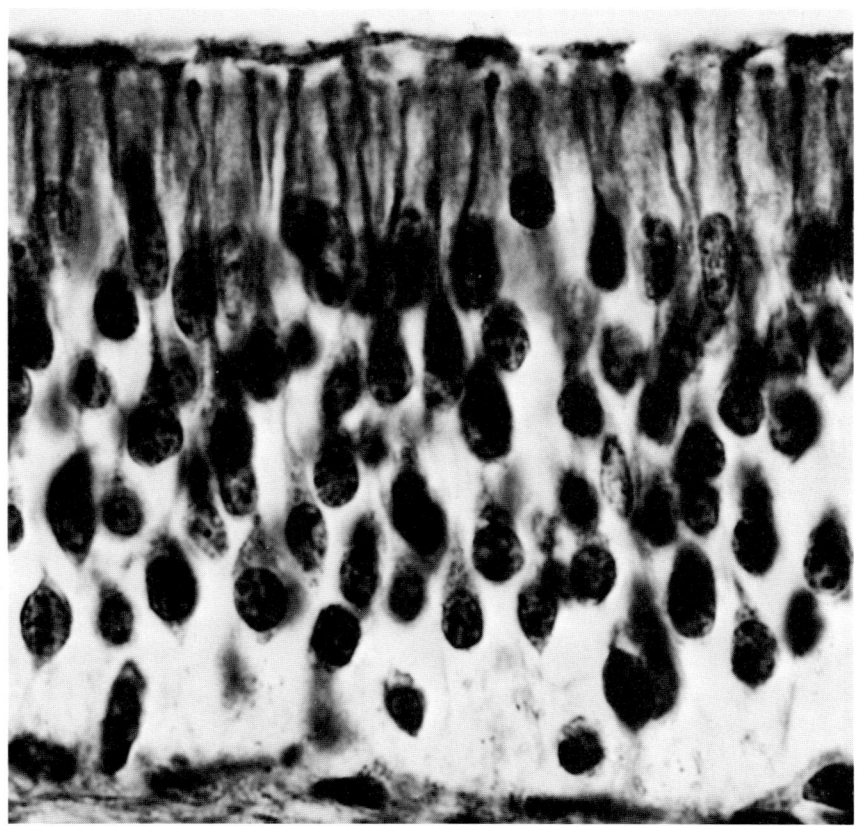

5.12 Hier sind Geruchsrezeptoren im Riechepithel einer Maus mit Hilfe eines Verfahrens dargestellt, das Neuronen mit Silber imprägniert. Die olfaktorischen Rezeptoren sind die rundlichen Zellen in den gesamten unteren zwei Dritteln des Gewebes. Jeder mißt weniger als zehn Mikrometer im Durchmesser. (Die zylindrischen Zellen im oberen Teil des Gewebes sind säulenartige Stützzellen.) Jede Rezeptorzelle ist bipolar. Von ihrem unteren Ende geht ein sehr dünnes Axon aus, das in diesem Präparat nicht zu sehen ist. Von ihrem oberen Ende aus steigt ein Dendrit in eine Schleimschicht auf, die das Gewebe überzieht. Dort, an der Körperoberfläche, endet der Dendrit in einer Schwellung. Bei den direkt über der Basis des Epithels verstreuten Zellen handelt es sich um Basalzellen, die man heute als Vorläuferzellen erkannt hat: Sie entwickeln sich zu neuen olfaktorischen Rezeptoren weiter. Die Geruchsrezeptoren sind ersetzbar, wenn sie an der Körperoberfläche absterben. Die Mikrophotographie stammt von P. P. C. Graziadei und G. A. Monti Graziadei von der Florida State University in Tallahassee.

des Axons ist der Bulbus olfactorius, der Riechkolben. Dies bricht das Gesetz, daß sensorische Leitungsbahnen den cerebralen Cortex nur nach synaptischer Unterbrechung im Thalamus erreichen. Überdies macht es den Bulbus olfactorius, einen spezialisierten Teil der Großhirnrinde, zu einem Empfänger primärer sensorischer Daten. Man kommt nicht umhin, ihn als eine sekundäre sensorische Zellgruppe anzusehen. Zu den Neuronen im Bulbus olfactorius, die primäre Daten empfangen, zählen die Mitralzellen, die ihren Namen tragen, weil die Form ihres Zellkörpers an eine Mitra, eine Bischofsmütze, erinnert. Lediglich 50 000 solcher Mitralzellen finden sich auf jeder Seite des Gehirns. Sie bringen Axone hervor, die die Oberfläche des Pedunculus olfactorius entlangziehen und dort den Tractus olfactorius (Riechstrang) bilden. An der Basis der Großhirnhemisphäre verbinden sich die Axone synaptisch mit Zellen des primären olfaktorischen Cortex, der in Anbetracht der Form, die er bei Tieren wie der Katze annimmt, auch der piriforme (birnenförmige) Cortex genannt wird.

6. Funktionen des Neocortex

Wir haben jetzt die aufsteigenden Nervenfasern von vier Sinnen verfolgt: in den letzten Absätzen die von Gehör-, Gesichts- und Geruchssinn und noch davor die des Tastsinnes. In jedem Fall erwies sich die Großhirnrinde als Endstation der aufsteigenden Fasern. Die Schwierigkeit, die Bahnen weiter zu verfolgen, liegt an der Komplexität der Großhirnrinde: Im menschlichen Gehirn enthält sie, wie schon erwähnt, vermutlich nicht weniger als 70 Prozent aller Neuronen des Zentralnervensystems. Was machen diese Neuronen mit ihrem Input? Zwei Beobachtungen lassen sich hier anführen. Erstens sind die thalamocorticalen Projektionen reziprok: Der visuelle Cortex projiziert zurück auf das Corpus geniculatum laterale, von welchem er seine Eingangsinformation erhält, der auditorische Cortex zurück auf das Corpus geniculatum mediale und der somatosensorische Cortex zurück auf den Nucleus ventralis. Die zurückprojizierenden Nervenfasern bilden außerhalb der thalamischen Glomeruli Synapsen sowohl mit Dendriten von intrinsischen Neuronen (*local circuit*-Neuronen) als auch mit Dendriten von Neuronen, die auf den Cortex projizieren. Die Reziprozität bedeutet zweifellos, daß der funktionelle Zustand der Großhirnrinde einen Einfluß darauf hat, wie die sensorischen Zwischenstationen im Thalamus jenen Informationsstrom sieben, der in Richtung Cortex fließt. Zweitens verkörpern das visuelle, das auditorische und das somatosensorische Areal nur einen ersten Schritt der sensorischen Verarbeitung im Cortex. Ausgehend von diesen primären sensorischen Feldern ziehen Nervenfasern zu angrenzenden Arealen, die man nicht ohne weiteres sensorisch nennen kann; sie sind sozusagen einen Häuserblock vom sensorischen Input entfernt. Und aus diesen Arealen wiederum kommen Nervenfasern, die in noch weiter von den primären sensorischen Feldern entfernten Regionen enden. Areale des Neocortex, die synaptisch unterschiedlich weit von den primären sensorischen Feldern entfernt liegen, nennt man Assoziationsfelder, und im menschlichen Gehirn nehmen sie bei weitem den größten Teil der Rinde ein: Visueller, auditorischer und somatosensorischer Cortex umfassen zusammen nicht mehr als ein Viertel des gesamten Cortex. Der Assoziationscortex beherbergt vermutlich höhere Verarbeitungsebenen. So gibt es corticale Regionen, deren Input sich von Vorläufern sämtlicher primärer sensorischer Felder speist.

Visuelle Syndrome

Wenn man den Zug von Projektionen innerhalb der Großhirnrinde näher betrachten will, mag einem als erstes der Gedanke kommen, die klinischen Befunde zu untersuchen. Das ist zwar spannend, aber auch enttäuschend. Dem Kliniker begegnen tatsächlich etliche verschiedene Verhaltensanomalien, die mit der Zerstörung von neocorticalem Gewebe zusammenhängen; aber oft ist die Lage der Läsion, die die jeweilige Störung verursacht, ungewiß. Mehrere Störungen können kombiniert auftreten. Eine Anomalie „höherer Ordnung" kann durch eine Läsion vorgetäuscht werden, welche die Sinneswahrnehmung oder die Bewegungsfähigkeit oder auch die Motivation des Patienten, offen mit den Ärzten umzugehen, beeinträchtigt; auch der Verstand des Patienten ganz allgemein kann betroffen sein — wie bei der Demenz, die eine Verarmung des Vorstellungsvermögens und eine Gefühlsstumpfheit verursacht. Die Läsion selbst läßt sich oft schwer lokalisieren. Eine Autopsie mag einfach eine ausgedehnte Schädigung des Gehirns zeigen, wie sie als Folge von Arteriosklerose oder Syphilis, durch den Riß eines Blutgefäßes, durch eine Gehirnverletzung oder durch eine Kombination von Traumen auftritt. Oft ist gar keine Autopsie möglich — der Patient lebt. Man vermutet, daß Läsionen im Assoziationscortex, wo eine Fülle von Inputs zusammenläuft, subtilere Folgen haben als Läsionen in einem primären sensorischen Feld; doch selbst die einfachsten der neocorticalen Störungen sind schon recht kompliziert.

Nehmen wir die sogenannte Hemianopsie. Dieser Zustand ist dadurch gekennzeichnet, daß eine Läsion, die auf einer Seite des Gehirns einen Teil der primären Sehrinde zerstört hat (Abb. 6.1), zu einem Verlust des Sehvermögens auf der kontralateralen Hälfte des Gesichtsfeldes des Patienten führt. Den Ort des Gesichtsfeldausfalls nennt man Skotom. Es gibt hier jedoch ein merkwürdiges Phänomen. Ein Patient mit einer sich langsam ausbreitenden Läsion in der primären Sehrinde sucht typischerweise erstmals dann einen Arzt auf, wenn er feststellt, daß er immer wieder gegen Hindernisse auf der läsionsabgewandten Seite seines Körpers stößt. Etwas mit seinem Auge auf dieser Seite sei nicht in Ordnung, klagt er; dabei könne er jedoch ganz normal sehen. Offensichtlich nimmt ein Patient mit einer Läsion, die sich in seiner primären Sehrinde entwickelt, nicht etwa schwarze Stellen wahr. Der fehlende Teil des Gesichtsfeldes hört einfach auf zu existieren, wie ja auch das normale Gesichtsfeld den Teil der Welt nicht einschließt, der hinter dem Kopf liegt. Der Patient ist sich seines Skotoms so wenig bewußt, daß es die Kontinuität einer Straße, eines Schachbrettes oder eines regelmäßigen Tapetenmusters keineswegs stört. Ein weniger vorhersehbarer visueller Reiz — ein Auto auf der Straße, eine Schachfigur auf dem Brett oder der Kopf einer vor der Wand stehenden Person — verschwindet dagegen. Man kann daraus schließen, daß der Neocortex fähig ist, durch bestimmte „vernünftige" Extrapolationen Wahrnehmungslücken zu ergänzen. Dennoch ist die primäre Sehrinde wohl als neocorticale Bühne des Sehens gut charakterisiert.

Betrachten wir als nächstes die Agnosie — im Wortsinne die Unfähigkeit zu erkennen; der Begriff leitet sich vom griechischen *gnosis* ab, was soviel wie Wissen bedeutet. Angeblich kann eine Agnosie einem einzelnen Sinn, etwa dem Gesichtssinn, die Bedeutung entziehen und dabei die anderen Sinne intakt lassen; Begegnungen mit gewissen Patienten legen nahe, daß dies tatsächlich der Fall ist. Zeigt man einem solchen Patienten beispielswei-

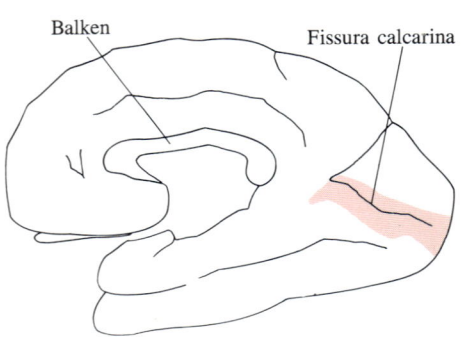

Sulcus centralis
(Zentralfurche)

Fissura Sylvii
(Sylvische Furche)

Balken

Fissura calcarina

6.1 Die Hemianopsie, eine Blindheit für eine Gesichtsfeldhälfte, beruht auf einer Läsion, die die primäre Sehrinde auf der entgegengesetzten oder kontralateralen Seite des Gehirns zerstört. Für ein corticales Syndrom ist der Zustand relativ einfach. Trotzdem hat er seine Merkwürdigkeiten. Zum einen wird ein Skotom — ein Ausfall eines Teiles des Gesichtsfeldes — nicht als schwarzer Fleck wahrgenommen. Der Bereich hört einfach auf zu existieren, ähnlich wie die visuelle Welt hinter unserem Kopf. Die Abbildung oben zeigt die menschliche Großhirnhemisphäre in lateraler (oben) und in medialer Ansicht (unten). Das Windungsmuster wurde auf seine Grundzüge reduziert; die Einzelheiten variieren stark von einem Gehirn zum anderen. Die primäre Sehrinde am okzipitalen (rückwärtigen) Pol der Hemisphäre ist rot dargestellt. Ein großer Teil ihrer vollen Ausdehnung ist in den Wänden der Fissura calcarina verborgen.

se einen Gegenstand und sagt ihm, er solle ihn berühren, so kann er das. Fordert man ihn auf, den Gegenstand zu beschreiben, so ist er auch dazu in der Lage, zumindest soweit es um die Form des Gegenstandes oder sogar um seine Einzelteile geht. Fragt man den Patienten aber, um was es sich bei dem gezeigten Objekt handelt, so erweist er sich als unfähig, es zu benennen. Er kann auch weder erklären, wozu es gebraucht wird, noch sich erinnern, jemals ein solches Ding gesehen zu haben. Hantiert er jedoch mit dem Gegenstand herum, hört sein charakteristisches Geräusch oder nimmt seinen charakteristischen Geruch wahr (sofern der Gegenstand derartige Eigenschaften hat), so wird die Erkennungsblockade entriegelt: Jetzt weiß der Patient, wie der Gegenstand heißt und benutzt wird. Agnosie beruht auf einer Läsion jenseits der primären sensorischen Felder. Eine Sonderform der Agnosie ist die Prosopagnosie; hier betrifft die Unfähigkeit des visuellen Wiedererkennens ausschließlich menschliche Gesichter, die dem Patienten vertraut sein sollten. Wenn ein naher Verwandter den Raum betrit, vermag der Patient ihn nicht zu identifizieren. Dann jedoch spricht der Besucher, und der Patient horcht auf, lächelt und beginnt eine angeregte, verständige Unterhaltung. Prosopagnosie in reiner Form ist selten. Jedenfalls betrifft die Läsion, die der Prosopagnosie zugrundeliegt, angeblich auch den Assoziationscortex an der Unterseite der Großhirnhemisphäre nahe der primären Sehrinde.

Sprachliche Syndrome

Die visuelle Agnosie ist insofern ungewöhnlich unter den verschiedenen corticalen Syndromen, als man bei Versuchstieren einen verblüffend ähnlichen Zustand auslösen kann, der unter dem Namen Seelenblindheit bekannt ist. Heinrich Klüver von der University of Chicago hat ihn bei Rhesusaffen hervorgerufen. Er entfernte auf jeder Seite des Gehirns der Tiere den Temporallappen einschließlich des Assoziationscortex an der Unterseite der Großhirnhemisphäre nahe der primären Sehrinde. Die Affen zeigten keinerlei sensorische Ausfallerscheinungen; sie verbrachten sogar einen großen Teil ihrer Zeit mit der Untersuchung von Gegenständen. Es war jedoch offensichtlich, daß sie nicht wußten, was sie sahen. Eine lebende Schlange (vor der normale Affen zurückschrecken) erregte dieselbe begeisterte – man könnte sagen, furchtlose – Neugier wie ein Gummiball. Zudem entwickelten die hirngeschädigten Affen eine Vorliebe dafür, Dinge in den Mund zu stecken, und die Schlange war davon nicht ausgenommen.

Die corticalen Syndrome, die wir im folgenden besprechen wollen, haben keinerlei Parallelen bei Versuchstieren. Sie betreffen typisch menschliche Verhaltensäußerungen. Betrachten wir zwei Läsionen (Abb. 6.2). Die eine zerstört ein Gebiet, das nach Pierre Paul Broca benannt ist, jenem französischen Chirurgen, Neurologen und Anthropologen, der 1861 einen Artikel mit dem Titel *Perte de la Parole* („Der Verlust der Sprache") veröffentlichte und darin als erster Forscher in der modernen Wissenschaft vorschlug, daß Schädigungen des menschlichen Gehirns in spezifischer Weise mit einer Sprachstörung verbunden sein könnten: einer Aphasie. Darüber hinaus äußerte er die Vermutung, eine solche Läsion sei typisch für die linke Hirnhälfte. (Heute weiß man, daß Sprache bei fast allen Rechtshändern und bei etwa zwei Dritteln aller Linkshänder ihren Sitz in der linken Hemisphäre hat; eine rechtsseitige Lokalisation der Sprache ist, kurz gesagt, eine neurologische

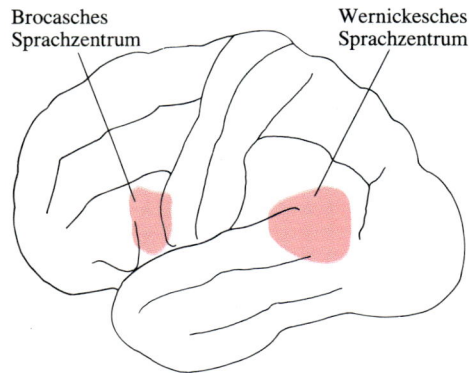

Brocasches Sprachzentrum   Wernickesches Sprachzentrum

6.2 Aphasien, Störungen des Sprachvermögens, beruhen auf zwei verschiedenartigen Läsionen. Der sogenannten Brocaschen Aphasie liegt eine Läsion im Brocaschen Sprachzentrum zugrunde – im Assoziationscortex auf der äußeren Konvexität (Wölbung) der Großhirnhemisphäre –, und zwar fast immer auf der linken Seite des Gehirns. Der Patient versteht Sprache, kann aber nur stockend und in unvollständigen Sätzen sprechen. Die sogenannte Wernickesche Aphasie beruht auf einer Läsion im Wernickeschen Sprachzentrum: im Assoziationscortex weiter hinten auf der Konvexität der Großhirnhemisphäre, gleichfalls auf der linken Seite des Gehirns. Der Patient ist nicht in der Lage, Sprache zu verstehen, und spricht zwar flüssig, aber ohne Sinn.

Rarität.) Das Brocasche Sprachzentrum liegt auf der Wölbung (Konvexität) der Großhirnhemisphäre. Es ist ein Assoziationsfeld. Nach seiner Zerstörung durch eine Läsion vermag die betroffene Person nur noch langsam, stockend, mühsam und schlecht artikuliert zu sprechen, obwohl keine Lähmung, nicht einmal eine Parese (Schwächung) der Sprechmuskulatur vorliegt. Außerdem fehlen bestimmte Wörter, die meistens das syntaktische Gerüst eines Satzes bilden: Artikel, Präpositionen und bis zu einem gewissen Grade auch Adjektive. Das Ergebnis ist eine Sprache, die man als Telegrammstil bezeichnen könnte: Es fehlen genau jene Wörter, die man auch beim Schreiben eines Telegramms ausläßt. Der Telegrammstil tritt selbst dann auf, wenn der Patient versucht, eine bestimmte Wendung oder einen Satz zu wiederholen, den der Untersucher ihm vorgesprochen hat. Bemerkenswerterweise scheint der Patient geschriebene oder gesprochene Sprache normal zu verstehen. Auch zeigt er sich in der Lage, eine Melodie zu summen, und emotionaler Streß kann ihn plötzlich zu flüssigem Fluchen befähigen.

Die zweite Läsion zerstört ein Gebiet, das nach Carl Wernicke benannt ist, dessen Monographie *Der aphasische Symptomenkomplex* mit dem Untertitel *Eine psychologische Untersuchung auf anatomischer Grundlage* 1874 veröffentlicht wurde. In dieser Schrift schlug der damals 26 Jahre alte Wernicke vor, daß auch Läsionen in einer weiter hinten gelegenen Region der Hemisphärenwölbung die sprachlichen Fähigkeiten beeinträchtigen könnten, allerdings in einer völlig anderen Form als die rostraleren Läsionen. Tatsächlich stellen die Symptome einer Läsion im Wernickeschen Sprachzentrum — im Assoziationscortex nahe der primären Hörrinde — im wesentlichen eine Umkehrung der Symptome einer Läsion im Brocaschen Sprachzentrum dar. Die Sprache des Patienten ist flüssig und rhythmisch, wenn man sie einfach als eine Folge von Lauten nimmt. Das Problem liegt im fehlenden Sinn. Zum einen werden Einzellaute durch andere ersetzt: So mag ein Patient „snick" sagen, wenn man erwartet, „stick" zu hören; dieses Beispiel hat Norman Geschwind von der Harvard University angeführt. Zum anderen sind in den Sätzen des Patienten oft Wörter durch andere, meist weniger spezifische ersetzt. Wieder bietet Geschwind ein Beispiel: »I was over in the other one«, bemerkt der Patient in flüssiger, grammatikalisch korrekter Sprache, »and then after they had been in the department I was in this one.« (Deutsch lautet dieser Satz etwa: „Ich war drüben auf der andern da, und dann nachdem sie auf der Station gewesen waren, war ich auf dieser hier.") Das Schreiben des Patienten folgt einem ganz ähnlichen Muster: Buchstaben und Wörter sind wohlgeformt und die Sätze grammatikalisch richtig, nur mangelt es ihnen an Bedeutung. Als Leitsymptom einer Läsion im Wernickeschen Sprachzentrum kann vielleicht gelten, daß sich der Patient als unfähig erweist, geschriebene oder gesprochene Sprache zu verstehen.

Es liegt also auf der Hand, weshalb man der Sprache zwei getrennte Repräsentationsorte auf der linken Hirnseite zugeschrieben hat: das Brocasche Sprachzentrum, das man als motorisch und für die Sprachproduktion zuständig ansieht, und das Wernickesche Sprachzentrum, das als sensorisch und für das Sprachverständnis verantwortlich gilt. Die Symptome scheinen klar — eine Gruppe für das Sprechen, eine andere für das Hören —, und sie scheinen mit corticalen Läsionen an verschiedenen Stellen einherzugehen. (Das Symptom der flüssigen, aber bedeutungsarmen Sprache, das die Wernicke-Aphasie charakterisiert, kann man als Widerspiegelung der Funktion des

Brocaschen Sprachzentrums ohne die Kontrolle durch das Wernickesche Sprachzentrum auffassen.) Inzwischen hat sich jedoch gezeigt, daß Broca-Aphasiker eine leichte Beeinträchtigung des Sprachverständnisses aufweisen – eine „sensorische" Beeinträchtigung, die das „motorische" Symptom des Telegrammstils umzukehren scheint. Wenn Broca-Aphasiker den Satz „Der Hund, den der Mann streichelte, ist braun." hören, werden sie das wahrscheinlich gut verstehen. Der Mann streichelt, und der Hund ist der Empfänger; der Hund ist braun. Ganz anders sieht die Sache aus, wenn man ihnen folgendes erzählt: „Der Mann, der von dem Hund gejagt wurde, ist groß." Jagte der Mann den Hund oder umgekehrt? Wer von den beiden war groß? Patienten mit Broca-Aphasie wissen es nicht zu sagen; eine Untersuchung von Edgar Zurif und seinen Mitarbeitern am Boston Veterans' Administration Hospital deutet an, daß die Wahrscheinlichkeit, mit der sie eine solche Frage richtig beantworten, auf dem Zufallsniveau liegt.

Das Frontallappensyndrom

Wir haben uns bei dieser Auswahl neocorticaler Störungen jenes Syndrom bis zuletzt aufgehoben, das, wie man weiß, mit ausgedehnten und beidseitigen Läsionen des frontalen Assoziationscortex zusammenhängt (Abb. 6.3). In vielerlei Hinsicht ist es das geheimnisvollste Syndrom von allen. Vielleicht ist es bezeichnend, daß der frontale Assoziationscortex den abgelegensten Teil des Neocortex darstellt – sowohl, was seine Lage, als auch, was die Zahl der zwischengeschalteten Synapsen betrifft, die ihn von den primären sensorischen Feldern trennen. Wie wir gleich sehen werden, sind die Symptome des Frontallappensyndroms weder sensorisch noch motorisch, noch treten sie in Form einer Agnosie oder Apraxie zutage. (Apraxie bedeutet einen Verlust der Fähigkeit zu zweckgerichtetem Handeln. In diese Definition geht die Erkenntnis ein, daß es eine Sache ist, die Finger spontan zu krümmen, und eine ganz andere, sie zu krümmen, wenn man jemandem zum Abschied winkt oder auf Aufforderung demonstrieren soll, wie man eine Zahnbürste benutzt.) Genausowenig ist das Frontallappensyndrom sprachlich (das heißt, aphasisch).

Zweifellos gibt es Zeichen des Syndroms, die man quasimotorisch nennen könnte. In den Stunden, die einer traumatischen Frontallappenläsion folgen, zeigt der vielleicht noch bewußtlose Patient oft einen Reflex, den man Zwangsgreifen nennt; er ist mit dem Griff eines neugeborenen Kindes vergleichbar, das die Hand um einen Gegenstand schließt, der in leichten Kontakt mit seiner Handfläche gebracht wurde. Beim Säugling verliert sich dieser Greifreflex in den ersten Monaten, und ein Erwachsener zeigt ihn nie, außer als Krankheitszeichen. Darüber hinaus gibt es Symptome des Frontallappensyndroms, die man quasisensorisch nennen könnte. Sie werden eine ganze Weile nach dem Trauma entdeckt. Der Patient zeigt zum Beispiel Schwächen in der richtigen Wahrnehmung der Vertikalen, wenn sein Körper in eine schiefe Lage gebracht wird. Überdies macht er Fehler, wenn man ihm den gezeichneten Umriß eines menschlichen Körpers zeigt und ihn bittet, mit der rechten Hand die rechte Hand der Figur zu berühren: Sehr häufig berührt er die linke Hand der Figur. Schließlich gibt es noch Symptome, die klinisch wertvoll sind, sich aber in keine augenfällige Kategorie einordnen lassen. Ein solches Symptom betrifft etwas, das man als Blickprogrammie-

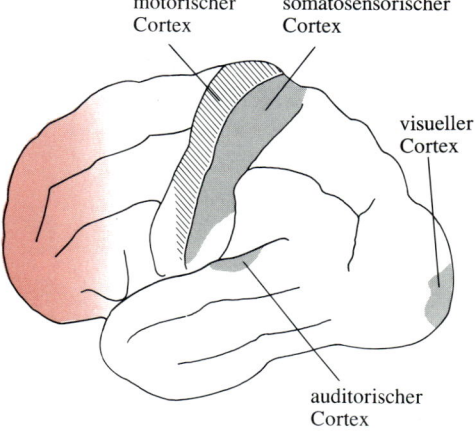
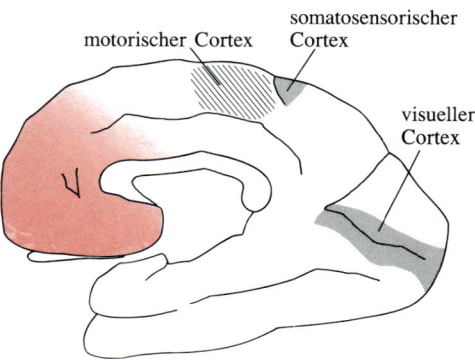

6.3 Das Frontallappensyndrom, ein bemerkenswertes – weder sensorisches noch motorisches noch sprachliches – Syndrom, beruht auf einer ausgedehnten Schädigung des Assoziationscortex, der den vorderen Pol der Großhirnhemisphäre umgibt. Der Patient zeigt Persönlichkeitsveränderungen: Er kann beispielsweise triebhaft und dreist werden. Subtile Untersuchungsmethoden weisen darauf hin, daß seine Gedankenvorgänge die Macht über sein Verhalten verloren haben. Der frontale Assoziationscortex ist der Teil des Neocortex, der sowohl von seiner Lage her als auch synaptisch am weitesten von den in der Abbildung grau dargestellten primären sensorischen Feldern entfernt liegt. (Der hier schraffiert wiedergegebene motorische Cortex wird im nächsten Kapitel besprochen.) 99

rung bezeichnen könnte. Bei einer normalen Person scheint diese Programmierung einer wohlgeordneten, unbewußten Strategie zu folgen. Betrachtet eine normale Person zum Beispiel ein Portrait, so wird sich ihr Blick wahrscheinlich zuerst auf das Gesicht konzentrieren und dann mittels Sakkaden (Sprungbewegungen der Augen) auch Gliedmaßen einbeziehen. Die Sprünge werden fortan immer kürzer und konzentrieren sich auf zunehmend feinere Details. (Man weiß von sich selbst, daß man beim Betrachten eines Gemäldes eine ganze Weile braucht, um alle Einzelheiten in sich aufzunehmen.) Bei Menschen dagegen, die am Frontallappensyndrom leiden, wandern die Augen fast zufällig über das Bild; diese Menschen brauchen deshalb länger, um es zu interpretieren. Es ist, als ob der intakte frontale Assoziationscortex sozusagen ausdrücken könnte, wie unzufrieden er mit der Information ist, die nach jeder Sakkade über die Welt zur Verfügung steht, und als ob er eine Strategie formulieren könnte, um sein Wissen durch zusätzliche Blicke zu vergrößern.

Bedeuten die zufälligen Sakkaden ein sensorisches Defizit in der neocorticalen Auswertung visueller Daten? Oder zeigen sie ein motorisches Defizit an, das den Neocortex unfähig macht, zu formulieren, was die Augen tun sollen? Eigentlich nützt es wenig, darüber nachzudenken. Sämtliche im vorhergehenden Absatz beschriebenen Symptome wirken sich im Leben des Patienten kaum aus. In der Regel werden sie ihm gar nicht bewußt. Mit den folgenden Symptomen verhält es sich anders. Erstens zeigt ein Mensch mit einer ausgedehnten, bilateralen Frontallappenläsion oft verblüffende Veränderungen seiner Persönlichkeit. Er verhält sich gleichgültig gegenüber Angelegenheiten, die ihn interessieren müßten. Er ist ungestüm: Er entschließt sich zu Handlungen, als hätte er über deren Folgen überhaupt nicht nachgedacht. Sehr häufig zeigt er einen verblüffenden Verlust sozialen Anstands. Er erzählt nicht ganz stubenreine Anekdoten in einer Gesellschaft, die sie bestimmt nicht komisch findet. Zu unpassender Zeit gibt er Wortspiele und Witze zum besten, die nur ihm selbst lustig vorkommen. Er erscheint zwanghaft dreist. Es sind Fälle von Führungskräften bekannt, die während einer Konferenz aufstehen, mit großen Schritten in eine Ecke gehen und urinieren. Die Kollegen und die Familie einer solchen Person sind wie vor den Kopf gestoßen.

Die vielleicht sicherste Methode, eine ausgedehnte Läsion des frontalen Assoziationscortex zu entlarven, ist die Wisconsin-Variante des Weiglschen Kartensortiertestes. Man gibt dem Patienten ein Kartenspiel und bittet ihn, es in verschiedenen Stapeln zu ordnen. Jede Karte zeigt einen bestimmten Typ von geometrischen Figuren: Dreiecke, Quadrate, Kreise oder Rechtecke. Sie zeigt jeweils eine, zwei, drei oder vier davon und ist in Schwarz, Rot, Grün oder Blau gedruckt. Man gibt dem Patienten kein Kriterium, nach dem er die Karten ordnen soll. Statt dessen versichert man ihm, daß man ihm jedesmal, wenn er eine Karte niederlegt, sagen wird, ob seine Wahl richtig war oder nicht. Anfangs erweist sich dies als angemessen; der Patient hat zunächst keine Schwierigkeiten, aus den Hinweisen, die man ihm gibt, eine Strategie abzuleiten. So bildet er etwa vier Stapel nach der Form, der Zahl oder der Farbe der abgebildeten Figuren. Dann ändert der Untersucher das Kriterium (zum Beispiel von Farbe zu Zahl), und der Patient soll ein neues Ordnungssystem erkennen und ihm folgen. Unter diesen Bedingungen neigt der Patient dazu, seine ursprüngliche Strategie beizubehalten — trotz einer immer größer werdenden Zahl von Irrtümern. Brenda Milner vom Montreal

Neurological Institute zufolge kann der Patient sogar spontan äußern: „Es muß die Farbe, die Form oder die Zahl sein." Trotzdem fährt er unbeirrt fort. Sein Verstand ist in Ordnung: Er kann Sprache verstehen, vermag eine allgemeine Anweisung – „Bitte sortieren Sie die Karten." – ihrem begrifflichen Inhalt nach zu analysieren und kann eine Strategie formulieren. Er ist überdies imstande, richtig anzufangen (was ein apraktischer Mensch oft nicht kann), und seine Bewegungen zeigen kein motorisches Defizit. Hat aber sein Aktionsprogramm erst einmal begonnen, so wird es sich wahrscheinlich nicht verändern. Es ist, als ob der Patient unfähig wäre, Signale von drohenden Fehlern zu verinnerlichen (einschließlich an sich selbst gerichteter Befehle), die normalerweise die Entfaltung des Verhaltens modulieren würden.

7. Absteigende Bahnen und das motorische System

Im Jahre 1870 gaben Gustav Theodor Fritsch, ein Amateurforscher, und Eduard Hitzig, ein praktischer Arzt aus Berlin, die Ergebnisse von Experimenten bekannt, in denen sie bei einem lebenden Hund die Gehirnoberfläche freigelegt und dem Neocortex elektrischen Strom zugeführt hatten. An einigen Stellen löste der Strom auf der Körperseite, die dem Reizort gegenüberlag, Zuckungen von quergestreifter Muskulatur aus. Oft war es das Vorder- oder Hinterbein, das sich bewegte. An anderen Stellen blieb der Cortex „ruhig“. Es zeigte sich, daß der Bereich, an dem die erforderliche Stromstärke minimal war, auf der Konvexität der Großhirnhemisphäre liegt, nicht weit hinter dem vorderen Gehirnpol. Die Untersuchungen riefen ein anhaltendes Interesse an der Organisation jener Teile des Gehirns hervor, die an Effektor- oder motorischen Funktionen beteiligt sind. Endlich hatte man einen motorischen Cortex: ein umschriebenes Gebiet auf höchster Gehirnebene, das sich eindeutig mit der Kontrolle von Körperbewegungen befaßte. Vielleicht ließ sich jetzt im ganzen Gehirn und Rückenmark ein rein motorisches System aufspüren.

So begann also die Suche nach „dem motorischen System“ — ein vager Begriff, der nicht nur die Motoneuronen bezeichnet, die die quergestreifte Muskulatur kontrollieren, sondern auch die Nervenbahnen, die auf diese motorischen Neuronen konvergieren. Die Suche ist immer noch nicht abgeschlossen, und man mag sich fragen, ob sie jemals beendet werden kann. Betrachten wir einen Streifen Neocortex unweit der Sehrinde, der in einem System neocorticaler Unterteilungen, das der deutsche Neurologe Korbinian Brodmann 1909 veröffentlichte (Abb. 16.6), als Area 19 bezeichnet wird. Reizt man diese Area 19 bei einem Versuchstier elektrisch, so schwenken die beiden Augen des Tieres gleichzeitig zur kontralateralen Seite — das heißt, der Blick wendet sich von der den Strom empfangenden Gehirnseite ab. Es ist verführerisch, Area 19 ein motorisches Gebiet zu nennen. Das zu tun, wäre jedoch willkürlich. Aus einem anderen Blickwinkel nämlich ist die Area 19 sensorisch: Wie man weiß, verarbeitet sie Information weiter, die die Sehrinde durchlaufen hat. Ein ähnliches Beispiel, Area 22, liegt in der Nähe des auditorischen Cortex (der Hörrinde). Auch die elektrische Reizung dieses Gebiets wird das Tier veranlassen, seine Augen zur kontralateralen Seite zu wenden. Die Area 22 steht aber ebensosehr in synaptischer Beziehung zur Hörrinde wie die Area 19 zur Sehrinde. Betrachten wir als letztes Beispiel ein Spinalganglion. Selbst mäßige elektrische Reizung eines Spinalganglions wird eine heftige Körperbewegung nach sich ziehen — vielleicht die Kontraktion eines Armes oder Beines. Dabei enthält das Spinalganglion lediglich primäre sensorische Neuronen.

Diese Beispiele sollen zeigen, daß in der Organisation des Gehirns keine Trennungslinie zwischen einer sensorischen und einer motorischen Seite gezogen werden kann. Um es anders zu sagen: Jede einzelne Nervenstruktur trägt mit dazu bei, das Verhalten eines Organismus zu programmieren und zu steuern. Eben das ist zweifellos die wesentliche Aufgabe des Nervensystems und der Grund dafür, daß die Evolution seine Entwicklung begünstigt hat. Natürlich sind einige Zellgruppen im großen vermittelnden Netzwerk so plaziert, daß man sie wohl zu Recht als sensorische Strukturen betrachten darf. Das Corpus geniculatum laterale des Thalamus ist ein Beispiel dafür. Andere Zellgruppen, die synaptisch in der Nähe motorischer Neuronen liegen, legen es nahe, sie motorisch zu nennen. So mag es denn am besten sein, die Erforschung der motorischen Aspekte des Zentralnervensystems auf der Stufe des Motoneurons zu beginnen, das jedermann als Teil des motorischen Systems definiert. Das Ziel ist es dann, jene Bahnen, die Einflüsse auf Motoneuronen ausüben, bis in das Gehirn hinein zu verfolgen. Dabei bewegen wir uns natürlich stromaufwärts: gegen den Impulsverkehr.

Lokale motorische Apparate

Der erste Schritt stromaufwärts ist im allgemeinen sehr kurz: Er beginnt in Rückenmark, Rauten- oder Mittelhirn, wo Motoneuronen vorkommen (im Vorderhirn gibt es keine), und führt zu einem Verbund von Zellen, die gewöhnlich kleiner sind und nicht weit entfernt liegen. Man kann sie Interneuronen nennen, obgleich wahrscheinlich nur einige von ihnen direkt mit Motoneuronen in Verbindung treten. Trotzdem liefert dieser „Pool" von Zellen den beherrschenden Input für ein typisches Motoneuron. Die Summe aller Motoneuronen und ihrer interneuronalen Pools bezeichnen wir als „niedrigeres motorisches System", und wir werden es in funktionelle Untereinheiten, sogenannte „lokale motorische Apparate", unterteilen, die jeweils den Körperteilen zugeordnet sind: den Armen, den Beinen, den Augen und so weiter. Diese Unterteilung fußt auf einem Experiment, das vor fast drei Jahrzehnten der ungarische Neuroembryologe György Székely durchführte; er tauschte bei sich entwickelnden Hühnerembryonen zwei Teile des unreifen Rückenmarks gegeneinander aus. Derjenige Teil des Marks, der im Normalfall später die Beine innerviert hätte, wurde mit dem Teil vertauscht, der eigentlich für die Innervation der Flügel sorgen sollte. Man kann nicht darauf hoffen, ein derartiges Experiment an einem Säugetier durchzuführen. Möglicherweise ist das Rückenmark bei Säugetieren zu früh auf eine ununterbrochene Blutversorgung angewiesen. Die Ergebnisse bei den Hühnern waren jedoch beeindruckend. Ließ man das Tier zwei bis drei Meter tief fallen, veranlaßten die Abschnitte des Rückenmarks, die normalerweise die Flügel innerviert hätten, die Beine zu flatternden Bewegungen. Die Flügel dagegen flatterten überhaupt nicht.

Die Schlußfolgerung ist im Grunde genommen eine Tautologie: Die lokalen motorischen Apparate an bestimmten Orten im Zentralnervensystem erfüllen jeweils ganz spezifische Aufgaben. Mit anderen Worten, in jedem Teil des Körpers ist die Konstellation quergestreifter Muskeln in ihrem Repertoire möglicher Bewegungen so spezifisch, daß ihre Steuerung einer ganz speziellen Organisation von Motoneuronen und Interneuronen bedarf. Vielleicht zwingt die besondere Konstruktion der einzelnen Gelenke dem Nervensystem diese ortsspezifische Organisation auf. Im menschlichen Körper beispielsweise unterscheidet sich das Hüftgelenk deutlich vom Schultergelenk; beide sind zwar Kugelgelenke mit Kopf und Pfanne, aber ihr Bewegungsspielraum ist keineswegs gleich. Jedenfalls konnte beim Huhn, nachdem sich einmal ein bestimmter Satz von Verschaltungen für das caudale Rückenmark entwickelt hatte, keine der vom Gehirn in das Rückenmark absteigenden Fasern aus dieser Organisation ein Muster der Motoneuronenentladung extrahieren, das für die oberen Extremitäten geeignet gewesen wäre. Man ist durchaus versucht, das niedrigere motorische System als eine Art Archiv anzusehen, in dem Pläne gelagert sind, von denen jeder eine mögliche Bewegung eines bestimmten Körperteiles darstellt. Das Gehirn mit seinen absteigenden Fasersystemen greift hinein und wählt jeweils den geeigneten Plan aus.

Encephalospinale Bahnen

Wo nun entspringen die absteigenden Systeme? Wohin gelangt man mit einem weiteren Schritt stromaufwärts? Die Antwort lautet: überallhin. Denn die Projektionen, die auf die lokalen motorischen Apparate des Rückenmarks konvergieren (eine Diskussion über diejenigen im Hirnstamm stellen wir vorerst zurück), kommen aus sämtlichen Hauptunterteilungen des Zentralnervensystems. Abbildung 7.1 zeigt ein paar Beispiele. Im Rückenmark selbst entspringen die Projektionen in sekundären sensorischen Zellgruppen oder sogar – im Falle der monosynaptischen Reflexbögen – als Kollateralen von primären sensorischen Fasern. Im Rautenhirn gehen die Projektionen von den Vestibulariskernen aus, einem in Abbildung 7.1 nicht gezeigten

7.1 Konvergenz auf motorische Neuronen ist typisch für das „motorische System"; mit diesem vagen Begriff beschreibt man die motorische Seite der Organisation von Gehirn und Rückenmark. Die Konvergenz wird hier durch vier Projektionen (rot) symbolisiert, die – unten links – auf einen lokalen motorischen Apparat einwirken: einen Verbund von Motoneuronen und Interneuronen. Wie man sieht, erhält dieser Apparat Inputs von einem monosynaptischen Reflexbogen, von einer sekundären sensorischen Zellgruppe im Rückenmark, von der Formatio reticularis des Rautenhirns (über reticulospinale Fasern) und vom Nucleus ruber, einer Zellgruppe im Mittelhirn (über den Tractus rubrospinalis). Eine fünfte Projektion – vom Neocortex – ist in Abbildung 7.3 beschrieben. Zwei in dieser Abbildung nicht gezeigte Inputquellen sind die Vestibulariskerne (Nuclei vestibulares) im Rautenhirn, die zwei vestibulospinale Bahnen entsenden, und der Colliculus superior im Mittelhirn, von dem die tectospinale Bahn ausgeht.

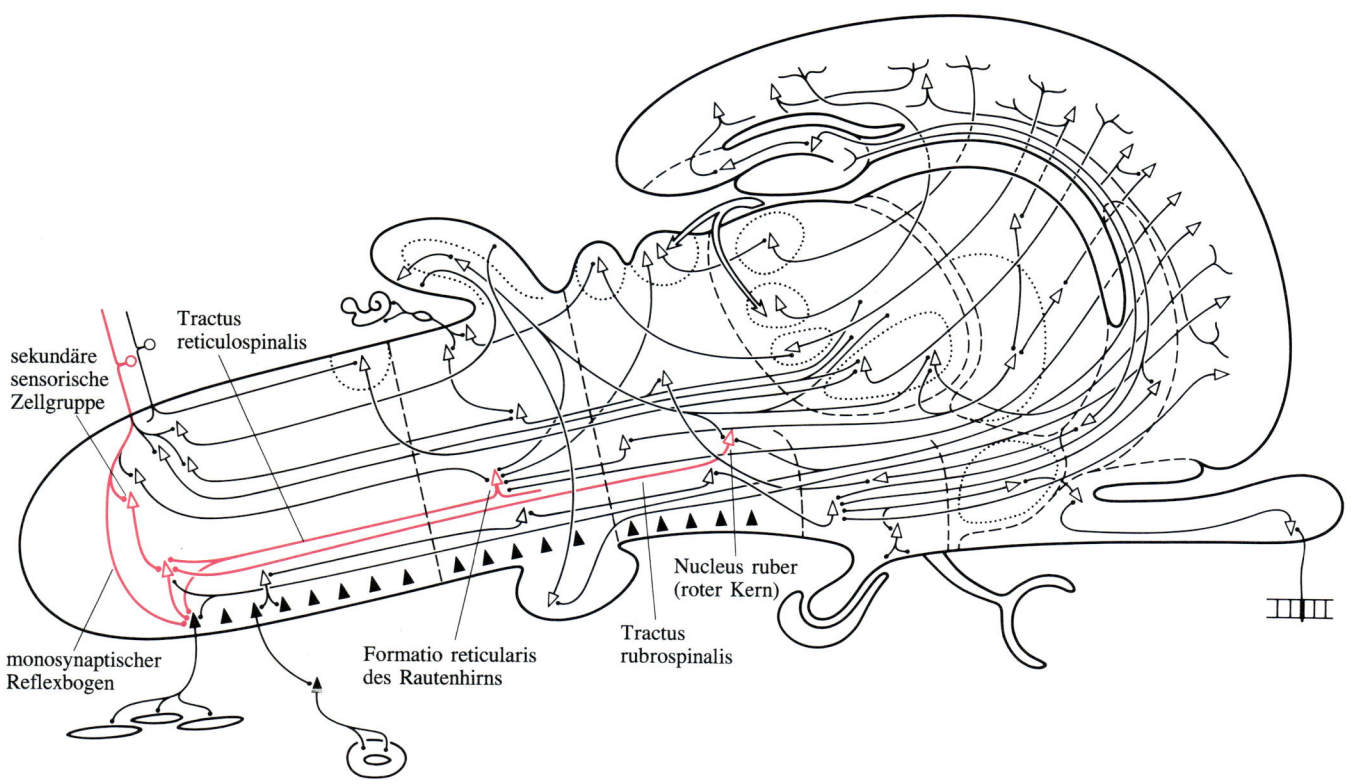

sekundäre sensorische Zellgruppe

Tractus reticulospinalis

monosynaptischer Reflexbogen

Formatio reticularis des Rautenhirns

Tractus rubrospinalis

Nucleus ruber (roter Kern)

Satz sekundärer sensorischer Zellgruppen, die primäre sensorische Daten von Rezeptorzellen im Innenohr empfangen, insbesondere aus dem vestibulären (dem Gleichgewichtssinn dienenden) Teil des membranösen Labyrinths. Auch in den – grob gesagt – medialen zwei Dritteln der Formatio reticularis des Rautenhirns entspringen Projektionen; dieser Bereich ist als die magnozelluläre Formatio reticularis bekannt, weil er große und sehr große Nervenzellkörper enthält. Im Mesencephalon entspringen die Projektionen im Colliculus superior sowie in einer großen Zellmasse, die Nucleus ruber (roter Kern) heißt. Allgemein ausgedrückt tragen alle vier dieser absteigenden Fasersysteme (die vestibulospinale, die reticulospinale, die tectospinale und die rubrospinale Bahn) Informationen – Befehle, wenn man so will –, die in weiten Bereichen des Gehirns ihre Vorläufer haben. Die Vestibulariskerne beziehen ihren Input nicht nur vom vestibulären Labyrinth über den Nervus vestibularis, sondern erhalten auch Eingänge vom Kleinhirn. Offenbar ist dies ein Weg, auf dem das Kleinhirn seinen Einfluß auf Körperbewegungen geltend machen kann. Der Colliculus superior erhält seinen Input nicht nur vom Sehnerv, sondern auch von weiten Bereichen des Neocortex, etwa vom visuellen Cortex und vielen anderen Feldern. Der Nucleus ruber erhält Eingänge vom Kleinhirn und vom motorischen Cortex.

Die Formatio reticularis ist als ein Ort bekannt, an dem Informationen von weither zusammenlaufen. Wir haben darauf schon bei der Besprechung der aufsteigenden Leitungsbahnen hingewiesen. Jetzt – im Zusammenhang der absteigenden Bahnen – müssen wir es wiederholen. Abbildung 7.2 zeigt ein Neuron, das das Ziel einer solchen Konvergenz darstellt; es ist Neuronen nachempfunden, deren elektrische Aktivität von Giuseppe Moruzzi von der Universität Pisa und anderen abgeleitet wurde. Das Neuron liegt in der Formatio reticularis des Rautenhirns, und es reagiert auf Input von einer sekun-

7.2 Die Konvergenz auf die Formatio reticularis ist hier durch fünf Axone (dunkelrot) symbolisiert, die Signale sehr unterschiedlicher Herkunft übertragen, aber alle auf ein einziges Neuron in der Formatio reticularis des Rautenhirns einwirken. Eines der fünf Axone – ein spinothalamischer „Aussteiger" – entspringt in einer sekundären sensorischen Zellgruppe im Rückenmark; es überträgt somatosensorische Daten. Ein zweites Axon entspringt im Colliculus superior und leitet visuelle Daten weiter. Ein drittes hat seinen Ursprung im Kleinhirn, ein viertes in der Formatio reticularis des Mittelhirns und ein fünftes im Neocortex. Das Axon des Rautenhirnneurons (hellrot) projiziert sowohl abwärts in das Rückenmark als auch aufwärts in Richtung Thalamus.

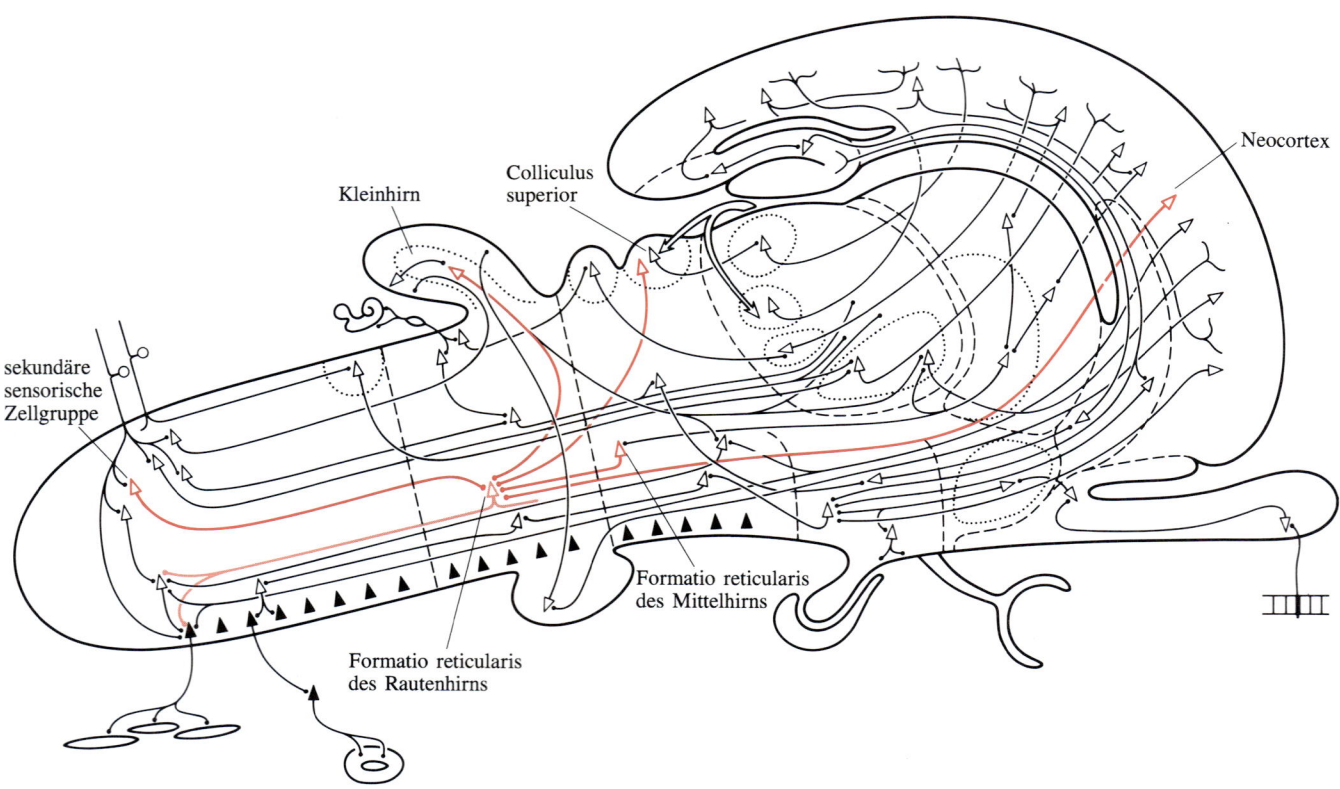

Kleinhirn

Colliculus superior

Neocortex

sekundäre sensorische Zellgruppe

Formatio reticularis des Mittelhirns

Formatio reticularis des Rautenhirns

dären sensorischen Zellgruppe im Rückenmark. Genausogut kann es jedoch auf einen Lichtblitz hin aktiv werden, denn über eine Bahn, die vom Colliculus superior absteigt, vermag die Nachricht von einem Lichtreiz die Formatio reticularis zu erreichen. Tatsächlich kann die Zelle auf Signale aus den verschiedensten Bereichen des Gehirns reagieren, einschließlich des Kleinhirns, des Neocortex und der Formatio reticularis des Mittelhirns. Zweifellos muß die Formatio reticularis diese unterschiedlichen Einflüsse, die im Hirnstamm auf- und absteigen, integrieren; unmittelbar nach dieser Integration entsendet sie Impulse über reticulospinale Fasern, die an Interneuronen oder sogar direkt an motorischen Neuronen enden.*

---

* Vielleicht erscheint die Formatio reticularis jetzt wieder als sinnlos – nun, da wir erfahren, daß absteigende Leitungsbahnen mit heterogenen Afferenzen zu ihrem Repertoire gehören. Aber es kommt noch schlimmer. Einige der Neuronen in der Formatio reticularis besitzen ein Axon, das nicht nur einen absteigenden Ast aufweist, der sich der reticulospinalen Bahn anschließt, sondern auch einen aufsteigenden. So sind die auf- und absteigenden Leitungsbahnen, die die Formatio reticularis einbeziehen, manchmal miteinander vermischt. Abbildung 7.2 läßt das Zielgebiet eines repräsentativen aufsteigenden Astes offen; er kann zu vielen Orten führen, aber oft ist der Thalamus die Endstation für Fasern, die im Hirnstamm aufsteigen.

Das pyramidale System

Jetzt müssen wir über die encephalospinalen Bahnen des Hirnstammes noch die absteigenden Bahnen legen, die im Vorderhirn entspringen. Wir beginnen mit dem Neocortex. Sämtliche Gebiete des Neocortex projizieren auf den Thalamus, und zwar in einem Muster, das die thalamocorticalen Projektionen erwidert. Auch das Striatum, der Außenbereich des Corpus striatum, erhält Projektionen von allen neocorticalen Gebieten. Ein großer Teil des Neocortex projiziert auf den Colliculus superior; alle seine Bereiche entsenden Fasern zur Brücke (Pons). Bestimmte Teile des Neocortex stellen Verbindungen mit dem Hypothalamus her, und bestimmte Teile projizieren auf Ziele im Mittelhirn: den Nucleus ruber und die Formatio reticularis des Mittelhirns. Die verbleibenden corticofugalen Fasern – diejenigen, die sich über die Brücke hinaus erstrecken – entspringen meist in der motorischen Rinde. Einige von ihnen ziehen nicht weiter als bis zum Rautenhirn (zur dortigen Formatio reticularis und zu bestimmten motorischen Apparaten); sie werden als corticobulbäre Bahn bezeichnet, in Anspielung auf den Bulbus encephali, wie man ihr Ziel, die Medulla oblongata, früher nannte. Die anderen Fasern ziehen zu allen Ebenen des Rückenmarks; man faßt sie als corticospinale Bahn zusammen. Tractus corticobulbaris und Tractus corticospinalis bilden gemeinsam die Pyramidenbahn (Abb. 7.3). Dieser Name leitet sich von einer grobanatomischen Gegebenheit her: In der Medulla oblongata erscheint die Bahn an der ventralen Oberfläche des Gehirns und nimmt einen dreieckigen Querschnitt an; sie formt auf diese Weise einen Vorsprung, den man als medulläre Pyramide bezeichnet.

Es ist an sich schon bemerkenswert, daß vom motorischen Cortex ausgehende Fasern bis in das Rückenmark reichen. Nicht weniger bemerkenswert ist, daß schätzungsweise fünf Prozent der Fasern synaptisch direkt mit motorischen Neuronen verbunden sind, statt ihre Kontakte in einem Pool von Interneuronen zu knüpfen. Zweifellos helfen diese privilegierten fünf Prozent die Beobachtung zu erklären, daß der motorische Cortex von allen Bereichen der Großhirnrinde der geringsten elektrischen Reizung bedarf, um Körperbewegungen hervorzurufen. Die privilegierten fünf Prozent sorgen dafür, daß von der ganzen Großhirnrinde die motorische Rinde den Motoneuronen am nächsten ist, und zwar insofern, als die wenigsten Synapsen zwischengeschaltet sind. Welche der Motoneuronen liegen nur eine Synapse vom Cortex entfernt? Oder, um die Frage umgekehrt zu stellen: Welche der motorischen Neuronen des Rückenmarks erhalten einen Teil ihres Inputs direkt vom motorischen Cortex? Die Antwort findet sich, wenn ein Hirnschlag (eine intracerebrale Blutung oder eine Blockade der arteriellen Blutversorgung, welche die große Masse von Fasern zwischen dem Cortex und subcorticalen Stationen schädigt) den Tractus corticospinalis unterbricht. Typisches Symptom einer solchen Läsion ist die Hemiplegie: eine auffällige motorische Schwäche auf der Körperseite, die dem Ort der Nekrose gegenüberliegt. Es handelt sich um eine Schwäche, keine Lähmung, denn das Trauma zerstört keine motorischen Neuronen. Tatsächlich gewinnen die Muskeln, die der Mittellinie des Körpers am nächsten liegen, in den Wochen nach dem Trauma ihre fehlende Kraft größtenteils zurück. In der Muskulatur der Extremitäten bleibt die Störung in viel stärkerem Maße erhalten, ins-

7.3 Die Pyramidenbahn durchspannt das Zentralnervensystem. Ihr Ursprung liegt im motorischen Cortex, einem Teil des Neocortex, von dem sie in Form eines großen Faserbündels absteigt. Sie besteht aus zwei Teilen: dem Tractus corticobulbaris, der zu lokalen motorischen Apparaten und zur Formatio reticularis des Rautenhirns (des „Bulbus encephali") zieht, und dem Tractus corticospinalis, der auf lokale motorische Apparate entlang der gesamten Länge des Rückenmarks projiziert. (Ein zusätzliches Ziel ist der Nucleus ruber – der rote Kern – im Mittelhirn.) Die Pyramidenbahn zeichnet sich durch ihren Anteil an „privilegierten" Axonen aus, die Interneuronen umgehen und direkt mit Motoneuronen Synapsen bilden.

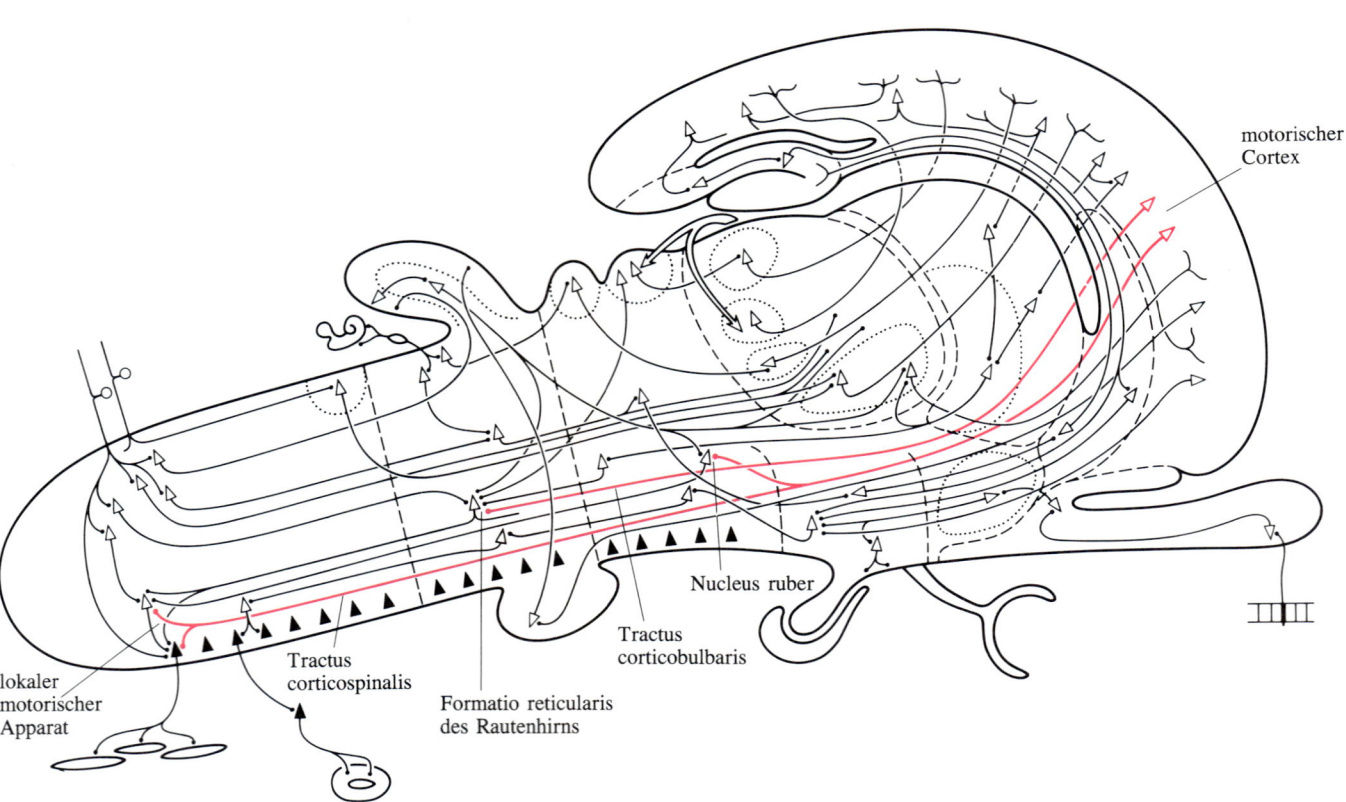

motorischer Cortex

Nucleus ruber

Tractus corticobulbaris

Tractus corticospinalis

Formatio reticularis des Rautenhirns

lokaler motorischer Apparat

besondere in der Muskulatur der Hand. Die Beeinträchtigung selbst ist eigenartig. Wird ein Gehirnschlagpatient während der Genesungsphase aufgefordert, seinen Daumen zu beugen, so wird sich daraufhin seine ganze Hand beugen, oft zusammen mit dem Handgelenk und dem Ellenbogen. Es ist, als hätte die funktionierende corticospinale Bahn nicht so sehr dazu gedient, eine Bewegung hervorzurufen, als vielmehr zu helfen, sie näher einzugrenzen, so wie ein Bildhauer (in John Eccles' Analogie) überflüssige Teile von einem Marmorklotz entfernt. Nach einem Gehirnschlag kann das Gehirn noch immer einen Befehl – „Beugen!" – erzeugen, aber es gibt keinen Bildhauer mehr, um die überflüssigen Kontraktionen zu eliminieren.

Das extrapyramidale System

Die Pyramidenbahn ist nicht die einzige neocorticale Projektion, die an motorischen Funktionen beteiligt ist. Es gibt auch noch die Projektion zum Striatum (Abb. 7.4). Diese weist eine lockere topologische Organisation auf: So projiziert der somatosensorische Cortex auf ein Gebiet des Striatum, das sich mehr oder weniger stark von jenen unterscheidet, welche die visuelle oder die auditorische Projektion oder die Projektionen von den Assoziationsfeldern oder vom motorischen Cortex empfangen. Vom Striatum aus erreicht eine massive Projektion den Globus pallidus (das Pallidum), den Innenbereich des Corpus striatum. Da es im Globus pallidus viel weniger Neuronen gibt als im Striatum, muß dieses System als eine Art Trichter angesehen werden. Vom Globus pallidus zieht die Bahn als ein Faserbündel weiter abwärts, das man Ansa lenticularis nennt. „Abwärts" ist allerdings nur insofern richtig, als man den sonderbaren Tatbestand ausklammert, daß sich ein

7.4 Das extrapyramidale motorische System beginnt (wenn man von einem Beginn sprechen kann) mit einem Abstieg vom Neocortex, der sich vom Abstieg der Pyramidenbahn unterscheidet. Genauer gesagt, projizieren (dunkelrot) alle Teile des Neocortex auf das Striatum, den Außenbereich des Corpus striatum. Das Striatum seinerseits projiziert dann auf das Pallidum (Globus pallidus) und dieses wiederum auf einen Teil der Formatio reticularis des Mittelhirns, den sogenannten Nucleus tegmenti pedunculopontinus. Ein großer Teil der Efferenzen des Pallidum – ein als Ansa lenticularis bezeichnetes Bündel – zieht allerdings in einem Bogen dorsalwärts und tritt in zwei thalamische Zellgruppen ein: den Nucleus ventralis anterior (V.A.) und den Nucleus ventralis lateralis (V.L.). Der V.A.-V.L.-Komplex projiziert (hellrot) auf den motorischen Cortex, und zwar über benachbarte Assoziationscortexbereiche. So dient das extrapyramidale motorische System hauptsächlich dazu, den Ursprung der Pyramidenbahn zu beeinflussen. Nicht in dieser Abbildung gezeigt sind zwei weitere extrapyramidale Zellgruppen, der Nucleus subthalamicus im Zwischenhirn und die Substantia nigra im Mittelhirn.

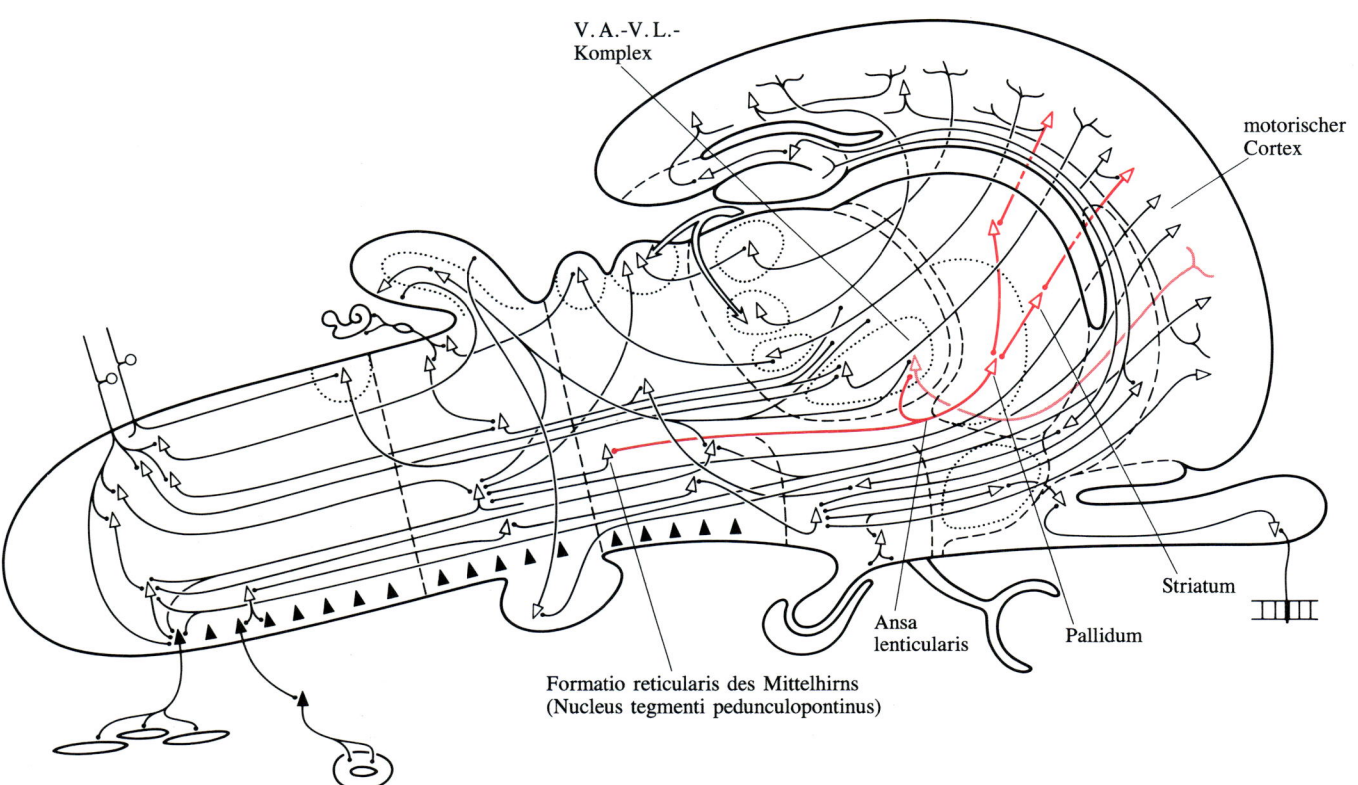

V.A.-V.L.-Komplex

motorischer Cortex

Striatum

Ansa lenticularis

Pallidum

Formatio reticularis des Mittelhirns (Nucleus tegmenti pedunculopontinus)

großer Teil der Ansa lenticularis auf sich selbst zurückkrümmt (das lateinische Wort *ansa* bedeutet soviel wie „Henkel") und in den rostralen Teil des Nucleus ventralis des Thalamus eindringt. Wie bereits erwähnt, empfängt der Nucleus ventralis die beiden großen somatosensorischen Lemnisci, den Lemniscus medialis und den Tractus spinothalamicus, und projiziert auf den somatosensorischen Cortex. Doch nur der caudale Teil des Nucleus ventralis ist eine somatosensorische Zwischenstation. Man nennt ihn Nucleus ventrobasalis oder Nucleus ventralis posterior. Der rostrale Teil des Nucleus ventralis besteht aus dem Nucleus ventralis anterior und dem Nucleus ventralis lateralis und wird als V.A.-V.L.-Komplex bezeichnet. Dieser Komplex empfängt zwei Faserbündel, die Ansa lenticularis und die aufsteigende Projektion des Kleinhirns, die man Brachium conjunctivum oder Pedunculus cerebellaris superior (oberer Kleinhirnstiel) nennt. Er projiziert ebenfalls auf den Neocortex — nicht auf irgendein sensorisches Feld, sondern auf den motorischen Cortex.*

Läsionen, die diese schleifenartige Verschaltung unterbrechen, können sich verheerend auf die Körperbewegungen auswirken. Beim Menschen beispielsweise lösen ausgedehnte Zerstörungen des Striatum motorische Automatismen aus. Der Kliniker begegnet ihnen in verschiedenen Formen. In einigen Fällen ist der Automatismus nicht mehr als eine leichte Übertreibung, die der Patient unkontrolliert im Laufe einer ansonsten normalen Handlung zeigt — zum Beispiel beim Gehen: Der Gehvorgang selbst mag normal sein, aber vielleicht schwingen die Arme des Patienten mit einem leichten Schnörkel aus, der auf den ersten Blick affektiert wirkt. In anderen Fällen gleicht der Automatismus, wie wir bereits früher erwähnt haben, einer komplizierten Handlung wie Treten oder Greifen. Erfolgt der Automatismus schnell (er kann geradezu blitzartig ablaufen), nennt man die Störung Chorea, was soviel wie „Tanz" bedeutet. Entfaltet sich der Automatismus dagegen langsam und schleichend, spricht man von einer Athetose, was „ohne Position" bedeutet. Der Begriff rührt offenbar von einem Symptom her, das sich bei beginnender Athetose zeigt: Der Patient kann das Gewicht seines Körpers nicht hauptsächlich auf einem Bein halten und tritt so fortwährend von einem Bein auf das andere.

Auch Läsionen jener Nervenbahnen, die die schleifenartige Verschaltung speisen, können schwere motorische Störungen hervorrufen. Um ein Beispiel anzuführen: Der Nucleus subthalamicus, eine kleine, linsenförmige Masse grauer Substanz im caudalen Zwischenhirn, empfängt Fasern vom Globus pallidus und schickt eine eigene Projektion zurück. Er ist, mit einem Wort, ein Satellit des Pallidum. Die Zerstörung des Nucleus subthalamicus führt zu Hemiballismus, einem Automatismus des kontralateralen Armes und Beines, der nach Werfen beziehungsweise Treten aussieht. Bewegungen des Gesichts und des Rumpfes sind nicht beeinträchtigt. Die Substantia nigra, eine Zellgruppe im Mittelhirn, empfängt Fasern vom Striatum und schickt eine eigene Projektion zurück; sie ist somit ein Satellit des Striatum. Viele ihrer Neuronen enthalten ein schwarzes Pigment — daher der Name

---

* Aufgrund neuerer Befunde nimmt man an, daß eine neocorticale Zwischenstation in die Bahn eingeschaltet ist; derjenige Teil des V.A.-V.L.-Komplexes, der die Ansa lenticularis empfängt, projiziert nicht so sehr auf den motorischen Cortex im engeren Sinne (die Area 4 nach Brodmann) als vielmehr auf den unmittelbar davor liegenden Cortexbereich: den prämotorischen Cortex (Areae 6 und 8). Vom prämotorischen Cortex gelangt dann eine massive Projektion zum motorischen Cortex.

dieser Zellgruppe. Das Pigment, Neuromelanin, ist ein Polymer, das aus DOPA (Dihydroxyphenylalanin) gebildet wird, einem Vorläufer der Catecholaminneurotransmitter. Die Neuronen der Substantia nigra verwenden Dopamin als ihren striatalen Neurotransmitter. Ein massiver Verlust dieser Neuronen führt zur Parkinsonschen Krankheit, die sich durch eine stark bewegungshemmende Muskelsteifheit auszeichnet und in einem maskenartigen Gesichtsausdruck äußert; man beobachtet außerdem ein sonderbares Zittern von geringer Frequenz und fast rotatorischem Charakter, das Arme und Hände befällt. Dieses Zittern erinnerte frühe Kliniker an die reibende Fingerbewegung, mit der ein Apotheker Pillen herzustellen pflegte; so wurde das Symptom als Pillendrehertremor beschrieben. Typischerweise beklagt sich der Patient jedoch vor allem darüber, daß es ihm schwerfällt, die Bewegungen, die er machen möchte, zu beginnen. Er will beispielsweise seine Kleidung in Ordnung bringen, und obwohl er sehr wohl weiß, wie das geht (worauf er ärgerlich bestehen mag), kann er irgendwie nicht damit anfangen.

Ganz offensichtlich ist dem Corpus striatum ein wichtiger Einfluß auf die Körperbewegungen zuzuschreiben. In größerem Zusammenhang gesehen, stellt es jedenfalls eine von mehreren Gehirnstrukturen dar, deren Output anscheinend in Richtung Motoneuronen geleitet wird. Dennoch gilt, daß das Corpus striatum nicht direkt auf motorische Neuronen einwirken kann und noch nicht einmal auf die interneuronalen Pools, die als deren Türwächter fungieren. Wie wir gerade gesehen haben, wendet sich der größere Teil seiner efferenten Bahn, der Ansa lenticularis, nach oben und tritt in den Nucleus ventralis des Thalamus ein. Der Rest der Ansa lenticularis zieht an dem Wendepunkt vorbei weiter abwärts. Er kommt allerdings über die caudale Region des Mittelhirns nicht hinaus, wo in Abbildung 7.4 eine einzelne Nervenzelle die mehreren tausend Neuronen symbolisiert, die den Nucleus tegmenti pedunculopontinus oder, etwas weniger abschreckend ausgedrückt, den pedunculopontinen Kern bilden. Dieser Kern gehört zur Formatio reticularis des Mittelhirns. Von da an wird die absteigende Bahn unbestimmt. Die Formatio reticularis sendet einige ihrer Fasern nach unten, aber nicht entlang einer umschriebenen neuronalen Hauptbahn.

Als man die mit Chorea, Athetose, Hemiballismus und Parkinsonscher Krankheit verbundenen Läsionen im Gehirn lokalisierte, wurde das Corpus striatum zusammen mit dem Nucleus subthalamicus und der Substantia nigra als das extrapyramidale motorische System bekannt. Die Störungen selbst bezeichnete man als extrapyramidale Dyskinesien. Es war klar, daß das Corpus striatum und seine Satelliten viel mit Körperbewegungen zu tun haben, dennoch trug offenbar keine dieser Strukturen Fasern zum bedeutendsten absteigenden Bündel des Gehirns, der Pyramidenbahn, bei. Das sieht man auch heute noch so, aber trotzdem ist das Adjektiv „extrapyramidal" fragwürdig. Wie Rolf Hassler, ein deutscher Neuroanatom und Neurologe, vor einigen Jahrzehnten bemerkte, liegt nämlich das Hauptzielgebiet des extrapyramidalen Systems – über die Vermittlung durch den V.A.-V.L.-Komplex – im motorischen Cortex, wo die Pyramidenbahn beginnt.*

---

* Der Begriff extrapyramidales motorisches System wurde 1912 von dem englischen Neurologen S. A. K. Wilson eingeführt. Über die Jahre hinweg hat er weitgehend, aber keineswegs vollständig, die viel ältere Bezeichnung „Basalganglien" ersetzt, die sich ursprünglich auf alle grauen Massen an der Basis der Großhirnhemisphäre bezog und sogar den Thalamus einschloß, dann aber immer mehr zu einem Synonym für die extrapyramidale Triade wurde: für Corpus striatum, Nucleus subthalamicus und Substantia nigra.

Das Kleinhirn

In den vorhergehenden Absätzen über das motorische System ist das Kleinhirn nicht beschrieben worden. Es auszulassen wäre unentschuldbar. Kleinhirnläsionen behindern Bewegungen in starkem Maße.

Ein Weg, um an das Kleinhirn (Cerebellum) heranzugehen, besteht darin, seine Eingänge zu verfolgen: seine Afferenzen. Wir beginnen im Innenohr. Dort findet man zusätzlich zum Cortischen Organ fünf vestibuläre Epithelien. In zweien von ihnen, den sogenannten Maculae, nehmen Haarzellen die Neigung des Kopfes wahr. In den anderen dreien, den Cristae, registrieren Haarzellen die Winkelbeschleunigung. Alle fünf liefern primäre sensorische Daten an Fasern, die von einigen 20 000 Neuronen im nahegelegenen Vestibularganglion ausgesandt werden. Die Fasern, die den Nervus vestibularis bilden, gelangen zu den Vestibulariskernen (Nuclei vestibulares), einem Satz sekundärer sensorischer Zellgruppen im Rautenhirn. Die Vestibulariskerne projizieren ihrerseits auf das Kleinhirn. Dort verteilen sich die Fasern dieser Projektion auf einen Teil des Vermis, des „Wurmes", wie man den mittleren Bereich des Kleinhirns nennt, sowie auf den Lobus flocculonodularis, den caudalsten Abschnitt des Kleinhirns, der sich aus dem caudalsten Teil des Wurmes, dem sogenannten Nodulus, und einem schmalen lateralen Flügel zusammensetzt, der in einer leichten, als Flocculus bezeichneten Schwellung endet. Bemerkenswerterweise führen einige der Fasern im Nervus vestibularis an den Vestibulariskernen vorbei: Sie ziehen unmittelbar zum Kleinhirn. Auch sie enden im Vermis und im Lobus flocculonodularis. Man kennt keinen anderen Fall, in dem das Kleinhirn primären sensorischen Input erhält. Dies legt eine enge Verbindung zwischen dem Kleinhirn und dem Gleichgewichtssinn nahe. Tatsächlich gelangt man bei einer entsprechenden Untersuchung der Wirbeltiere bis hinab zu den Cyclostomata oder Rundmäulern — kieferlosen Fischen wie Neunaugen und Schleimaalen —, deren Kleinhirn nichts weiter ist als ein Lobus flocculonodularis, der vestibulären Input empfängt. Bei höherentwickelten Tieren hat sich das Kleinhirn durch den Corpus cerebelli, einen rostraler gelegenen Teil des Organs, erheblich vergrößert. Er schließt einen paramedianen Bereich ein, der den Hauptteil des Kleinhirnwurmes bildet, sowie eine laterale, bei Säugetieren am deutlichsten ausgeprägte Erweiterung, die Kleinhirnhemisphäre. Mit dieser Vergrößerung gehen neue und veränderte Inputs einher. Vom Rückenmark läuft somatosensorische Information ein. Sie wandert entlang spinocerebellärer Fasern. Information unklarer Herkunft kommt von der Formatio reticularis an. Am beachtlichsten ist, daß Signale vom gesamten Bereich des Neocortex einlaufen, und zwar über eine in der Brücke unterbrochene Projektion. Man kann also im Kleinhirn einen Empfänger von Nachrichten sehen, die in allen Sinnen (außer vielleicht dem Geruchssinn) entspringen. Es ist, als wären etliche Strukturen im Gehirn und im Rückenmark Wirtschaftsunternehmen, die entdeckt haben, daß die Konkurrenz — das Vestibularissystem — einen wertvollen Computer benutzt, und einen Weg gefunden haben, in das Geschäft einzusteigen.

Was macht das Kleinhirn mit seinem mannigfachen Input? Zunächst einmal besitzt das Kleinhirn einen Cortex. Abbildung 7.5 zeigt zwei repräsentative cerebelläre Afferenzen, die dort enden (eine spinocerebelläre und eine pontocerebelläre Faser). Unter der Rinde findet man ein Mark aus weißer Substanz — den Kabelkeller der Kleinhirnrinde —, in das Massen grauer Substanz, die sogenannten (tiefen) Kleinhirnkerne, eingebettet sind. Die Abbildung deutet nur einen an; in Wirklichkeit gibt es auf jeder Seite der Mittellinie vier. Der Cortex projiziert auf diese vier tiefergelegenen Massen. Fasern, die wiederum den lateralen drei Massen entspringen (dem Nucleus emboliformis, dem Nucleus globosus und dem Nucleus dentatus), bilden den oberen Kleinhirnstiel (Pedunculus cerebellaris superior oder Brachium conjunctivum), die wichtigste nach außen führende Bahn des Kleinhirns, die zum Nucleus ruber im Mittelhirn wie zum V.A.-V.L.-Komplex des Thalamus zieht. Der Nucleus ruber projiziert abwärts auf das Rückenmark, der V.A.-V.L.-Komplex aufwärts auf den motorischen Cortex. Fasern vom medialsten der Kleinhirnkerne (dem Nucleus fastigii) verlassen das Kleinhirn ebenfalls. Sie enden überwiegend in den Vestibulariskernen und im medialen Teil der Formatio reticularis des Rautenhirns. Man kann daraus schließen, daß in der Kleinhirnrinde erzeugte Signale von den Kleinhirnkernen für den Export verarbeitet werden müssen. Es gibt allerdings eine bemerkenswerte Ausnahme: Einige der Fasern, die den Cortex des Lobus flocculonodularis verlassen, umgehen die Kleinhirnkerne und projizieren auf die Vestibulariskerne. Auch das spricht für die enge Verbindung zwischen Kleinhirn und Gleichgewichtssinn.

Eine Fülle von klinischen Beobachtungen zeigt, daß Läsionen im Kleinhirn typischerweise eine chronische Störung der geordneten Abfolge von Körperbewegungen nach sich ziehen. Läsionen der Kleinhirnhemisphäre, insbesonderes solche, die den Nucleus emboliformis, den Nucleus globosus und den Nucleus dentatus (also die lateralen Kleinhirnkerne) einbeziehen, äußern sich sehr auffällig in einer sogenannten Gliedmaßenataxie, die Bewegungen der ipsi- oder homolateralen Gliedmaßen (also der Gliedmaßen auf der Seite der Läsion) behindert. Wird ein Patient mit einer solchen Behinde-

7.5 Zum Kleinhirn laufen vielfältige Bahnen. Zwei sind hier schematisch dargestellt (dunkelrot). Die Ursprünge der einen liegen im ganzen Neocortex; sie wird in der Brücke unterbrochen und besteht daher aus zwei Teilprojektionen: dem Tractus corticopontinus und dann dem Brachium pontis (Brückenarm). Die andere Bahn ist spinocerebellär. Weitere, nicht in der Abbildung gezeigte Bahnen beginnen in der Formatio reticularis, in den Vestibulariskernen, die zum Rautenhirn gehören, und in den Gleichgewichtssinnesorganen des Innenohres. (Die letztgenannte Afferenz macht das Kleinhirn zu einem Empfänger primärer sensorischer Daten.) Die Kleinhirnafferenzen enden in der Kleinhirnrinde, die ihrerseits auf Kerne tief im Inneren des Organs projiziert. Die tiefen Kleinhirnkerne senden über ein Brachium conjunctivum (Bindearm) genanntes Bündel (hellrot) Projektionen zum Nucleus ruber im Mittelhirn, zu thalamischen Kernen einschließlich des V.A.-V.L.-Komplexes sowie zur Formatio reticularis des Rautenhirns. Eine weitere Projektion zieht zu den Vestibulariskernen, wie um die enge Verbindung zwischen Kleinhirn und Gleichgewichtssinn zu bestätigen.

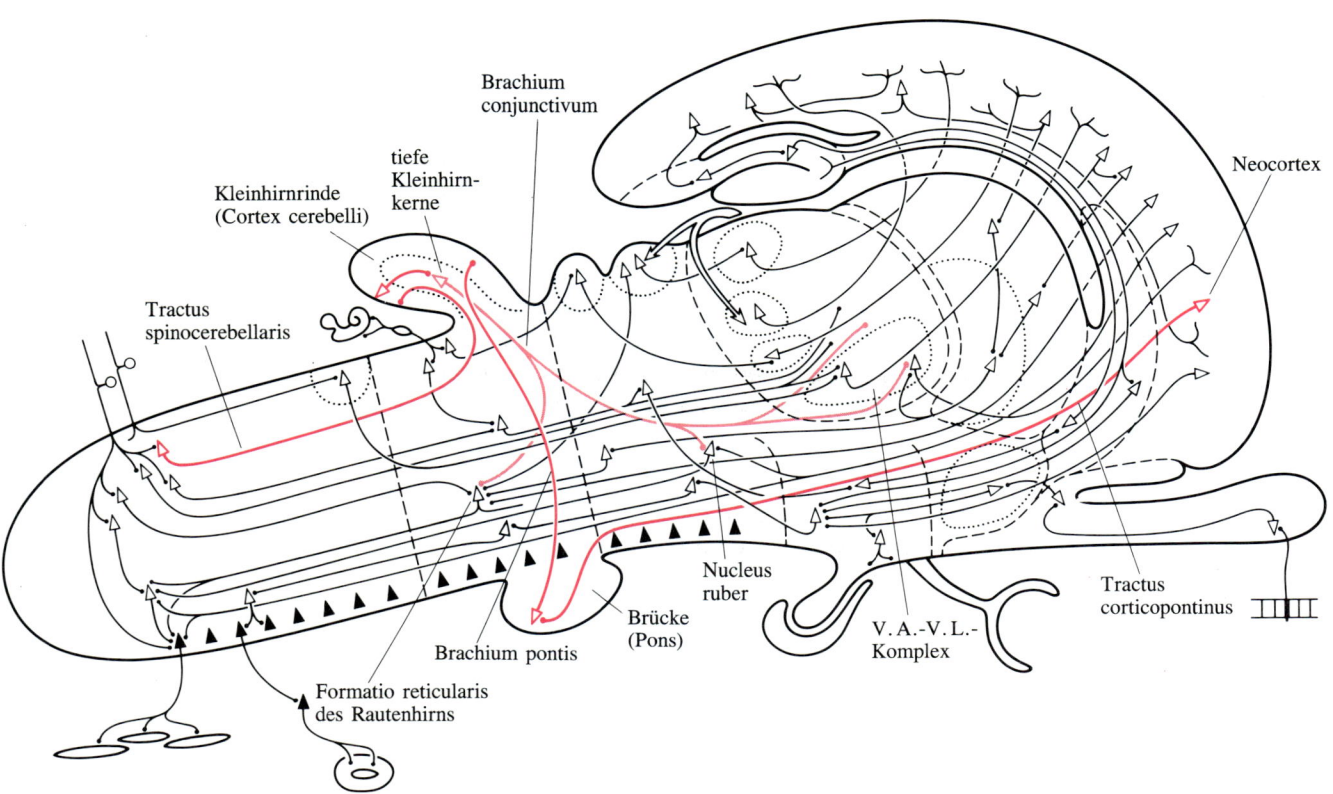

Brachium conjunctivum

tiefe Kleinhirn-kerne

Kleinhirnrinde (Cortex cerebelli)

Neocortex

Tractus spinocerebellaris

Nucleus ruber

Tractus corticopontinus

Brücke (Pons)

V.A.-V.L.-Komplex

Brachium pontis

Formatio reticularis des Rautenhirns

rung aufgefordert, seinen ipsilateralen Arm auszustrecken und dann den Zeigefinger zu seiner Nasenspitze zu führen, so kann er dieser Aufforderung nur mit großer Unsicherheit nachkommen: Seine Hand bewegt sich ruckartig hin und her, und das Zucken wird um so schlimmer, je näher der Finger seinem Ziel kommt. Wenn man den Patienten auffordert, die Ferse seines ipsilateralen Fußes auf das Knie des anderen Beines zu setzen und dann den Fuß das Bein entlang nach unten zu führen, so vermag er diese Bewegung nicht mit der normalen Geschmeidigkeit auszuführen. In beiden Fällen scheint der Defekt letztlich auf einer Störung der zeitlichen Abfolge zu beruhen, in der die Muskeln eines Gliedes zusammenzuarbeiten pflegen. Läsionen des Vermis, des Mittellinienbereichs der Kleinhirnrinde, und vor allem Läsionen, die den Nucleus fastigii (den medialsten der Kleinhirnkerne) einbeziehen, üben häufig keinen schädigenden Einfluß auf die Gliedmaßen aus. Statt dessen bringen sie in starkem Maße die Bewegungen des Rumpfes durcheinander: Sie führen zur Rumpfataxie. Hier zeigt sich der Patient unfähig, seinen Rumpf über seinen Beinen im Gleichgewicht zu halten. Versucht er zu gehen, so taumelt er und fällt häufig hintenüber. Wieder beruht der Defekt letztlich auf einer Störung des zeitlichen Ablaufs. Gewöhnlich wirken mehrere der beim Gehen eingesetzten Muskeln — besonders der Glutaeus maximus und der Iliopsoas (beide überspannen das Hüftgelenk) — zusammen, um das Bein oder den Rumpf im Gelenk entweder rückwärts oder vorwärts zu bewegen, je nachdem, ob das Bein oder der Rumpf in bezug zum Gelenk fixiert wird. Die Muskeln erfüllen also verschiedene Aufgaben zu verschiedenen Zeiten. Bei einem Patienten mit Rumpfataxie ist die für das Gehen erforderliche zeitliche Reihenfolge durcheinandergeraten.

Craniale motorische Apparate

Wir beenden diese Besprechung des motorischen Systems mit einigen Bemerkungen zu jenen lokalen motorischen Apparaten, die im Gehirn liegen. Im allgemeinen sind sie für die Bewegungen im Kopfbereich zuständig und somit für Handlungen wie Kauen, Schlucken, Lächeln und Grimassenschneiden verantwortlich. Die meisten der im Rautenhirn gelegenen lokalen motorischen Apparate ähneln denen im Rückenmark. Bei beiden geht die Mehrzahl der zu den Motoneuronen führenden Afferenzen von nahen Interneuronen aus. (Im Rautenhirn besetzen viele Interneurone das laterale Drittel der Formatio reticularis, dessen kleine Neuronen diesem Bereich den Namen Formatio reticularis parvocellularis gegeben haben.) Bei beiden laufen Projektionen von der Formatio reticularis des Hirnstammes (und von anderswo) auf die interneuronalen Pools zusammen. Das gleiche gilt für Projektionen vom motorischen Cortex. Und bei beiden umgehen einige der vom motorischen Cortex kommenden Fasern die interneuronalen Pools und wirken direkt auf die Motoneuronen ein. Die letzte dieser Ähnlichkeiten ermutigt zu der Frage, ob es unter den Symptomen eines Hirnschlages auch solche gibt, die nicht die vom Rückenmark gesteuerten Muskeln betreffen. Solche Symptome sind sogar typisch: Die einem Hirnschlag folgende Hemiplegie schließt häufig eine Schwäche der Gesichtsmuskulatur ein, und zwar auf genau der Körperseite, auf der auch die Gliedmaßen beeinträchtigt sind. Am deutlichsten äußert sich diese Schwäche um den Mund herum; in der oberen Gesichtshälfte ist sie weit weniger ausgeprägt. Aber ganz ähnlich wie die

Muskeln des Rumpfes und des Nackens erlangen die geschwächten Gesichtsmuskeln schließlich einen großen Teil ihrer Kraft wieder.

Eine Gruppe lokaler motorischer Apparate im Gehirn muß gesondert besprochen werden. Diese Gruppe besteht aus drei motorischen Kernen (Gruppen von Motoneuronen und zugehörigen Interneuronen) auf jeder Seite der Mittellinie. Zwei von ihnen befinden sich im Mittelhirn, einer im Rautenhirn. Gemeinsam bewegen sie sechs quergestreifte Muskeln auf jeder Seite des Kopfes, nämlich jene, die die beiden Augäpfel in ihrer jeweiligen Höhle drehen. Es ist einfach, Gründe dafür anzuführen, warum diese Gruppe etwas Besonderes sein sollte. Die Augen selbst sind etwas Besonderes. Zum einen bewegen sie sich immer synchron, was sie von allen anderen paarigen Körperteilen unterscheidet. Zum anderen drehen sie sich wie Kugellager. Die Muskeln, die die Drehung bewerkstelligen, sind also mechanisch nicht belastet; sie wirken weder mit der Schwerkraft noch gegen sie.

Jedenfalls erfordert die Beschreibung der Eigenarten der oculomotorischen Verschaltung, daß wir uns von den Leitungsbahnen des schematisierten Säugetiergehirns, die wir auf den vorausgegangenen Seiten (zum letzten Mal in Abbildung 7.5) dargestellt haben, beträchtlich entfernen. Wir werden kurz jene Zellgruppen untersuchen, die man Blickkontrollzentren nennt. Sie sind im wesentlichen „Funktionsgeneratoren", die verschiedenen Aspekten der Augenbewegung dienen. Ein solches Zentrum befindet sich im dorsalen Mittelhirn, ganz nahe beim Colliculus superior, ein anderes in der Formatio reticularis auf Höhe der Brücke. Das erste hat, wie man aus klinischen Fallstudien weiß, mit vertikalen Blickbewegungen zu tun; Läsionen im dorsalen Mittelhirn in der Nähe des Colliculus superior beeinträchtigen nämlich die Fähigkeit der Augen, sich nach oben zu drehen. Hinweise ähnlicher Art zeigen, daß das zweite Zentrum an horizontalen (lateralen) Blickbewegungen beteiligt ist. Von diesem zweiten Blickkontrollzentrum projizieren Fasern auf den Abducenskern (Nucleus nervi abducentis), den caudalsten der drei motorischen Kerne, welche die Muskeln für die Augenbewegung kontrollieren (Abb. 7.6). Die Fasern enden in dem Kern selbst, aber auch in dem umgebenden Gewebe aus grauer Substanz, die sich weitgehend aus kleinen Zellen zusammensetzt. Die motorischen Neuronen in jedem Abducenskern bewegen ihrerseits den Musculus rectus lateralis, den äußeren geraden Augenmuskel, auf derselben Seite des Kopfes. Dieser Muskel dreht das Auge von der Nase weg (Abduktion). Der Abducenskern ist also eindeutig ein Ausgang aus dem Zentralnervensystem. Er ist jedoch mehr als das. Zwischen seine motorischen Neuronen und in die umgebende graue Substanz sind Interneuronen eingeschaltet, deren Axone die Mittellinie kreuzen, zum Mittelhirn aufsteigen und sich auf den rostralsten der drei die Augen bewegenden Kerne – den Oculomotoriuskern – auf der entgegengesetzten Seite des Gehirns verteilen. Der Oculomotoriuskern versorgt mehrere Augenmuskeln, darunter den Musculus rectus medialis (den inneren geraden Augenmuskel), der das Auge zur Nase hin dreht. Das Muster der Verbindungen legt einen Mechanismus dafür nahe, wie der äußere Augenmuskel des einen Auges in Einklang mit dem inneren Augenmuskel des anderen Auges aktiviert werden kann. Anders ausgedrückt: Jedes horizontale Blickkontrollzentrum scheint Bewegungen zu dienen, welche die Augen synchron auf diejenige Hälfte der visuellen Welt richten, die auf seiner Seite der Mittellinie liegt.

Der Aufbau dieser Verschaltung und besonders das Nebeneinander von Abducenskern und einem interneuronalen Pool, der horizontale Blickbewegungen koordiniert, bieten eine unwiderstehliche Gelegenheit, zwei Arten von Lähmung einander gegenüberzustellen. Eine Läsion, die den Abducenskern und die umgebende graue Substanz betrifft, bedeutet, daß der Musculus rectus lateralis, der das Auge auf dieser Seite des Kopfes bewegt, seine steuernden Motoneuronen verliert. Das Ergebnis ist eine nucleäre Lähmung. Es handelt sich hierbei um eine „schlaffe" Lähmung: Der Muskel hat seinen Tonus verloren und kann sich nicht mehr zusammenziehen. Bald wird er atrophieren. Dem Musculus rectus medialis dagegen, der dem Auge auf der anderen Seite des Kopfes dient, bleiben die steuernden Motoneuronen vollständig erhalten. Nur verlieren diese einen Teil der neuronalen Verschaltung, die normalerweise auf sie einwirkt. Die Folge ist eine supranucleäre Lähmung. Die Muskeln zeigen keinen Tonusverlust. Ein von supranucleärer Lähmung beeinträchtigter Muskel kann sogar einen gesteigerten Tonus und stärkere Reflexe aufweisen. Die Lähmung selbst ist sonderbar. Man kann den Patienten etwa auffordern, zur Seite der Läsion zu schauen. Dazu

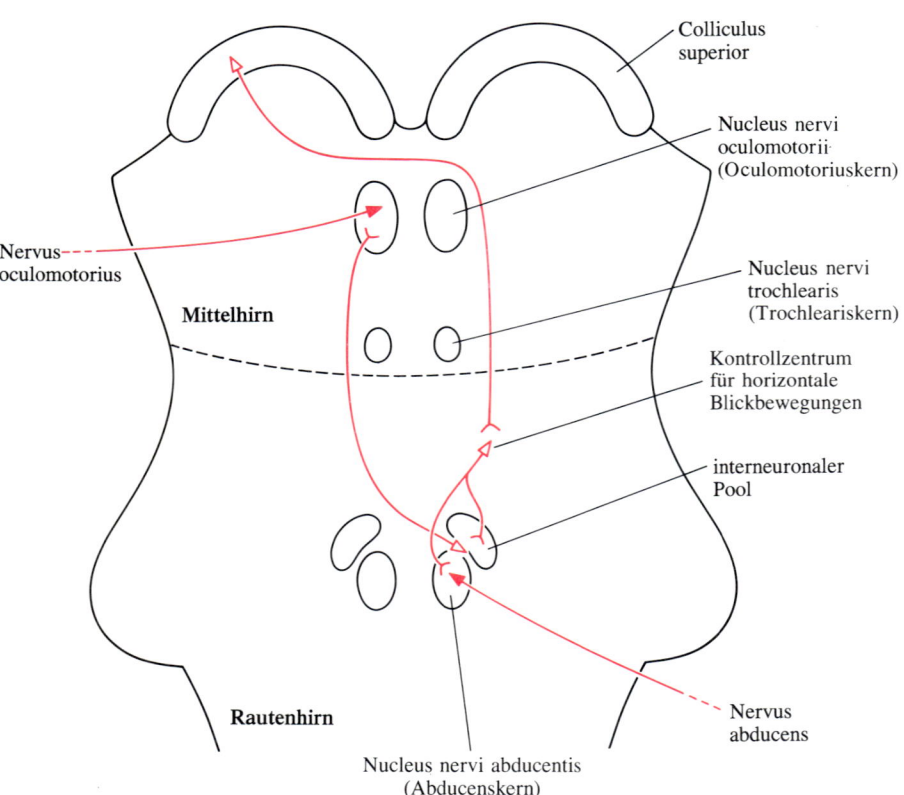

7.6 Die Koordination horizontaler Blickbewegungen ist eine der Aufgaben der neuronalen Verschaltungen, die die Augen drehen. Wie man der Zeichnung, die etwas weniger schematisch ist als die anderen in diesem Teil des Buches verwendeten, entnehmen kann, geht die Koordination von einem Kontrollzentrum für horizontale Blickbewegungen aus, das weit oben in der Formatio reticularis des Rautenhirns liegt. Dieses Zentrum projiziert auf einen lokalen motorischen Apparat: den Nucleus nervi abducentis und die ihn umgebenden Interneuronen. Der Abducenskern sorgt für eine Drehung des ipsi- oder homolateralen (auf seiner Seite des Körpers gelegenen) Auges von der Nase weg. Außerdem projiziert er (und die umgebenden Interneuronen) auf den Nucleus nervi oculomotorii auf der anderen Seite des Hirnstammes. Über diesen Weg dreht die neuronale Verschaltung das kontralaterale Auge zur Nase hin. Kurz, die Verschaltung dreht beide Augen gemeinsam zu ihrer Seite des Gesichtsfeldes hin. Alles in allem beteiligen sich auf jeder Seite des Hirnstammes drei Gruppen von motorischen Neuronen am Drehen der Augen, nämlich der Abducenskern, der Oculomotoriuskern und (zwischen ihnen) der Trochleariskern.

muß sich das ipsilaterale Auge zur Schläfe hin, das kontralaterale Auge zur Nase hin drehen. Es überrascht nicht, daß das ipsilaterale Auge (das Auge auf der Seite der Läsion) in Mittelstellung – mit nach vorn gerichtetem Blick – stehen bleibt. Nur der Musculus rectus lateralis hätte es über die Mittellinie hinweg drehen können. Doch auch das kontralaterale Auge macht in der Mittelstellung halt. Wenn Sie jetzt den Patienten auffordern, seinen Blick auf Ihren Finger zu richten, während Sie ihn aus einiger Entfernung auf seine Nasenspitze zubewegen, drehen sich seine Augen in Richtung Nase – wie bei der ganz normalen visuellen Konvergenz. Der Musculus rectus medialis, der eben noch gelähmt schien, funktioniert auf einmal einwandfrei. Offenbar erreicht der neuronale Befehl, die visuellen Achsen zusammenlaufen zu lassen, die motorischen Neuronen, die den Muskel steuern, auf einer Bahn, die die Interneuronen in und um den Abducenskern nicht einschließt. Der Musculus rectus medialis ist also bedingt gelähmt, das heißt, nur unter bestimmten Umständen. Das ist das typische Kennzeichen einer supranucleären Läsion.

In der die Augen bewegenden Verschaltung gibt es jedoch eine beunruhigende Lücke. Man kennt keine Projektion vom Neocortex, die an den motorischen Neuronen des Nucleus nervi abducentis oder des Nucleus nervi oculomotorii endet. Man hat auch keine Projektion vom Neocortex gefunden, die an den Interneuronen in und um den Nucleus abducens endet. Möglicherweise projizieren lediglich die Blickkontrollzentren auf diesen lokalen motorischen Apparat.

Was aber projiziert auf die Blickkontrollzentren? Offenbar erhalten beide Zentren Fasern vom Colliculus superior, was beruhigend ist, denn wie man seit langem weiß, löst die elektrische Reizung eines Colliculus superior jeweils konjugierte (gekoppelte) Augenbewegungen zur entgegengesetzten Seite der Welt hin aus. Was projiziert auf den Colliculus superior? Früher in diesem Kapitel haben wir festgestellt, daß er Fasern von verschiedenen Teilen des Neocortex empfängt. Dazu gehören der visuelle Cortex, die Area 22 und in besonderem Maße ein Bereich des Neocortex – die Area 8 –, der als frontales Augenfeld bekannt ist. Die Area 8 ist das stärkste der sogenannten kontraversiven Augenfelder: der Areae 19, 22 und 8. Die Reizung eines dieser drei Felder löst jeweils konjugierte Augenbewegungen zur kontralateralen Seite aus. Nun haben wir Area 19 und Area 22 schon zu Beginn dieses Kapitels erwähnt, als wir aufgrund einer Analyse ihres Inputs vermuteten, sie wären (entgegen der physiologischen Befunde) als sensorisch zu klassifizieren. Sind sie trotzdem motorisch? Oder genauer: Bilden die Areae 8, 19 und 22 die neocorticale Ebene für die motorische Kontrolle der Augenbewegungen, ähnlich wie der motorische Cortex die neocorticale Ebene für die Kontrolle der Körperbewegungen darstellt? Die Vorstellung ist verlockend. Aber sie kann nur dann stimmen, wenn zumindest einige der Neuronen in den Areae 8, 19 und 22 ihr bioelektrisches Aktivitätsmuster unmittelbar vor Augenbewegungen ändern würden. Ganz im Gegenteil weiß man aber heute, daß die meisten Zellen in der Area 8 ihr Aktivitätsmuster nicht vor der Bewegung der Augen ändern, sondern danach.

Wo also liegt dann die neocorticale Kontrollebene für die Blickrichtung? Man muß eine solche Ebene fordern, denn immerhin steuert man seine Augen in etwa so schnell und so willentlich wie seine Hände. Die überraschende Tatsache ist jedoch, daß sich kein Teil des Neocortex als der „motorische Cortex" für das oculomotorische System bestimmen läßt; die Steuerung der

Augenbewegung ist einfach zu weit verteilt. Dies bestätigen vielleicht am besten klinische Beobachtungen, wonach praktisch keine noch so ausgedehnte Schädigung in den Großhirnhemisphären die konjugierten Augenbewegungen auf Dauer lähmen kann. Nehmen wir einen Patienten, der einen schweren Schlaganfall überlebt hat und später einen zweiten schweren Schlaganfall in der entgegengesetzten Großhirnhemisphäre erleidet. Die zweite Läsion zieht eine neue und tiefgreifende motorische Schwäche nach sich. Es ist, als befände sich die Läsion im Rückenmark und hätte dort beidseitig motorische Neuronen zerstört, denn die Muskeln der Gliedmaßen sind gelähmt, nicht nur geschwächt oder ataktisch. In der Kopfmuskulatur zeigt sich eine ähnliche Schwäche. Der Patient kann nicht mehr kauen und muß deshalb durch einen Schlauch ernährt werden. Sein Gesicht ist unbeweglich. Man könnte eine beidseitige Läsion in der Medulla oblongata annehmen. (Die Gesichtslähmung wird daher auch Pseudobulbärparalyse genannt.) Aber selbst in diesem Zustand werden die Augen des Patienten Ihnen folgen, wenn Sie sich in seinem Zimmer bewegen.

8. Innervation der Eingeweide

Das motorische System widersetzt sich allen Versuchen, irgendein Verhalten als willentlich zu bezeichnen. Stellen Sie sich vor, Sie spielen Tennis. Sie schlagen einen glänzenden Return, und im ersten Augenblick sind Sie stolz auf sich. Dann merken Sie, daß Sie einfach einen Zufallstreffer gelandet haben; ihr Schläger hat sich bloß irgendwie zufällig richtig bewegt. Den nächsten Ball, der auf der gleichen Flugbahn auf Sie zufliegt, werden Sie wahrscheinlich schlecht treffen. Noch vor einem Augenblick empfanden Sie ein wunderbares Gefühl der Selbstachtung: das Gefühl, eine Bewegung geplant und dann erfolgreich ausgeführt zu haben. Jetzt kommen Sie zu dem Schluß, daß Sie gar keine solche Anerkennung verdienen. Oder stellen Sie sich vor, Sie gehen im Winter spazieren. Auf einer vereisten Pfütze rutschen Sie aus. Das Rutschen löst Bewegungen aus, mit denen sich Ihr Körper gegen das Hinfallen wehrt. Ihre Arme rudern durch die Luft und lassen alles los, was sie festhielten; Sie straucheln zwar, merken aber wenig später, daß Sie noch immer auf den Füßen sind. Sie können schwerlich behaupten, diese Bewegungsfolge sei willentlich abgelaufen. Oder stellen Sie sich vor, Sie nehmen dieses Buch hier von einem Regal. Sicherlich beginnen Sie diese Handlung willentlich. Aber Sie haben gewiß keine Kontrolle über den genauen Ablauf der Muskelkontraktionen, durch die die Handlung zustande kommt: Sie können, genauer gesagt, weder einem einzelnen Muskel befehlen, sich zusammenzuziehen, noch anderen vorschreiben, dies nicht zu tun, und dennoch erfordern alle Ihre Bewegungen ein subtiles Zusammenspiel von Muskelkontraktionen. Um ein Buch vom Regal zu nehmen, benötigen Sie jedenfalls weit mehr als nur die Muskeln Ihres Armes und Ihrer Hand, bei denen sie sich vielleicht sogar bewußt sind, daß Sie sie eingesetzt haben. Muskelgruppen im Rumpf und in den Beinen müssen sich ebenfalls zusammenziehen, damit Sie im Gleichgewicht bleiben. Falls Sie gerade unter Rückenschmerzen leiden, wenn Sie das Buch herunternehmen wollen, werden Sie merken, daß sich diese Muskeln kontrahieren.

Obwohl der Wille, eine Bewegung auszuführen, letztlich rätselhaft ist und man seinen eigenen Körper nur unvollständig bewußt kontrollieren kann, hat die subjektive Erfahrung des Wollens dem motorischen System, das die quergestreifte Muskulatur innerviert, einen Namen gegeben: Man spricht nämlich vom willkürlichen (oder somatischen) Nervensystem und grenzt es vom unwillkürlichen (oder autonomen) Nervensystem ab, das die glatte Muskulatur und die Drüsen – also die aktiven Gewebe der Eingeweide – innerviert. In diesen Begriffen steckt jedoch ein Mißverständnis. Es betrifft das Wort „autonom", was wörtlich „selbststeuernd" bedeutet. Das autonome Nervensystem ist weit weniger autonom, als seine Namen andeuten. Seine Funktionen sind mit willkürlichen Bewegungen ebenso abgestimmt wie mit Affekten und Motivationen. Kurz, seine Wurzeln liegen im Gehirn; die Erfahrungen, die man von Augenblick zu Augenblick macht, diktieren nicht nur Kontraktionen quergestreifter Muskeln, sondern auch, und zwar gleichzeitig – oder sogar vorgreifend –, bedeutende funktionelle Veränderungen in den inneren Organen des Körpers. Trotzdem hat sich der Begriff „autonom" behauptet.

Die autonome Peripherie werden wir in unserem „allgemeinen Säugetier" mit einem Organ darstellen, das den Darmtrakt, die Harnblase, einen Bronchus, eine Arterie oder ähnliches symbolisiert. Letztlich sind alle diese Körperteile Schläuche, deren Weite durch die Kontraktion einer oder mehrerer Lagen von glattem Muskelgewebe verändert wird. Die motorische Innervation eines solchen Schlauches (oder einer Drüse) erfolgt über Ketten aus je zwei Neuronen (Abb. 8.1). Das erste Neuron befindet sich im Zentralnervensystem. Es entsendet ein ziemlich dünnes Axon (1,5 bis vier Mikrometer im Durchmesser), das aber trotzdem myelinisiert ist. Das zweite Neuron

8.1 Die Art der motorischen Innervation ist beim somatischen Nervensystem einerseits und beim visceralen oder autonomen Nervensystem andererseits unterschiedlich. Im somatomotorischen System versorgt ein motorisches Neuron im Rückenmark oder im Hirnstamm die quergestreifte Muskulatur direkt (a). Dagegen ist im visceralen motorischen System eine Zwei-Neuronen-Kette erforderlich. Das sympathische Nervensystem (b) plaziert ein „präganglionäres" viscerales motorisches Neuron im Rückenmark; dieses tritt mit einem zweiten visceralen Motoneuron in Verbindung, das – unlogischerweise – als postganglionär bezeichnet wird und in einem Ganglion direkt vor der Wirbelsäule (prävertebral) oder direkt neben ihr (paravertebral) liegt. Das zweite Neuron vervollständigt die Innervation. Auch das parasympathische Nervensystem (c) verwendet Zwei-Neuronen-Bahnen. Das erste Neuron liegt im Hirnstamm oder im unteren Teil des Rückenmarks, das Ganglion in der Nähe der Eingeweide (juxtamural) oder sogar in ihnen (intramural).

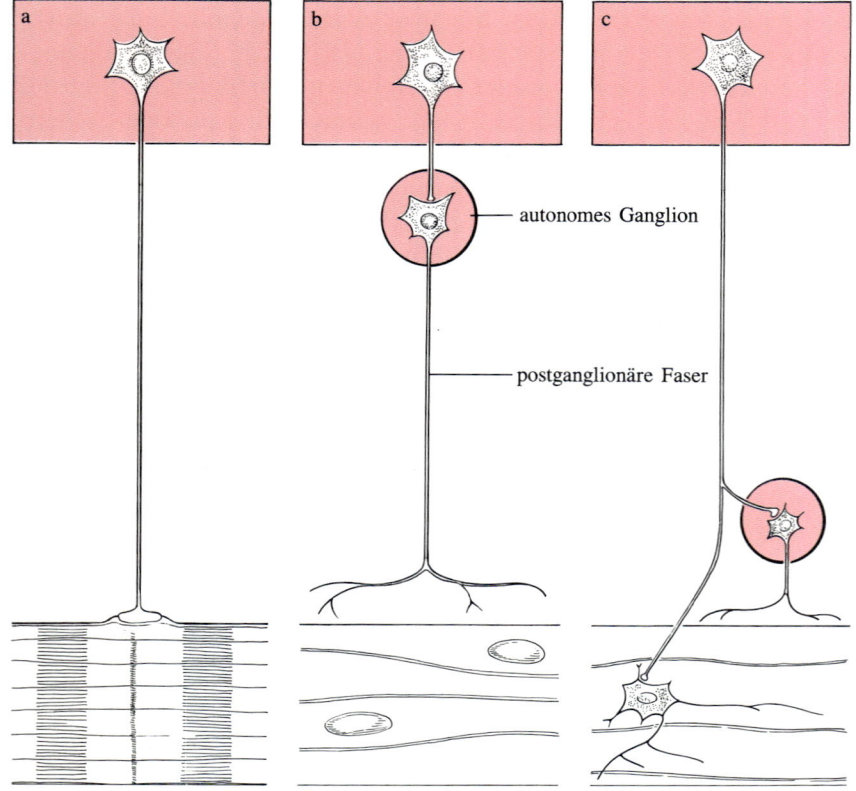

autonomes Ganglion

postganglionäre Faser

liegt in der Peripherie. In der Regel sitzt es in einem sogenannten autonomen Ganglion. Es empfängt das von der ersten Zelle ausgesandte Axon und schickt sein eigenes, unmyelinisiertes Axon zu dem Organ oder der Drüse. Das stellt eine bestehende Definition in Frage. Nach anatomischer Terminologie entsendet ein motorisches Neuron sein Axon, um Effektorzellen zu aktivieren, nämlich quergestreifte Muskelfasern, glatte Muskelfasern oder Drüsenzellen. Wie steht es dann mit jenen Neuronen, deren Axone das Zentralnervensystem verlassen, nur um sich synaptisch mit einem Neuron in einem autonomen Ganglion zu verbinden? Man nennt beide motorische Neuronen. Genauer gesagt, bezeichnet man die zentrale Zelle als präganglionäres motorisches Neuron, die periphere Zelle als ganglionäres oder meist — unlogischerweise — als postganglionäres motorisches Neuron. (Natürlich ist lediglich das von der Zelle im Ganglion ausgesandte Axon „postganglionär".) Dieses Muster steht im Gegensatz zu dem der somatomotorischen Innervation, bei der ein motorisches Neuron im Zentralnervensystem direkt auf Effektorzellen projiziert.

Die sympathische Peripherie

Innerhalb des autonomen Nervensystems unterscheidet man schon lange zwei Untersysteme, das sympathische und das parasympathische, und zwar aufgrund anatomischer, chemischer und funktioneller Kriterien. Das sympathische ist das ausgedehntere der beiden Untersysteme. Seine präganglionären motorischen Neuronen befinden sich im Rückenmark, wo sie ein Gebiet der grauen Substanz besetzen, das man als Seitenhorn bezeichnet. In Längsrichtung erstrecken sie sich, grob gesagt, über das mittlere Drittel des Rückenmarks. Im allgemeinen sind ihre Axone kurz, denn die Zellen, mit denen sich diese Axone synaptisch verbinden, liegen in Ganglien an der Seite der Wirbelsäule (in einem paravertebralen Ganglion) oder vor der Wirbelsäule (in einem prävertebralen Ganglion). In beiden Fällen verwenden die präganglionären Fasern den Neurotransmitter Acetylcholin. Die postganglionären Fasern haben dagegen oft eine beträchtliche Entfernung zu überbrücken und benutzen in der Regel den Neurotransmitter Noradrenalin.

Der sympathische Teil des autonomen Nervensystems (der Sympathikus) fördert die Fähigkeit des Organismus, Energie zu verbrauchen. Auf sein Kommando hin weiten sich die Bronchialbäume, um die Atmung zu erleichtern. Die Haare auf der Haut richten sich auf. Das Schwitzen nimmt zu. Dagegen wird die Darmbewegung verlangsamt. Gleichzeitig vermindern die mit dem Magen-Darm-Trakt verbundenen Drüsen (die Bauchspeicheldrüse und die Speicheldrüsen beispielsweise) ihre Aktivität. Die glatte Muskulatur in den meisten Hohlorganen zeigt ebenfalls eine verringerte Aktivität. Die Schließmuskeln von After und Blase ziehen sich zusammen, und der Muskel, der nötig ist, um Urin zu lassen — der Detrusormuskel der Blase —, wird inaktiviert. Die Wände der Blase entspannen sich. Das Herz-Kreislauf-System durchläuft eine Reihe funktioneller Veränderungen. Der Herzschlag wird schneller und stärker. Die Kapsel und die Trabekeln (Muskelbälkchen) der Milz ziehen sich zusammen, um Blut in den Kreislauf zu pressen. (Die Milz ist in etwa wie ein Schwamm gebaut.) Die Blutgefäße, die die quergestreifte Muskulatur, die Lungen und die Herzmuskulatur versorgen, weiten sich. In diesen Gefäßen wirkt Noradrenalin vasodilatorisch. Unterdessen verengen sich jene Gefäße, die die Haut, den Magen-Darm-Trakt und Organe wie die Milz versorgen. In diesen Gefäßen wirkt derselbe Transmitter vasokonstriktiv. So wird die Haut bleich – eine für Wut oder Angst typische Erscheinung. Das Gesamtmuster von Vasodilatation und Vasokonstriktion – in Verbindung mit der gesteigerten Herztätigkeit und einem vergrößerten Blutvolumen – dient der Erhöhung des Blutdruckes. Außerdem leitet es Blut zu denjenigen Körperteilen, die zur Unterstützung körperlicher Anstrengungen herangezogen werden.

Im und um das Auge übt der Sympathikus mehrere Wirkungen aus. Im Auge selbst zieht sich der Dilatatormuskel der Pupille zusammen, die sich infolgedessen weiter öffnet. Hinter dem Auge kontrahiert sich der Orbitalmuskel und läßt das Auge etwas aus seiner Höhle vortreten. Über dem Auge zieht sich der Tarsalmuskel des oberen Augenlides zusammen, das sich dadurch hebt. Die beiden letzten Wirkungen – das Vortreten des Augapfels und das Heben des Augenlides – vergrößern das Gesichtsfeld. Und sie helfen dem Karikaturisten, der Furcht oder Wut darstellen will. Er wird in diesem Fall mit Sicherheit ein Gesicht zeichnen, dessen Augen hervorquellen und in denen das Weiß der Lederhaut (Sclera) um die Iris heraussticht.

Schließlich steuert der Sympathikus eine endokrine Drüse, das Nebennierenmark; deren Wirkungen auf den Körper steigern die Effekte, die der Sympathikus mittels seiner postganglionären Verzweigungen hervorruft. Mehrere Umstände lassen vermuten, daß das Nebennierenmark ein modifiziertes autonomes Ganglion ist. Erstens entwickeln sich seine Zellen und die der autonomen Ganglien (zusammen mit den meisten primären sensorischen Neuronen) im gleichen Teil des Embryos, nämlich in der sogenannten Neuralleiste. Zweitens empfangen die chromaffinen Zellen des Nebennierenmarks (der für das Mark typischste Zelltyp) präganglionäre Fasern des sympathischen Nervensystems und reagieren auf den Neurotransmitter Acetylcholin. Drittens setzen die chromaffinen Zellen des Nebennierenmarks eine dem Noradrenalin, dem postganglionären Transmitter des sympathischen Nervensystems, ziemlich ähnliche Substanz frei. Diese Substanz, das Adrenalin (auch Epinephrin genannt), unterscheidet sich vom Noradrenalin nur durch die Anlagerung einer Methylgruppe (CH_3). Das Adrenalin tritt in den Blutkreislauf ein. Es wirkt also nicht als Neurotransmitter, sondern als Hormon. (Im Gehirn schreibt man ihm allerdings eine Rolle als Transmitter zu.) An seinem Zielgewebe in den Eingeweiden angekommen, entfaltet Adrenalin eine mehrere hundert Male stärkere Wirkung als Noradrenalin. In zweierlei Hinsicht jedoch unterscheiden sich die Wirkungen des Adrenalins von denen der postganglionären sympathischen Innervation. Erstens fördert Adrenalin, das man in den Blutkreislauf eines Versuchstieres injiziert, die Erzeugung und Freisetzung von Glucose durch die Leber. Zweitens wirkt Adrenalin nicht schweißtreibend. Die postganglionären Fasern, die die Schweißdrüsen innervieren, sind untypisch. Sie werden von den sympathischen Ganglien ausgesandt, aber ihr Transmitter ist Acetylcholin, nicht Noradrenalin.

Die parasympathische Peripherie

Eine gute Beschreibung des sympathischen Nervensystems stammt von dem Schweizer Physiologen W. R. Hess, der es ergotrop nannte; er hatte diesen Begriff aus den griechischen Worten *ergon* für „Arbeit" und *tropos* geprägt, was soviel wie „Drehen" oder „Hinwenden" bedeutet. Tatsächlich stellt das sympathische Nervensystem einen allgemeinen Mobilisierungsmechanismus dar, der sich besonders in Notfällen als wertvoll erweist und dessen postganglionäre Verzweigungen sich durch das gesamte Eingeweidesystem erstrecken. Im Gegensatz dazu beschrieb Hess das parasympathische Nervensystem als trophotrop, eine Ableitung vom griechischen *trophe*, was „Ernährung" bedeutet. Mit dieser Wortprägung wollte er ausdrücken, daß das parasympathische Nervensystem die Erhaltung und Wiederherstellung des Organismus fördert. Das parasympathische System ist tatsächlich der Gegenspieler des sympathischen. Seine postganglionären Verzweigungen sind jedoch weit weniger durchdringend. Beispielsweise kommen an den Blutgefäßen der Gliedmaßen keine postganglionären parasympathischen Fasern an. Das gleiche gilt für die Haut. Dennoch ergeben sich viele funktionelle Veränderungen, die den Aktionen des sympathischen Nervensystems entgegenarbeiten, aus der Hemmung des Sympathikus. So können die Blutgefäße, die die Haut ernähren, zwar nur das Kommando erhalten, sich zusammenzuziehen, doch wenn diese Anweisungen durch Hemmung des Sympathikus abgeschwächt oder unterdrückt werden, entspannen sich die Schichten glatter Muskulatur in der Wand der Gefäße bis auf einen angeborenen Tonus. Überdies gibt es eine begrenzte Anzahl von Effekten, die man positive parasympathische Effekte nennen könnte − Wirkungen, die einer Aktivierung des Parasympathikus zuzuschreiben sind. Im Herz-Kreislauf-System etwa verlangsamt der Parasympathikus den Herzschlag. In den Augen sorgt er für eine Verengung der Pupille. Er innerviert auch den für die Akkommodation des Auges zuständigen Ciliarmuskel, einen kontraktilen Ring, in dem die Augenlinse aufgehängt ist. Bei einem Säugetier kann sich − anders als bei vielen Reptilien − die Linse weder vor- noch rückwärts bewegen. Sie muß sich vielmehr durch Änderung ihres Krümmungsgrades anpassen (akkommodieren); die Kontraktion des Ciliarmuskels macht sie konvexer. Des weiteren fördert der Parasympathikus die Absonderung von Speichel aus den Speicheldrüsen und von Tränen aus den Tränendrüsen. Im Magen-Darm-Trakt fördert er die Darmbewegung (Peristaltik) und die Ausschüttung von Enzymen aus den Verdauungsdrüsen. Der Parasympathikus sorgt auch für eine gesteigerte Peristaltik des Enddarmes und die Entspannung des Afterschließmuskels und erleichtert so die Entleerung der Därme. In ähnlicher Weise entspannt er den Schließmuskel der Harnblase und aktiviert den Detrusormechanismus.

Die präganglionären Motoneuronen des parasympathischen Nervensystems sitzen im Hirnstamm und in einem kurzen Stück des Rückenmarks nahe dessen caudalem Ende. Genau wie die präganglionären Motoneuronen des sympathischen Nervensystems verwenden sie Acetylcholin als Transmitter. Sie besitzen jedoch lange Axone, denn die Ganglien, auf die die Axone projizieren, liegen in der Nähe der Eingeweide und manchmal sogar in ihnen. Die Herzmuskulatur beispielsweise erhält ihre parasympathische Innervation von einigen kleinen Ganglien auf den Wänden der Vorkammern. Ihre sympathische Innervation bekommt sie von den oberen drei paravertebralen Ganglien im Halsbereich. Der Magen und der Darmtrakt erhalten ihre parasympathische Innervation vom Auerbach-Plexus und vom Meißner-Plexus, die aus kleinen, miteinander verbundenen und überall in der Darmwand vorkommenden Ganglien bestehen.* Ihre sympathische Innervation bekommen sie von prävertebralen Ganglien. Das Auge empfängt seine parasympathische Innervation vom Ciliarganglion, das in der Augenhöhle nicht weit hinter dem Augapfel liegt. Seine sympathische Innervation erhält es vom oberen Halsganglion, dem obersten der paravertebralen Ganglien weit oben im Hals. Eine letzte Unterscheidung zwischen Sympathikus und Parasympathikus sei hier noch angeführt: Der postganglionäre Transmitter des Parasympathikus ist Acetylcholin, nicht Noradrenalin. So gehören die postganglionären Fasern, die die Schweißdrüsen innervieren, anatomisch betrachtet zum sympathischen Nervensystem; in neurochemischer Hinsicht sind sie parasympathisch. Wie als Bestätigung verdoppelt sich die durchschnittliche Schweißabsonderung während des Schlafes, also in einer Zeit, in der das parasympathische System den Körper am stärksten dominiert.

Der Hypothalamus

Im Gehirn scheinen die Neuronen, die die Aktivität von präganglionären motorischen Neuronen des sympathischen und des parasympathischen Nervensystems beeinflussen, im ventralen Teil des Zwischenhirns, also im Hypothalamus, konzentriert zu sein. Die Befunde sind eindeutig: Bei fast allen Tieren – den Menschen ausdrücklich eingeschlossen – führt eine plötzliche Zerstörung des Hypothalamus zum Tode, und zwar aufgrund von einschneidenden Veränderungen im, wie der französische Physiologe Claude Bernard es nannte, „inneren Milieu" des Körpers; dieser Begriff umfaßt die Gewebeflüssigkeiten und die Organfunktionen, wie sie sich durch Blutdruck, Pulsfrequenz, Atmungsfrequenz und so weiter beschreiben lassen. Neurochirurgen, die gezwungen sind, in der Nähe des Hypothalamus an der Basis des Vorderhirns zu operieren, geben sich deshalb immer größte Mühe, jegliche Verletzung des Hypothalamus zu vermeiden. Tatsächlich sind schon Patienten nach einer ansonsten erfolgreichen Gehirnoperation an Hyperthermie (einem plötzlichen Anstieg der Körpertemperatur) gestorben, obwohl die Vorsichtsmaßnahmen des Chirurgen zur Vermeidung einer möglichen Verletzung des Hypothalamus vorbildlich schienen. Das soll nicht heißen, daß die Stabilität des inneren Milieus völlig starr ist. Sie muß veränderlich sein, wenn sich der Organismus an veränderliche Umstände anpassen soll. Kommt beispielsweise der sprichwörtliche Stier im Angriff über die sprichwörtliche Wiese, dann ist es gewiß ratsam, der Pulsfrequenz und dem Blutdruck des Angegriffenen einen beträchtlichen Anstieg zu erlauben, um die Flucht vor den drohenden Hörnern zu erleichtern. Vielleicht läßt sich die Homöostase (ein hervorragender Begriff, den Walter B. Cannon von der

---

* Der Auerbach-Plexus breitet sich in der gesamten Schicht zwischen der äußeren und der inneren Lage glatter Darmmuskulatur aus, der Meißner-Plexus in der gesamten Schicht, die unter der Schleimhaut liegt (der Submucosa). Beide stehen der traditionellen Vorstellung von autonomen Ganglien insofern entgegen, als sie – so wie es heute aussieht – Afferenzen nicht nur von präganglionären motorischen Neuronen, sondern auch von der Darmwand empfangen. Sie bilden also ein echtes intestinales Nervensystem, das eingehende Information integrieren und einen Output erzeugen kann, und sind weit mehr als bloße Zwischenstationen autonomer, vom Zentralnervensystem ausgehender Innervationsbahnen.

Harvard University eingeführt hat) am besten als die Aufrechterhaltung bestimmter Schwankungsgrenzen definieren, innerhalb derer die physiologischen Funktionen variieren können.

Man kann auch nicht behaupten, der Hypothalamus kenne überhaupt keine Nachsicht. Wenn sich eine Hypothalamusläsion langsam entwickelt (beispielsweise in Form eines langsam wachsenden Tumors), kann die Schädigung weitgehend verborgen bleiben. Diese bemerkenswerte, durch klinische Befunde hinreichend untermauerte Tatsache wurde auf eindrucksvolle Weise von dem deutschen Physiologen Rudolf Thauer bewiesen. Er band bei einem lebenden Kaninchen einen Faden um den rostralen Hirnstamm unmittelbar unter dem Hypothalamus und zog die Enden des Fadens durch zwei kleine Löcher in der Schädeldecke. Jeden Tag zog er den Faden um ungefähr einen Millimeter fester an. Wenn die allmähliche Abtrennung des Hypothalamus vom Hirnstamm sich über mehrere Wochen hinzog, blieben die für das Kaninchen lebenswichtigen Funktionen allem Anschein nach ungestört. Aber das Leben in einem Laborkäfig stellt keine hohen Ansprüche. Unter härteren Umweltbedingungen würde sich zeigen, daß ein solches Kaninchen beispielsweise merkliche Veränderungen der Außentemperatur nicht länger wirkungsvoll kompensieren kann. Bei Kälte erweist es sich als unfähig, zu zittern. Zittern, ein Automatismus quergestreifter Muskulatur, wird offenbar vom Hypothalamus kontrolliert. Außerdem ziehen sich die Blutgefäße, die die Haut des Kaninchens versorgen, nicht zusammen, und die Haare auf der Haut stellen sich nicht auf. Bei Hitze erweitern sich die Blutgefäße im Ohr des Kaninchens nicht. Diese dienen, unter parasympathischer Steuerung, offenbar der Kühlung. Trotz alledem bleibt aber nach einer langsam erfolgenden Läsion ein beträchtlicher Teil der homöostatischen Kontrolle erhalten (oder wird wiedererlangt). Als nächstes begann Thauer, bei denselben Tieren und mit einer ähnlichen Technik langsam in absteigende Verbindungen im unteren Mittelhirn einzugreifen. Wieder waren keine offensichtlichen Ausfälle zu erkennen. Es ist, als gäbe es im autonomen Nervensystem eine Befehlskette oder, wie es Bernard ausgedrückt hat, einen „Automatismus in Stufen", so daß bei allmählicher Ausschaltung des Hypothalamus Gehirnbereiche unter ihm die Aufgabe übernehmen, das innere Milieu stabil zu halten, wenn auch innerhalb anomal enger Grenzen. Tatsächlich bleibt bei einem Tier, das eine Reihe langsam erfolgender Läsionen bis hin zu einer letzten im Rückenmark überlebt, ein überraschend großer Anteil der visceralen Funktionen erhalten.

Diese Anpassungsfähigkeit der autonomen Kontrolle deckt sich weitgehend mit dem, was über die vom Hypothalamus absteigenden Leitungsbahnen bekannt ist. Insbesondere hat man vor kurzem Fasern entdeckt, die direkt vom Hypothalamus zum Seitenhorn der grauen Substanz des Rückenmarks führen, wo die präganglionären motorischen Neuronen des sympathischen Nervensystems sitzen. Diese Fasern scheinen allerdings nur eine kleine Minderheit der hypothalamischen Efferenzen darzustellen; der Hypothalamus besitzt nichts einer Pyramidenbahn Vergleichbares, um seinen absteigenden Output zu befördern. Vielmehr scheint er im großen und ganzen nicht weiter als bis zum Mittelhirn zu projizieren, wo Neuronen der Formatio reticularis übernehmen. Die zu autonomen Motoneuronen absteigenden Leitungsbahnen werden im übrigen auf etlichen verschiedenen Ebenen unterbrochen (Abb. 8.2). An jeder solchen Unterbrechung können weitere Instruktionen in die absteigenden Bahnen einfließen. Das erscheint auch durchaus angemessen. Leben hängt entscheidend von der Innervation der Eingeweide ab; alles weitere ist in gewisser Hinsicht biologischer Luxus. Und lebenswichtige Systeme sollten nach dem Grundsatz organisiert sein, daß keine einzelne Erregungsquelle die Oberherrschaft über ihr Wirken haben sollte. Die Konvergenz von Informationen auf motorische Neuronen mag im autonomen Nervensystem ebenso verbreitet sein wie im somatischen.

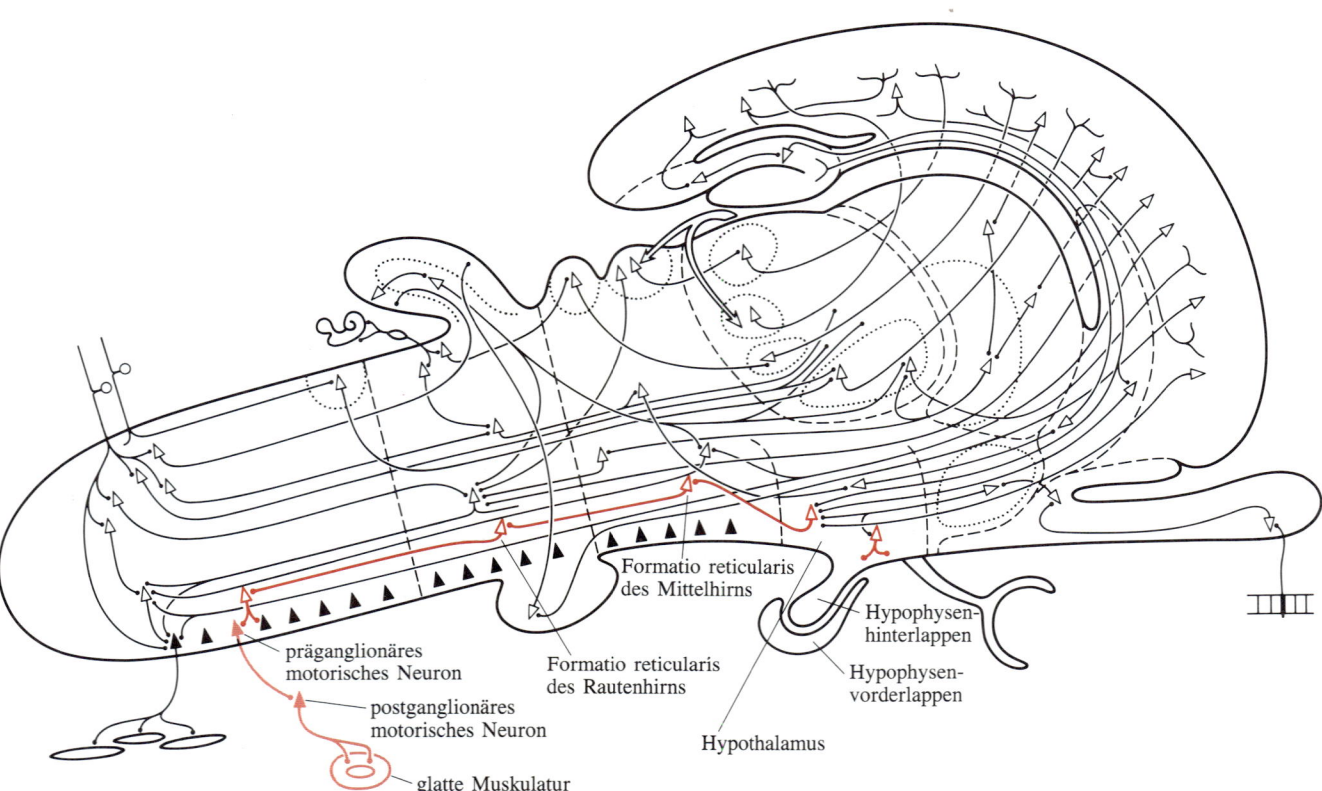

8.2 Der Hypothalamus steuert die Eingeweide auf zweierlei Weise. Erstens entsendet er Axone, die sowohl zu sympathischen als auch zu parasympathischen präganglionären visceralen motorischen Neuronen absteigen. Wenngleich man auch direkte Bahnen entdeckt hat, gibt doch eine Bahn, die im Mittelhirn, im Rautenhirn und im Rückenmark unterbrochen wird, das typischere Muster wieder (dunkelrot). Eine für das autonome Nervensystem charakteristische Zwei-Neuronen-Innervationsbahn (hellrot) verläßt das Rückenmark links unten. Zweitens steuert der Hypothalamus beide Lappen der Hypophyse. Einzelheiten dieser Steuerung sind in den nächsten zwei Abbildungen schematisch dargestellt.

Bahnen zur Hypophyse

Das autonome Nervensystem ist nicht der einzige Weg, über den der Hypothalamus die Eingeweide reguliert. Der Hypothalamus steuert außerdem den Vorder- und den Hinterlappen des Hypophysenkomplexes (der Hirnanhangsdrüse). Die frühesten Belege für eine solche Steuerung lieferten klinische Fälle, bei denen Internisten zunächst eine Störung der Hypophysenfunktion diagnostizierten. Sie vermuteten beispielsweise ein Adenom: einen Tumor des Vorderlappens. Schließlich umfaßten die beobachteten Symptome eine Atrophie (oder ihr Gegenteil, eine Hypertrophie) der Keimdrüsen oder der Nebennierenrinde, was man auf einen Mangel an (oder eine Überproduktion von) bestimmten Hormonen zurückführen kann, die der Hypophysenvorderlappen in den Blutkreislauf abgibt. (Alle endokrinen Drüsen außer der Nebenschilddrüse, dem Nebennierenmark und den Betazellen der Langerhansschen Inseln der Bauchspeicheldrüse werden von dem einen oder anderen der vom Hypophysenkomplex abgegebenen Hormone kontrolliert – das heißt, im Grunde genommen, vor einer Atrophie bewahrt.) Manchmal waren die Symptome dramatisch. So erschien in der Klinik ein fünfjähriger Junge mit voll entwickelten Genitalien, Haaren auf Unterleib und Brust, einer tiefen männlichen Stimme und einem deutlich größeren Körper, als man es bei einem Kind dieses Alters erwarten würde. Kurz, seine Pubertät war vorzeitig erfolgt. Als Ursache konnte man eine überhöhte Ausschüttung von Somatotropin (des Wachstumshormons) aus dem Vorderlappen annehmen. In einigen Fällen jedoch stellte sich später heraus, daß die Hypophyse normal funktionierte. Statt dessen war der Hypothalamus pathologisch verändert.

Der medizinischen Wissenschaft jener Zeit – sagen wir, der Zeit zwischen den beiden Weltkriegen – fiel es schwer, dies zu erklären. Zum einen ist der Hypophysenvorderlappen kein Teil des Gehirns. Er besteht aus Epithelgewebe, das sich aus dem Dach der embryonalen Mundhöhle entwickelt. Zum anderen dringen keine hypothalamischen Fasern in den Vorderlappen ein. Wie aber kann der Hypothalamus ihn dann steuern? Eine funktionelle Verbindung zwischen den beiden wird durch Blutgefäße hergestellt (Abb. 8.3). Aus dem Circulus arteriosus Willisi, einem arteriellen Gefäßring an der Gehirnbasis, treten schlanke Gefäße aus, die als Hypophysenarterien be-

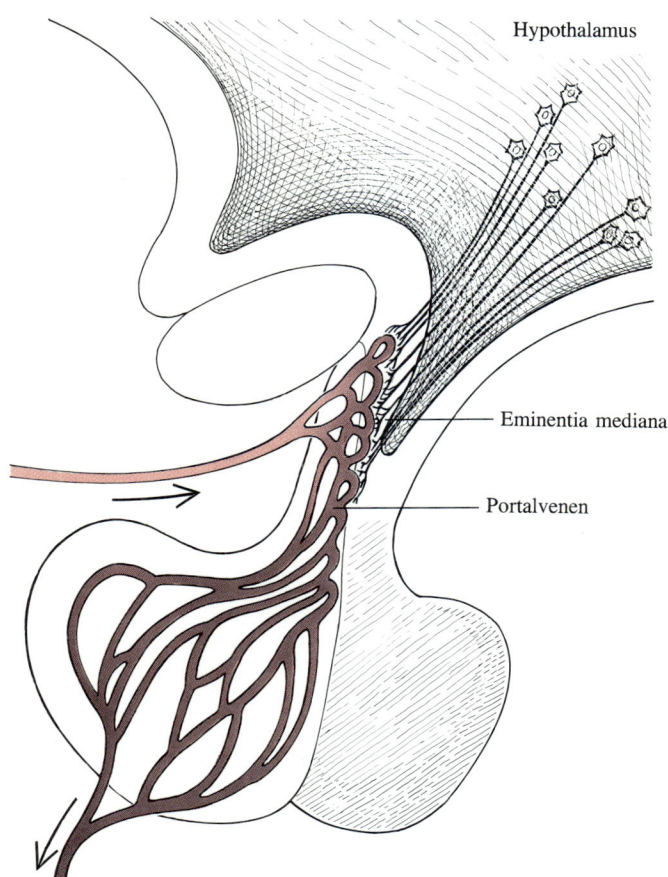

Hypothalamus

Eminentia mediana

Portalvenen

8.3 Der Vorderlappen des Hypophysenkomplexes erzeugt mehrere Hormone, zu deren Freisetzung ihn chemische Signale anregen, die von hypothalamischen Neuronen ausgeschüttet werden. Diese sogenannten Releasing-Faktoren treten in in das Hypothalamus-Hypophysen-Portalgefäßsystem ein, das sich aus einem ersten Kapillarnetz im Hypothalamus, einem venösen Abflußkanal und einem zweiten Kapillarnetz im Vorderlappen zusammensetzt.

kannt sind. Trotz ihres Namens senden sie viele Zweige in den trichterförmigen ventralsten Teil des Hypothalamus. Dort, in dem Gebiet oberhalb des Hypophysenstieles (der sogenannten Eminentia mediana), bilden die Arterienzweige ein Netz eigenartig verschlungener Kapillaren. Diese Kapillaren treten wiederum zu abführenden Blutkanälen zusammen. Morphologisch sind diese Abflußkanäle Venen, aber sie dringen in den Hypophysenvorderlappen ein und verzweigen sich dort zu einem zweiten Netz von Kapillaren, als wären sie Arterien. Eine Vene, die sich in Kapillaren aufspaltet, nennt man Portalvene (Pfortader); die hier besprochenen Venen werden als Hypothalamus-Hypophysen-Portalgefäßsystem zusammengefaßt. Sie bilden die oben angesprochene funktionelle Verbindung. Es ist mittlerweile wohl erwiesen, daß bestimmte Neuronen im Hypothalamus ihre Axone nur bis zum ersten Kapillarnetz (dem in der Eminentia mediana) schicken. Dort geben sie ihre Neurotransmitter — oder besser: ihre chemischen Produkte — ab. Diese Produkte bezeichnet man als Freisetzungs- oder (nach dem Englischen) als Releasing-Faktoren oder Releasing-Hormone. Einer davon, der Thyrotropin-Releasing-Faktor, ist einfach ein Tripeptid, also eine Verkettung von drei Aminosäuren, in diesem Fall von Glutamat, Histidin und Prolin. Doch jeder der Releasing-Faktoren erweist sich als fähig, bei der Ankunft im Hypophysenvorderlappen (wo ihn das Portalgefäßsystem übernimmt) bestimmte Zellen dort zur Freisetzung eines Hormons zu veranlassen, das von diesen Zellen synthetisiert und gespeichert wird.*

Eine andere funktionelle Verbindung führt vom Hypothalamus zum Hinterlappen des Hypophysenkomplexes. Diese Bahn ist insofern direkter, als sie gänzlich aus Neuronen besteht, also keinen Teil des Kreislaufsystems einschließt. Sie beginnt in zwei begrenzten großzelligen Kernen: dem Nucleus supraopticus und dem Nucleus paraventricularis. Dies sind die ersten hypothalamischen Kerne, deren Funktion mit einiger Genauigkeit erkannt wurde. In den dreißiger Jahren berichteten Ernst und Berta Scharrer, die damals in Deutschland und später zunächst an der University of Colorado, dann am Albert Einstein College of Medicine in New York arbeiteten, daß Zellen des Nucleus supraopticus und des Nucleus paraventricularis Einschlüsse enthalten, die die Scharrers als Kolloidtröpfchen beschrieben. Die beiden Wissenschaftler äußerten die Vermutung, daß die Zellen den Stoff der Tröpfchen absondern und daß folglich diese Zellen, die zweifellos Neuronen darstellen, gleichzeitig als Drüsen wirken. Das war eine unpopuläre Idee zu der Zeit, als die Scharrers sie vorschlugen. Spätere Ergebnisse gaben ihnen jedoch recht. Gegen Ende der vierziger Jahre gelang der Nachweis, daß das Tröpfchenmaterial die Axone der Zellen hinabtransportiert wird. Noch später zeigte das Elektronenmikroskop, daß die Tröpfchen Aggregationen sekretorischer Granula sind. Alle (oder fast alle) der im Nucleus su-

---

* Die vom Hypophysenvorderlappen freigesetzten Hormone werden auch tropische Hormone (Tropine) genannt. Jedes ist der zweite und letzte Bote in einer Folge von chemischen Signalen, die vom Gehirn zu einer bestimmten endokrinen Drüse führen. Betrachten wir noch einmal den bereits angeführten Thyrotropin-Releasing-Faktor. Dieses hypothalamische Produkt veranlaßt bestimmte Zellen im Vorderlappen dazu, das tropische Hormon Thyrotropin freizusetzen. Thyrotropin (das in den Blutkreislauf eintritt) regt seinerseits seine Zieldrüse, die Schilddrüse, dazu an, ihr charakteristisches, biologisch aktives Sekret freizusetzen, nämlich das Hormon Thyroxin. Durch eine ähnliche Kaskade gerichteter chemischer Signale veranlaßt der Corticotropin-Releasing-Faktor bestimmte Zellen im Vorderlappen dazu, das adrenocorticotrope Hormon (ACTH) auszuschütten, das wiederum die Nebennierenrinde dazu bringt, Corticosteroidhormone freizusetzen. Man kennt noch mehrere solche Kaskaden. Alle tropischen (quasi „Anschalt"-)Hormone des Vorderlappens sind gleichzeitig trophische (wachstumsfördernde oder erhaltende) Hormone, in deren Abwesenheit ihre Zieldrüsen atrophieren.

praopticus entspringenden Axone sowie etwa 30 Prozent der vom Nucleus paraventricularis ausgehenden Axone* ziehen durch den Hypophysenstiel und erreichen so den Hinterlappen der Hypophyse (Abb. 8.4). Anders als der Vorderlappen ist dieser ein Gehirnteil. Er selbst enthält jedoch keine Neuronen, und so stellen die Endigungen der vom Nucleus supraopticus und vom Nucleus paraventricularis ausgehenden Axone keine synaptischen Verbindungen her. Sie sind vielmehr in ein Gewebe eingebettet, das aus sogenannten Pituicyten – modifizierten Gliazellen – und einem dichten Geflecht von Kapillaren besteht. Dort werden die sekretartigen Erzeugnisse des Nucleus supraopticus und des Nucleus paraventricularis in den Axonendigungen gespeichert, bis die Neuronen dieser Kerne den Befehl erhalten, sie freizusetzen. Und nach der Freigabe scheinen die Substanzen im Hinterlappen nichts anderes zu tun zu haben, als in den Blutkreislauf einzutreten. Es handelt sich bei diesen Substanzen um ein Paar chemisch ähnlicher Peptidhormone, nämlich Vasopressin und Oxytocin.

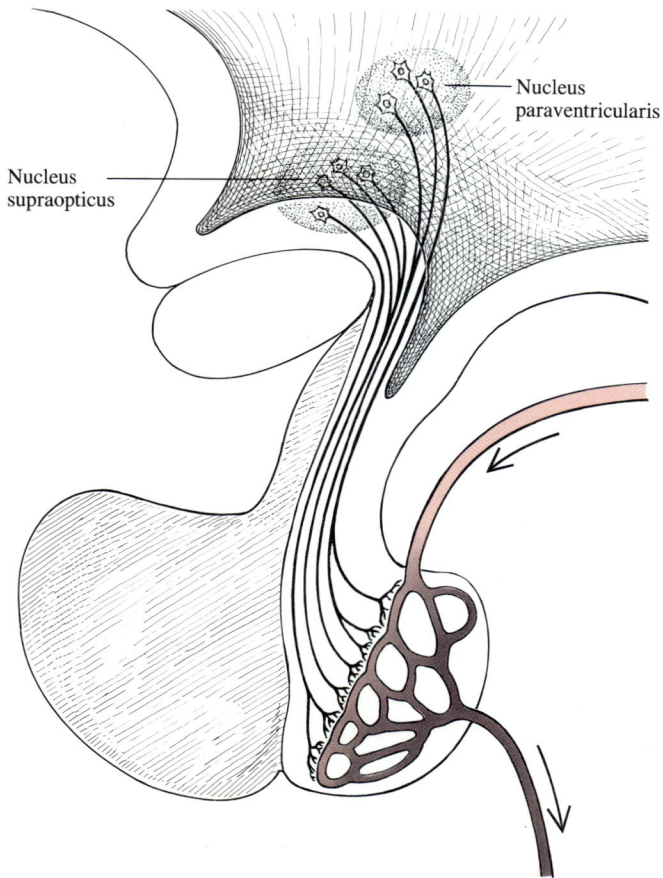

8.4 Der Hinterlappen des Hypophysenkomplexes erzeugt keine Hormone; die zwei, die er freisetzt, werden ihm von Axonen geliefert. Um es genauer zu sagen: Neuronen in zwei hypothalamischen Zellgruppen, die man als Nucleus supraopticus und Nucleus paraventricularis bezeichnet, stellen Vasopressin und Oxytocin her; ihre Axone ziehen zum Hinterlappen und schütten diese beiden Hormone dort aus.

---

* Die übrigen 70 Prozent haben mehrere Bestimmungsorte, von denen einer besonders erwähnenswert ist: Der Nucleus paraventricularis steuert nämlich wesentlich zu jener Bahn bei, die vom Hypothalamus absteigend direkt zum Seitenhorn des Rückenmarks führt, wo die präganglionären sympathischen Motoneuronen des Rückenmarks liegen.

Da die Neuronen des Hypothalamus, die Releasing-Faktoren und Hormone ausschütten, im Gehirn liegen – einem Gewebe der bioelektrischen Kommunikation –, könnten sie fehl am Platze erscheinen. Dagegen lassen sich drei Argumente anführen. Erstens sind die fraglichen Neuronen letzte gemeinsame Endstrecken. Zahlreiche Einflüsse laufen hier zusammen – genauso wie auf motorische Neuronen in Hirnstamm oder Rückenmark zahlreiche Einflüsse konvergieren –, und sie können allein über ihre Axone die Peripherie beeinflussen. Zweitens sind diese Neuronen nicht das einzige Beispiel von Gehirnzellen mit endokriner Funktion. Roger Guillemin vom Salk Institute hat beispielsweise stichhaltige Beweise dafür geliefert, daß Neuronen, die im gesamten Hirnstamm verbreitet sind, systemisch aktive Produkte sezernieren: also chemische Verbindungen, die dazu dienen, in Zellen der Peripherie einen biologischen Effekt zu vermitteln. Zu diesen Verbindungen gehört das Peptid Somatostatin, von dem man annimmt, daß es Neurotransmitter und Hormon zugleich ist. Das Somatostatin scheint an der Beendigung des Körperwachstums beteiligt zu sein. Es wirkt im Vorderlappen der Hypophyse der Sekretion von Somatotropin entgegen. Ein anderes von Neuronen sezerniertes Hormon hemmt erwiesenermaßen den gonadotrophen Einfluß der Hypophyse. Man braucht hier keinen Katalog aufzustellen. Wesentlich sind einfach die sich mehrenden Anzeichen, daß das Gehirn insgeheim eine Drüse ist.

Das dritte Argument beruht auf einer Analogieüberlegung. Am Anfang dieses Buches stand eine Darstellung unserer heutigen Vorstellungen über die phylogenetische Entwicklung des Nervensystems, und darin wurde erwähnt, daß Sekretgranula in den Zellen einfacher Wirbelloser offenbar fast allgegenwärtig sind. Kurz, praktisch alle Zellen in einfachen Wirbellosen scheinen Drüsenzellcharakter zu haben. Nun sind aber die meisten Neuronen im menschlichen Gehirn keine Effektorzellen. Im Grunde ist keine von ihnen eine Effektorzelle, denn sie sind allesamt nicht kontraktil. Aber einige – darunter die Neuronen des Nucleus supraopticus und des Nucleus paraventricularis – widmen sich der Erzeugung einer systemisch aktiven chemischen Verbindung. Vielleicht halten sie sich streng an den Stil der Urneuronen primitiver Wirbelloser. Andere erzeugen Releasing-Faktoren. Das bedeutet, sie lösen eine gerichtete chemische Kaskade aus, die schließlich eine endokrine Drüse dazu veranlaßt, ihr Hormon in den Blutkreislauf abzugeben. Und wieder andere – ja, der gesamte Rest der Milliarden von Nervenzellen – stellen eine chemische Verbindung her, die jeweils dafür sorgt, daß einer spezifischen Gruppe postsynaptischer Orte private Botschaften übermittelt werden. Solche Zellen haben dem Organismus als Ganzem nichts zu sagen. Auf ihre spezialisierte Art und Weise sind sie jedoch ebenfalls sekretorische Zellen.

9. Affekt und Motivation: Das limbische System

Im vorigen Kapitel begegnete uns der Hypothalamus in zwei großen Funktionsbereichen: der Steuerung der Effektorzellen der Eingeweide und der Regulation der endokrinen Drüsen. Jetzt wird er in einem dritten, weniger greifbaren Bereich erscheinen. Betrachten wir noch einmal die Fälle vorzeitiger Pubertät, die man anfänglich einer Überproduktion von Wachstumshormon durch ein Adenom im Hypophysenvorderlappen zuschrieb, ehe man erkannte, daß sie in Wirklichkeit auf einer übermäßigen Anregung des Vorderlappens infolge einen Tumors im Hypothalamus beruhen. Läßt sich ein solcher Tumor nicht operieren und schreitet deshalb die von ihm bewirkte langsame Zerstörung des Hypothalamus weiter fort, so stirbt das betroffene Kind gewöhnlich, bevor es die Größe eines Erwachsenen erreicht. (Die unmittelbare Todesursache ist oft eine Lungenentzündung.) In der Zeit davor mag das Kind extreme und spontane (grundlose) Wutanfälle haben. Am Ende zeigt es Apathie und Demenz. Oder nehmen wir die elektrische Reizung bestimmter Teile des Hypothalamus bei einem Versuchstier. Unter dem Einfluß einer solchen Reizung mag das Tier — beispielsweise eine Katze — anfangen, auf und ab zu laufen. Ihr Verhalten läßt auf Erregung schließen. Vielleicht beginnt die Katze auch zu fauchen und mit ihren Krallen nach jedem schlagen, der sie zu streicheln versucht oder sich auch nur ihrem Käfig nähert. Tatsächlich hat man Katzen durch elektrische Reizung des Hypothalamus dazu veranlaßt, eine Laborratte anzugreifen, mit der sie bis dahin ihren Käfig und ihr Futter geteilt hatten. Betrachten wir schließlich die Reaktion einer Katze oder eines Hundes auf schmerzhafte Reize, nachdem man dem Tier chirurgisch die Großhirnhemisphären und den größten Teil des Zwischenhirns entfernt hat, so daß nur der Hirnstamm und die caudale Hälfte des mit dem Rückenmark verbundenen Hypothalamus übrigblieben. Die Reaktion kann durch eine weitere Läsion, die den caudalen Hypothalamus ausschaltet, aufgehoben werden. Sie umfaßt, wie Philip Bard von der Johns Hopkins University gegen Ende der zwanziger Jahre beschrieben hat, Knurren und Fauchen, eine Erweiterung der Pupillen, eine erhöhte Herzschlagrate und das Sträuben des Felles. Die Zähne des Tieres sind entblößt, ebenso seine Krallen (im Falle der Katze). Kurz gesagt, das Tier stellt ein vollendetes Bild der Wut dar.

Die ersten beiden Indiziengruppen sind eindeutig. Sie lassen vermuten, daß der Hypothalamus gefühlsmäßiges Verhalten vermittelt. Der dritte Befund hat sich als problematisch erwiesen, teils, weil die Tiere in Bards Versuchen sich unfähig zeigten, ihre offensichtliche Wut gegen irgendein bestimmtes Objekt zu richten, teils, weil die Abtrennung des Gehirns der Tiere die Möglichkeit ausschloß, daß die Großhirnrinde die Wut hervorgerufen hatte. Aus beiden Gründen sah man die von Bard beobachtete Verhaltensweise nur als die äußerliche Begleiterscheinung von Gefühlen und nicht als Ausdruck inneren Fühlens an. Entsprechend nannte man das Verhalten Scheinwut (*sham rage*). Im Jahre 1953 berichteten dann James Olds und Peter Milner von der McGill University, daß eine schwache elektrische Reizung von Gebieten, die größtenteils im Hypothalamus oder in seiner rostralen Fortsetzung, dem Septum, liegen, bei Versuchstieren einen inneren Zustand des Wohlbefindens hervorrufen kann oder zumindest das, was Psychologen als Status der Befriedigung (Lustgefühl) beschreiben. Olds und Milner hatten Laborratten die Gelegenheit gegeben, auf einen Hebel in ihrem Käfig zu drücken und dadurch einen Stromkreis zu schließen, der sie einer solchen Reizung aussetzte. Die Ratten betätigten den Hebel ein ums andere Mal. Ziemlich oft unterließen sie sogar jegliches Fressen und Trinken und fuhren mit ihrer intracranialen Selbstreizung so lange fort, bis sie vor Erschöpfung zusammenbrachen. Man könnte vermuten, daß das wiederholte Drücken des Hebels ein motorischer Automatismus war, der jäh durch einen jede Reizung begleitenden Anfall ausgelöst wurde. Doch wie sich herausstellte, waren die Ratten bereit, auch äußerst unangenehme Hindernisse zu überwinden, um zu dem Hebel zu gelangen. Außerdem liefen sie, wenn man den Stromkreis nach einem Teil des Versuchs unterbrach, so daß das Drücken des Hebels nichts mehr bewirkte, in einer Weise hin und her, die ein Beobachter sicher als frustriert beschreiben würde. Überdies rief die schwache elektrische Reizung von Gebieten, die oft nur einen Millimeter von einer Region entfernt lagen, wo die Stimulation ein Gefühl der Befriedigung oder Lust ausgelöst hatte, entweder kein solches Lustgefühl oder sogar das Gegenteil, nämlich Unlust, hervor. Es konnte passieren, daß sich die Ratte nach einer einzigen Reizung eines solchen Gebiets von dem Hebel zurückzog und deutlichen Widerwillen zeigte, sich ihm wieder zu nähern.

Die Arbeiten von Olds und Milner bilden eine Grundlage für die Behauptung, daß der Hypothalamus oder, allgemeiner, ein Kontinuum von Hirngewebe, in dessen Mittelpunkt der Hypothalamus steht, nicht nur an endokrinen und visceralen Funktionen beteiligt ist (den meßbaren Zeichen emotionaler Vorgänge), sondern auch an Affekt und Motivation. Mit dem Begriff Affekt beschreibt man die Einflüsse der Umwelt auf den inneren (seelischen) Zustand eines Organismus — anders ausgedrückt, die grundlegenden Gefühle, die sein inneres und sein äußeres Milieu in ihm hervorrufen. Wohlbefinden ist ein Beispiel dafür. Der zweite Begriff, Motivation, bezeichnet einen Zustand des Bedarfs oder Begehrens: beispielsweise Hunger. Beide Aspekte sind oft miteinander verbunden, denn ein Affekt kann die Ursache einer Motivation sein. Doch spornt ein Affekt den Organismus nicht zwingenderweise zu einer bestimmten Handlung an, während eine Motivation dies *per definitionem* tut.

Verbündete des Hypothalamus

Wie setzt sich das neuronale Kontinuum zusammen, in dessen Zentrum der Hypothalamus steht? Zunächst einmal gehört ein Teil des Hirnstammes dazu. Abbildung 9.1 zeigt ein repräsentatives Axon, das ausgehend von einer Zelle in der Formatio reticularis des Mittelhirns – einer Zelle, die ihren eigenen Input von einer spinoreticulären Faser erhält – zum Hypothalamus hin aufsteigt. Was die Abbildung (aus Platzmangel) nicht zeigt, ist eine Gruppe von Axonen, die vom Kern des Tractus solitarius, einer Zellmasse in der Medulla oblongata, aufwärts zum Hypothalamus ziehen. Diese Axone, die man erst vor relativ kurzer Zeit endeckt hat, sind recht aufschlußreich. Der Kern des Tractus solitarius ist das einzige bekannte Beispiel einer umschriebenen sekundären sensorischen Zellgruppe, deren primäre sensorische Eingangsinformation aus dem Bereich der Eingeweide stammt. Das bedeutet, die sensorischen Endigungen seiner primären sensorischen Afferenzen liegen in den Wänden des Atmungstraktes, des Verdauungstraktes sowie des Herzens und seiner Hauptgefäße. Die Endigungen lassen sich in zwei Klassen einordnen. Einige sind in den sich verschiebenden Ebenen zwischen Schichten aus glattem Muskelgewebe plaziert. Diese Endigungen nennt man barorezeptiv, eine Ableitung vom griechischen *baros*, was „Druck" bedeutet: Sie melden die Dehnung, in einigen Fällen auch die Entspannung, des Muskels. Die anderen Endigungen kontrollieren irgendeinen Aspekt der chemischen Zusammensetzung einer Flüssigkeit: beispielsweise den Säuregehalt des Blutplasmas. Solche Endigungen sind chemorezeptiv. Der entscheidende Punkt ist klar: Die Leitungsbahnen, die vom Kern des Tractus solitarius direkt zum Hypothalamus führen, bilden einen visceralen sensorischen Lemniscus.

9.1 Die Verknüpfung mit dem Hypothalamus ist das entscheidende Kriterium für ein Kontinuum von Hirngewebe, das sich vom Mittelhirn bis zum Rand (oder freien Saum) der Großhirnrinde erstreckt. In diesem Schema ist der Mittelhirnpol des Kontinuums durch ein Axon repräsentiert, das von einem Neuron in der Formatio reticularis des Mittelhirns zum Hypothalamus hin aufsteigt. Der Pol im Vorderhirn ist umfangreicher. Er umfaßt den Hippocampus und das Septum, die mit dem Hypothalamus durch ein massives Axonbündel, nämlich den Fornix, verbunden sind. Außerdem schließt er die Amygdala (den Mandelkern) ein, die durch die ventrale amygdalofugale Bahn und die Stria terminalis mit dem Hypothalamus verknüpft ist. (Letztere erscheint nicht in der Abbildung.) Im Hypothalamus schließen sich die Verbindungsglieder größtenteils zu einer heterogenen Bahn zusammen, dem medialen Vorderhirnbündel (Fasciculus telencephalicus medialis). Der im Vorderhirn gelegene Teil des Kontinuums wird als limbisches System bezeichnet.

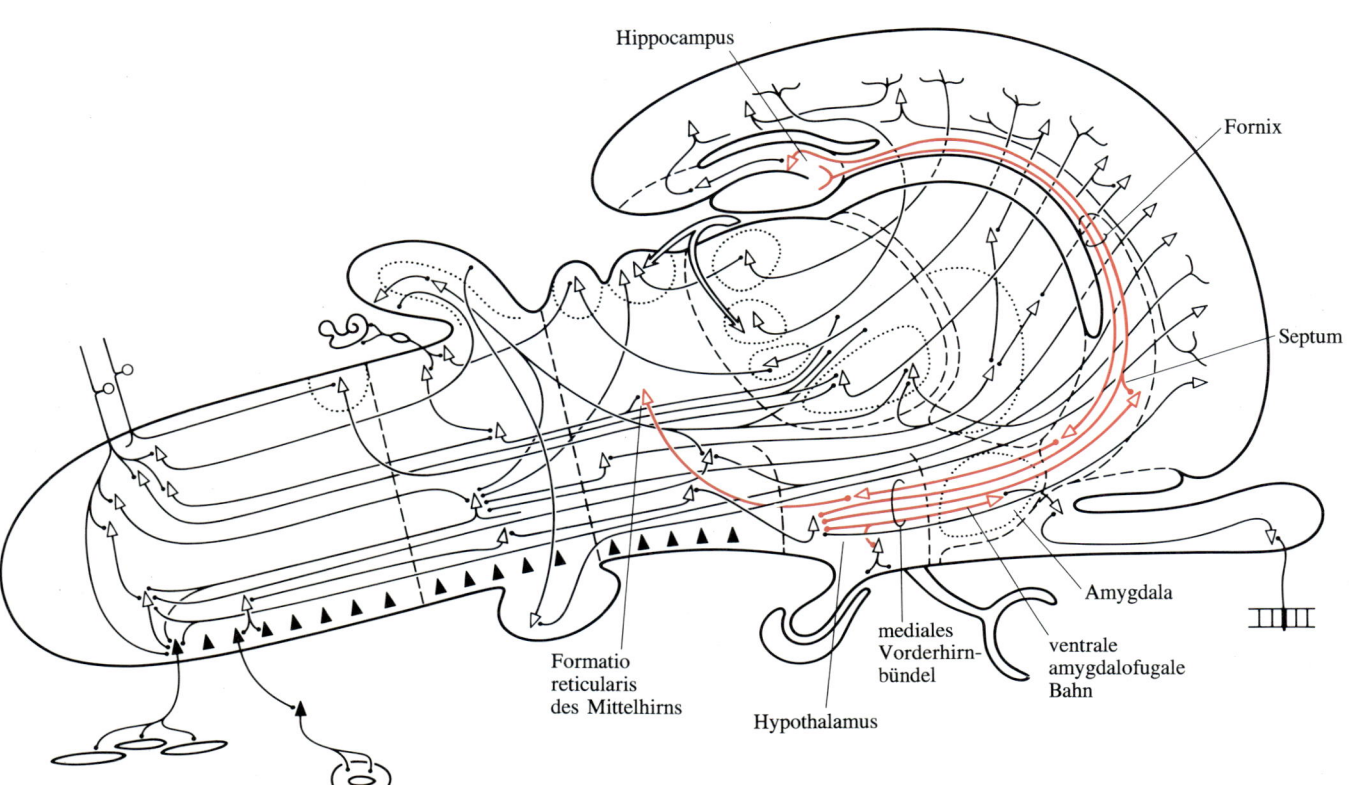

Hippocampus

Fornix

Septum

Amygdala

Formatio reticularis des Mittelhirns

mediales Vorderhirnbündel

ventrale amygdalofugale Bahn

Hypothalamus

Ein zweiter Teil des neuronalen Kontinuums, dessen Zentrum der Hypothalamus bildet, liegt rostral vom Hypothalamus – also in der Großhirnhemisphäre. Vor etwas mehr als einem Jahrhundert beobachtete Pierre Paul Broca, daß auf der medialen Fläche der Hirnhemisphäre ein fast geschlossener Ring von Gewebe den freien Rand der Großhirnrinde bildet. Er nannte ihn *le grand lobe de l'ourlet*, den großen Saumlappen. Das ist ein sehr treffender Ausdruck für das, was er sah. Trotzdem wurde Broca in späteren Jahren überredet, den Ring *le grand lobe limbique*, den großen limbischen Lappen, zu nennen. Das Wort *limbique* nahm er vom lateinischen *limbus*, was „Kante" oder „Saum" bedeutet. Noch später kam der Ring zu dem Namen Rhinencephalon – Riechhirn –, weil man die Überzeugung gewonnen hatte, daß alle seine Teile dem Geruchssinn dienen. Schließlich ist die einzige sensorische Struktur, die sich deutlich mit dem Ring verbindet, der Tractus olfactorius, der am Uncus – wörtlich „Haken" – ansetzt, einem Ort, an dem sich der große limbische Lappen an der Gehirnbasis auf sich selbst zurückwendet. In den dreißiger Jahren jedoch erkannte James W. Papez von der Cornell University, daß der Geruchssinn nicht die Hauptquelle des rhinencephalischen Inputs darstellt. (Die wichtigste Quelle sind, wie drei Jahrzehnte später bewiesen wurde, Bereiche des Assoziationscortex.) So erschien es wünschenswert, einen neutralen Begriff zu finden, einen, in dem nicht das Riechen vorrangig ist. Man griff auf Brocas zweite Bezeichnung zurück; aus *le grand lobe limbique* wurde das limbische System, ein Name, den im englischen Sprachraum 1952 Paul D. MacLean vorschlug, der damals an der Yale University tätig war. Die Bestandteile des limbischen Systems variieren etwas, je nachdem, wer sie aufzählt; das System ist nicht überall scharf begrenzt. In allen Aufzählungen enthalten ist der Hippocampus, ein Gebilde aus zwei eng verbundenen corticalen Gyri, das die mediale Wand der Großhirnhemisphäre einnimmt, aber beim Blick auf die mediale Fläche der Hemisphäre durch den sich einfaltenden großen limbischen Lappen der Sicht entzogen ist. Die Liste schließt auch den ringförmigen Gyrus fornicatus ein, jenen Teil des großen limbischen Lappens, der auf der medialen Fläche der Hemisphäre vollständig zu erkennen ist. (Man kann ihn in Abbildung 13.4 sehen.) Auch er stellt Cortex dar, allerdings Cortex verschiedener Typen. Die Liste umfaßt schließlich auch die Amygdala (den Mandelkern), eine große Masse grauer Substanz, die praktisch kein Cortexgewebe enthält und unter dem Uncus verborgen ist.

Limbische Funktionen

Was tut das limbische System? Die Hinweise variieren. Sie variieren sogar beunruhigend. Zum einen lassen sie vermuten, daß der Hippocampus ein Türhüter ist, der die Fähigkeit des Gehirns verkörpert, Dinge dem Langzeitgedächtnis zu übergeben. Der stichhaltigste Einzelbeleg hierfür tauchte in den fünfziger Jahren auf, als ein neurochirurgisches Verfahren, das eigentlich der Behandlung sonst unheilbarer Epilepsieformen dienen sollte, zufällig aufzeigte, daß die Entfernung des Hippocampus auf beiden Seiten des menschlichen Gehirns eine Störung nach sich zieht, die man heute hippocampale Amnesie nennt: Der Patient behält zwar die jeweiligen Erinnerungen im Gedächtnis, die er lange vor der Operation ansammelte, vermag jedoch keine neuen zu speichern. Wenn er beim Lesen an das untere Ende einer bedruckten Seite kommt, kann er sich vielleicht schon nicht mehr an das erinnern, was er gerade erst oben auf dieser Seite gelesen hat. Und wenn er mit einer neuen Bekanntschaft spricht, mag er die Unterhaltung plötzlich unterbrechen, um zum zweitenmal nach Namen und Anliegen des Besuchers zu fragen, den er auf einmal nicht mehr kennt. Zum anderen lassen die Hinweise, die die Amygdala betreffen, auf eine verwirrende Vielfalt von Funktionen schließen. Beim Menschen ist die elektrische Reizung dieses Kernes manchmal von diagnostischem Nutzen für den Neurochirurgen. Der Patient, der während dieses Verfahrens bei Bewußtsein ist, berichtet oft von ungerichteten Gefühlen der Furcht oder des Ärgers. Die Gefühle können von Empfindungen in Bauch- oder Brustbereich begleitet werden — beispielsweise der Empfindung, daß der Magen rumort. Urinieren kann eine Begleiterscheinung des Angstgefühls sein. Bei Tieren löst die elektrische Reizung der Amygdala Erregung aus. Das Tier hält in seiner Tätigkeit inne. Lag es, so steht es jetzt auf. Es schaut wie suchend umher. Oft zeigt es Automatismen der Schnauze: Schnüffeln, Lecken, Kauen, Schlucken. In einigen Fällen löst die Reizung ein Verhalten aus, das die Wissenschaftler als furchtartig, verteidigungsartig oder angriffsartig einordnen. Bei der Grünen Meerkatze, einer afrikanischen Affenart, liefert die experimentelle Entfernung der Amygdala auf beiden Seiten des Gehirns noch ein weiteres Ergebnis. Im Labor läßt sich ein solcher Affe leicht am Leben erhalten. Wird er jedoch wieder in die Freiheit entlassen, so vermag er sich nicht zu behaupten und stirbt bald. Die Ursache ist bitter: Der Affe entzieht sich der Gruppe, zu der er gehörte. Er verausgabt sich regelrecht, um seinen Artgenossen auszuweichen. Er wirkt ständig ängstlich und bedrückt. Laut Arthur Kling von der Rutgers University, der dieses Experiment durchführte, ist der Affe ohne Amygdala offenbar nicht mehr in der Lage, zwischen freundlichen und unfreundlichen Gebärden von seiten der anderen Affen zu unterscheiden, und empfindet jede Annäherung als Bedrohung.

Es mag überraschend scheinen, daß so unterschiedliche Strukturen wie der Hippocampus, der Gyrus fornicatus und die Amygdala ein System bilden sollen. Sie haben allerdings zwei Merkmale gemeinsam. Erstens besitzen sie alle eine niedrige Schwelle für Epilepsie, jene gemeinschaftliche Entgleisung neuronaler Aktivität, bei der mehrere Zellen synchrone Aktionspotentiale erzeugen. Epileptische Anfälle können daher auf den großen limbischen Lappen beschränkt bleiben, ohne auf andere Gehirnteile „überzuschwappen". Für solche Anfälle — welche die sogenannte Temporallappenepilepsie oder psychomotorische Epilepsie ausmachen — gibt es eine ganze Reihe von Kennzeichen, doch einige sind besonders typisch und scheinen die im vorhergehenden Absatz beschriebenen Befunde zu bestätigen. Zunächst einmal kündigt sich der Anfall dem Patienten durch halluzinatorische Empfindungen an, die sogenannte epileptische Aura. Unter diesen Empfindungen tritt häufig eine Geruchs- oder Geschmacksillusion auf: ein sonderbarer, fast immer unangenehmer Geruch oder Geschmack, der mit jedem neuen Anfall wiederkehrt. (Patienten, die nicht unter Medikamenten stehen, können ein bis fünf Anfälle pro Tag haben.) Andere Empfindungen zu Beginn eines Anfalls sind mehr geistiger Art. Dem Patienten mag das aktuelle Geschehen auf beunruhigende Weise bekannt vorkommen (*sentiment du déjà-vu*) oder im Gegenteil beängstigend fremd erscheinen (*sentiment de l'inconnu*). Weiterhin kann der Patient einem deutlichen Stimmungswechsel unterworfen sein; im typischsten Fall verwandeln sich seine Gefühle in Beklommenheit oder ein starkes Einsamkeitsempfinden. Manchmal verspürt er auch Ärger. Nach all diesen anfänglichen Empfindungen gleitet der Patient in einen traumartigen Zustand, in dem er jedes Interesse an seiner Umwelt verliert und sich anscheinend intensiv mit dem inneren Selbst beschäftigt. Dieser zweiten Phase des Anfalls folgt schließlich eine letzte, motorische Phase, die von einem großen epileptischen Anfall (*grand mal*) bis zu kleineren Automatismen wie einem ziellosen Zupfen an Kleidungsstücken variieren kann. Diese motorische Phase nimmt manchmal die erstaunliche Form perfekt koordinierter Handlungsabläufe an: sagen wir, einen Kellner bezahlen, sich den Mantel anziehen und in den richtigen Bus nach Hause einsteigen. Diese Folge von Handlungen greift fehlerlos auf gespeicherte Erinnerungen zurück; sonst wäre sie nicht möglich. Und doch ist es für einen psychomotorischen Anfall mit einer komplexen motorischen Phase kennzeichnend, daß sich der Patient, sobald er aus dem Anfall „erwacht", nicht mehr an das erinnern kann, was geschehen ist. Der Zugang zu gespeicherten Erinnerungen war frei, die Aufnahme neuer Erinnerungen aber blockiert.

Vorausgesetzt, die Strukturen des limbischen Systems sind tatsächlich maßgeblich an der Erzeugung des Déjà-vu-Erlebnisses oder dem Stimmungswechsel beteiligt – neben den anderen Symptomen der psychomotorischen Epilepsie –, so muß man folgern, daß das limbische System einen entscheidenden Einfluß auf die Einstellung des Organismus gegenüber seiner Umwelt ausübt. In diesem Zusammenhang läßt sich auch die hippocampale Amnesie analysieren. Vielleicht versieht das Gehirn vorübergehende Ereignisse mit einem affektiven Wert – einem Grad der Bedeutsamkeit –, und vielleicht trägt eben diese Zuweisung dazu bei, Dinge erinnerungswürdig zu machen. Dem Hippocampus, einer limbischen Struktur, käme dann im Gehirn eine ähnliche Rolle zu wie dem Regierungsbeamten, der wegen seiner Kompetenz geschätzt wird, bestimmte Dokumente mit Siegeln zu versehen, die sie im Archiv von dem unterscheiden, was als unwichtig gilt. Das Lagerhaus des Gehirns für Erinnerungen bleibt allerdings noch unbekannt. Die hippocampale Amnesie, bei der bereits gespeicherte Erinnerungen unangetastet bleiben, läßt vermuten, daß nicht der Hippocampus selbst das Lagerhaus sein kann.

Limbische Verschaltungen

Der zweite Grund, den Hippocampus, den Gyrus fornicatus und die Amygdala einem einzigen System zuzuordnen, liegt darin, daß alle drei an Verschaltungen teilhaben, die sie mit dem Hypothalamus verbinden. Der Hippocampus projiziert auf den Hypothalamus über den Fornix (wörtlich: „Bogen" oder „Gewölbe"), ein Faserbündel, dessen gebogene Bahn entlang der freien Kante der Großhirnrinde in Abbildung 9.1 angedeutet ist. Der Fornix ist beeindruckend massiv: Im menschlichen Gehirn umfaßt er eine Million Fasern, was ihn (in dieser Beziehung) dem Tractus opticus gleichstellt. Etwa die Hälfte seiner Fasern (bei der Katze wie beim Affen) projiziert direkt vom Hippocampus auf den Hypothalamus. Die andere Hälfte knüpft ihre Verbindungen im Septum, aus dem neue Bahnen bis zum Hypothalamus hin aufsteigen. Die Amygdala projiziert über zwei unterschiedliche Fasersysteme auf den Hypothalamus. Das in Abbildung 9.1 angedeutete System ist die ventrale amygdalofugale Bahn: eine locker angeordnete Gruppe von Fasern, deren Weg von der Amygdala zum Hypothalamus kurz und direkt ist. Die andere, in der Abbildung nicht gezeigte Bahn ist die Stria terminalis, ein kompaktes Faserbündel, das einen bizarren und langen Umweg einschlägt. Es macht mehr als eine volle spiralförmige Drehung um das Zwischenhirn, bevor es in den Hypothalamus eintritt.

Der Gyrus fornicatus schließlich ist Teil einer weitläufigen Projektionsschleife, die sich vom Hippocampus zum Hypothalamus, dann zum Thalamus, dann zum Gyrus fornicatus und schließlich zurück zum Hippocampus erstreckt. Der erste Teil der Schleife ist der Fornix: Er überträgt Signale vom Hippocampus zum Corpus mamillare, einer sich vorwölbenden, umschriebenen Zellmasse am caudalen Ende des Hypothalamus. Dann folgt eine Projektion (der Tractus mamillothalamicus), die vom Corpus mamillare zu einer als Nucleus anterior bezeichneten thalamischen Zellgruppe zieht, und anschließend eine Projektion vom Nucleus anterior zum Gyrus cinguli, dem dorsalen Glied des Gyrus fornicatus. Als nächstes übermittelt das Cingulum, ein Faserbündel im Gyrus fornicatus, Signale um den Gyrusring. Er tritt in das ventrale Glied des Gyrus ein, den Gyrus parahippocampalis (oder hippocampi). Ein Teil des Gyrus parahippocampalis, die sogenannte Area entorhinalis, versorgt dort erwiesenermaßen den Hippocampus mit seinem massivsten Einzelinput; so schließt sich der Kreis. Es war die Kenntnis eines großen Teiles dieser Projektionsschleife, die Papez dazu veranlaßte, der Vorstellung entgegenzutreten, der Hippocampus diene lediglich »auf irgendeine undurchsichtige Weise dem olfaktorischen Aufgabenbereich«. (Das Zitat stammt von Papez.) Heute bezeichnet man die gesamte Schleife als Papez-Leitungsbogen.

Viele der eben genannten Verbindungen sind reziprok. So projizieren Fasern vom Hypothalamus auf den Hippocampus, die Amygdala und die Formatio reticularis des Mittelhirns. Abbildung 9.1 zeigt ein Beispiel für eine solche reziproke Projektion. Man sieht eine Faser, die entlang der Bahn des Fornix in Richtung Großhirnhemisphäre aufsteigt. Die Faser kommt nicht weiter als bis zum Septum, wo sie in synaptischen Kontakt mit einem Neuron tritt, dessen Axon schließlich den Hippocampus erreicht. Parallel zu dieser zum Septum aufsteigenden Faser verläuft eine Faser in entgegengesetzter Richtung, vom Septum zum Hypothalamus. In Abbildung 9.1 vertritt dieser zweispurige Vorderhirnverkehr die komplexere Wirklichkeit des medialen Vorderhirnbündels, einer lockeren Ansammlung von Fasern, die im Gehirn dort am deutlichsten in Erscheinung tritt, wo sie der Länge nach den lateralen Hypothalamus durchzieht. Die Fasern mischen sich in diesem Bereich mit grauer Substanz, so daß der laterale Hypothalamus eine Mischung von grauer und weißer Substanz darstellt — ähnlich wie die Formatio reticularis des Mittel- und des Rautenhirns. Die Fasern, die im medialen Vorderhirnbündel absteigen, haben ihre am weitesten vorne liegenden Ursprünge in Gebieten wie der Amygdala und dem Septum; einige entspringen auch im Hypothalamus. Sie verteilen sich dann im Hypothalamus sowie jenseits davon, in der Formatio reticularis des Mittelhirns. Die im medialen Vorderhirnbündel aufsteigenden Fasern dagegen, deren Zahl in etwa der Zahl der absteigenden Fasern entspricht, entspringen überwiegend im Mittelhirn. Sie ziehen in Richtung Großhirnhemisphäre. Einige von ihnen enthalten einen Monoaminneurotransmitter, nämlich Serotonin, Noradrenalin oder Dopamin. Tatsächlich hat sich das mediale Vorderhirnbündel in den letzten Jahren als die große Verbindungsstraße für monoaminerge Fasern erwiesen, die von

Rauten- und Mittelhirn in das Vorderhirn aufsteigen. Es ist der einzige Ort im Gehirn, wo sich die Hauptleitungsbahnen für die drei Monoamine mischen. Die Serotonin verwendenden Bahnen gelten nach heutiger Einschätzung als diejenigen, die sich am weitesten verzweigen. Sie entspringen in den sogenannten Raphekernen des Mittelhirns und innervieren praktisch alle Strukturen im Vorderhirn: das Striatum, das limbische System, den Neocortex. Die Noradrenalin verwendenden Bahnen entspringen hauptsächlich im Locus coeruleus an der caudalen Grenze des Mittelhirns. Sie verzweigen sich fast genauso stark. Im Gegensatz dazu sind die Dopamin verwendenden Bahnen vorzugsweise auf das Striatum gerichtet. (Es handelt sich hier um jene Bahnen von der Substantia nigra, die bei der Parkinsonschen Krankheit eine entscheidende Rolle spielen.) Zusätzlich wählen sie anspruchsvoll einige limbische Ziele aus: die Amygdala, das Septum, die Area entorhinalis. Am bemerkenswertesten ist vielleicht, daß sie im Neocortex nur die frontalen Assoziationsfelder aufsuchen. Doch jedenfalls erreichen alle drei monoaminergen Projektionen, die vom Mittelhirn aus im medialen Vorderhirnbündel aufsteigen, den Neocortex. Vor der Entdeckung dieser monoaminergen Projektionen nahm man an, daß die zum Neocortex gelangenden Fasersysteme ausschließlich im Thalamus entspringen.

Limbische Inputs

Fassen wir zusammen: Der caudale Pol des Kontinuums, in dessen Mittelpunkt der Hypothalamus steht, empfängt die abwärts gerichteten Entladungen des Hippocampus und der Amygdala durch den Fornix, die Stria terminalis, die ventrale amygdalofugale Leitungsbahn und das mediale Vorderhirnbündel. Der rostrale Pol des Kontinuums erhält die aufwärts gerichtete Entladung der Formatio reticularis des Mittelhirns teilweise durch den Papez-Leitungsbogen, der den Nucleus anterior thalami mit einbezieht, teilweise durch eine thalamische Umgehungsstraße, die im medialen Vorderhirnbündel aufsteigende monoaminerge Projektionen einschließt. Das bedeutet nicht, daß das Kontinuum in sich geschlossen ist. Wie wir bereits gesehen haben, erstrecken sich vom Hypothalamus im Herzen des Kontinuums Bahnen zu den visceralen motorischen Apparaten des autonomen Nervensystems sowie zu den endokrinen Apparaten des Hypophysenkomplexes. Darüber hinaus haben wir erfahren, daß sensorische Daten – vermutlich viscerale sensorische Daten – über vom Rückenmark und vom Hirnstamm aufsteigende Bahnen in den caudalen Pol des Kontinuums eintreten.

Die Bahnen, denen wir jetzt nachspüren wollen, dringen in den rostralen Pol ein. Das heißt, sie ziehen in das limbische System. Wie wir noch sehen werden, versorgen sie es omnisensorisch. Wir beginnen mit der primären Sehrinde: der Area 17 nach Brodmann. Sie empfängt Fasern, die visuelle Information übermitteln, vom Corpus geniculatum laterale des Thalamus, und sie erwidert diese Projektion. Außerdem projiziert sie auf thalamische graue Substanz, die Fasern vom Colliculus superior empfängt und ihrerseits auf den Assoziationscortex projiziert. Für den Augenblick lassen wir diesen zwischen Neocortex und Thalamus hin- und herlaufenden Nachrichtenstrom außer acht (und auch den Verkehr, der vom Neocortex auf der einen Seite des Gehirns zum Neocortex auf der anderen Seite fließt). Statt dessen untersuchen wir die ipsilaterale (homolaterale) Ausbreitung visueller Information im neocorticalen Blatt (Abb. 9.2). Die Area 17, also der primäre visuelle Cortex, liegt am hinteren Ende der Großhirnhemisphäre. Sie projiziert auf die Area 18, einen Streifen des umgebenden Neocortex. Die Area 18 wiederum projiziert auf die Area 19, einen weiteren Streifen, der den ersten umgibt; die Area 19 projiziert auf den Lobulus parietalis inferior, der auf der Seite der Großhirnhemisphäre liegt; der Lobulus parietalis inferior schließlich projiziert auf die Seite oder Konvexität des Frontallappens und diese letztlich auf die Unterseite oder orbitale Oberfläche des Frontallappens. Außerdem projiziert die frontale Konvexität auf die obere und die mittlere Temporalwindung (den Gyrus temporalis superior und den Gyrus temporalis medius), die ventral vom Lobulus parietalis inferior liegen. Diese Windungen projizieren ihrerseits auf die untere Temporalwindung (Gyrus temporalis inferior), zur Unterseite des Gehirns hin. Die Area 19 projiziert zudem direkt auf die untere Temporalwindung.

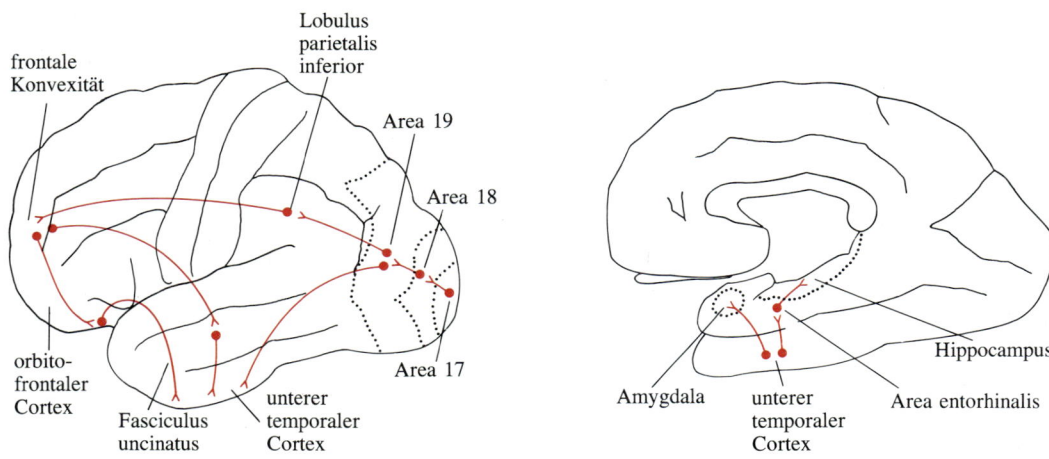

9.2 Projektionen, die den Neocortex überspannen, leiten Kaskaden von Signalen, die von primären sensorischen Feldern kommen, durch eine Folge von Assoziationsfeldern. Die Abbildung oben zeigt die visuelle Sequenz, so wie man sie sich heute grundsätzlich vorstellt. Die primäre Sehrinde (Area 17) am hinteren Pol der Großhirnhemisphäre projiziert auf ein Band von umgebendem Neocortex (Area 18), das seinerseits Fasern zu einem weiteren umgebenden Band (Area 19) schickt. Von dort ziehen Bahnen zu zwei Bereichen des Assoziationscortex — einem frontalen und einem temporalen —, die miteinander kommunizieren. Von letzterem (untere Zeichnung) gelangen Projektionen zur Amygdala und (mit Unterbrechung) zum Hippocampus. Ähnliche Muster ergeben sich für die anderen im Neocortex repräsentierten Sinne. Ein vereinfachtes Muster ist Teil der nächsten Abbildung.

Diese Folge ist kompliziert. Überdies liegt sie parallel zu mehreren ähnlich komplizierten Sequenzen, die von den anderen primären sensorischen Feldern ausgehen. Trotzdem zeichnet sich ein Grundmuster ab. Alle im Neocortex repräsentierten Sinne — das Sehen, das Hören und der somatische Sinn — lenken einen Teil ihres Verkehrs zu einem oder beiden von zwei corticalen Bereichen hin: dem frontalen Assoziationscortex und dem unteren temporalen Assoziationscortex. Diese sind über ein großes Faserbündel, den sogenannten Fasciculus uncinatus, miteinander verbunden. Der untere temporale Cortex projiziert seinerseits auf die Area entorhinalis, die corticale Pforte zum Hippocampus (Abb. 9.3). Außerdem projiziert er auf die Amygdala. Bei Primaten liefert er ihr sogar den gewichtigsten einzelnen Input.

9.3 Pforten zum limbischen System sind in dieser Zeichnung – dem letzten von 15 Schemata, in denen die neuronale Verschaltung des Säugetiergehirns und -rückenmarks zusammengefaßt ist – farbig wiedergegeben. Die Hauptpforte ist die Area entorhinalis, ein Cortexfeld in der Nähe des Saumes der Großhirnrinde. Die Area entorhinalis empfängt Projektionen, die in Kaskaden über das neocorticale Blatt ziehen; sie selbst projiziert auf den Hippocampus. Auf diese Weise macht sie das limbische System zu einem Empfänger neocorticaler Signale mit Vorläufern in Sehen, Hören und Somatosensorik. Eine vergleichbare Bahn vom Neocortex zur Amygdala ist in der Abbildung nicht gezeigt. Der Geruchssinn hat ebenfalls Zugang zu limbischen Strukturen. Der geradlinigste Weg ist die hier wiedergegebene Projektion vom primären olfaktorischen Cortex (der Riechrinde) direkt zur Amygdala. Eine letzte Projektion widerlegt die Vorstellung, daß das limbische System klar abgegrenzt ist: Der frontale Assoziationscortex entsendet Fasern zum Hypothalamus.

Die Projektion ist reziprok. Tatsächlich schickt die Amygdala ihre corticalen Projektionen sowohl zum unteren temporalen Cortex als auch zum frontalen Cortex (insbesondere der orbitalen Oberfläche des frontalen Cortex). Sie projiziert also auf die Teile des Neocortex, in denen die letzten Stufen der zum limbischen System laufenden Kaskade von sensorischen Daten verkörpert sind. Offenbar filtert die Amygdala ihren neocorticalen Input. Möglicherweise mischt sie sich somit in Ideenbildung und Denken ein. Gewöhnlich nimmt man von den Gehirnfunktionen an, daß sie von sensorischen Mechanismen nach innen führen – daß der Weg also von den Sinnesorganen und ihren Rezeptoren über eine Folge synaptischer Zwischenstationen zum sensorischen Cortex und von dort (im »Strom des Denkens«, wie Papez es nannte) zum limbischen System gerichtet ist. Hier begegnen wir dem Gegenteil: einer Gruppe vom limbischen System nach außen gerichteter Verbindungen. Es ist, als nähme die Amygdala an der Einschätzung der Welt durch das Gehirn teil.

Diese Beteiligung läßt vermuten, daß zwischen den enterozeptiven und den exterozeptiven Daten, die das neuronale Kontinuum mit dem Hypothalamus im Zentrum erreichen, ein Unterschied besteht. Die enterozeptiven Daten, die aus visceralen sensorischen Signalen von Rückenmark und Hirnstamm bestehen, sind möglicherweise bedingungsunabhängige Reize, die der Erhaltung des Lebens an sich dienen. Sie mögen beispielsweise signalisieren, daß der Blutdruck fällt, und somit darauf pochen, daß bedingungsunabhängig – das bedeutet, ohne Rücksicht auf andere Aspekte des Zustands, in dem sich der Organismus befindet – Gegenmaßnahmen ergriffen werden (etwa eine Steigerung des Sympathikotonus, also des Erregungszustands des sympathischen Nervensystems, und eine damit einhergehende

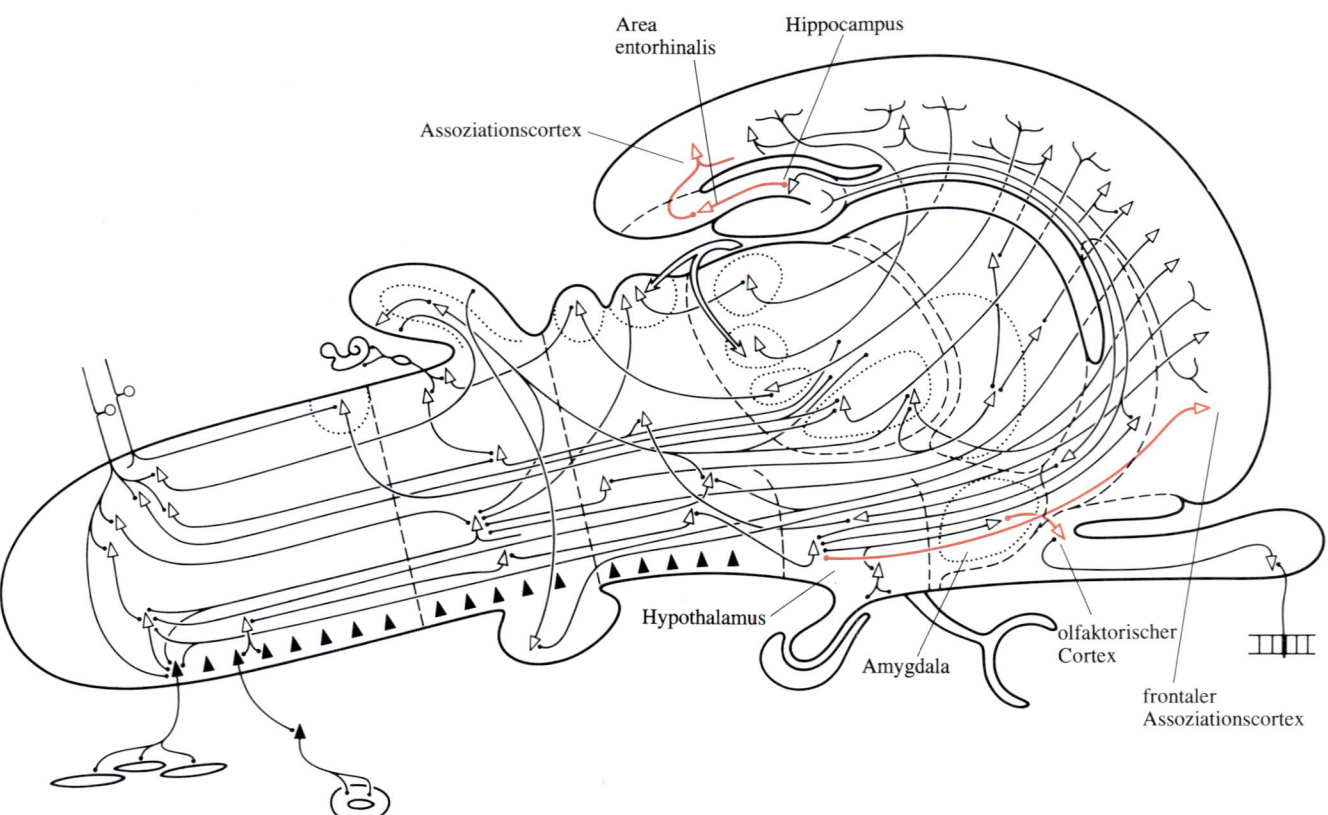

Hemmung des Parasympathikus). Das, was vom Neocortex aus in das limbische System eindringt, ist grundsätzlich anders. Man könte es eine wiederholt vorverarbeitete, multisensorische Repräsentation der Umwelt des Organismus nennen. In diesem Bereich ist nichts bedingungsunabhängig: Die Wahrnehmung der Welt wird durch körperliche Bedürfnisse verzerrt. Man mag hier an ein hungriges Kind denken, das ein Restaurant besucht. Beim Hineingehen sieht es nur, was die Leute auf ihren Tellern haben. Erst beim Herausgehen bemerkt es, daß die Tischgäste auch Gesichter haben.

Wie steht es mit dem Geruchssinn? Die Beziehung zwischen dem Riechen und dem limbischen System, von der man einst annahm, daß sie die anderen Sinne ausschloß, so daß das limbische System als das Riechhirn galt, sieht in Wirklichkeit wie folgt aus: Erstens projiziert der primäre olfaktorische Cortex auf die Area entorhinalis und diese wiederum auf den Hippocampus. Wir sehen damit die jahrelang heiß verteidigte und dann jahrelang strikt abgelehnte Vorstellung wiedereingeführt, daß der Hippocampus olfaktorische Signale empfängt. Diese Signale sind in gewisser Weise privilegiert: Die Bahn vom Riechepithel zum Hippocampus kommt ohne eine Kaskade von Projektionen über den Neocortex aus. Deshalb ist die Bahn vom Riechepithel direkter als die Bahn von sensorischen Oberflächen wie der Haut. Zweitens projiziert der primäre olfaktorische Cortex auf die Amygdala, insbesondere auf eine bestimmte Zellgruppe, nämlich ihren lateralen Kern (Nucleus lateralis). Wieder sind die Bahnen privilegiert, denn sie umgehen den Neocortex. Berichten zufolge projiziert der Bulbus olfactorius auf die Amygdala (genauer gesagt, auf ihren corticalen Kern oder Nucleus corticalis), aber es ist fraglich, ob es diese Verbindung beim Menschen gibt. Sie wurde bei Tieren wie etwa Nagern nachgewiesen, wo sie im akzessorischen Bulbus olfactorius entspringt, einem Abschnitt des Bulbus, der Input von einem spezialisierten Teil der Nasenschleimhaut bekommt, dem sogenannten vomeronasalen Organ. Man nimmt an, daß die beiden Projektionen ein System für die Weiterverarbeitung sexuell bedeutungsvoller Gerüche bilden; im voll entwickelten menschlichen Körper ist keine von beiden identifiziert worden. Schließlich projiziert der primäre olfaktorische Cortex noch auf den Thalamus.

Eine Verbindung steht noch aus. Der orbitale Teil des frontalen Cortex projiziert – als einzige Region im Neocortex – auf den Hypothalamus. Somit kann man das limbische System nicht als abgegrenzten, grundsätzlich vom Neocortex getrennten Teil des Gehirns ansehen. Schließlich ist das moderne Kriterium für die Zugehörigkeit zum limbischen System die synaptische Nähe zum Hypothalamus, und die besitzt der frontale Cortex zweifellos. Tatsächlich hat er einen nicht unterbrochenen Zugang zu den visceralen, endokrinen und affektiven Mechanismen des hypothalamischen Kontinuums. Kein anderer Teil des Neocortex verfügt über einen so direkten Zugang. Was also ist der frontale Cortex? Erstens gilt dieser Cortexbereich insofern schon lange als bemerkenswert, als er keine primären sensorischen Felder hat. Er ist reiner Assoziationscortex. Tatsächlich läßt – wie bereits erwähnt – die Verfolgung weitläufiger Projektionen in der unter der Großhirnrinde liegenden weißen Substanz vermuten, daß der frontale Cortex eine neocorticale Endstation darstellt: ein Ziel für aufeinanderfolgende Projektionen, die in den primären sensorischen Feldern beginnen. Zweitens ist der frontale Cortex ein Ziel für Signale mit Vorläufern im primären olfaktorischen Cortex. Wie alles in der olfaktorischen Verschaltung ist deren Bahn sehr eigenartig. Sie beginnt mit Fasern, die vom olfaktorischen Cortex zum Thalamus ziehen — verspätet, mag man klagen, denn alle anderen sensorischen Leitungsbahnen führen durch den Thalamus, bevor sie ihr primäres sensorisches Cortexfeld erreichen. Das „aufmüpfige" olfaktorische System stellt seine Verbindungen in der umgekehrten Reihenfolge her. Die Fasern enden in einer großen thalamischen Zellgruppe, die man Nucleus medialis dorsalis (oder mediodorsalis) nennt. Genauer gesagt, enden sie im medialen Anteil des Nucleus medialis dorsalis, einer Zone mit verhältnismäßig großen Neuronen. Der Nucleus medialis dorsalis projiziert auf den frontalen Assoziationscortex; der mediale Bereich des Kernes trägt zu dieser Projektion bei, indem er seine Fasern zur orbitalen Oberfläche des Frontallappens schickt. Drittens ist der frontale Cortex ein Ziel für Signale, die den inneren Zustand des Organismus repräsentieren. Sie kommen zum Teil von der Amygdala, möglicherweise aber auch vom Nucleus medialis dorsalis. Dichte, umschriebene, zum Nucleus medialis dorsalis afferente Faserbündel — in der Art eines Tractus opticus oder eines Lemniscus medialis — sind nie identifiziert worden. Doch man weiß, daß der Nucleus medialis dorsalis und besonders dessen medialer, großzelliger Anteil zahlreiche Inputs aus dem Kontinuum erhält, in dessen Mittelpunkt der Hypothalamus steht. Einige dieser Eingangsinformationen gehen vermutlich vom Septum aus, andere von der Formatio reticularis des Mittelhirns. Wieder andere haben ihren Ursprung in der Amygdala.

Die Befunde ergeben folgendes Bild: Der frontale Cortex hat Zugang zu all jenen sensorischen Fenstern, durch die ein Organismus die Welt aufnimmt. Er hat außerdem Zugang zu Signalen aus dem visceralen Bereich. Er projiziert auf den Hypothalamus. Schickt er ihm vielleicht einen Strom verschlüsselter neuronaler Information, der im Neocortex ablaufende Denkprozesse widerspiegelt? Und könnte die verschlüsselte neuronale Information, die vom Hypothalamus zurückgeschickt wird, ein Signal sein, das so in unsere Vorstellungswelt eindringt, daß ein Gedankengang ein Gefühl auslöst, das enterozeptiv als angenehm oder unangenehm wahrgenommen wird? Die Umgangssprache legt solche neuronalen Wechselwirkungen zumindest nahe. Man sagt etwa: „Der Gedanke daran macht mich krank." Oder: „Mir ist, was das angeht, ein bißchen komisch zumute." Man knüpft Kontakte, man schlägt einen bestimmten persönlichen Weg ein, teilweise weil ein „Gefühl im Bauch" ein befriedigenderes Leben prophezeit. Vielleicht ist es nicht sehr verwunderlich, daß Läsionen des frontalen Cortex beim Menschen oft zu einer Gefühlsschwäche und einer Neigung zu Sorglosigkeit und gedankenlosen Handlungen führen. Es ist, als versetzten solche Läsionen das Opfer in einen Zustand, in dem Erfahrungen und Gedanken ihre Macht verloren haben, Echos aus den enterozeptiven Tiefen hervorzurufen, und so auch ihre Führungskraft eingebüßt haben.

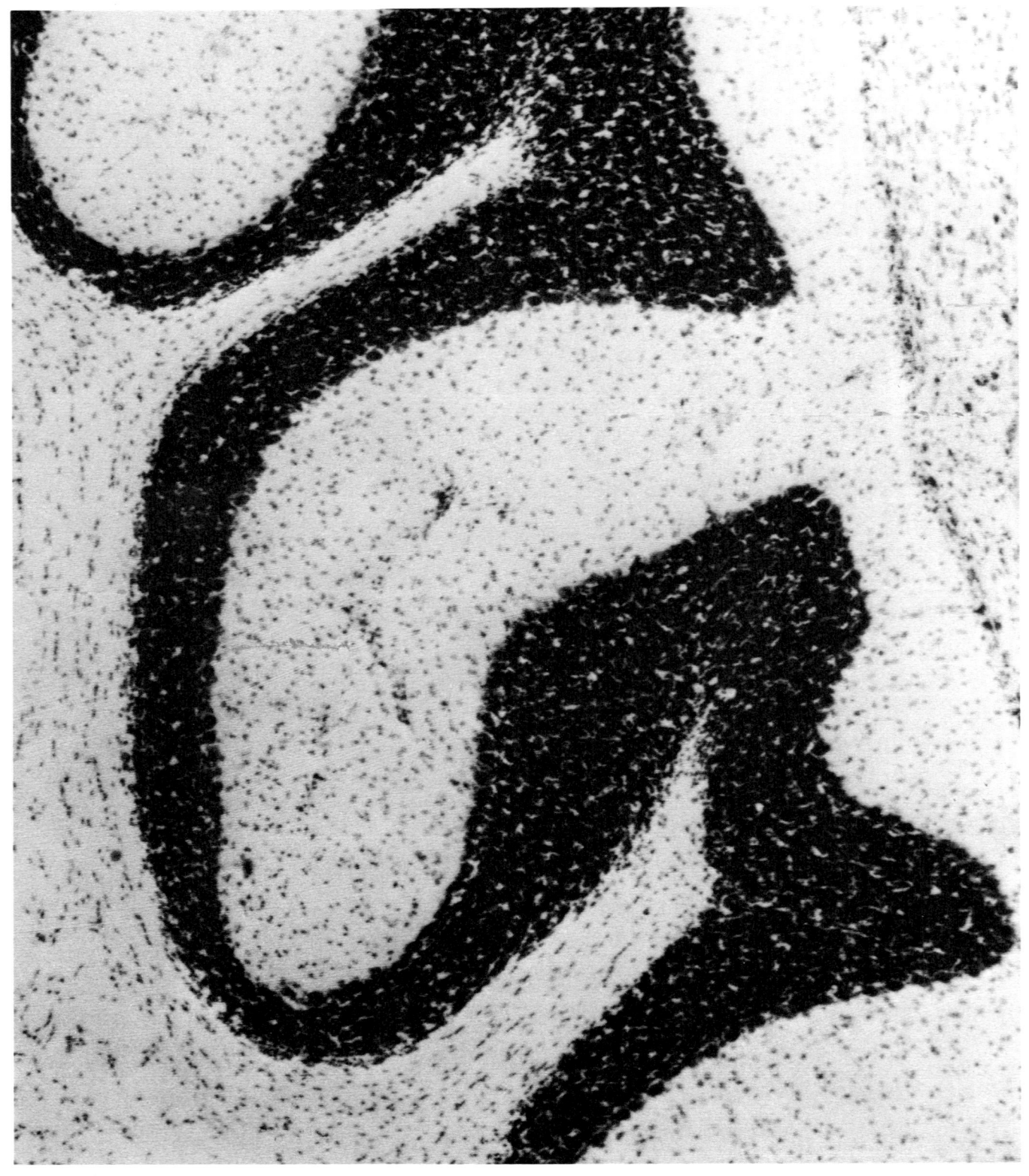

III. Anatomie

Dieses Nissl-Präparat von Hirngewebe einer Ratte wird von benachbarten Windungen der Kleinhirnrinde (Folia cerebelli) beherrscht. Jedes Folium (lateinisch für „Blatt") besteht aus drei Schichten. Die dunkel gefärbte Körnerschicht, die sich hier durch das Blickfeld windet, enthält äußerst dicht gepackte kleine Neuronen, die sogenannten Körnerzellen. Über der Körnerschicht (in diesem Bild rechts) befindet sich die Molekularschicht, der die Kerne von Gliazellen ein leicht gepunktetes Aussehen verleihen. Die dritte Schicht, die zwischen den beiden anderen liegt, ist eine Aufreihung jener großen, kolbenförmigen Kleinhirnneuronen, die man Purkinje-Zellen nennt. Am besten läßt sie sich unten rechts erkennen, wo sie als eine Linie großer, schwarzer Punkte entlang der Unterseite (eigentlich der Außenkante) der Körnerschicht in Erscheinung tritt. Jeder Punkt ist ein Zellkörper mit einem Durchmesser von 30 bis 35 Mikrometern. Ganz rechts außen grenzt die Kleinhirnrinde an eine Struktur des Mittelhirns, den Colliculus inferior. Die Photographie wurde von Peter Paskevich in den Mailman Research Laboratories des McLean Hospital in Belmont (Massachusetts) aufgenommen.

10. Die Ontogenese des Zentralnervensystems und die Anatomie des Rückenmarks

Mit der Beschreibung der Projektionen im limbischen System ist unser Überblick über die Verbindungen in Gehirn und Rückenmark von Säugetieren abgeschlossen. Dieser Überblick weist mehrere Mängel auf. Erstens wurde er der wahren Komplexität der Verbindungen kaum gerecht. Doch würde man alle bekannten Leitungssysteme in ein Schema des Säugetiergehirns und -rückenmarks einzeichnen, erhielte man ein hoffnungsloses Durcheinander. Die Zeichnungen, die wir verwendet haben, waren schon kompliziert genug, und in einigen unvorsichtigen Momenten gingen unsere Beschreibungen weit über sie hinaus. Zweitens haben wir selten zwischen Projektionen mit Millionen von Fasern und solchen unterschieden, die bloß einen Bruchteil dieser Menge umfassen. Erinnern Sie sich beispielsweise daran, daß bei Primaten der Tractus spinothalamicus, der zum Nucleus ventralis des Thalamus zieht, vielleicht nur ein paar hundert Fasern enthält, wogegen der Lemniscus medialis eine Million oder sogar noch mehr Fasern umfaßt. Drittens hat unser Überblick die bilaterale Symmetrie des Zentralnervensystems weitgehend vernachlässigt. Vor allem haben wir selten beschrieben, welche Projektionen zur entgegengesetzten Seite des Zentralnervensystems kreuzen und bei welchen Ursprung und Bestimmungsort auf derselben Seite liegen. Die Kreuzungen (oder ihre Abwesenheit) sind in der klinischen Diagnostik von entscheidender Bedeutung. Beispielsweise weist das Symptom der alternierenden Hemialgesie (eines Verlusts der Schmerzempfindung auf einer Seite des Gesichts und der anderen Seite des Körpers) auf eine Läsion im lateralen Teil des Rhombencephalon auf jener Seite des Gehirns hin, auf der der sensorische Defekt des Gesichts auftritt. Die vom Körper ausgehenden Schmerzleitungsbahnen durchziehen nämlich das Rautenhirn, nachdem sie sich überkreuzt haben, die vom Gesicht kommenden Bahnen hingegen vorher. Der größte Mangel unseres Überblicks aber liegt darin, daß wir lediglich die Grundmuster der Verbindungen im Gehirn – das heißt, die Ursprünge und Bestimmungsorte der verschiedenen Fasersysteme – besprochen haben und dabei nicht mehr als eine grobe Skizze der neuroanatomischen Verhältnisse – also der dreidimensionalen Architektur der Gewebe, die im Schädel und im Wirbelkanal liegen – entwerfen konnten. Unsere Übersicht über die Verbindungen im Zentralnervensystem von Säugern ist beendet. Jetzt beginnen wir von vorn, in der Hoffnung, zumindest den letzten dieser Mängel zu beheben. Gehirn und Rückenmark sollen nun vor uns Gestalt annehmen. Wir wollen unser Augenmerk zunächst auf bestimmte Ereignisse in der Ontogenese richten, die den allgemeinen Bau des Nervensystems bestimmen.

10.1 Die Einsenkung der Neuralrinne erfolgt in einem frühen Stadium der Entwicklung des Zentralnervensystems. Diese rasterelektronenmikroskopische Aufnahme zeigt die Rinne im Embryo eines Hamsters. Die Neuralrinne dellt das Ektoderm (die Rückenseite des Embryos) im Bereich der Mittellinie ein; ihre eingesenkten Wände werden als Neuralfalten bezeichnet. (Die nach außen hin sichtbaren Verdichtungen nennt man Neuralwülste.) Im Grunde genommen stellen die Neuralfalten Epithelgewebe dar: Ihre Zellen sind dicht aneinander gepackt. (Die lockerere Zellarchitektur, die für Bindegewebe typisch ist, zeigt sich rechts und links von den Falten.) Es handelt sich, genauer gesagt, um ein Zylinderepithel: Jede Falte besteht aus Zellen, die die gesamte Dicke des Gewebes überspannen. Aus den Falten wird sich die ganze Komplexität des Gehirns und des Rückenmarks entwickeln. Die Mikrophotographie stammt von Robert E. Waterman von der School of Medicine der University of New Mexico.

Neuroembryologie

Schon vor einem Jahrhundert wußte man grundlegend darüber Bescheid, wie das Nervensystem im menschlichen Embryo wächst. Etwa am 16. Tag der Schwangerschaft ist die Neuralplatte zu erkennen – eine Verdickung des Ektoderms, des äußeren Keimblattes des Embryos, die sich entlang der dorsalen Mittellinie fast über dessen gesamte Länge erstreckt. Sie bleibt nicht lange eine Platte. Vielleicht infolge der heftigen Vermehrung ihrer Zellen dellt sie sich bald ein. So wird die Platte ungefähr am 20. Tag von einer Rinne, die der dorsalen Mittellinie des Embryos folgt, in eine linke und eine rechte Hälfte geteilt. Jede Hälfte verdickt sich zu einem Neuralwulst. Derweil vertieft und verengt sich die Rinne (Abb. 10.1). Dann, am 22. Tag, beginnen die Ränder der Wülste zu verschmelzen, so daß das Neuralrohr Gestalt annimmt. Das Rohr trennt sich vom Rest des Ektoderms, das sich über ihm schließt, und nimmt eine Lage direkt unterhalb der dorsalen Mittellinie ein. Anfangs ist das Neuralrohr nur eine einzige Zelle dick: Jede Zelle haftet an den beiden Grenzmembranen, die das Rohr an seiner inneren und äußeren

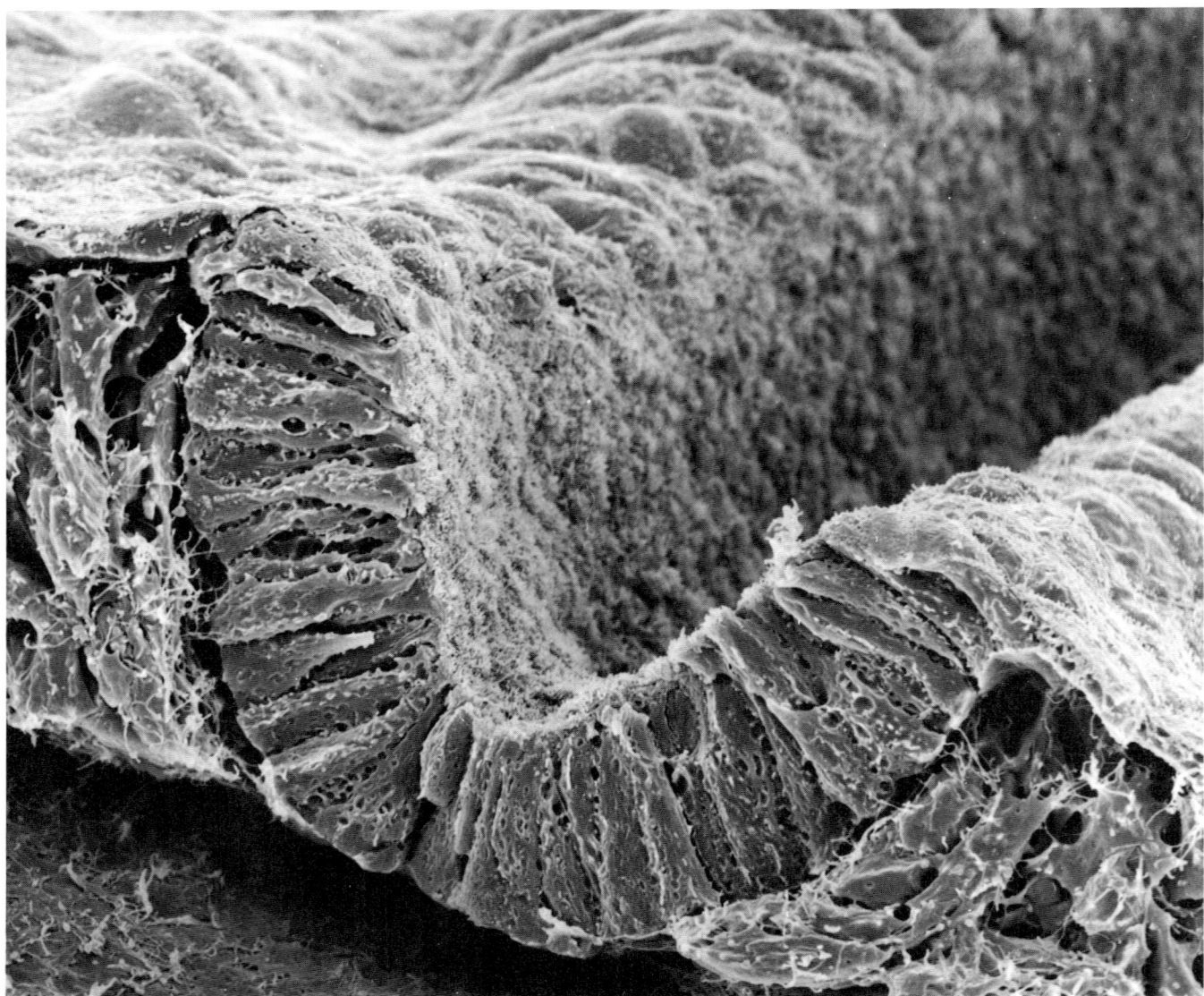

Oberfläche abschließen. Dann kommt es – in schneller Folge – zu mitotischen Zellteilungen. Man kann jedoch sehen, daß die Mitosen „abseitig" erfolgen: Der Kern jeder Zelle, die man in Teilung beobachtet, liegt in der Nähe der inneren Grenzmembran. Die Zelle rundet sich zu diesem Zeitpunkt ab und verliert außerdem ihren Halt an den beiden Grenzmembranen. Die aus der Mitose hervorgehenden Zellen können ihre doppelte Befestigung aber wiederherstellen; jede Zelle durchläuft also eine Abrundung und eine erneute Verlängerung. In der Phase, in der sich die Zelle nicht teilt, bewegen sich ihr Kern und der umgebende Zellkörper von der inneren Grenzmembran weg. Man weiß inzwischen, daß der Zellkörper dann, wenn er die von der inneren Grenzmembran am weitesten entfernte Position erreicht, DNA synthetisiert, denn nur in dieser Position nimmt er Thymidin auf, aus dem er eine der vier DNA-Basen aufbaut. Man weiß auch, daß sich der Zyklus der Abrundung und Verlängerung häufig wiederholen kann; dabei pendeln der Kern und der umgebende Zellkörper abwechselnd auf die innere Grenzmembran zu und wieder von ihr weg, stellen DNA her und teilen sich. Bei der Maus dauert dieser Zyklus acht Stunden; so nimmt die Zahl der Zellen mit einer Rate von drei Verdopplungen pro Tag exponentiell zu.

Den Bereich des Neuralrohrquerschnittes, der durch die Pendelbewegungen der Zellkörper bestimmt ist, nennt man ventrikuläre oder Ventrikularschicht. Er ist im frühesten Stadium des Neuralrohres der einzige deutlich erkennbare Bereich. Doch bald erscheint eine zweite Zone: die sogenannte Marginalschicht (Abb. 10.2). Anfangs umfaßt sie nur die Fortsätze, mit denen sich die Zellen an der äußeren Grenzmembran verankern. Später jedoch weitet sie sich: Durch den Eintritt von Axonen, die aus den Zellkörpern sprossen, schwillt sie an. Wenn schließlich die Zellen der Ventrikularschicht ihre Teilungstätigkeit einstellen, verlassen sie diese Schicht und siedeln sich im Übergangsbereich zwischen Ventrikular- und Marginalschicht an. So entwickelt sich eine dritte Schicht: die Mantelschicht. Deren Zellen halten sich weder an der inneren noch an der äußeren Grenzmembran fest. Sie scheinen niemals mehr zur Ventrikularschicht zurückzukehren und sich niemals wieder zu teilen. Die Mantelschicht wie auch die Marginalschicht werden mit der Zeit größer.

Die Entwicklung des Neocortex erlaubt uns, die Ontogenese des Nervensystems detaillierter zu untersuchen. Sie veranschaulicht zudem einige ontogenetische Leitmotive: erstens, daß das Gehirn im Grunde genommen ein Epithel ist, ein Gewebe, dessen Zellen durch eine minimale Menge interzel-

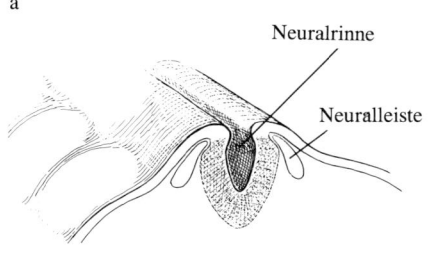

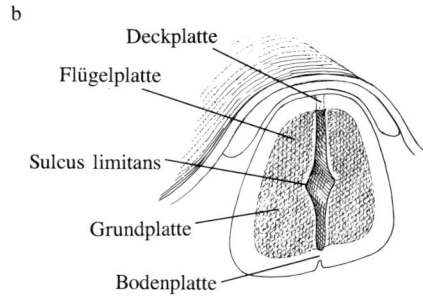

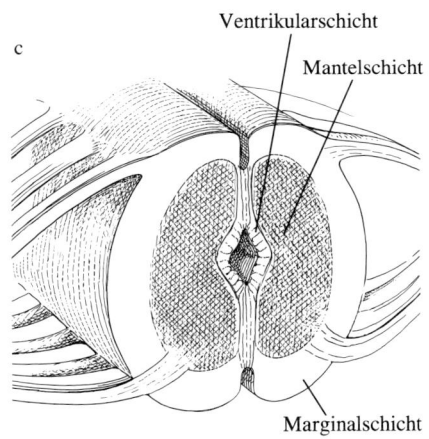

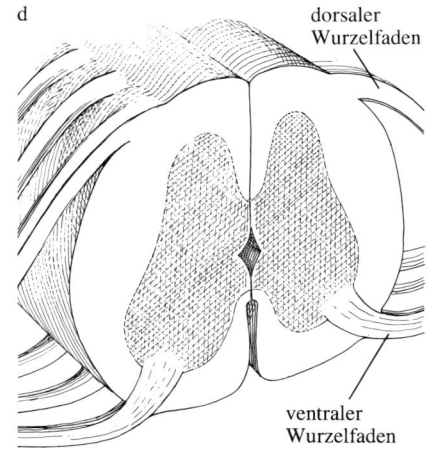

10.2 Das Neuralrohr entsteht, wenn sich die Lippen der Neuralfalten (die Neuralwülste) treffen. Seine Teilbereiche haben verschiedene Schicksale im voll ausgebildeten Zentralnervensystem. Aus dem Zentralkanal des Rohres entwickelt sich das Ventrikelsystem, eine Folge von Kammern, die mit Cerebrospinalflüssigkeit (Liquor) gefüllt sind. Die Zellen, die den Kanal säumen, bilden später die Auskleidung der Ventrikel. Zwei Schichten stellen den größten Teil der Breite des Rohres. Eine ist die Mantelschicht, die sich mit Nervenzellkörpern füllt und so zu grauer Substanz (Ansammlungen von Neuronen) im Zentralnervensystem wird. Die andere, die Marginalschicht, füllt sich mit Axonen und entwickelt sich so zu weißer Substanz (Ansammlungen von Fasern). Die Kerbe in den beiden Seitenwänden des Zentralkanals wird als Sulcus limitans bezeichnet. Der jeweils dorsal von ihm gelegene Teil der Mantelschicht heißt Flügelplatte. Hier entwickeln sich sekundäre sensorische Zellgruppen, die von Ganglien, die das Zentralnervensystem flankieren, die sensorischen Fasern primärer sensorischer Neuronen empfangen. Der Teil der Mantelschicht ventral zu jedem Sulcus wird Grundplatte genannt. Hier entwickeln sich lokale motorische Apparate, die motorische Fasern entsenden. An den Seiten des Rückenmarks treten die motorischen und die sensorischen Fasern zu den sogenannten Spinalnerven (segmentalen Nerven) zusammen. Im Gehirn ist das Muster komplizierter.

lulärer Substanz voneinander getrennt sind – ähnlich wie Ziegelsteine in einer Mauer; zweitens, daß Neuronen weit von ihren Bestimmungsorten entstehen und dann zu ihren Heimstätten wandern; drittens, daß Neuronen postmitotisch sind – das heißt, sich erst als Neuronen erkennen lassen, wenn sie aufgehört haben, sich zu vermehren; viertens, daß Neuronen in genetisch programmierten Episoden entstehen und dann mit anderen Zellen in Wechselwirkung treten, wobei vermutlich Außenreize auslösend wirken; fünftens, daß Neuronen anfänglich ein Übermaß an Verbindungen hervorbringen, die sich später selbst zurückstutzen.

Folgendermaßen nun bildet sich der Neocortex. Vor der sechsten Woche der menschlichen Ontogenese weist das Endhirnbläschen (der vorgewölbte Teil des Neuralrohres, der später zur Großhirnhemisphäre wird) nur eine Ventrikularschicht und eine Marginalschicht auf. Dann, in der sechsten Woche, erscheint die Mantelschicht. Wenig später siedeln sich einige Zellen zwischen Ventrikular- und Mantelschicht an. Sie teilen sich dort weiter und bilden die sogenannte subventrikuläre Zone. Als nächstes, in der siebten Woche, beginnen sich hoch oben in der Mantelschicht Zellen anzuhäufen. Sie bilden die sogenannte corticale Platte. In der elften Woche ist diese Platte dick und dicht; eine Welle der Zellwanderung endet. Thalamocorticale Axone kommen an, und einige dringen in die Platte ein. Am Ende der 13. Woche hat sich die Platte in einen inneren, von großen Zellen bevölkerten Bereich und einen äußeren Bereich mit dichter gepackten kleineren Zellen gegliedert. Die inneren, größeren Zellen waren zuerst da; die kleineren drangen durch ihre Reihen hindurch. Kurz gesagt, die Zellwanderungen bauen den Cortex von innen nach außen auf. Am Ende der 15. Woche ist die Platte wieder gleichförmig; vermutlich haben sich die später ankommenden Zellen vergrößert. Eine weitere Wanderungswelle schließt sich an; sie wird die oberflächennächsten Schichten der corticalen Platte mit Zellen bevölkern. Wie wandern die einzelnen Neuronen? Ein postmitotisches Neuron, das erstmals in die Mantelschicht eindringt, ist eine gestreckte, vielleicht 20 oder 30 Mikrometer lange bipolare Zelle. Sie hat einen „führenden" Fortsatz, der sie um ungefähr 70 Mikrometer verlängert. Die Reise, die sie vor sich hat, geht über Tausende von Mikrometern. Beim Affen erreichen die Frühankömmlinge ihr Ziel in ein oder zwei Tagen. Die später ankommenden Zellen, die längere Entfernungen zurücklegen (und sich anscheinend auch langsamer fortbewegen), brauchen zwei Wochen oder länger. Pasko Rakic hat während seiner Tätigkeit an der Harvard University gezeigt, daß ein Neuron, das zu einer Zeit wandert, in der die Ontogenese des Neocortex in vollem Gange ist, eine Art Sicherheitsleine verwendet: Es folgt auf seiner Reise einem Fortsatz einer unreifen, sogenannten radialen Gliazelle, die die Dicke der Wand des Endhirnbläschens überspannt (Abb. 10.3). Offenbar folgen jeder radialen Bahn mehrere Neuronen, die auf diese Weise im Cortex gestapelt werden.* Die später ankommenden Zellen wandern an den Frühankömmlingen vorbei. Schließlich verschwinden die radialen Gliazellen: Viele verlieren ihre langen Fortsätze und werden zu Astrocyten.

---

* In anderen Teilen des Gehirns mögen sich entwickelnde Neuronen auf andere Weise wandern. Wie D. Kent Morest entdeckt hat, der damals an der Harvard University mit Valerie B. Domesick zusammenarbeitete, senden unreife Neuronen im Colliculus superior einen kräftigen Fortsatz zu ihrem Bestimmungsort und bewegen dann ihren Kern im Inneren dieses Fortsatzes dorthin. Die endgültige Lage des Kernes legt die endgültige Plazierung des Nervenzellkörpers fest.

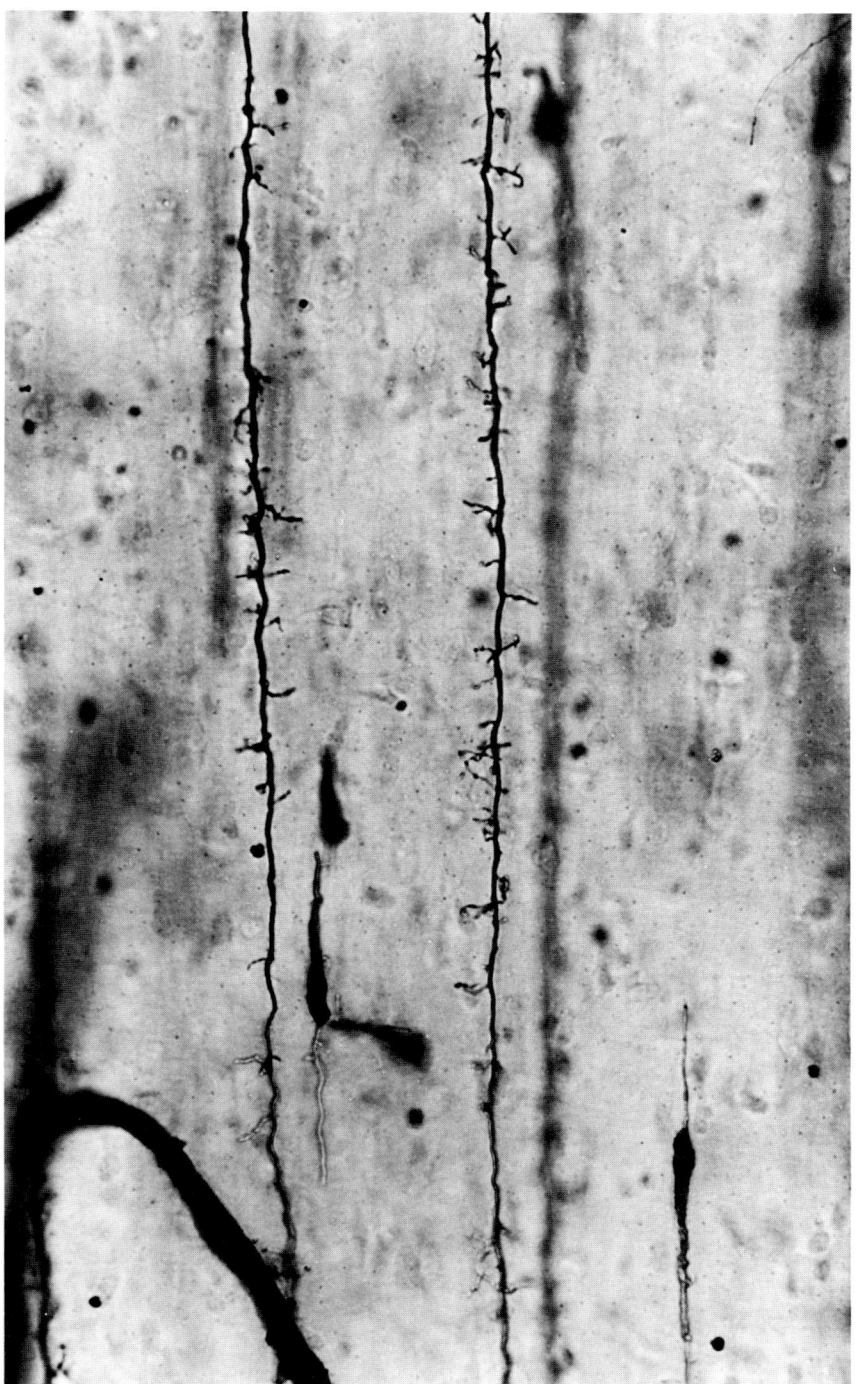

10.3 Diese Aufnahme von Golgi-gefärbtem Gewebe aus demjenigen Teil des Neuralrohres, das zur Großhirnhemisphäre wird, zeigt zukünftige Neuronen auf ihrer Wanderung zu ihren endgültigen Positionen im Cortex. Die wandernden Neuronen sind spindelförmige Zellen; eine ist rechts unten scharf abgebildet. Sie entsendet einen Fortsatz nach vorne, den man als „führend" bezeichnet, und einen nach hinten, den Hinterfortsatz. Zwei lange, schwarze Fasern, die nicht zu irgendeinem Neuron gehören, steigen durch das gesamte Blickfeld auf. Tatsächlich überspannen sie die ganze Breite des Neuralrohres. Es handelt sich um Fortsätze, die tief im Rohr von sogenannten radialen Gliazellen ausgesandt werden. Das launische Golgi-Verfahren markiert nur einige wenige Neuronen und nur einige der Fortsätze radialer Gliazellen, aber elektronenmikroskopische Aufnahmen zeigen, daß jedes wandernde Neuron sein Ziel erreicht, indem es einer der glialen „Sicherheitsleinen" folgt. Die dicke schwarze Struktur, die links unten im Bogen durch das Bild läuft, ist ein cerebrales Blutgefäß. Die Mikrophotographie stammt von Pasko Rakic von der Yale University School of Medicine; das Gewebe wurde dem Fetus eines Rhesusaffen entnommen.

Im fünften Monat der menschlichen Ontogenese treffen noch immer Neuronen ein. (Wir verwenden hier Mondmonate, die den Vorzug haben, jeweils genau vier Wochen zu umfassen.) Die Zellteilung in der Ventrikularschicht ist abgeschlossen. In der subventrikulären Zone kann sie jedoch andauern. In der corticalen Platte bringen die Zellen unterdessen Fortsätze hervor und bilden erstmals Synapsen im Inneren der Platte aus. Während des sechsten Monats lassen sich dann die tiefen Cortexschichten abgrenzen; die tiefliegenden Neuronen bilden dendritische Verzweigungen. Die Projektionsneuronen differenzieren sich zuerst, die *local circuit*-Neuronen oder Interneuronen später. In beiden Fällen entwickeln sich die dendritischen Dornen zuletzt; selbst in den tiefsten Cortexschichten bilden sie sich auch nach der Geburt noch. Im siebten Monat besteht der Neocortex aus sechs Schichten, wenngleich die Schichten 2 und 3 (die äußersten zellenthaltenden Schichten) „unreif" sind. Das heißt, sie haben noch nicht ihre endgültige Struktur; noch eine ganze Weile nach der Geburt finden hier Umgruppierungen statt. Der Assoziationscortex reift zuletzt, lange nach den primären sensorischen Feldern und dem motorischen Cortex. Markscheiden entwickeln sich. Die Myelinisierung setzt sich bis ins hohe Alter fort. Ein Wort zu den Projektionen: Sie scheinen zunächst diffus und überlappend zu sein und erst später eine Feinabstimmung zu durchlaufen, wobei durch die Eliminierung überflüssiger Synapsen und sogar Leitungsbahnen eine topologische Punkt-zu-Punkt-Präzision erreicht wird. Das visuelle System macht das in dramatischer Weise deutlich. Im voll ausgebildeten Gehirn eines Primaten verteilt der Sehnerv jedes Auges seine Fasern an drei der sechs Zellschichten, die das Corpus geniculatum laterale des Thalamus bilden. Folglich wird jede Schicht vom ipsilateralen oder vom kontralateralen Auge versorgt, nicht aber von beiden. (Mit den Einzelheiten werden wir uns später noch beschäftigen.) Anfangs, beim Embryo, gibt es keine solche Trennung: Die zum Corpus geniculatum ziehenden Projektionen von den beiden Augen mischen sich in allen sechs Schichten. Im Jahre 1983 zählten Rakic und Katherine P. Riley an der Yale University in Querschnitten des Sehnervs von Affen und Affenfeten die Anzahl von Sehnervenaxonen entlang radialer Bahnen aus und versuchten aufgrund dieser Werte die Gesamtzahl der Fasern abzuschätzen. Beim erwachsenen Affen kamen sie auf 1,2 bis 1,3 Millionen Axone. Bei einem am 69. Trächtigkeitstag getöteten Fetus fanden sie 2,85 Millionen. (Die gesamte Tragzeit beträgt 165 Tage.) Bei älteren Feten verringerte sich die Zahl nach und nach. Unterdessen war im Corpus geniculatum laterale die Innervation jeder Zellschicht immer stärker monokular geworden.

Organisationsmuster

Lassen Sie uns zur fünften oder sechsten Woche der Ontogenese zurückkehren. Zu dieser Zeit ist das zukünftige Gehirn weit kleiner als etwa der Nucleus ruber beim Erwachsenen. Trotzdem zeigt das vordere Ende des Neuralrohres schon die Krümmungen, die ampullenförmigen Schwellungen und die sich auswölbenden Seitenkammern — mit einem Wort, den ganzen komplexen Grundbauplan —, welche die grobe Anatomie des voll ausgebildeten Gehirns vorwegnehmen. Hinter dem vorderen Ende bleibt der größere Teil des Neuralrohres gerade und gleichmäßig breit. Er wird sich zum Rückenmark entwickeln. Da ihm Krümmungen, Ampullen und Seitenkammern fehlen, werden die Muster, die seine Organisation steuern, auf seiner ganzen Länge verhältnismäßig einfach bleiben. Betrachten wir die verschiedenen Bereiche des Neuralrohres daraufhin. Das Lumen des Rohres bezeichnet man als Zentralkanal. Dort, wo sich das Rückenmark entwickelt, schrumpft sein Durchmesser allmählich. Zuletzt schließt er sich mehr oder weniger vollständig. (Im menschlichen Rückenmark ist er ganz verschlossen.) Im sich entwickelnden Gehirn dagegen nimmt der Zentralkanal eine labyrinthartige Form an; er wird, wie erwähnt, zum Ventrikelsystem, jenem System von Kammern, die mit Liquor cerebrospinalis gefüllt sind. Der innerste Bereich des eigentlichen Neuralrohres ist die Ventrikularschicht. Während sich das Neuralrohr entwickelt und Zellen unwiderruflich ihren Halt an der inneren Grenzmembran lösen, verliert diese Schicht ihre Zellpopulation. Sie wird letztlich auf das Ependym reduziert, ein bemerkenswert regelmäßiges Epithel, das aus einer einzigen Reihe würfelförmiger Zellen besteht. In einem Querschnitt des voll ausgebildeten Rückenmarks bleibt das Ependym nur als kleiner, unregelmäßiger Zellhaufen erhalten, der den verschlossenen Zentralkanal markiert. Im Gehirn jedoch kleiden die Ependymzellen die Ventrikel aus. Man nimmt an, daß diese Zellen im Gehirn den Liquor cerebrospinalis erzeugen. Einer Hypothese zufolge filtern sie diese Flüssigkeit aus dem Blut. Die äußeren Bereiche des sich entwickelnden Neuralrohres sind die Mantelschicht, eine Heimstätte postmitotischer Zellkörper, und die Marginalschicht, in der sich deren Axone ansammeln. Erstere wird zur grauen Substanz des voll ausgebildeten Zentralnervensystems, letztere zur weißen Substanz. Anfangs liegt also die weiße Substanz auf der ganzen Länge des Neuralrohres um die graue Substanz herum. Im sich entwickelnden Rückenmark bleibt diese Anordnung bestehen; es geschieht nichts, was die Beziehung zwischen den beiden verändern würde. Im sich entwickelnden Gehirn dagegen kann sich die ursprüngliche Lagebeziehung ändern. In der Großhirnhemisphäre ist die Situation am Ende genau umgekehrt: Graue Substanz — die Großhirnrinde — kommt an die Oberfläche zu liegen.

Ein weiteres Organisationsmuster betrifft die dorsoventrale Richtung. Es läßt sich ebenfalls deutlich erkennen, wenn die Entwicklung des Neuralrohres noch nicht weit fortgeschritten ist. Beim ersten Erscheinen im Embryo besitzt das Rohr einen ovalen Querschnitt, und der Zentralkanal besteht aus einem engen, dorsoventral ausgerichteten Schlitz. Bald jedoch entwickelt sich in beiden Seitenwänden des Kanals eine Furche, der Sulcus limitans. Seine Bildung erweitert gewöhnlich die Mitte des Kanalquerschnittes, so daß sich der Kanal nun sowohl dorsal als auch ventral verjüngt. Alles in allem nimmt er jetzt im Querschnitt die Gestalt einer gestreckten Raute an. Würde man in diesem Entwicklungsstadium eine Linie durch die beiden Sulci limitantes legen, so würde diese die Mantelschicht auf jeder Seite der Mittellinie des Neuralrohres in einen dorsalen und einen ventralen Bereich unterteilen. Der dorsale Bereich ist die Flügelplatte, der ventrale die Grundplatte. Zwei weitere Bezeichnungen sollten hier ebenfalls angegeben werden: Der Bereich um die Mittellinie, der die dorsale Seite des Zentralkanals abschließt und die beiden Flügelplatten trennt, heißt Deckplatte und der Mittellinienbereich, der die ventrale Seite des Kanals begrenzt und die beiden Grundplatten trennt, Bodenplatte. Weder die Deck- noch die Bodenplatte bringen neue Zellen hervor. Folglich entwickelt keine von beiden eine Mantelschicht, während sich Gehirn und Rückenmark ausformen. Letztlich tragen Deck- und Bodenplatte lediglich Ependymzellen zum reifen Zentralnervensystem bei.

Primäre sensorische Neuronen werden nicht im Neuralrohr gebildet. Tatsächlich scheint keines der Neuronen, deren Zellkörper in der Körperperipherie sitzen, aus dem Neuralrohr zu stammen. Solche Zellen entstehen vielmehr in der Neuralleiste, einem längs ausgerichteten Zellstrang, der sich beiderseits der Neuralrinne aus der Unterseite des Ektoderms oben am Neuralwulst entwickelt. Zu dem Zeitpunkt, an dem die Wülste verschmelzen und so das Neuralrohr hervorbringen, hat sich die Leiste weitgehend von ihrer ektodermalen Matrix abgelöst; sie bildet jetzt ein fortlaufendes Band nahe dem Rücken des Rohres, das in seinen lateralen Bereichen erheblich dicker ist als entlang der Mittellinie. Bald — nämlich mit Beginn der vierten Schwangerschaftswoche — zerfällt die Leiste in eine Reihe epithelialer Knoten. Beiderseits des sich entwickelnden Rückenmarks gibt es für jedes der Segmente, die sich im embryonalen Körper gebildet haben, einen Knoten. Schon bevor diese Knoten erscheinen, verlassen Zellen die Neuralleiste. Einige werden sich zu einer segmental gegliederten Folge von miteinander verbundenen sympathischen Ganglien auf jeder Seite der Wirbelsäule zusammentun; dies sind die paravertebralen Ganglien, die den sogenannten Grenzstrang des Sympathikus bilden. Andere werden weiter wandern und ventral zur Wirbelsäule ein großes nichtsegmentiertes sympathisches Ganglion bilden, das Ganglion coeliacum, das zu den prävertebralen Ganglien zählt. Eine dritte Gruppe von Zellen wird noch weiter wandern und zu den chromaffinen Zellen des Nebennierenmarks werden. Eine vierte Gruppe schließlich wird die größte Entfernung zurücklegen und sich in der Nähe peripherer Organe oder sogar in ihnen niederlassen — in Form der juxtamuralen und intramuralen Ganglien des parasympathischen Nervensystems. Der Auerbach- und der Meißner-Plexus in der Wand des Verdauungstraktes gehören zur intramuralen Kategorie.*

Was nach Abschluß all dieser Wanderungen von der Neuralleiste übrigbleibt, ist noch immer eine segmental angeordnete Folge von Knoten. Aus jedem von ihnen entwickelt sich ein sensorisches Ganglion; so werden die in den Knoten gebildeten nichtwandernden Neuroblasten zu primären sensorischen Neuronen. Sie haben eine bemerkenswerte Form. Jedes primäre sensorische Neuron bringt zu Beginn zwei Fortsätze hervor, die an entgegengesetzten Seiten des rundlichen Zellkörpers entspringen: Die Zelle ist zunächst bipolar. Dann jedoch rücken die Fortsätze zunehmend näher zusammen. Sie verschmelzen schließlich so, daß ein einzelner axonaler Hauptfortsatz von dem Zellkörper ausgeht. Man bezeichnet die Zelle jetzt als pseudounipolar. Der Axonstamm behält jedoch seine zwei Äste. Einer von ihnen zieht nach außen zur Körperperipherie, wo er eine oder mehrere sensorische Endigungen bildet. Der andere Ast dringt in das sich entwickelnde Rückenmark ein. Eine bemerkenswerte Eigenheit primärer sensorischer Neuronen besteht darin, daß von ihren Zellkörpern keine Dendriten aussprossen. (Der periphere Ast des Axonstammes leitet zwar Signale in Richtung Zellkörper, kann aber nicht als Dendrit angesehen werden; er besitzt zum Beispiel gewöhnlich eine Markscheide.) Hat tatsächlich die ganze Zelle keine Dendriten? David Bodian von der Johns Hopkins University hat dieses

---

* Die Neuralleiste erzeugt nicht nur die Neuronen der sensorischen und autonomen Ganglien, sondern auch die Gliazellen in der Körperperipherie. Letztere umfassen die sogenannten Satellitenzellen, die Ganglien besiedeln, und die Schwann-Zellen, die Axone in der Peripherie umhüllen. Schließlich nimmt man an, daß die Neuralleiste auch Zellen zur Pia mater und zur Arachnoidea, den inneren Hirnhäuten, beisteuert.

alte Rätsel gelöst: Er entdeckte, daß in dem besonderen Fall der primären sensorischen Neuronen die Dendriten aus dem peripheren Ende des Axons entspringen. Folglich sind die somatosensorischen Endigungen in der Körperperipherie dendritisch, nicht axonal. Wie Dendriten anderswo erzeugen sie abgestufte Potentiale, die auf einen Alles-oder-Nichts-Ort zusammenlaufen. Nur befindet sich dieser Ort hier am letzten Schnürring der Markscheide des Axons. Eine weitere bemerkenswerte Eigenschaft der primären sensorischen Neuronen ist, daß der Zellkörper praktisch keine synaptischen Kontakte aufweist: Er bekommt keinen Input von anderen Neuronen. Der früheste Punkt, an dem einlaufende sensorische Daten von anderen Neuronen modifiziert werden können, sind die synaptischen Endigungen des zentralwärts gerichteten Astes des primären sensorischen Axons — das heißt, dieser Punkt liegt im Rückenmark.

Wir sind jetzt in der Lage, die Beschreibung des dorsoventralen Organisationsmusters zu vervollständigen. Während primäre sensorische Neuronen und autonome motorische Neuronen erzeugt und zu Gangliennestern geleitet werden, schreitet die Vermehrung und Differenzierung der Zellen in der Mantelschicht des Neuralrohres zusehends fort. In der Flügelplatte, dem dorsalen Bereich des Neuralrohres, entwickeln sich sekundäre sensorische Zellgruppen in Gesellschaft von anderen vermittelnden Neuronen und von Gliazellen. Derweil treten die Axonäste, die von den primären sensorischen Neuronen in den einzelnen sensorischen Ganglien zentralwärts ziehen, dorsolateral in das Rückenmark ein, und zwar in einer Längsreihe von Bündeln, die man Hinter- oder Dorsalwurzeln nennt. In der Grundplatte, dem ventralen Bereich des Neuralrohres, entwickeln sich unterdessen motorische Neuronen zusammen mit Interneuronen und Gliazellen. Die Vorgänge hier gehen den anderen deutlich voraus. Tatsächlich tauchen in der Grundplatte schon Ansammlungen von Zellen auf, die zweifellos Neuronen sind, wenn die Flügelplatte noch keinerlei Differenzierung zeigt. Es sieht so aus, als ob im Entwicklungsplan des Zentralnervensystems die motorische Seite der Organisation der sensorischen Seite vorgezogen wird. Wie auch immer, die von motorischen Neuronen ausgesandten Axone verlassen das Rückenmark ventrolateral in einer Längsreihe von Bündeln, die man Vorder- oder Ventralwurzeln nennt. Daß das Rückenmark sensorischen und motorischen Fasern getrennte dorsale und ventrale Anteile zuweist, wurde erstmals zu Beginn des 19. Jahrhunderts erkannt. 1811 berichtete der schottische Chirurg und Physiologe Charles Bell, daß die mechanische Reizung ventraler Bündel — nicht aber dorsaler — bei Versuchstieren Muskelkontraktionen auslöste. Elf Jahre später machte der französische Physiologe François Magendie die ergänzende Entdeckung, daß die Durchtrennung dorsaler Bündel die Extremität eines Tieres gefühllos machte, sie aber nicht lähmte.

Anatomie des Rückenmarks

Das voll ausgebildete menschliche Rückenmark ist im wesentlichen eine lange, schlanke Säule, die an keiner Stelle viel dicker als ein Finger ist. Abbildung 10.4 zeigt eine dorsale Ansicht. Man sieht — innerhalb des Wirbelkanals — zwei Reihen dorsaler (oder hinterer) Wurzelfäden, eine auf jeder Seite der Mittellinie. Ähnliche Reihen ventraler (vorderer) Wurzelfäden sind in dieser Ansicht hinter dem Rückenmark verborgen. Die dorsalen und ventralen Wurzelfäden treten zu größeren Bündeln zusammen, den Hinter- und Vorderwurzeln, und eben diese Zusammenschlüsse kennzeichnen die Segmente des Rückenmarks: Jedes Segment ist als ein Abschnitt des Rückenmarks definiert, dessen dorsale Wurzelfäden auf jeder Seite der Mittellinie in eine einzelne Hinterwurzel (Dorsalwurzel) und dessen ventrale Wurzelfäden in eine einzelne Vorderwurzel (Ventralwurzel) münden. Unterteilt man das menschliche Rückenmark jeweils zwischen solchen Wurzelfadengruppen, so kommt man auf 32 bis 33 Segmente. Von oben nach unten folgen acht Halssegmente, zwölf Brustsegmente, fünf Lendensegmente, fünf Kreuzbeinsegmente und zwei oder drei Steißbeinsegmente aufeinander. Das Rückenmark selbst zeigt allerdings kein Zeichen einer Segmentierung. Jede Hinterwurzel, die vom Rückenmark wegzieht, durchläuft einen kleinen Klumpen von Nervengewebe, der in ein Zwischenwirbelloch — eine Öffnung zwischen aufeinanderfolgenden Wirbelbögen — eingekeilt ist. Bei diesem Klumpen handelt es sich um ein Spinalganglion (auch intervertebrales Ganglion genannt). In ihm sitzen die primären sensorischen Neuronen, von denen die Fasern der Hinterwurzel ausgehen. Neben jedem Ganglion im Zwischenwirbelloch oder, anders ausgedrückt, unmittelbar proximal von ihm im Wirbelkanal verschmilzt die Hinterwurzel mit der entsprechenden Vorderwurzel zu einem Spinalnerv.

Wir wollen an dieser Stelle kurz auf die Meningen, die Häute, eingehen, die das Rückenmark umgeben. Die äußerste der drei Häute des Zentralnervensystems ist ein kräftiges Blatt faserigen Bindegewebes, das man harte Hirn- oder Rückenmarkshaut nennt; Neuroanatomen sprechen auch von Pachymeninx, was im Griechischen „dicke Membran" bedeutet, oder — häufiger — von der Dura mater, dem lateinischen Ausdruck für „harte Mutter". (Das Wort *mater* sollte das Bild einer Gebärmutter hervorrufen: einer Tasche, in die das Gehirn eingeschlossen ist.) Die Dura mater — oft auch nur kurz Dura genannt — kleidet den Wirbelkanal aus, allerdings nur sehr locker (Abb. 10.5), so daß zwischen ihr und den Wirbeln ein Hohlraum, der Epiduralraum, freibleibt. Auf der Ebene des Rückenmarks ist der Epiduralraum mit Fettgewebe und einem wohlentwickelten Venengeflecht ausgefüllt. Im Gegensatz dazu ist im Gehirn die umhüllende Dura mater mit dem Periost — der Knochenhaut — der Schädelknochen verwachsen. Zwischen den beiden liegt kein Venengeflecht. Man findet jedoch um das Gehirn große Venenkanäle, die „Hirnsinus" (Sinus durae matris), die in die Dura selbst eingebettet sind. Jedes Spinalganglion liegt in einer trichterförmigen Ausstülpung der Dura mater des Rückenmarks. Der Trichter umhüllt jeweils eine Hinterwurzel und eine Vorderwurzel. Unmittelbar proximal von dem Ganglion schließt sich seine Mündung um diese beiden Wurzeln und bildet so eine eng anliegende Scheide, die nicht nur das Ganglion bedeckt, sondern auch den Spinalnerv jenseits davon. Mit anderen Worten, kein Nerv durchdringt jemals wirklich die Dura mater.

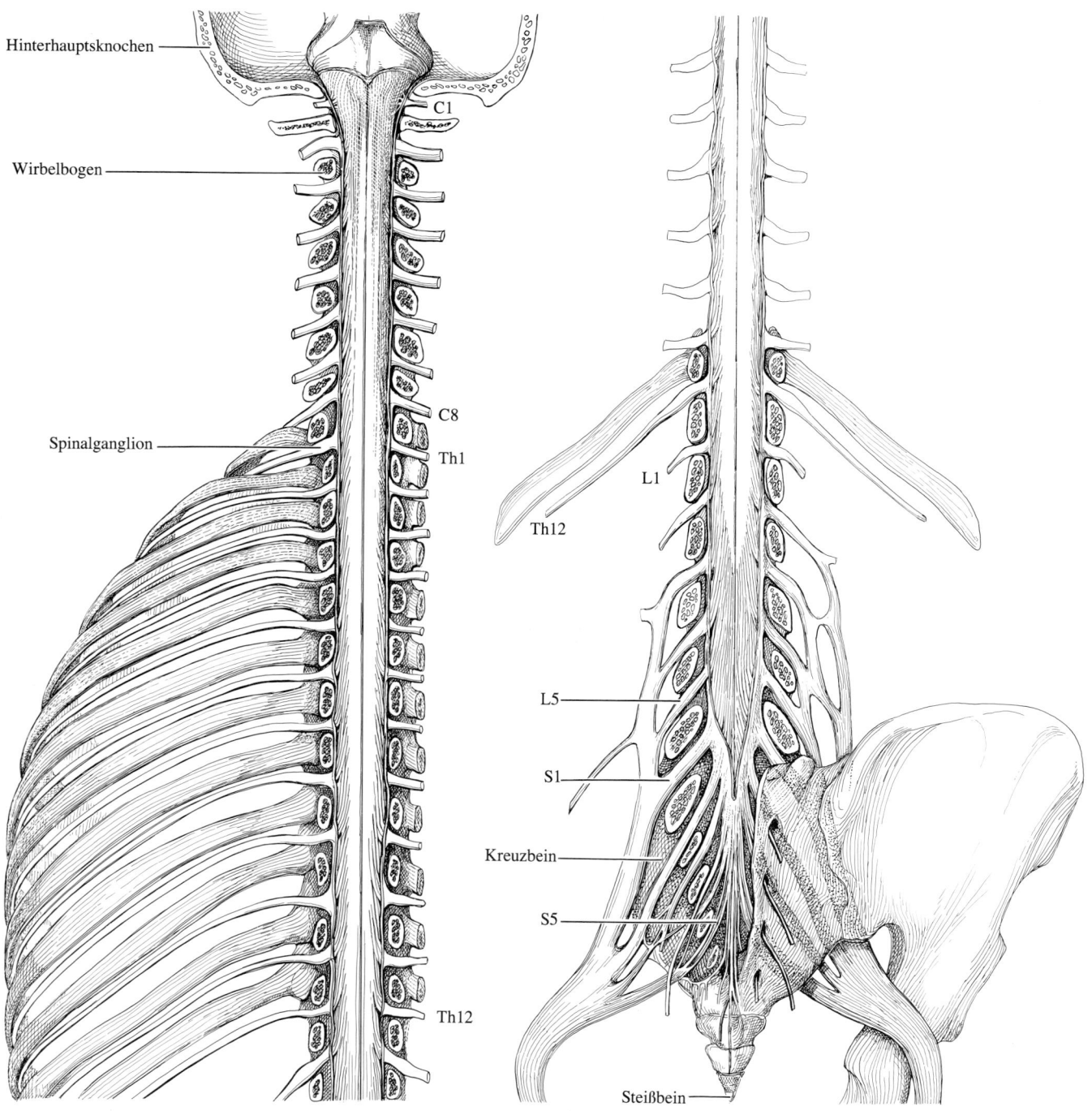

Hinterhauptsknochen

C1

Wirbelbogen

C8

Th1

Spinalganglion

Th12

Th12

L1

L5

S1

Kreuzbein

S5

Steißbein

10.4 Das menschliche Rückenmark ist hier in einer Dorsalansicht, das heißt, vom Rücken des Körpers her, gezeigt. Fächer von dorsalen Wurzelfäden verlassen das Rückenmark auf jeder Seite; sie bestehen aus primären sensorischen Axonen. Die entsprechenden Fächer von ventralen Wurzelfäden, die aus motorischen Axonen bestehen, sind in dieser Ansicht nicht zu erkennen. Die Wurzelfäden treten zu den Hinter- und Vorderwurzeln zusammen, die sich ihrerseits zu den segmental angeordneten Spinalnerven vereinigen. Beiderseits der Mittellinie gibt es acht Hals- oder Cervicalnerven, zwölf Brust- oder Thoracalnerven, fünf Lenden- oder Lumbalnerven, fünf Kreuzbein- oder Sacralnerven und zwei bis drei Steißbein- oder Coccygealnerven. Jedes Rückenmarkssegment ist ein Abschnitt, der ein Paar von Spinalnerven (je einen Nerv links und rechts) hervorbringt.

Die mittlere meningeale Hülle des Zentralnervensystems ist die Arachnoidea oder Spinnwebhaut, ein zartes, halbdurchsichtiges Bindegewebeblatt. (Die Fachbezeichnung, die sich vom griechischen *arachne* für „Spinne" ableitet, weist darauf hin, daß sie einem Spinnennetz ähnlich sieht.) Im gesamten Zentralnervensystem haftet die Arachnoidea der inneren Oberfläche der Dura mater an – und zwar so dicht, daß sich zwischen den beiden nur ein virtueller Raum, der sogenannte Subduralraum, befindet. (Der Begriff virtueller Raum bedeutet, daß zwei Gewebe durch nichts als die Oberflächenspannung der zwischen ihnen liegenden Gewebeflüssigkeit verbunden sind. Die Gewebe können also leicht voneinander getrennt werden, ganz ähnlich wie die Seiten einer nassen Zeitung.) Die Arachnoidea folgt getreu der inne-

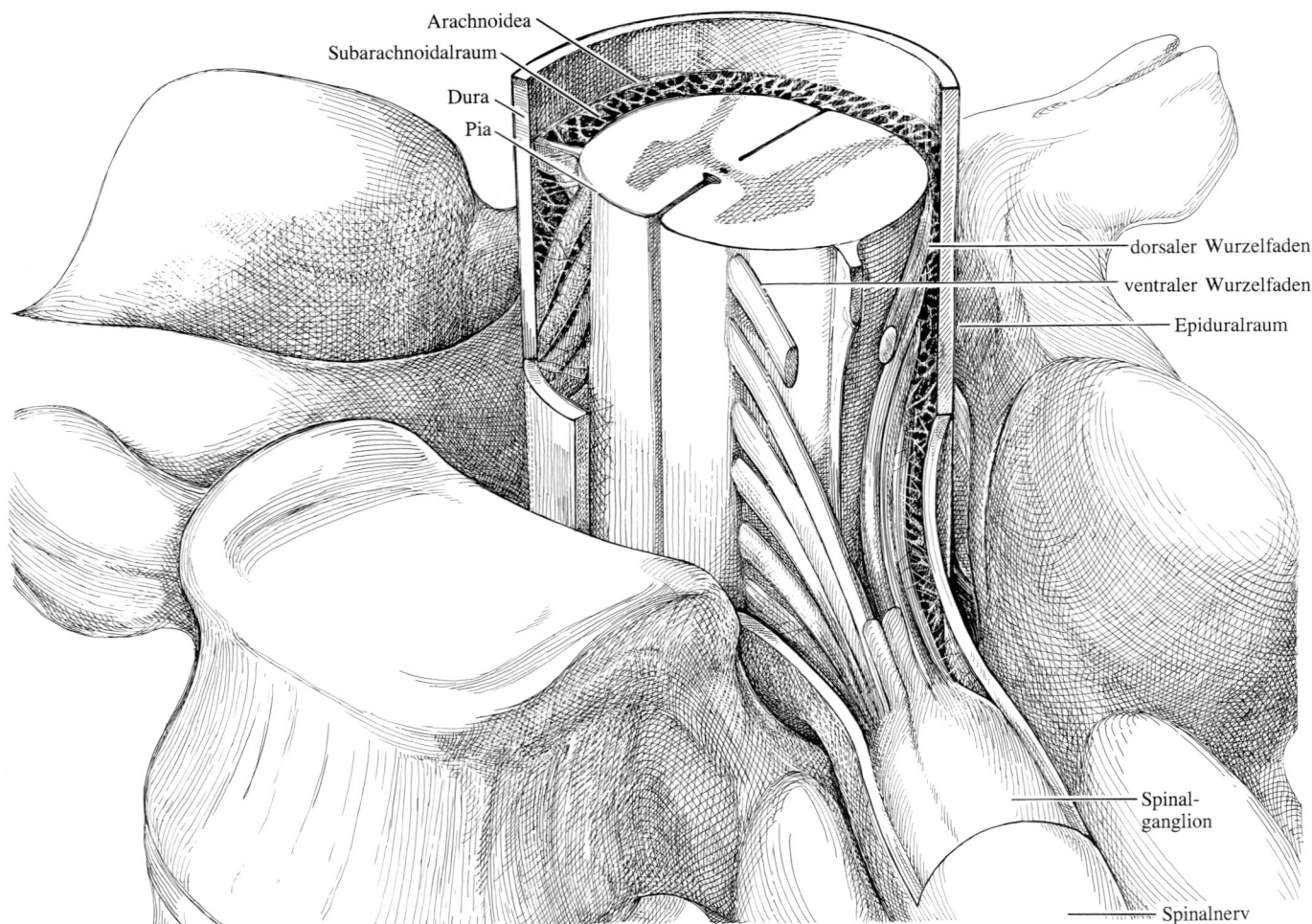

Arachnoidea
Subarachnoidalraum
Dura
Pia
dorsaler Wurzelfaden
ventraler Wurzelfaden
Epiduralraum
Spinal-ganglion
Spinalnerv

10.5 Diese Zeichnung zeigt die Meningen – drei Blätter von Bindegewebe, die als Rückenmarks- oder Hirnhäute das Zentralnervensystem umgeben – im Bereich des Halsmarks. Die drei Häute sind die Dura mater, ein derbes Blatt, das den Wirbelkanal lose auskleidet, die Arachnoidea, die der inneren Oberfläche der Dura anliegt, und die Pia mater, die praktisch die Rückfaltung der Arachnoidea auf die Oberfläche des Zentralnervensystems darstellt. Der Raum zwischen den Wirbeln und der Dura – der sogenannte Epiduralraum – ist mit Fettgewebe und Venen gefüllt, der Raum zwischen der Arachnoidea und der Pia – der Subarachnoidalraum – mit Cerebrospinalflüssigkeit; letzterer wird außerdem von Faserbälkchen durchquert, die man als Subarachnoidaltrabekel bezeichnet. Die Dura mater bildet Scheiden um jedes Paar von Hinter- und Vorderwurzeln, die sich auf ihrem Weg durch ein Zwischenwirbelloch (Foramen intervertebrale) zu einem Spinalnerv vereinigen. Das Ganglion mit den Neuronen, die die Fasern der Hinterwurzel aussenden, liegt oft genau in dem Zwischenwirbelloch.

ren Oberfläche der Dura, sogar bis in deren Mündungen hinein. Aber unmittelbar proximal von der Stelle, wo sich diese Mündungen jeweils um ein Spinalganglion schließen, löst sich die Arachnoidea von der inneren Oberfläche der Dura, wendet sich nach innen und überzieht die beiden von der Mündung umhüllten Wurzeln. Dann, an der Oberfläche des Rückenmarks, verbindet sich die Arachnoidea mit der eigentlichen Kapsel des Zentralnervensystems – und der innersten der Hirnhäute –, der Pia mater (lateinisch für „weiche Mutter"). So kleiden die Arachnoidea und die Pia, die in Wirklichkeit ein einziges zartes Gewebe bilden, das als weiche Hirnhaut oder Leptomeninx (griechisch für „zarte Membran") bekannt ist, einen Raum zwischen der Dura mater und dem Zentralnervensystem aus. Dieser Raum, der sogenannte Subarachnoidalraum, ist mit Liquor cerebrospinalis gefüllt und wird von zarten Faserbälkchen, den Subarachnoidaltrabekeln, durchquert.

Abbildung 10.5 zeigt nicht nur die das Rückenmark umgebenden Häute, sondern auch einen Querschnitt durch eines der oberen Halssegmente. Auf diese Weise treffen wir erstmals auf die innere Struktur des Rückenmarks. Sie verdient eine detaillierte Beschreibung. Zum einen ist das Rückenmark ein ganz wesentlicher Bestandteil des Nervensystems. Es umfaßt sowohl die ersten Verarbeitungsstationen für den größten Teil des somatosensorischen Inputs für das Gehirn als auch einen beträchtlichen Anteil der niedrigeren motorischen Systeme, durch die sich Gehirnfunktionen in Verhalten ausdrücken. Zum anderen zeigt das Rückenmark überaus deutlich den allgemeinen Bauplan, nach dem der axiale Teil des Zentralnervensystems (also das Rückenmark und der Hirnstamm, die man zusammen als Neuraxis bezeichnet) organisiert ist. So kann man den Hirnstamm trotz seiner Kompliziertheit und seiner Variabilität in Längsrichtung und trotz der Existenz mehrerer Hirnstammstrukturen ohne Pendant im Rückenmark leichter verstehen, wenn man ihn immer wieder mit dem spinalen Prototyp vergleicht.

Die Abbildungen 10.6, 10.7 und 10.8 gewähren einen einfachen Zugang zur inneren Struktur des Rückenmarks: Sie zeigen Paare von Querschnitten auf verschiedenen Ebenen des menschlichen Rückenmarks. Jedes Paar besteht aus zwei aufeinanderfolgenden dünnen Schnitten eines bestimmten Rückenmarksabschnitts. Das Paar in Abbildung 10.6 stammt vom siebten Halssegment (C7), das Paar in Abbildung 10.7 vom fünften Brustsegment (Th5) und das Paar in Abbildung 10.8 vom ersten Kreuzbeinsegment (S1). In allen Fällen ist einer der Schnitte Nissl-gefärbt, um die graue Substanz – also den Hauptsitz von Nervenzellkörpern und Dendriten – hervorzuheben. Da die Nissl-Technik Axone ungefärbt läßt, bleibt die weiße Substanz meistens weiß. Der andere Schnitt ist umgekehrt gefärbt. Die weiße Substanz erscheint hier fast schwarz; die graue Substanz ist dagegen weitgehend ungefärbt. Der deutsche Neuropathologe Carl Weigert entwickelte die erste Färbung dieser Art – das heißt, die erste Myelin- oder Markscheidenfärbung – in den achtziger Jahren des vorigen Jahrhunderts; er verwendete Hämatoxylin, einen verbreiteten Farbstoff, der aus dem Holz des Blauholzbaumes gewonnen wird. Der entscheidende Schritt bei seinem Färbeverfahren besteht darin, daß man das geschnittene Nervengewebe beizt, bevor man den Farbstoff anwendet. Ohne diese vorbereitende Behandlung färbt Hämatoxylin graue wie weiße Substanz ziemlich einheitlich lilablau. Die Beizung verändert in starkem Maße die chemischen Affinitäten des Gewebes. Insbesondere geht die Beize (Kaliumdichromat, Eisenalaun oder beides) starke chemische Bindungen mit Myelin ein. Sie bindet sich auch an Hämatoxylin. Letztend-

159

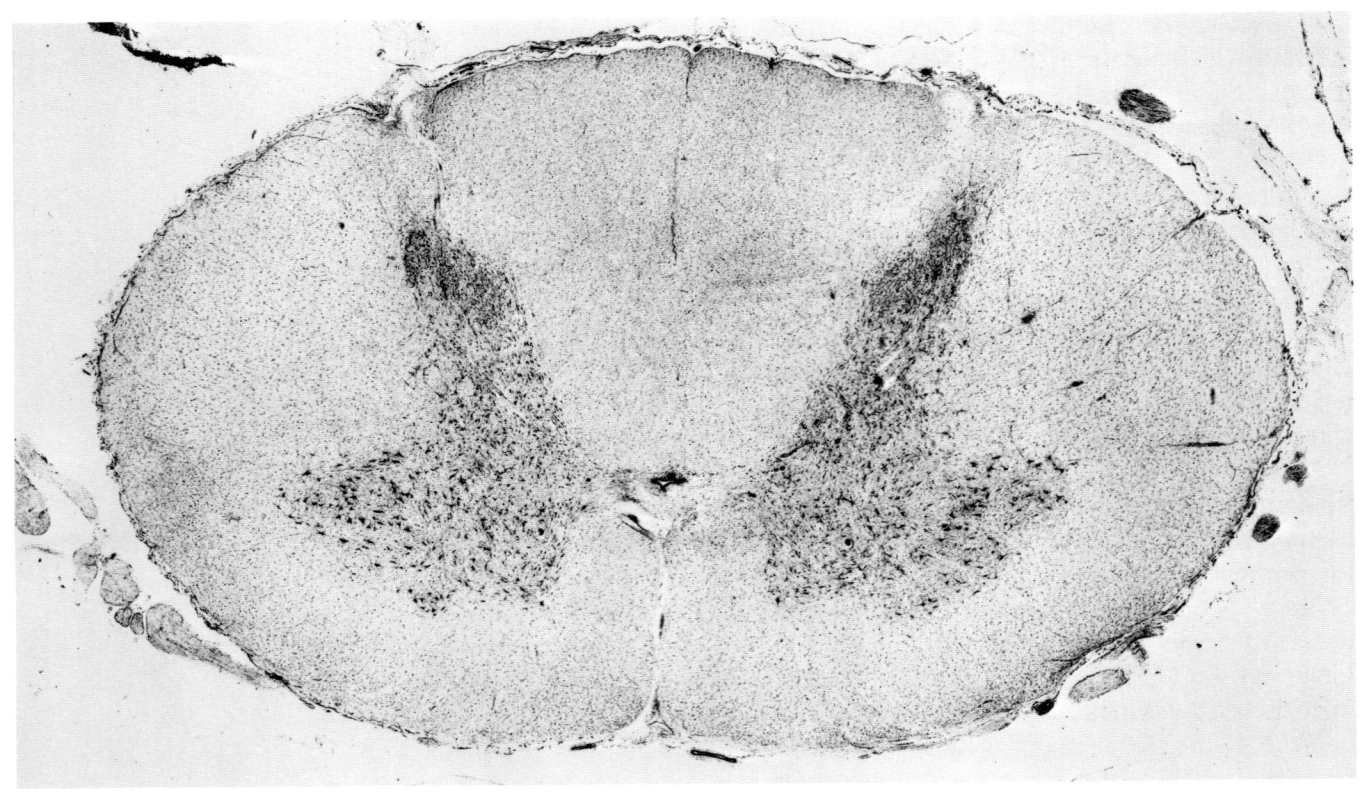

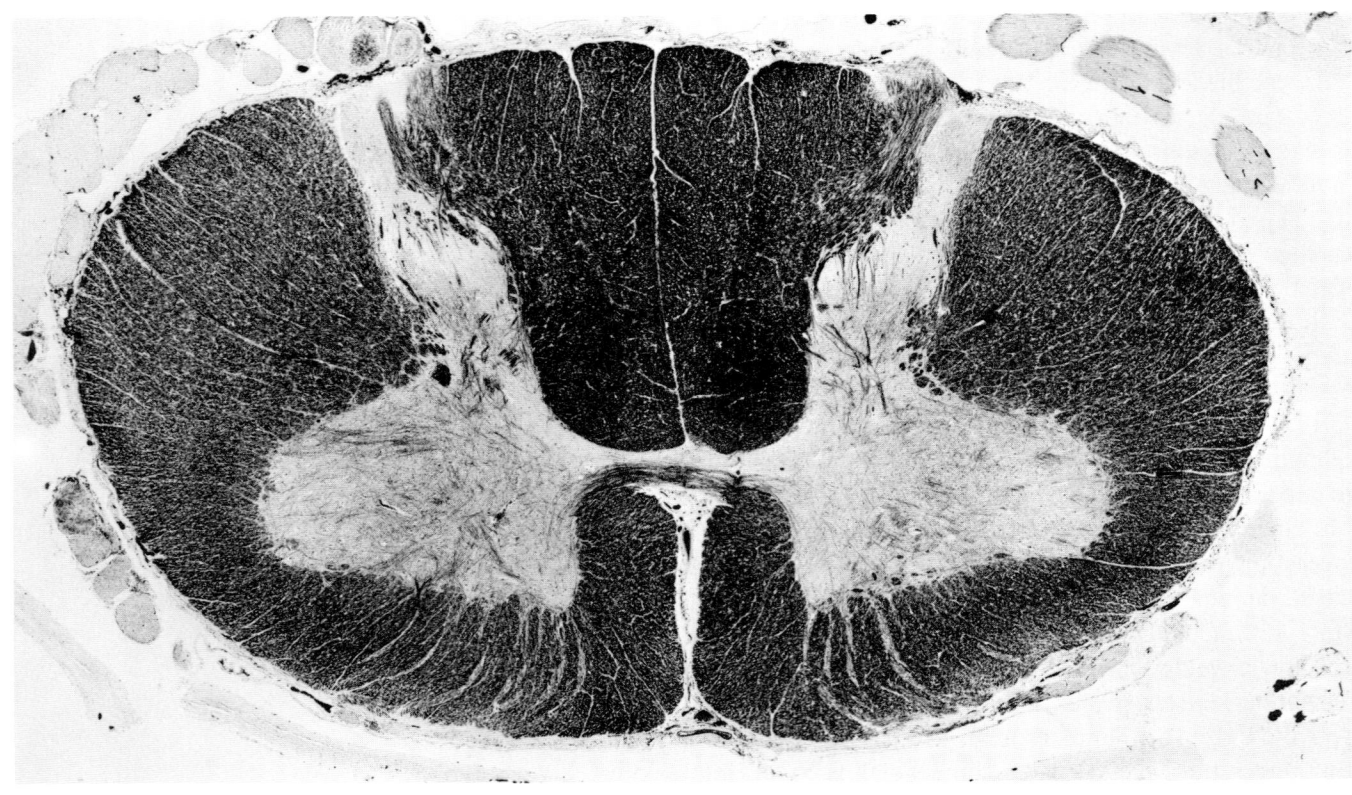

lich schafft sie so ein stabiles Bindeglied zwischen Myelin und Farbstoff. Die Bindung des Farbstoffes an andere Gewebebestandteile ist schwächer. Die Weigert-Färbung und ihre späteren Modifikationen haben sich besonders für Übersichtsbilder von normalem wie krankem Nervengewebe als sehr nützlich erwiesen. Die Färbung läßt weiße Substanz gegen graue abstechen; außerdem macht sie unterschiedliche Texturen sichtbar, die durch Mischungen der beiden Gewebebestandteile entstehen.

In jedem der gefärbten Schnitte bildet weiße Substanz die Außenzone des Rückenmarks. Die graue Substanz sitzt im Inneren, und ihre Form ist, grob gesagt, konstant: Von einem Querschnitt zum anderen bildet sie ein Muster, das man oft mit einem Schmetterling oder dem Buchstaben H vergleicht. Die oberen Striche des H — oder die Vorderflügel des Schmetterlings — sind die

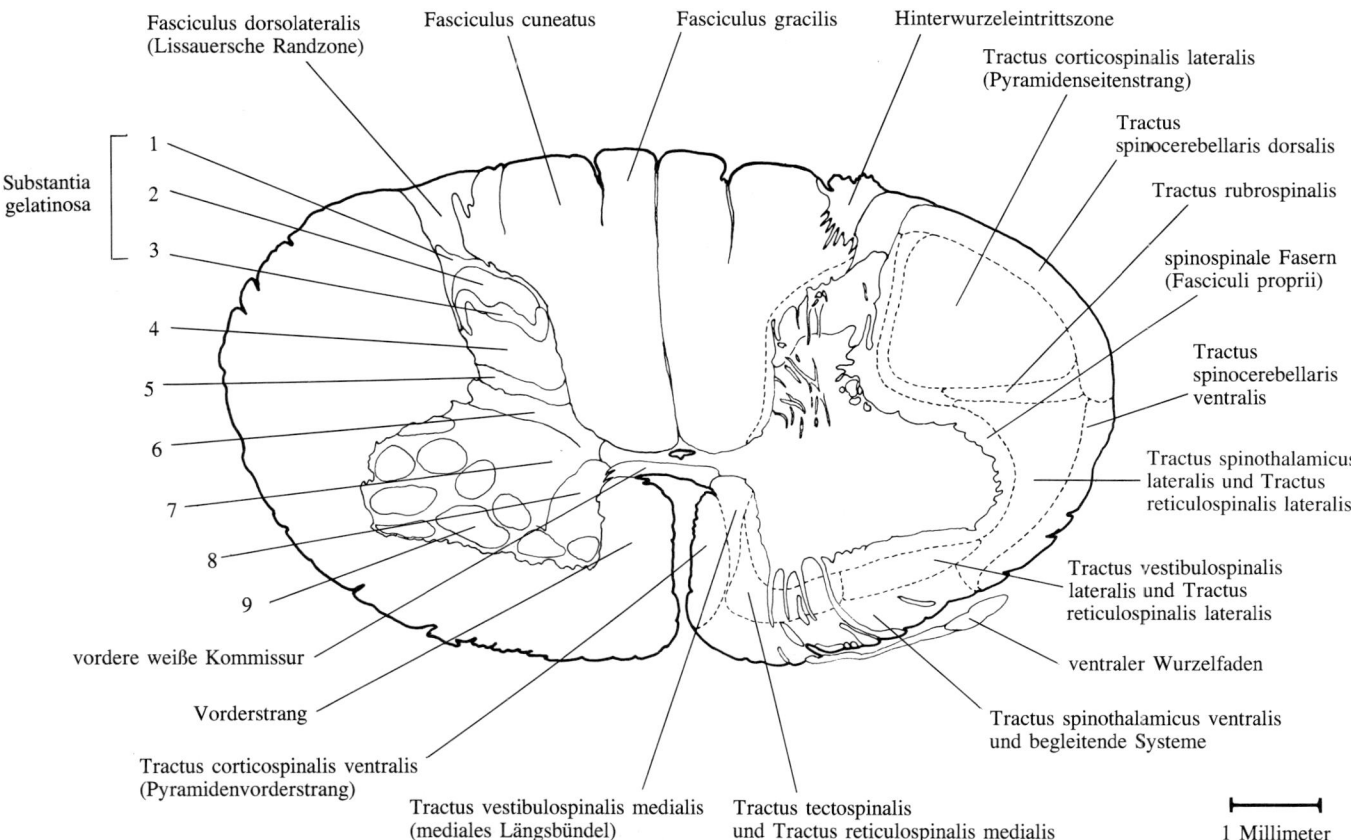

10.6 Das siebte Hals- oder Cervicalsegment des menschlichen Rückenmarks (C7) ist Teil der cervicalen Anschwellung (Intumescentia cervicalis), einer Erweiterung des Marks in einem Bereich, wo die spinale graue Substanz sensorische und motorische Verschaltungen beherbergt, die nicht nur den axialen Teil des Körpers, sondern auch die Arme versorgen. Zwei Querschnitte sind hier zu sehen. Der obere ist Nissl-gefärbt; Zellkörper erscheinen daher als Pünktchen, und die graue Substanz, die das Innere des Rückenmarks bildet, tritt deutlich hervor. Sie hat in etwa die Form eines Schmetterlings. Die oberen Flügel, die sich aus den Flügelplatten des Neuralrohres entwickeln, sind die Hinterhörner, die unteren Flügel, die sich aus den Grundplatten entwickeln, die Vorderhörner. Die begleitende Schemazeichnung zeigt die neun Schichten (Laminae), die der schwedische Anatom Bror Rexed in der spinalen grauen Substanz unterschieden hat. Der untere Schnitt ist Weigert-gefärbt. Diese von dem deutschen Neuropathologen Carl Weigert entwickelte Methode färbt Myelin; daher wird weiße Substanz geschwärzt. Auf jeder Seite der Mittellinie stellt die weiße Substanz drei Bereiche: den Hinter-, den Seiten- und den Vorderstrang (Funiculus dorsalis, lateralis und ventralis). In der Zeichnung sind auch einige der auf- und absteigenden Faserbündel des Rückenmarks bezeichnet.

161

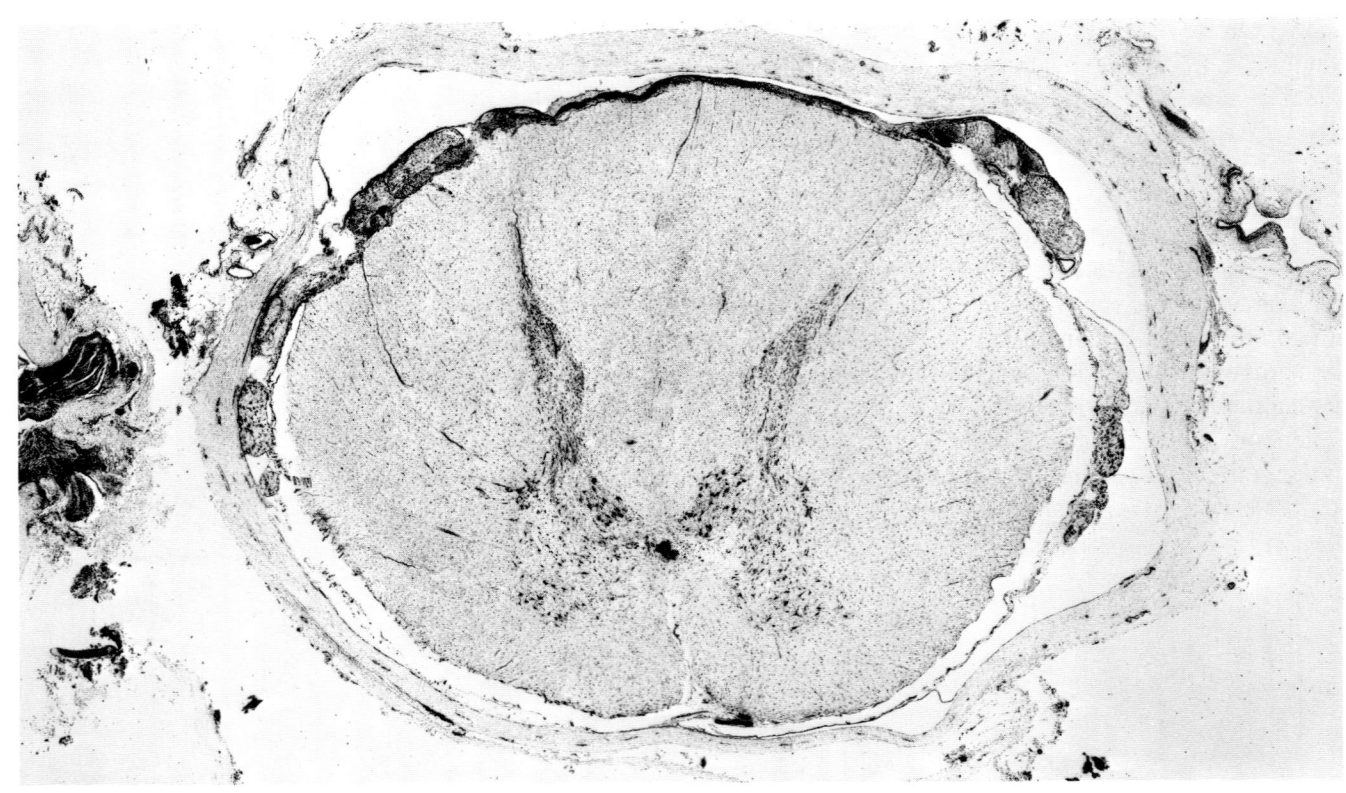

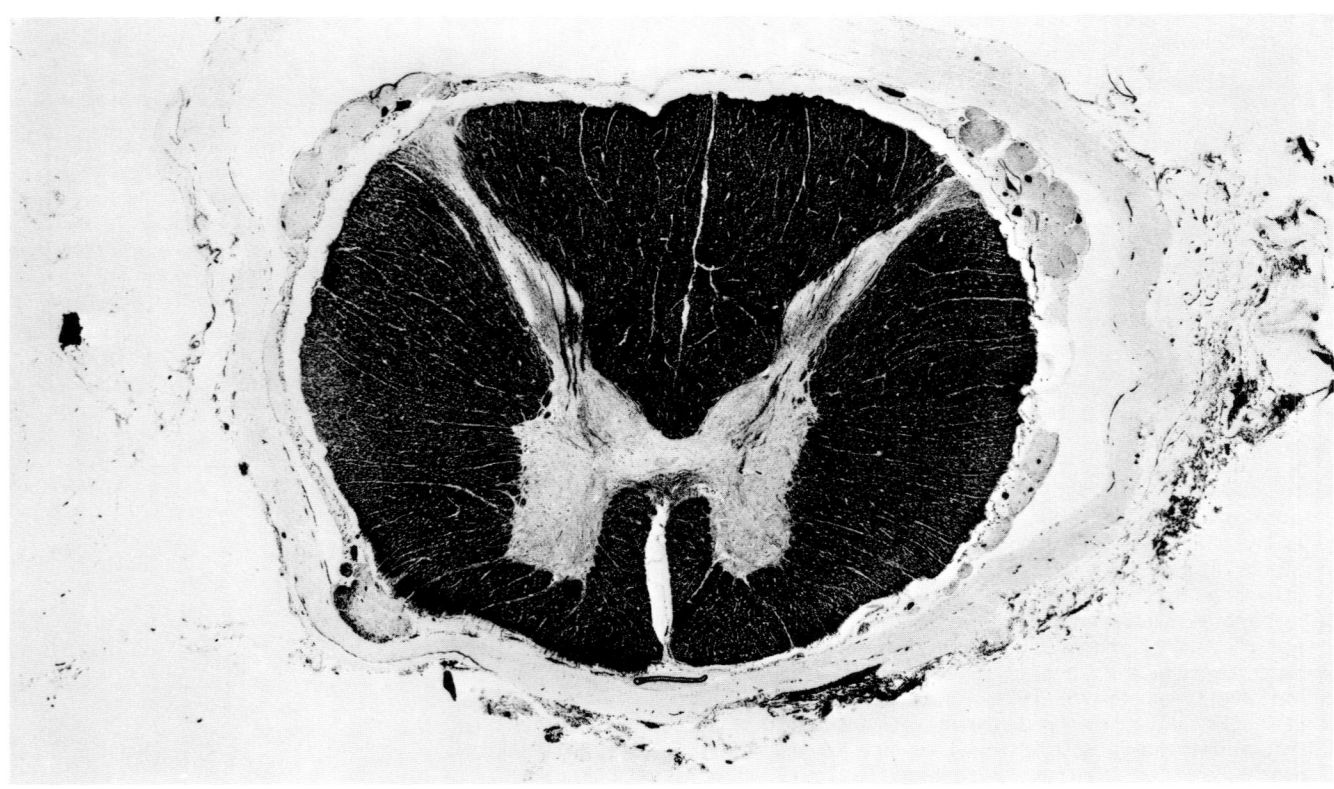

sogenannten Hinterhörner: die Endprodukte der Flügelplattendifferenzierung und Sitz der sekundären sensorischen Zellgruppen des Rückenmarks. Die unteren Striche des H oder die Hinterflügel des Schmetterlings sind die Vorderhörner: die Endprodukte der Grundplattendifferenzierung und Sitz der somatomotorischen Neuronen des Rückenmarks. Der Querstrich des H — der Brustbereich des Schmetterlings — ist eine graue Brücke, die die linke und die rechte Hälfte der grauen Substanz des Rückenmarks verbindet; an der Mittellinie schließt diese Brücke den verschlossenen Zentralkanal ein, der als Orientierungspunkt dienen kann, um die Brücke in eine dorsale und eine ventrale graue Kommissur zu unterteilen. (Direkt ventral davon liegt die vordere weiße Kommissur.) Ein kleiner Vorsprung aus grauer Substanz, der lateral zwischen dem Hinterhorn und dem Vorderhorn hervorragt, ist das Seitenhorn. Es erstreckt sich von C8 bis L2 und erscheint deshalb nur in Abbildung 10.7. Es beherbergt die präganglionären Neuronen des sympathischen Nervensystems; daher verlassen präganglionäre sympathische Fasern das Zentralnervensystem ausschließlich in den Vorderwurzeln zwischen C8 und L2. Das Seitenhorn ist der lateralste Teil einer quer verlaufenden Zone von grauer Substanz, die auch die grauen Kommissuren einschließt. Da diese Zone sich zwischen Hinter- und Vorderhorn schiebt, wird sie auch als Zona intermedia bezeichnet.

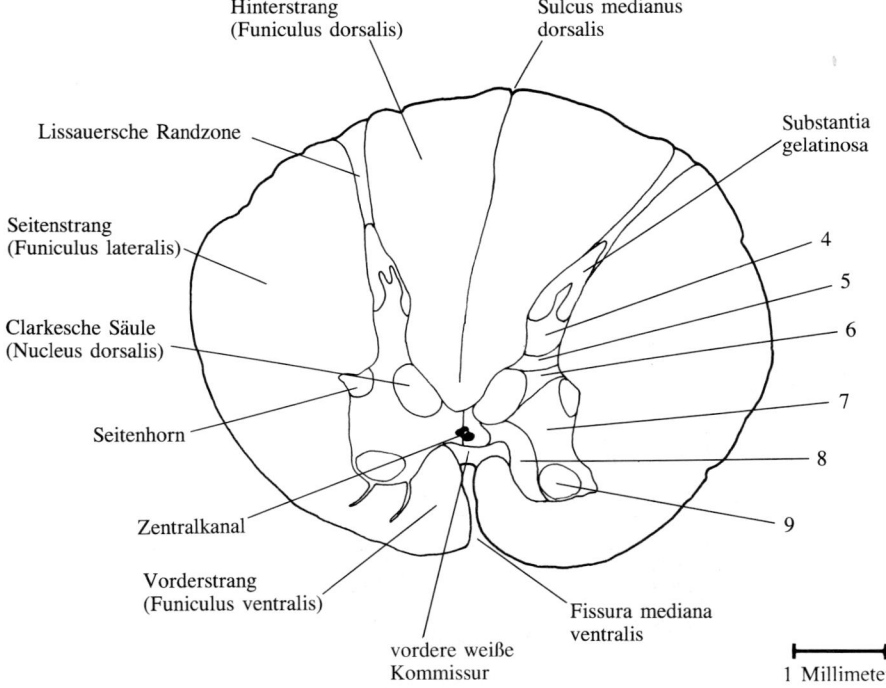

10.7 Das fünfte Thoracalsegment des menschlichen Rückenmarks (Th5) liegt in einem Abschnitt, der ausschließlich den axialen Teil des Körpers versorgt. Es weist jedoch zwei spezialisierte Strukturen auf. Eine seitliche Ausbuchtung der grauen Substanz in der Rexed-Schicht 7 zwischen dem Hinter- und dem Vorderhorn ist das Seitenhorn. Dieses erstreckt sich nur vom achten Cervicalsegment bis zum zweiten Lumbalsegment (L2) und enthält die präganglionären motorischen Neuronen des sympathischen Nervensystems. Eine abgerundete, mediale Ausbuchtung der grauen Substanz in den Rexed-Schichten 5 und 6 an der Hinterhornbasis ist die Clarkesche Säule (auch Nucleus dorsalis genannt). Sie erstreckt sich, wie das Seitenhorn, von C8 bis L2 und enthält sekundäre sensorische Neuronen, die auf das Kleinhirn projizieren. Insbesondere entsendet die Clarkesche Säule den hinteren Kleinhirnseitenstrang (Tractus spinocerebellaris dorsalis).

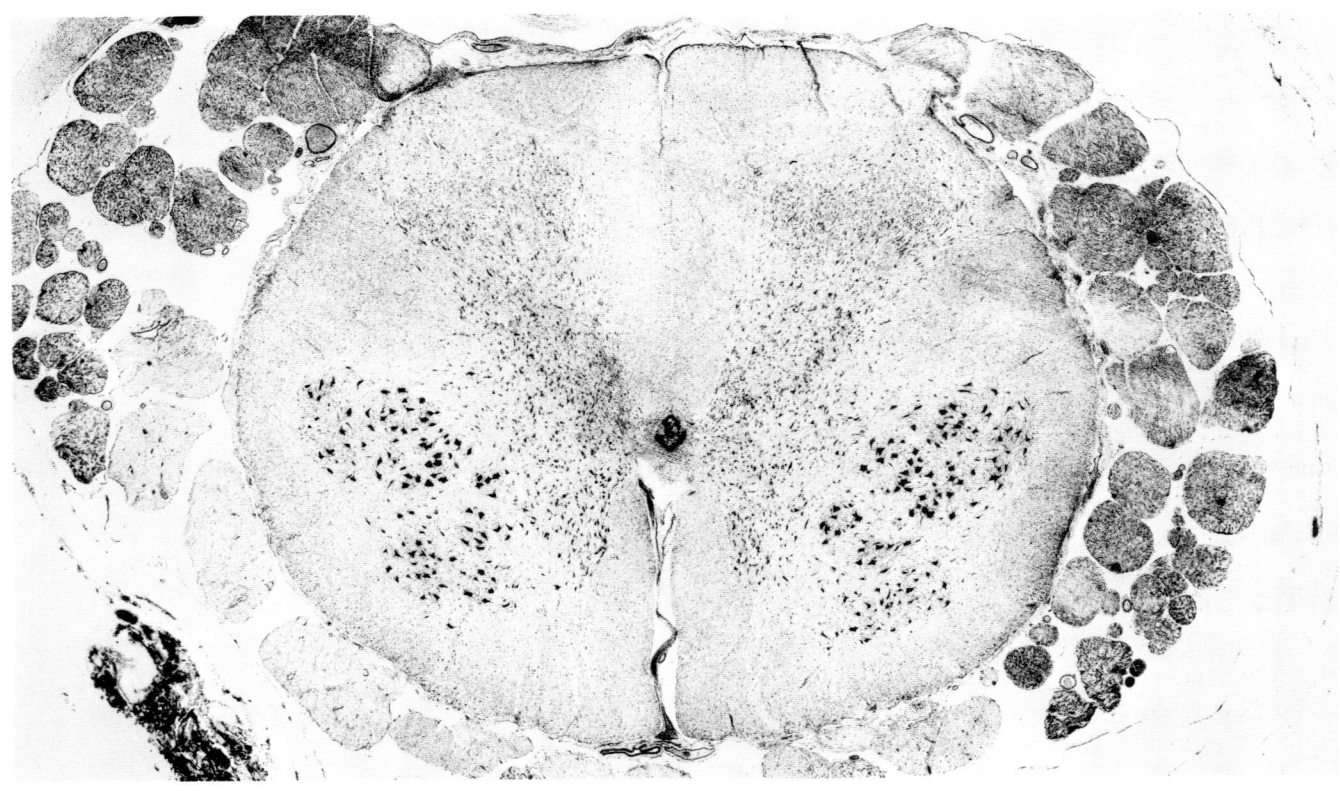

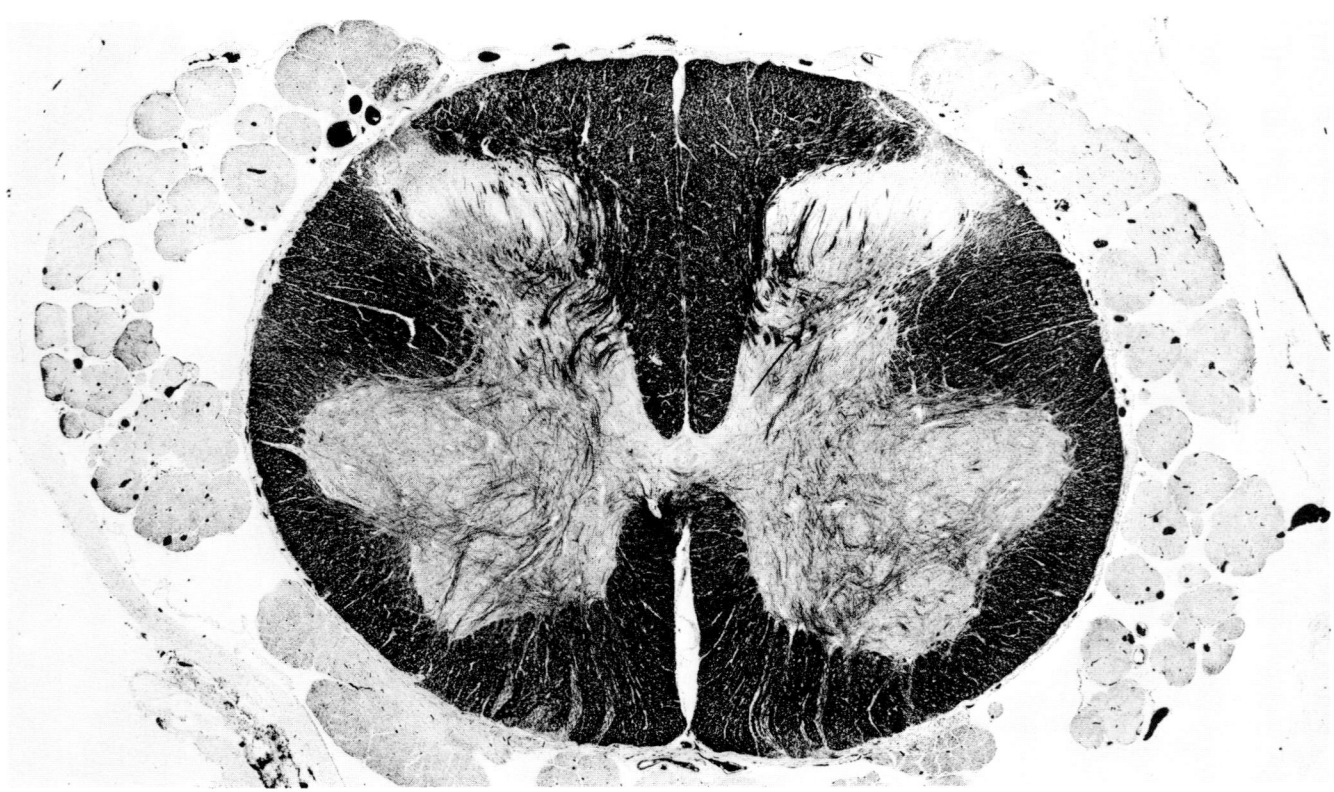

Dies alles soll nicht heißen, daß die graue Substanz des Rückenmarks bis ins einzelne konstant ist. Die Querschnitte in Abbildung 10.6 stammen aus der Mitte einer Folge von fünf Rückenmarkssegmenten (C5 bis Th1), bei denen sich das Mark zu einer spindelförmigen Verdickung, der Halsanschwellung oder Intumescentia cervicalis, erweitert; diese beherbergt sensorische und motorische Verschaltungen, die den Arm versorgen. Die Querschnitte in Abbildung 10.8 stammen aus der Mitte einer weiteren Verdickung, der Lendenanschwellung oder Intumescentia lumbosacralis; die zu ihr gehörenden Segmente (L2 bis zum Ende des Marks) dienen dem Bein. Bleiben noch die Querschnitte in Abbildung 10.7. Sie stammen aus der Mitte einer Folge von zwölf Segmenten (Th2 bis L1), die zwischen den beiden Verdickungen liegen und keiner Extremität dienen. Sie versorgen ausschließlich den Rumpf. Es ist offensichtlich, daß die Segmente in den Erweiterungen mehr graue Substanz enthalten als die dazwischenliegenden, meistenteils thoracalen Segmente. Am deutlichsten wird dieser Unterschied im Vorderhorn; auf der Höhe der Brustsegmente fehlt diesem – kurz gesagt – die breite seitliche Ausdehnung, wie sie die Segmente der Anschwellungen auszeichnet. Die Erklärung ist einfach; sie gründet sich auf drei Tatsachen. Erstens sind die motorischen Neuronen des Rückenmarks in Längssäulen unterschiedlicher Länge angeordnet. Ein typischer Rückenmarksquerschnitt durchschneidet mehrere solcher Säulen, die dann im Vorderhorn als Anhäufungen motorischer Neuronen erscheinen. Zweitens sind die Säulen in einer funktionel-

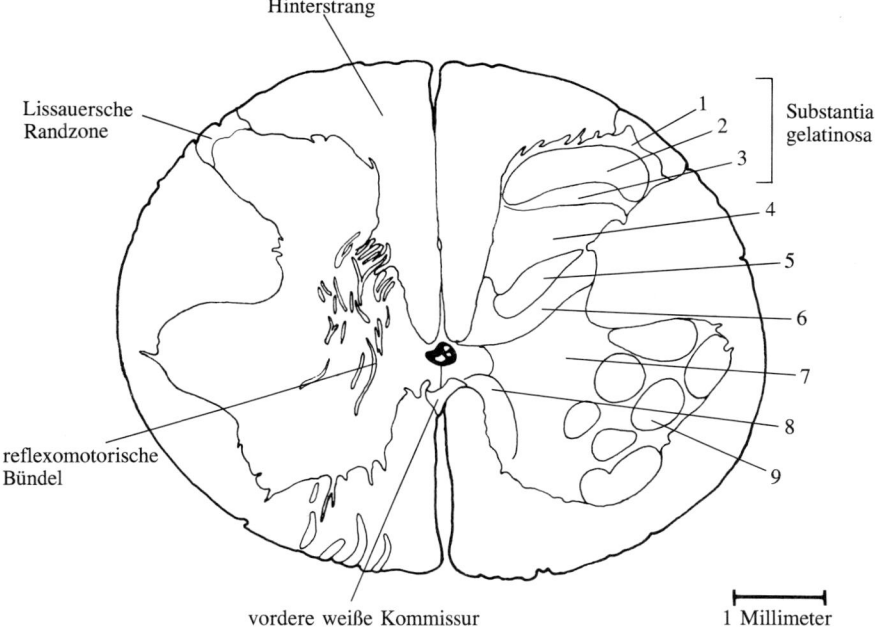

10.8 Das erste Sacralsegment des menschlichen Rückenmarks (S1) ist Teil der lumbosacralen Anschwellung (Intumescentia lumbosacralis), einer Erweiterung des Marks in dem Bereich, wo die spinale graue Substanz sensorische und motorische Verschaltungen enthält, die nicht nur den axialen Teil des Körpers, sondern auch das Bein versorgen. Hier ist der spinale graue Schmetterling gedrungener als anderswo, wenngleich das Muster insgesamt ähnlich bleibt. Das Vorderhorn etwa trägt hier deutlicher zu der Erweiterung bei als das Hinterhorn. Mehrere Haufen von motorischen Neuronen im Vorderhorn bilden miteinander die Rexed-Schicht 9. Einige der größten Punkte in dem Nissl-gefärbten Vorderhorn sind jedoch Interneurone, nicht Motoneurone. Beide Querschnitte sind von Hinter- und Vorderwurzeln umgeben, die paarweise zu Zwischenwirbellöchern auf niedrigeren Niveaus der Wirbelsäule absteigen.

165

len Folge angeordnet: Diejenigen, die Gliedmaßenmuskeln (distale Muskeln) innervieren, liegen lateral von jenen, welche (axiale) Rumpfmuskeln innervieren – die Muskeln des Nackens, des Rückens und der Unterleibswand. Drittens haben alle Rückenmarkssegmente axiale Muskeln zu steuern. Der Musculus erector trunci beispielsweise erstreckt sich von der Schädelbasis bis zum Kreuzbein. Die Segmente der Anschwellungen versorgen darüber hinaus noch distale (also von der Körpermitte entfernte) Muskeln. Daher trifft man bei einer Untersuchung der Motoneuronensäulen in einem thoracalen Rückenmarkssegment nur auf Säulen, die Rumpfmuskeln innervieren. Im Gegensatz dazu findet man in einem Anschwellungssegment – wenn man das Vorderhorn entlang lateral fortschreitet – nacheinander Säulen, die folgende Muskelgruppen innervieren: Rumpfmuskeln wie den Musculus erector trunci; Muskeln, die vom Rumpf zum Schultergürtel ziehen, wie die Musculi rhomboidei und den Musculus serratus anterior; Muskeln, die vom Schultergürtel zur Extremität ziehen, wie den Musculus deltoideus; proximale Extremitätenmuskeln wie den Musculus brachialis und den Musculus triceps; schließlich distale Extremitätenmuskeln wie die langen Fingerbeuger. Ganz an den äußersten Stellen lateral und dorsal im Vorderhorn befinden sich dann jene Säulen, welche die kleinen Hand- und Fußmuskeln, einschließlich der Musculi interossei und der Muskeln des Thenar (des „Daumenballens"), versorgen. Die kleinen Muskeln der Hand sind von entscheidender Bedeutung für Handfertigkeiten, die getrennte Bewegungen einzelner Finger erfordern. Eben diese Muskeln werden auch bei einer Läsion der Pyramidenbahn am stärksten beeinträchtigt, denn Pyramidenbahnfasern, die innerhalb von Ansammlungen motorischer Neuronen enden (anstatt unter den Interneuronen zwischen diesen Haufen), kommen bei weitem am häufigsten in jenen Haufen vor, die im Vorderhorn dorsal und lateral angeordnet sind. In ganz medial liegenden Haufen fehlen solche Fasern fast völlig.

Auch das Hinterhorn zeigt Variationen. In der klassischen Terminologie hat es drei Hauptunterteilungen, die jeweils etwa ein Drittel des Hornquerschnittes einnehmen. Das kappenförmige, apikale Drittel des Hinterhornes besteht hauptsächlich aus kleinen, dicht beieinanderliegenden Neuronen mit einem Durchmesser zwischen sieben und zwölf Mikrometern. Das ist die Substantia gelatinosa von Rolando. Sie enthält auffallend wenig Myelin; in den Weigert-Präparaten der Abbildungen 10.6, 10.7 und 10.8 stellt sie den jeweils hellsten Fleck auf dem Schnitt dar. Ihre Bedeutung für die Schmerzempfindung wird uns in Kürze noch beschäftigen. Als nächstes folgt das mittlere Drittel des Hinterhornes. Hier liegen die Zellen in größerem Abstand voneinander und sind meist von mittlerer Größe, nämlich 15 bis 20 Mikrometer im Durchmesser. Einige wenige messen auch 30 Mikrometer. Dieser Bereich enthält ein dichtes Geflecht myelinisierter Fasern; so erscheint er in den Weigert-Präparaten als der dunkelste Teil des Hinterhornes. Da er herkömmlicherweise als der Hauptteil des Hornes galt, war er lange Zeit als Nucleus proprius cornu dorsalis bekannt, was übersetzt soviel wie „eigentlicher Kern des Hinterhornes" bedeutet. Dieser Name ist nicht ganz unpassend: Der Nucleus proprius beherbergt nämlich die meisten der Neuronen, welche die Fasern des Tractus spinothalamicus aussenden. Das letzte, ventrale Drittel des Hinterhornes ist im allgemeinen ein Gebiet großer und mittelgroßer Neuronen. Es besitzt jedoch ein außergewöhnliches Kennzeichen: die Clarkesche Säule (oder Nucleus dorsalis), eine nahezu zylindrische

Masse großer, runder Neuronen, die an der Basis des Hinterhornes eine mediale Ausbauchung verursacht. (Jacob A. L. Clarke war ein englischer Anatom des 19. Jahrhunderts.) Die Clarkesche Säule erstreckt sich über die Rückenmarkssegmente C8 bis L2. Das bedeutet, daß sie einen ebenso weiten Bereich überspannt wie das Seitenhorn (und außerdem, daß sie nur in Abbildung 10.7 auftaucht). Die Säule entsendet den Tractus spinocerebellaris dorsalis — den hinteren Kleinhirnseitenstrang —, eine der beiden spinalen Bahnen, die zum Kleinhirn führen.

Im Jahre 1954 schlug der schwedische Anatom Bror Rexed ein neues Unterteilungssystem für die gesamte dorsale und ventrale graue Substanz des Rückenmarks vor. Er hatte in Querschnitten durch die graue Substanz ein Schichtenmuster beobachtet. Nach seinem heute viel verwendeten Schema besteht die Substantia gelatinosa aus drei Zonen: den Rexed-Schichten (Laminae) 1, 2 und 3. Die Lamina 1 ist eine Reihe weit auseinanderliegender, auffallend langgestreckter, mittelgroßer Neuronen, die oben auf dem Hinterhorn sitzen wie Seehunde auf einem Felsen. Diese Neuronen werden nach Heinrich Waldeyer, dem deutschen Anatomen, der sie etwa sechs Jahrzehnte vor Rexeds Veröffentlichung beschrieb, als Waldeyersche Marginalzellen bezeichnet. Die Lamina 2 stellt die Hauptmasse der Substantia gelatinosa; sie enthält die kleinsten Neuronen des Rückenmarks. Die Lamina 3 setzt sich aus etwas größeren Zellen zusammen. Der Nucleus proprius entspricht mehr oder weniger einer einzigen Schicht, der Lamina 4; das basale Drittel des Hinterhornes entspricht den Laminae 5 und 6. (Die Clarkesche Säule nimmt den medialen Teil dieser beiden Schichten ein.) Die Zona intermedia und die polymorphe Zellpopulation an der Basis des Vorderhornes bilden zusammen die Lamina 7; ein schmaler medialer Streifen entlang der Lamina 7, der die medialsten motorischen Neuronen des Vorderhorns enthält, ist die Lamina 8. Die verschiedenen Säulen motorischer Neuronen bilden gemeinsam die Lamina 9.

Die Beschreibung der weißen Substanz des Rückenmarks ist unkompliziert. Grundsätzlich wird sie von Hinter- und Vorderhorn auf jeder Seite der Mittellinie in drei Bereiche unterteilt (siehe Abbildung 10.7). Jeder Bereich wird als Funiculus bezeichnet, das ist die Verkleinerungsform des lateinischen Wortes *funis* für „Seil". Einige anatomische Orientierungspunkte sorgen für eine scharfe Abgrenzung. An der dorsalen Mittellinie dellt eine flache Furche, der Sulcus medianus dorsalis, die Oberfläche des Rückenmarks ein. Eine zweite Furche, der Sulcus dorsolateralis, kennzeichnet die Linie, an der die dorsalen Wurzelfäden eintreten. Der im Querschnitt dreieckige Bereich weißer Substanz zwischen den zwei Einschnitten ist der Funiculus dorsalis oder Hinterstrang. Fast alle Fasern der dorsalen Wurzelfäden treten dort in das Rückenmark ein, und zwar insbesondere an der dorsolateralen Ecke des Funiculus, die als Hinterwurzeleintrittszone bekannt ist. Nach dem Eintritt gabeln sich die meisten dieser Fasern, wenn nicht alle, in einen auf- und einen absteigenden Ast. Bei Fleischfressern (Carnivoren) und Primaten einschließlich des Menschen setzt sich fast der gesamte Hinterstrang aus solchen Ästen zusammen. Folglich ist bei diesen Arten der Hinterstrang im wesentlichen ein Bündel — bei Primaten das größte Bündel — primärer sensorischer Fasern. Bis hierhin hat es in den aufsteigenden Leitungsbahnen noch keine synaptische Unterbrechung gegeben; der Code der von der sensorischen Peripherie ankommenden Nachrichten kann noch nicht verändert worden sein.

Zwei Funiculi bleiben noch übrig. Einer von ihnen, der Funiculus lateralis oder Seitenstrang, wird von den dorsalen Wurzelfäden, die entlang des Sulcus dorsolateralis eintreten, und den ventralen Wurzelfäden, die entlang einer ähnlichen Furche, des Sulcus ventrolateralis, austreten, eingegrenzt. Der letzte und kleinste der drei Funiculi ist der Funiculus ventralis oder Vorderstrang. Er liegt zwischen dem Sulcus ventrolateralis und einem sehr tiefen Spalt an der ventralen Mittellinie des Rückenmarks, den man Fissura mediana ventralis nennt. Seiten- und Vorderstrang enthalten keine primären sensorischen Fasern. Sie setzen sich ausschließlich aus Fasern höherer Ordnung zusammen – Fasern, die im Zentralnervensystem und nicht in Spinalganglien entspringen. Einige dieser Fasern steigen vom Rückenmark in das Gehirn auf; sie bilden die spinocerebellären und lemniscalen Bahnen. Andere steigen ab; von allen Ebenen des Gehirns – Rautenhirn, Mittelhirn und Vorderhirn – ziehen Fasern in das Rückenmark. Zweifellos sind für viele der von diesen Fasern beförderten Botschaften motorische Neuronen des Rückenmarks das Endziel. Dennoch bilden nur wenige von ihnen direkt Synapsen mit solchen Neuronen aus. Wieder andere unter den Fasern höherer Ordnung tragen mehrere Namen: Man nennt sie spinospinale Fasern, intersegmentale Fasern, propriospinale Fasern oder spinale Assoziationsfasern. Einige von ihnen steigen auf, andere ab. Einige kreuzen die Mittellinie, um auf die gegenüberliegende Seite des Rückenmarks zu gelangen, andere bleiben auf der ipsi- oder homolateralen Seite. Einige sind kurz, andere überspannen die ganze Länge des Rückenmarks. Gemeinsam aber ist allen, daß sie in spinaler grauer Substanz entspringen und enden: Sie dienen dazu, verschiedene Stufen des Rückenmarks miteinander zu verbinden. In der Regel bleiben spinospinale Fasern in der spinalen grauen Substanz, wenn sie nur in ihrem Ursprungssegment zu tun haben. Gehen sie jedoch über dieses Segment hinaus, so steigen sie außerhalb der grauen Substanz auf oder ab und kehren dann in sie zurück. Dementsprechend finden sich in der Zone weißer Substanz, die die graue Substanz in allen drei Strängen unmittelbar umgibt, zahlreiche spinospinale Fasern. Eines der spinospinalen Systeme tritt in der spinalen weißen Substanz deutlich hervor: der Fasciculus dorsolateralis oder die Lissauersche Randzone, die nach Heinrich Lissauer, einem deutschen Neurologen des 19. Jahrhunderts, benannt ist. Der Fasciculus dorsolateralis bedeckt die Spitze des Hinterhornes und trägt so zur Abgrenzung von Hinter- und Seitenstrang bei. In thoracalen Querschnitten erscheint er schmal und langgezogen; auf Höhe der Anschwellungen ist er breiter und flacher. Auf allen spinalen Ebenen jedoch setzt er sich hauptsächlich aus dünnen, spärlich myelinisierten Fasern zusammen, die in der Substantia gelatinosa entspringen, eine kurze Strecke auf- oder absteigen und dann zur Substantia gelatinosa zurückkehren. Außerdem enthält er dünne Hinterwurzelfasern, die ihre synaptischen Verbindungen in der Substantia gelatinosa herstellen. Überdies unfaßt er, etwa von C4 aufwärts, eine zunehmende Zahl primärer sensorischer Fasern, die in das Gehirn eintreten, aber im Rückenmark enden. Es handelt sich dabei um die längsten Bestandteile der absteigenden (spinalen) Trigeminuswurzel, eines Faserbündels, mit dem sich die Lissauersche Randzone an der Grenze vom Rautenhirn zum Rückenmark unmerklich mischt.

Die ersten zentralen Verbindungen

Wie nehmen die primären sensorischen Fasern, die die Hinterwurzeln bilden, Kontakt mit den Verschaltungen des Rückenmarks auf? Das Verständnis der Somatosensorik hängt weitgehend von der Beantwortung dieser Frage ab. Unglücklicherweise ist die Antwort unvollständig − selbst auf dieser ersten synaptischen Stufe in das Zentralnervensystem. Gewiß kann man die allgemeine Ausbreitung der zentralwärts gerichteten Fasern einer bestimmten Hinterwurzel bestimmen. Doch die Verteilung für jede einzelne Klasse von somatosensorischer Information − Berührung, Propriozeption, Schmerzempfindung − herauszubekommen, ist sehr viel problematischer. Die grundsätzliche Schwierigkeit besteht darin, daß viele Hinterwurzelfasern im Hinterstrang über weite Strecken aufsteigen und dabei wiederholt Kollateralen in die spinale graue Substanz schicken. Deshalb ist nicht klar, ob die primären sensorischen Informationen, die in die drei entscheidenden sekundären sensorischen Kanäle − den lokalen Reflexkanal, den cerebellären und den lemniscalen Kanal − geleitet werden, für jeden der Kanäle gesondert und spezifisch sind. Wir haben bereits gesehen, daß die Wurzelfäden jeder Hinterwurzel an der dorsolateralen Ecke in den Hinterstrang eintreten und daß sich diese Wurzelfäden im Inneren des Stranges in aufsteigende und absteigende Äste aufzweigen. Der weitere Verlauf dieser Äste läßt sich am besten in drei Teilen beschreiben.

Erstens: Zahlreiche Fasern dringen auf oder doch nahe dem Niveau ihres Eintritts in das Rückenmark in die spinale graue Substanz ein, und zwar überwiegend als Kollateralen, die von den auf- und absteigenden Ästen der primären sensorischen Fasern ausgehen. Diese lokale Verteilung der Hinterwurzelfasern ist im Eintrittssegment besonders ausgeprägt, bezieht aber auch − in abnehmendem Maße − die drei Segmente darüber sowie die zwei Segmente darunter mit ein. So ziehen von einer Hinterwurzel Fasern zu immerhin sechs Rückenmarkssegmenten. Entsprechend erhält jedes Rückenmarkssegment primäre sensorische Informationen von nicht weniger als sechs Hinterwurzeln. Innerhalb jedes Segments bilden die Kollateralen vor allem im Hinterhorn Synapsen aus. Viele gehen jedoch auch in die Zona intermedia und sogar in das Vorderhorn über, wo sie mit Interneuronen der Rexed-Schichten 7 oder 8 oder unmittelbar mit motorischen Neuronen in synaptischen Kontakt treten. Die zuletzt erwähnte Verbindung ist der monosynaptische Reflexbogen. Die in das Vorderhorn eindringenden Hinterwurzelkollateralen treten gewöhnlich zu Bündeln zusammen, die an Pferdeschwänze erinnern; Cajal nannte sie reflexomotorische Bündel. In den Weigert-Präparaten der Abbildungen 10.6, 10.7 und 10.8 sind mehrere solcher Bündel zu sehen. Es scheint eine unumstößliche Regel zu sein, daß keine primäre sensorische Faser die Mittellinie kreuzt. Dementsprechend muß jede Kommunikation sensorischer Daten zur kontralateralen Seite des Rückenmarks über unterbrochene Bahnen zustande kommen: Die kreuzenden Fasern müssen von Neuronen der spinalen grauen Substanz entsandt werden.

Zweitens: Viele Hinterwurzelfasern (oder ihre Kollateralen) steigen im Hinterstrang weiter auf als die lokale Spanne von „drei Segmenten über dem Eintrittssegment", um zu ihren sekundären sensorischen Zellgruppen zu gelangen. Die Clarkesche Säule beispielsweise erhält propriozeptiven Input von der unteren Körperhälfte, besonders dem Bein; das heißt, einige ihrer

169

Afferenzen treten auf Kreuzbeinebene in das Rückenmark ein. Doch die caudale Grenze der Säule liegt beim Rückenmarkssegment L2. Die Fasern müssen also klettern, um dorthin zu gelangen. Seltsamerweise steigen Fasern, die propriozeptive Informationen vom Arm übertragen und die bei so weit oben liegenden Segmenten wie C5 in das Rückenmark eintreten, nicht zur Clarkeschen Säule hin ab. Vielmehr ziehen Fasern, die solche Informationen übermitteln, aufwärts. Ihr Bestimmungsort ist der Nucleus cuneatus lateralis, eine Zellgruppe am oberen Ende des Rückenmarks, die sich ein gutes Stück weit in das Rautenhirn hinein erstreckt und deren Zellen denen der Clarkeschen Säule sehr ähnlich sehen. Die Clarkesche Säule entsendet ihrerseits den hinteren Kleinhirnseitenstrang (Tractus spinocerebellaris dorsalis), der die dorsale Hälfte des Seitenstranges nahe der Oberfläche des Rückenmarks einnimmt. Diese Bahn übermittelt Informationen zur ipsilateralen (homolateralen) Seite des Kleinhirns. Das heißt, die Bahn ist ungekreuzt: Sie durchläuft auf ihrem Weg zum Gehirn keine Dekussation (Kreuzung). Insofern ist sie ein ungewöhnlicher – wenn auch nicht einzigartiger – Vertreter der aufsteigenden sekundären sensorischen Bündel. Der Nucleus cuneatus lateralis entsendet den Tractus cuneocerebellaris. Auch dieser kreuzt nicht.

Der vordere Kleinhirnseitenstrang (Tractus spinocerebellaris ventralis) bildet gewissermaßen einen Gegensatz dazu. Zum einen verläuft er gekreuzt. Seine Fasern kreuzen in der ventralen weißen Kommissur, einer dünnen Platte von weißer Substanz, die die spinale graue Substanz von der Fissura mediana ventralis trennt. (Sie ist zum Beispiel in Abbildung 10.6 gut zu erkennen.) Dann – nach Kreuzung der Mittellinie – sammeln sich die Fasern in der ventralen Hälfte des Seitenstranges (dem sogenannten Vorderseitenstrang), um ihren Aufstieg zum Gehirn zu beginnen. Außerdem entspringen die Fasern des Tractus spinocerebellaris ventralis auf der gesamten Länge des Rückenmarks. Und schließlich liegen die Ursprünge dieser Bahn in einem großen Teil des Querschnittes der grauen Rückenmarkssubstanz, nämlich nicht nur im Hinterhorn – insbesondere den Rexed-Schichten 4, 5 und 6 –, sondern auch im Vorderhorn (in der Rexed-Schicht 7). Die verschiedenen Ursprünge der zwei spinocerebellären Bahnen spiegeln sich in der Art der Informationen wider, die sie zum Kleinhirn weiterleiten. Die Clarkesche Säule erhält den größten Teil ihres Inputs von primären sensorischen Neuronen, deren periphere Endigungen in Muskeln und Sehnen sitzen; viele befinden sich etwa in Muskelspindeln. Dementsprechend übermittelt der Tractus spinocerebellaris dorsalis vor allem propriozeptive Informationen an das Kleinhirn. Die Rexed-Schichten 4 bis 7 erhalten Input von einer größeren Bandbreite somatosensorischer Endigungen, einschließlich solcher, die auf Berührung und Druck an der Körperoberfläche reagieren. Dementsprechend leitet der Tractus spinocerebellaris ventralis zu einem größeren Anteil exterozeptive Informationen weiter. Man sollte erwähnen, daß die von den spinocerebellären Bahnen übermittelten Signale, so wichtig sie für das Kleinhirn wohl sein müssen, für die bewußte Wahrnehmung, wenn überhaupt, nur eine geringe Rolle spielen. Eine massive Zerstörung des Kleinhirns im menschlichen Gehirn beeinträchtigt weder den Lagesinn des Patienten – also das Wissen um die Stellung des Körpers im Raum – noch die Wahrnehmung von Berührung und Druck. Die bewußten Empfindungen, die durch Hinterwurzelinput hervorgerufen werden, scheinen auf die spinalen Lemnisci angewiesen zu sein.

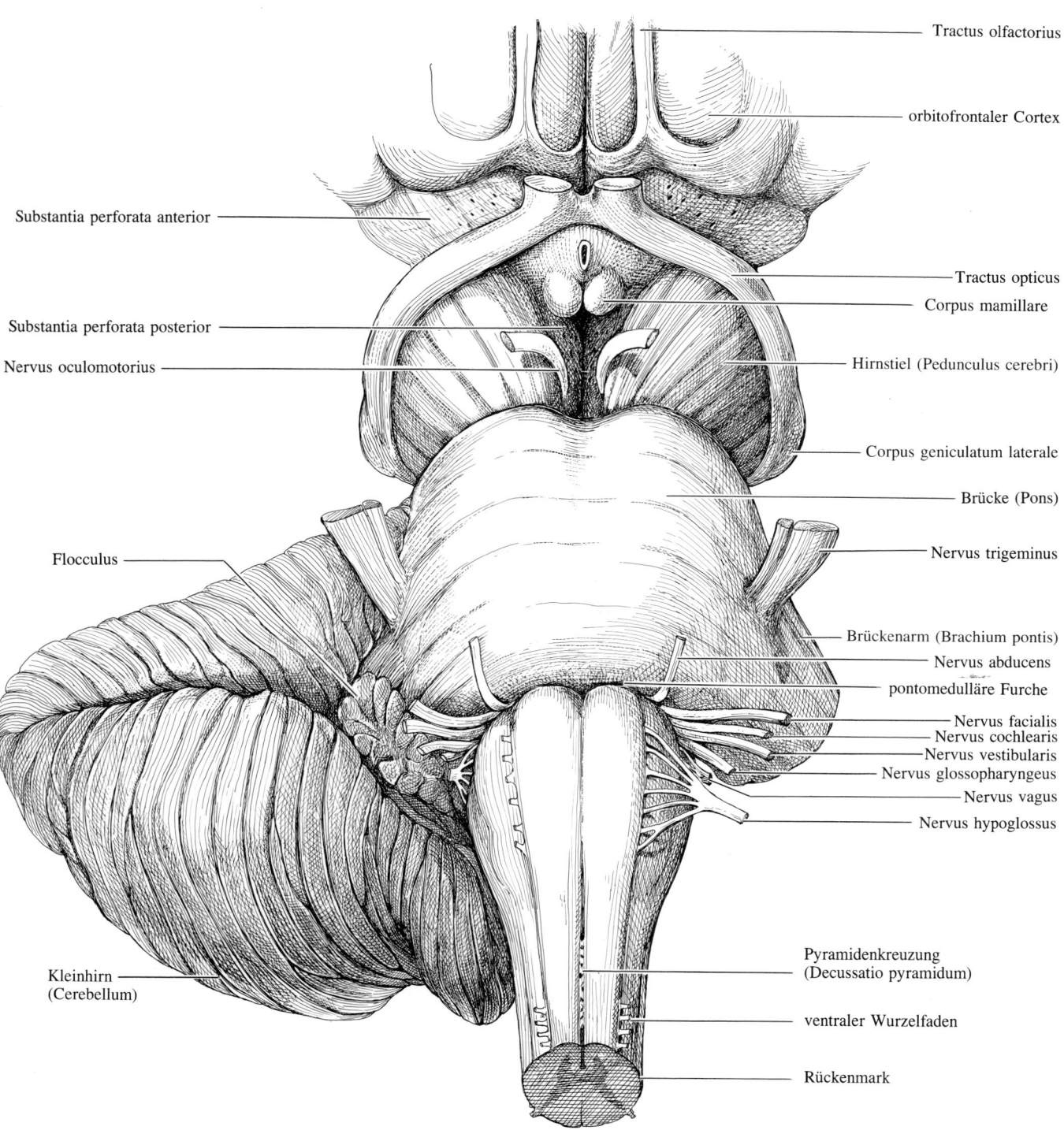

Tractus olfactorius

orbitofrontaler Cortex

Substantia perforata anterior

Tractus opticus

Corpus mamillare

Substantia perforata posterior

Nervus oculomotorius

Hirnstiel (Pedunculus cerebri)

Corpus geniculatum laterale

Brücke (Pons)

Flocculus

Nervus trigeminus

Brückenarm (Brachium pontis)

Nervus abducens

pontomedulläre Furche

Nervus facialis

Nervus cochlearis

Nervus vestibularis

Nervus glossopharyngeus

Nervus vagus

Nervus hypoglossus

Pyramidenkreuzung (Decussatio pyramidum)

ventraler Wurzelfaden

Kleinhirn (Cerebellum)

Rückenmark

11.2 Die ventrale Oberfläche des menschlichen Hirnstammes zeigt am deutlichsten die beiden Abschnitte des Rautenhirns. Der caudale Abschnitt, die Medulla oblongata oder das Myelencephalon (Nachhirn), besitzt eine tiefe Furche, die Fissura mediana ventralis, die auf beiden Seiten von der Pyramidenbahn flankiert wird; die durch diese Bahn erzeugte Ausbuchtung ist als medulläre Pyramide bekannt. Der rostrale Abschnitt, das Metencephalon oder Hinterhirn, umfaßt die Brücke und das Kleinhirn. Oberhalb der Brücke liegt das Mittelhirn (Mesencephalon), das weitgehend hinter den (Groß-)Hirnstielen oder -schenkeln verborgen ist. Alle Hirnnerven außer einem kommen aus der ventralen Oberfläche des Hirnstammes. Vagus und Glossopharyngeus treten ventrolateral aus der Medulla oblongata aus; der Hypoglossus erscheint ebenfalls dort, aber in medialerer Lage. Cochlearis, Vestibularis, Facialis und Abducens kommen aus der pontomedullären Furche. Der Trigeminus tritt an der Oberfläche der Brücke aus, und der Oculomotorius schließlich erscheint zwischen den Hirnstielen.

eine starke Krümmung, so daß sich seine dorsale, konvexe Oberfläche stärker ausdehnt als seine ventrale, konkave Oberfläche. Und außerdem ist die ventrale Seite des Mittelhirns größtenteils hinter dem umfangreichsten Faserbündel des Hirnstammes verborgen, dem Hirnstiel oder -schenkel (Pedunculus cerebri), einem corticofugalen Fasersystem, das auch die Pyramidenbahn einschließt.

Abbildung 11.3 zeigt eine dorsale Ansicht des menschlichen Hirnstammes in teilweise aufgeschnittenem Zustand. Der Schnitt wurde auf einer Seite der Zeichnung durch den Sockel aus weißer Substanz gelegt, der das Kleinhirn mit dem Rest des Hirnstammes verbindet. Dieser Sockel besteht aus den Millionen von Fasern, die als Bestandteile der drei Kleinhirnstiele (Pedunculi cerebellares) in das Kleinhirn eintreten oder es verlassen. Der mittlere Kleinhirnstiel – wir haben ihn bereits unter der Bezeichnung Brückenarm (Brachium pontis) kennengelernt – ist der größte der drei; er bildet das Herz der Fasermasse. Über ihm liegt der obere Kleinhirnstiel oder Bindearm (Brachium conjunctivum), unter ihm der untere Kleinhirnstiel, der auch Corpus restiforme („Strickkörper") genannt wird. Das Kleinhirn selbst wurde zur Hälfte entfernt; es hätte sonst das Rautenhirn verdeckt. Das Dach des vierten Ventrikels ist ebenfalls halb entfernt. Der caudale Teil des Daches besteht aus Choroidmembran. Der rostrale Teil dagegen – dort, wo der vierte Ventrikel sich verengt und zu einer Mündung des Aquaeductus cerebri wird (eines engen Kanals, der durch das Mittelhirn zu den Ventrikeln des Diencephalon und der Großhirnhemisphären zieht) – ist eine weißliche Platte, die man als vorderes Marksegel (Velum medullare anterior) bezeichnet. Verschmolzen mit diesem Segel ist der vorderste Teil des Kleinhirns, der wegen seiner zungenähnlichen Form Lingula genannt wird. Der Schnitt in Abbildung 11.3 legt den Boden des vierten Ventrikels – die sogenannte Rautengrube (Fossa rhomboidea) – fast vollständig frei. Eine Sulcus medianus genannte Furche kennzeichnet ihre Mittellinie. Lateral davon verläuft eine zweite Furche, die weniger ausgeprägt, aber trotzdem deutlich sichtbar ist, der Sulcus limitans – also jene Furche, die im Neuralrohr des Embryos die Flügelplatte von der Grundplatte trennte. Die sichtbare caudalste Spitze des Ventrikels heißt Obex. Die wirkliche Spitze liegt etwas weiter unten: Der Ventrikel erstreckt sich noch ein paar Millimeter weit in caudaler Richtung und bildet letztlich eine Tasche, die an dem verschlossenen Zentralkanal des Rückenmarks blind endet. Caudal vom Obex an der Oberfläche des Hirnstammes liegt der Sulcus medianus dorsalis, der hier – wie schon im Rückenmark – die Mittellinie kennzeichnet. Lateral von ihm befindet sich ein Paar weißlicher Vorwölbungen, die durch eine Sulcus intermedius dorsalis genannte Furche voneinander getrennt sind. Diese Vorwölbungen schwenken in lateraler Richtung aus und schwellen auf Höhe des Obex deutlich an. Es handelt sich um die Fasciculi cuneatus und gracilis, die das rostrale Ende des Hinterstranges bilden; sie verdicken sich im caudalen Rautenhirn, weil hier die Hinterstrangkerne hinzukommen: der Nucleus gracilis und der Nucleus cuneatus. Im oberen Drittel der Abbildung 11.3 sind die Colliculi superiores und inferiores zu sehen. Sie bilden gemeinsam die Vierhügelplatte oder Lamina quadrigemina, die man auch als Dach des Mittelhirns oder Tectum (mesencephali) bezeichnet. Darüber und zum Teil auch seitlich davon schließt sich das Zwischenhirn (Diencephalon) an, insbesondere der Thalamus, der im menschlichen Gehirn so groß ist, daß er sozusagen seine Tasche im Vorderhirn hinein ausbeult.

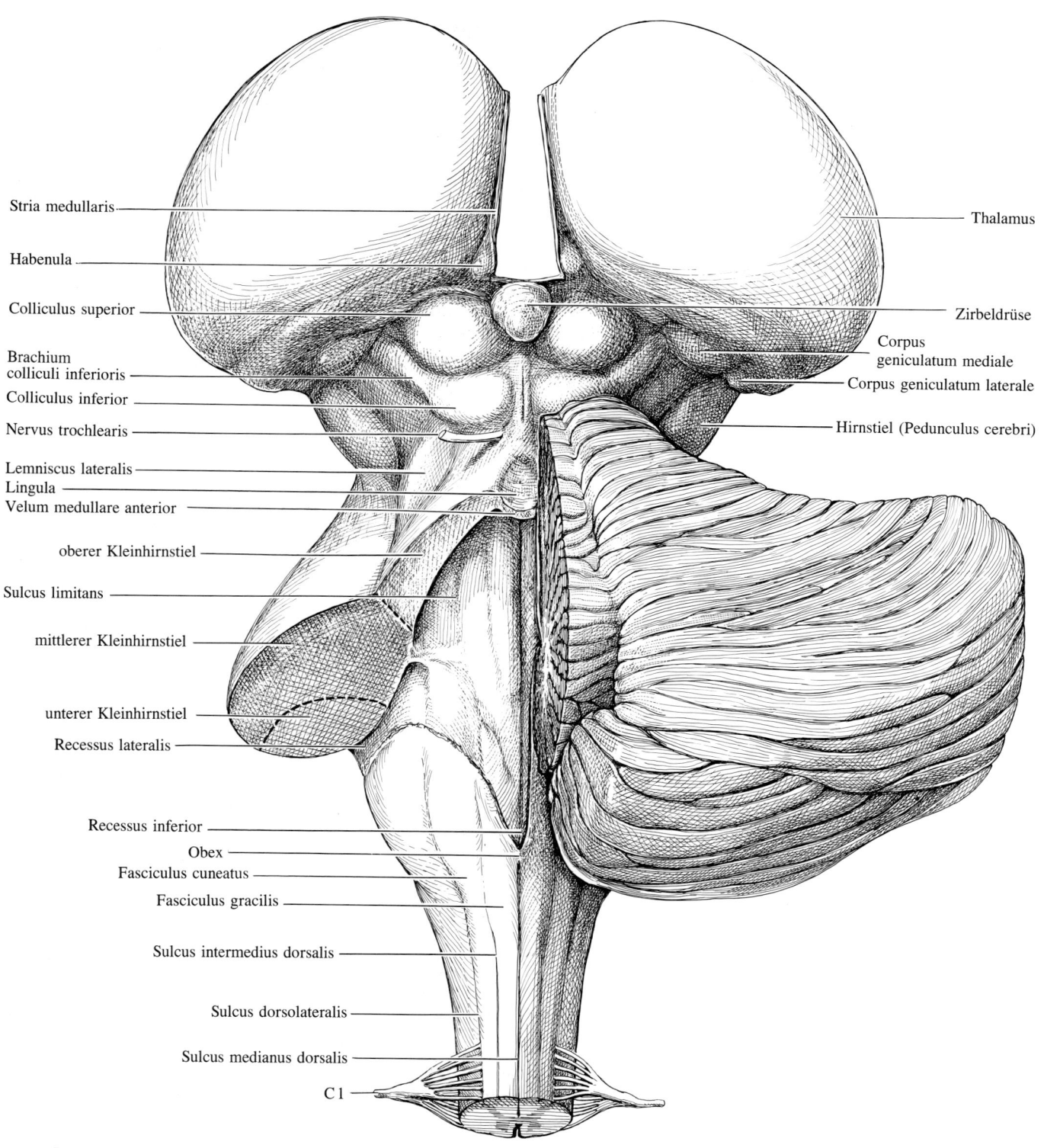

Stria medullaris

Habenula

Colliculus superior

Brachium colliculi inferioris

Colliculus inferior

Nervus trochlearis

Lemniscus lateralis

Lingula

Velum medullare anterior

oberer Kleinhirnstiel

Sulcus limitans

mittlerer Kleinhirnstiel

unterer Kleinhirnstiel

Recessus lateralis

Recessus inferior

Obex

Fasciculus cuneatus

Fasciculus gracilis

Sulcus intermedius dorsalis

Sulcus dorsolateralis

Sulcus medianus dorsalis

C 1

Thalamus

Zirbeldrüse

Corpus geniculatum mediale

Corpus geniculatum laterale

Hirnstiel (Pedunculus cerebri)

11.3 Die dorsale Oberfläche des menschlichen Hirnstammes ist voll sichtbar, wenn man das Kleinhirn abträgt. Hier wurde auf einer Seite der Mittellinie der Kleinhirnsockel durchgeschnitten. Er umfaßt drei Teilbereiche, die sogenannten Kleinhirnstiele (Pedunculi cerebelli): den unteren Kleinhirnstiel oder „Strickkörper" (Corpus restiforme), den mittleren Kleinhirnstiel oder Brückenarm (Brachium pontis) und den oberen Kleinhirnstiel oder Bindearm (Brachium conjunctivum). Vom Kleinhirn bleibt auf dieser Seite nur die Lingula übrig. Oberhalb von ihr liegt das Mittelhirn, dessen dorsale Oberfläche vier Ausbuchtungen aufweist, die Colliculi inferiores und superiores. Direkt unter ihnen tritt ein Hirnnerv aus, der Trochlearis. Der Schnitt legt auch den Boden des Rautenhirnventrikels — des vierten Ventrikels — frei. Er ist auf jeder Seite der Mittellinie von zwei Erhebungen flankiert, die von den Hinterstrangkernen hervorgebracht werden.

Motorische und sensorische Säulen

Rhombencephalon und Mesencephalon werden manchmal als ein Gehirnteil betrachtet, der sich vom Rückenmark gänzlich unterscheidet. Bei wachsender Vertrautheit mit dem Gehirn ändert sich diese Einschätzung. Ein Überblick über die Gemeinsamkeiten und die Unterschiede zwischen Hirnstamm und Rückenmark ist sicherlich ein nützlicher Anfang für die Untersuchung der inneren Struktur des Hirnstammes.

Bei einer Untersuchung des Rückenmarks ist es zunächst einmal angenehm, eine scharfe und immer vorhandene Grenze zwischen grauer und weißer Substanz zu finden. Ein Querschnitt auf einem beliebigen Niveau des Rückenmarks zeigt in der Mitte stets den typischen spinalen grauen Schmetterling, der sich gegen ein weißes Umfeld abhebt. Im Rautenhirn verwischt sich diese Grenze mehr und mehr. Nur bestimmte Fasersysteme bleiben umgrenzt: beispielsweise die Pyramidenbahn und der Tractus spinocerebellaris dorsalis. Die meisten übrigen Fasersysteme sind von grauer Substanz durchsetzt. Beim Studium des Rückenmarks ist es auch angenehm, sekundäre sensorische Zellen und motorische Neuronen jeweils in vertrauten Positionen wiederzufinden. Jeder Querschnitt zeigt beide Typen von Zellen. Erstere befinden sich im Hinterhorn, letztere im Vorderhorn. Im Rautenhirn scheinen andere Verhältnisse zu herrschen. Sekundäre sensorische Zellen liegen lateral, nicht dorsal vom Sulcus limitans. Und motorische Neuronen liegen medial, nicht notwendigerweise ventral. Aber das ist einfach eine Folge der Beanspruchung des Hirnstammes während der Entwicklung der Brückenbeuge. Im Endeffekt spannt diese Beuge das Neuralrohr auf, so daß sich beiderseits der Mittellinie die Flügelplatte schließlich lateral und nicht dorsal von der Grundplatte befindet. Sowohl im Rückenmark als auch im Rautenhirn wird die Lage motorischer Neuronen und sensorischer Zellen direkt durch die embryonale Lage der Grund- und Flügelplatten bestimmt.

Darüber hinaus gibt es jedoch Komplikationen. Betrachten Sie zunächst die Anordnung motorischer Neuronen. Im Rückenmark findet man zwei große Klassen solcher Neuronen. Die somatomotorischen Neuronen sitzen im Vorderhorn, die visceralen motorischen Neuronen im Seitenhorn. Es ist sinnvoll, die somatomotorischen Neuronen als Elemente einer einzigen „Säule" zu betrachten – einer somatomotorischen Säule, die zwar lokale Variationen hervorbringt, sich aber trotzdem über die gesamte Länge des Rückenmarks erstreckt. In ähnlicher Weise ist es hilfreich, die visceralen motorischen Neuronen als Elemente einer visceralen motorischen Säule anzusehen. Natürlich nehmen die visceralen motorischen Neuronen nicht die volle Länge des Rückenmarks ein. Die präganglionären motorischen Neuronen des sympathischen Nervensystems liegen nur in den Rückenmarkssegmenten C8 bis L2 und die des parasympathischen Nervensystems nur in den Sacralsegmenten 2, 3 und 4. Man darf sie aber insofern zu einer Säule zusammenfassen, als sie allesamt motorische Neuronen und in der Tat alle präganglionär und autonom sind. Überdies erscheinen sie alle an derselben Stelle des Rückenmarksquerschnittes.

Auch im Hirnstamm findet man wieder eine somatomotorische und eine viscerale motorische Säule (Abb. 11.4). Beide sind jedoch unterbrochen. So besteht die somatomotorische Säule auf jeder Seite des Hirnstammes aus vier Zellgruppen, die nahe der Mittellinie direkt unter dem Boden des vierten Ventrikels oder, weiter rostral, des Aquädukts, liegen. Die caudalste dieser

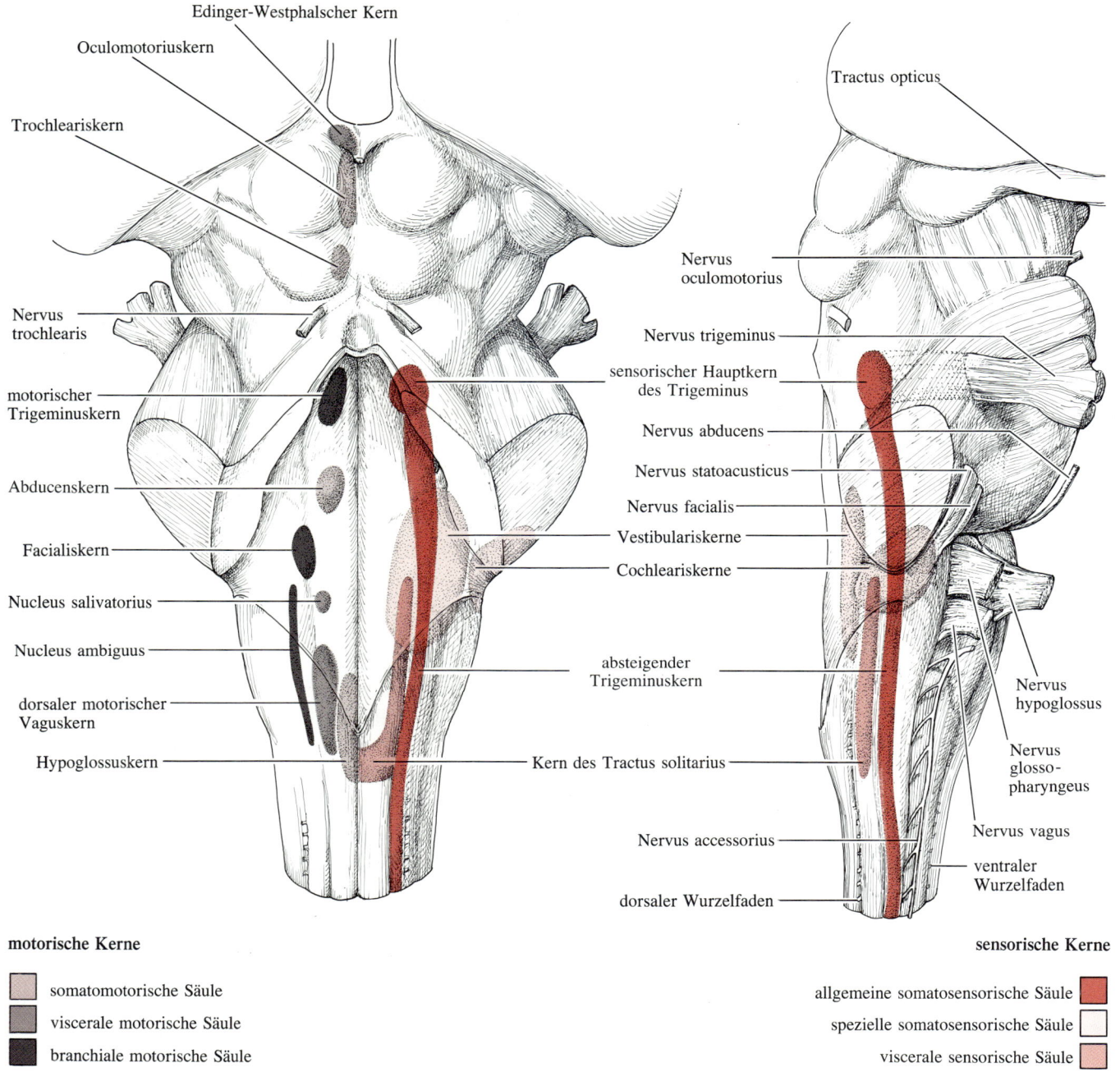

Edinger-Westphalscher Kern

Oculomotoriuskern

Trochleariskern

Nervus trochlearis

motorischer Trigeminuskern

Abducenskern

Facialiskern

Nucleus salivatorius

Nucleus ambiguus

dorsaler motorischer Vaguskern

Hypoglossuskern

Tractus opticus

Nervus oculomotorius

Nervus trigeminus

sensorischer Hauptkern des Trigeminus

Nervus abducens

Nervus statoacusticus

Nervus facialis

Vestibulariskerne

Cochleariskerne

absteigender Trigeminuskern

Kern des Tractus solitarius

Nervus hypoglossus

Nervus glosso-pharyngeus

Nervus accessorius

Nervus vagus

ventraler Wurzelfaden

dorsaler Wurzelfaden

motorische Kerne

☐ somatomotorische Säule

☐ viscerale motorische Säule

☐ branchiale motorische Säule

sensorische Kerne

allgemeine somatosensorische Säule ☐

spezielle somatosensorische Säule ☐

viscerale sensorische Säule ☐

11.4 Die motorischen und sensorischen Zellgruppen im Hirnstamm nehmen sechs unterbrochene Säulen auf jeder Seite der Mittellinie ein. Die motorischen Säulen sind im linken Schema gezeigt. Die somatomotorische Säule umfaßt vier motorische Kerne oder Nuclei, also Gemeinschaften von motorischen Neuronen und Interneuronen: den Hypoglossuskern, den Abducenskern, den Trochleariskern und den Oculomotoriuskern. Zur visceralen motorischen Säule gehören drei motorische Kerne: der dorsale motorische Kern des Vagus, der Nucleus salivatorius und der Edinger-Westphalsche Kern. Die branchiale motorische Säule umfaßt ebenfalls drei motorische Kerne: den Nucleus ambiguus, den motorischen Facialiskern und den motorischen Trigeminuskern. Die sensorischen Säulen sind rechts wiedergegeben. Die spezielle somatosensorische Säule umfaßt sechs sekundäre sensorische Kerne: Zwei sind cochleär (das heißt, auditorisch) und vier vestibulär. Sie bilden Zellhaufen im Rautenhirn. Die viscerale sensorische Säule besteht aus einem einzigen Kern: dem des Tractus solitarius. Sein Zusammentreffen mit seinem kontralateralen Gegenstück in der Medulla oblongata wird als kommissuraler Kern bezeichnet. Die allgemeine somatosensorische Säule besteht ebenfalls aus einem einzigen Kern: dem sensorischen Trigeminuskern. Allerdings ist dessen abgerundeter Kopf als sensorischer Hauptkern, sein langgestreckter Schwanz als absteigender Kern des Trigeminus bekannt.

vier Zellgruppen ist der Hypoglossuskern im caudalen Rautenhirn. Er innerviert alle Muskeln der Zunge. Dann folgt eine Lücke in der Säule, ehe sich im rostralen Rautenhirn der Abducenskern anschließt. Er ist der caudalste jener drei somatomotorischen Kerne auf jeder Seite des Hirnstammes, die mit dem Augapfel verbundene Muskeln innervieren und so das Auge in seiner Höhle drehen. Die anderen beiden sind der Trochlearis- und der Oculomotoriuskern, die im unteren beziehungsweise oberen Mittelhirn liegen. Die viscerale motorische Säule auf jeder Seite des Hirnstammes besteht aus drei Zellgruppen. Jede ist präganglionär und parasympathisch und liegt lateral von der somatomotorischen Säule direkt unter dem Ventrikelsystem. Die caudalste der drei Zellgruppen, der dorsale motorische Kern des Vagus, liegt ungefähr auf derselben Höhe wie der Hypoglossuskern. Über postganglionäre motorische Neuronen in oder nahe bei seinen Zielorganen sorgt er für die parasympathische Steuerung des Herzens sowie der glatten Muskulatur und der Drüsenzellen des Verdauungs- und des Atmungstraktes. Den mittleren Vertreter der drei visceralen motorischen Kerne, den Nucleus salivatorius, kennen Physiologen besser als Neuroanatomen. Über Ganglien in der Nähe seiner Zielorgane innerviert er die drei Speicheldrüsen sowie die Tränendrüse. Der oberste der drei, der Edinger-Westphalsche Kern (der nach dem deutschen Anatomen Ludwig Edinger und dem deutschen Neurologen Karl F. O. Westphal benannt ist), sitzt am rostralen Pol des Oculomotoriuskernes. Über das Ciliarganglion in der Augenhöhle innerviert er zwei glatte Muskeln im Auge: den Ciliarmuskel und den Musculus constrictor pupillae.

In der Nähe der somatomotorischen Säule und der visceralen motorischen Säule, aber auf Hirnstammquerschnitten stärker ventral, findet man eine dritte motorische Säule. Sie ist ebenfalls unterbrochen: Sie besteht aus drei getrennten Zellgruppen, die sich allesamt im Rautenhirn befinden. Von unten nach oben handelt es sich dabei um den Nucleus ambiguus, der die Muskeln von Pharynx und Larynx, also die Schluck- und die Stimmuskeln, steuert, den motorischen Facialiskern, der die Muskeln für den Gesichtsausdruck kontrolliert, und schließlich den motorischen Kern des Trigeminus, der die Kaumuskeln steuert. Beim Säugetierembryo gehen alle diese Muskeln aus einem Satz von vier unvollständigen Geweberingen hervor, die den sich entwickelnden Vorderdarm umgeben. Diese Ringe nennt man Kiemen- oder nach dem entsprechenden griechischen Wort (*branchion*) Branchialbögen. Deshalb wird die Säule auch als branchiale motorische Säule bezeichnet. Die Muskeln sind übrigens quergestreift.*

Auch die sekundären sensorischen Zellgruppen des Hirnstammes bilden angeblich „Säulen". Doch eine solche Säule, die spezielle somatosensori-

---

* Im Rückenmark sind wir keinem branchialen motorischen Kern begegnet. Wir hätten einen gefunden, wenn wir den oberen vier Cervicalsegmenten mehr Aufmerksamkeit geschenkt hätten: Dort nämlich bildet eine Gruppe motorischer Neuronen, die zentral im Vorderhorn liegt, den sogenannten spinalen Kern des Nervus accessorius. Man kann ihn durchaus als spinale Fortsetzung des Nucleus ambiguus ansehen. Seine efferenten Axone treten in einer segmentalen Serie von Wurzelfäden aus dem Rückenmark aus, und zwar entlang der lateralen – nicht der ventralen – Seite des Marks. Die Wurzelfäden schließen sich zu einem schlanken, langgezogenen Bündel, dem spinalen Nervus accessorius selbst, zusammen. Dieser Nerv ist einzigartig: Statt durch ein Zwischenwirbelloch zu ziehen, steigt er neben dem Halsmark auf und tritt durch das Foramen magnum (das große Hinterhauptsloch) in die Schädelhöhle ein. Dort stoßen Fasern des Nucleus ambiguus zu ihm. Das so vergrößerte Bündel verläßt dann die Schädelhöhle direkt hinter dem Vagusnerv durch das Foramen jugulare. Hinten im Nacken innervieren die spinalen efferenten Fasern dieses Bündels den Musculus sternocleidomastoideus und den oberen Teil des Musculus trapezoides. Von beiden nimmt man an, daß sie sich aus den Branchialbögen 5 und 6 entwickeln, die beim Säugetierembryo rudimentär sind.

sche, besteht nur aus Zellgruppen, die sich am und um den Recessus lateralis des vierten Ventrikels auf mittlerer Höhe des Rautenhirns häufen. Sie erhalten primäre sensorische Information von den Sinnesepithelien des Innenohres. Bei diesen Zellgruppen handelt es sich um die Cochlearis- und Vestibulariskerne. Eine zweite sensorische Säule besteht aus einer einzigen Zellgruppe, die größtenteils auf die Medulla oblongata beschränkt bleibt. Es ist die viscerale sensorische Säule, das heißt, der Kern des Tractus solitarius. Er erhält primäre sensorische Information von barorezeptiven und chemorezeptiven Nervenendigungen in den Eingeweiden.* (Sein rostrales Drittel, das manchmal als Geschmackskern bezeichnet wird, bekommt Information von den Geschmacksknospen.) Nur die dritte und letzte der sensorischen Säulen im Hirnstamm scheint wirklich eine Säule zu sein. Diese allgemeine somatosensorische Säule besteht zwar ebenfalls nur aus einer einzigen Zellgruppe – dem sensorischen Kern des Trigeminus –, doch dieser Kern erstreckt sich ohne Unterbrechung über die gesamte Länge des Rautenhirns. Tatsächlich geht die Zellgruppe an der caudalen Begrenzung des Gehirns in das Hinterhorn des Rückenmarks über. Sie stellt somit den cranialen Teil einer Säule aus grauer Substanz dar, die ohne Unterbrechung vom unteren Ende des Rückenmarks bis zum oberen Ende des Rautenhirns aufsteigt. Die allgemeine somatosensorische Säule erhält ihren gesamten primären sensorischen Input von einem einzigen Hirnnerv, und zwar dem dicksten, dem Trigeminus. Sie empfängt somit propriozeptive, taktile und nociceptive Information vom Gesicht, von der Nasen- und Mundschleimhaut, von den Zähnen sowie den nichtoptischen Häuten des Auges: der Sclera (Lederhaut), der Cornea (Hornhaut) und der Chorioidea (Aderhaut). Das Hinterhorn erhält dieselben Hauptinformationsklassen vom Rumpf und von den Gliedern. Alles in allem ist die allgemeine somatosensorische Säule also anatomisch wie funktionell eine craniale Verlängerung des Hinterhornes, und das Hinterhorn stellt sozusagen die allgemeine somatosensorische Säule des Rückenmarks dar. Man sollte hier hinzufügen, daß das rostrale Ende der allgemeinen somatosensorischen Säule, das nahe der rostralen Begrenzung des Rautenhirns liegt, eine abgerundete Masse grauer Substanz ist, die als sensorischer Hauptkern (Nucleus sensorius principalis) des Trigeminus bezeichnet wird. Die lange, in das Hinterhorn übergehende Spitze der Säule heißt absteigender oder spinaler Kern des Trigeminus.

Die jeweils drei sensorischen und motorischen Säulen des Hirnstammes sind in Abbildung 11.5 grobschematisch dargestellt, ebenso die Hirnnerven (Nervi craniales). Keiner der Hirnnerven folgt ganz dem spinalen Muster; das heißt, keiner entsteht wie ein Spinalnerv aus der Verschmelzung eines dorsalen sensorischen und eines ventralen motorischen Anteils. Dennoch taucht das spinale Vorbild in abgeschwächter Form bei einem der Hirnnerven wieder auf. Der Nervus trigeminus nämlich verläßt das Gehirn in Form einer großen sensorischen Wurzel, die Portio major genannt wird, und einer medial danebenliegenden, sehr viel kleineren motorischen Wurzel (der Portio minor).

* Im Rückenmark sind wir keinem abgrenzbaren visceralen sensorischen Kern begegnet. Tatsächlich kennt man auch keinen. Das ist ein bemerkenswerter Mangel, besonders wenn man bedenkt, daß zahlreiche sensorische Axone den peripheren Verzweigungen des sympathischen Nervensystems folgen und über die Hinterwurzeln in das Rückenmark eintreten. Vielleicht sind die sekundären sensorischen Neuronen, die diese visceralen Afferenzen empfangen, weit im Hinterhorn verstreut und deshalb nicht entdeckt worden.

Von den übrigen Hirnnerven sind vier rein motorisch – der Nervus hypoglossus, der Nervus abducens, der Nervus trochlearis und der Nervus oculomotorius. Sie ähneln den Vorderwurzeln. Zum einen bestehen bis auf einen alle ausschließlich aus Axonen, die von der somatomotorischen Säule zum quergestreiften Muskelgewebe der Zunge oder zu den äußeren Augenmuskeln führen. Die Ausnahme ist der Oculomotorius, der einen visceralen motorischen Anteil einschließt, nämlich die präganglionären parasympathi-

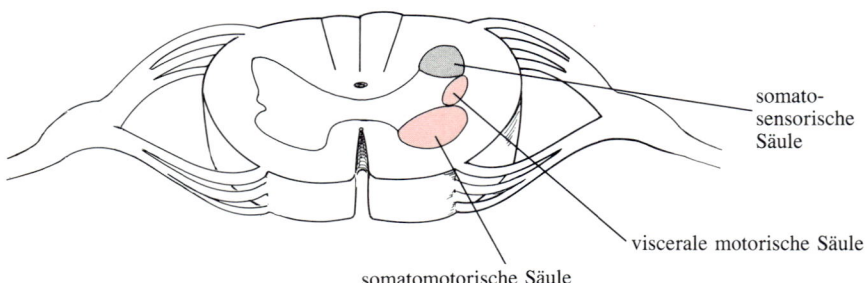

somato-
sensorische
Säule

viscerale motorische Säule

somatomotorische Säule

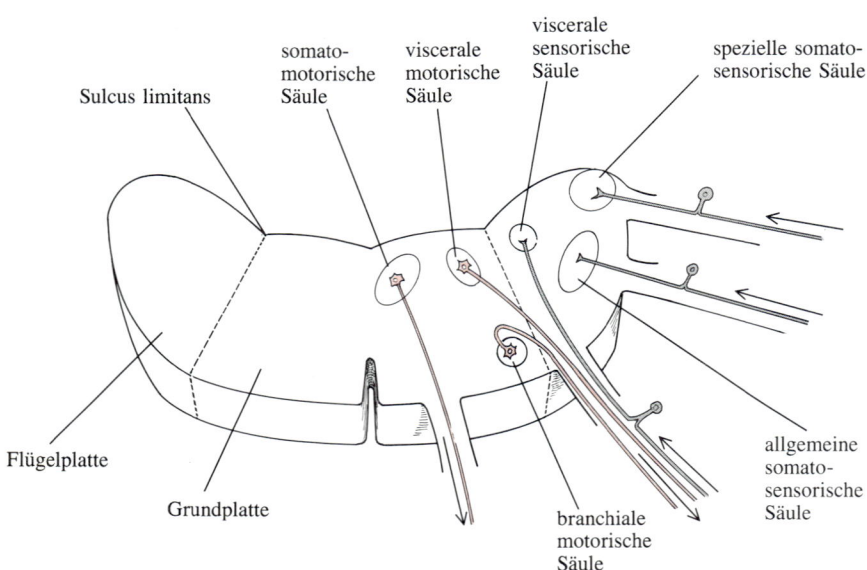

somato-
motorische
Säule

viscerale
motorische
Säule

viscerale
sensorische
Säule

spezielle somato-
sensorische Säule

Sulcus limitans

Flügelplatte

Grundplatte

branchiale
motorische
Säule

allgemeine
somato-
sensorische
Säule

11.5 Die Anordnung der Säulen im Hirnstamm wird durch die Lageveränderungen der Flügel- und der Grundplatte während der Ontogenese bestimmt; so verfeinert der Hirnstamm gewissermaßen das einfachere Muster, das man im Rückenmark findet. Diese beiden schematischen Querschnitte zeigen einige Details. Im Rückenmark (obere Zeichnung) bilden sekundäre sensorische Neurone im Hinterhorn quasi eine allgemeine somatosensorische Säule. Somatomotorische Neuronen im Vorderhorn treten zu einer somatomotorischen Säule zusammen. Präganglionäre sympathische motorische Neuronen im Seitenhorn schließlich bilden eine viscerale motorische Säule. (In sacralen Rückenmarksabschnitten besitzt letzterer noch einen weiteren Teil, der aus präganglionären parasympathischen motorischen Neuronen besteht.) Das Rautenhirn (untere Zeichnung) sieht ganz anders aus: Die somatomotorischen und visceralen motorischen Neuronen liegen medial, nicht ventral, von der somatosensorischen Säule. Aber das beruht einfach darauf, daß die Brückenbeuge den Teil des Neuralrohres, der sich zum Rautenhirn entwickelt, so aufspannt, daß die Grundplatte medial, nicht ventral, von der Flügelplatte zu liegen kommt. Andererseits haben die spezielle somatosensorische und die viscerale sensorische Säule keine Entsprechungen im Rückenmark, und die branchiale motorische Säule besitzt nur ein verstecktes Gegenstück in Form cervicaler motorischer Neuronen, die zwei Nackenmuskeln innervieren. Drei Hirnnerven – der Cochlearis, der Vestibularis und der Trigeminus – lassen sich mit Hinterwurzeln vergleichen. (Der Trigeminus enthält allerdings einen motorischen Anteil.) Vier Hirnnerven – der Hypoglossus, der Abducens, der Trochlearis und der Oculomotorius – ähneln Vorderwurzeln. Drei Hirnnerven – der Facialis, der Glossopharyngeus und der Vagus – sind gemischt, nämlich visceral sensorisch, visceral motorisch und branchial motorisch.

schen Fasern, die dem Edinger-Westphalschen Kern entspringen. Überdies verlassen alle außer einem den Hirnstamm in der Nähe der ventralen Mittellinie. Die Ausnahme ist der Trochlearis, der mit allen Konventionen bricht, indem er den Hirnstamm nahe der dorsalen Mittellinie verläßt. (Er tritt unmittelbar caudal vom Colliculus inferior aus.) Beim Verlassen des Hirnstammes begibt er sich auf einen weiteren Abweg: Er kreuzt auf die Gegenseite. Drei Hirnnerven sind fast rein sensorisch: der Nervus acusticus oder cochlearis (Hörnerv), der Nervus vestibularis sowie der Nervus trigeminus oder zumindest seine dicke Portio major. Sie ähneln sehr den Hinterwurzeln. Zum einen bestehen sie fast ausschließlich aus primären sensorischen Fasern, die von einem sensorischen Ganglion aus entweder zur allgemeinen oder zur speziellen somatosensorischen Säule führen. (Der Hörnerv umfaßt einige efferente Axone, die vom Hirnstamm ausgehen und mit Haarzellen des Cortischen Organs Synapsen bilden; man nimmt an, daß sie die Antwortschwelle dieser auditorischen Signalwandler einstellen.) Außerdem treten die betreffenden Nerven lateral in den Hirnstamm ein. (Man muß sich daran erinnern, daß die Brückenbeuge das sich entwickelnde Rhombencephalon auffaltet und so die Hinterwurzeleintrittszone des Hirnstammes im Querschnitt in eine laterale Position verschiebt.) Drei Hirnnerven schließlich sind gemischt – das heißt, sowohl sensorisch als auch motorisch. Es handelt sich allerdings um eine sonderbare Mischung: Jeder dieser Hirnnerven enthält Fasern von einem branchialen motorischen Kern und einem visceralen motorischen Kern und dazu viscerale sensorische Fasern, die zum Kern des Tractus solitarius führen. Die drei Nerven – der Vagus, der Glossopharyngeus und der Facialis – entspringen in Zwischenpositionen auf der ventralen Oberfläche des Rautenhirns, jedoch näher an der Austrittslinie der rein sensorischen Hirnnerven (der „Hinterwurzeln" des Hirnstammes) als an der der rein motorischen Nerven (der „Vorderwurzeln" des Hirnstammes). Der Vagus erscheint als eine Längsreihe von Wurzelfäden, der Glossopharyngeus als einzelner Stamm. Der Facialis tritt oft in Form zweier Bündel aus, eines großen medialen und eines kleineren lateralen. Ersteres ist branchial motorisch und innerviert die Gesichtsmuskulatur. Das zweite Bündel, der sogenannte Nervus intermedius von Wrisberg, ist visceral motorisch und visceral sensorisch (insbesondere gustatorisch).

Innere Struktur: Der spinomedulläre Übergang

Wir wenden uns jetzt einer Reihe Weigert-gefärbter Querschnitte des menschlichen Rautenhirns zu. Da uns eine erschöpfende Behandlung nicht möglich ist, beabsichtigen wir, die Komplexität der inneren Struktur des Rhombencephalon doch zumindest anzudeuten – eine Komplexität, der man kaum gerecht wird, wenn man motorische Kerne und sekundäre sensorische Zellen zu Säulen aneinanderreiht. Abbildung 11.6 gibt die ungefähren Positionen der Schnitte wieder, die wir ausgewählt haben; Abbildung 11.7 zeigt dann die zwei caudalsten Schnitte. In beiden ist die Neuraxis am spinomedullären Übergang durchgeschnitten: jener Ebene, auf der etwa 90 Prozent der Fasern jeder Pyramidenbahn die Mittellinie kreuzen, um als Tractus corticospinalis lateralis ihren Abstieg im Seitenstrang der kontralateralen Hälfte des Rückenmarks zu beginnen. Hier verwischt sich das Rückenmarksmuster zunehmend. Den Schnitt im oberen Teil der Abbildung (den

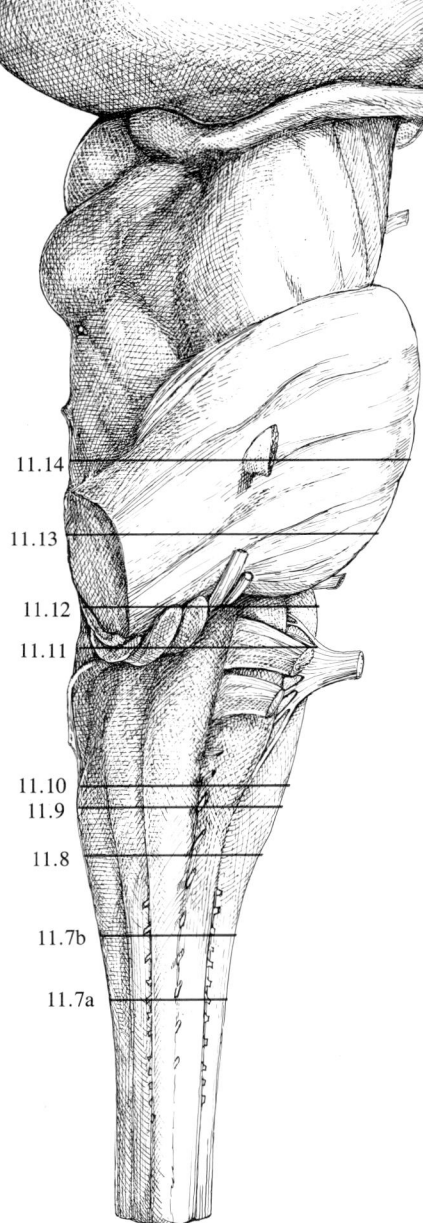

11.6 Neun Rautenhirnquerschnitte sind in Form von Weigert-Präparaten in den nächsten acht Abbildungen dargestellt; die hier gezeigte laterale Ansicht des menschlichen Hirnstammes gibt die Lage der Schnitte an. Fünf von ihnen liegen in der Medulla oblongata, dem verlängerten Mark oder Myelencephalon (Nachhirn), die übrigen vier im Metencephalon (Hinterhirn).

185

a

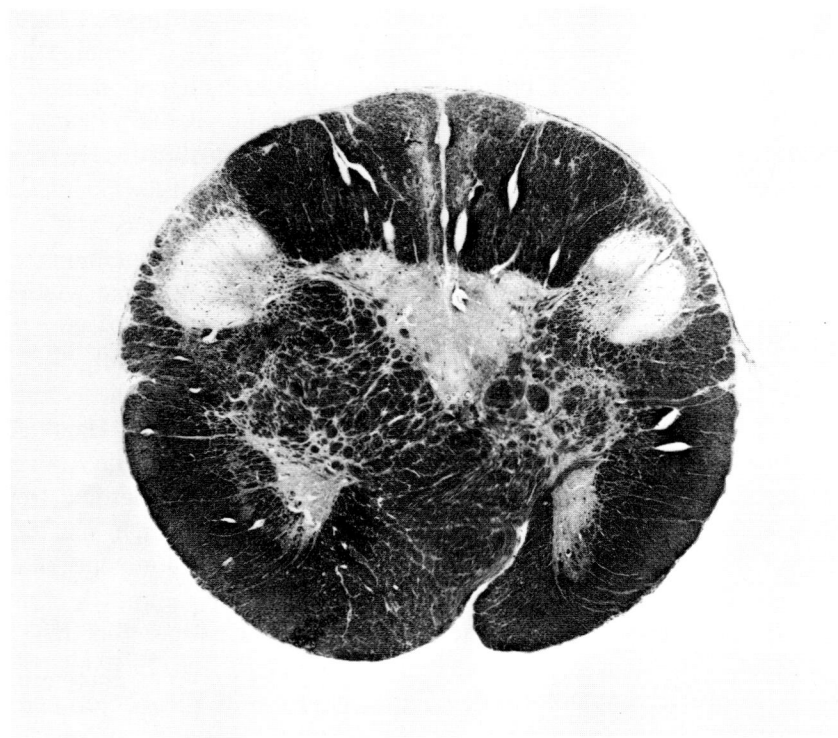

b

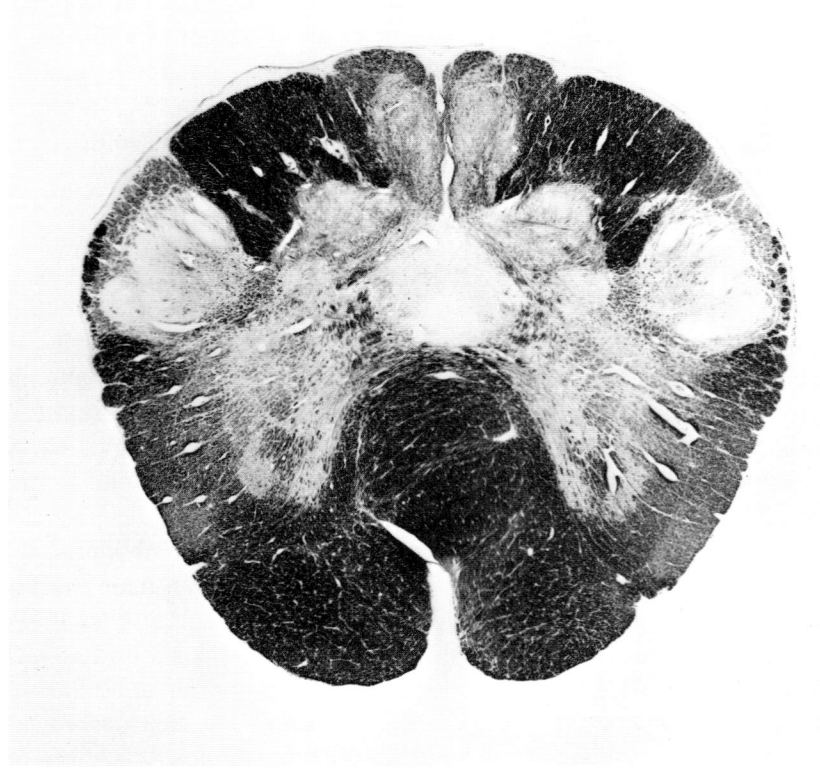

a

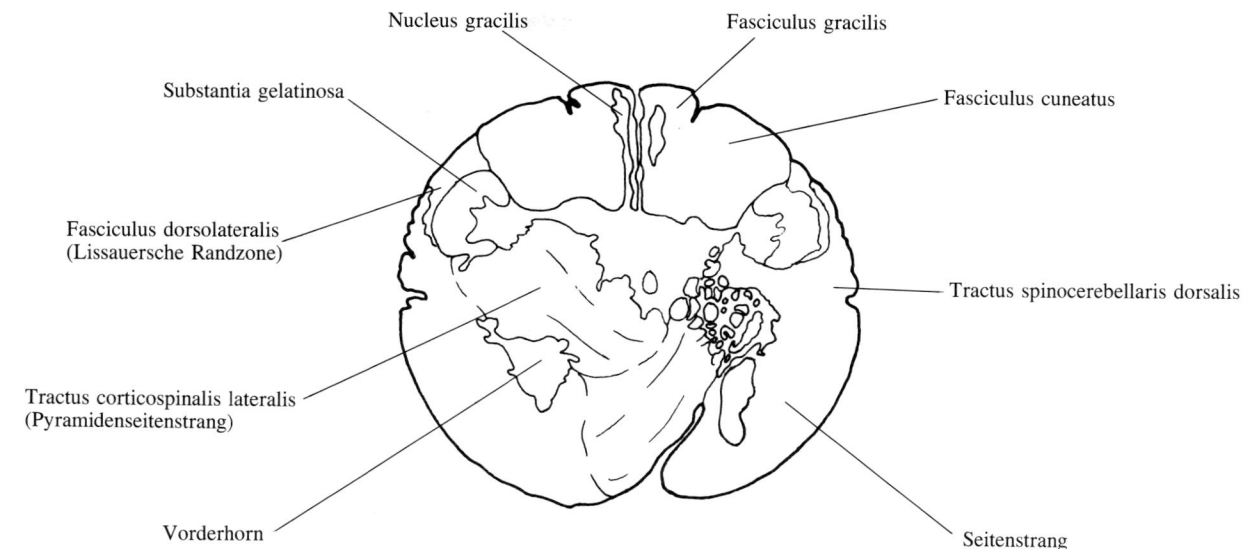

Nucleus gracilis

Fasciculus gracilis

Substantia gelatinosa

Fasciculus cuneatus

Fasciculus dorsolateralis
(Lissauersche Randzone)

Tractus spinocerebellaris dorsalis

Tractus corticospinalis lateralis
(Pyramidenseitenstrang)

Vorderhorn

Seitenstrang

11.7 Eine fortschreitende Verwischung des Rückenmarksmusters kennzeichnet das caudale Rautenhirn, das hier in einem Paar Weigert-gefärbter Querschnitte eines menschlichen Gehirns gezeigt ist. In dem caudaleren Schnitt (a) trennt die Kreuzung der Pyramidenbahnen (Decussatio pyramidum) das Vorderhorn ab und richtet gleichzeitig das Hinterhorn fast waagerecht aus. Das Vorderhorn enthält die rostralsten motorischen Neuronen des Rückenmarks, die Halsmuskeln innervieren.

Das Hinterhorn schließt hier den absteigenden (oder spinalen) Trigeminuskern ein. In dem unteren, rostraleren Schnitt sind die Hinterstrangkerne sichtbar: der Nucleus gracilis und der Nucleus cuneatus. Zusammen mit dem absteigenden Trigeminuskern vervollständigen sie gewissermaßen eine somatosensorische Karte des Körpers. Das „Vorderhorn" in diesem Schnitt ist in Wirklichkeit das caudale Ende der Formatio reticularis des Hirnstammes.

b

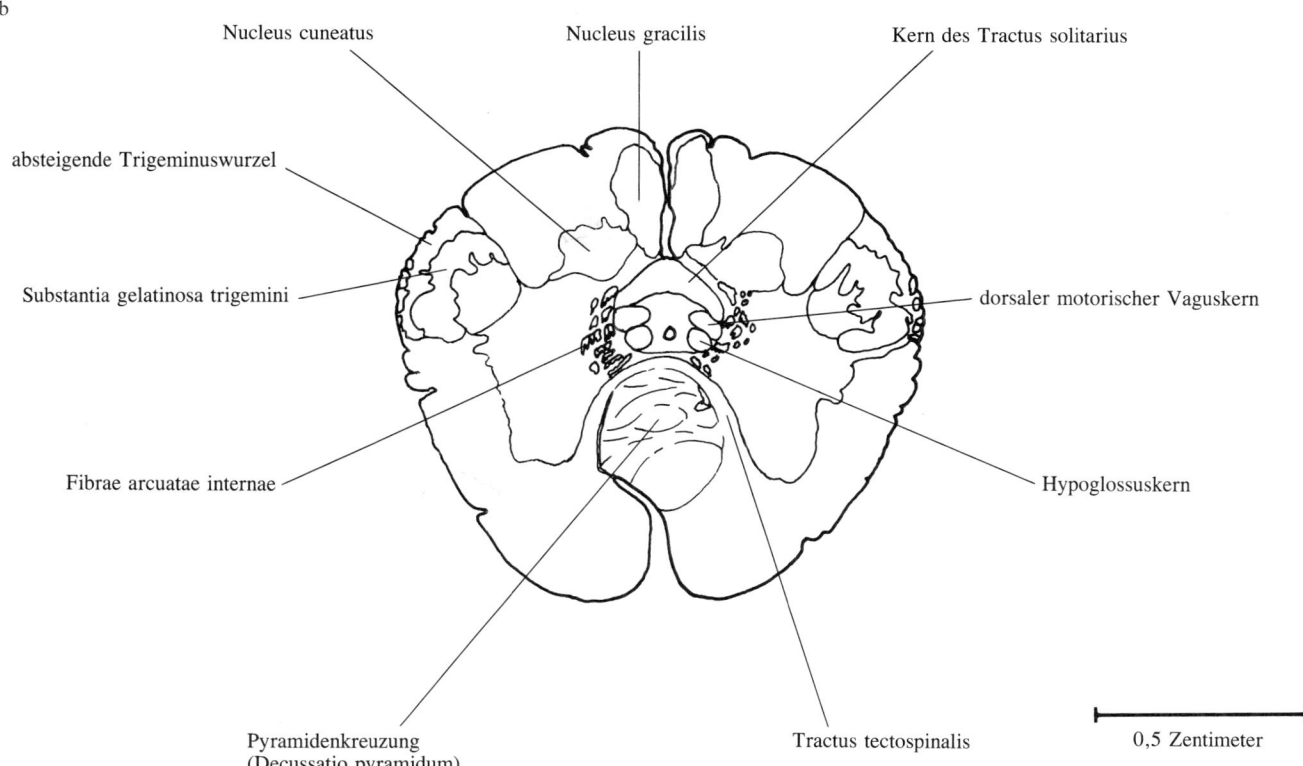

Nucleus cuneatus

Nucleus gracilis

Kern des Tractus solitarius

absteigende Trigeminuswurzel

Substantia gelatinosa trigemini

dorsaler motorischer Vaguskern

Fibrae arcuatae internae

Hypoglossuskern

Pyramidenkreuzung
(Decussatio pyramidum)

Tractus tectospinalis

0,5 Zentimeter

caudaleren der beiden) könnte man für einen Rückenmarksquerschnitt halten, wären da nicht einige deutliche Veränderungen zu sehen. Zunächst einmal zeigt dieser mit a bezeichnete Schnitt tatsächlich, wie die medullären Pyramiden über die Mittellinie in die dorsale Hälfte des gegenüberliegenden Seitenstranges schwenken. An der Mittellinie selbst bestehen die Pyramiden aus Bündeln, die wie die Finger zweier gefalteter Hände ineinander verflochten sind. Nachdem sie die Kreuzung passiert haben, schlagen die Bündel eine weite, gerade Bresche schräg durch die graue Substanz und trennen so das Vorderhorn vom Rest der grauen Substanz ab. Etwa zehn Prozent der Fasern in jeder medullären Pyramide bleiben von der Kreuzung unberührt: Sie behalten ihre ventrale Position bei und werden zum Tractus corticospinalis ventralis, der die Fissura mediana des Rückenmarks flankiert. Die Anhäufung gekreuzter Pyramidenfasern in der dorsalen Hälfte jedes Seitenstranges verengt den basalen Teil des Hinterhornes und verschiebt ihn in dorsaler Richtung − zusammen mit der Brücke, die die beiden Hälften der spinalen grauen Substanz miteinander verbindet (also mit der ventralen und der dorsalen grauen Kommissur). Deshalb ist das Hinterhorn in Abbildung 11.7a fast waagerecht ausgerichtet.

Betrachten Sie den apikalen (hier den lateralsten) Teil des Hinterhornes. Er scheint deutlich vergrößert; doch der Querschnitt zeigt ihn als eine große, abgerundete Masse von grauer Substanz mit einem breiten, sichelförmigen, schwach myelinisierten Außenbereich (der ganz offensichtlich die Substantia gelatinosa beziehungsweise die Rexed-Schichten 1, 2 und 3 darstellt) und einer myelinreicheren Innenzone (zweifellos der rostralen Verlängerung des Nucleus proprius cornu dorsalis, der Rexed-Schicht 4). Die Substantia gelatinosa wird von der pialen Oberfläche des Schnittes durch eine Schicht dünner, schwach myelinisierter Fasern getrennt, die die Bezeichnung Lissauersche Randzone nahelegt. Auf diesem Niveau jedoch besteht jene Zone hauptsächlich aus primären sensorischen Fasern des Trigeminus (die längsten erstrecken sich caudalwärts bis zum dritten oder vierten Cervicalsegment). Von hier an rostralwärts wird die Lissauersche Randzone daher zur absteigenden oder spinalen Trigeminuswurzel. Aus dem gleichen Grund werden die Rexed-Schichten 1 bis 4 zum sogenannten Subnucleus caudalis des absteigenden oder spinalen Trigeminuskernes (Nucleus spinalis nervi trigemini). Der Subnucleus caudalis ist der einzige Teil dieses Kernes mit einer Substantia gelatinosa; so gesehen ist es bemerkenswert, daß der Subnucleus den nociceptiven Input aus dem sensorischen Gebiet des Nervs verarbeitet. Am medialsten Teil des Hinterhornes dringt eine schmale Säule grauer Substanz in den Fasciculus gracilis des darüberliegenden Hinterstranges ein. Es handelt sich um das caudale Ende des Nucleus gracilis, des medialsten Hinterstrangkernes. Im Teil b der Abbildung 11.7 tritt dieser Kern deutlicher hervor. Überdies gesellt sich ihm auf seiner lateralen Seite ein ähnlicher Eindringling hinzu, der Nucleus cuneatus, ein breit dreieckig geformter Bereich. Somit liegen in der dorsalen Region des Schnittes drei somatosensorische Kerne nebeneinander. Der Nucleus gracilis, der medialste der drei, ist für das Bein zuständig, der Nucleus cuneatus in der Mitte für den Arm und die Hand und der spinale Trigeminuskern, der lateralste der drei, für den Kopf. Die Art der Anordnung verdeutlicht die Tendenz des somatischen Sinnes, die Topologie des Körpers beizubehalten.

Das Vorderhorn zeigt wie das Hinterhorn Veränderungen, die seine Ankunft im Gehirn signalisieren. In dem caudaleren Schnitt der Abbildung 11.7

ist das Vorderhorn durch das Hinüberschwenken des Tractus corticospinalis lateralis vom Rest der grauen Substanz abgetrennt worden. Es enthält aber trotzdem motorische Neuronen. Entlang seiner medialen Begrenzung liegen kleine Anhäufungen solcher Neuronen: der sogenannte supraspinale Kern. Er bildet das rostrale Endstück der medialsten Motoneuronen-„Säule" des Rückenmarks. Wie diese innerviert er axiale Muskeln – genauer gesagt, die Muskeln unter dem Hyoidknochen (Zungenbein) am Hals. (Der Musculus sternohyoideus und der Musculus omohyoideus sind Beispiele.) Auf einem etwas höheren Niveau wird die Säule enden. Dann, ein Stück weiter rostral, wird sie aber wieder auftauchen, und zwar in Form eines somatomotorischen Kernes, der axiale Muskeln über dem Hyoidknochen versorgt – das heißt, als der Hypoglossuskern, der die Zungenmuskulatur innerviert. Weiter lateral im restlichen Teil des Vorderhornes befinden sich die rostralsten motorischen Neuronen des spinalen Nervus accessorius. Auch sie liegen am Ende einer Säule, die weiter rostral erneut erscheinen wird (nämlich in Form des Nucleus ambiguus, einer branchialen motorischen Zellgruppe). Im rostraleren Schnitt der Abbildung 11.7 kommt es zu einer bemerkenswerten Veränderung. Was hier als Vorderhorn erscheint, ist nun nicht mehr das echte Äquivalent des Vorderhornes des Rückenmarks. Zum einen enthält dieses „Vorderhorn" in Abbildung 11.7b keine erkennbaren Anhäufungen motorischer Neuronen. Zum anderen wird es von längs verlaufenden Faserbündeln durchquert. Am vielsagendsten ist vielleicht, daß seine Grenze zum Tractus spinothalamicus und zu anderen Bestandteilen des Seitenstranges ziemlich undeutlich wird. Es ist, als breite sich das Gebiet diffus lateral aus. Es stellt in Wirklichkeit das caudale Ende der Formatio reticularis des Hirnstammes dar.

Noch etwas wird in Abbildung 11.7b deutlich. Unmittelbar ventral vom Nucleus cuneatus findet man eine Anhäufung feiner, ventral verlaufender Faserbündel. Es sind die caudalsten Vertreter eines Systems von Fasern, die von den Nuclei gracilis und cuneatus in bogenförmigen Zügen die Medulla oblongata überqueren; sie werden als Fibrae arcuatae internae bezeichnet. Die Bündel kreuzen die Mittellinie dorsal von den medullären Pyramiden. (In Abbildung 11.7b finden sie ihre Bahn durch die Pyramidenkreuzung blockiert und weichen vor der Kreuzung in rostraler Richtung aus.) Unmittelbar auf der anderen Seite der Mittellinie wenden sie sich nach oben und bilden den Lemniscus medialis.

Innere Struktur: Myelencephalon

Die nun folgenden Schnitte liegen ein gutes Stück rostral vom spinomedullären Übergang. Sie alle zeigen die für das Myelencephalon, die Medulla oblongata, typische Struktur von grauer und weißer Substanz. Trotz der Veränderungen innerhalb dieser Sequenz – einige erfolgen allmählich, andere eher abrupt – können wir, zumindest bis zu einem gewissen Grad, einige oder gar alle Schnitte dieser Sequenz gemeinsam erörtern.

Die in den Abbildungen 11.8 und 11.9 wiedergegebenen Schnitte verdienen es wirklich, zusammen beschrieben zu werden. Beide stammen aus einem Bereich, der weit über der Höhe der Abbildung 11.7b liegt. Der caudalere Schnitt (Abb. 11.8) befindet sich auf dem Niveau des Obex; der Zentralkanal hat sich hier noch nicht zum vierten Ventrikel geöffnet. Der rostralere Schnitt (Abb. 11.9) liegt mehrere Millimeter höher und umfaßt den caudalen Teil (den Recessus inferior) des Ventrikels. Keiner der beiden Schnitte erinnert unmittelbar an das Rückenmark. Aber wir wissen, daß es hier sekundäre sensorische Zellgruppen geben muß, die sich mit denen im Hinterhorn des Rückenmarks vergleichen lassen; in Abbildung 11.8 sind sie dorsal, in Abbildung 11.9, wo die Auffaltung des Neuralrohres den vierten Ventrikel hervorgebracht hat, weiter lateral angeordnet. Wir wissen außerdem, daß es in ventralen und medialen Positionen drei Säulen motorischer Kerne geben muß, die eine Entsprechung zum Vorderhorn darstellen. Einem sofortigen Erkennen dieser Rückenmarksgegenstücke in der Medulla oblongata stehen im wesentlichen zwei Hindernisse im Wege. Erstens sind die Anhäufungen vermittelnder Neuronen im Vorderhorn (hauptsächlich in den Rexed-Schichten 7 und 8) jetzt „explodiert" und bilden ein großes, undeutlich begrenztes zentrales Feld aus grauer und weißer Substanz, die Formatio reticularis des Hirnstammes. Zweitens ist nun − lateral und dorsal von der Pyramidenbahn − ein geschlängeltes Blatt aus grauer Substanz aufgetaucht, das eine große, eiförmige Struktur bildet: den sogenannten Nucleus olivaris inferior oder einfach die untere Olive. Die untere Olive hat kein Gegenstück im Rückenmark; sie ist eine der beiden Formationen rein rhombencephalischer grauer Substanz, die massiv auf die kontralaterale Hälfte des Kleinhirns projizieren. Die andere Formation, die Brücke, wird in nachfolgenden Schnitten auftauchen. Beide nehmen im Querschnitt eine ventrale Lage ein, obwohl sie von der Flügelplatte abstammen.

Wir wollen unsere Betrachtung der Abbildungen 11.8 und 11.9 mit einer Identifizierung der drei motorischen Säulen beginnen. Am deutlichsten ist die somatomotorische Säule zu erkennen, die in beiden Schnitten von einem runden, schwach myelinisierten Bereich vertreten wird: dem caudalsten Teil der Säule, dem Hypoglossuskern. In Abbildung 11.8 liegt dieser Kern unmittelbar ventral von dem verschlossenen Zentralkanal, in Abbildung 11.9 direkt unter dem Boden des vierten Ventrikels. Seine zentralen Wurzelfasern (dieser Begriff bezeichnet motorische Axone vor ihrem Auftauchen an der Gehirnoberfläche) schlagen eine fast vollkommen ventrale Richtung ein, ehe sie den Hirnstamm in einer Längsreihe von Wurzelfäden zwischen der medullären Pyramide und der Olivenvorwölbung verlassen. (Ein solcher Wurzelfaden ist auf der rechten Seite der Abbildung 11.9 zu sehen.) Lateral und leicht dorsal vom Hypoglossuskern erscheint der caudalste Bestandteil der visceralen motorischen Säule, der dorsale motorische Kern des Vagus, als ein auffallend helles (also schwach myelinisiertes) Gebiet. In Abbildung 11.9 liegt er unter dem Ventrikelboden. Die dritte motorische Säule − die branchiale − ist auf den Niveaus der Abbildungen 11.8 und 11.9 durch den Nucleus ambiguus vertreten. Unglücklicherweise ist dieser Kern in einem Weigert-Präparat fast nicht zu erkennen. Er hat die Form einer Nadel; wahrscheinlich erscheinen auf keinem Querschnitt mehr als sechs seiner motorischen Neuronen. Dennoch kann man seine Position annähernd bestimmen. Denken Sie sich eine Linie vom Zentrum des Hypoglossuskernes zum lateralen Rand der Olivenvorwölbung. Der Nucleus ambiguus liegt inmitten der medullären Formatio reticularis, vom lateralen Ende der Linie etwa ein Drittel der Strecke entfernt. Die den Kern verlassenden motorischen Fasern beschreiben einen dorsal verlaufenden Bogen, ehe sie sich mit den zentralen Wurzelfasern des Nervus vagus und des Nervus glossopharyngeus vereinigen.

Wir wollen als nächstes die sekundären sensorischen Zellgruppen in den Abbildungen 11.8 und 11.9 identifizieren. In Abbildung 11.8 nehmen sie einen beträchtlichen Teil des dorsalen Viertels des Schnittes ein. Drei große Zellgruppen liegen hier Seite an Seite: der Nucleus gracilis, der Nucleus cuneatus und der Nucleus cuneatus externus oder lateralis. Alle drei sind Hinterstrangkerne: Sie erhalten ihren primären sensorischen Input von den Hinterwurzelfasern des Rückenmarks über den Hinterstrang. Man kann erkennen, daß die Nuclei gracilis und cuneatus entlang ihrer ventralen Grenzen schlanke Bündel gebogener Fasern (Fibrae arcuatae internae) hervorbringen, die die Formatio reticularis durchqueren, um sich dann zum kontralateralen Lemniscus medialis zu gesellen. Der Nucleus cuneatus externus bringt keine solchen Fasern hervor. Statt dessen schließen sich seine Ausläufer dem Tractus spinocerebellaris dorsalis an, der auf seinem Weg zum unteren Kleinhirnstiel dorsal über die laterale Seite des Kernes läuft. (Erinnern Sie sich, daß der Nucleus cuneatus externus das medulläre Äquivalent der Clarkeschen Säule des Rückenmarks ist, die auf das Kleinhirn projiziert.) In Abbildung 11.9 nähert sich der Nucleus gracilis bereits seiner rostralen Grenze; in Abbildung 11.10 werden auch seine zwei Weggefährten verschwunden und durch zwei der vier Vestibulariskerne ersetzt sein. Etwas ventral vom Nucleus cuneatus taucht in Abbildung 11.8 wie auch in Abbildung 11.9 ein umschriebenes Oval grauer Substanz auf, das auf seiner lateralen Seite von dem kommaförmigen Querschnitt eines ebenso umgrenzten Faserbündels begleitet wird. Die graue Substanz ist der absteigende oder spinale Trigeminuskern, der keine Substantia gelatinosa mehr einschließt. (Der Obex liegt ein gutes Stück rostral vom Subnucleus caudalis.) Das begleitende Bündel stellt die absteigende Wurzel des Trigeminus dar, den Übermittler seines primären sensorischen Inputs.

Der absteigende Kern des Trigeminus ist der einzige Vertreter der allgemeinen somatosensorischen Säule im Rautenhirn. (Die Hinterstrangkerne, die von den Hinterwurzeln des Rückenmarks innerviert werden, passen in kein Schema rhombencephalischer sensorischer Säulen.) Die spezielle somatosensorische Säule ist bis hierher noch nicht aufgetaucht. Bleibt die viscerale sensorische Säule – also der Kern des Tractus solitarius. Abbildung 11.8 zeigt seinen caudalsten Teil unmittelbar ventral vom Nucleus gracilis. Er dehnt sich dort in medialer Richtung aus, um an der Mittellinie mit seinem kontralateralen Partner zu verschmelzen und so den Nucleus commissuralis (den kommissuralen Kern) zu bilden, einen weiten Bogen äußerst hell gefärbter grauer Substanz. Der Bogen stellt die dorsale Hälfte eines Ringes aus grauer Substanz dar, der den verschlossenen Zentralkanal umgibt; weiter rostral, in Abbildung 11.9, hat sich der Ring geöffnet und bildet eine schüsselförmige Masse subventrikulärer grauer Substanz, das zentrale Höhlengrau. Von da an aufwärts tritt der Kern des Tractus solitarius auf jeder Seite des Rhombencephalon als eine laterale Abteilung des zentralen Höhlengraus auf, die auf ihren ventralen und lateralen Seiten vom Tractus solitarius begleitet wird, jenem schlanken, umschriebenen Faserbündel, von dem der Kern seinen primären sensorischen Input bezieht.

Der Tractus solitarius (um damit anzufangen) besteht aus primären sensorischen Fasern von drei Hirnnerven: dem Vagus, dem Glossopharyngeus und dem Facialis. Die ersten beiden führen Fasern, die von mechanorezeptiven Endigungen und chemorezeptiven Wandlerzellen in der Wand des Herzens und seiner großen Stammgefäße, im Atmungstrakt und in der Wand

191

des Verdauungstraktes kommen. Außerdem innervieren Vagus und Glossopharyngeus eine besondere Klasse von chemorezeptiven Wandlerzellen: die gustatorischen Rezeptorzellen der Geschmacksknospen auf dem hinteren Drittel der Zunge. Der Facialis steuert Fasern von den Geschmacksknospen auf den vorderen zwei Zungendritteln bei. All diese Fasern stellen synaptische Verbindungen im Kern des Tractus solitarius her. Das rostrale Drittel des Kernes empfängt die gustatorischen Fasern. Deshalb überrascht es nicht, daß ein lemniscaler Kanal, der gustatorische Lemniscus, vom rostralen Drittel des Kernes bis zu einer thalamischen Zellgruppe – dem Nucleus semilunaris, einer deutlich abgetrennten, halbmondförmigen, ventromedialen Unterteilung des Nucleus ventrobasalis – aufgespürt worden ist. Der Nucleus semilunaris projiziert seinerseits auf einen Neocortexbereich auf der ventralen, verborgenen Seite des Gyrus postcentralis. Der Beschreibung von Ralph Norgren und Christiana Leonard zufolge, die in einer an der Rockefeller University durchgeführten Untersuchung den gustatorischen Lemniscus bei der Ratte verfolgten, weist dieser Lemniscus drei Eigenarten auf. Erstens ist er ziemlich diffus. Zweitens verläuft er weitgehend ungekreuzt; alle anderen bekannten Lemnisci sind zumindest zur Hälfte gekreuzt. Und drittens wird er weit unten im Myelencephalon synaptisch unterbrochen, in einem Bereich grauer Substanz, den man Nuclei parabrachiales nennt. (In dieser dritten Hinsicht ähnelt der gustatorische Lemniscus dem auditorischen oder lateralen Lemniscus, der ebenfalls von einer caudal-mesencephalischen Zwischenstation unterbrochen wird: dem Colliculus inferior.) Die caudalen zwei Drittel des Kernes des Tractus solitarius einschließlich des Nucleus commissuralis bilden die wahre viscerale sensorische Zellgruppe des Hirnstammes: Sie empfangen die primären visceralen sensorischen Fasern, die von Vagus und Glossopharyngeus zum Gehirn geführt werden. Ihrerseits richten sie einen weitverzweigten Reflexkanal auf rhombencephalische Apparate, die cardiovasculäre, respiratorische und gastrointestinale Funktionen regeln. Zu diesen Apparaten gehören der dorsale motorische Vaguskern und die Formatio reticularis der Medulla oblongata. Außerdem bringen die caudalen zwei Drittel des Kernes des Tractus solitarius eine lange aufsteigende Bahn hervor, die parallel zum gustatorischen Lemniscus verläuft. Auch sie wird (allerdings nur teilweise) in den Nuclei parabrachiales unterbrochen. Ihr Ziel ist jedoch nicht der Thalamus, sondern der Hypothalamus. Vermutlich befähigt dieses viscerale sensorische Gegenstück eines Lemniscus den Kern des Tractus solitarius dazu, den Hypothalamus in jene Mechanismen mit einzubeziehen, die der autonomen Homöostase dienen.

11.8 Das Niveau des Obex im caudalen Rautenhirn kennzeichnet die oberste Grenze des verschlossenen Zentralkanals des Rückenmarks. Dorsal von dem Kanal und die ganze Breite des Schnittes überspannend liegt eine Anordnung sekundärer sensorischer Zellgruppen, die Input von Fasern des Hinterstranges empfangen: der Nucleus gracilis, der Nucleus cuneatus und der Nucleus cuneatus externus. Die beiden erstgenannten entsenden die Fibrae arcuatae internae, die in gebogener Linie durch den Schnitt ziehen, ehe sie kreuzen und sich dem Lemniscus medialis anschließen. Der ovale Bereich grauer Substanz ventral vom Nucleus cuneatus ist der absteigende Trigeminuskern, dem jetzt eine Substantia gelatinosa fehlt. Ein weiterer Bereich grauer Substanz, diesmal ventral vom Nucleus gracilis, ist der Kern des Tractus solitarius, der im kommissuralen Kern auf sein kontralaterales Gegenstück trifft. Ventral von dem verschlossenen Zentralkanal liegt der Hypoglossuskern. Die auffallend hell gefärbte Region dorsal und lateral von ihm ist der dorsale motorische Kern des Vagus. Ein dritter motorischer Kern, der Nucleus ambiguus, ist fast unmöglich zu finden: Er liegt tief in der Formatio reticularis. Ventral von der Formatio reticularis wiederum befindet sich die untere Olive, ein gewundenes Blatt grauer Substanz, das zu einer ovalen Form gefaltet ist. Ihre Neuronen projizieren auf das Kleinhirn. Ventral von ihr liegt die Pyramidenbahn.

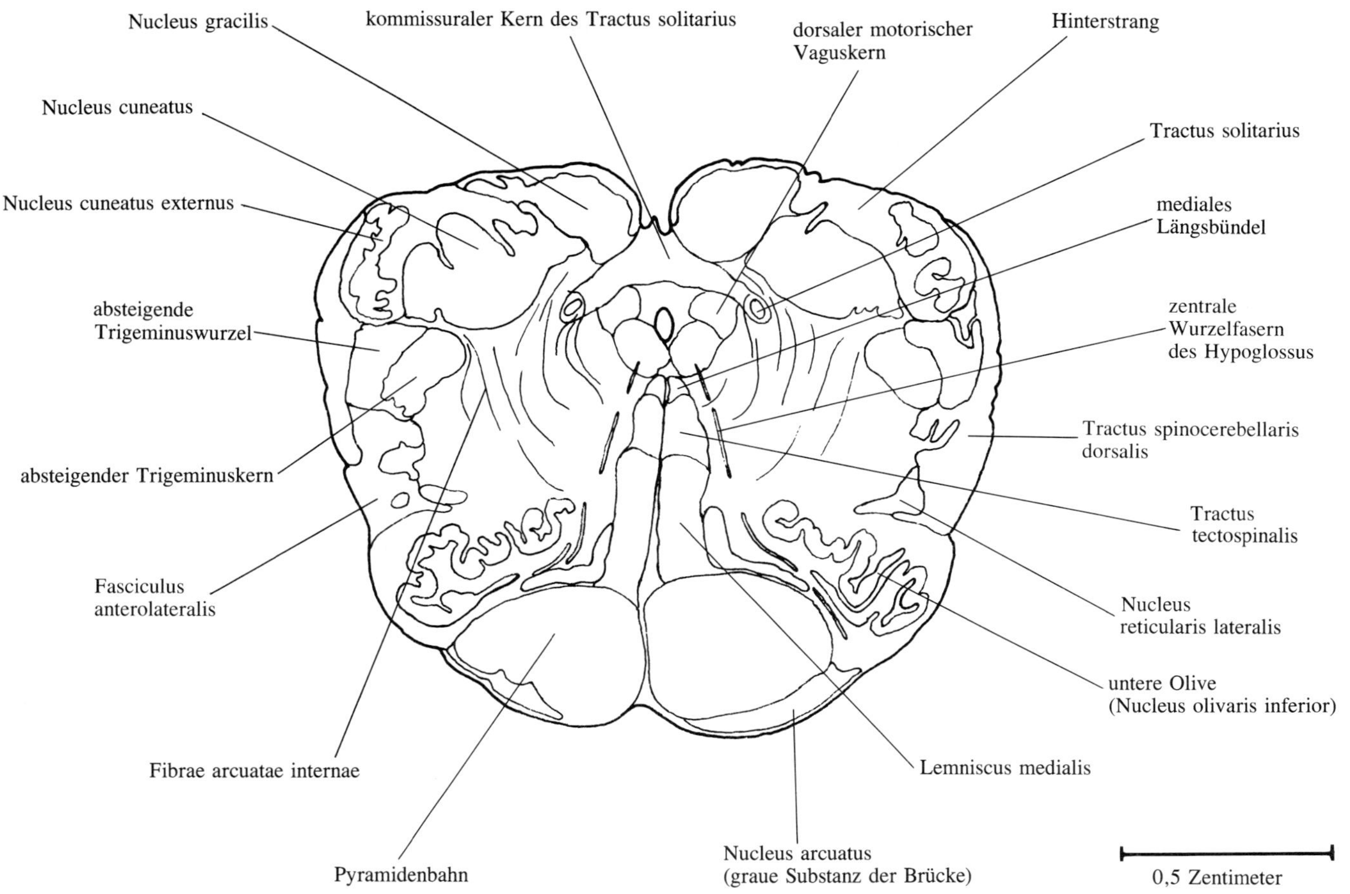

Nucleus gracilis

kommissuraler Kern des Tractus solitarius

dorsaler motorischer Vaguskern

Hinterstrang

Nucleus cuneatus

Tractus solitarius

Nucleus cuneatus externus

mediales Längsbündel

absteigende Trigeminuswurzel

zentrale Wurzelfasern des Hypoglossus

Tractus spinocerebellaris dorsalis

absteigender Trigeminuskern

Tractus tectospinalis

Fasciculus anterolateralis

Nucleus reticularis lateralis

untere Olive (Nucleus olivaris inferior)

Fibrae arcuatae internae

Lemniscus medialis

Pyramidenbahn

Nucleus arcuatus (graue Substanz der Brücke)

0,5 Zentimeter

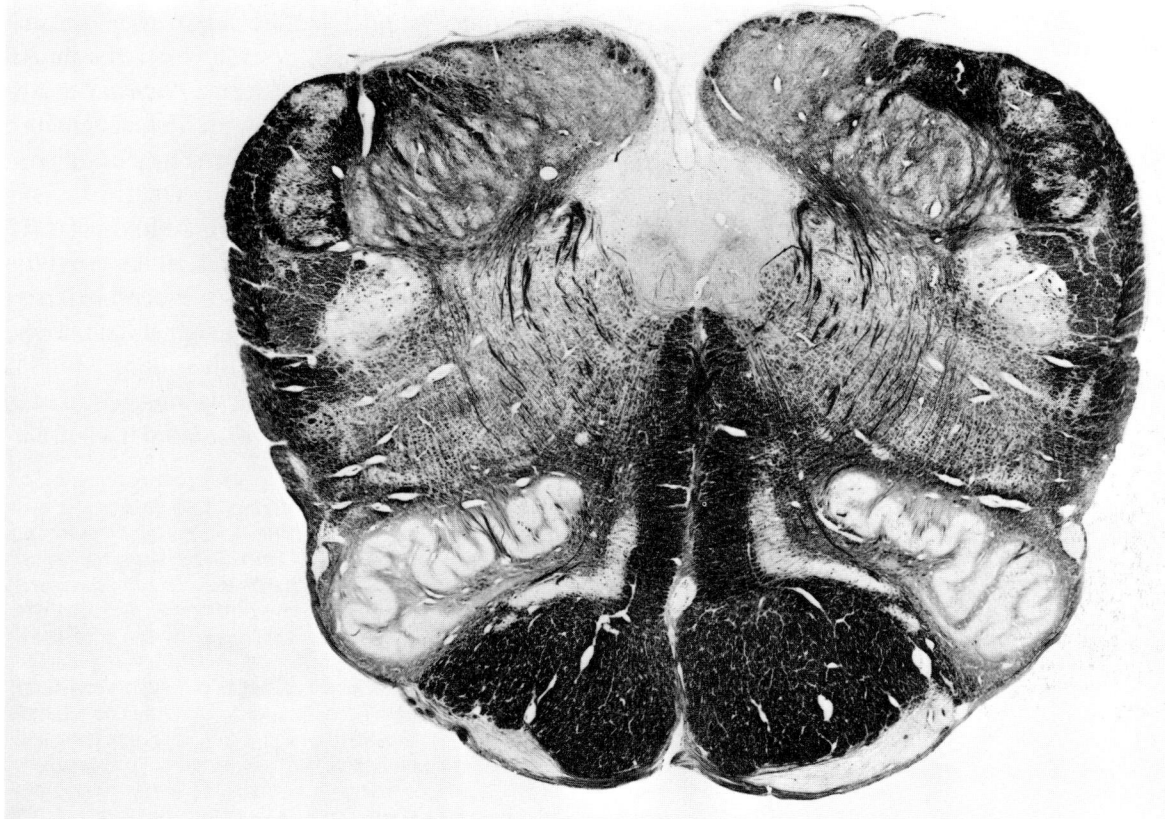

193

Bei unserer Betrachtung der Abbildungen 11.8 und 11.9 wollen wir als letztes einige der auf den Schnitten erscheinenden Hauptfasersysteme identifizieren. Eine Gruppe von drei längsverlaufenden Fasersystemen bildet ein auffälliges, dunkel gefärbtes Band entlang der Mittellinie jedes Schnittes. Der ventralste Teil dieses Bandes, der unmittelbar dorsal von der Pyramidenbahn liegt, ist der Lemniscus medialis. Dann kommt der Tractus tectospinalis, eine direkte, gekreuzte Bahn vom Colliculus superior zu den cervicalen motorischen Apparaten, die die Nackenmuskeln kontrollieren. Die dorsalste Spitze des Bandes unmittelbar unter dem Ventrikelboden ist das mediale Längsbündel (Fasciculus longitudinalis medialis), ein Faserbündel, das sich über die gesamte Länge des Hirnstammes und des Halsmarks erstreckt. Auf den Niveaus der Abbildungen 11.8 und 11.9 setzt es sich hauptsächlich aus gekreuzten und ungekreuzten Fasern zusammen, die von den Vestibulariskernen zu den cervicalen motorischen Apparaten absteigen. Sowohl der Tractus tectospinalis als auch das mediale Längsbündel folgen dem Vorderstrang des Rückenmarks zu ihren cervicalen Zielen; sie verlaufen entlang des Pyramidenvorderstranges, des Tractus corticospinalis ventralis.

Eine weitere Gruppe von Fasersystemen folgt einer lateralen Bahn und führt längs durch das Gebiet, das ventral von der unteren Olive, dorsal von der absteigenden Trigeminuswurzel und lateral von der pialen Oberfläche der Medulla begrenzt wird. Diese bisweilen als Fasciculus anterolateralis (superficialis) bezeichnete Gruppe umfaßt mindestens zwei aufsteigende Systeme, den Tractus spinothalamicus und den Tractus spinocerebellaris ventralis, und mindestens ein gekreuztes absteigendes System, den Tractus rubrospinalis aus dem Nucleus ruber im Mittelhirn. Zwischen diesen drei Systemen lassen sich keinerlei Grenzen ziehen. Überdies geht der gesamte Fasciculus auf seiner medialen Seite unmerklich in die längsverlaufenden Bündel der Formatio reticularis über. Dennoch stellt er ganz offensichtlich eine rostrale Fortsetzung des Vorderseitenstranges des Rückenmarks dar. In unserer Serie von Hirnstammquerschnitten behält er bis zum Niveau der Abbildung 11.11 dieselbe relative Lage bei. Jenseits davon, im Metencephalon, wird er durch den mittleren Kleinhirnstiel oder Brückenarm (Brachium pontis) von der Oberfläche des Hirnstammes abgedrängt.

Ein großes Fasersystem in Abbildung 11.8 wie auch in Abbildung 11.9 verläuft quer, nicht längs. Es kommt zudem ausschließlich in der Medulla oblongata vor. Die olivocerebelläre Projektion (Tractus olivocerebellaris) entspringt aus allen Teilen der unteren Olive und verteilt sich auf sämtliche Teile des Kleinhirns. Ihre Fasern kommen durch den Hilus, den „Mund", jeder Olive heraus, überqueren die Lemnisci mediales in weitausgebreiteten Bündeln und ziehen dann nacheinander durch das dorsale Blatt der kontrala-

11.9 In diesem Schnitt, der mehrere Millimeter über dem der Abbildung 11.8 liegt, ist der caudalste Bereich des vierten Ventrikels, der Recessus inferior, angeschnitten. Der Hypoglossuskern liegt jetzt am Boden des Ventrikels; seine Efferenzen verlassen die ventrale Seite des Schnittes zwischen der unteren Olive und der medullären Pyramide. Der dorsale motorische Kern des Vagus befindet sich ebenfalls unter dem Ventrikel. Sensorische Zellgruppen, darunter der Kern des Tractus solitarius, nehmen lateralere Positionen ein. Wieder ist der graue ovale Bereich ventral vom Nucleus cuneatus der absteigende Trigeminuskern, der auf seiner lateralen Seite von der absteigenden Trigeminuswurzel begleitet wird. Hier wie in Abbildung 11.8 bilden drei längs verlaufende Fasersysteme — der Lemniscus medialis, der Tractus tectospinalis und das mediale Längsbündel — ein Band, das sich an die Mittellinie anschmiegt. Drei weitere Systeme, der Tractus spinothalamicus, der Tractus spinocerebellaris ventralis und (in entgegengesetzter Richtung verlaufend) der Tractus rubrospinalis, bilden eine mehr lateral gelegene Gruppe. Ein weiteres System, die olivocerebelläre Projektion, entspringt aus dem Hilus einer jeden unteren Olive (siehe Abbildung 11.10).

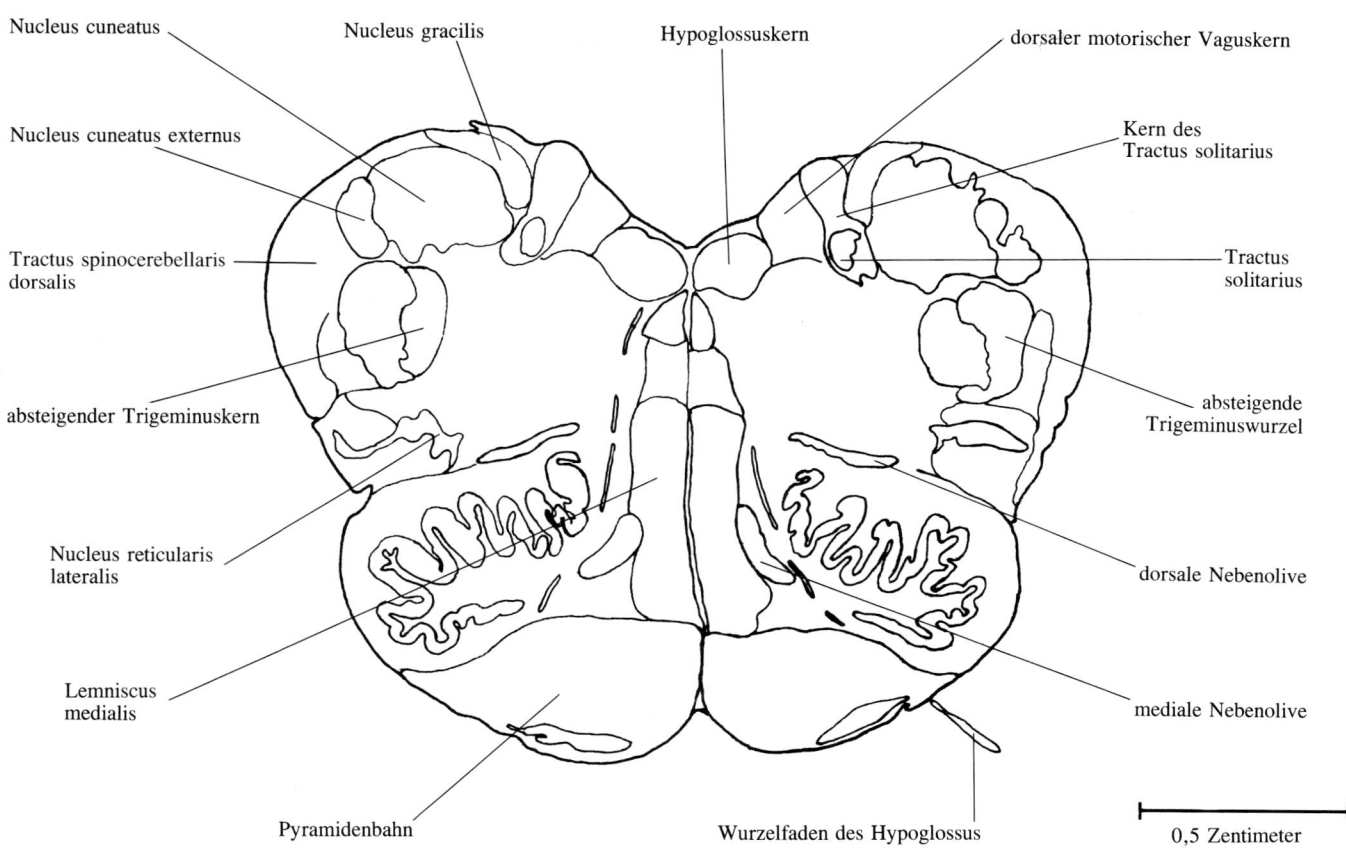

Nucleus cuneatus

Nucleus gracilis

Hypoglossuskern

dorsaler motorischer Vaguskern

Nucleus cuneatus externus

Kern des
Tractus solitarius

Tractus spinocerebellaris
dorsalis

Tractus
solitarius

absteigender Trigeminuskern

absteigende
Trigeminuswurzel

Nucleus reticularis
lateralis

dorsale Nebenolive

Lemniscus
medialis

mediale Nebenolive

Pyramidenbahn

Wurzelfaden des Hypoglossus

0,5 Zentimeter

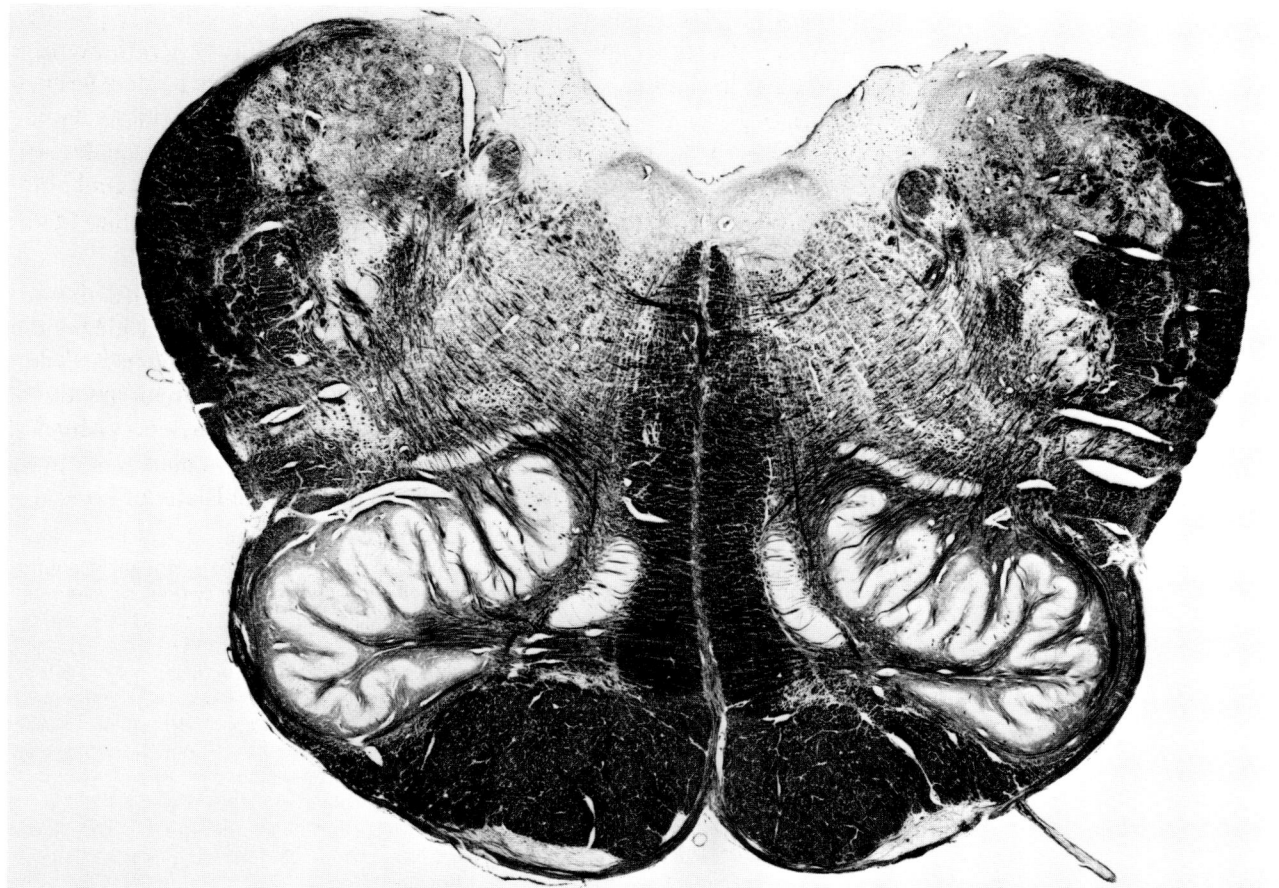

teralen Olive, die medulläre Formatio reticularis und den absteigenden Trigeminuskern sowie die absteigende Trigeminuswurzel, ehe sie sich letztlich dem Corpus restiforme oder unteren Kleinhirnstiel anschließen. Einen Eindruck vom Umfang der Projektion vermittelt Abbildung 11.10, die auf beiden Seiten der Mittellinie eine dichte Anhäufung olivocerebellärer Fasern zeigt, die fast den gesamten Querschnitt des absteigenden Trigeminuskernes verdecken. Beachten Sie auch, daß sich das Corpus restiforme rasch vergrößert, während es vom Niveau der Abbildung 11.8, wo es nur den Tractus spinocerebellaris dorsalis und den Tractus cuneocerebellaris umfaßt, auf das Niveau der Abbildung 11.11 ansteigt, wo es zusätzlich die olivocerebellären Fasern einschließt. Diese Vergrößerung ist, um ehrlich zu sein, nicht ausschließlich das Ergebnis der olivocerebellären Projektion. Zum Corpus restiforme gesellen sich auch ungekreuzte reticulocerebelläre Fasern, die an der lateralen Seite der absteigenden Trigeminuswurzel vom Nucleus reticularis lateralis aus dorsalwärts ziehen; dies ist ein kleiner, begrenzter Teil der Formatio reticularis, den man in den Abbildungen 11.8 und 11.9 unmittelbar dorsal von der unteren Olive erkennen kann. Man weiß, daß dieser Kern Input vom motorischen Cortex erhält.

Was kann man über die Formatio reticularis sagen? In den vorigen Absätzen haben wir sie schon mehrere Male erwähnt, aber schließlich tritt sie auf der ganzen Länge des Hirnstammes in Erscheinung: Im Zentrum eines jeden Hirnstammquerschnittes ist sie als eine mehr oder weniger gleichmäßige Mischung aus grauer Substanz sowie Bündeln auf- und absteigender Fasern zu erkennen, die das Gebiet netzartig durchweben oder ihr gar, in Weigert-Präparaten, das Aussehen eines groben Tweedstoffes verleihen. Frühe Beobachter haben sie treffend (und geschickterweise) *Formatio reticularis alba et grisea*, die „weiße und graue Netzformation", genannt — ein rein deskriptiver Begriff.

Wir wollen versuchen, die Formatio reticularis zu definieren. Nehmen Sie an, daß Sie im Bemühen, sich die Anatomie des Hirnstammes einzuprägen, den Umriß eines Querschnittes durch die Medulla oblongata zeichnen. Sie tragen zunächst die in der Medulla gelegenen motorischen Kerne und sekundären sensorischen Zellgruppen darin ein. (Wie es der Zufall will, sind die meisten von ihnen recht gut abgegrenzt.) Dann fügen Sie den Umriß der unteren Olive sowie die Umrisse der umschriebenen Faserbündel hinzu, die längs durch die Medulla verlaufen: unter anderem die Pyramidenbahn und den Lemniscus medialis. Ein großer, zentraler Teil des Querschnittes bleibt unangenehm weiß. Er umfaßt eine Fülle von Neuronen, doch diese entziehen sich jeder einfachen Beschreibung als „motorisch" oder „sensorisch". Vor mehr als 40 Jahren nannte sie W. F. Allen von der University of Washington „Restzellen" (*leftover cells*) — eine Beschreibung, die wenig Anklang fand. Dennoch ist Allens Ausdruck treffend: Die Formatio reticularis, die sich

11.10 Das netzartige Gefüge, das im Innenbereich dieses Schnittes weit oben in der Medulla oblongata aus einer mehr oder weniger gleichmäßigen Mischung von grauer und weißer Substanz besteht, kennzeichnet die Formatio reticularis des Hirnstammes. Grob gesagt trägt die Formatio reticularis zur Aufrechterhaltung von drei Zuständen bei: dem der Wach- oder Aufmerksamkeit, dem der Körperhaltung (hierzu gehört beispielsweise das Balancieren des Rumpfes über den Beinen) und dem der Homöostase, quasi der visceralen „Lage". Innerhalb der Formatio reticularis wird auf jeder Seite des Schnittes der absteigende Trigeminuskern durch eine massive Anhäufung olivocerebellärer Fasern nahezu vollständig überdeckt. Dorsal von der Formatio reticularis fehlen — wieder auf jeder Seite des Schnittes — die Hinterstrangkerne, die hier durch zwei Vestibulariskerne, den absteigenden und den medialen, ersetzt sind.

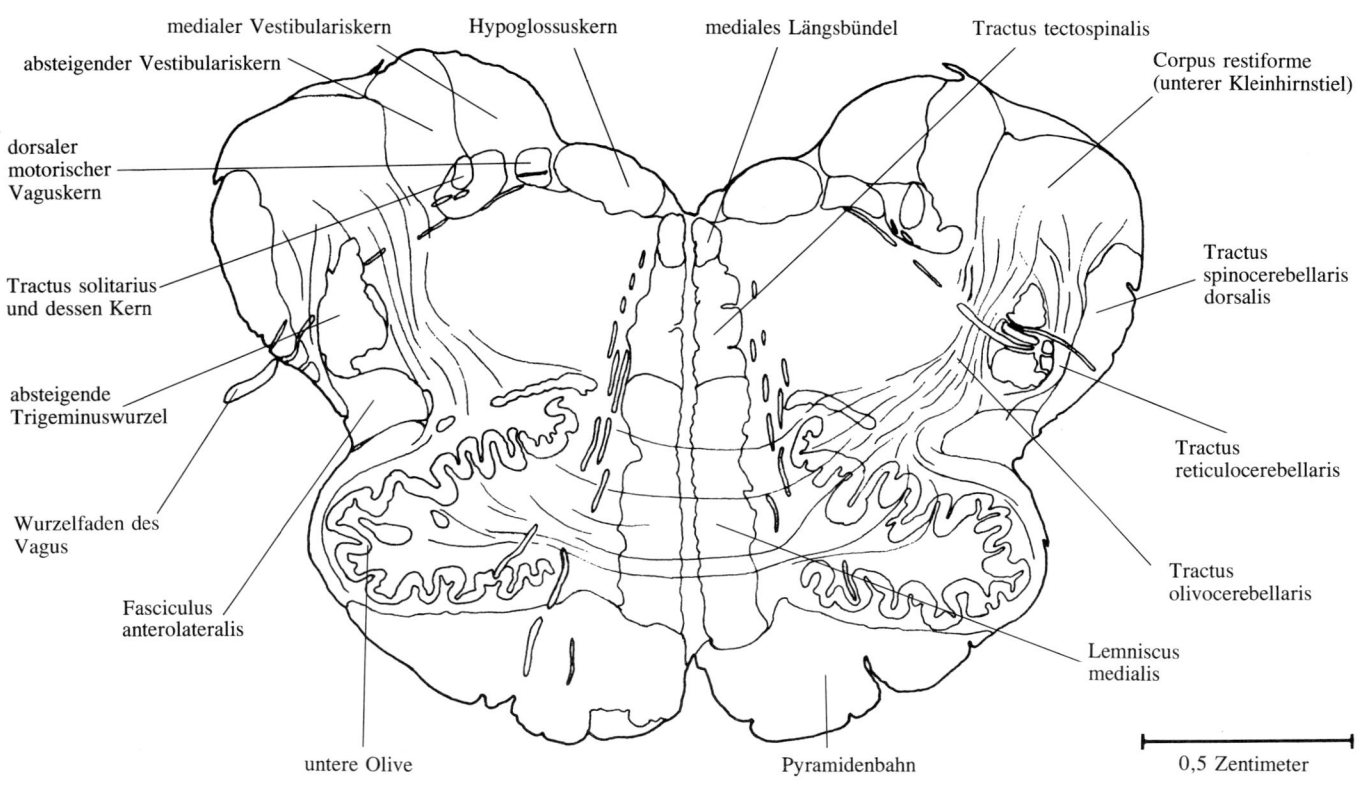

medialer Vestibulariskern

absteigender Vestibulariskern

dorsaler motorischer Vaguskern

Tractus solitarius und dessen Kern

absteigende Trigeminuswurzel

Wurzelfaden des Vagus

Fasciculus anterolateralis

Hypoglossuskern

mediales Längsbündel

Tractus tectospinalis

Corpus restiforme (unterer Kleinhirnstiel)

Tractus spinocerebellaris dorsalis

Tractus reticulocerebellaris

Tractus olivocerebellaris

Lemniscus medialis

untere Olive

Pyramidenbahn

0,5 Zentimeter

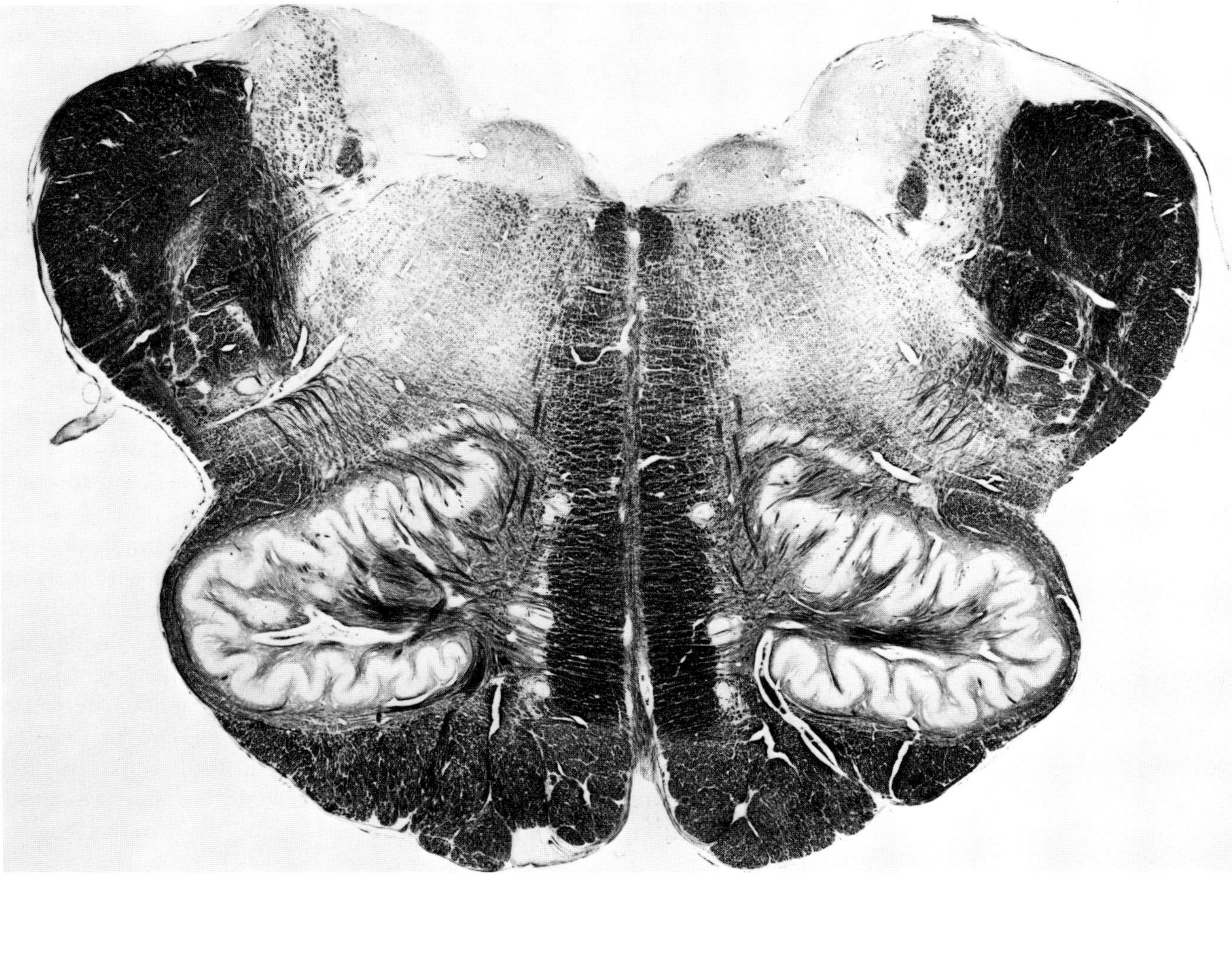

197

über die ganze Länge des Hirnstammes erstreckt, ist das Gebiet derjenigen Neuronen, die übrigbleiben, wenn man alle motorischen und sekundären sensorischen Neuronen abgehandelt hat. Was diese Neuronen tun, ist überaus eindrucksvoll.

Erstens scheinen sie, zum Teil als Reaktion auf den sensorischen, cerebellären, corticalen, striatalen und limbischen Input, der auf die Formatio reticularis zusammenläuft, eine Grundaktivität oder „Aktivitätslage" zu erzeugen, die sie über ein breit gestreutes System efferenter Verbindungen an Neuronen in allen Hauptunterteilungen von Gehirn und Rückenmark übermitteln. Im Vorderhirn spielen diese Botschaften eine entscheidende Rolle für die Aufrechterhaltung eines Zustands, den man als Wahrnehmungs- und Verhaltensbereitschaft beschreiben könnte. Tatsächlich scheinen die Impulse, die der Aufmerksamkeit dienen, insbesondere in der Formatio reticularis des Mittelhirns und des rostralen Rautenhirns zu entstehen. Klinikern ist dieser Sachverhalt wohlbekannt. Bei Fällen von irreversiblem Koma infolge schwerer Kopfverletzungen stellt man gewöhnlich eine weitgehende Schädigung zweier Gehirnregionen — oder einer davon — fest. Der eine Teil ist die Großhirnrinde, der andere das Mittelhirn.

Zweitens trägt die Formatio reticularis zur „Lage" im ursprünglichen Sinne des Wortes, also zur Körperhaltung, bei, wozu sie sich somatomotorischer Neuronen in Hirnstamm und Rückenmark bedient. H. G. J. M. Kuypers, der damals an der Erasmus-Universität in Holland tätig war, fand heraus, daß beidseitige Läsionen in der medialen magnozellulären Formatio reticularis des Rautenhirns Tieren die Fähigkeit nehmen, ihren Rumpf über ihren Gliedern im Gleichgewicht zu halten. So scheint die magnozelluläre Formatio reticularis ihren somatomotorischen Ausdruck zumindest teilweise in der Stabilisierung der Gelenke zu finden.

Drittens tragen viele der Neuronen der Formatio reticularis dazu bei, die Homöostase aufrechtzuerhalten, die stabile „Lage" des inneren Milieus (also der Eingeweidefunktion). Im lateralen Teil der medullären Formatio reticularis zum Beispiel — nahe der Grenze des absteigenden Trigeminuskernes — sendet eine Zellgruppe synchron zum Atemrhythmus Impulse aus. Vermutlich wirken die Zellen als Schrittmacher für diesen Rhythmus. Man hat im Gehirn keine weiteren Neuronen gefunden, die dasselbe tun. Weiter rostral, am Übergang vom Rhombencephalon zum Mesencephalon, befaßt sich ein anderer Bereich der Formatio reticularis mit einem Aspekt der Atmung, nämlich dem Übergang vom Ein- zum Ausatmen. Man bezeichnet dieses Gebiet als pneumotaktisches Zentrum. Neurochirurgen wissen schon lange, daß eine unachtsame Quetschung dieser Region zum Atemstillstand in tiefer Einatmung führen kann.

Die Formatio reticularis macht wirklich einen chaotischen Eindruck. Ihre Inputs sind heterogen und erschreckend konvergent. Die sie verlassenden Fasern bilden nur selten begrenzte Bündel: Sie breiten sich meistens weit aus und sind höchstens diffus organisiert. Dennoch vermittelt die Formatio reticularis viele hochspezifische und genaue Effektormechanismen. So spiegelt sich in der Heterogenität der Inputs der Formatio reticularis möglicherweise nicht mehr und nicht weniger wider als die Notwendigkeit, daß sich Lebensfunktionen wie die Atmung an so unterschiedliche Umstände anpassen müssen wie den Säuregehalt des Blutplasmas, den Sauerstoffgehalt der eingeatmeten Luft und das Maß der körperlichen Anstrengung, die man von Augenblick zu Augenblick unternimmt oder unternehmen will.

Innere Struktur: Metencephalon

Unsere Betrachtung von Rautenhirnquerschnitten setzt sich mit Abbildung 11.11 fort, in der der Schnitt schon den Recessus lateralis des vierten Ventrikels trifft. Er wurde am Übergang von der Medulla oblongata zum Metencephalon – der Brückenregion des Rautenhirns – gemacht. Quasi als Bestätigung für den Übergang streift die Basis des Schnittes den caudalen Teil der Brücke, der in Abbildung 11.11 in Form eines umgekehrten Torbogens aus grauer Substanz unter dem ventralen Rand jeder Pyramidenbahn erscheint. Die Oberfläche der Brücke (das heißt, ihre basalen und lateralen Ränder) besteht aus einer Schicht querverlaufender Fasern: pontiner Efferenzen, die die Mittellinie kreuzen, um sich zum kontralateralen Brückenarm (Brachium pontis) oder mittleren Kleinhirnstiel zu gesellen. Diese Fasern tragen die Haupteingangsinformation für den großen lateralen Bereich der Kleinhirnrinde, den man Kleinhirnhemisphäre nennt. Ein kleineres Bündel, das Corpus restiforme (der untere Kleinhirnstiel) leitet Input von einer größeren Vielfalt von Quellen zu einem medialeren Gebiet der Kleinhirnrinde, das den Vermis (Wurm) genannten paramedianen Bereich einschließt, sich aber lateral über diesen hinaus erstreckt. Der dorsal zur Brücke liegende Teil des Querschnittes sieht der Medulla oblongata recht ähnlich. Dennoch haben einige Veränderungen stattgefunden. Die untere Olive hat ihre rostrale Grenze erreicht: Nur ihre oberste Spitze ist noch sichtbar. Mit ihrem Verschwinden verändert sich auch das Querschnittsprofil des Lemniscus medialis allmählich von vertikal (dorsoventral) zu horizontal (mediolateral). Dieser Wandel wird in Abbildung 11.13 abgeschlossen sein. Das Faserbündel, das lateral vom rostralen Pol der Olive liegt, ist der Tractus tegmentalis centralis, die zentrale Haubenbahn, ein bemerkenswert kompaktes Bündel, wenn man seinen breit gestreuten Ursprung in der Formatio reticularis des Mittelhirns bedenkt. Man hält diese Bahn für das Hauptsystem von Afferenzen zur Olive. Nicht erwähnt haben wir bisher, daß die Axone dieser Bahn auf caudaleren Ebenen zu der Faserkapsel um die Olive beitragen.

Abbildung 11.11 ist bemerkenswert arm an motorischen Kernen. Die somatomotorische Säule fehlt: Der Hypoglossuskern hat seine rostrale Grenze ein paar Millimeter weiter unten erreicht. Seinen Platz im Querschnitt nimmt jetzt der Nucleus praepositus hypoglossi ein, eine langgezogene Masse subventrikulärer grauer Substanz, von der man weiß, daß sie Interneuronen enthält, die dem Abducens-, dem Trochlearis- und dem Oculomotoriuskern dienen. Die viscerale motorische Säule fehlt ebenfalls oder ist vielmehr undeutlich. Der dorsale motorische Vaguskern tritt nicht länger in Erscheinung, dafür sind auf diesem Niveau des Rautenhirns, im zentralen Höhlengrau und in der angrenzenden Formatio reticularis, die präganglionären parasympathischen motorischen Neuronen verstreut, die den Nucleus salivatorius bilden. Ihre Axone gesellen sich zu zwei Hirnnerven, dem Glossopharyngeus und dem Facialis. Die branchiale motorische Säule ist ein wenig deutlicher. Der Nucleus ambiguus ist in dieser Höhe verschwunden. An seinem Platz auf der rechten Seite des Schnittes, jedoch noch nicht auf der linken, zeigt der nächste, rostralere Bestandteil der Säule, der motorische Facialiskern, seinen caudalen Pol.

Schließlich lassen sich noch im dorsolateralen Flügelplatten- oder „Hinterhorn"-Bereich der Abbildung 11.11 einige Veränderungen erkennen. Ein bequemer Orientierungspunkt ist der große, kommaförmige Querschnitt des

Corpus restiforme, das jetzt fast seine volle Größe erreicht hat. (Einige olivocerebelläre und reticulocerebelläre Bündel stoßen noch immer von der ventralen Seite her zu ihm.) Das Corpus restiforme führt unter dem Recessus lateralis hindurch; weiter rostral wird es in einer steilen dorsalen Kurve in das Innere des Kleinhirns ziehen. Medial von ihm liegen zwei Konstellationen sekundärer sensorischer Zellgruppen. In der ventraleren vertritt der absteigende Trigeminuskern die allgemeine somatosensorische Säule; die absteigende Trigeminuswurzel liegt an dessen lateralem Rand. Auf der linken Seite der Abbildung 11.11 erscheint zum letztenmal die viscerale sensorische Säule − also der Kern des Tractus solitarius −, und zwar in Form einer kleinen grauen Struktur, die mit dem dorsalen Rand des absteigenden Tri-

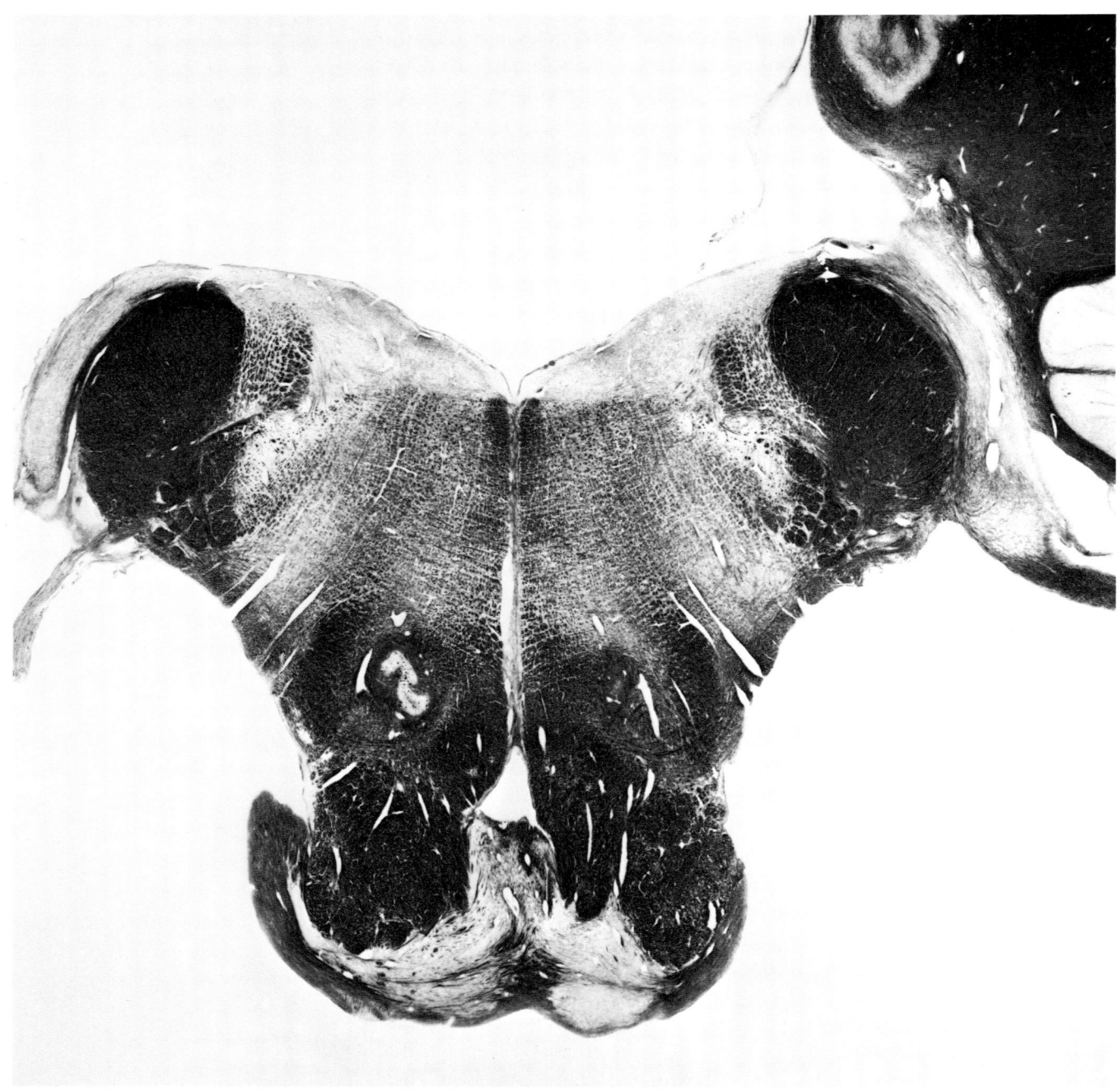

geminuskernes verschmilzt. (Auf der rechten Seite ist sie bereits verschwunden.) Lateral davon erstreckt sich ein schlankes zentrales Wurzelbündel des Glossopharyngeus. (Eine periphere Wurzel des Nervs taucht unmittelbar unter dem Corpus restiforme auf, in jener lateralen Position, die für die gemischten, also sowohl sensorischen als auch motorischen Hirnnerven typisch ist.) Die dorsalere Konstellation von sekundären sensorischen Zellgruppen schmiegt sich dem Boden des vierten Ventrikels an; es handelt sich um das vestibuläre Dreieck, das den medialen Teil der speziellen somatosensorischen Säule bildet. In Abbildung 11.11 wie auch schon in Abbildung 11.10 besteht das Dreieck aus dem dunkel gefärbten, stark myelinisierten absteigenden oder spinalen (unteren) Vestibulariskern und dem größeren, hell

11.11 Der Beginn der Brücke (des Pons) kündigt den Übergang von einem Rautenhirnabschnitt, der Medulla oblongata oder dem Myelencephalon, zum anderen, dem Metencephalon, an. Der caudalste Zipfel der Brücke liegt am unteren Rand dieses Schnittes. Ihre Oberfläche besteht aus einer Schicht kreuzender Fasern, die zum Brückenarm (Brachium pontis) oder mittleren Kleinhirnstiel stoßen. Eine zweite Masse cerebellärer Afferenzen, das Corpus restiforme (der untere Kleinhirnstiel), befindet sich auf der gegenüberliegenden, dorsalen Seite der Abbildung. Er umfaßt den Tractus spinocerebellaris dorsalis, den Tractus cuneocerebellaris, die olivocerebelläre Projektion und reticulocerebelläre Fasern. Fast rund um das Corpus restiforme liegt die spezielle somatosensorische Säule. Medial von ihm bilden zwei Vestibulariskerne (wieder der mediale und der absteigende) das vestibuläre Dreieck. Dorsal und lateral vom Corpus restiforme erscheinen die Cochleariskerne; in der rechten Schnitthälfte dringt der Nervus cochlearis von der ventralen Seite her in sie ein. An einer anderen Stelle des Schnittes wird die untere Olive von ihren Hauptafferenzen flankiert, welche die zentrale Haubenbahn (den Tractus tegmentalis centralis) bilden.

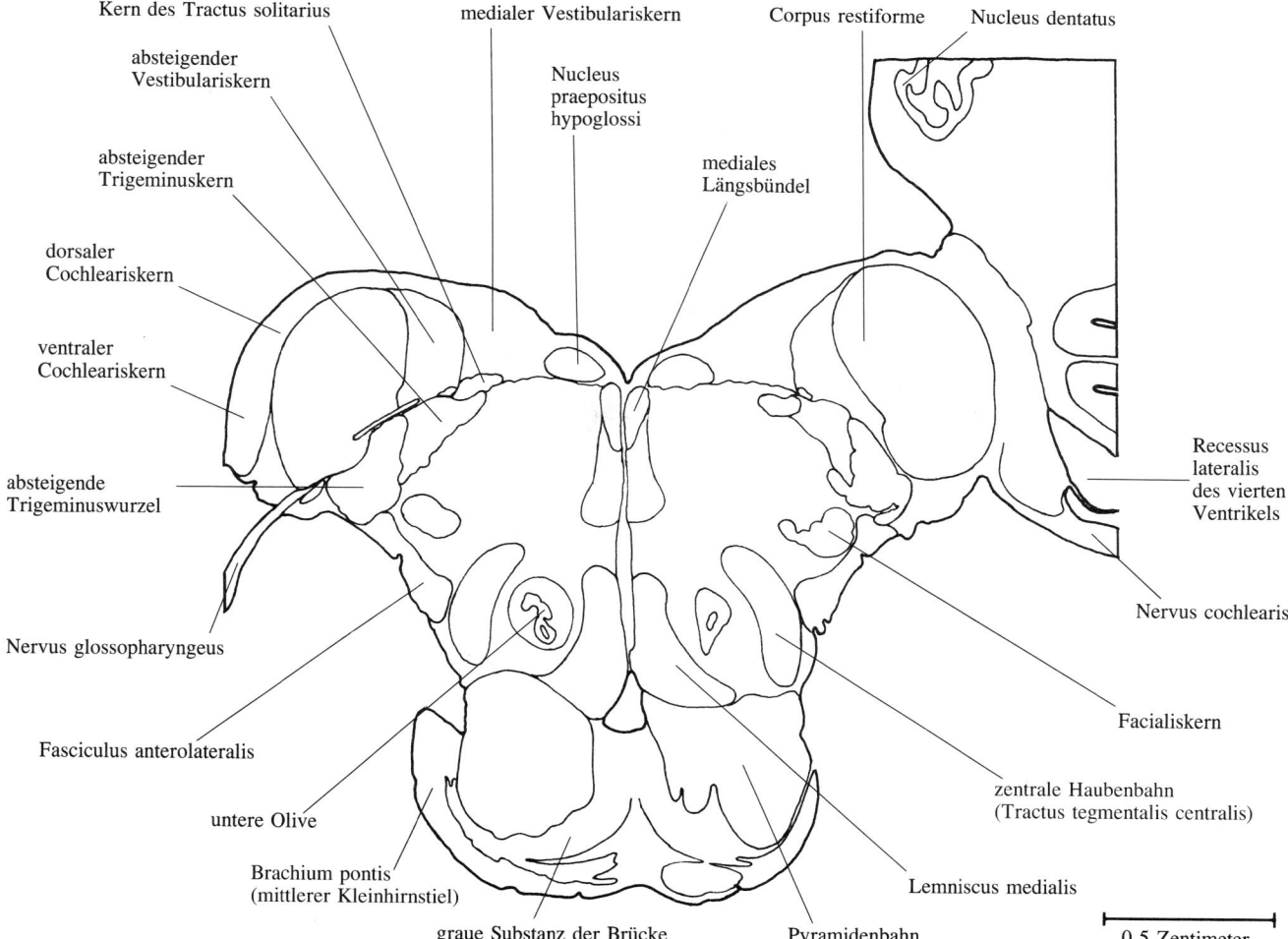

Kern des Tractus solitarius

medialer Vestibulariskern

Corpus restiforme

Nucleus dentatus

absteigender Vestibulariskern

Nucleus praepositus hypoglossi

absteigender Trigeminuskern

mediales Längsbündel

dorsaler Cochleariskern

ventraler Cochleariskern

Recessus lateralis des vierten Ventrikels

absteigende Trigeminuswurzel

Nervus cochlearis

Nervus glossopharyngeus

Facialiskern

Fasciculus anterolateralis

zentrale Haubenbahn (Tractus tegmentalis centralis)

untere Olive

Brachium pontis (mittlerer Kleinhirnstiel)

graue Substanz der Brücke

Pyramidenbahn

Lemniscus medialis

0,5 Zentimeter

201

gefärbten medialen Vestibulariskern. Weiter rostral, auf dem Niveau der Abbildung 11.13, wird der absteigende Kern durch zwei weitere Vestibulariskerne, den lateralen und den oberen, ersetzt werden. An das vestibuläre Dreieck in Abbildung 11.11 grenzt der laterale Teil der speziellen somatosensorischen Säule, der sich als gewölbte Schicht von grauer Substanz um die dorsalen und lateralen Seiten des Corpus restiforme schlingt. Die graue Substanz umfaßt die Cochleariskerne: den dorsalen und den ventralen. Zusammen bilden sie den Boden des Recessus lateralis: Ihre gebogene Form entspricht der starken, fast rechtwinkligen Abwärtskrümmung des Recessus lateralis.

Der Schlüssel zu dieser Ansammlung spezieller somatosensorischer Zellgruppen ist der Hirnnerv, der sie versorgt: der Nervus statoacusticus oder vestibulocochlearis. Dieser Nerv besteht in Wirklichkeit aus zwei nahezu getrennten Bündeln, die in der für die rein sensorischen Hirnnerven typischen, weit lateralen „Hinterwurzel"-Gegend in den Hirnstamm eintreten. Der Nervus vestibularis übermittelt Signale von mechanorezeptiven Haarzellen im Sinnesepithel des vestibulären Teiles des häutigen Labyrinths: also von den Maculae des Utriculus und des Sacculus und von den Cristae der Bogengänge. Der Nervus cochlearis, auch Nervus acusticus oder Hörnerv genannt, kommt etwas weiter caudal an. Er überträgt Signale von anderen mechanorezeptiven Haarzellen, die im Cortischen Organ in der Wand des Schneckenganges (Ductus cochlearis) des häutigen Labyrinths liegen. Die beiden Nerven laufen beim Eintritt in den Hirnstamm auseinander. Der Vestibularis, der in Abbildung 11.12 deutlich zu sehen ist, lenkt seine Fasern in gerader Linie an der medialen Seite des Corpus restiforme vorbei und erreicht so das vestibuläre Dreieck an dessen lateralem Rand. Die Fasern enden hauptsächlich in den vier Vestibulariskernen, aber einige wandern auch zum Kleinhirn weiter und versorgen es mit dem einzigen für dieses Organ bekannten Beispiel primären sensorischen Inputs. Unterdessen lenkt der Cochlearis, der auf der rechten Seite der Abbildung 11.11 und der linken der Abbildung 11.12 zu sehen ist, seine Fasern an der lateralen Seite des Corpus restiforme entlang und verteilt sie dann so, daß jeder Cochleariskern eine vollständige tonotope Karte des Cortischen Organs erhält.

Die Cochleariskerne ihrerseits stehen am Anfang der zentralen auditorischen Verbindungen. Besonders die dorsalen und ventralen Cochleariskerne auf jeder Seite der Mittellinie entsenden Fasern, die in medialer Richtung abschwenken und so unmittelbar dorsal von der Brücke in Abbildung 11.12 und auch in Abbildung 11.13 eine Platte bilden, die man Trapezkörper (Corpus trapezoideum) nennt. Sie stellt eine Hemidekussation dar: Etwa die Hälfte aller Fasern von jeder Seite des Hirnstammes beteiligen sich an der Kreuzung. Am lateralen Rand des Trapezkörpers stoßen sie zu den ungekreuzten Fasern und beginnen mit ihnen den Aufstieg als Lemniscus lateralis. Zuerst ziehen sie mit zwei anderen Fasersystemen, dem Tractus spinothalamicus und dem Tractus spinocerebellaris ventralis, aufwärts, von denen sie schwer zu unterscheiden sind. Später jedoch, an der caudalen Grenze des Mittelhirns (Abb. 12.2), befreit sich der Lemniscus lateralis von seinen Weggefährten und beschreibt als umschriebenes Faserbündel eine starke Kurve in dorsaler Richtung. Er nähert sich seinem Ziel, dem Colliculus inferior (Abb. 12.3). Von dort verlängert ein letztes Verbindungsglied, das Brachium colliculi inferioris, den auditorischen Lemniscus rostralwärts entlang der lateralen Seite des Colliculus superior (Abb. 12.4) hin zum auditorischen Relaiskern des Thalamus, dem Corpus geniculatum mediale (Abb. 12.5). Der Lemniscus ist vor allem wegen der Zwischenstationen bemerkenswert, die auf seinem Weg liegen. Der Colliculus inferior unterbricht praktisch den gesamten lemniscalen Verkehr. Drei weitere, jeweils caudal vom Colliculus liegende Zellgruppen unterbrechen ihn in geringerem Maße. Die obere Olive, eine vielteilige graue Masse, ist an jener Stelle in den Lemniscus lateralis eingebettet, wo dieser aus dem Trapezkörper hervorkommt (Abb. 11.12 und 11.13); eine zweite Zwischenstation liegt im Trapezkörper selbst und wird deshalb als Kern des Trapezkörpers bezeichnet (Abb. 11.13); eine dritte Zwischenstation, der Kern des Lemniscus lateralis, ist eine langgezogene Masse grauer Substanz im Mittelhirnanteil des Lemniscus (Abb. 12.2 und 12.3). Die von den Zwischenstationen ausgesandten Fasern schließen sich größtenteils wieder dem Lemniscus lateralis an. Das soll nicht heißen, daß es hier keine Reflex- und cerebellären Kanäle gibt. Sie fallen bloß unter den zentralen auditorischen Verbindungen kaum auf. Reflexbögen beispielsweise führen unauffällig von den Cochleariskernen, der oberen Olive und dem Kern des Trapezkörpers zum motorischen Facialiskern und zum motorischen Trigeminuskern. Der motorische Facialiskern innerviert nicht nur die Gesichtsmuskeln, sondern auch den Stapedius, einen kleinen Muskel im Mittelohr, dessen Kontraktion die Schallübertragung zum Innenohr einschränkt, indem sie die durch Schallwellen angeregten Schwingungen eines kleinen Mittelohrknochens, des Steigbügels, vermindert; der Steigbügel ist das entscheidende Endglied in der Kette der Gehörknöchelchen. Der motorische Trigeminuskern innerviert nicht nur die Kaumuskeln, sondern auch den Tensor tympani, einen weiteren Mittelohrmuskel, der die Amplitude der Trommelfellschwingungen kontrolliert. Beide Muskeln schützen das Cortische Organ vor übermäßigem Schall, ähnlich wie der Musculus constrictor pupillae die Retina vor übermäßigem Lichteinfall schützt.

Die zentralen vestibulären Kanäle sind weitgehend das Gegenteil der zentralen auditorischen Kanäle. Die lemniscalen Kanäle sind schwach ausgeprägt, die cerebellären Bahnen dagegen üppig, ebenso die Reflexbahnen. In dieser Beziehung unterscheidet sich der Gleichgewichts- und Lagesinn von den anderen Sinnen, deren Verkehr überwiegend zur Großhirnrinde führt. Eine vestibuläre Reflexbahn fällt im gesamten Rauten- und Mittelhirn auf: Die vier Vestibulariskerne steuern allesamt Fasern – ipsilaterale wie kontralaterale, aufsteigende wie absteigende – zum medialen Längsbündel bei, einem umschriebenen Faserbündel, das eine dorsale Position nahe der Mittellinie beibehält. Das mediale Längsbündel steigt zum Abducens-, zum Trochlearis- und zum Oculomotoriuskern auf, die die äußeren Augenmuskeln innervieren. Jenseits von diesen Kernen erreicht es die sogenannten präoculomotorischen (oder akzessorischen oculomotorischen) Kerne: den Nucleus interstitialis von Cajal und den Darkschewitsch-Kern (Abb. 12.5 und 12.6). Vermutlich setzen sich beide aus Interneuronen zusammen, die der Augenbewegung dienen. In der entgegengesetzten, caudalen Richtung steigt das mediale Längsbündel im Vorderstrang des Halsmarks ab. Dort verbindet es als Tractus vestibulospinalis medialis die Vestibulariskerne mit motorischen Apparaten, die die Nackenmuskeln steuern. Alles in allem stellt das mediale Längsbündel die Reflexverbindungen her, über die die Bogengangspaare – jeweils ein Gang im linken und einer im rechten Ohr – mit Neuronen kommunizieren, welche Augen- und Nackenbewegungen in der Ebene des betreffenden Paares steuern. Die Augen können also in einer Weise gedreht werden, die Veränderungen der Kopfstellung kompensiert. Die Reflexfunktion des vestibulären Sinnes drückt sich jedoch nicht allein in Augen- und Nackenbewegungen aus. Vom lateralen Vestibulariskern kommt eine zweite Reflexbahn, der Tractus vestibulospinalis lateralis, dessen großkalibrige Fasern ungekreuzt in den Vorderseitenstrang des Rückenmarks absteigen, um auf der gesamten Länge des Marks mit Interneuronen oder sogar direkt mit motorischen Neuronen Synapsen zu bilden. Über den Tractus vestibulospinalis lateralis können vestibuläre Impulse, die durch Neigung oder Drehung des Körpers oder auch nur des Kopfes ausgelöst werden, Gruppen von Gliedmaßenmuskeln aktivieren, um einen drohenden Gleichgewichtsverlust zu verhindern.

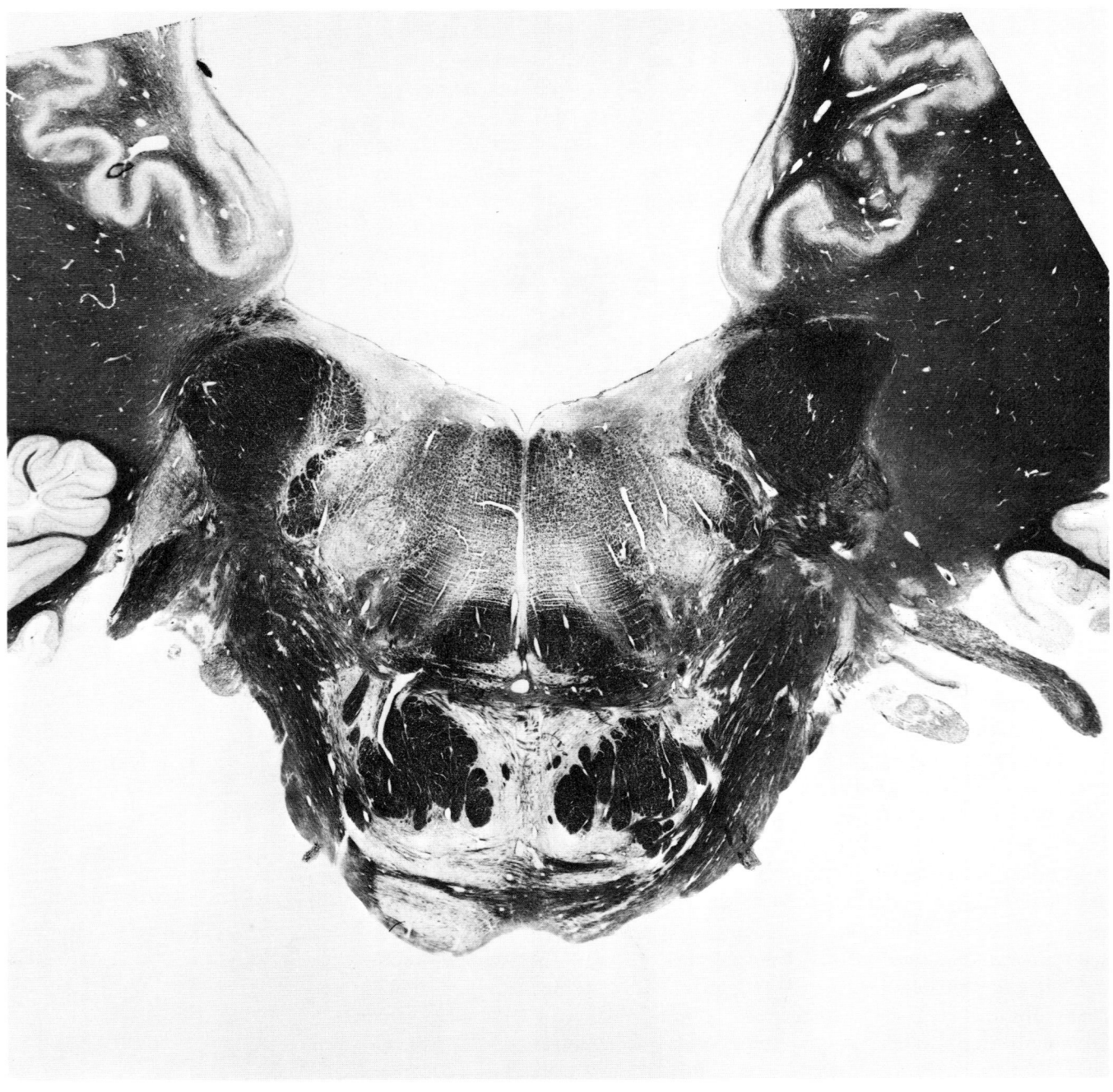

Den cerebellären Kanal des vestibulären Sinnes müssen wir noch beschreiben. Seine herausragende Stellung sollte keine Überraschung sein: Erinnern Sie sich, daß das Kleinhirn in der Phylogenese als ein Anhängsel des Vestibularapparats entstand und daher bei primitiven Wirbeltieren wie den Rundmäulern (Cyclostomata) von vestibulärem Input beherrscht wird. Bei höher entwickelten Wirbeltieren und besonders bei Säugetieren umfaßt das vestibuläre Kleinhirn (der Teil mit vestibulärem Input) drei kleine corticale Bereiche an der Kleinhirnbasis: die Uvula und den Nodulus, die beide am caudalen Ende des Vermis genannten medialen Streifens der Kleinhirnrinde liegen, sowie den Flocculus, der weiter lateral sitzt und in Abbildung 11.12 zu sehen ist. Bei Primaten projizieren alle vier Vestibulariskerne auf das vesti-

11.12 Auch der Beginn des Kleinhirns kennzeichnet das Metencephalon. Das Innere dieses Organs besteht hauptsächlich aus der weißen Substanz der Kleinhirnstiele (Pedunculi cerebellares). Außerdem umfaßt es die vier tiefen Kleinhirnkerne. Den größten, lateralsten der vier kann man hier sehen: den Nucleus dentatus, ein gewundenes Blatt grauer Substanz, das der unteren Olive ähnelt. Fasern, die von den Vestibulariskernen zum Kleinhirn ziehen, verbinden sich mit primären sensorischen Fasern vom Nervus vestibularis zum Corpus juxtarestiforme an der dorsomedialen Seite des Corpus restiforme. Der übrige Nervus vestibularis liegt ebenfalls medial vom Corpus restiforme. Dagegen bleibt der Cochlearis, der Hörnerv (sichtbar auf der linken Seite der Abbildung), lateral vom Corpus restiforme. Im ventraleren Teil des Schnittes wird die Grenze zur Brücke vom Trapezkörper (Corpus trapezoideum) gezogen, einer Kreuzung, die aus Fasern von den Cochleariskernen besteht. Die laterale Spitze des Trapezkörpers schließt die obere Olive ein, eine auditorische Zwischenstation. Der Lemniscus lateralis beginnt am lateralen Ende des Trapezkörpers.

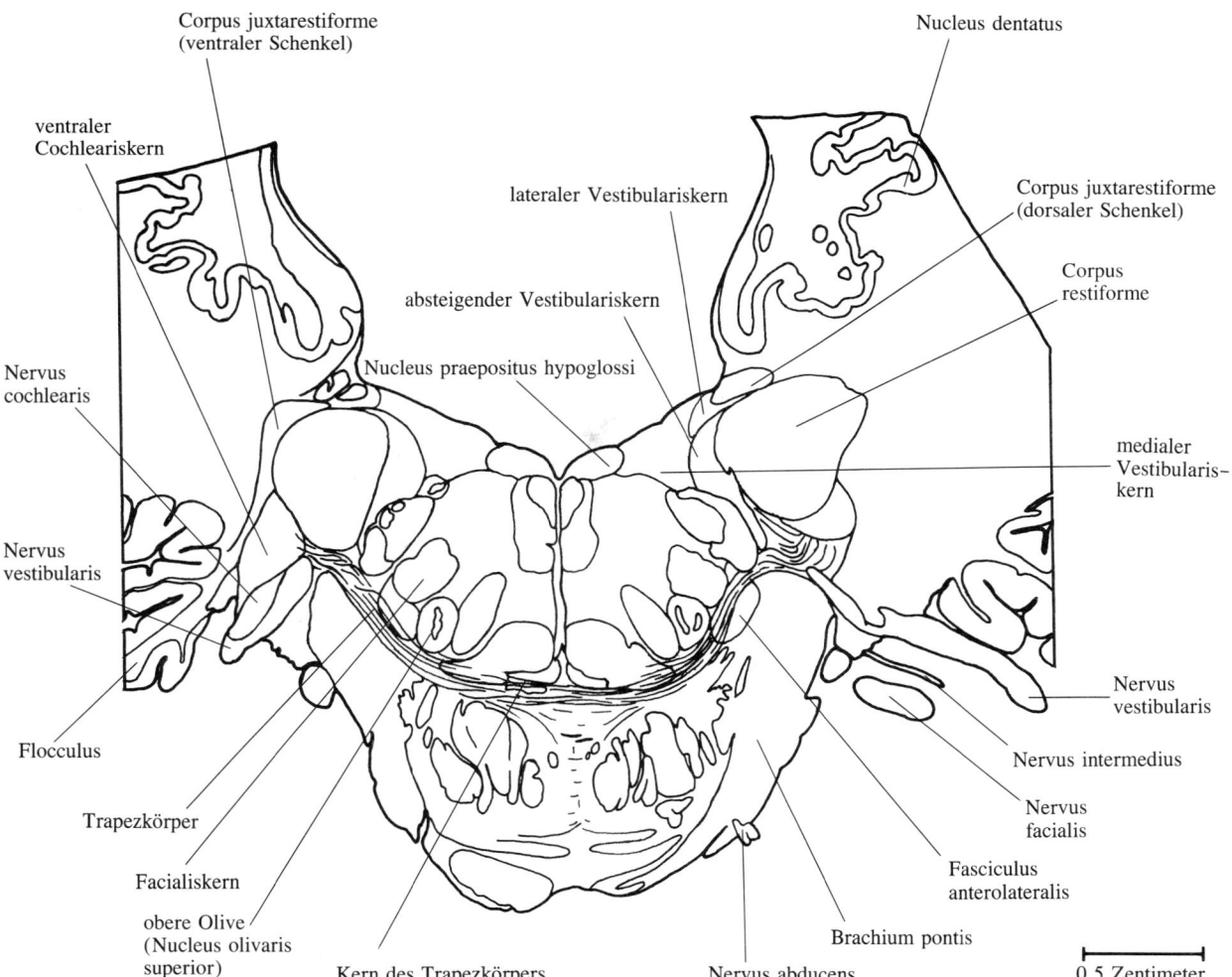

buläre Kleinhirn. Außerdem projizieren sie auf den Nucleus fastigii, den medialsten der tiefen Kleinhirnkerne, der auch die Ausgangsinformation des vestibulären Kleinhirns empfängt. Die vestibulocerebellären Afferenzen (sowohl primäre sensorische vom Nervus vestibularis als auch sekundäre sensorische von den Vestibulariskernen) bilden ein Bündel, das an der medialen Seite des Corpus restiforme in das Kleinhirn eintritt. Es wird deshalb Corpus juxtarestiforme genannt. Abbildung 11.12 zeigt links seinen ventralen Schenkel, der sich im Bogen zunächst lateral über das Corpus restiforme und dann entlang dessen lateraler Seite ventralwärts erstreckt, ehe er in den Flocculus zieht. Der verbleibende dorsale Schenkel folgt der medialen Seite des Corpus restiforme, um zu Uvula, Nodulus und Nucleus fastigii zu gelangen. Letzterer entsendet seinerseits eine Rückprojektion zu den Vestibulariskernen. Außerdem projiziert er auf die mediale Formatio reticularis des Rautenhirns, jenen Bereich, in dem bilaterale Läsionen Tiere unfähig machen, ihren Rumpf über ihren Gliedern im Gleichgewicht zu halten.

Die drei mit Abbildung 11.12 beginnenden Hinterhirnquerschnitte haben mehrere Merkmale gemeinsam. Erstens zeigen sie die Ausdehnung der Brücke: Bei keinem Tier ist sie so groß wie im menschlichen Gehirn. Aber schließlich schaltet sie sich in den Verkehr vom gesamten Neocortex zur Rinde der Kleinhirnhemisphäre ein. In allen drei Schnitten wird die graue Substanz der Brücke lateral vom Brückenarm (Brachium pontis) oder mittleren Kleinhirnstiel eingerahmt: quasi der pontocerebellären Autobahn. In allen drei Schnitten ist überdies die graue Substanz der Brücke von Faserbündeln durchdrungen. Einige verlaufen quer; sie bestehen aus pontocerebellären Fasern, die die Mittellinie kreuzen, um sich mit dem kontralateralen Brückenarm zu verbinden. Einige verlaufen längs; sie kommen vom Neocortex. Viele dieser Längsfasern werden in der Brücke enden: Sie bilden den massiven – und ungekreuzten – Tractus corticopontinus. Andere werden aus dem caudalen Rand der Brücke herausziehen: Sie stellen die medulläre Pyramide (also die Pyramidenbahn). Unter den zuletzt genannten Fasern werden einige in den lokalen motorischen Apparaten des Rautenhirns enden: Sie bilden den Tractus corticobulbaris beziehungsweise einen Teil davon, denn andere corticobulbäre Fasern haben ihre Ziele schon weiter rostral im Rhombencephalon gefunden. Der Rest bildet die Pyramidenbahn (den Tractus corticospinalis).

Zweitens zeigen die Schnitte das Tegmentum; dieser Begriff bezeichnet jenen Teil des Querschnittes, der motorische Kerne und sekundäre sensorische Zellgruppen sowie die Formatio reticularis des Hirnstammes enthält. Tegmentum ist das lateinische Wort für „Decke": in den Abbildungen 11.12 bis 11.14 (und auch in Abbildung 12.2) „bedeckt" das Tegmentum die Brücke. Es heißt deshalb auch Brückenhaube – in Abgrenzung zum Brückenfuß, der eigentlichen Brücke. Im Mittelhirn „bedeckt" das Tegmentum, wie spätere Abschnitte zeigen werden, die Kleinhirnstiele (Mittelhirnhaube). Die Grenze zwischen Tegmentum und Brücke wird zuerst (in den Abbildungen 11.12 und 11.13) durch den Trapezkörper gekennzeichnet, später (in den Abbildungen 11.14 und 12.2) durch den Lemniscus medialis. Unterdessen (in den Abbildungen 11.12 bis 11.14) beobachtet man eine fortlaufende Vergrößerung des dorsoventralen Umfangs der Brücke bei gleichzeitiger Abflachung des Tegmentum. Trotzdem durchlaufen alle außer einem der langen Fasersysteme, die längs durch den Hirnstamm ziehen, den tegmentalen Flaschenhals. Die Ausnahme ist die Pyramidenbahn, die durch die Brücke absteigt.

Schließlich vermitteln die drei mit Abbildung 11.12 beginnenden Schnitte einen Eindruck vom Inneren des Kleinhirns. Dieser Innenbereich besteht zum größten Teil aus den stark myelinisierten Kleinhirnstielen. Außerdem schließt er aber die tiefen Kleinhirnkerne ein, eine Gruppe von vier Anhäufungen grauer Substanz im Dach und in der lateralen Wand des vierten Ventrikels beiderseits der Mittellinie: den Nucleus fastigii, die als Nucleus interpositus zusammengefaßten Nuclei globosus und emboliformis sowie den entlang der lateralen Wand des Ventrikels liegenden Nucleus dentatus, der bei weitem der größte der vier ist. Den ventralen Teil des Nucleus dentatus kann man in mehreren Schnitten (Abb. 11.11 bis 11.13) sehen. Es handelt sich um ein gewundenes Blatt grauer Substanz, das stark an die untere Olive erinnert (abgesehen davon, daß es größer ist). Tatsächlich ist der Nucleus dentatus, wie die Olive, in eine ovale Form gefaltet und besitzt einen medial gerichteten Hilus, aus dem seine Efferenzen austreten. Auf der rechten Seite der Abbildung 11.12 dringt das Corpus restiforme in das Innere des Kleinhirns ein; in Abbildung 11.13, ebenfalls auf der rechten Seite, zieht es sich an der lateralen Seite des Nucleus dentatus entlang, ehe es nach innen abbiegt und dem medialen Bereich der Kleinhirnrinde zustrebt, wo es die Mehrzahl seiner Fasern verteilt. Das Kleinhirnmark lateral vom Corpus restiforme ist der Brückenarm (Brachium pontis), der Fasern zur Kleinhirnhemisphäre sendet. Damit bleibt noch der dritte Kleinhirnstiel, das Brachium conjunctivum (Bindearm). Er ist der medialste der Kleinhirnstiele und auch der einzige, der auf das Kleinhirn bezogen fast vollkommen aus Efferenzen besteht. (Er enthält vorwiegend Fasern vom Nucleus dentatus und vom Nucleus interpositus.) In Abbildung 11.13 wird er durch die weiße Substanz vertreten, die den Nucleus dentatus von der lateralen Wand des vierten Ventrikels trennt. In Abbildung 11.14 (ein ziemlich weiter Sprung rostralwärts) liegt er immer noch an der lateralen Wand des Ventrikels. Er ist jedoch jetzt ein kompaktes Bündel von ungefähr ovalem Querschnitt, das lateral und dorsal vom Brückenarm überwölbt wird. Auf seinem weiteren Verlauf rostralwärts taucht er im Tegmentum unter (Abb. 12.2); dann – nach einer vollständigen Kreuzung im caudalen Mittelhirn (Abb. 12.3) – endet er im kontralateralen Nucleus ruber (Abb. 12.4 und 12.5) und im Thalamus.

Die in Abbildung 11.13 erscheinenden motorischen Kerne und sekundären sensorischen Zellgruppen verdienen es, näher beschrieben zu werden. Unter den motorischen Säulen fehlt die viscerale motorische. Die somatomotorische Säule dagegen ist wieder aufgetaucht, und zwar in Form des Abducenskernes, des caudalsten der motorischen Kerne, die die Augenbewegung steuern. Einige zentrale Wurzelbündel treten aus der ventromedialen Seite des Kernes aus; sie folgen einem nahezu direkt ventralwärts gerichteten Kurs durch das Tegmentum und die Brücke und verlassen den Hirnstamm dann (auf dem Niveau der Abbildung 11.12) in Form des Nervus abducens – in der „Vorderwurzel"-Gegend, die für rein motorische Hirnnerven typisch ist. Die branchiale motorische Säule ist ebenfalls in Abbildung 11.13 vertreten: Der Schnitt zeigt den rostralen Pol des motorischen Facialiskernes. Auf seiner dorsalen Seite grenzt dieser Kern an den absteigenden Trigeminuskern, auf seiner ventralen Seite an die obere Olive. Von beiden empfängt er Reflexverbindungen. Die Verbindungen vom Trigeminuskern schließen Reflexbögen, die (neben anderen trigeminofacialen Reflexen) dem Hornhaut- oder Blinzelreflex dienen: dem festen Schließen des Auges als Reaktion auf eine mechanische oder chemische Reizung der Hornhaut. Die Verbindungen

11.13 Brücke und Tegmentum sind die ungefähr gleich großen Hauptbestandteile dieses Hinter-hirnquerschnittes. Die Brücke — der ventrale Anteil — wird lateral vom Brückenarm (Brachium pontis) eingerahmt. Die Brücke selbst ist von Faserbündeln durchsetzt. Die quer verlaufenden sind pontocerebelläre Fasern, die die Mittellinie kreuzen und sich dann mit dem kontralateralen Brük-kenarm verbinden. Längs verlaufen corticopontine, corticobulbäre und corticospinale Fasern. Das Tegmentum — der dorsale Anteil — umfaßt motorische Kerne, sekundäre sensorische Zellgrup-pen und die Formatio reticularis dieses Bereichs; darüber hinaus enthält es fast alle langen Faser-systeme des Hirnstammes. Das vestibuläre Dreieck schließt innerhalb seiner Grenzen in diesem Schnitt zwei Vestibulariskerne ein, den lateralen und den oberen. Außerdem hat sich zu der oberen Olive eine weitere auditorische Zwischenstation gesellt, nämlich der Kern des Trapezkörpers. Die somatomotorische Säule wird durch den Abducenskern repräsentiert, die branchiale motorische Säule durch den Facialiskern. Letzterer lenkt seine Efferenzen im sogenannten inneren Facialis-knie um den ersteren, wie ein Seil um einen Pfahl. Im Kleinhirn gesellt sich dem Nucleus dentatus auf seiner medialen Seite die ventralste Spitze des Nucleus interpositus hinzu, der aus zwei tiefen Kleinhirnkernen besteht, dem Nucleus globosus und dem Nucleus emboliformis.

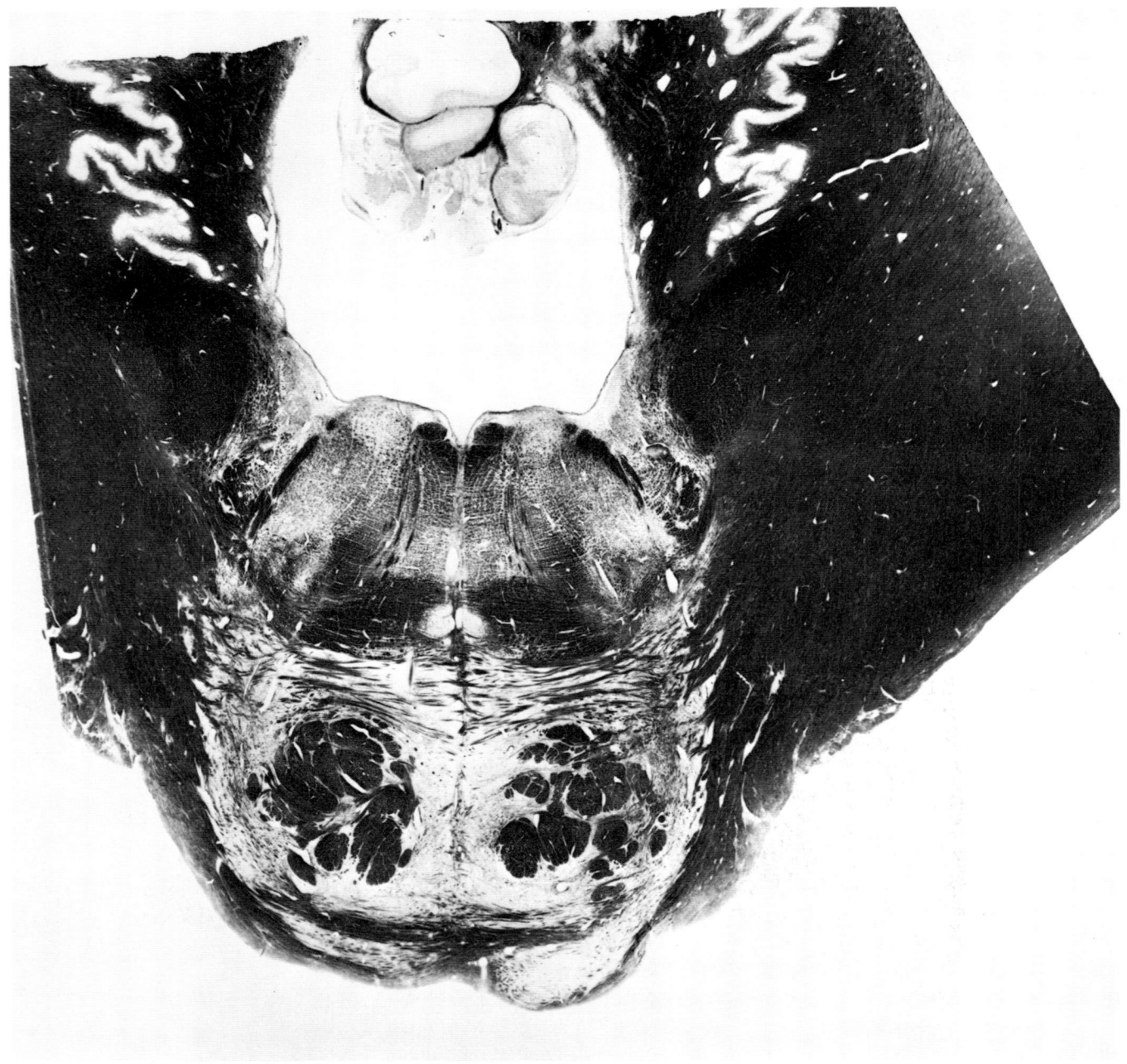

von der oberen Olive dienen anderen Abwehrreflexen, etwa dem auditorischen Blinzelreflex und der Aktivierung des Stapedius. Abbildung 11.13 zeigt einen großen Teil des bemerkenswerten Umwegs, den der Gesichtsnerv (Nervus facialis) macht, bevor er den Hirnstamm verläßt. Vom motorischen Facialiskern zieht die zentrale Wurzel des Nervs zunächst in dorsomedialer Richtung; dann, unmittelbar unter dem Boden des vierten Ventrikels, wendet sie sich lateral über den Abducenskern und beschreibt eine Haarnadelkurve um ihn. (Man bezeichnet diese Kurve als das innere Facialisknie.) Am Ende der Kurve zieht sich die Wurzel am Rand der medialen Seite des absteigenden Trigeminuskernes hin, dringt in den Trapezkörper ein und verläßt ihn (in Abbildung 11.12) ein kurzes Stück medial vom Nervus statoacusticus. Die sensorischen Fasern und die visceralen motorischen Fasern,

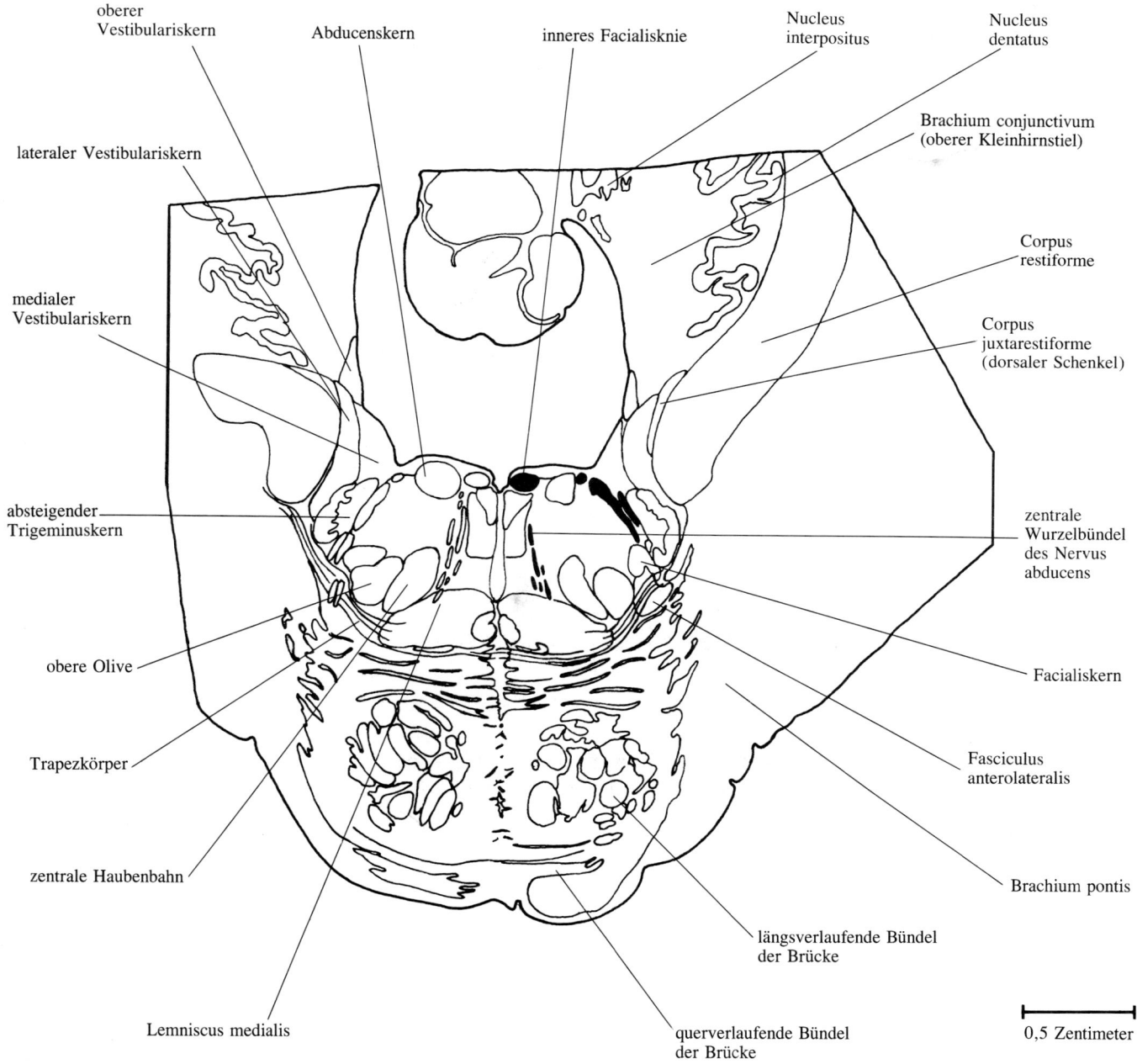

oberer Vestibulariskern

Abducenskern

inneres Facialisknie

Nucleus interpositus

Nucleus dentatus

Brachium conjunctivum (oberer Kleinhirnstiel)

lateraler Vestibulariskern

Corpus restiforme

medialer Vestibulariskern

Corpus juxtarestiforme (dorsaler Schenkel)

absteigender Trigeminuskern

zentrale Wurzelbündel des Nervus abducens

obere Olive

Facialiskern

Trapezkörper

Fasciculus anterolateralis

zentrale Haubenbahn

Brachium pontis

längsverlaufende Bündel der Brücke

Lemniscus medialis

querverlaufende Bündel der Brücke

0,5 Zentimeter

209

die sich dem Nervus facialis anschließen (erstere kommen von Geschmacksknospen und ziehen zum gustatorischen Kern, letztere laufen vom Nucleus salivatorius zu den Speicheldrüsen wie auch zur Tränendrüse des Auges), machen keinen solchen Umweg. Sie bilden jedoch oft eine getrennte, laterale Facialiswurzel: den Nervus intermedius von Wrisberg (siehe wieder Abbildung 11.12).

Das vestibuläre Dreieck vervollständigt die Beschreibung der Abbildung 11.13. Es liegt dorsal vom absteigenden Trigeminuskern und umfaßt zwei Vestibulariskerne, den lateralen und den oberen. Wir wenden uns nun der Abbildung 11.14 zu. Hier, auf einer oberen Ebene der Brücke und nahe der rostralen Grenze des Rautenhirns, ist die somatomotorische Säule wieder

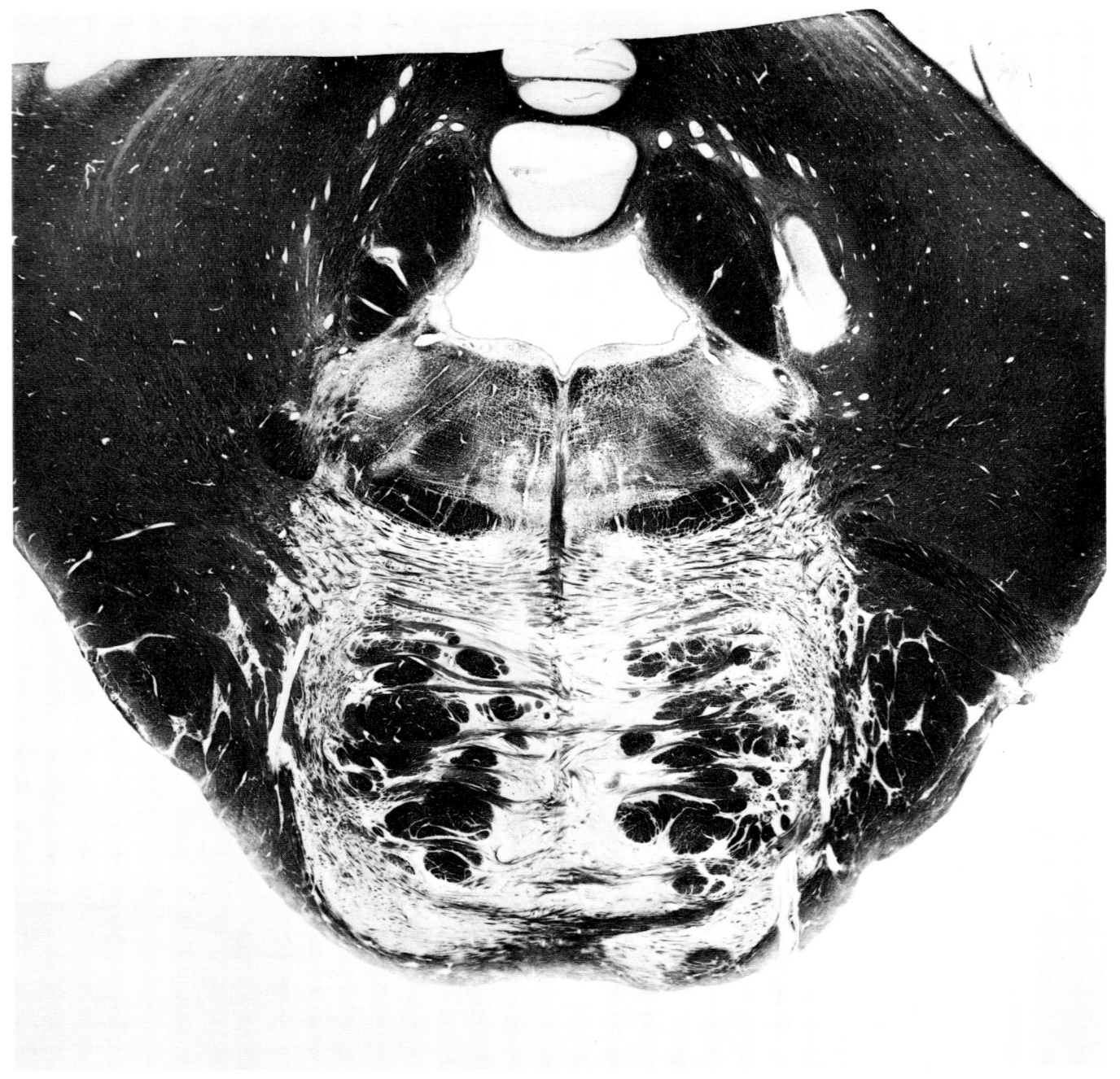

einmal verschwunden: Der Schnitt führt zwischen dem Abducens- und dem Trochleariskern durch den Hirnstamm. Im Gegensatz dazu ist die branchiale motorische Säule ziemlich deutlich vertreten, und zwar von ihrem rostralsten Glied, dem motorischen Trigeminuskern, der in Anbetracht der von ihm gesteuerten Kaumuskeln auch Nucleus masticatorius genannt wird. In Abbildung 11.14 ist dieser Kern ein ovales Gebiet grauer Substanz im ventrolateralen Teil des Tegmentum, wo in früheren Schnitten der Nucleus ambiguus und der motorische Facialiskern erschienen. In ventrolateraler Richtung tauchen aus dem Nucleus masticatorius mehrere zentrale Wurzelbündel auf, die sich, wenn sie das Brachium pontis überqueren, zur motorischen Wurzel oder Portio minor des Trigeminus vereinigen. Die sensorische Wurzel oder

11.14 Der letzte Rautenhirnquerschnitt zeigt ein von der großen Masse der Brücke in dorsoventraler Richtung zusammengedrücktes Tegmentum. Das dunkel gefärbte Faserbündel, das sich zwischen die beiden schiebt, ist der Lemniscus medialis. Innerhalb des Tegmentum zeigt die branchiale motorische Säule jetzt ihren rostralsten Bestandteil, den motorischen Trigeminuskern. Nahebei nähert sich dem sensorischen Hauptkern des Trigeminus die Portio major, also der sensorische Anteil des Trigeminus. Dorsal vom Tegmentum ist das Brachium conjunctivum, der Bindearm oder obere Kleinhirnstiel, als ovales Bündel in der lateralen Wand des vierten Ventrikels zu erkennen. Er besteht fast vollständig aus cerebellären Efferenzen; die bemerkenswerte Ausnahme ist der Tractus spinocerebellaris ventralis, der sich im Bogen über die laterale Seite des Kleinhirnstieles erstreckt.

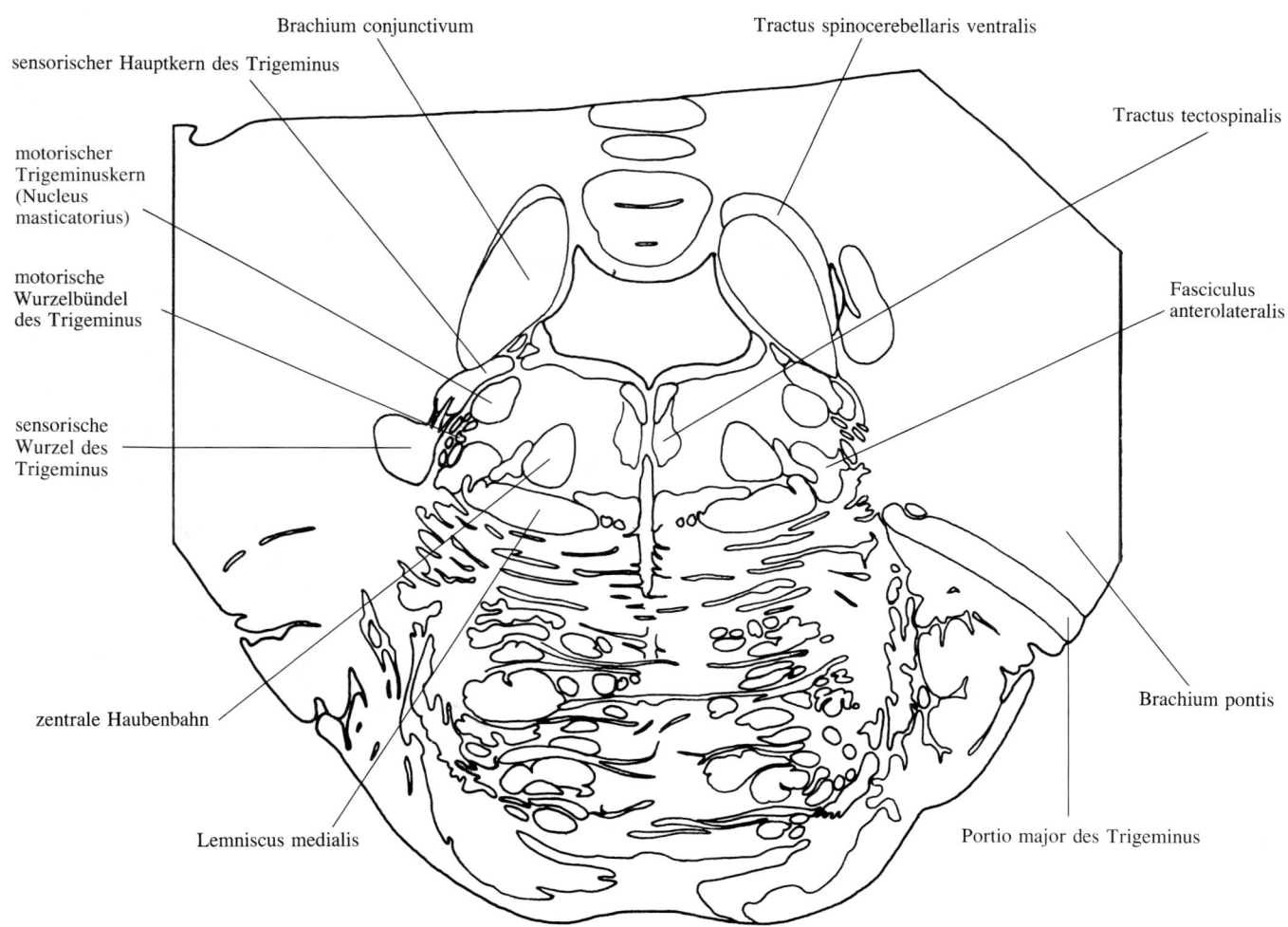

Portio major ist ebenfalls sichtbar; in Abbildung 11.14 erscheint sie auf beiden Seiten des Schnittes. Rechts überquert sie gerade den Brückenarm; links ist sie gleich bei ihrem Eintritt in das Tegmentum quer durchgeschnitten. Sie setzt sich aus den Axonen zusammen, die von den primären sensorischen Neuronen in einem großen Neuronennest, dem Trigeminusganglion oder Ganglion semilunare, ausgehen und unmittelbar lateral von der Portio minor zum Hirnstamm ziehen; sie ist deshalb direkt mit einer Hinterwurzel des Rückenmarks vergleichbar. Eines ihrer Zielgebiete ist die graue Masse lateral und dorsal vom motorischen Trigeminuskern: der sensorische Hauptkern (Nucleus sensorius principalis) des Trigeminus. Einige der Fasern der Portio major enden nur dort. Andere gabeln sich, wobei sie einen Zweig in den Hauptkern schicken und den anderen in die absteigende Trigeminuswurzel, von der aus die absteigenden Äste – überwiegend in Form von Axonkollateralen – in den absteigenden Kern des Trigeminus eintreten. Wieder andere Portio-major-Fasern schließen sich der absteigenden Trigeminuswurzel an, ohne einen Zweig zum sensorischen Hauptkern geschickt zu haben.

Die allgemeine somatosensorische Säule – also der sensorische Haupt- und der absteigende Kern des Trigeminus – entsendet ihrerseits Reflex-, cerebelläre und lemniscale Kanäle. Letztere geben ein komplexes Bild. Man würde erwarten, daß die lemniscalen Fasern die Mittellinie kreuzen, um sich mit dem Lemniscus medialis und dem Tractus spinothalamicus zu verbinden (die beide eine Kreuzung durchlaufen haben) und auf diese Weise für jede Bahn eine somatotope Karte des Körpers zu vervollständigen. Tatsächlich kennt man solche Fasern; sie entspringen sowohl im Haupt- als auch im absteigenden Kern. Die Fasern, die den Lemniscus medialis erweitern, enden – mit dem Lemniscus zusammen – im ventrobasalen Kern (Nucleus ventrobasalis) des Thalamus. Diejenigen, die den Tractus spinothalamicus verstärken, enden teilweise im ventrobasalen Kern. Von den übrigen Fasern steigen viele nicht weiter auf als bis zur Formatio reticularis des Hirnstammes. Wieder andere ziehen über den ventrobasalen Kern hinaus zu mehreren anderen thalamischen Kernen. Aber zusätzlich zu diesem Paar trigeminaler Lemnisci, die sich so einleuchtend als Analogien zu den spinalen Lemnisci anbieten, entsendet der sekundäre sensorische Apparat des Trigeminus einen dritten lemniscalen Kanal. Er wird als dorsale trigeminale Bahn bezeichnet und entspringt großenteils, vielleicht sogar ausschließlich, im dorsalen Teil des sensorischen Hauptkernes. Ungekreuzt steigt er durch dorsale Bereiche der Mittelhirnhaube hindurch auf und verteilt sich dann auf den ventrobasalen Kern.

Eine weitere Einzelheit in Abbildung 11.14 sollte noch beschrieben werden. Auf der rechten Seite des Schnittes wölbt sich ein auffälliges Faserbündel vom Tegmentum dorsalwärts über die laterale Seite des Brachium conjunctivum. Das ist der Tractus spinocerebellaris ventralis, der vordere Kleinhirnseitenstrang. Nachdem er das Tegmentum verlassen hat, verbleiben zwei wichtige Bahnen, die durch die anterolaterale Ecke des Tegmentum aufsteigen: der Tractus spinothalamicus und der Lemniscus lateralis. Ein paar Millimeter rostral vom Niveau der Abbildung 11.14 wird der Lemniscus lateralis in dorsaler Richtung abbiegen und zu seinem Zielort im Mittelhirn, dem Colliculus inferior, ziehen.

12. Das Mittelhirn

Am Übergang vom Rhombencephalon zum Mesencephalon erfährt die innere Struktur des Hirnstammes etliche Veränderungen. Am auffälligsten ist vielleicht das Verschwinden sekundärer sensorischer Zellgruppen. Anders ausgedrückt, der sensorische Hauptkern des Trigeminus stellt die höchste sekundäre sensorische Zellgruppe im Gehirn dar. Das soll nicht heißen, daß das Mittelhirn keine Strukturen besitzt, die man sensorisch nennen könnte. Der Colliculus superior beispielsweise empfängt eine massive Projektion von der Retina. Er ist jedoch keine sekundäre sensorische Zellgruppe. Die Retina mischt sich hier ein: Sie verkörpert eine komplexe Verschaltung, die in jede Leitungsbahn mehreren Synapsen einschiebt. Während die sekundären sensorischen Säulen des Rautenhirns also kurz vor dem Mittelhirn ihr Ende finden, setzen sich zwei motorische Säulen fort. Die somatomotorische Säule umfaßt im Mittelhirn den Trochleariskern und den Oculomotoriuskern. Die viscerale motorische Säule ist mit dem Edinger-Westphalschen Kern vertreten. Die aus dem Mittelhirn kommenden Hirnnerven sind deshalb motorische Nerven. Es gibt zwei davon. An der caudalen Grenze des Mesencephalon tritt der Nervus trochlearis aus –, und zwar ungewöhnlicherweise an der dorsalen Mittellinie des Hirnstammes; er erscheint unmittelbar caudal vom Colliculus superior. Noch ungewöhnlicher aber ist, daß er unmittelbar vor Erreichen der Oberfläche vollständig kreuzt. Ein beträchtliches Stück rostral von diesem Niveau und in der üblichen ventralen Position tritt der Nervus oculomotorius aus. In Anbetracht der geringen Gesamtmasse der von ihm gesteuerten äußeren Augenmuskeln wirkt er überraschend dick. Muskeln variieren jedoch nicht nur in ihrer Gesamtgröße, sondern auch in der Größe der Muskelfasern, aus denen sie sich zusammensetzen. Überdies innervieren einige motorische Neuronen Tausende von Muskelfasern, andere nur ein paar. Das heißt, das „Innervationsverhältnis" variiert. (Dieses Verhältnis ist bei der Handmuskulatur großzügig, bei den äußeren Augenmuskeln noch großzügiger und bei der Zungenmuskulatur anscheinend am allergroßzügigsten ausgelegt.) Der Nervus oculomotorius tritt in der Fossa interpeduncularis aus, dem Tal zwischen linkem und rechtem Hirnstiel.

Isthmus und caudales Mittelhirn

Abbildung 12.1 gibt die ungefähre Lage von fünf Weigert-gefärbten Querschnitten an. Der erste dieser Schnitte ist in Abbildung 12.2 wiedergegeben und zeigt den Isthmus rhombencephali, das Niveau des Übergangs vom Rautenhirn zum Mittelhirn. Es handelt sich hier tatsächlich um einen Isthmus, also einen Bereich, wo sich der Umfang des Hirnstammes verringert. Wieder weist der Querschnitt zwei große Unterteilungen auf. Die ventrale Region ist der oberste Teil der Brücke, die dorsale das Tegmentum (die Mittelhirnhaube). Auf beiden Seiten wird das Tegmentum jeweils ventral und lateral von drei Lemnisci eingerahmt, die einen als Stratum lemnisci bezeichneten V-förmigen Rand bilden. Der auf der Brücke aufliegende ventrale Schenkel des V ist der Lemniscus medialis. Der Teil des lateralen Schenkels, der in der Nähe des Winkels des V liegt, ist der Tractus spinothalamicus und der restliche, dorsale Teil der jetzt recht deutlich umschriebene Lemniscus lateralis. Seine Zwischenräume enthalten die graue Substanz des Lemniscuskernes. Zwischen den Schenkeln des V sitzt der Bindearm (Brachium conjunctivum) oder obere Kleinhirnstiel; er ist hier ein kurzes Stück rostral von jenem Niveau durchschnitten, auf dem er nach Verlassen des Kleinhirns im Tegmentum untertauchte. In Abbildung 12.2 beginnt er gerade mit seiner Kreuzung, die das gesamte Bündel auf die kontralaterale Seite des Hirnstammes führen wird. Das Ziel des Bündels ist im Mittelhirn der Nucleus ruber, im Zwischenhirn vor allem der V.A.-V.L.-Komplex, also der rostrale Teil des Nucleus ventralis des Thalamus. Vorerst (das heißt, in Abbildung 12.2) verdeckt der Bindearm aufgrund seines Umfangs und seiner dichtgepackten Fasern einen Großteil der Formatio reticularis im Zentrum des Isthmus. Auf seiner lateralen Seite jedoch – zum Lemniscus lateralis hin – spart er einen auffälligen Bereich grauer Substanz aus, der sogar fingerartige Fortsätze mitten in das Bündel hineinschickt. Es handelt sich hierbei um die Nuclei parabrachiales, die, wie wir bereits festgestellt haben, die synaptischen Zwischenstationen für zwei lemniscale Bahnen darstellen, nämlich den gustatorischen Lemniscus, der vom rostralen Drittel des Kernes des Tractus solitarius zum Thalamus aufsteigt, und den visceralen sensorischen Lemniscus, der von den caudalen zwei Dritteln jenes Kernes zum Hypothalamus zieht. Medial vom Bindearm verläuft in der Formatio reticularis im Zentrum des Isthmus die zentrale Haubenbahn (Tractus tegmentalis centralis), die wir erstmals in Abbildung 11.11 bemerkt haben. Ihr Name ist zugegebenermaßen vage; er bezeichnet lediglich die Lage dieses Faserbündels und sagt nichts darüber aus, wo es entspringt und endet. Aber tatsächlich ist weder das eine noch das andere sicher bekannt. Die zentrale Haubenbahn paßt gut zur Formatio reticularis: Sie ist äußerst heterogen. Ihre Ursprungszellen liegen nicht nur im retikulären Tegmentum und im Nucleus ruber des Mittelhirns, sondern auch weiter rostral im Subthalamus, einem Gebiet, das eine Fortführung des Mittelhirntegmentum in das Zwischenhirn darstellt. Offenbar umfaßt die Bahn die meisten der absteigenden Fasern, die mit Neuronen der unteren Olive Synapsen ausbilden.

Zwei Gebiete in Abbildung 12.2 fallen durch ihren Mangel an Myelin auf, das heißt natürlich, durch ihre Armut an Fasern, die dick genug sind, um gut myelinisiert zu sein. Beide färben sich in einem Weigert-Präparat nur schwach, beide überspannen die Mittellinie, und beide gelten als Bestandteile der Formatio reticularis. Eines der Gebiete, der Nucleus centralis tegmen-

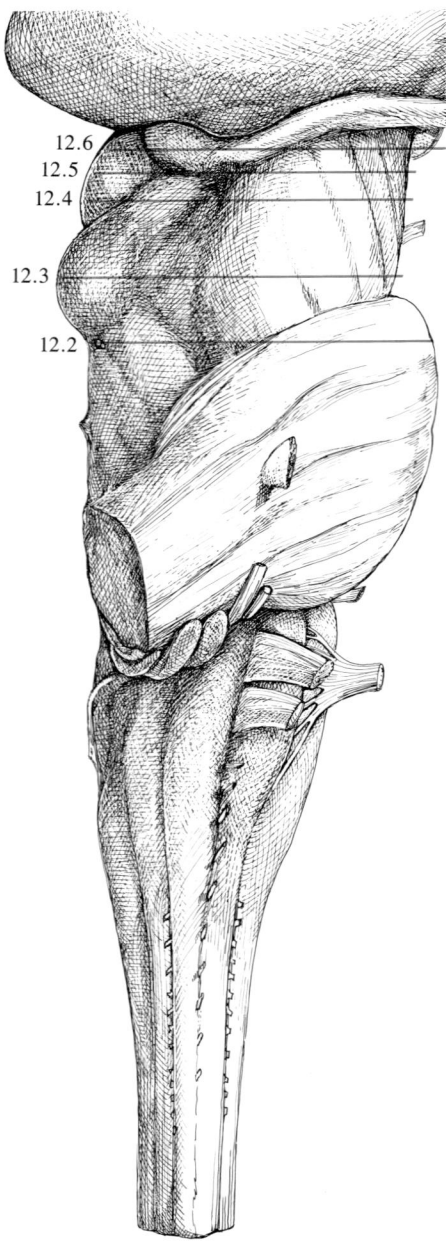

12.1 Die nächsten fünf Abbildungen zeigen fünf Mittelhirnquerschnitte in Weigert-Präparaten; ihre Niveaus sind hier auf einer lateralen Ansicht des menschlichen Hirnstammes zu sehen. Ein Schnitt geht durch den Übergangsbereich zum Rautenhirn, einer durch die Colliculi inferiores, und drei führen durch die Colliculi superiores.

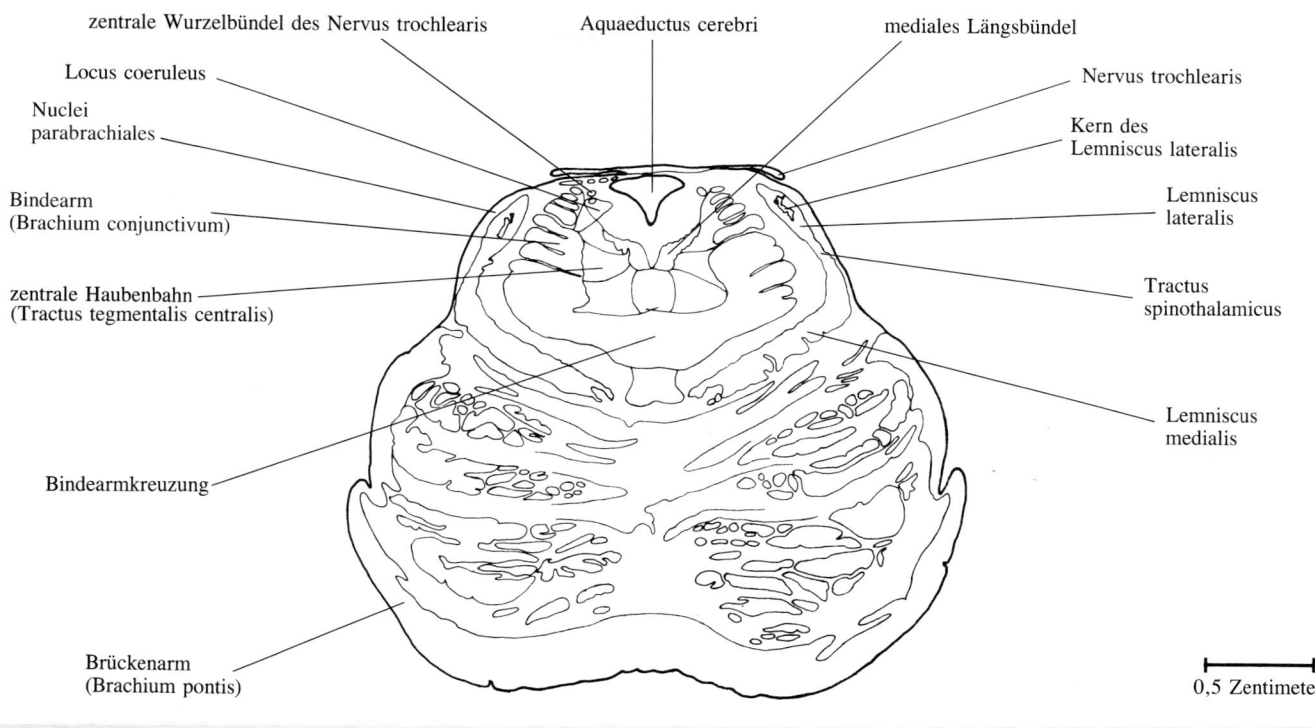

zentrale Wurzelbündel des Nervus trochlearis — Aquaeductus cerebri — mediales Längsbündel

Locus coeruleus

Nuclei parabrachiales

Bindearm (Brachium conjunctivum)

zentrale Haubenbahn (Tractus tegmentalis centralis)

Bindearmkreuzung

Brückenarm (Brachium pontis)

Nervus trochlearis

Kern des Lemniscus lateralis

Lemniscus lateralis

Tractus spinothalamicus

Lemniscus medialis

0,5 Zentimeter

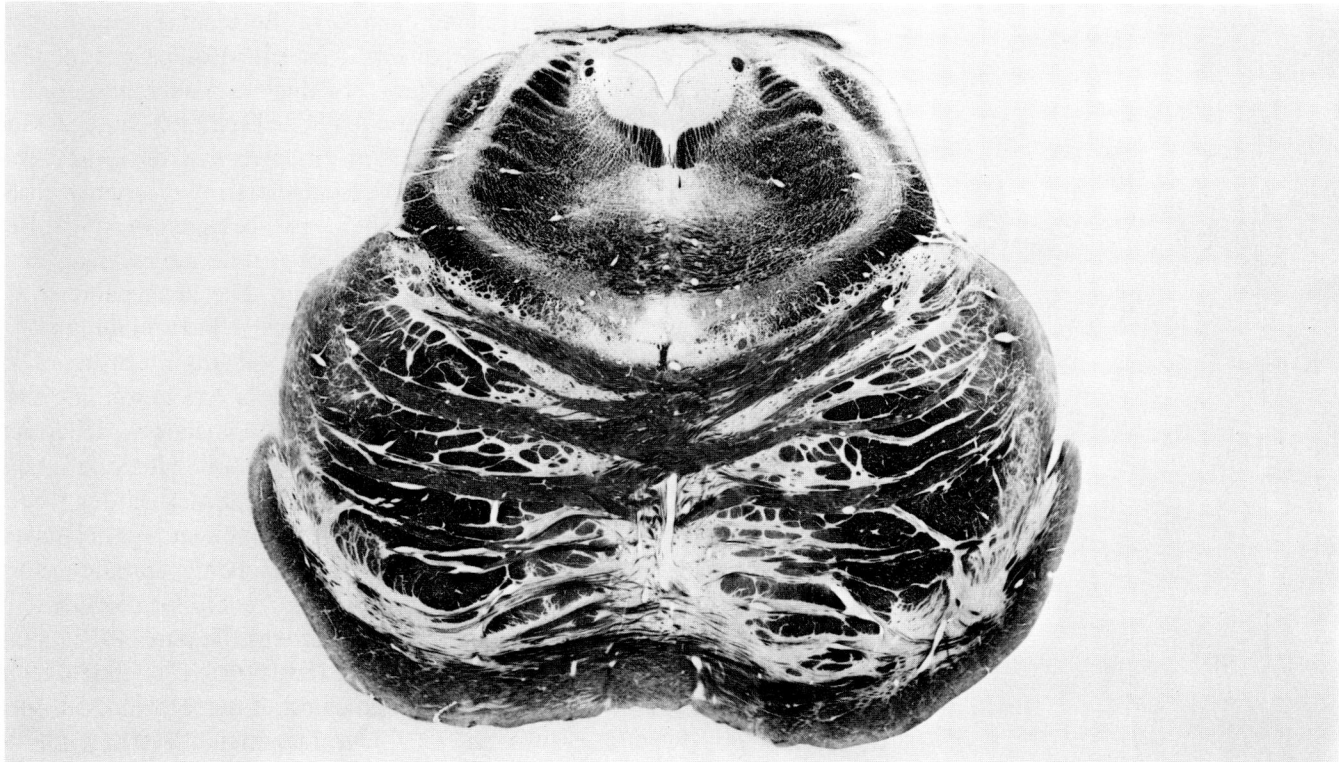

12.2 Der Isthmus des Rautenhirns ist eine lokale Einschnürung des Hirnstammes am Übergang vom Rautenhirn zum Mittelhirn. Das Tegmentum wird hier vom Lemniscus lateralis, vom Tractus spinothalamicus und vom Lemniscus medialis eingerahmt, die zusammen das Stratum lemnisci bilden. Zwischen dessen Schenkeln liegt der jetzt von den Nuclei parabrachiales begleitete Bindearm oder obere Kleinhirnstiel. Seine ventralen Fasern kreuzen soeben, die übrigen werden das weiter rostral tun. Die Mittellinie des Tegmentum weist auffallend wenig Myelin auf, sowohl ventral in einem Band, das man als mittleren Raphekern bezeichnet, als auch dorsal im zentralen Höhlengrau, das den Aquädukt umgibt. Im dorsalsten Teil des zentralen Höhlengraus kreuzen die Nervi trochleares.

215

ti superior von Bechterew (nach W. M. Bechterew, einem russischen Neurologen des 19. Jahrhunderts), ist ein helles medianes Band, das das Tegmentum in symmetrische Hälften teilt. (Dieses Band wird allerdings im mittleren Drittel von der Kreuzung der Bindearme unterbrochen.) Das Band gehört zu einem medianen Bereich des caudalen Mittelhirntegmentum, der heute unter dem Namen Raphekerne bekannt ist (nach *raphe*, dem griechischen Wort für „Naht" oder „Saum", das hier die Mittellinie bezeichnet). Das Band selbst wird oft als medianer Raphekern bezeichnet. Wir werden in Kürze mehr über die Raphekerne zu sagen haben.

Das zweite helle Gebiet ist das sogenannte zentrale Höhlengrau: ein auffälliger geschlossener Ring aus grauer Substanz um den Aquaeductus cerebri (Aquädukt), jenen Kanal im Mittelhirn, der den vierten Ventrikel – den Ventrikel des Rautenhirns – mit dem dritten, dem des Zwischenhirns, verbindet. Das zentrale (oder periaquaeductale) Höhlengrau ist schon lange als ein Zielgebiet für Fasern bekannt, die mit dem Tractus spinothalamicus aufsteigen, aber nicht den Thalamus erreichen. Es empfängt außerdem Projektionen von der Großhirnrinde, dem Hypothalamus und der Formatio reticularis. Die Outputs sind nicht weniger heterogen: Das zentrale Höhlengrau projiziert aufwärts auf den Hypothalamus und den Colliculus superior, strahlenförmig nach außen auf die umgebende Formatio reticularis und abwärts auf die Formatio reticularis des Rautenhirns, den Kern des Tractus solitarius und den dorsalen motorischen Vaguskern. Seine unterschiedlichen Verbindungen scheinen keine bestimmte funktionelle Rolle nahezulegen. Trotzdem hat sich das zentrale Höhlengrau als eine Struktur erwiesen, die an der Wahrnehmung von Schmerz und vielleicht an Gefühlen des Unbehagens allgemein entscheidend beteiligt ist. Zum einen vermag die elektrische Reizung des zentralen Höhlengraus bei Versuchstieren Verhaltensweisen auszulösen, die anzeigen, daß das Tier qualvolles Unbehagen verspürt. Bei schwächerer Reizung stellt sich Berichten zufolge eine entgegengesetzte Wirkung ein: Die Schmerzschwelle des Tieres steigt. Dieser Hypalgesie jedoch könnte zugrundeliegen, daß die maßgeblich an der Verarbeitung nocizeptiven Inputs beteiligten Rückenmarksneuronen gehemmt werden. Das zentrale Höhlengrau könnte eine solche Hemmung über reticulospinale Leitungsbahnen ausüben, die von der Medulla oblongata absteigen. Überdies haben jetzt pharmakologische Untersuchungen das zentrale Höhlengrau als ein Gebiet im Gehirn identifiziert, in dem Morphin von spezialisierten Oberflächenrezeptoren, den sogenannten Opiatrezeptoren*, bevorzugt gebunden wird. (Eine andere solche Stelle ist die Amygdala.) Vielleicht entfalten Morphin und andere Opiate ihre analgetische Wirkung, indem sie die Nervenaktivität im zentralen Höhlengrau verändern, in dem Fasern des Tractus spinothalamicus – des nocizeptiven Lemniscus des Gehirns – enden.

Abbildung 12.3 zeigt einen Mittelhirnquerschnitt, der etwa vier Millimeter rostral vom Niveau der Abbildung 12.2 liegt. Der dorsale Teil des Schnittes schließt auf jeder Seite der Mittellinie den ovalen Querschnitt des Colliculus inferior ein, dem sich von unten – am dorsalen Zipfel des Stratum lemnisci – der Lemniscus lateralis nähert. An der lateralen Oberfläche des

---

* Vermutlich hat die Evolution Opiatrezeptoren nicht entstehen lassen, damit Morphin im Gehirn wirken kann. Gängigen Hypothesen zufolge binden die Opiatrezeptoren Neuropeptide, deren Wirkungen denen des Morphins gleichen. Endorphine sind ein Beispiel dafür. Tatsächlich wurde das Wort Endorphin als Zusammenziehung des Begriffs „endogenes Morphin" geprägt.

Colliculus stellt bereits das nächste Glied im auditorischen Lemniscus – das Brachium colliculi inferioris, das zum Corpus geniculatum mediale führt – Fasern bereit. Der gegenüberliegende, ventrale Teil des Schnittes zeigt jetzt nicht mehr hauptsächlich die Brücke (tatsächlich ist nur noch ein kleines Dreieck pontiner grauer Substanz übriggeblieben), sondern statt dessen, auf jeder Seite der Mittellinie, den Pedunculus cerebri oder Hirnstiel (Hirnschenkel), das dicke Bündel corticofugaler Fasern, die man hier zum Rautenhirn und zum Rückenmark absteigen sieht. Das mittlere Drittel des Bündelquerschnittes nimmt die Pyramidenbahn (der Tractus corticospinalis) ein; das innere und das äußere Drittel besetzen corticopontine Fasern. Wieder ist das Ventrikelsystem durch den Aquaeductus cerebri vertreten, und wieder umschließt diesen Äquädukt ein Ring von zentralem Höhlengrau. Im ventralen Teil des Ringes taucht der caudale Pol des Trochleariskernes auf, der zum Teil in das mediale Längsbündel – die Hauptquelle seines Inputs – eingebettet ist. (Die quergeschnittenen Bündel myelinisierter Fasern im dorsolateralen Teil des zentralen Höhlengraus in Abbildung 12.2 sind die zentralen Wurzeln des Nervus trochlearis, die kurz davor stehen, im Dach des Aquädukts zu kreuzen und aus der dorsalen Oberfläche des Mittelhirns, unmittelbar unter dem Colliculus inferior, aufzutauchen.) Lateral vom medialen Längsbündel liegt ein dreieckiger Bereich des Tegmentum, der von der zentralen Haubenbahn eingenommen wird. Ventral von diesem Dreieck überdeckt ein großer Knoten aus weißer Substanz die Mittellinie: die Bindearmkreuzung. Wiederum ventral von ihr und ein kleines Stück lateral von der Mittellinie liegt der Tractus rubrospinalis, dessen Fasern fast sofort nach ihrem Austritt aus dem Nucleus ruber weiter oben im Mittelhirn auf die kontralaterale Seite kreuzen. Im Verlauf ihres weiteren Abstiegs wenden sie sich in lateraler Richtung, gesellen sich zum Tractus spinothalamicus und zum Tractus spinocerebellaris ventralis und dringen zusammen mit diesen Bündeln in den Seitenstrang des Rückenmarks ein.

Abbildung 12.3 zeichnet sich durch die Fülle von Zellgruppen aus, die einen Monoaminneurotransmitter – insbesondere Noradrenalin, Serotonin oder Dopamin – verwenden. Wir werden jeden einzeln besprechen. Der Transmitter Noradrenalin wird vom Locus coeruleus eingesetzt, einer Gruppe von etwa 20 000 Neuronen, die sich in Abbildung 12.3 und (besser sichtbar) in Abbildung 12.2 von der ventrolateralen Ecke des zentralen Höhlengraus ein Stück weit in das angrenzende Tegmentum erstreckt. Das Gebiet ist tatsächlich deutlich tiefblau (*coeruleus* heißt im Lateinischen „blau"), sowohl in frischen als auch in formaldehydfixierten Gehirnen. Die blaue Farbe rührt von seinem Gehalt an Neuromelanin her, einem Pigment, das von den meisten Neuronen des Locus coeruleus synthetisiert wird. Dieses Pigment ist ein Polymer von Dihydroxyphenylalanin oder DOPA, dem Vorläufer der Catecholaminneurotransmitter. Neben seinen chemischen Eigenheiten ist der Locus coeruleus auch anatomisch bemerkenswert: Seine Efferenzen führen zu allen Hauptunterteilungen des Zentralnervensystems. So muß denn im Durchschnitt jedes seiner 20 000 Neuronen eine sehr große Zahl von Nervenzellen anderswo im Gehirn beeinflussen. In dieser Hinsicht ist der Locus coeruleus gewissermaßen eine Karikatur der Formatio reticularis: Er verkörpert in extremer Weise ihre auffallende Eigenschaft einer scheinbaren diffusen Weitläufigkeit und Unspezifität synaptischer Verbindungen.

Der Monoaminneurotransmitter Serotonin wird von den Raphekernen verwendet. Tatsächlich liegt, wie sich jetzt herausstellt, die große Mehrzahl der serotonergen Gehirnneuronen an der Raphe (der „Naht") des Mittelhirns und zu einem gewissen Grad auch des Rautenhirns. In Abbildung 12.3 sind zwei Raphekerne zu finden: der mediane, dem wir schon in Abbildung 12.2 begegnet sind, und der dorsale, ein springbrunnenförmiger Bereich im ventralen Teil des zentralen Höhlengraus, von dem er sich durch seine etwas stärkere Myelinisierung abhebt. Beide Raphekerne projizieren auf das Vorderhirn; der dorsale entsendet seine Fasern hauptsächlich zum Striatum, der mediane vor allem zu limbischen Strukturen und zum Neocortex. Die Projektionen ziehen im medialen Vorderhirnbündel nach oben; die Bahn zum Neocortex ist die im Teil I dieses Buches erwähnte Projektion, die — zumindest teilweise — ohne die üblichen Synapsen zu enden scheint. In Abbildung 12.3 liegt ganz ventral im Tegmentum eine Hauptquelle des Inputs für die Raphekerne des Mittelhirns: der Nucleus interpeduncularis, ein kleiner Knoten grauer Substanz im Dach der Fossa interpeduncularis. Obwohl er so klein ist, besteht dieser Kern aus mehreren Zellgruppen, die sich deutlich in den Einzelheiten ihrer Inputs und Outputs unterscheiden. Die Inputs entstammen allerdings hauptsächlich zwei Orten: dem zentralen Höhlengrau und der Habenula, einer Struktur auf dem Rücken des Thalamus.

Der Monoaminneurotransmitter Dopamin schließlich wird von der Substantia nigra verwendet, die erstmals in Abbildung 12.3 erscheint und sich von da aus durch die Niveaus der Abbildungen 12.4 und 12.5 hindurch nach oben ausbreitet. Im wesentlichen handelt es sich um eine große, etwa linsenförmige Masse unmittelbar dorsal vom Hirnstiel. Sie ist meistenteils auffallend arm an Myelin. Außerdem besitzt sie zwei Schichten. Ihre dorsale Schicht, die Pars compacta, setzt sich aus großen, dicht gedrängten Neuronen zusammen, die eine dunkle Pigmentierung aufweisen; daher der Name der ganzen Struktur. Die dickere, ventrale Schicht, die Pars reticulata, besteht aus viel weiter auseinanderliegenden Zellen, von denen nur relativ wenige pigmentiert sind. Das Pigment ist wieder Neuromelanin; in der Substantia nigra jedoch sind die pigmentierten Neuronen dopaminerg. Sie projizieren, hauptsächlich über das mediale Vorderhirnbündel, auf das Striatum; tatsächlich liefern sie dem Striatum seinen einzigen bekannten dopaminergen Input. Die Bedeutung dieses Inputs für normale Körperbewegungen kommt in der Parkinsonschen Krankheit zum Ausdruck, zu deren typischen Symptomen Muskelsteifheit (Rigor), Zittern (Tremor) und Hypokinese — eine Armut an willkürlichen Bewegungen — gehören. Es scheint heute sicher, daß sich diese Krankheit dann entwickelt, wenn ein krankhafter Prozeß (mit bislang unbekannter Ursache) einen fortschreitenden Verlust pigmentierter Neuronen in der Substantia nigra verursacht. Die Substantia nigra hat noch andere Zielgebiete als das Striatum. Die nichtpigmentierten Neuronen der Pars reticulata schicken nichtdopaminerge efferente Fasern zu einem medialen Teil des Nucleus ventralis lateralis des Thalamus, einem Teil, den man als Nucleus ventromedialis (oder ventralis medialis) bezeichnet und der seinerseits auf die Neocortexregion neben dem motorischen Cortex projiziert. Außerdem innervieren die nichtdopaminergen Efferenzen den Colliculus superior sowie den Nucleus tegmenti pedunculopontinus im dorsalen Teil der Mittelhirnhaube. Da der Input für die Substantia nigra größtenteils vom Striatum kommt, sind die nigrofugalen Projektionen Leitungsbahnen, über die die Substantia nigra den Einfluß des Striatum auf weite Bereiche des Vorder- und Mittelhirns sowie letztlich auf die niedrigeren motorischen Systeme von Rautenhirn und Rückenmark übertragen könnte.

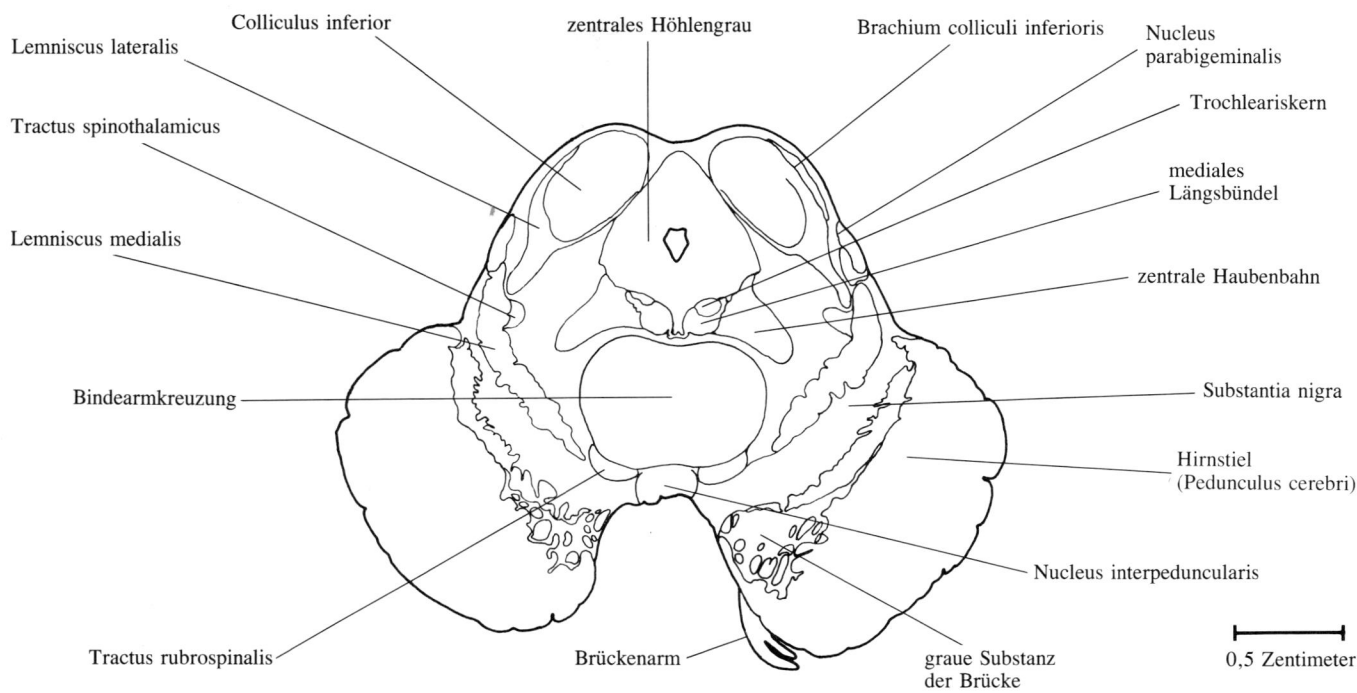

Lemniscus lateralis
Colliculus inferior
zentrales Höhlengrau
Brachium colliculi inferioris
Nucleus parabigeminalis
Trochleariskern
Tractus spinothalamicus
mediales Längsbündel
Lemniscus medialis
zentrale Haubenbahn
Bindearmkreuzung
Substantia nigra
Hirnstiel (Pedunculus cerebri)
Nucleus interpeduncularis
Tractus rubrospinalis
Brückenarm
graue Substanz der Brücke
0,5 Zentimeter

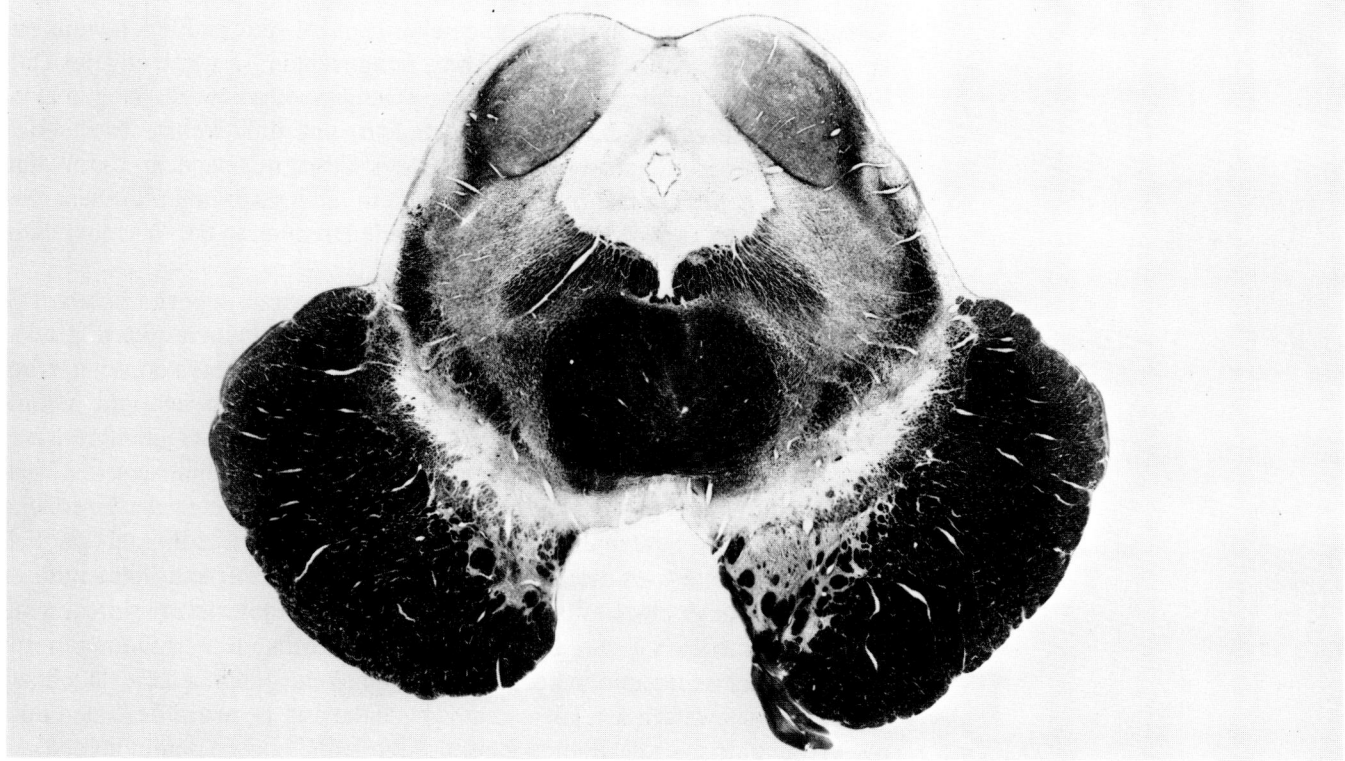

12.3 Im caudalen Mittelhirn zeigen sich mehrere Veränderungen gegenüber pontinen Niveaus. Die dorsale Seite des Schnittes wird jetzt von den Colliculi inferiores gebildet, denen sich von unten her jeweils der Lemniscus lateralis nähert. Die ventrale Seite nehmen die Hirnstiele oder -schenkel ein. Der Schnitt zeichnet sich durch einen hohen Gehalt an monoaminergen Zellgruppen aus. Der Locus coeruleus, eine pigmentierte Zellgruppe, die zum Teil im zentralen Höhlengrau liegt (siehe Abbildung 12.2), verwendet als Neurotransmitter das Monoamin Noradrenalin. Die Raphekerne (hier im zentralen Höhlengrau der mediane und auch der dorsale Raphekern) setzen das Monoamin Serotonin ein. Die pigmentierten Zellen der Substantia nigra, einer linsenförmigen Masse direkt dorsal vom Hirnstiel, verwenden das Monoamin Dopamin.

219

Das rostrale Mittelhirn

Abbildung 12.4 zeigt einen Querschnitt, der so hoch im Mittelhirn gemacht wurde, daß einige entscheidende Änderungen stattgefunden haben. Beispielsweise ist der Trochleariskern dem Oculomotoriuskern gewichen; so gehören die dicken zentralen Wurzelbündel, die sich wie ein Fächer weit durch das Tegmentum ausbreiten, zum Nervus oculomotorius.

Außerdem erscheint jetzt im dorsalsten Teil des Schnittes der Colliculus superior auf jeder Seite der Mittellinie. Anders als der Colliculus inferior ist er deutlich geschichtet. Die grauen Schichten an seiner Oberfläche empfangen Fasern von der Retina und von der primären Sehrinde. Die Fasern von der Retina laufen am medialen wie am lateralen Corpus geniculatum vorbei und treten von der lateralen Seite in den Colliculus superior ein – in Form des Brachium colliculi superioris, das wir in Abbildung 12.6 sehen werden. Zwei tieferliegende graue Schichten empfangen Fasern von einer Vielzahl von Strukturen: vom Rückenmark über spinotectale Fasern, die den Tractus spinothalamicus begleiten, vom Colliculus inferior, vom Tegmentum, von der Pars reticulata der Substantia nigra, vom zentralen Höhlengrau und fast vom gesamten Neocortex. Den Colliculus superior irgendeiner bestimmten sensorischen Modalität zuzuordnen, wäre gewiß eine zu starke Vereinfachung. Andererseits löst die elektrische Reizung des Colliculus superior bei Versuchstieren konjugierte Augenbewegungen aus, die den Blick jeweils zur kontralateralen Seite der visuellen Umgebung richten. Die Reizung des Colliculus superior auf der rechten Seite des Gehirns veranlaßt die Augen also, sich übereinstimmend nach links zu drehen, und umgekehrt. Tatsächlich sorgt die Reizung der rostralen Hälfte eines Colliculus superior dafür, daß sich die Augen nicht nur horizontal, sondern auch nach unten drehen, und die Reizung der caudalen Hälfte bewirkt eine Drehung in der Waagerechten und nach oben.

Über welche Ausgangsbahnen könnte der Colliculus superior solche Bewegungen hervorrufen? Große Neuronen in den beiden tiefen grauen Schichten des Colliculus entsenden ein auffallendes Fasersystem, den Tractus tectospinalis, der durch das Tegmentum zieht und dann sofort die Mittellinie kreuzt. Diese sogenannte dorsale oder Meynertsche Haubenkreuzung (Decussatio tegmenti dorsalis) ist in Abbildung 12.6 deutlich zu sehen, und zwar unmittelbar ventral vom medialen Längsbündel. Nach der Kreuzung sammeln sich die Fasern in einem recht klar umschriebenen Bündel, das sich auf seinem Abstieg an die Mittellinie anschmiegt. (Wir sind ihm in dieser Lage schon in der Medulla oblongata begegnet, unmittelbar dorsal vom Lemniscus medialis.) Das Bündel stellt keine direkten Verbindungen mit den motorischen Neuronen her, die die Augenbewegung steuern. Doch auf seinem Abstieg durch den Hirnstamm entsendet es Fasern zur medialen Formatio reticularis, und ebendort – auf mittleren und oberen pontinen Niveaus nahe dem Abducenskern – enthält der Hirnstamm die paramediane pontine Formatio reticularis oder, um einen weniger anatomischen Begriff zu verwenden, das Kontrollzentrum für laterale Blickbewegungen, einen schon im Teil II des Buches erwähnten „Funktionsgenerator", der die konjugierten horizontalen Augenbewegungen steuert. Auch er ist nicht direkt mit motorischen Neuronen verbunden; sein Output geht vielmehr an Interneuronen, von denen einige im Abducenskern, andere in grauer Substanz in der Nähe dieses Kernes liegen (insbesondere im Nucleus praepositus hypoglossi).

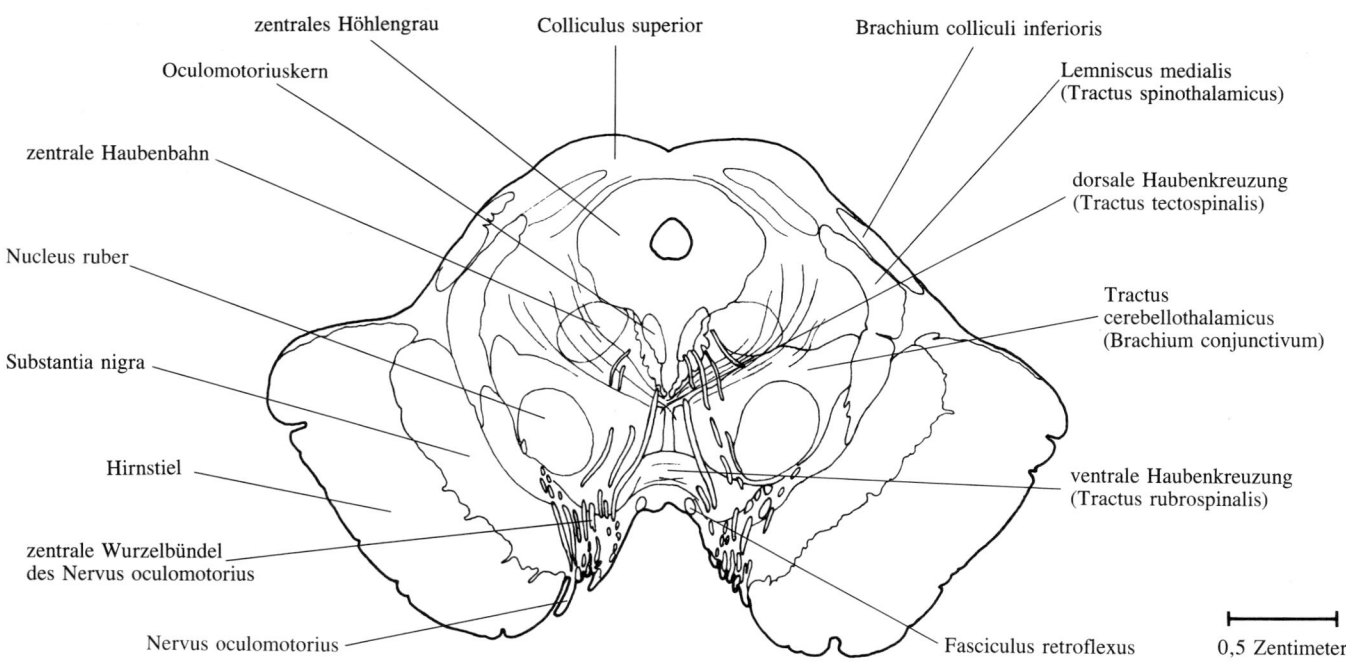

zentrales Höhlengrau — Colliculus superior — Brachium colliculi inferioris

Oculomotoriuskern

Lemniscus medialis
(Tractus spinothalamicus)

zentrale Haubenbahn

dorsale Haubenkreuzung
(Tractus tectospinalis)

Nucleus ruber

Tractus
cerebellothalamicus
(Brachium conjunctivum)

Substantia nigra

Hirnstiel

ventrale Haubenkreuzung
(Tractus rubrospinalis)

zentrale Wurzelbündel
des Nervus oculomotorius

Nervus oculomotorius

Fasciculus retroflexus

0,5 Zentimeter

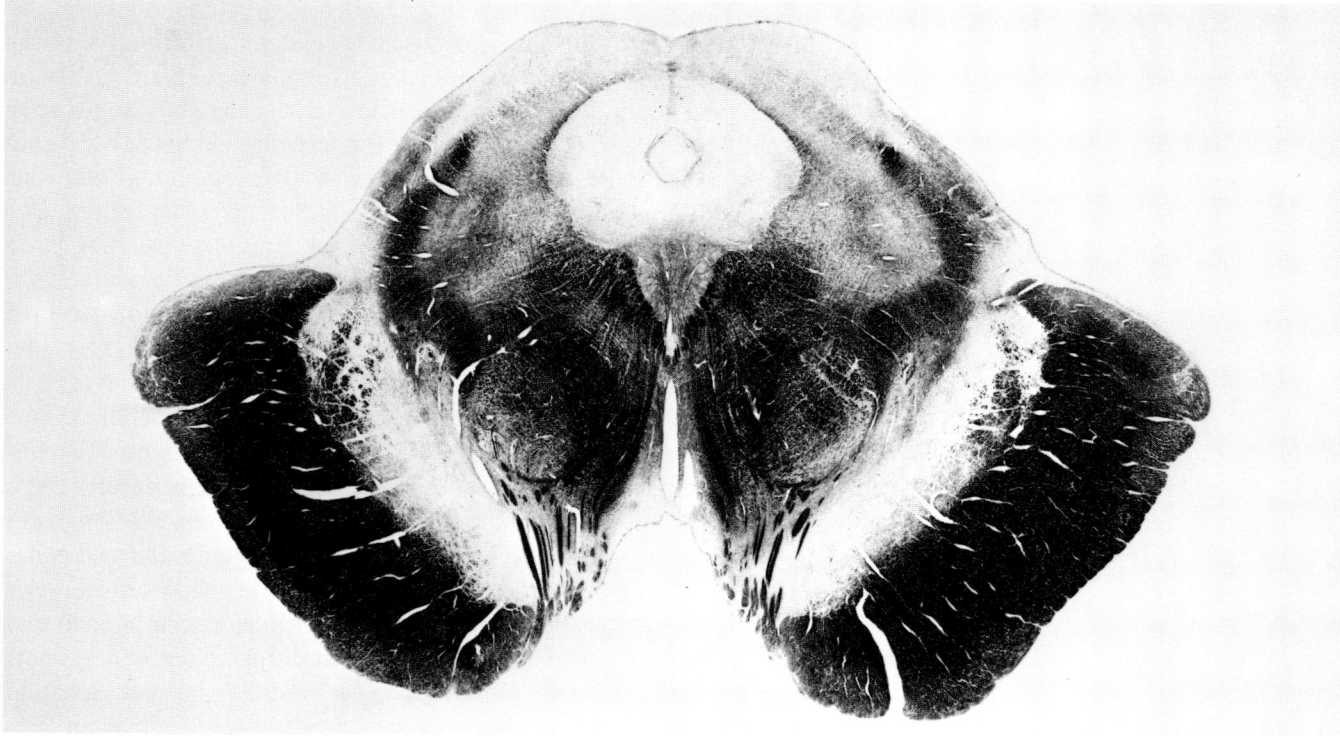

12.4 Colliculus superior und Nucleus ruber beherrschen diesen Schnitt, der ungefähr durch die Mitte des Mittelhirns führt. Der Colliculus — an der dorsalen Seite des Schnittes — ist eine auffällig geschichtete Struktur. Seine tiefliegenden Schichten entsenden den Tractus tectospinalis, dessen Kreuzung, die sogenannte dorsale Haubenkreuzung (Decussatio tegmenti dorsalis), ventral vom medialen Längsbündel liegt. Der Nucleus ruber (der rote Kern) im Zentrum des Tegmentum ist eine nahezu kugelförmige Masse. Die Bündel in ihm sind über das Brachium conjunctivum, den Bindearm, aus dem Kleinhirn gekommen; das übrige Brachium zieht sich auf seinem Weg zum Thalamus an den Rändern der Kugel entlang. Aus dem ventromedialen Rand des Nucleus ruber tritt ein efferentes Bündel, der Tractus rubrospinalis, aus, dessen Überkreuzung der Mittellinie die ventrale Haubenkreuzung (Decussatio tegmenti ventralis) bildet. Die dunkel gefärbten Bündel, die sich ventral vom Nucleus ruber ansammeln, gehören zum Nervus oculomotorius.

Offenbar kann ein vom Colliculus superior ausgehender Befehl, zur Seite zu schauen, motorische Neuronen nur über zwei aufeinanderfolgende untergeordnete Zentren erreichen. Eine ähnliche Kette, die vertikale Blickbewegungen betrifft, scheint die sogenannten akzessorischen oculomotorischen Kerne hoch oben im Mittelhirn einzubeziehen: den Kern der hinteren Kommissur (Commissura posterior), den Nucleus interstitialis von Cajal und den Darkschewitsch-Kern.

Der Tractus tectospinalis setzt sich bis in das Rückenmark fort, wo er im Vorderstrang abwärts zieht, ohne jedoch über cervicale Segmente hinauszukommen. Diese beiden Tatsachen sind vielsagend: Über den Vorderstrang gelangen Fasersysteme zum medialen Teil des Vorderhornes – also dorthin, wo Motoneuronen und Interneuronen liegen, die axiale Muskeln versorgen; im Falle des Halsmarks handelt es sich um die Nackenmuskeln. Es stellt sich also die Frage: Weshalb sollte der Colliculus superior selektiv Augen- und Nackenbewegungen beeinflussen? Die naheliegende Antwort lautet, daß Augen und Nacken sich oft miteinander bewegen. Wenn Sie beispielsweise ein plötzliches Geräusch aufschreckt, so wenden sich normalerweise zuerst Ihre Augen in dessen Richtung. Dann dreht sich Ihr Nacken und mit ihm Ihr Kopf. Die Augen schießen fast immer über ihr Ziel hinaus; ein Wechselspiel zwischen Augen- und Nackenmuskulatur ist nötig, bevor der Blick zur Ruhe kommt. Es erscheint daher angebracht, den Colliculus superior als Verfolgungs- oder Nachführmechanismus zu bezeichnen. Und weil das Sehsystem zweifellos als Empfänger entfernter Ereignisse fungiert, kann die starke Beteiligung retinofugaler Fasern an diesem Mechanismus schwerlich überraschen. Doch man verfolgt Ereignisse mit mehreren Sinnen. Wird man im Dunkeln von einem fliegenden, summenden Insekt gepeinigt, so weiß der Kopf, wohin er sich zu wenden hat, um sich dem Störenfried zu stellen. Der Colliculus superior ist (vielleicht dementsprechend) multisensorisch.

Das Zentrum des Tegmentum in Abbildung 12.4 wird auf beiden Seiten der Mittellinie vom Nucleus ruber (dem roten Kern) beherrscht, den man deshalb als rot bezeichnet, weil er in unfixiertem Gewebe deutlich rosa aussieht. Es handelt sich um eine kugelförmige Masse, die schärfer abgegrenzt ist als fast alle anderen Zellgruppen im Tegmentum und die durch ihre Größe die tegmentalen Faserbündel, einschließlich jener im Stratum lemnisci, in ihrem Verlauf ablenkt. Der Nucleus ruber ist selbst mit Bündeln gefüllt; diese stellen denjenigen Teil des Brachium conjunctivum (also der Efferenz vom Kleinhirn) dar, der in den Kern führt. Ein zweiter, weniger leicht erkennbarer Input kommt vom motorischen Cortex. Der Rest des Bindearmes – der Teil, der für den Thalamus bestimmt ist – faßt den Kern lateral, dorsal und medial ein. Aus seiner ventromedialen Ecke tritt der Tractus rubrospinalis aus. Dessen Fasern kreuzen die Mittellinie in der ventralen Haubenkreuzung (Decussatio tegmenti ventralis); dann steigen sie ab, wobei sie sich anfänglich in jenen umschriebenen Faserbündeln sammeln, denen wir nahe der Basis des Tegmentum in Abbildung 12.3 begegnet sind. Das Aussehen des Tractus rubrospinalis ist verwirrend: Er erscheint ziemlich klein, besonders im Vergleich zu dem Gesamtvolumen der beiden zum Nucleus ruber hinführenden Verbindungen. Weitere Umstände steigern die Verwirrung nur noch. Zum einen ist der Nucleus ruber bei den höheren Primaten deutlich vergrößert; dagegen scheint der Tractus rubrospinalis zu schrumpfen. Vielleicht ist irgendein grundlegender Aspekt der Verbindungen dieses Kernes bis jetzt der Entdeckung entgangen.

Abbildung 12.5 zeigt einen Mittelhirnquerschnitt, der mitten durch den Colliculus superior führt. Dieser Schnitt ist dem vorhergehenden sehr ähnlich; dennoch gibt es einige beachtenswerte Zusätze. Erstens ist der Thalamus erschienen: Die ovale Struktur am dorsalen Ende des Hirnstieles ist das Corpus geniculatum mediale (der mittlere Kniehöcker). Auf dessen medialer Seite dringt das Brachium colliculi inferioris in ihn ein. Ein kleines Stück lateral von ihm zieht sich der Tractus opticus dorsal um den lateralen Rand des Hirnstieles; er strebt dem Corpus geniculatum laterale (dem seitlichen Kniehöcker) zu, das noch nicht in Sicht ist. Zweitens hat sich in der V-förmigen Mulde zwischen den medialen Längsbündeln zu jedem Oculomotoriuskern dessen viscerale motorische Komponente gesellt, der Edinger-Westphalsche Kern. Dieser Kern, der als umschriebene, helle Kappe der somatomotorischen Zellgruppe aufsitzt, besteht aus präganglionären, parasympathischen motorischen Neuronen, die zwei innere Augenmuskeln steuern: den Ciliarmuskel und den Musculus constrictor pupillae. Der Edinger-Westphalsche Kern bildet das rostrale Ende der visceralen motorischen Säule, der Oculomotoriuskern das rostrale Ende der somatomotorischen Säule. Die branchiale motorische Säule endet viel weiter caudal – auf oberen pontinen Niveaus – mit dem Nucleus masticatorius (dem motorischen Trigeminuskern). Wir werden weder im Zwischenhirn noch in der Großhirnhemisphäre weiteren motorischen Neuronen begegnen.*

Zwischen dem Nucleus ruber und der Substantia nigra in Abbildung 12.5 findet sich ein dritter Zusatz zu dem vorhergehenden Querschnitt: ein Bereich, der als Area tegmentalis ventralis von Tsai bezeichnet wird. Dieser Bereich setzt sich dorsal ein kleines Stück entlang der Mittellinie fort. Bei allen bisher untersuchten Vierbeinern enthält er eine Fülle ziemlich großer, dunkel aussehender Neuronen – was vielleicht der Grund dafür ist, daß Chan-Nao Tsai (an der University of Chicago zu Beginn der zwanziger Jahre) diesen Bereich von seiner rostralen Fortsetzung im lateralen Hypothalamus unterschied. Was Tsai nicht wissen konnte, ist, daß die großen dunklen Neuronen Dopamin synthetisieren und als ihren Neurotransmitter verwenden. Tatsächlich lassen sich die Neuronen nicht von den dopaminergen Neuronen der Pars compacta der Substantia nigra unterscheiden. Vielleicht entstehen sie in der Ontogenese als eine dorsomediale Absprengung der Pars compacta. In jedem Fall haben sie einen spezifischen Namen. Annica Dahlström und Kjell Fuxe vom Karolinska-Institut in Stockholm, die in den frühen sechziger Jahren die erste systematische Untersuchung monoaminerger Zellgruppen im Hirnstamm durchführten, bezeichneten sie als Dopaminzellgruppe A10 und unterschieden sie so von der Zellgruppe A9 – den dopaminergen Neuronen der eigentlichen Pars compacta. Zwei Dinge zeichnen die Area tegmentalis ventralis aus. Zum einen wird sie vom medialen Vorder-

---

* Diese Behauptung bezieht sich auf motorische Neuronen im herkömmlichen Sinne, also auf Neuronen mit motorischen Axonen, die das Zentralnervensystem verlassen, um entweder direkt oder über ganglionäre Neuronen periphere Effektorgewebe zu versorgen. Zu einem anderen Schluß gelangt man, wenn man den Begriff „motorisches Neuron" weiter faßt und es als letztes Glied einer Neuronenkette definiert, die auf periphere Gewebe einwirkt. Diese Definition würde auch bestimmte Vorderhirnneuronen einschließen: beispielsweise die hypothalamischen Neuronen, die selbst ein Hormon abgeben (sagen wir, die des Nucleus supraopticus), oder die hypothalamischen Neuronen, die eine endokrine Effektorkette in Gang setzen, indem sie einen Releasing-Faktor in das Hypothalamus-Hypophysen-Portalgefäßsystem ausschütten. Charles Sherringtons Ausdruck »letzte gemeinsame Endstrecke« könnte so im Endeffekt auf eine beachtliche Vielfalt von Gehirnneuronen anwendbar sein.

hirnbündel (Fasciculus telencephalicus medialis) durchzogen. Tatsächlich beruht ihre graue Farbe in Abbildung 12.5 oder einem beliebigen anderen Weigert-Präparat vor allem auf der Anwesenheit des medialen Vorderhirnbündels. Des weiteren steuert die Area tegmentalis ventralis eine bemerkenswerte dopaminerge Komponente zu der Projektion von der Substantia nigra zum Striatum bei. Diese Komponente projiziert teilweise auf das Striatum, und zwar auf einen großen, ventromedialen Sektor (mehr darüber in Kapitel 14). Außerdem projiziert sie auf Teile des limbischen Systems: die Amygdala, die Area entorhinalis und das Septum. Ihre längsten Efferenzen sind die dopaminergen Fasern, die in den frontalen Assoziationscortex eindringen. Dieser limbischen Verwandtschaft wegen nennt man die Area tegmentalis ventralis und ihre dopaminergen Ausläufer auch mesolimbisches System; die Vorsilbe *meso-* spielt auf den mesencephalischen Ursprung der Projektion an. Der dopaminergen Projektion zum frontalen Cortex gibt man manchmal einen eigenen Namen: das mesocorticale System.

Abbildung 12.6 zeigt einen letzten Mittelhirnquerschnitt, einen, der sich am besten als Schnitt durch den Übergang vom Mittelhirn zum Zwischenhirn beschreiben läßt. Sein Zentrum sieht noch mesencephalisch aus: Es zeigt von dorsal nach ventral den Colliculus superior, dann das zentrale Höhlengrau innerhalb des Tegmentum (letzteres schließt den Nucleus ruber ein) und schließlich den Hirnstiel. Zuerst kommt der Colliculus, der hier in seinem rostralen Drittel getroffen ist. Auf beiden Seiten des Schnittes, aber deutlicher auf der linken Seite, treten zwei seiner wichtigsten Afferenzen in seine laterale Seite ein. Retinotectale Fasern bilden das Brachium colliculi superioris an der Oberfläche des Mittelhirns. Unmittelbar darunter sieht man ein kräftiges Bündel corticotectaler Fasern. Die ventrale Grenze der Colliculi wird von der tectalen Kommissur gebildet, die die tiefliegenden grauen Schichten der Colliculi miteinander verbindet. Dann kommt das zentrale Höhlengrau. Der Oculomotoriuskern ist hier nicht mehr zu sehen. Seinen Platz nimmt jetzt ein akzessorischer oculomotorischer (präoculomotorischer) Kern ein: der Darkschewitsch-Kern (nach dem russischen Neurologen L. O. Darkschewitsch). Unmittelbar lateral von ihm, aber außerhalb des zentralen Höhlengraus, liegen andere akzessorische Kerne: der Nucleus interstitialis von Cajal und der Kern der hinteren Kommissur (Commissura posterior). Das zentrale Höhlengrau seinerseits scheint sich ventralwärts entlang der Mittellinie auszudehnen. Dort jedoch wird der Schnitt diencephalisch: Die Erweiterung ist in Wirklichkeit das erste Anzeichen des medialen Hypothalamus, einer Zone schwach myelinisierter grauer Substanz, die den dritten Ventrikel umgeben wird, so wie das zentrale Höhlengrau den Aquädukt umgeben hat. (Tatsächlich streift Abbildung 12.6 die caudale Grenze des dritten Ventrikels.) Der laterale Hypothalamus, ein stärker myelinisiertes Gebiet, das vom medialen Vorderhirnbündel durchquert wird, erscheint weiter ventral: Es nimmt den Platz zwischen dem Nucleus ruber und der Fossa interpeduncularis ein, wo es die Area tegmentalis ventralis von Tsai ersetzt. Noch weiter ventral gibt der Hypothalamus ein deutliches Zeichen seiner Anwesenheit: Die runden Querschnitte der Corpora mamillaria (der hypothalamischen Endstationen der Fornixbündel) besetzen hier die Fossa interpeduncularis.

In lateraleren Teilen der Abbildung 12.6 geht das Mittelhirntegmentum in den Subthalamus über. Die Masse der Fasern, die sich lateral und dorsal vom Nucleus ruber ausdehnt, umfaßt thalamische Afferenzen im Brachium con-

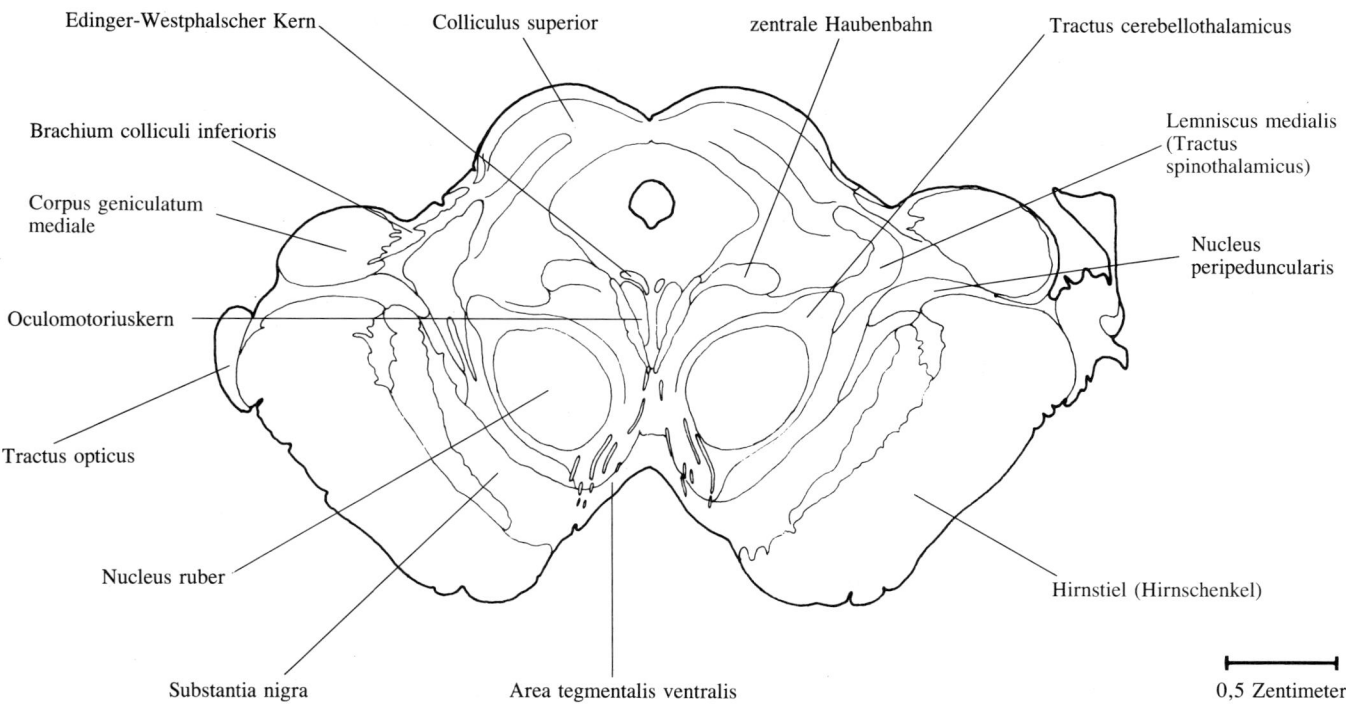

Edinger-Westphalscher Kern
Colliculus superior
zentrale Haubenbahn
Tractus cerebellothalamicus

Brachium colliculi inferioris
Lemniscus medialis (Tractus spinothalamicus)

Corpus geniculatum mediale
Nucleus peripeduncularis

Oculomotoriuskern

Tractus opticus

Nucleus ruber
Hirnstiel (Hirnschenkel)

Substantia nigra
Area tegmentalis ventralis
0,5 Zentimeter

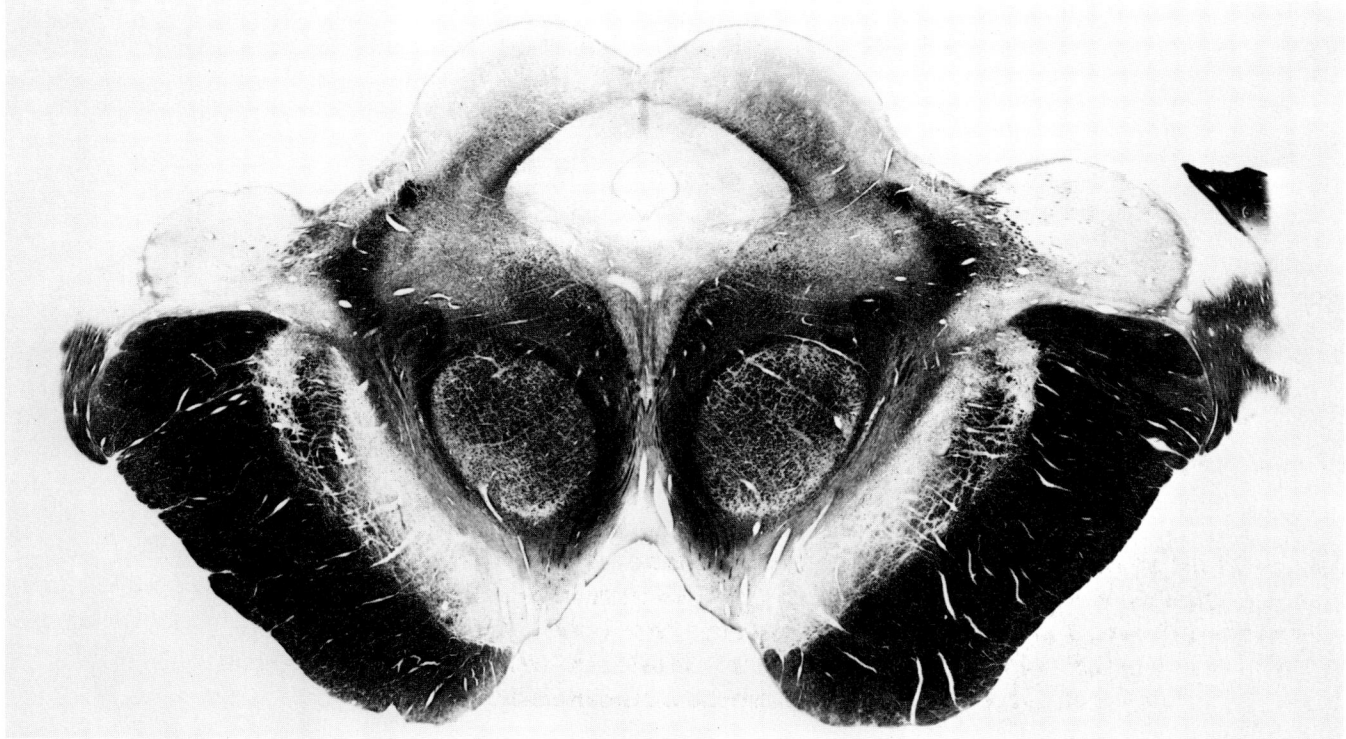

12.5 Mehrere Übergänge unterscheiden diesen weit oben im Mittelhirn geführten Querschnitt von dem in Abbildung 12.4. Das Corpus geniculatum mediale am dorsalen Ende des Hirnstieles kennzeichnet das erste Auftreten des Thalamus. Umgekehrt markiert der Oculomotoriuskern — unmittelbar ventral vom zentralen Höhlengrau — das letzte Auftreten der somatomotorischen Säule und der Edinger-Westphalsche Kern, eine blaß gefärbte Kappe auf dem Oculomotoriuskern, das der visceralen motorischen Säule. Die Zellen dieser zwei motorischen Kerne stellen tatsächlich überhaupt die letzten motorischen Neuronen dar. Der Bereich zwischen Nucleus ruber und Substantia nigra ist die Area tegmentalis ventralis von Tsai. Sie zeichnet sich durch pigmentierte, dopaminerge Neuronen aus, die auf limbische Strukturen im Vorderhirn projizieren.

225

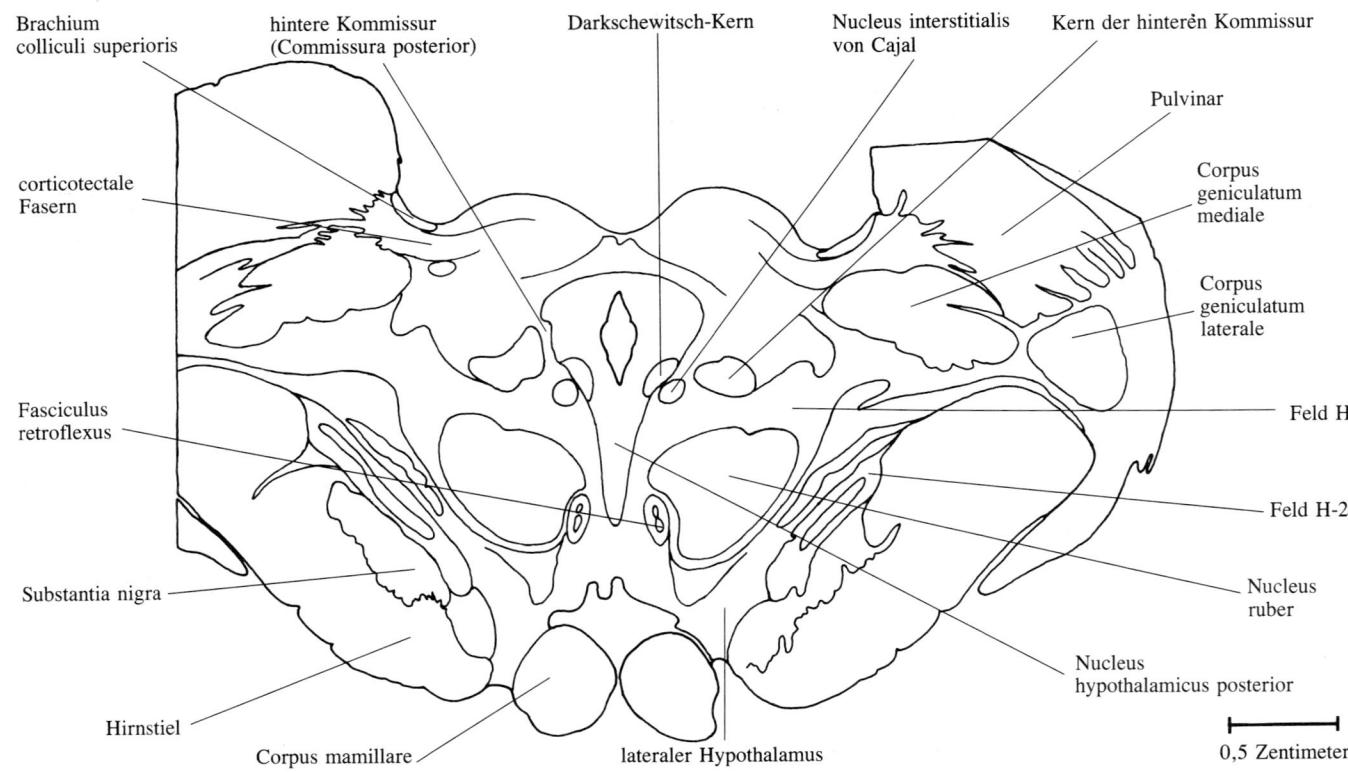

Brachium colliculi superioris

hintere Kommissur (Commissura posterior)

Darkschewitsch-Kern

Nucleus interstitialis von Cajal

Kern der hinterên Kommissur

Pulvinar

Corpus geniculatum mediale

Corpus geniculatum laterale

corticotectale Fasern

Feld H

Fasciculus retroflexus

Feld H-2

Nucleus ruber

Substantia nigra

Nucleus hypothalamicus posterior

Hirnstiel

Corpus mamillare

lateraler Hypothalamus

0,5 Zentimeter

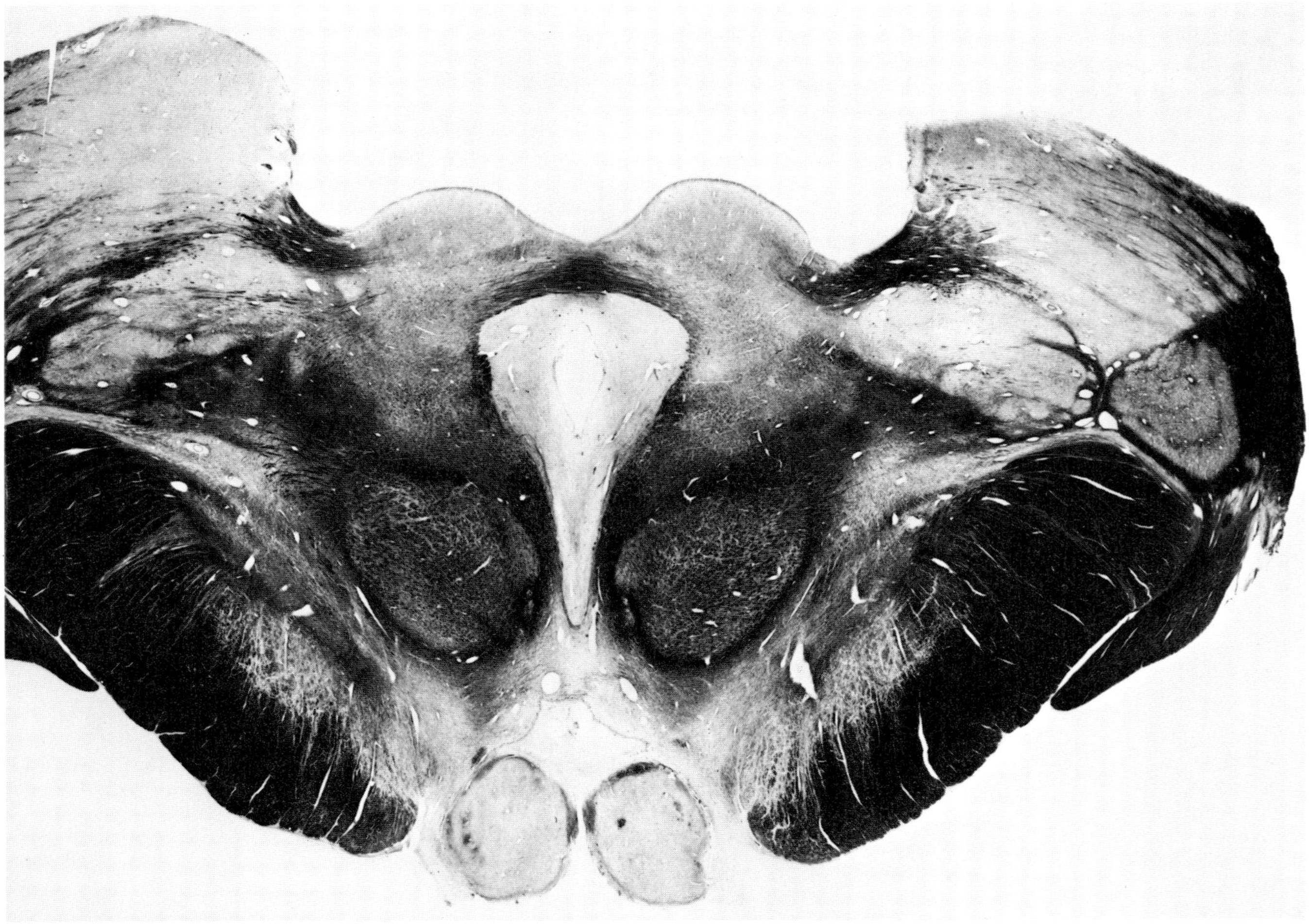

12.6   Der Beginn des Zwischenhirns kündigt sich an mehreren Stellen in diesem letzten Mittelhirnquerschnitt an. Der ventrale Teil des zentralen Höhlengraus, der sich entlang der Mittellinie erstreckt, ist in Wirklichkeit der mediale Hypothalamus: blaß gefärbte graue Substanz, die den dritten Ventrikel umgibt. An die Stelle der Area tegmentalis ventralis von Tsai — zwischen dem Nucleus ruber und der Fossa interpeduncularis — ist der laterale Hypothalamus getreten: eine Masse dunkler gefärbter grauer Substanz, die vom medialen Vorderhirnbündel durchzogen wird. Das Tegmentum dorsal und lateral vom Nucleus ruber stellt in Wirklichkeit den Subthalamus dar. Die beiden runden Körper in der Fossa interpeduncularis sind hypothalamische Zellgruppen: die Corpora mamillaria. Schließlich erscheinen in lateralen Teilen des Schnittes drei thalamische Zellgruppen: die beiden Corpora geniculata und das Pulvinar. Der Colliculus superior zeigt das Ende des Mittelhirns an. Ihm nähern sich von seiner lateralen Seite her zwei seiner Hauptafferenzen: retinotectale Fasern, die die Oberfläche des Mittelhirns entlanglaufen, und die darunterliegenden corticotectalen Fasern.

junctivum und — weiter lateral — in den somatosensorischen Lemnisci: dem Lemniscus medialis und dem Tractus spinothalamicus. Die drei bilden das Forelsche Feld H-1, eine Faserschicht, die die ventrale Grenze des Thalamus kennzeichnet. Eine ventral gelegene Faserschicht wird Feld H-2 genannt; im Gegensatz zum Feld H-1 besteht sie hauptsächlich aus absteigenden Fasern, darunter solchen, die vom Globus pallidus zum Mittelhirntegmentum führen. Die helle graue Substanz zwischen den Feldern, die von der lateralen Seite her eindringt, nennt man Zona incerta. Sie endet kurz vor einem Knoten weißer Substanz, der als Forelsches Feld H bekannt ist. Der lateralste Teil des Querschnittes ist der Thalamus selbst — oder besser: der caudale Thalamus — mit seiner typischen Triade von Zellgruppen. Das Corpus geniculatum laterale, das seine sechs Schichten zeigt, wölbt sich nach ventral dem hereinkommenden Tractus opticus entgegen; das Corpus geniculatum mediale liegt näher an der Mittellinie. Über den beiden befindet sich die als Pulvinar bezeichnete thalamische Zellgruppe.

13. Das Vorderhirn

Am Ende der dritten Woche der menschlichen Ontogenese sind die Nacken- und die Scheitelbeuge beim Embryo deutlich zu sehen. Das Prosencephalon zeigt zu diesem Zeitpunkt praktisch noch keinerlei Differenzierung. Allerdings bildet sich gerade nahe seinem rostralen Ende auf beiden Seiten des Neuralrohres eine Ausstülpung. Jede dieser Ausstülpungen ist ein Augenbläschen, aus dem sich später eine Retina (Netzhaut) und ihr Stiel, der Tractus (und Nervus) opticus, entwickeln werden. Am Ende der fünften Woche erscheint weiter dorsal eine zweite, eher kuppelartige Ausbuchtung auf beiden Seiten des Neuralrohres. Aus ihr wird die rechte beziehungsweise linke Großhirnhemisphäre hervorgehen. Damit hat das Prosencephalon jetzt seine Grundform angenommen: Der zentrale Teil des Vorderhirns (das zukünftige Zwischenhirn) besitzt nun zwei Seitenkammern (die zukünftigen Großhirnhemisphären). Das Lumen jeder Hemisphäre ist der Seitenventrikel, das Lumen des Zwischenhirns der dritte Ventrikel. Beide werden während der ganzen Gehirnentwicklung durch einen kurzen Gang, das Foramen interventriculare von Monro (nach Alexander Monro jr., einem schottischen Anatomen des 19. Jahrhunderts), miteinander in Verbindung bleiben. Der dritte Ventrikel seinerseits wird über den Aquädukt den Kontakt mit dem vierten aufrechterhalten. Des weiteren wird die Großhirnhemisphäre breit im zentralen, unpaaren Teil des Prosencephalon verankert bleiben. Durch diesen cerebralen Sockel wird die komplexe Verschaltung hindurchführen, die die Großhirnhemisphäre mit dem Zwischenhirn und den tieferen Niveaus des Zentralnervensystems verbindet – insbesondere jener als innere Kapsel (Capsula interna) bezeichnete große Faserkomplex, dessen caudaler Fortsetzung wir im Mittelhirn als Hirnstiel (Hirnschenkel) und in Rautenhirn und Rückenmark als Pyramidenbahn begegnet sind.

Unter den Schwierigkeiten, die die innere Struktur des Vorderhirns verzwickt machen, sind zwei von grundlegender Natur. Die erste hat mit der Orientierung zu tun. Im Gehirn eines vierbeinigen Säugetieres liegen das Vorderhirn, der Hirnstamm und das Rückenmark mehr oder weniger auf einer Linie. Im menschlichen Gehirn ist das nicht der Fall: Die Längsachse des Vorderhirns und die des Hirnstammes bilden einen Winkel von ungefähr 60 Grad (Abb. 13.1). Dieser Unterschied, der auf der verschiedenen Körper-

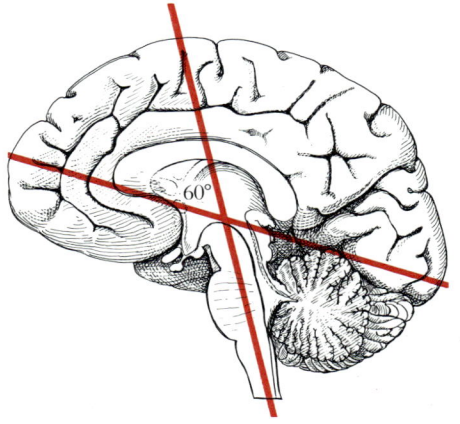

13.1 Im menschlichen Gehirn bilden die Achsen des Vorderhirns und des Hirnstammes einen Winkel von 60 Grad; daher liegt ein Vorderhirnquerschnitt schräg zu einem Hirnstammquerschnitt. Diese Neigung kann es erschweren, die Orientierung zu behalten, wenn man vom Hirnstamm zum Vorderhirn übergeht. Bei Vierbeinern wie den Carnivoren (Fleischfressern) liegen Rückenmark, Hirnstamm und Vorderhirn mehr oder weniger auf einer Linie.

229

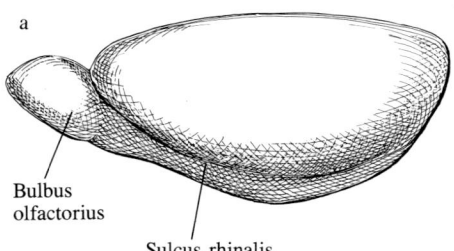

a

Bulbus
olfactorius

Sulcus rhinalis

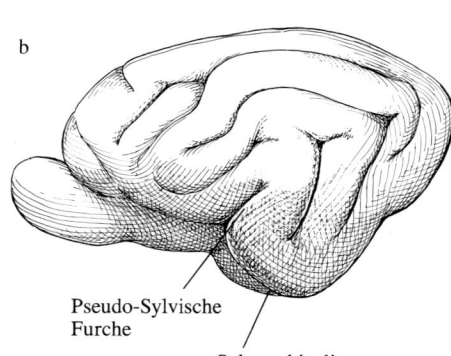

b

Pseudo-Sylvische
Furche

Sulcus rhinalis

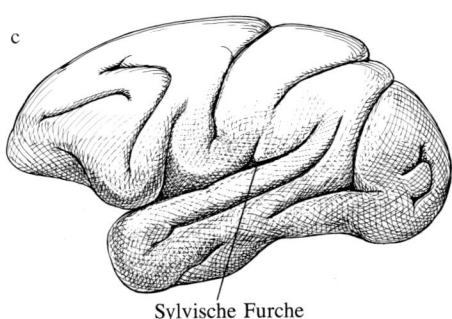

c

Sylvische Furche

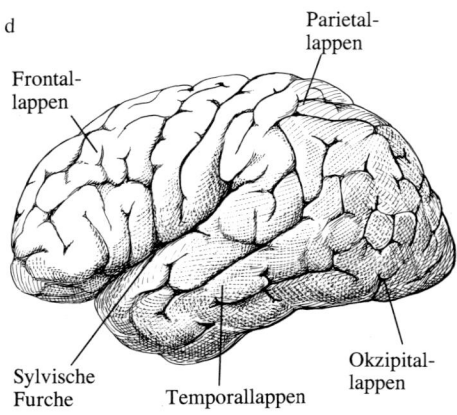

d

Parietal-
lappen

Frontal-
lappen

Sylvische
Furche

Temporallappen

Okzipital-
lappen

haltung von Zweibeinern und Vierbeinern beruht, macht es schwierig, für Begriffe, die sich auf die räumliche Anordnung beziehen, allgemeingültige Bedeutungen festzusetzen. Im Vorderhirn jedes Wirbeltieres bedeutet der Begriff rostral „hin zum frontalen Pol" (zur vordersten Spitze des Gehirns). Caudal bedeutet „hin zum okzipitalen Pol" (zur hintersten Spitze des Gehirns). Diese Bezeichnungen bewahren also ihre Zuordnung zur Längsachse des Zentralnervensystems. Außerdem gelten sie sowohl für Vierbeiner als auch für Zweibeiner. Bei ersteren bleibt ihre Orientierung vom Hirnstamm bis zum Vorderhirn unverändert (oder fast unverändert), während sie bei Zweibeinern gewissermaßen vom Winkel zwischen den beiden Gehirnteilen abstrahieren. Bleiben die Begriffe dorsal und ventral. Im Vorderhirn bedeutet dorsal „hin zur Schädeldecke"; ventral bedeutet „hin zur Schädelbasis". Auch diese Begriffe gelten für Vierbeiner und Zweibeiner. Die Begriffe dorsal und ventral sowie rostral und caudal sind deshalb besser als die ältere, durchaus noch gebräuchliche Terminologie, die die Bezeichnungen anterior und posterior verwendet. Schließlich trägt ein Zweibeiner sein Gesicht und seinen Bauch vorne, so daß der Begriff anterior, angewandt auf eine senkrechte Struktur wie das Rückenmark, sich natürlicherweise auf die nach vorne gerichtete Seite dieser Struktur bezieht. Ein Vierbeiner trägt nur sein Gesicht nach vorne (anterior). Soll der Begriff anterior also das obere Ende des Rückenmarks bezeichnen, aber nur bei Vierbeinern?

Im Inneren der Hemisphäre

Die zweite Schwierigkeit betrifft speziell die menschliche Großhirnhemisphäre. Im Laufe der Evolution gibt die Großhirnhemisphäre bei Säugetieren ihre frühere, einfachere Form auf, deren Abkömmling man heute im Gehirn der Amphibien findet — das heißt, sie gibt die Gestalt eines Zylinders auf. Genauer gesagt, die Großhirnrinde vergrößert sich, und wie um diese Vergrößerung in das Schädelvolumen einzupassen, wölbt sie sich zu einem Hufeisen: Sie beschreibt in zunehmendem Maße eine Kurve vom Frontal- oder Stirnlappen, dem vordersten Teil der Hemisphäre, über den Parietal- oder Scheitellappen bis zum Okzipital- oder Hinterhauptslappen, dem hintersten Teil der Hemisphäre, und dann nach unten herum in den Temporal- oder Schläfenlappen, der sich unter der übrigen Hemisphäre am Hirnstamm vorbei so weit nach vorne schiebt, daß er im menschlichen Gehirn unter der caudalen Hälfte des Frontallappens erscheint (Abb. 13.2). Den evolutionären Vorgang, der zur Zusammenkrümmung der Großhirnhemisphäre führt — den Vorgang also, durch den sie die Hufeisenform annimmt —, kann man

13.2 Der Begriff Temporalisierung charakterisiert jenen Evolutionsprozeß, durch den sich die Großhirnhemisphäre zu einer Hufeisenform krümmt. Das offensichtlichste Ergebnis dieses Vorgangs (zumindest an der Gehirnoberfläche) ist das Erscheinen des Temporallappens. Die Abbildung zeigt die Gehirne einer Ratte, einer Katze, eines Affen und des Menschen. Bei der Ratte (a) findet man noch kein Hufeisen. Bei der Katze (b) ist es im Entstehen begriffen: Das caudale Ende der Großhirnhemisphäre dehnt sich leicht nach unten aus. Beim Affen (c) und insbesondere beim Menschen (d) ist das Hufeisen deutlich ausgeprägt: Die Hemisphäre erstreckt sich bogenförmig von einem Schenkel, dem Frontallappen, über den Parietallappen und den Okzipitallappen, der den Scheitelpunkt der Krümmung einschließt, in den zweiten Schenkel, den Temporallappen, der nach vorne um den Hirnstamm herumreicht. Vergleiche wie der hier gezeigte können nicht das wirkliche Fortschreiten der Evolution wiedergeben; die heute lebenden Arten haben individuelle Geschichten evolutionärer Veränderung durchlaufen. Sie entsprechen gleichsam den Blättern eines Baumes, der verschwunden ist.

als Temporalisierung der Hemisphäre bezeichnen. Schließlich ist das deutlichste Ergebnis dieses Prozesses die Bildung des Temporallappens. Die Folgen der Temporalisierung zeigen sich allerdings nicht nur an der Gehirnoberfläche. Die Strukturen im Inneren der menschlichen Großhirnhemisphäre werden durch die Temporalisierung letztlich zu einer Gruppe ineinander verschachtelter Hufeisen. Die Verwicklungen, die sich aus dieser Verschachtelung ergeben, werden in den Querschnitten zu sehen sein, die das Kapitel 14 begleiten. Vorerst – quasi als Vorwort zu diesen Schnitten – wollen wir die Verschachtelung global beschreiben.

In Abbildung 13.3 konstruieren wir die Großhirnhemisphäre eines menschlichen Gehirns, indem wir schrittweise von innen nach außen vorgehen. Einer der Schritte ist die Plazierung des Nucleus lentiformis: jener in etwa linsenförmigen Zellmasse, die von Globus pallidus und Putamen gebildet wird. Es handelt sich um die einzige Struktur in der Großhirnhemisphäre, die von der Temporalisierung im wesentlichen unberührt bleibt: Sie liegt auf der Achse der Zusammenkrümmung der Hemisphäre und ist daher die Struktur, um die sich die ineinander verschachtelten Hufeisen herumbiegen. Ein weiterer (genauer gesagt, der erste) Schritt ist die Plazierung der Capsula interna, der inneren Kapsel. Wir wollen mit ihrem Vorläufer, dem Hirnstiel oder -schenkel (Pedunculus cerebri), anfangen. Im Kapitel 12 fanden wir – beginnend mit Abbildung 12.3 – den Hirnstiel jeweils an der Basis der Mittelhirnquerschnitte. Er besteht ausschließlich aus corticofugalen Fasern, die für Mittelhirn, Rautenhirn und Rückenmark bestimmt sind. Folgt man ihm nach oben in das Vorderhirn (entgegen der Richtung des Impulsflusses), verbreitert sich dieses Faserbündel schnell. Es zieht größtenteils nach dorsal, so daß die Mehrheit seiner Fasern eine dicke, fast senkrechte Platte aus weißer Substanz bildet, die der lateralen Seite des Thalamus anliegt. Das ist jetzt die innere Kapsel. Während sie am Thalamus vorüberführt, stoßen Fasern zu ihr, die den Thalamus mit der Großhirnrinde verbinden, und solche, die umgekehrt vom Cortex zum Thalamus ziehen. Die innere Kapsel umfaßt also nicht nur die absteigenden Fasern, aus denen sich der Hirnstiel zusammensetzt, sondern auch den dichten Faserverkehr zwischen Thalamus und Cortex.

Anatomisch ist die Kapsel jedoch mehr als eine dicke, fast senkrechte Platte. Ihre Fasern verlaufen nicht nur zwischen Thalamus und Nucleus lentiformis aufwärts, sondern auch unter diesem Kern seitwärts (das heißt, in lateraler Richtung) und hinter ihm caudalwärts. Die Kapsel krümmt sich also quasi unter sich selbst und um den Nucleus lentiformis, um ihre Fasern an alle Teile des Neocortex (der Rinde der Großhirnhemisphäre) zu verteilen. So kommt es, daß die innere Kapsel die Form eines Hohlkegels annimmt, der den Nucleus lentiformis umschließt. Die Spitze des Kegels weist caudal, medial und ventral in das Zwischenhirn, wo sie in den Hirnstiel übergeht. Die Basis des Kegels öffnet sich lateral und rostral in die Großhirnhemisphäre. Die Fasern, die sie aussendet, ziehen zum gesamten Neocortex. Der Kegel ist unvollständig: Im vorderen Teil seiner ventralen Wand gibt es eine große, dreieckige Lücke. Sie entspricht der Lücke zwischen den beiden „Zinken" der Großhirnhemisphäre – das heißt, der tiefen Falte zwischen dem Frontal- und dem Temporallappen. Der Kegel läßt sich, wenn auch nur willkürlich und für topographische Zwecke, in drei Bereiche unterteilen. Der massive Teil, der dorsal vom Nucleus lentiformis verläuft, ist der supralenticuläre Schenkel der inneren Kapsel; er umfaßt zum einen die Pyramidenbahn,

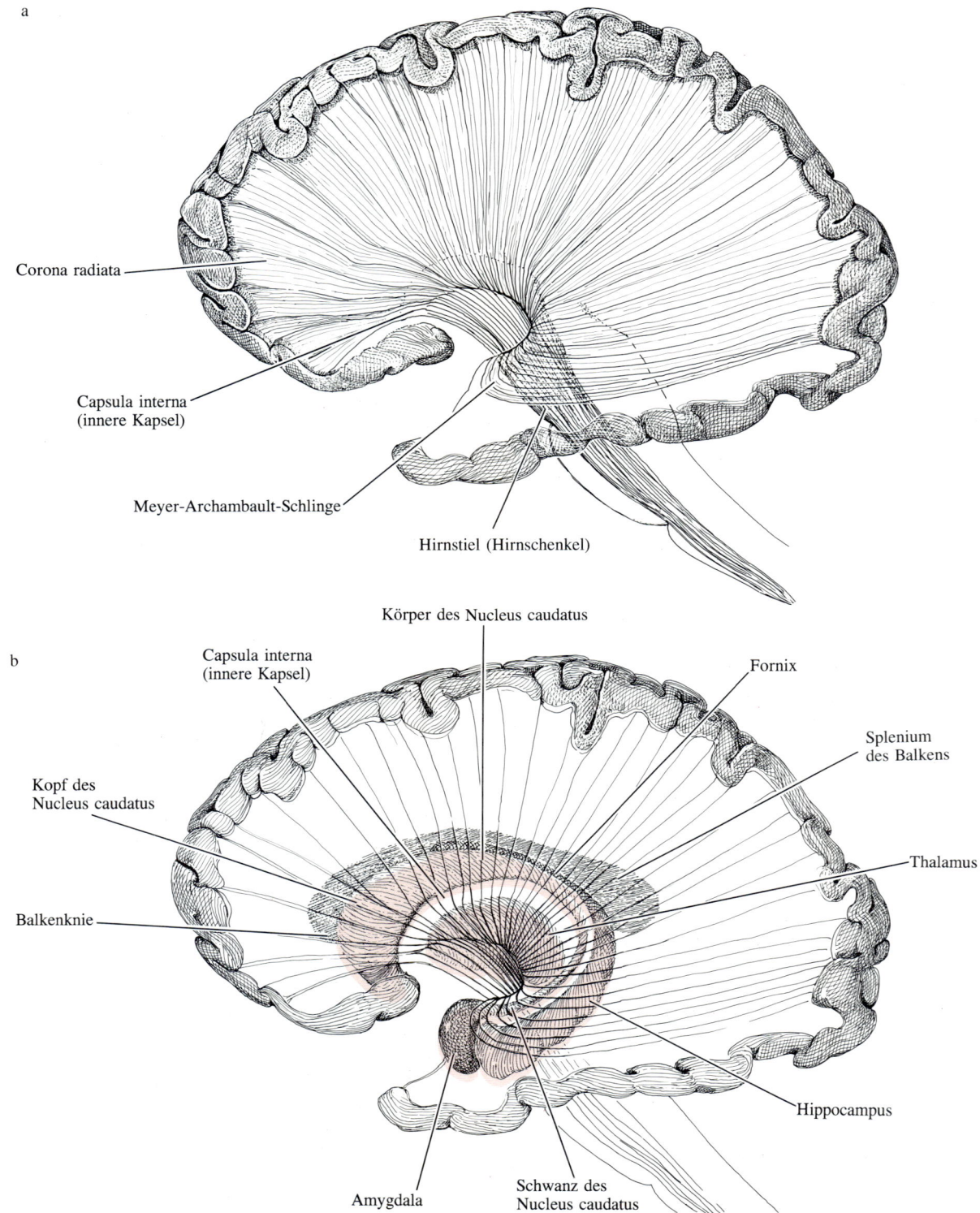

Corona radiata

Capsula interna
(innere Kapsel)

Meyer-Archambault-Schlinge

Hirnstiel (Hirnschenkel)

a

b

Körper des Nucleus caudatus

Capsula interna
(innere Kapsel)

Fornix

Splenium
des Balkens

Kopf des
Nucleus caudatus

Thalamus

Balkenknie

Hippocampus

Amygdala

Schwanz des
Nucleus caudatus

13.3 Die Konstruktion einer Großhirnhemisphäre von innen nach außen ist eine Möglichkeit, sich die innere Struktur der Hemisphäre in ihren Grundzügen klar zu machen. Die Konstruktion erfolgt in fünf Schritten. Zuerst (a) wird die Capsula interna, die innere Kapsel, plaziert. Sie stellt im wesentlichen einen Hohlkegel aus Axonen dar, die zum Neocortex hin oder von ihm weg ziehen. Der Kegel ist nicht vollständig: Eine nach vorne und unten gerichtete Lücke entspricht der Lücke zwischen den Schenkeln der Hufeisenform der Großhirnhemisphäre. Ein gutes Stück auf die Hemisphäre zu wird die innere Kapsel zur Corona radiata (zum „Stabkranz"); im Hirnstamm geht aus ihr der Hirnstiel hervor. Als nächstes (b) werden dorsal und medial von der Kapsel zwei Vorderhirnstrukturen eingefügt. (In dieser lateralen Ansicht liegen sie hinter der Kapsel.) Es handelt sich um

c

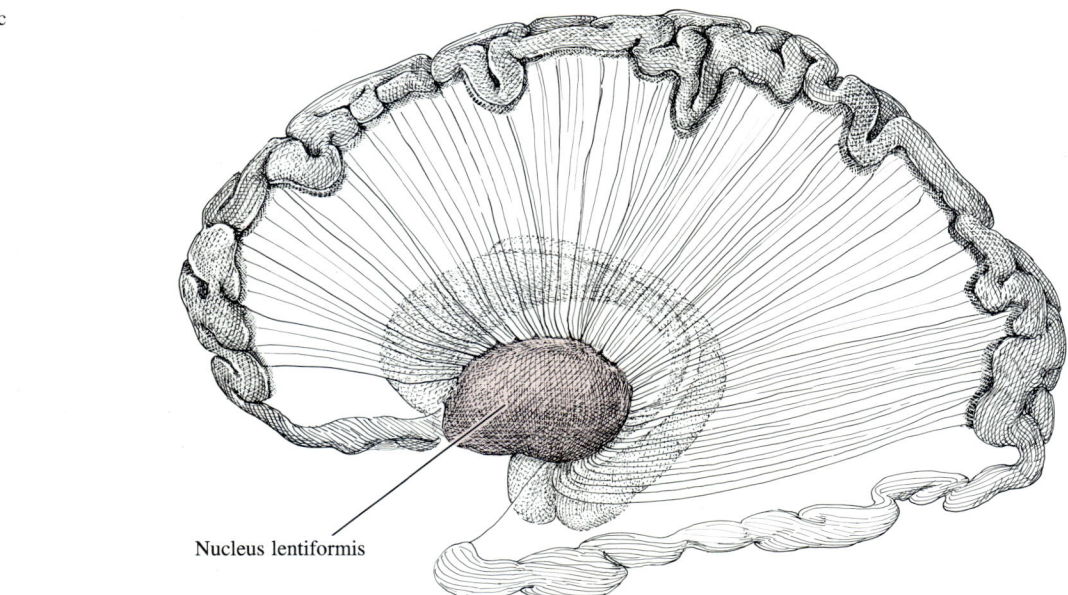

Nucleus lentiformis

d

Fasciculus
occipitofrontalis superior

Fasciculus
longitudinalis superior

Inselrinde

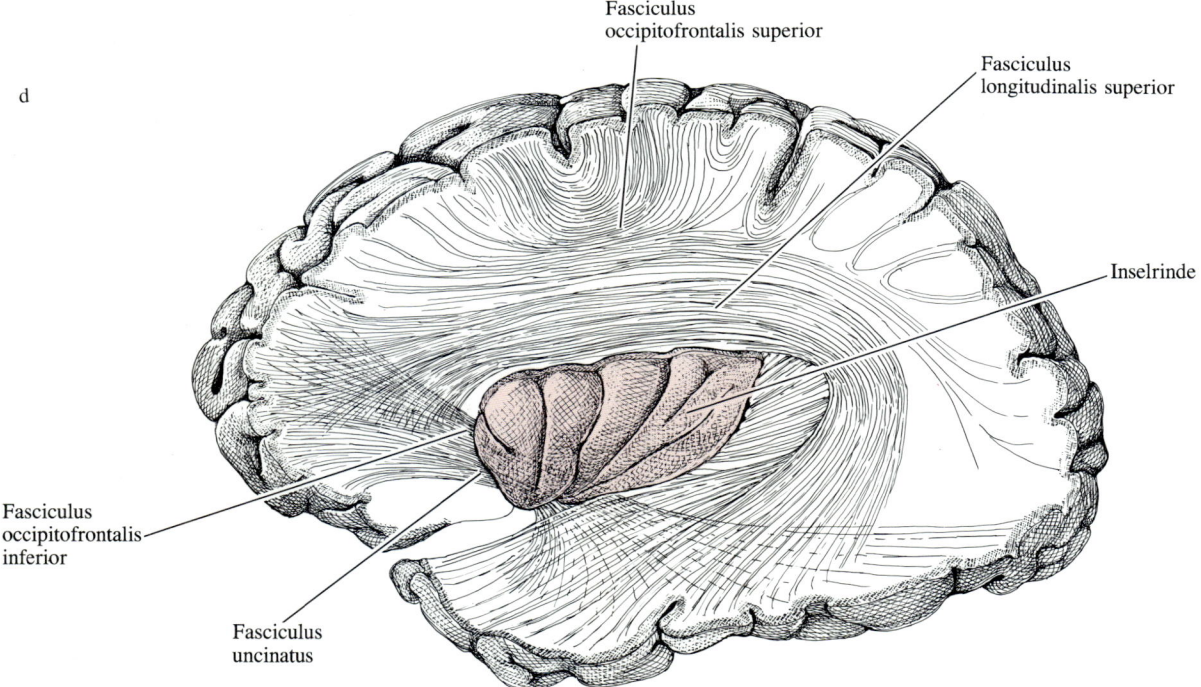

Fasciculus
occipitofrontalis
inferior

Fasciculus
uncinatus

den Nucleus caudatus und den Thalamus. Beide haben Hufeisenform, obgleich das thalamische
Hufeisen nur schwach ausgeprägt ist. Zwei weitere Vorderhirnstrukturen, die Amygdala (der Man-
delkern) und der Hippocampus, sind im Temporallappen lokalisiert. Als nächstes (c) erhält der
Nucleus lentiformis seinen Platz im Hohlraum der Kapsel. In dieser Ansicht verbirgt sein lateraler
Teil, das Putamen, seinen medialen Teil, den Globus pallidus. Im vierten Schritt (d) kommt die Insel
(Insula) hinzu, ein tiefgelegener Bereich der Großhirnrinde außen an der lateralen Seite des Nucleus lentiformis. Gleichzeitig nehmen mehrere Bündel neocorticaler Assoziationsfasern ihre Plätze
ein; auch sie liegen über der Corona radiata. Die letzte Zeichnung (e; auf der nächsten Seite) umfaßt den gesamten Neocortex und vervollständigt so die Konstruktion.

e

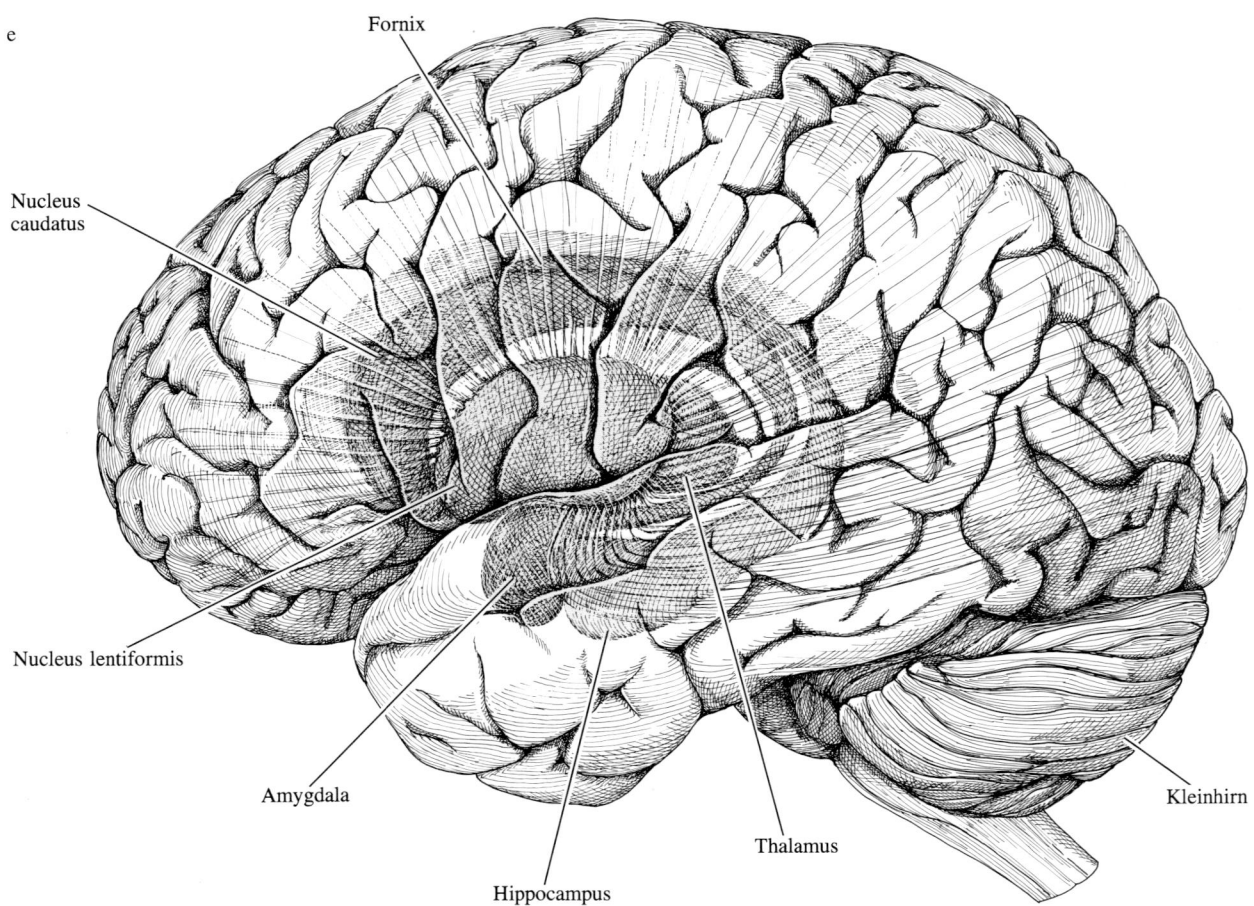

Fornix

Nucleus
caudatus

Nucleus lentiformis

Amygdala

Hippocampus

Thalamus

Kleinhirn

zum anderen die sogenannte somatosensorische Strahlung (jene Fasern, die zum somatosensorischen Cortex führen oder von ihm kommen). Der viel kleinere Teil des Kegels, der unter dem Nucleus lentiformis (ungefähr dem caudalen Viertel des Kernes) entlangzieht, ist der sublenticuläre Schenkel der Kapsel; er umfaßt die Hörstrahlung (Radiatio acustica) und den ventralen Teil der Sehstrahlung (Radiatio optica). Letzterer läuft zunächst nach vorne bis weit in den Temporallappen hinein und kehrt dann um zum visuellen Cortex auf der medialen Seite des Okzipitallappens; er beschreibt so einen Bogen, der als Meyer-Archambault-Schlinge bekannt ist. Der massive Teil des Kegels schließlich, der zwischen dem supralenticulären und dem sublenticulären Schenkel liegt und am Rand der caudalen Seite des Nucleus lentiformis entlangzieht, ist der retrolenticuläre Schenkel der Kapsel; er umfaßt den Hauptteil der Sehstrahlung und einen großen Teil der parietalen Strahlung. Wo der Kegel der inneren Kapsel sich weit genug in die Großhirnhemisphäre erstreckt, um aus dem Randbereich der lateralen Basis des Nucleus lentiformis (genauer gesagt, dem Putamen) aufzutauchen, nimmt er einen neuen Namen an – einen letzten Namen, der sich zu „innerer Kapsel", „Hirnstiel" und „Pyramidenbahn" gesellt, um die vier Abschnitte jenes großen axonalen Kontinuums zu bezeichnen, das den Neocortex mit dem Thalamus, dem Hirnstamm und dem Rückenmark verbindet. Seine vielen Millionen Fasern, die jetzt aus der Umgebung des Nucleus lentiformis zu neocorticalen Ursprüngen oder Zielgebieten strömen, treten in die weiße Substanz unter der Rinde ein; ihrer fächerartigen Anordnung wegen werden sie Corona radiata (Stabkranz) genannt.

Die übrigen Einzelheiten von Abbildung 13.3 vervollständigen die Konstruktion der Großhirnhemisphäre. Untersuchen wir zunächst den Nucleus caudatus (Abb. 13.3b). Er faßt die Außenseite des Kegels der inneren Kapsel ein. Genauer gesagt, sein rostraler Teil, der Kopf oder Caput des Kernes, biegt sich ventralwärts um die rostrale Wand des Kegels. Der tiefste Teil des Kopfes verschmilzt durch die dreieckige Lücke im Kegel mit dem Putamen. (Erinnern Sie sich, daß Nucleus caudatus und Putamen Teile des Striatum sind und sich histologisch nicht unterscheiden lassen. Im menschlichen Gehirn drängt sich die innere Kapsel zwischen sie, außer an der Lücke im Kegel.) Folgt man dem Kopf des Nucleus caudatus in der anderen Richtung, so erstreckt er sich caudalwärts über die Oberfläche der inneren Kapsel. Sein Umfang vermindert sich; diesen schmaleren Bereich bezeichnet man als Corpus oder Körper des Kernes. Als nächstes folgt die Cauda, der Schwanz des Kernes, der hinter dem retrolenticulären Schenkel der inneren Kapsel ventralwärts und dann unter dem sublenticulären Schenkel rostralwärts verläuft. Im Temporallappen geht der Schwanz des Nucleus caudatus in die Amygdala (den Mandelkern) über, die tiefgelegene graue Substanz unter dem Uncus des Temporallappens. Die Amygdala ihrerseits geht dorsal in das Putamen über. So haben wir einen Ring beschrieben: vom Nucleus caudatus über die Amygdala zum Putamen und von dort wieder zum Nucleus caudatus. Der wichtige Punkt jedoch ist, daß der Nucleus caudatus einen hufeisenförmigen Bogen um die innere Kapsel beschreibt, genauso wie die innere Kapsel (oder vielmehr ihr Längsschnitt) sich in Hufeisenform um den Nucleus lentiformis legt.

Betrachten wir als nächstes den Thalamus (ebenfalls in Abbildung 13.3b), dessen Beziehung zur inneren Kapsel bereits erwähnt wurde. Wie der Nucleus caudatus befindet er sich außerhalb des Kegels der Kapsel. Er liegt jedoch medial und ventral vom Nucleus caudatus. Der Thalamus erstreckt sich entlang eines Bogens, der dem des Nucleus caudatus sehr ähnelt, aber weitaus kürzer ist. Dennoch dringt das caudale Ende des Thalamus nach unten und etwas nach vorne vor.

Wenden wir uns nun dem Corpus callosum, dem Balken, zu (Abb. 13.3b und e). Anatomisch gesehen, handelt es sich hierbei um eine massive Faserplatte, die den Spalt zwischen den beiden Großhirnhemisphären überspannt und auf beiden Gehirnseiten wie ein Baldachin über dem Thalamus sowie über Kopf und Körper des Nucleus caudatus liegt. Funktionell gesehen ist es eine Kommissur, die alle homotopen Felder des Neocortex außer den temporalen miteinander verbindet. (Die temporalen Felder besitzen ihre eigene Verbindung, die vordere Kommissur oder Commissura anterior.) Das rostrale Ende des Balkens biegt sich unter sich selbst. Die Biegung bezeichnet man als Balkenknie (Genu corporis callosi), den untergefalteten Teil als Rostrum („Balkenschnabel"). Das entgegengesetzte, caudale Ende des Balkens nennt man Splenium, was soviel wie „Binde" bedeutet. Das Splenium ist ein dicker Teil des Balkens mit Millionen von Fasern, die vor allem den linken und den rechten okzipitalen Cortex miteinander verbinden; es stellt deshalb eine Kommissur dar, die hauptsächlich dem visuellen Cortex dient. Unterhalb des Splenium (aber in Abbildung 13.3 nicht zu sehen) befindet sich eine weitere Kommissur, die jedoch nicht direkt mit dem Neocortex in Kontakt steht: die Hippocampuskommissur, die auch als Commissura fornicis, Lyra Davidis oder Psalterium bezeichnet wird. (Die letzten beiden Namen spielen auf die harfenartige Form der Struktur an, wie sie bei dorsaler Aufsicht zu erkennen ist.) Im menschlichen Gehirn ähneln weder der Balken noch der Hippocampus einem Hufeisen. Doch ohne den Balken hätte der Hippocampus vielleicht eine Hufeisenform behalten. Bei Nagetieren, Insektenfressern und besonders bei Beuteltieren sieht er tatsächlich wie ein Hufeisen aus, das mit einem dorsalen Schenkel über dem Thalamus hängt. Dann drängt die Vergrößerung des Neocortex und die damit einhergehende Vergrößerung des Balkens den Hippocampus in den Temporallappen ab. In Abbildung 13.3b hat er die Form eines halben Hufeisens. Die Position seines dorsalen, suprathalamischen Schenkels wird durch den Fornix gekennzeichnet, das efferente Hauptbündel des Hippocampus.

Es gibt allerdings eine Komplikation, die in Abbildung 13.3 nicht erkennbar ist; wir zeigen sie in Abbildung 13.4. Bei allen Säugetierarten mit einem plattenartigen Corpus callosum (das heißt, bei allen Säugetieren mit Ausnahme der Beuteltiere, in deren Gehirn eine riesige vordere Kommissur die einzige neocorticale Kommissur bildet) befindet sich der Fornix — und manchmal ein Teil des Hippocampus selbst — unter dem Balken. Dennoch bedeckt bei all diesen Arten ein dünnes, unauffälliges Blatt von hippocampaler grauer Substanz, das sogenannte Indusium griseum oder supracallosale hippocampale Rudiment, die obere — nicht die untere — Oberfläche des Balkens. Das Indusium griseum liegt zwischen dem Balken und dem darübergewölbten Gyrus cinguli auf der medialen Seite der Großhirnhemisphäre. Caudalwärts verläuft es um das Splenium des Balkens herum, wo es die Form eines schmalen, etwas abgerundeten Bandes annimmt. Tatsächlich wird es zu einem Miniaturgyrus. In dieser Form zieht es — zuerst auf der Unterseite des Splenium, dann auf der medialen Seite des Temporallappens — als Gyrus fasciolaris oder Fasciola cinerea ventralwärts und dann nach vorne. (Der zweite Name bedeutet „kleines graues Bündel".) Die Fasciola cinerea verschmilzt schließlich mit dem Gyrus dentatus, der den Hippocampus bedeckt und den eigentlichen Rand der Großhirnrinde kennzeichnet. Der Gyrus dentatus trägt seinen Namen, weil die in ziemlich regelmäßigen Abständen in ihn eingekerbten Querrillen ihn wie eine Zahnreihe aussehen lassen. In der entgegengesetzten, rostralen Richtung biegt sich das Indusium griseum um das Balkenknie herum und folgt der Unterseite des Rostrum, ehe es dann auf der medialen Seite der Großhirnhemisphäre senkrecht absteigt. In diesem letzten Teil seines Verlaufs nennt man es Taenia tecta — das versteckte (bedeckte) Band. Versteckt wird dieses Band durch eine flache Rille, den Sulcus parolfactorius posterior, der die Grenze zwischen dem frontalen Cortex vor ihm und dem subcorticalen Gewebe der Septumbasis dahinter markiert. Das Indusium griseum kennzeichnet auf seiner gesamten Länge den eigentlichen Rand der Großhirnrinde. Nun erhebt sich folgende Frage: Wenn sich das Indusium griseum über dem Balken und der Fornix unter ihm befindet, wo war dann der Hippocampus, bevor er durch die Vergrößerung des Balkens vollständig (bis auf sein supracallosales Rudiment) in den Temporallappen gedrängt wurde? Vielleicht gab es vor dem Abschluß der jetzigen evolutionären Anordnungen eine Zeit, in der der Balken den Hippocampus so spaltete, daß sein größerer Teil ventral und ein kleinerer Teil dorsal zu liegen kam.

In diesem Zusammenhang stellt sich eine weitere Frage: Wenn das Indusium griseum den Cortexrand markiert, wo ist dann Brocas großer Saumlappen? Abbildung 13.4 zeigt die Antwort. In dieser Abbildung wurde der Hirnstamm entfernt und so der Hilus der Hemisphäre freigelegt, ein Bereich, der

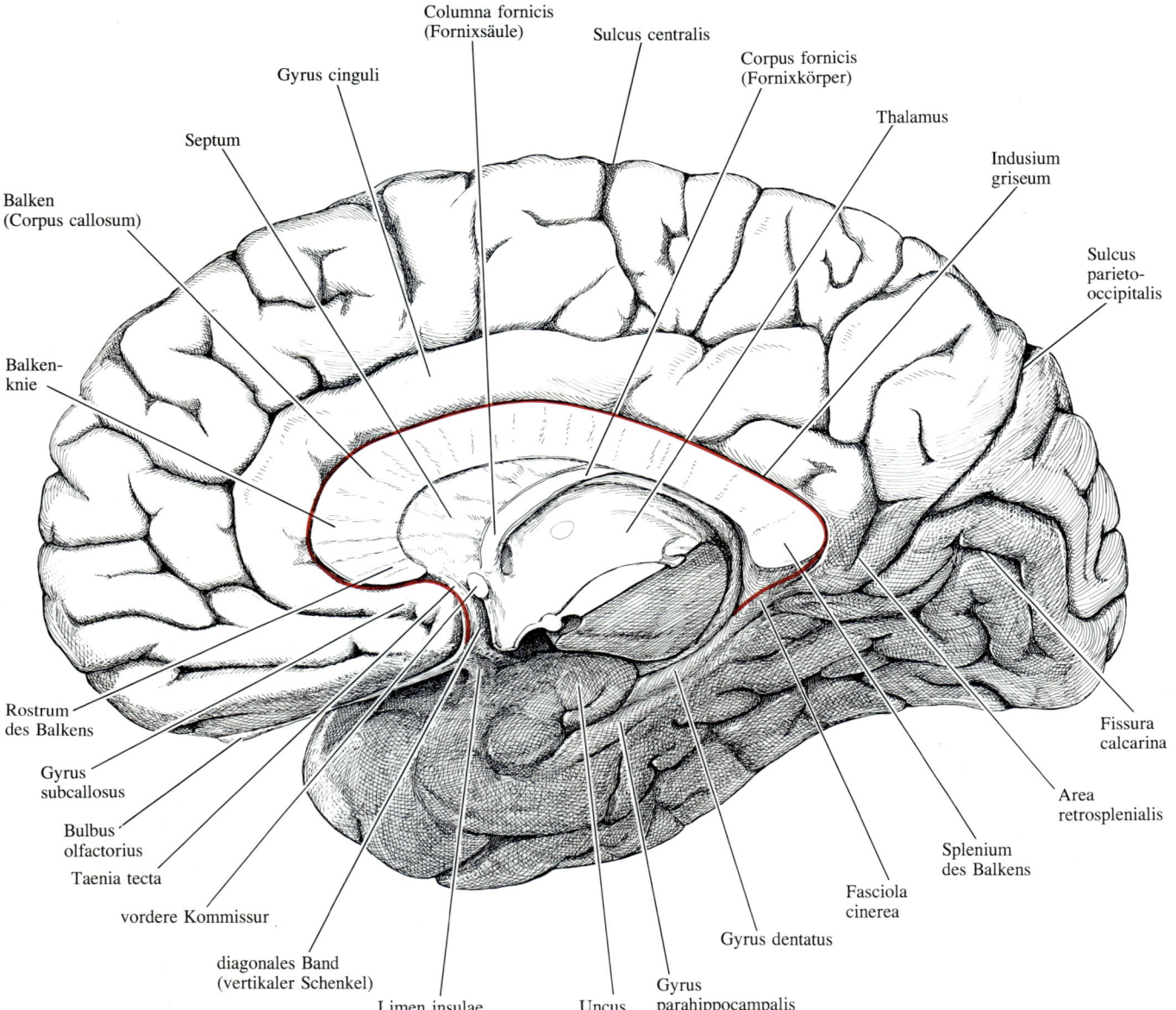

13.4 Der Rand der Großhirnrinde ist in diesem Schnitt zu sehen, der die mediale Seite einer menschlichen Großhirnhemisphäre zeigt. Der Hirnstamm wurde entfernt und dadurch jener Sockel freigelegt, über den die Hemisphäre mit dem Zwischenhirn verbunden ist. Der Cortexrand umgibt den Sockel, ist aber nicht ganz leicht zu finden. Über dem Balken tritt er in Form des Indusium griseum auf, eines dünnen Überrestes von hippocampaler grauer Substanz. Folgt man dem Indusium griseum (oder supracallosalen hippocampalen Rudiment) caudalwärts, so beschreibt es einen Bogen um das Splenium des Balkens und kommt dann nach vorne auf die mediale Seite des Temporallappens, wo es zum Gyrus dentatus, einem Teil des Hippocampus, wird. Folgt man ihm rostralwärts, so beschreibt es einen Bogen um das Balkenknie und steigt dann die mediale Seite der Großhirnhemisphäre hinab. Der fast ringförmige corticale Bereich, der dem Rand der Großhirnrinde am nächsten liegt, ist der Gyrus fornicatus; er besteht aus dem Gyrus subcallosus, dem Gyrus cinguli, der Area retrosplenialis, dem Gyrus parahippocampalis und dem Uncus. Das massive Faserbündel unterhalb des Balkens, das abwärts in Richtung Hypothalamus zieht — genauer gesagt, auf das Corpus mamillare zu —, ist der Fornix.

dorsal durch die Krümmung des Balkens und ventral durch den Temporallappen begrenzt wird. Über ihn ist die Hemisphäre im Zwischenhirn und darüber hinaus im Hirnstamm verankert. Um den Hilus zieht sich der Gyrus cinguli; dessen vordere Biegung um Knie und Rostrum des Balkens bildet den Gyrus subcallosus, seine hintere Biegung um das Splenium des Balkens zuerst die Area retrosplenialis, dann den Gyrus hippocampi oder Gyrus parahippocampalis (die beiden Begriffe werden synonym verwendet) sowie schließlich – auf der medialen Seite des Temporallappens – den Uncus. Diese ganze, fast ringförmige Cortexregion ist Brocas großer limbischer Lappen oder vielmehr der Teil des Lappens, der an der medialen Wand der Großhirnhemisphäre freiliegt. Wegen seiner bogenförmigen Gestalt wird er auch Gyrus fornicatus genannt. (*Fornix* ist das lateinische Wort für „Bogen" oder „Gewölbe".) Die andere Verwendung des Begriffes „Fornix" läßt sich ähnlich erklären. Frühe Anatomen sahen, daß der senkrechte Teil eines massiven umschriebenen Faserbündels in der medialen Wand der Großhirnhemisphäre wie eine Säule aussah, die unter dem Balken liegend den Gyrus fornicatus stützt. Sie nannten ihn dementsprechend Columna fornicis (Fornixsäule). Der Name ist noch gebräuchlich; das gesamte Faserbündel hat schließlich die Bezeichnung Fornix bekommen. Und tatsächlich handelt es sich um einen Bogen: Das volle Ausmaß seiner Kurvenbahn vom Hippocampus zum Hypothalamus ist in Abbildung 13.4 zu sehen.

Der Seitenventrikel

Ein letztes Hufeisen im Vorderhirn wird vom Ventrikel der Großhirnhemisphäre, dem lateralen oder Seitenventrikel, beschrieben (Abb. 13.5). Über ihn lassen sich einige grundsätzliche Dinge sagen. Erstens steht der Seitenventrikel nur über den engen, Foramen interventriculare genannten Durchgang mit dem dritten Ventrikel in Verbindung. Diese Verbindung ist jedoch von entscheidender Bedeutung, denn der Plexus choroideus des Seitenventrikels ist weit größer als der des dritten oder der des vierten Ventrikels und wird daher für die Hauptproduktionsstätte von Liquor cerebrospinalis im Gehirn gehalten. Zweitens liegt der Seitenventrikel nur bezogen auf das übrige Ventrikelsystem lateral. Innerhalb der cerebralen Hemisphäre stellt er zweifellos eine mediale Kammer dar. Der größte Teil seiner medialen Wand ist nichts als Plexus choroideus. (Dagegen haben der dritte und der vierte Ventrikel ein choroidales Dach.) Der rostralste Teil der medialen Wand (der Teil, der rostral vom Foramen interventriculare liegt) wird von echtem Gehirngewebe gebildet. Aber selbst dort stellt die Wand bloß eine dünne, senkrechte Platte dar, das Septum.

Die Anatomie des Seitenventrikels läßt sich am besten Stück für Stück beschreiben. Erstens: Der Bereich des Seitenventrikels, der rostral vom Foramen interventriculare liegt, ist das Vorderhorn des Ventrikels. Seine Form wird weitgehend durch das Balkenknie bestimmt, das sein Dach und seine vordere Wand bildet, sowie durch das Rostrum des Balkens, das einen Teil seines Bodens stellt. Seine schräge laterale Wand ist der Kopf des Nucleus caudatus, seine mediale Wand das Septum. Das Vorderhorn besitzt keinen Plexus choroideus.

Zweitens: Der Bereich des Seitenventrikels hinter dem Vorderhorn vervollständigt den oberen Schenkel der Hufeisenform des Ventrikels. Er heißt

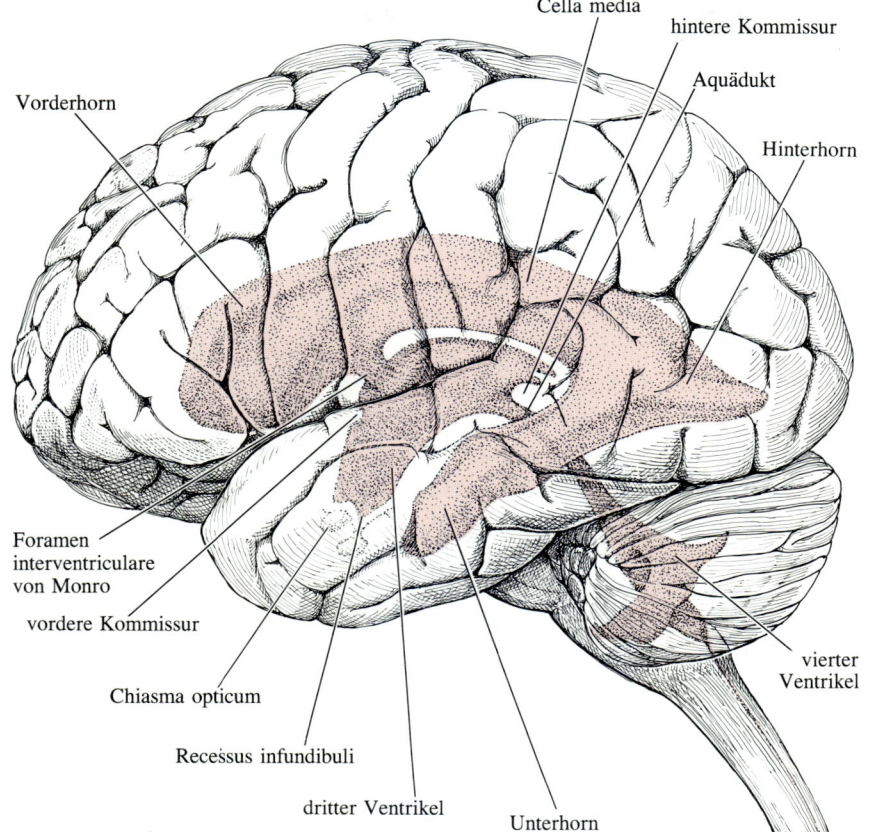

Cella media

hintere Kommissur

Aquädukt

Vorderhorn

Hinterhorn

Foramen
interventriculare
von Monro

vordere Kommissur

Chiasma opticum

Recessus infundibuli

dritter Ventrikel

Unterhorn

vierter
Ventrikel

13.5 Der Seitenventrikel (Ventriculus latera-lis) ist der Ventrikel der Großhirnhemisphäre; er hat seinen Namen nicht, weil er deutlich lateral liegt (eigentlich nimmt er eine eher mediale Lage im Inneren der Hemisphäre ein), sondern weil er sich lateral vom übrigen Ventrikelsystem ausdehnt. Wie viele andere Strukturen in der Großhirnhemisphäre hat auch er die Form eines Hufeisens. Sein oberer Schenkel besteht aus dem Vorderhorn und der Cella media des Ventrikels; die caudale Grenze des Vorderhornes ist durch das Foramen interventriculare von Monro gekennzeichnet, durch das der Seitenventrikel mit dem dritten Ventrikel an der Mittellinie des Zwischenhirns kommuniziert. Die Scheitelzone des Seitenventrikelhufeisens ist eine klauenartige caudale Tasche, das Hinterhorn, sein unterer Schenkel das Unterhorn.

Cella media, von *cella*, dem lateinischen Wort für „Kammer". Das Dach des Ventrikels ist immer noch der Balken. Die mediale Wand jedoch wird jetzt von Fornix und Plexus choroideus gebildet. Übrigens faltet sich der Plexus tief in das Lumen des Ventrikels hinein. Die Erklärung dafür ist einfach. In einem frühen Stadium der Ontogenese liegt der den Ventrikel auskleidende Plexus mehr oder weniger straff gespannt vor. Dann ziehen sich die dorsalen und ventralen (oberen und unteren) Streifen seiner Anheftung am Vorderhirngewebe zusammen. Gleichzeitig und vielleicht teilweise als Folge dieses Vorgangs „knittert" der Plexus. Der dorsale Verbindungsstreifen bleibt am Fornix haften. Alle derartigen Anheftungsstreifen sind als Taeniae bekannt; dieser spezielle ist die Taenia fornicis. Der ventrale Anheftungsstreifen verschiebt sich. Ursprünglich folgt er der medialen Grenze des Schwanzes des Nucleus caudatus. Doch wenn sich das Gehirn weiterentwickelt, wird ein ventraler Abschnitt des Plexus choroideus auf den Rücken des Thalamus heruntergedrückt — vielleicht infolge des zunehmenden Druckes der cerebrospinalen Flüssigkeit, die sich im Seitenventrikel ansammelt. Schließlich heftet sich dieser heruntergedrückte Teil des Plexus an den Thalamus; im voll ausgebildeten Gehirn wird er Lamina affixa genannt. Er macht die Oberfläche des Thalamus etwas dicker und läßt sie etwas weißer aussehen. Der mediale Rand der Lamina affixa ist der verschobene Anheftungsstreifen, den man als Taenia thalami bezeichnet. Der ursprüngliche Verlauf des Verbindungsstreifens ist im Gehirn weiterhin sichtbar. Er wird — vermutlich zufälligerweise — von der Stria terminalis gekennzeichnet, einem schlanken Bündel von Efferenzen aus der Amygdala, die auf dem Weg zum Hypothalamus sind.

239

Drittens: Vom caudal gerichteten Scheitel der Hufeisenform des Seitenventrikels bohrt sich eine blinde, krallenartige Aussackung in die weiße Substanz des Okzipitallappens. Sie ist von einem Gehirn zum anderen unterschiedlich entwickelt. Wie das Vorderhorn ist dieses sogenannte Hinterhorn allseits von Gehirngewebe umkleidet; ihm fehlt daher ein Plexus choroideus. Dann folgt das Unterhorn, das den unteren Schenkel der Hufeisenform des Ventrikels bildet. Es ist einfach ein langer, schmaler Schlitz. Die Erklärung dafür liegt zweifellos darin, daß der Hippocampus – der eingerollte freie Rand der Großhirnrinde – sich tief in das Lumen des Unterhornes vorwölbt. Der Seitenventrikel hat jetzt einen Bogen von annähernd 180 Grad beschrieben. Es ist deshalb folgerichtig, daß der Schwanz des Nucleus caudatus, der einen Teil des Bodens der Cella media war, nun einen Teil der Unterhorndaches bildet. Schließlich hat er einen ähnlichen Bogen beschrieben: Er hat sich ebenfalls um die Achse der Zusammenkrümmung der Großhirnhemisphäre gedreht. Mehrere weitere Aspekte temporaler Architektur lassen sich auf ähnliche Weise verstehen. In der Cella media trifft die Stria terminalis mit dem ventralen Verbindungsstreifen des Plexus choroideus des Seitenventrikels zusammen – oder wäre vielmehr zusammengetroffen, hätte es nicht die zuvor erwähnte Laune der Ontogenese gegeben. Im Unterhorn trifft sie mit dem dorsalen Anheftungsstreifen zusammen. In der Cella media kommt der Fornix mit dem dorsalen Verbindungsstreifen des Plexus choroideus des Seitenventrikels zusammen, im Unterhorn mit dem ventralen Streifen. Dort allerdings ist der Fornix durch die Fimbria fornicis vertreten, das Sammelgebiet der Fornixfasern auf der Oberfläche des Hippocampus.

Arterielle Zuflüsse

Die Temporalisierung formt auch die ventrale Oberfläche des Gehirns, die in Abbildung 13.6 gezeigt ist. Wir wollen zunächst beschreiben, auf welche sonderbare Weise die Großhirnhemisphären mit arteriellem Blut versorgt werden. In der Hauptsache bringen drei Arterien Blut zum Vorderhirn. Eine von ihnen, die Arteria basilaris, entspringt dem Zusammenfluß der Arteriae vertebrales auf der ventralen Oberfläche des Rautenhirns. Die anderen beiden, die inneren Carotiden (Arteriae carotes internae) kommen auf geschlängelten Routen an. Auf der ventralen Oberfläche des Zwischenhirns bilden die drei Gefäße den Circulus arteriosus Willisi, ein Netzwerk gekoppelter Arterien. Dort gehen aus der Arteria basilaris die hinteren Hirnarterien hervor. Unterdessen bringt jede Arteria carotis interna eine mittlere und eine vordere Hirnarterie hervor. Die Hirnarterien (Arteriae cerebri) versorgen gemeinsam die jeweilige Großhirnhemisphäre. Die hintere Hirnarterie schickt Blut zu den Cortexbereichen, die den Okzipitallappen und die Unter-

13.6 Die ventrale Oberfläche des menschlichen Gehirns enthält etliche Strukturen, deren Lage sich mit Bezug auf die zuführenden (arteriellen) Blutgefäße beschreiben läßt. Drei dieser Gefäße – die Arteria basilaris und die Arteriae carotes internae – bilden den Circulus arteriosus Willisi, von dem die Hirnarterien (Arteriae cerebri) ausgehen: die vordere, die mittlere und die hintere (auf jeder Seite der Mittellinie). Der Circulus arteriosus umgibt die vom Hypothalamus hervorgebrachten Erhebungen. Rostral von einer dieser Vorwölbungen, dem Infundibulum (dem Stiel des Hypophysenkomplexes) treffen sich die Sehnerven an ihrer Halbkreuzung, dem Chiasma opticum. Lateral vom Circulus arteriosus liegen der Hirnstiel (oder Hirnschenkel) und der Uncus. Rostral von ihm (hin zum Pol des Frontallappens) befinden sich der Bulbus olfactorius und sein Stiel, der Pe-

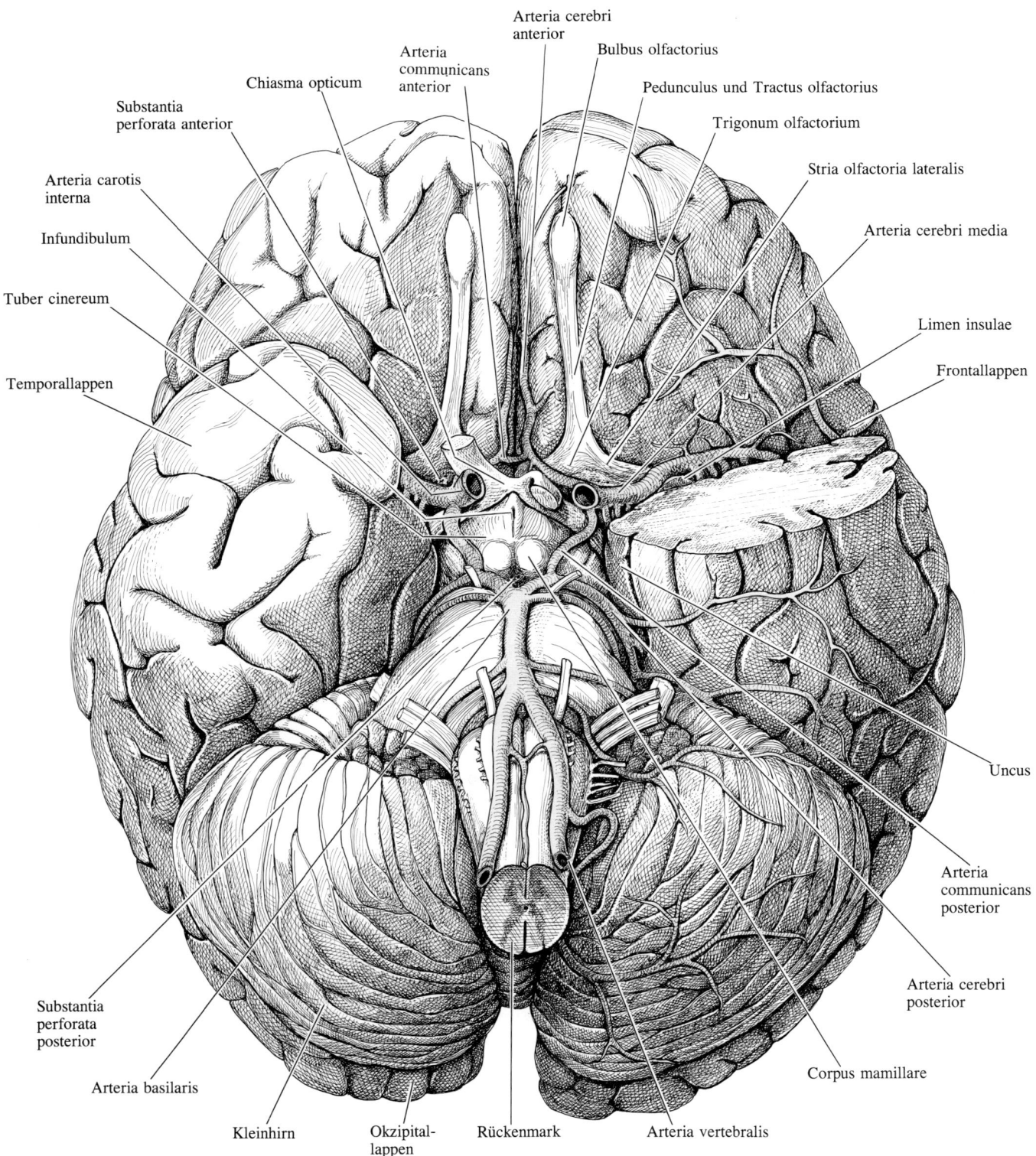

Arteria cerebri anterior

Arteria communicans anterior

Chiasma opticum

Bulbus olfactorius

Substantia perforata anterior

Pedunculus und Tractus olfactorius

Trigonum olfactorium

Arteria carotis interna

Stria olfactoria lateralis

Infundibulum

Arteria cerebri media

Tuber cinereum

Limen insulae

Frontallappen

Temporallappen

Uncus

Arteria communicans posterior

Substantia perforata posterior

Arteria cerebri posterior

Arteria basilaris

Corpus mamillare

Kleinhirn

Okzipitallappen

Rückenmark

Arteria vertebralis

dunculus olfactorius. Die Stelle, an der letztere mit der Basis des Frontallappens in Verbindung treten, ist das Trigonum olfactorium. Dort wendet sich die Stria olfactoria lateralis (die Hauptriechbahn) lateral entlang des caudalen Randes des orbitofrontalen Cortex. Dann, am Limen insulae (der Basis oder „Schwelle" der Insel), beschreibt die Bahn eine scharfe mediale Wendung, die sie in die primäre Riechrinde auf der rostralen und der medialen Seite des Uncus führt. Die Wendung ist von außen nicht sichtbar: Sie wird durch den Temporallappen verborgen, der die Bahn in jene Falte drängt, die (auf ihrer lateralen Seite) zur Sylvischen Furche wird. In der rechten Hälfte der Zeichnung ist die Spitze des Temporallappens herausgeschnitten, so daß die versteckte Bahn zum Teil freigelegt wird.

seite des Temporallappens umkleiden; die sich weit ausbreitenden Stämme der mittleren und der vorderen Hirnarterie senden Blut zur übrigen Großhirnrinde. Außerdem gehen von der mittleren und der vorderen Hirnarterie im ersten Teil ihres Verlaufs etliche kleine Zweige aus, die Arteriae lenticulostriatales, die auch als durchbohrende Arterien bekannt sind und die direkt in das Gehirn eindringen. Das Gewebe, das durch ihren Eintritt durchbohrt wird, bezeichnet man als Substantia perforata anterior. (Ein Ort ähnlicher Perforation unter dem Kopf der Arteria basilaris auf der ventralen Oberfläche des Mittelhirns ist die Substantia perforata posterior; sie nimmt den Grund der Fossa interpeduncularis ein.) Die Substantia perforata anterior nimmt nicht mehr als etwa zwei Quadratzentimeter der Gehirnoberfläche ein. Doch die dort eindringenden Arterien sind für die arterielle Blutversorgung fast aller tiefen Strukturen der Großhirnhemisphäre — einschließlich des Corpus striatum und der inneren Kapsel — verantwortlich. Dagegen folgen die venösen Kanäle, die Blut aus der Hemisphäre herausführen, mehreren Richtungen — jeder denkbaren, wie es scheint. Weshalb sollte die Zufuhr arteriellen Blutes in das Innere der Großhirnhemisphäre durch ein so kleines Gebiet erfolgen? Im allgemeinen liegt der wohllokalisierte arterielle Zufluß für ein gegebenes Organ in demjenigen Teil seiner Oberfläche, der von den mechanischen Auswirkungen der Entwicklung dieses Organs am wenigsten berührt wird: mit anderen Worten, dem Teil, der während des gesamten Organwachstums am stabilsten bleibt. Ein Gefäßhilus — das heißt, ein wohllokalisierter arterieller Zufluß — befindet sich beispielsweise auf der medialen Seite der Niere. Ein anderer liegt auf der ventralen Seite der Leber. Die Substantia perforata anterior stellt keine Ausnahme von diesem Grundmuster dar. Von allen Orten auf der Oberfläche der Großhirnhemisphäre ist sie derjenige, welcher der Achse, um die sich die Hemisphäre krümmt, am nächsten liegt.

Eine Untersuchung von Abbildung 13.6 macht deutlich, daß der Bereich, der die Substantia perforata anterior und die Substantia perforata posterior auf der ventralen Oberfläche des Gehirns einschließt, eine in etwa viereckige Senke ist. Ihre rostrale Grenze ist die orbitale Seite des Vorderlappens, ihre caudale Grenze der Hirnstamm, genauer gesagt, der vordere Rand der Brücke. Ihre laterale Grenze wird zum Teil vom Hirnstiel, zum Teil vom olfaktorischen Cortex gebildet, der den Uncus, die mediale Vorwölbung des Gyrus parahippocampalis, bedeckt. Der Boden der Senke zeigt mehrere Strukturen. Das caudale Viertel des Bodens ist die Substantia perforata posterior. Vom übrigen Boden wölbt sich der Hypothalamus vor, der eine Reihe von Erhebungen hervorbringt. Zuerst kommen die Corpora mamillaria, ein Paar fast kugelförmiger Vorsprünge, die die caudale Grenze des Hypothalamus kennzeichnen. Dann schließt sich das Tuber cinereum (lateinisch für „graue Ausbauchung") an, ein unpaarer, trichterförmiger, medianer Vorsprung, dessen ventrale Fortsetzung, das Infundibulum (lateinisch für „Trichter"), den Hypophysenstiel bildet. Dieser Stiel endet in einer Schwellung, dem Hinterlappen des Hypophysenkomplexes. Unmittelbar rostral vom Infundibulum liegt das Chiasma opticum, die Hemidekussation (Halbkreuzung) der Sehnervenfasern. Von dessen caudalem Ende her ziehen die Tractus optici in caudaler und lateraler Richtung, wobei jeder die Ventralseite des Hirnstieles überquert. In Abbildung 13.6 ist der Tractus opticus nicht in voller Länge zu sehen; der Gyrus parahippocampalis verdeckt ihn großenteils. Unmittelbar lateral vom Chiasma opticum liegt auf beiden Seiten der

Mittellinie die Substantia perforata anterior. Dieses ungefähr dreieckige Gebiet ist teilweise in einem tiefen Einschnitt verborgen, der sich zwischen die caudale Grenze des Frontallappens und den Uncus des Temporallappens schiebt. Der Einschnitt ist der mediale Eingang zur lateralen oder Sylvischen Furche (Sulcus lateralis oder Fissura Sylvii).

Olfaktorische Strukturen

Wir beabsichtigen nun die olfaktorischen Strukturen an der Basis der Großhirnhemisphäre zu beschreiben. Das Problem ist, daß die Anordnung dieser Strukturen im menschlichen Gehirn und in den Gehirnen anderer Primaten in einem solchen Maße von der Temporalisierung beeinflußt wird, daß ihre Kontinuität zum Teil nicht mehr erkennbar ist. So erweist es sich als nützlich, die Abbildung 13.7 zu konsultieren, die die ventrale Seite des Gehirns einer Katze darstellt. Betrachten Sie zuerst den Bulbus olfactorius (den Riechkolben), einen mehr oder weniger ovalen Höcker, der den frontalen Pol des Gehirns nach vorne überragt. Seine Oberfläche ist ein Cortex, in dem Mitralzellen primäre olfaktorische Fasern empfangen. Caudal vom Bulbus olfactorius liegt der Pedunculus olfactorius. Bei Säugetieren, die keine Primaten sind, hat er ebenfalls einen Cortex, doch ist dieser so unauffällig geschichtet, daß sein gängiger Name einfach Nucleus olfactorius anterior lautet. Die Axone, die von den Mitralzellen im Bulbus olfactorius ausgesandt werden, ziehen caudalwärts in die Molekular- oder plexiforme Schicht des unauffälligen Cortex. Sie bilden den Tractus olfactorius (den Riechstrang), ein kräftiges, bandartiges Bündel, das man auf der ventralen Seite des Gehirns deutlich erkennen kann, weil es weißer ist als seine Umgebung. Einige der Axone enden im Nucleus olfactorius anterior. Die Mehrheit zieht aber weiter nach caudal; diese Fasern laufen lateral an einem noch wenig verstandenen, als Tuberculum olfactorium bezeichneten Ring aus Paläocortex entlang und verteilen sich dann auf den rostralen Teil des Lobus piriformis, eines birnenförmigen Bereichs, der im Gehirn der Katze und anderer nicht zu den Primaten zählender Säugetiere den Hauptteil der Basis der Großhirnhemisphäre bildet. (Erinnern Sie sich daran, daß *pirus* das lateinische Wort für „Birne" ist.) Der rostrale Teil des Lobus piriformis ist der primäre olfaktorische Cortex (die primäre Riechrinde), der auch — in Anbetracht seiner Lage — als piriformer Cortex bezeichnet wird. Er ist aus drei Schichten aufgebaut, das heißt, unter seiner Molekularschicht befinden sich zwei zellenthaltende Schichten. Die caudale Hälfte des Lobus piriformis ist die Area entorhinalis, ein vielschichtigerer Cortex. Wie man weiß, empfängt die Area entorhinalis einen Teil ihres Inputs vom Bulbus olfactorius. Sie erhält darüber hinaus Input vom Neocortex, der sie lateral flankiert. Von besonderem Interesse ist sie insofern, als ihre Hauptprojektion zum Hippocampus führt: Sie stellt eine Eingangspforte für den Verkehr vom Neocortex in das limbische System dar.

Beachten Sie in Abbildung 13.7, daß sowohl Bulbus olfactorius und Pedunculus olfactorius als auch der primäre olfaktorische Cortex bei der Katze glatt sind: Weder Gyri noch Sulci riffeln ihre Oberflächen. Beachten Sie auch, daß eine Sulcus rhinalis genannte Furche den Pedunculus olfactorius und den Lobus piriformis nach lateral hin vom Neocortex abgrenzt. Lateral von diesem Sulcus (und in etwa quer dazu) erstreckt sich eine kürzere Rinne,

243

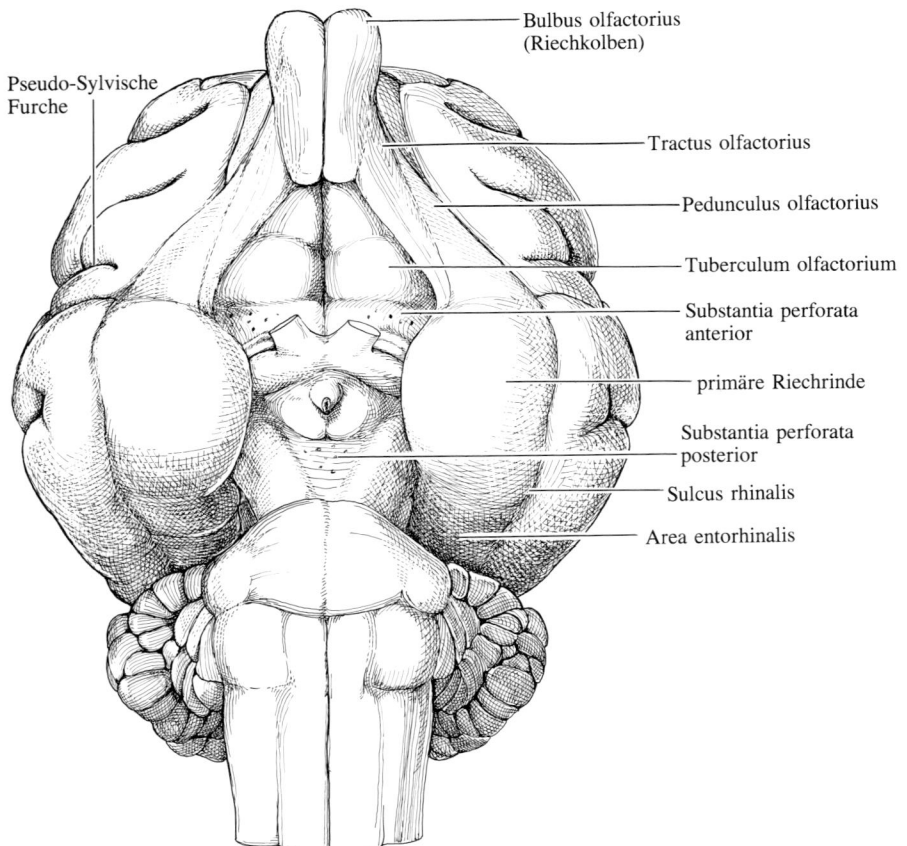

Bulbus olfactorius
(Riechkolben)

Pseudo-Sylvische
Furche

Tractus olfactorius

Pedunculus olfactorius

Tuberculum olfactorium

Substantia perforata
anterior

primäre Riechrinde

Substantia perforata
posterior

Sulcus rhinalis

Area entorhinalis

13.7 Die ventrale Oberfläche des Katzenge-hirns stellt einen nützlichen Kontrast zur ven-tralen Oberfläche des menschlichen Gehirns dar, weil die Temporalisierung bei der Katze gerade erst beginnt und olfaktorische Struktu-ren folglich noch nicht unter den Temporallap-pen verschwinden. Bei der Katze überragt der Bulbus olfactorius den frontalen Pol des Gehirns. Sein Outputbündel, der Tractus ol-factorius, bildet die weißliche Oberfläche des Pedunculus olfactorius; nach einem lateralen Schwenk verteilt der Tractus seine Fasern auf den primären olfaktorischen Cortex (die Riechrinde), den man in seiner Gesamtheit auf dem rostralen Teil des Lobus piriformis se-hen kann. Der caudale Teil des Lobus pirifor-mis ist die Area entorhinalis, ein Cortexfeld, das die neocorticale Pforte zum Hippocam-pus darstellt. Der Sulcus rhinalis begrenzt einen großen Teil des olfaktorischen Kon-tinuums.

die sogenannte Pseudo-Sylvische Furche. Sie markiert die beginnende Falte zwischen dem Temporallappen und dem frontoparietalen Cortex und damit den bescheidenen Fortschritt der Temporalisierung. Bei anderen Arten, vor allem bei Primaten, ist die entsprechende Falte länger und ausgeprägter: Als Sylvische Furche liegt sie zwischen dem frontoparietalen Cortex und dem wohlentwickelten, vorspringenden Temporallappen.

Im Gehirn eines Primaten ist der Bulbus olfactorius — verglichen mit dem übrigen Gehirn — klein. Überdies liegt er beim menschlichen Gehirn voll-ständig unter der orbitalen Oberfläche des Frontallappens, das heißt, er springt nicht vor. Dennoch gleicht er in seiner Cytoarchitektur weitgehend dem der Katze. Im Pedunculus olfactorius sind die Veränderungen radikaler. Erstens ist der Zellgehalt des Pedunculus stark vermindert. Daraus ergibt sich, daß der Pedunculus im wesentlichen zu einem Faserbündel wird. Er ist ein langer, weißer Stamm, der sich fast ausschließlich aus den Axonen von Mitralzellen zusammensetzt. Dennoch: Einige graue Substanz bleibt erhal-ten. Sogar im menschlichen Gehirn liegt der Nucleus olfactorius anterior als eine bescheidene Streuung von Zellen in dem eigentlichen Faserbündel vor. Hier erscheint, mit anderen Worten, die Bezeichnung „Kern" als durchaus angebracht: Die graue Substanz ist nicht mehr wie ein Cortex organisiert. Zweitens verliert der Pedunculus seinen breiten Kontakt mit der darüberlie-genden Großhirnhemisphäre. Bei der Katze legt er sich dort an die Hemi-sphäre an, wo die orbitale Oberfläche des Frontallappens auf die dorsale Sei-te des Pedunculus umbiegt. Bei einem Primaten ist er, außer an seinem cau-dalen Ende, „freischwebend". Kein Wunder, daß frühe Anatomen ihn fälschlicherweise für den rostralsten Hirnnerv hielten.

Bei Primaten verbindet sich der Pedunculus olfactorius letztlich am Trigonum olfactorium, das unmittelbar rostral vom Tuberculum olfactorium liegt, mit der Großhirnhemisphäre. Das Trigonum ist eine Besonderheit des Primatengehirns. Der Grund liegt auf der Hand: Das Trigonum ist einfach der dreieckige Vorsprung, der die Verbindungsstelle kennzeichnet. Wie bei der Katze schwenkt der Tractus olfactorius an der ventralen Oberfläche des Gehirns nach lateral. So wird er zur Stria olfactoria lateralis, die dem caudalen Rand der orbitalen Seite des Frontallappens folgt. Beim Primaten bedeutet die Wendung nach lateral jedoch, daß die Bahn bald unter dem sich nach vorne schiebenden temporalen Cortex verschwindet. Sie verschwindet also zur Sylvischen Furche hin. Die Rinne, die diese Wendung markiert, kann als der Anfang des Sulcus rhinalis angesehen werden, der ebenfalls aus der Sicht verschwindet. Schnitte zeigen, daß der versteckte Teil des Tractus olfactorius über dem rostralsten Teil des primären olfaktorischen Cortex liegt. Genauer gesagt, der Tractus olfactorius und der Paläocortex unter ihm gehören zur Insel (Insula), einem großen, ovalen Cortexgebiet, das auf dem Grund der Sylvischen Furche verborgen ist. Der rostralste Teil der primären Riechrinde stellt somit das Limen insulae, die „Schwelle" der Insel, dar. Das Limen insulae markiert eine scharfe, mediale Drehung des olfaktorischen Kontinuums – eine versteckte Wendung, durch die der Tractus olfactorius und der olfaktorische Cortex von der Basis der Insel auf die obere Oberfläche des Uncus umschlagen.

Assoziationscortex

Wir wenden unsere Aufmerksamkeit jetzt dem Neocortex zu. Teil a der Abbildung 13.8 stellt eine laterale Sicht auf das Gehirn dar. Es handelt sich allerdings um das Gehirn einer Ratte. Zwei Aspekte seiner Anatomie springen sofort ins Auge. Erstens fällt der Bulbus olfactorius auf: Er ragt kühn über den vorderen Pol der Großhirnhemisphäre hinaus. Im menschlichen Gehirn ist die homologe Struktur an der Basis der Hemisphäre versteckt. Zweitens ist das Gehirn der Ratte lissencephalisch: Es hat weder Windungen (Gyri) noch Furchen (Sulci) – mit Ausnahme eines deutlichen Sulcus rhinalis und einer Fissura hippocampi, die in der Abbildung nicht zu sehen ist. Diese Furchen begrenzen den Lobus piriformis. Der Mangel an Gyri und Sulci bedeutet, daß man die funktionellen Unterteilungen des Neocortex dieses Tieres ohne Hilfe anatomischer Orientierungspunkte kartieren muß. Die Abbildung zeigt eine solche Kartierung. Der visuelle Cortex nimmt den oberen hinteren Anteil des Hirnmantels ein; darunter liegt der auditorische Cortex und vor den beiden ein somatischer Cortex, in dem die Unterscheidung zwischen somatosensorischen und somatomotorischen Gebieten problematisch ist, weil sich die für somatosensorischen Cortex typische Architektur und die für motorischen Cortex charakteristische weitgehend überlagern. Hat man diese Bereiche abgehandelt, bleibt auf dem Hirnmantel nur noch wenig freier Raum übrig.

Teil b der Abbildung 13.8 zeigt das Gehirn einer Katze aus lateraler Sicht. Der Bulbus olfactorius ist weiterhin sichtbar und ragt sogar noch vor, doch beginnt die Großhirnrinde nun ihre hufeisenförmige Gestalt anzunehmen: Den Lobus piriformis flankiert jetzt auf seiner lateralen Seite eine bescheidene Vorwölbung von temporalem Neocortex. Die Area entorhinalis ist zwar

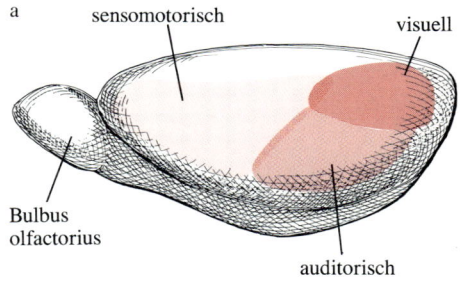

a sensomotorisch visuell

Bulbus olfactorius

auditorisch

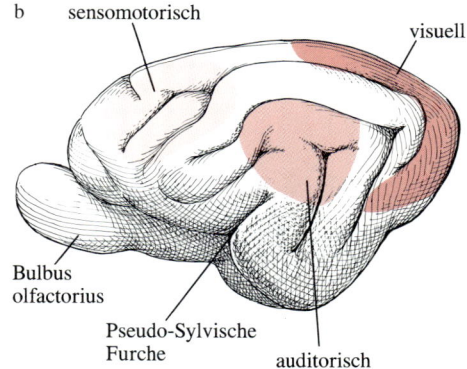

b sensomotorisch visuell

Bulbus olfactorius

Pseudo-Sylvische Furche auditorisch

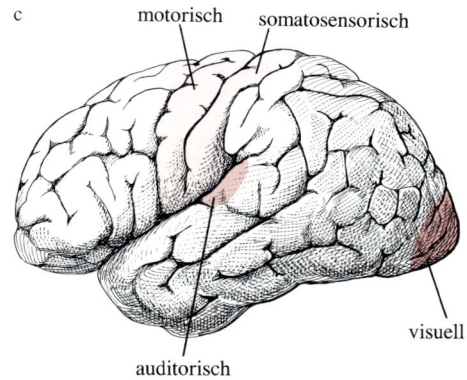

c motorisch somatosensorisch

visuell

auditorisch

13.8 Laterale Ansichten von drei Gehirnen helfen bei der Abgrenzung von Assoziationsfeldern auf dem neocorticalen Blatt. Die Ratte (a) besitzt fast keine Gyri und Sulci. Sehrinde, Hörrinde und somatosensomotorischer Cortex bedecken den größten Teil der Oberfläche der Großhirnhemisphäre. Die Katze (b) hat zahlreiche Gyri und Sulci. Sehrinde, Hörrinde sowie somatosensorischer und somatomotorischer Cortex nehmen einen großen Teil der Oberfläche der Hemisphäre ein, aber es gibt auch unbezeichnete Gebiete von beträchtlicher Größe, die Assoziationsfelder. Das menschliche Gehirn (c) ist in solchem Maße von Furchen durchzogen, daß die Ausdehnung eines Cortexfeldes oft schwer zu bestimmen ist. Im menschlichen Gehirn zerfällt der Assoziationscortex in zwei große Bereiche, die als vorderer und hinterer Assoziationscortex bezeichnet werden.

245

groß, aber durch den beginnenden Temporallappen fast völlig verdeckt. Beachten Sie, daß sich die Großhirnrinde jetzt durch ein Muster von Windungen und Furchen auszeichnet. Dieses Muster ist kaum weniger eindrucksvoll als das im Gehirn eines Affen. Unter den Sulci befindet sich auch die Pseudo-Sylvische Furche, die den beginnenden Temporalbereich kennzeichnet. Wenn man auf dem Hirnmantel der Katze visuelle, auditorische und somatosensomotorische Gebiete eingetragen hat, bleiben umfangreiche nichtidentifizierte Bereiche frei; sie nehmen einen weit größeren Anteil des Mantels ein als im Gehirn der Ratte. Es handelt sich um Assoziationsfelder, und unsere Methode, sie zu finden, ist keineswegs ungenau. Tatsächlich sind Assoziationsfelder eben jene Neocortexbereiche, die übrigbleiben, wenn man die Felder mit benennbarer Modalität ausschließt. Kurz gesagt, der Begriff Assoziationscortex grenzt Gebiete ab, deren Aufgabe schwer zu formulieren oder schlicht und einfach unbekannt ist.

Im menschlichen Gehirn besteht ein großer Anteil des Hirnmantels aus Assoziationscortex, aber die Größe dieses Anteils anhand von Teil c der Abbildung 13.8 genau abzuschätzen, ist schwer, denn diese Abbildung zeigt das menschliche Gehirn aus lateraler Sicht, und weite Teile der Cortexausdehnung – vielleicht die Mehrheit – sind in den Wänden und Böden der zahlreichen Furchen verborgen. Beispielsweise befindet sich nur ein winziger Teil des visuellen Cortex auf der lateralen Oberfläche der Großhirnhemisphäre. Sein Hauptteil liegt auf der medialen Oberfläche und in den Wänden der Fissura calcarina, die die mediale Oberfläche tief einschneidet. Ebenso liegt der größte Teil des auditorischen Cortex tief in der Fissura Sylvii. (Er bildet einen Teil der unteren Wand dieser Furche.) Zweifellos ist auf der Wölbung des Gyrus postcentralis somatosensorischer Cortex zu sehen und auf der Wölbung des Gyrus praecentralis somatomotorischer Cortex – dennoch liegt auch ein großer Teil des somatosensorischen Cortex verborgen in der hinteren Wand der Zentralfurche (des Sulcus centralis) und ein großer Teil des somatomotorischen Cortex in der vorderen Wand dieser Furche. Sämtliche Neocortexbereiche im menschlichen Gehirn, die in Abbildung 13.8 nicht in Farbe erscheinen, sind Assoziationscortex; so ist es nicht verwunderlich, daß die thalamischen Kerne, die auf diese Bereiche projizieren, groß sind. Im Gehirn der meisten Primaten, den Menschen und die Menschenaffen eingeschlossen, zerfällt der Assoziationscortex in zwei weiträumige Zonen – die eine vor, die andere hinter dem Komplex, der von den präzentralen und postzentralen Windungen oder (funktionell gesehen) vom somatosensorischen und somatomotorischen Cortex gebildet wird. Der vordere Assoziationscortex (um die von A. R. Luria von der Universität Moskau eingeführte Terminologie zu verwenden) entspricht fast dem gesamten Frontallappen des Primaten; er stellt das Gebiet dar, auf das der Nucleus medialis dorsalis des Thalamus projiziert und von dem dieser Kern seinerseits corticale Fasern empfängt. Der hintere Assoziationscortex bildet den größeren, hinteren Teil des Parietallappens. (Dessen kleinerer, vorderer Teil ist der somatosensorische Cortex.) Außerdem umfaßt er ein breites Band des Okzipitallappens und fast den ganzen Temporallappen. Er ist das Gebiet, auf das der Nucleus lateralis des Thalamus projiziert und von dem er dafür corticofugale Fasern empfängt.

14. Frontalschnitte

In diesem Kapitel werden wir die Anatomie des Vorderhirns anhand einer Reihe von Frontalschnitten beschreiben – also von Schnitten senkrecht zur Längsachse des Vorderhirns. Das ist ein gefährliches Vorhaben. Es zeigt sich nämlich, daß Strukturen, die man gerne zusammen besprechen möchte, weit auseinander liegen. Strukturen, die man nie miteinander in Zusammenhang bringt, erweisen sich als eng benachbart. Strukturen, über die sich viel sagen läßt, sehen bedeutungslos aus. Strukturen, über die man wenig weiß, beherrschen die Landschaft. Das Seziermesser trifft keine Unterscheidungen. Aber vielleicht ist das auch ein Vorteil. Wenn man das Nervensystem rein konzeptionell behandelt, hat ein Faserbündel nur einen Ursprung und ein Ziel. Sein gewundener Lauf braucht nicht berücksichtigt zu werden. Auch eine Zellgruppe muß nicht unbedingt existieren – wenn etwa ihre Funktion oder ihre Verbindungen im Schaltplan des Gehirns verwirrend oder unbekannt sind. Auf Querschnitten zeigt sich alles. Wir werden deshalb – neben der Beschreibung jener Strukturen, die für unser Verständnis des Zentralnervensystems von ganz grundlegender Bedeutung sind – zwangsläufig auch auf Dinge hinweisen müssen, für deren Erwähnung bisher keine Gelegenheit oder Notwendigkeit bestand. Nach dem ersten Frontalschnitt wird das Striatum einige merkwürdige Komplikationen erleben. Zwei oder drei Schnitte weiter ergeht es dann der Basis des Vorderhirns nicht anders. Nach fünf Schnitten wird sich zeigen, daß der Aussage, der Globus pallidus projiziere auf den Thalamus, eine verworrene Anatomie zugrundeliegt. Und so geht es weiter.

Hier also ist ein zehn Schnitte umfassender Atlas des menschlichen Vorderhirns. Acht Schnitte sind farbig photographiert. Sie wurden Weigert-gefärbt; folglich ist das Myelin hier schwarz, und die graue Substanz erscheint hellgelb. Verschiedene Myelinisierungsgrade und -muster ergeben unterschiedliche Texturen, durch die sich verschiedene Regionen voneinander abheben. Alles fängt wirklich ganz einfach an. Der erste (in Abbildung 14.1 dargestellte) Vorderhirnschnitt geht durch die Frontallappen. Unter ihnen sind die Temporallappen noch nicht zu sehen; dazu befinden wir uns zu weit vorne. Die vom Schnitt getroffene graue Substanz ist frontaler Assoziationscortex. Die – ebenfalls frontale – weiße Substanz besteht teilweise aus Fasern, die den Balken durchziehen, um über die Mittellinie hinweg homotope frontale Felder miteinander zu verbinden; teilweise besteht sie aus Fasern, die vom Nucleus medialis dorsalis des Thalamus auf den frontalen Assoziationscortex projizieren, und teilweise aus corticofugalen Fasern, die diese Projektion erwidern. Die letzten beiden Klassen von Fasern sind Bestandteile der frontalen Strahlung der Corona radiata. Der Knoten weißer Substanz im Zentrum des Schnittes ist das Balkenknie. Es wird beiderseits vom Vorderhorn des Seitenventrikels flankiert.

Der Nucleus accumbens

Der zweite Schnitt in Abbildung 14.1 liefert den in Abbildung 14.2 photographisch dargestellten Frontalschnitt. Hier ist das Muster schon komplizierter. Zum einen führt der Schnitt durch die Spitzen der Temporallappen, die als halbmondförmige Cortexstücke mit einem Zentrum aus weißer Substanz erscheinen. Überdies ist das Vorderhorn des Seitenventrikels nicht mehr nur eine Aushöhlung des Balkens. Der Balken bleibt zwar sein Dach, doch seine mediale Wand wird jetzt durch das Septum und seine laterale Wand durch den Kopf des Nucleus caudatus gebildet. Den lateralen Rand des Nucleus caudatus kennzeichnet die innere Kapsel (Capsula interna), die diesen Kern vom Putamen trennt. Zwei Umstände lassen vermuten, daß diese Trennung zufällig ist, und stützen damit die Annahme, daß Nucleus caudatus und Putamen eine Einheit bilden, nämlich das Striatum. Erstens sind Nucleus caudatus und Putamen über graue Brücken verbunden, die die innere Kapsel durchbohren. Zweitens treffen sich die beiden an der ventralen Grenze der Kapsel. (Genaugenommen kommen sie an der dreieckigen Lücke im Kegel der inneren Kapsel zusammen.) Der Bereich, in dem sie ineinander übergehen, heißt Nucleus accumbens oder, genauer, Nucleus accumbens septi: der sich an das Septum anlehnende Kern. Er tut das im Gehirn der Ratte oder der Katze recht deutlich.

Der Nucleus accumbens ist bis zu einem gewissen Grade typisch für das Striatum als Ganzes. Er bekommt Input vom Neocortex, und er projiziert, wie das übrige Striatum, auf den Globus pallidus und die Substantia nigra. Kurz, er trägt zur Verschaltung des extrapyramidalen motorischen Systems bei. Andererseits erhält der Nucleus accumbens – zusammen mit einem großen Teil, vielleicht sogar dem gesamten Nucleus caudatus – Input vom limbischen System. Tatsächlich empfängt er beachtliche direkte Projektionen von den beiden limbischen „Kopfganglien", dem Hippocampus und der Amygdala. Es ist also sinnvoll, das Striatum in zwei Gebiete einzuteilen: eines, das vielfachen limbischen Einflüssen unterliegt, und eines, das bedeutend weniger limbischen Input erhält. Die neocorticalen Afferenzen des Striatum gehorchen dieser Einteilung auf sonderbare Weise. Der Nucleus accumbens und das übrige „limbische Striatum" bekommen ihren neocorticalen Input vom frontalen Assoziationscortex – von dem Teil des Neocortex, könnte man sagen, der am ehesten limbisch ist. Das „nichtlimbische Striatum" erhält seinen neocorticalen Input vom gesamten übrigen Neocortex, einschließlich des motorischen Cortex. Die Fasern, die das „limbische Striatum" verlassen, sind genauso sonderbar. Zum einen projiziert der Nucleus accumbens über das mediale Vorderhirnbündel auf die Formatio reticularis des Mittelhirns und auf den Hypothalamus. Außerdem projiziert er auf den ventralsten Teil des Globus pallidus, einen Bereich, von dem man nicht einmal wußte, daß er zum Globus pallidus gehört, ehe Lennart Heimer und Richard Wilson vom Massachusetts Institute of Technology ihn 1975 eingehend untersuchten. Sie nannten ihn ventrales Pallidum. (Es wird in Abbildung 14.3 zu sehen sein.) Das ventrale Pallidum trägt zu der charakteristischen extrapyramidalen Verschaltung bei, indem es seinerseits auf den Nucleus subthalamicus projiziert. Zusätzlich jedoch entsendet es Fasern zum Nucleus medialis dorsalis des Thalamus und außerdem zu limbischen Strukturen, etwa der Amygdala. Man sieht allmählich, daß limbische Einflüsse schleifenartig in das Corpus striatum hineinziehen, zuerst zum „limbischen

Striatum", einem Bezirk, dessen Wahrzeichen der Nucleus accumbens — der ventralste und medialste Teil des Striatum — ist, dann weiter zum „limbischen Pallidum", dem ventralsten Teil des Globus pallidus, und schließlich zurück zum limbischen System. Noch allgemeiner ausgedrückt: Das limbische System und der Neocortex leiten beide einen Teil ihres Outputs durch das Striatum und das Pallidum und wieder zurück zum Ursprungsort des Outputs. Man wundert sich langsam, daß das Corpus striatum lediglich für motorisch gehalten wird.

Der frontale Cortex in Abbildung 14.2 zeigt die Anfänge einer komplizierten Einfaltung. Das Grundmuster ist vielleicht in Abbildung 14.1 noch deutlicher zu erkennen. Der Cortex, der die Konvexität der Großhirnhemisphäre umkleidet, bildet hier ein Paar wellenartiger Falten, die sich an der Sylvischen Furche wie Lippen treffen; im Gehirn eines Primaten verbergen diese Falten oder Opercula (lateinisch für „Deckel") einen großen, mehr oder weniger ovalen Cortexanteil in der Tiefe der Furche. Dieser versteckte Anteil heißt Insula, die Insel. Man kann sie als ein eindrucksvolles Beispiel von Cortexgewebe ansehen, das in einer tiefen Furche versteckt liegt. (Drei Ovale von grauer Substanz, die im subcorticalen Mark auf der linken Seite der Abbildung 14.2 erscheinen, sind ebenfalls Böden von Furchen.) In Abbildung 14.2 geht die Insel in die rückwärtige Ausdehnung des orbitofrontalen Cortex über. Die weiße Substanz, die unter der Insel liegt — also quasi der Kabelkeller der Inselrinde —, ist als Capsula extrema bekannt; ihre ventrale Hälfte wird durch Fasern verdickt, die zwischen orbitofrontalem Cortex und temporalem Cortex verlaufen. Zusammen bilden diese Fasern den Fasciculus uncinatus, ein corticales Assoziationsbündel, das reziproke Verbindungen zwischen dem Frontallappen und dem Temporallappen herstellt. Unter der Capsula extrema liegt ein dünnes Blatt grauer Substanz, das sogenannte Claustrum, was soviel wie „Wand" bedeutet. Das Claustrum seinerseits überdeckt ein deutlich abgegrenztes Blatt weißer Substanz, die Capsula externa, die den lateralen Rand des Putamen kennzeichnet. Man nimmt an, daß die Capsula externa überwiegend aus Fasern besteht, die vom Neocortex auf das Putamen projizieren — als erstes Verbindungsglied der Einschleusung neocorticaler Informationen, wie sie für das extrapyramidale motorische System typisch ist.

Das diagonale Band und die Substantia innominata

Der dritte Schnitt in Abbildung 14.1 liefert den in Abbildung 14.3 photographisch dargestellten Frontalschnitt. Er zeigt weitere Verwicklungen. Die Struktur, die wie eine schwarze Fliege unter dem Schnitt schwebt, ist das Chiasma opticum, die Halbkreuzung (Hemidekussation) der Sehnerven auf ihrem Weg zum Corpus geniculatum laterale im Thalamus und zum Colliculus superior im Mittelhirn. Über ihm legt sich — auf der linken wie auf der rechten Seite — ein wesentlich kleineres, dunkel gefärbtes Bündel an das übrige Gehirn an: der Pedunculus olfactorius. (In Abbildung 14.2 war er nicht an das Gehirn angebunden, sondern schwebte frei in der Bucht einer tiefen orbitofrontalen Rinne, die als Sulcus olfactorius bekannt ist.) Hier nun sehen wir das Trigonum olfactorium; wir sind am olfaktorischen Cortex angekommen. Rechts ist zu erkennen, wie der olfaktorische Cortex von der Basis des Frontallappens auf den Uncus umschlägt, der allmählich auf der

249

medialen Seite des Temporallappens erscheint. Die Kurve umschließt die mittlere Hirnarterie (Arteria cerebri media), die gerade davorsteht, in die subarachnoidale Zisterne der Sylvischen Furche einzudringen. Links ist es noch nicht zu einem ähnlichen Umschlag gekommen; der Schnitt verläuft asymmetrisch. Die Hirnarterie ist jedoch erkennbar. Die Kurve nimmt die mediale Seite eines Sockels ein, durch den der Temporallappen mit dem übrigen Gehirn verbunden ist. Auf der entgegengesetzten, lateralen Seite dieses Sockels tritt der temporale Neocortex mit der Inselrinde in Verbindung. In seinem Inneren strömen Fasern des Fasciculus uncinatus an der Basis der Capsula extrema in die weiße Substanz des Temporallappens.

Die wohl bemerkenswerteste Einzelstruktur von Abbildung 14.3 ist ein auffälliges Faserbündel unter der inneren Kapsel und dann unter dem ventralen Rand des Globus pallidus, das wie eine Art Schnurrbart aussieht. Ein kleiner Teil des Pallidum bleibt unterhalb dieses Faserbündels; es handelt sich dabei um das ventrale Pallidum von Heimer und Wilson: das Hauptzielgebiet der extrapyramidalen Bahnen vom Nucleus accumbens. Das Bündel selbst ist die vordere Kommissur (Commissura anterior). Bei Primaten verbindet die Hauptmasse ihrer Fasern den temporalen Cortex der linken Großhirnhemisphäre mit dem der rechten. Die vordere Kommissur ist im Prinzip so etwas wie ein privates Corpus callosum für einen großen rostralen Teil der Temporallappen. Unter ihr liegt – vor allem links – striatales Gewebe: der Nucleus accumbens. Medial von diesem findet man eine stärker myelinisierte graue und weiße Struktur, das sogenannte diagonale Band von Broca. Es führt uns in einen Teil des Gehirns, über den man auch heute erst wenig weiß. Das diagonale Band beginnt in einem medialen Teil des Septum und steigt dann die mediale Seite der Großhirnhemisphäre herab, wobei es senkrecht vor der vorderen Kommissur vorbeizieht. Dann, an der Basis der Hemisphäre, macht es eine caudale und laterale Wendung und gelangt so auf die laterale Seite des Tractus opticus, entlang der es seinen Weg zur Amygdala fortsetzt. Abbildung 14.3 fängt gerade den Knick zwischen den beiden Schenkeln seines Verlaufs ein. Die Fasern des diagonalen Bandes zeichnen einen weißlichen Streifen auf die Oberfläche des Gehirns – daher der Name der Struktur. Sie gelangen nicht ganz bis zur Amygdala. Vielmehr verliert sich das diagonale Band in der Substantia innominata, einer anderen Struktur, die zu erwähnen wir noch keine Gelegenheit hatten; sie beginnt auf der rechten Seite der Abbildung 14.3, wo ihr rostraler Pol den Nucleus accumbens von seinem Platz verdrängt. Die Substantia innominata wird in den Abbildungen 14.4 und 14.5 auf beiden Seiten des Gehirns deutlich zu sehen sein. Ihr Name scheint auf einem Scherz zu beruhen. Man nimmt an, daß irgendein Spaßvogel, dessen Identität sich nicht mehr klären läßt, die Veröffentlichungen des Berliner Anatomen Karl Reichert gelesen hatte, der um 1860 systematisch die Zellgruppen an der Basis des Vorderhirns untersuchte. Reichert hatte es unerklärlicherweise versäumt, dem Gewebe unter dem Globus pallidus einen Namen zu geben. Um diese Unterlassung zu berichtigen, prägte der Witzbold den Begriff „Substantia innominata von Reichert". Tatsächlich ist es die Substanz, die Reichert unbenannt gelassen hat. Am besten definiert man sie als die graue und weiße Substanz, die den Globus pallidus von der ventralen Oberfläche des Vorderhirns trennt.

Die Stellung des diagonalen Bandes und der Substantia innominata im Schaltplan des Gehirns läßt sich leicht zusammenfassen. Das diagonale Band ist eine graue und weiße Brücke, die reziproke Verbindungen zwischen Septum und Substantia innominata herstellt, und die Substantia innominata eine, die für reziproke Kontakte zwischen der Amygdala und dem Hypothalamus sorgt. (Sie trägt die ventrale amygdalofugale Bahn und die entsprechenden zurückprojizierenden Fasern, und sie zapft diese beiden Leitungen an.) Darüber hinaus spricht vieles dafür, die Substantia innominata und das diagonale Band zusammen zu betrachten. Zum einen umfassen beide Ansammlungen großer Neuronen. Die Substantia innominata enthält den Nucleus basalis von Meynert – nach Theodor Meynert, dem Wiener Neurologen des 19. Jahrhunderts. Dieser Kern ist die größte magnozelluläre Zellgruppe an der Basis des Vorderhirns. Das diagonale Band enthält entlang seiner Schenkel den Kern des Bandes, eine kleinere, aber ebenfalls magnozelluläre Gruppe. Beide Kerne haben limbische Verbindungen. Der Nucleus basalis unterhält reziproke Kontakte mit der Amygdala, der Kern des diagonalen Bandes solche mit dem Hippocampus. Außerdem projiziert der Nucleus basalis auf den Neocortex – den gesamten Neocortex –, und zwar in ziemlich geordneter topologischer Weise. Man kann also sagen, daß beide Kerne auf die Großhirnrinde projizieren. Berichten zufolge verarmen bei Patienten mit jener schnell fortschreitenden Demenz, die als Alzheimersche Erkrankung bekannt ist, der Nucleus basalis und der Kern des diagonalen Bandes an magnozellulären Neuronen. Solche Patienten verlieren ihr Erinnerungsvermögen, werden verwirrt und desorientiert; sie sind unfähig, abstrakt zu denken, und verlieren in fortgeschrittenem Stadium der Krankheit sogar die Fähigkeit, ihre engsten Freunde und Verwandten zu erkennen. Keine andere Demenz nimmt vergleichbare Ausmaße an. Gegenwärtig stellt man sich den Nucleus basalis und den Kern des diagonalen Bandes dementsprechend als ein für Geistesfunktionen entscheidendes System vor. Vielleicht steuern die beiden Kerne gewissermaßen die Sollwerteinstellung von Hippocampus und Neocortex. Über eine letzte Eigenschaft von ihnen weiß man etwas sicherer Bescheid. Sie sind cholinerg: Ihre magnozellulären Neuronen verwenden Acetylcholin als Transmitter. Sie haben sich sogar als die einzige Quelle corticaler Afferenzen erwiesen, die Acetylcholin einsetzt – eine eindrucksvolle Eigenschaft für Teile des Gehirns, die so lange nicht beachtet wurden.

Der Teil des Querschnittes oberhalb der vorderen Kommissur ist etwas weniger verwirrend. Betrachten Sie zuerst die innere Kapsel. Auf ihrer lateralen Seite liegt der Nucleus lentiformis, der deutlich in zwei Teile zerfällt. Der laterale, hell gefärbte Teil ist das Putamen, der mediale, dunkler gefärbte der Globus pallidus. Letzterer ist seinerseits in zwei Abschnitte unterteilt, aber in Abbildung 14.3 fangen diese Abschnitte gerade erst an; später werden sie deutlicher. Der Mittellinie am nächsten liegen die Columnae fornicis (die Fornixsäulen). Jede kennzeichnet den Abstieg des Fornix zum Hypothalamus am Ende seiner bogenförmigen Bahn vom Hippocampus. Die Säule auf der linken Seite ist hinter ihrem Scheitelpunkt durchgeschnitten und erscheint deshalb in Form zweier unverbundener Teilstücke. Die Säule auf der rechten Seite ist dagegen vollständig. Der annähernd dreieckige Raum zwischen den Säulen gehört zum dritten Ventrikel; links geht das Foramen interventriculare von Monro in das Vorderhorn des Seitenventrikels über. Das Vorderhorn wird seinerseits medial vom Septum begrenzt, das sich über den Fornixsäulen an seiner Basis zum sogenannten Stylus septi verbreitert. Der Stylus enthält den größten Teil der Neuronen des Septum. Die laterale Wand des Vorderhornes wird zunächst vom Nucleus caudatus und dann von einer Kaskade aus grauer Substanz gebildet, die in einem grauen Dreieck zwischen dem Fornix und der inneren Kapsel endet. Links sieht man das Dreieck, rechts auch die Kaskade. In beiden Fällen ist die graue Substanz der Kern der Stria terminalis, der die Stria auf ihrem Abstieg zum Hypothalamus am Ende ihres Bogens von der Amygdala begleitet.

Es gibt zumindest eine merkwürdige Struktur über der vorderen Kommissur in Abbildung 14.3. Auf der medialen Seite der inneren Kapsel treten (vor allem links) Flecken grauer Substanz in die dunkel gefärbte Masse der Kapsel ein und verleihen ihr ein gesprenkeltes Aussehen. Die Flecken kennzeichnen den rostralen Pol des Thalamus, genauer gesagt, den Nucleus reticularis, ein Blatt aus grauer Substanz, das nicht nur den rostralen Pol, sondern auch die ventralen und lateralen Ränder des Thalamus bedeckt. Die netzartige (retikuläre) Struktur entsteht, weil der Kern sich zwischen die innere Kapsel und den Thalamus schiebt; er wird daher von Bündeln aus Fasern durchbohrt, die in die Kapsel eintreten, um wechselseitige Verbindungen zwischen Thalamus und Neocortex herzustellen. Solche Bündel bilden Gruppen, die man als Thalamusstiele oder -schenkel bezeichnet; hier sind wir dem vorderen Thalamusstiel begegnet. Die wichtigsten Afferenzen zum Nucleus reticularis scheinen die Kollateralen von Fasern des Thalamusstieles zu sein; so haben Arnold und Madge Scheibel von der University of California in Los Angeles 1966 den Nucleus reticularis als eine Zellgruppe charakterisiert, die den Hin- und Rückverkehr zwischen Thalamus und Cortex überwacht. Seltsamerweise wird der Output des Nucleus reticularis ausschließlich zurück zum Thalamus und nicht nach vorne zum Cortex gelenkt.

Das rostrale Corpus striatum

Der vierte Schnitt in Abbildung 14.1 liefert den in Abbildung 14.4 photographisch dargestellten Frontalschnitt. Wieder ist der Temporallappen — durch eine Art Sockel — mit der übrigen Großhirnhemisphäre verbunden. (Hier erscheint der Sockel aber auf beiden Seiten des Gehirns.) Er wird vom Fasciculus uncinatus durchzogen, der von seiner Ausgangsstation an der Basis der Capsula extrema zum temporalen Cortex zieht. Medial von dem Sockel (und lateral vom Chiasma opticum) gabelt sich die Carotis interna am vorderen Ende des Circulus arteriosus Willisi in zwei untergeordnete Gefäße: die Arteria cerebri anterior, die zuerst einen medialen Kurs einschlägt, und die Arteria cerebri media. Beide Hirnarterien entsenden zahlreiche kleinere Arterien, die die Basis des Vorderhirns durchbohren und so die Substantia perforata anterior entstehen lassen. Wir sehen jetzt, daß das, was sie durchbohren, die Substantia innominata ist, jene graue und weiße Brücke, die Amygdala und Hypothalamus miteinander verbindet. Die rechte Seite der Abbildung 14.4 präsentiert fast die volle Spannweite dieser Brücke. Von lateral nach medial zeigen sich hier die rostrale Spitze der Amygdala (die in Abbildung 14.5 deutlicher zu sehen sein wird), dann die Substantia innominata, deren heterogene Textur in diesem Weigert-Präparat bestätigt, daß sie eine Vielfalt von Zellgruppen (einschließlich des Nucleus basalis) beherbergt, und schließlich — zum Rand des dritten Ventrikels hin — das präoptische Gebiet (Area praeoptica), das allein nach seiner Lage benannt ist: Ein großer Teil dieser Region liegt rostral von der Stelle, wo sich das Chiasma opticum an die Basis des Vorderhirns schmiegt. Das präoptische Gebiet entspricht im wesentlichen dem vorderen Hypothalamus. Die Arteria cerebri anterior zieht nach vorne auf den vorderen Pol der Großhirnhemisphäre zu. Unterdessen wendet sich die Arteria cerebri media zuerst in lateraler Richtung, dann nach hinten um den Sockel des Temporallappens herum und erreicht so die Oberfläche der Insel in der Tiefe der Sylvischen Furche. Dort verzweigt sie sich in einen ausgedehnten „Kandelaber" von Gefäßen. Die meisten dieser Kandelaberverzweigungen krümmen sich zurück über die Lippen der Sylvischen Furche und versorgen so einen großen Cortexbereich auf der Konvexität der Hemisphäre.

Über der Substantia innominata in Abbildung 14.4 findet man die vordere Kommissur oder, genauer, ihren temporalen Schenkel, der auf seinem Weg zum temporalen Cortex schräg angeschnitten ist. So liefert die Abbildung ein Grundmodell dafür, wie neocorticale Bereiche untereinander in Verbindung treten. Der temporale Cortex auf jeder Seite des Gehirns empfängt Fasern vom homotopen Cortex auf der anderen Seite der Mittellinie, und zwar über ein kommissurales Bündel. Hier ist dieses Bündel die vordere Kommissur; anderswo wäre es der Balken. Außerdem tritt der temporale Neocortex auf jeder Seite des Gehirns über corticale Assoziationsbündel mit ipsilateralen Cortexgebieten in Verbindung. Hier ist dieses Bündel der Fasciculus uncinatus. Dieses allgemeine Schema — Entsenden und Empfangen von ipsi- wie auch kontralateralen corticocorticalen Fasern — gilt für fast alle Cortexfelder. Über der vorderen Kommissur liegt der Globus pallidus. Er ist deutlich zweigeteilt: Ein dünnes Blatt weißer Substanz, die Lamina medullaris interna, gliedert ihn in zwei Segmente, die man mediales und laterales, internes und externes oder einfach inneres und äußeres Segment nennt. Die Zellen des inneren Segments sind im Durchschnitt etwas größer als die des äußeren. (Das ventrale Pallidum gehört zum äußeren Segment.) Neben dem äußeren Segment liegt das Putamen, das den Nucleus lentiformis vervollständigt. Es ist recht hell gefärbt, erscheint jedoch aufgrund einer Fülle schlanker, strähniger Bündel in seinem Inneren getüpfelt; alle diese Bündel setzen sich aus dünnen Fasern zusammen, die aber trotzdem Myelinscheiden besitzen. In einem unfixierten Gehirn rufen die Bündel jene Streifung hervor, die Anatomen früher schon in striatalem Gewebe sehen konnten; der englische Neurologe S. A. K. Wilson nannte diese Bündel zu Beginn dieses Jahrhunderts die Stiftbündel (*pencil bundles*). Es sind striatale Efferenzen mit zwei Hauptzielgebieten. Einige der Fasern, die Stiftbündel bilden, projizieren auf die Substantia nigra und erwidern so die dopaminerge Projektion von ihr zum Striatum. Die restlichen Fasern konvergieren auf den Globus pallidus — sowohl auf das innere als auch auf das äußere Segment — und erweitern so die extrapyramidale Informationseinschleusung.

Über dem Nucleus lentiformis liegt die innere Kapsel. Auf beiden Seiten des Schnittes, vor allem aber auf der linken, dringt eine graue Brücke in sie ein, die das Putamen mit dem Nucleus caudatus verbindet. Dann kommt der Thalamus — in seiner typischen Position medial und dorsal von der inneren Kapsel. Auf der rechten Seite der Abbildung 14.4 sieht er ähnlich aus wie in Abbildung 14.3: Man erkennt den Nucleus reticularis als ein gesprenkeltes ovales Feld. Hier jedoch, im Zentrum des Ovals, ist der Nucleus ventralis anterior (V.A.) erschienen. Links taucht ein weiterer, hell gefärbter Kern auf: der Nucleus anterior, der thalamische Repräsentant des Papez-Leitungsbogens. Erinnern Sie sich daran, daß dieser Bogen vom Hippocampus zum Corpus mamillare führt, dann zum Nucleus anterior, als nächstes zum Gyrus fornicatus und schließlich zurück zum Hippocampus. In Abbildung 14.4 ist eine Abkürzung im Papez-Leitungsbogen zu sehen. Der Fornix erscheint auf jeder Seite des Schnittes zweimal: einmal an der Basis des Septum, in Begleitung von der grauen Substanz des Stylus septi, und noch einmal oberhalb des Kernes der Stria terminalis, die hier in das präoptische Gebiet übergeht. (Stria und Fornix nähern sich dem Ende ihrer Spiralbahnen.) Von dem zweiten Fornixanschnitt steigen Fasern nach dorsolateral auf. Der Nucleus anterior thalami ist eines ihrer Hauptziele. Das Corpus mamillare wird dabei umgangen.

Übergänge

Der fünfte Schnitt in Abbildung 14.1 liefert den in Abbildung 14.5 photographisch dargestellten Frontalschnitt. Dieser zeichnet sich vor allem durch Aspekte aus, deren eindrucksvollste Ausgestaltung jeweils noch bevorsteht. So hat zum Beispiel der Thalamusquerschnitt noch nicht ganz das Aussehen angenommen, das ihn auf einem großen Teil seiner Längsausdehnung kennzeichnet. Dennoch zeigt der Thalamus drei verschiedene Kernkomplexe. Einer davon, der Nucleus anterior, war schon in Abbildung 14.4 vorhanden. Jetzt aber dringt von unten ein stark myelinisiertes Faserbündel in ihn ein, besonders auf der rechten Seite des Schnittes. Dieses Bündel, der sogenannte Tractus mamillothalamicus, ist Teil des Papez-Leitungsbogens: Er steigt vom Corpus mamillare zum Nucleus anterior auf. Unmittelbar unter dem Nucleus anterior liegt der Nucleus medialis dorsalis oder zumindest sein rostraler Pol. Dieser Kern projiziert auf den frontalen Assoziationscortex. Wie wir bereits festgestellt haben, sind seine Inputs bemerkenswert. Neben einer Erwiderung seiner frontalen Projektionen empfängt der Nucleus medialis dorsalis Fasern vom primären olfaktorischen Cortex sowie von limbischen Strukturen wie der Amygdala. Zusammen mit dem Nucleus anterior bildet er einen medialen, hell gefärbten Bereich des Thalamus. Der dunkler gefärbte Bereich lateral davon ist der V.A.-V.L.-Komplex: die Endstation für den Bindearm (Brachium conjunctivum), der vom Kleinhirn kommt, und für die Ansa lenticularis, die vom Globus pallidus zu ihm zieht.

Auch die Amygdala zeigt sich noch nicht in voller Ausprägung. Trotzdem sind ihre Hauptverbindungen mit dem übrigen Gehirn deutlich zu sehen. Die dunklen Streifen im ventralen Teil der Amygdala auf der rechten Seite des Schnittes repräsentieren wechselseitige Verbindungen zwischen ihr und den unteren Temporalwindungen (Gyri temporales inferiores). Hier haben wir also ein sichtbares Zeichen für den Einfluß des limbischen Systems auf die neocorticale Aktivität. Außerdem ist die anatomische Beziehung der Amygdala zur Substantia innominata ziemlich klar ersichtlich, vor allem auf der rechten Seite des Schnittes. Die Amygdala bildet dort den unteren Schenkel eines C-förmigen grauen Bogens. In ihm durchqueren die dünn myelinisierten Fasern der ventralen amygdalofugalen Leitungsbahn die Substantia innominata, um zum Hypothalamus zu gelangen, der am medialen Ende des oberen Schenkels des C liegt. Einige längere amygdalofugale Fasern wenden sich dorsalwärts um den medialen Rand der inneren Kapsel und streben so dem Thalamus zu; sie enden zum größten Teil im Nucleus medialis dorsalis. Über dem Teil des C, in dem der dorsale Hals der Amygdala in die Substantia innominata übergeht, gesellt sich der temporale Schenkel der vorderen Kommissur zum Fasciculus uncinatus und zieht mit ihm zusammen zur weißen Substanz im Zentrum des Temporallappens. (Hier macht die Weigert-Färbung dieses Zentrum natürlich schwarz.) Ebenfalls über dem C ist links wie rechts deutlich der Globus pallidus zu erkennen. In Abbildung 14.5 zeigt er nicht ganz das volle Aufgebot seiner Outputleitungen. Eine efferente Bahn aber ist deutlich zu sehen. Sowohl auf der linken als auch auf der rechten Seite des Schnittes wird die Basis des Globus pallidus durch ein ziemlich dickes schwarzes Band betont. Diese Marklamelle entspricht einem ventralen Kontingent dicker, stark myelinisierter Fasern, die das innere Pallidumsegment verlassen und zunächst auf die Mittellinie zulaufen. Anschließend ziehen sie – wie man auf beiden Seiten der Abbildung 14.5 sehen kann – in einem Bogen um den medialen Rand der inneren Kapsel. So kommen sie zu ihrem Namen: Sie bilden die Ansa lenticularis (die „Linsenkernschlinge"). In Abbildung 14.5 läßt sich die Ansa nur bis auf den Rücken der inneren Kapsel verfolgen; für eine Beschreibung ihres weiteren Verlaufs sollte man am besten bis zum nächsten Schnitt warten.

Vorher jedoch wollen wir noch eine weitere Struktur besprechen. Sie ist in Abbildung 14.5 nur schwer zu sehen, wäre aber auch in keinem anderen Schnitt deutlicher. Es geht um das mediale Vorderhirnbündel. Um es zu finden, betrachten Sie zunächst den Fornix, der sich wie zuvor auf jeder Seite des Schnittes zweimal zeigt: einmal an der Basis des Septum (als Corpus fornicis) und einmal im Hypothalamus. Sehen Sie sich nun die Umgebung des Fornix im Hypothalamus an. Auf seiner ventralen Seite läuft der Hypothalamus zwischen den Tractus optici trichterartig nach unten aus. Dieser Trichter wird vom Recessus infundibuli des dritten Ventrikels ausgehöhlt; der Schnitt liegt unmittelbar vor dem Beginn des Infundibulum (des Stieles des Hinterlappens der Hypophyse). Auf der lateralen Seite des Fornix befindet sich das mediale Vorderhirnbündel. Seine Fasern sind dünn und lagern sich gewöhnlich nicht eng aneinander. Dennoch verleihen sie dem lateralen Hypothalamus, den sie der Länge nach durchziehen, seine retikuläre Textur. (Sie durchziehen ein Gebiet, das medial vom Fornix und lateral von der inneren Kapsel begrenzt wird.) Eine Eigenschaft des medialen Vorderhirnbündels zeigt sich deutlich auf dem Schnitt. Der Name dieses Faserzuges stammt noch aus einer von Ludwig Edinger eingeführten Nomenklatur, in der ihm ein weit dickeres Fasersystem gegenübergestellt wurde, das Edinger als laterales Vorderhirnbündel bezeichnete. Heute heißt es innere Kapsel oder besser: innere Kapsel plus Hirnstiel, der die Fortsetzung der Kapsel in den Hirnstamm darstellt. Das mediale Vorderhirnbündel ist im wesentlichen eine limbische Verkehrsader; seine mediale Lage entspricht der medialen Lage der limbischen Strukturen, denen es dient. Das laterale Vorderhirnbündel stellt in erster Linie eine neocorticale Verkehrsader dar; seine laterale Lage entspricht der lateralen Lage des größten Teiles des Neocortex.

Thalamus, Amygdala und Forelsche Felder

Der sechste Schnitt in Abbildung 14.1 liefert den in Abbildung 14.6 photographisch dargestellten Frontalschnitt. Der Hypothalamus ist hier durch die Corpora mamillaria vertreten, ein Paar kugelförmiger Erhebungen, die an der Basis des Vorderhirns die Mittellinie flankieren. Sie sind die einzigen geschlossenen Teile des Hypothalamus. Das bedeutet, nur sie sind scharf vom übrigen Hypothalamus abgegrenzt (vom lateralen Hypothalamus wie auch

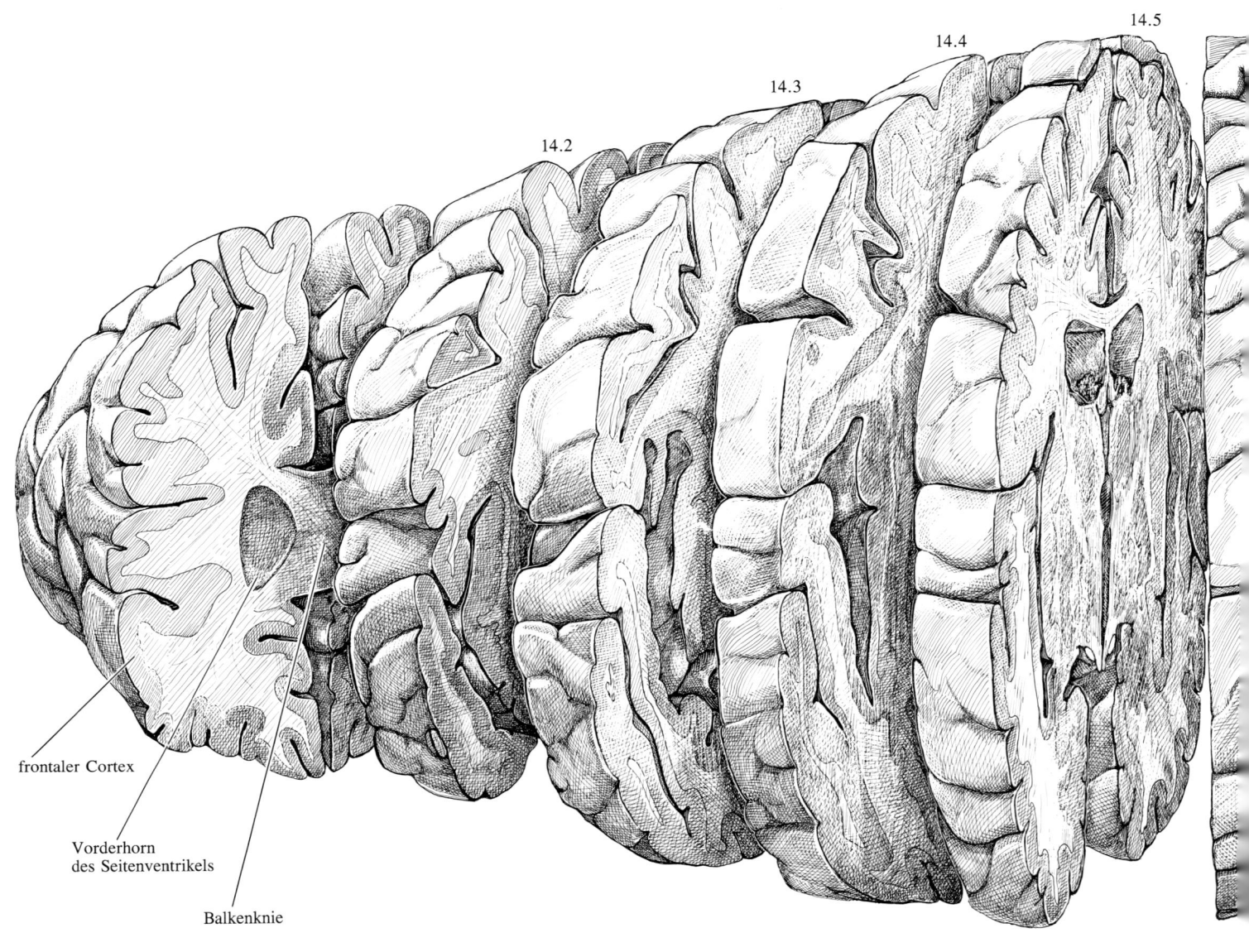

14.5

14.4

14.3

14.2

frontaler Cortex

Vorderhorn
des Seitenventrikels

Balkenknie

14.1 Mit dieser Zeichnung, die zehn Schnitte durch ein menschliches Gehirn darstellt, beginnt ein Atlas von Gehirnquerschnitten. Alle Schnitte sind Frontalschnitte, das heißt, sie liegen senkrecht zur Längsachse des Vorderhirns. Das auf dem ersten Schnitt ganz links freigelegte Muster ist recht einfach: Es umfaßt nur Rinde (Cortex) und Mark (weiße Substanz) in der Nähe der Spitzen der Frontal- oder Stirnlappen. Der zentrale Knoten weißer Substanz ist das Balkenknie, das vom Vorderhorn des Seitenventrikels flankiert wird. Auch auf dem zehnten Schnitt ist ein verhältnismäßig einfaches Muster freigelegt. Wieder wird es von Cortex beherrscht, in diesem Fall von dem der

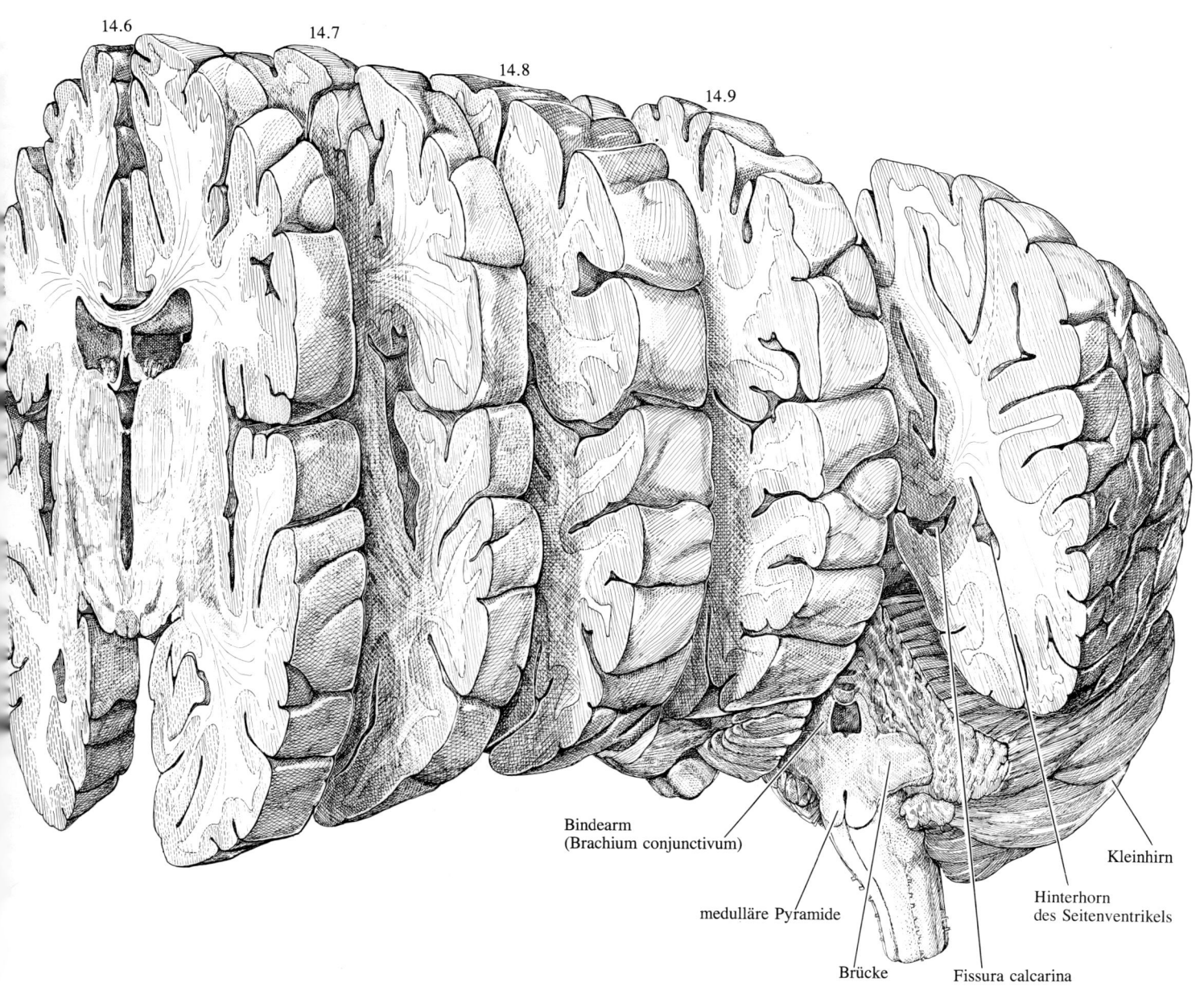

14.6   14.7

14.8

14.9

Bindearm
(Brachium conjunctivum)

Kleinhirn

medulläre Pyramide

Hinterhorn
des Seitenventrikels

Brücke   Fissura calcarina

Okzipital- oder Hinterhauptslappen mit den breiten Windungen, die Gyri heißen, und von der Rinde des Kleinhirns mit den schmalen Falten, die man als Folia bezeichnet. Die weiße Substanz jedes Okzipitallappens ist zum Teil vom Hinterhorn des Seitenventrikels ausgehöhlt. Das Hinterhorn seinerseits wird vom primären visuellen Cortex (der Sehrinde) in den Wänden der Fissura calcarina eingedellt. Die auf den dazwischenliegenden Schnitten freigelegten Muster sind in den nächsten acht Abbildungen jeweils als Photographien und in Form von begleitenden Zeichnungen wiedergegeben.

257

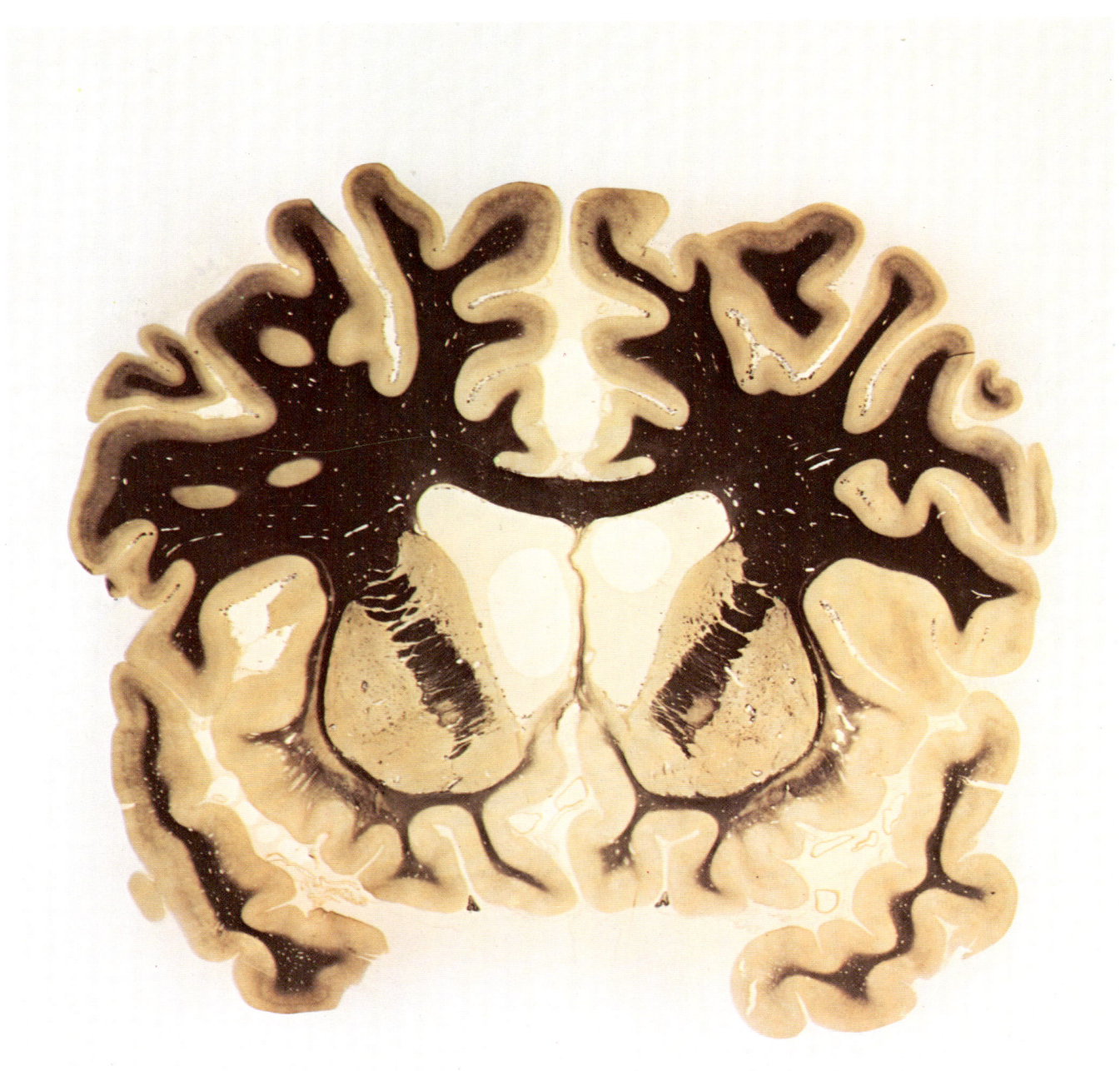

14.2 Der zweite Schnitt im Atlas zeigt bereits erste Details der inneren Struktur des Vorderhirns. Innerhalb jedes Frontallappens wird das Vorderhorn des Seitenventrikels medial vom Septum und lateral vom Kopf des Nucleus caudatus begrenzt. Der Nucleus caudatus seinerseits wird von der inneren Kapsel (Capsula interna) flankiert, die das Striatum in zwei Bereiche spaltet, den Nucleus

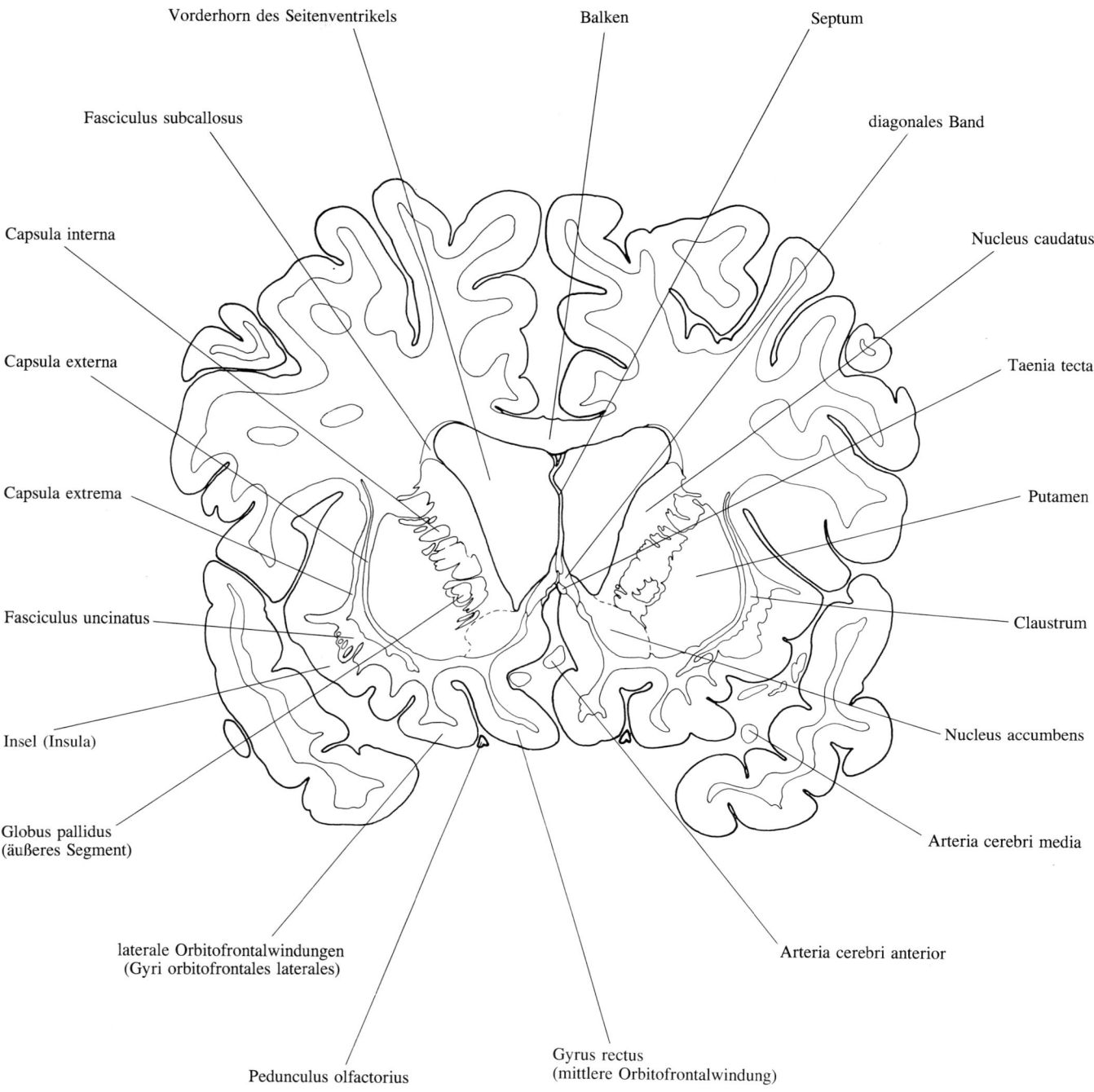

Vorderhorn des Seitenventrikels

Balken

Septum

Fasciculus subcallosus

diagonales Band

Capsula interna

Nucleus caudatus

Capsula externa

Taenia tecta

Capsula extrema

Putamen

Fasciculus uncinatus

Claustrum

Insel (Insula)

Nucleus accumbens

Globus pallidus
(äußeres Segment)

Arteria cerebri media

laterale Orbitofrontalwindungen
(Gyri orbitofrontales laterales)

Arteria cerebri anterior

Pedunculus olfactorius

Gyrus rectus
(mittlere Orbitofrontalwindung)

caudatus und das Putamen. Die Trennung ist nicht vollständig: Durch die ventrale Lücke in der Kapsel kommen Nucleus caudatus und Putamen am sogenannten Nucleus accumbens zusammen. Dieser Kern ist ein Teil des Striatum mit Verbindungen zum limbischen System. Der Schnitt ist Weigert-gefärbt; daher erscheint weiße Substanz schwarz und graue Substanz gelb.

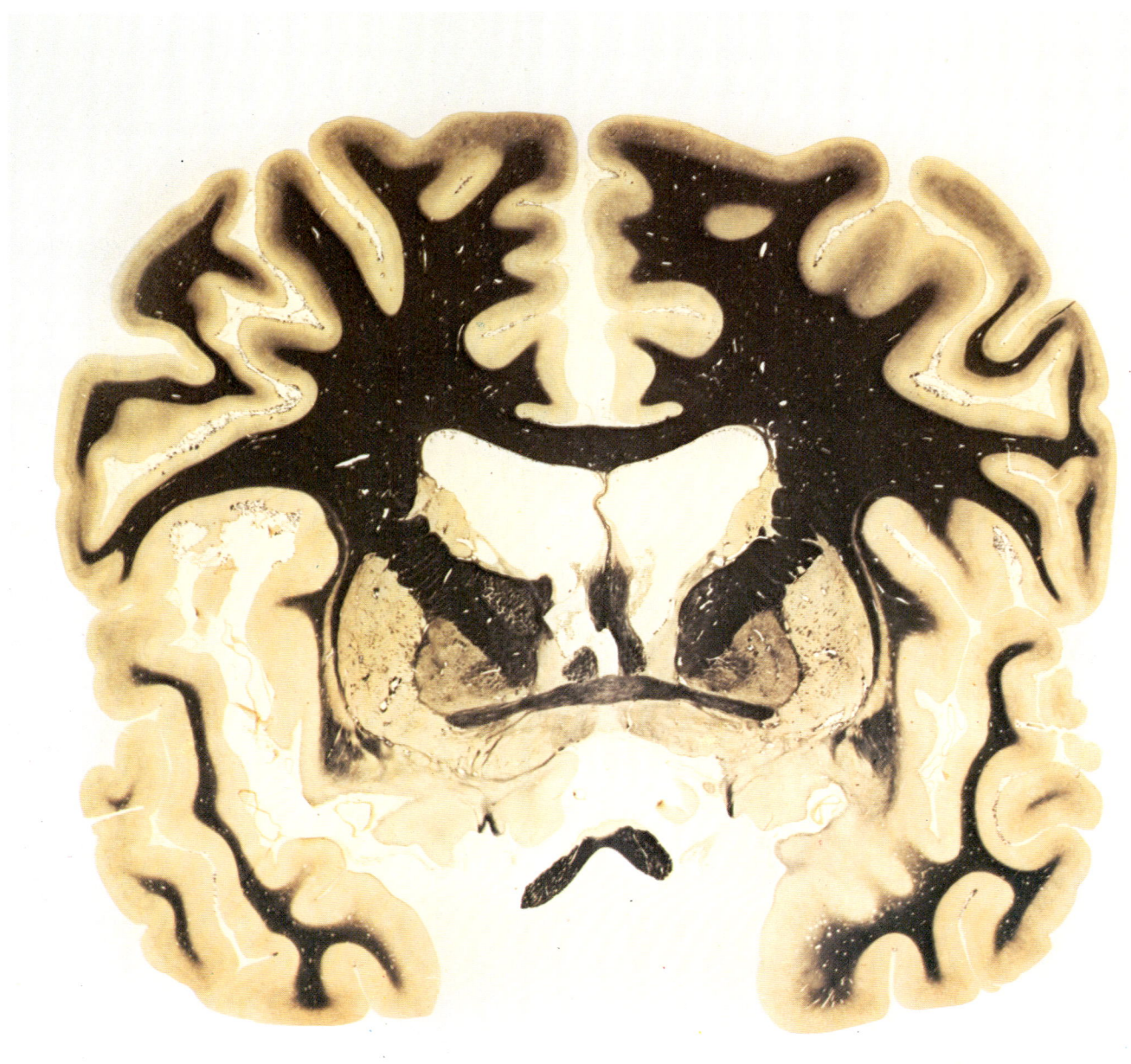

14.3 Der dritte Schnitt im Atlas zeigt weitere Verwicklungen. Auch hier trennt die innere Kapsel den Nucleus caudatus vom Putamen. Aber jetzt dringen Flecken grauer Substanz in die Kapsel ein; sie bilden den sogenannten Nucleus reticularis, der einen großen Teil des Thalamus dünn bedeckt. (Hier markieren die Flecken den rostralen Pol des Thalamus.) Zum Putamen gesellt sich der Globus pallidus (das Pallidum), der so den Nucleus lentiformis (den „Linsenkern") vervollständigt.

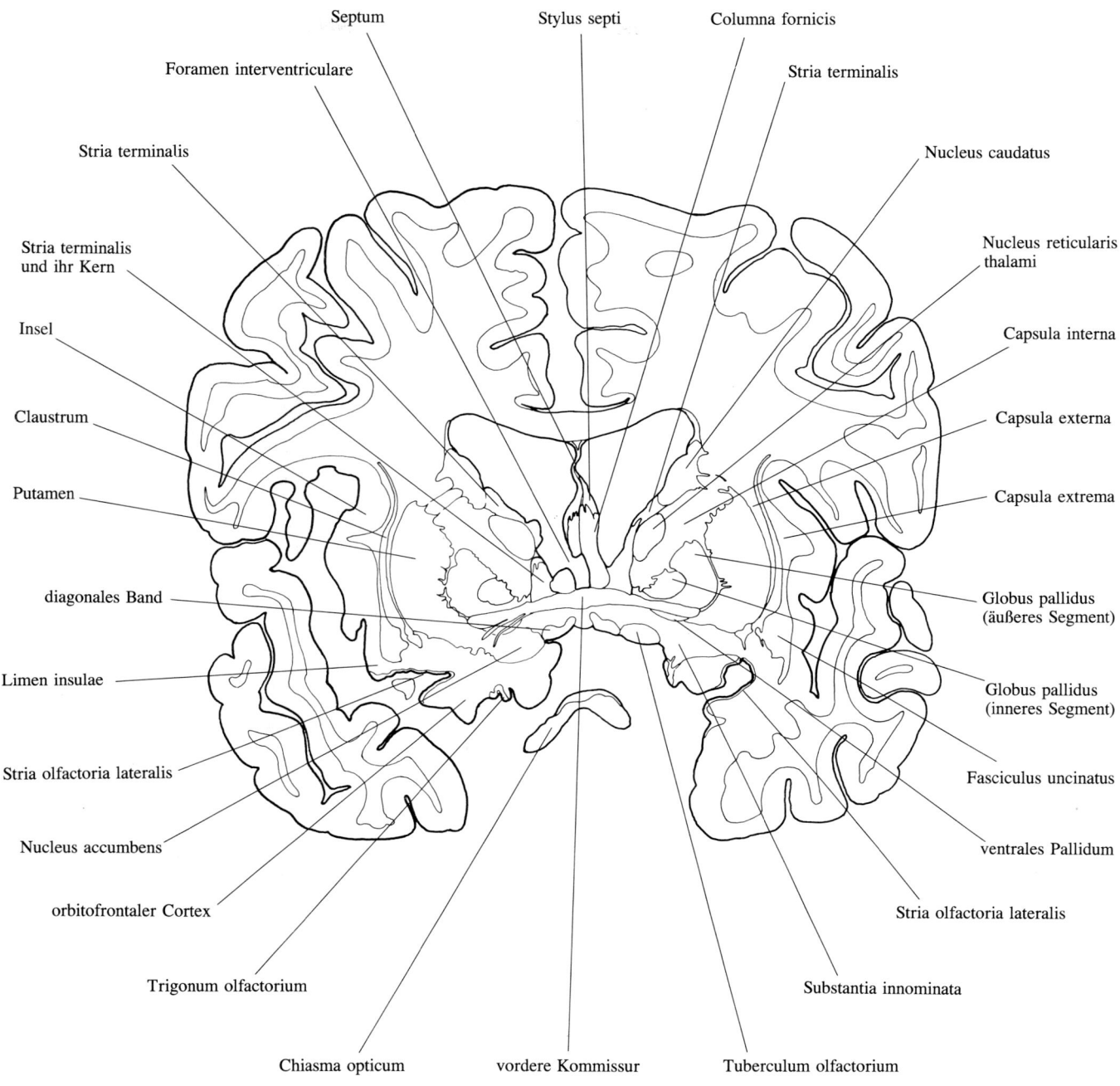

Septum

Stylus septi

Columna fornicis

Foramen interventriculare

Stria terminalis

Stria terminalis

Nucleus caudatus

Stria terminalis
und ihr Kern

Nucleus reticularis
thalami

Insel

Capsula interna

Claustrum

Capsula externa

Putamen

Capsula extrema

diagonales Band

Globus pallidus
(äußeres Segment)

Limen insulae

Globus pallidus
(inneres Segment)

Stria olfactoria lateralis

Fasciculus uncinatus

Nucleus accumbens

ventrales Pallidum

orbitofrontaler Cortex

Stria olfactoria lateralis

Trigonum olfactorium

Substantia innominata

Chiasma opticum

vordere Kommissur

Tuberculum olfactorium

Die breite Straße weißer Substanz unter dem Pallidum ist die vordere Kommissur (Commissura anterior). Der Schnitt verläuft leicht asymmetrisch: Auf der linken Seite liegt die Kommissur über dem Nucleus accumbens, auf der rechten über zwei noch wenig bekannten Bereichen an der Basis der Großhirnhemisphäre, dem diagonalen Band von Broca und der Substantia innominata. Beide projizieren auf die Großhirnrinde.

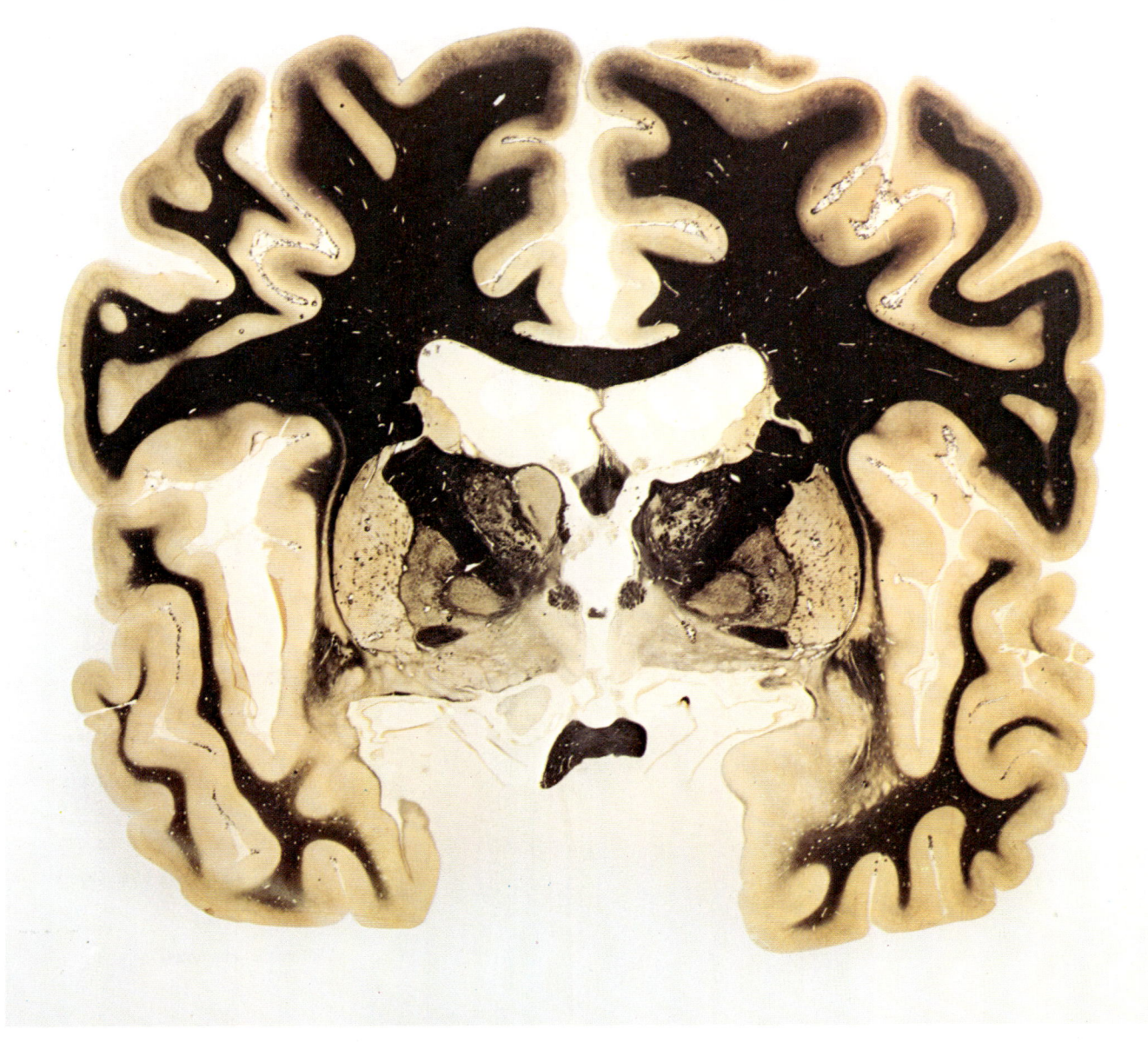

14.4 Der vierte Schnitt im Atlas zeichnet sich unter anderem durch den Nucleus lentiformis (den „Linsenkern") aus, der hier sein typisches Aussehen annimmt. Im medialen Teil des Kernes zeigt der Globus pallidus seine zwei Segmente, die als internes und externes (mediales und laterales) oder einfach inneres und äußeres Segment bezeichnet werden. Gleichzeitig werden im lateralen Teil des Nucleus lentiformis, dem Putamen, die als Stiftbündel bekannten Tupfen sichtbar. Es handelt sich dabei um striatale Efferenzen, die teils für den Globus pallidus, teils für den Satelliten des Striatum, die Substantia nigra, bestimmt sind. Die graue (in diesem Weigert-Präparat blaßgelbe)

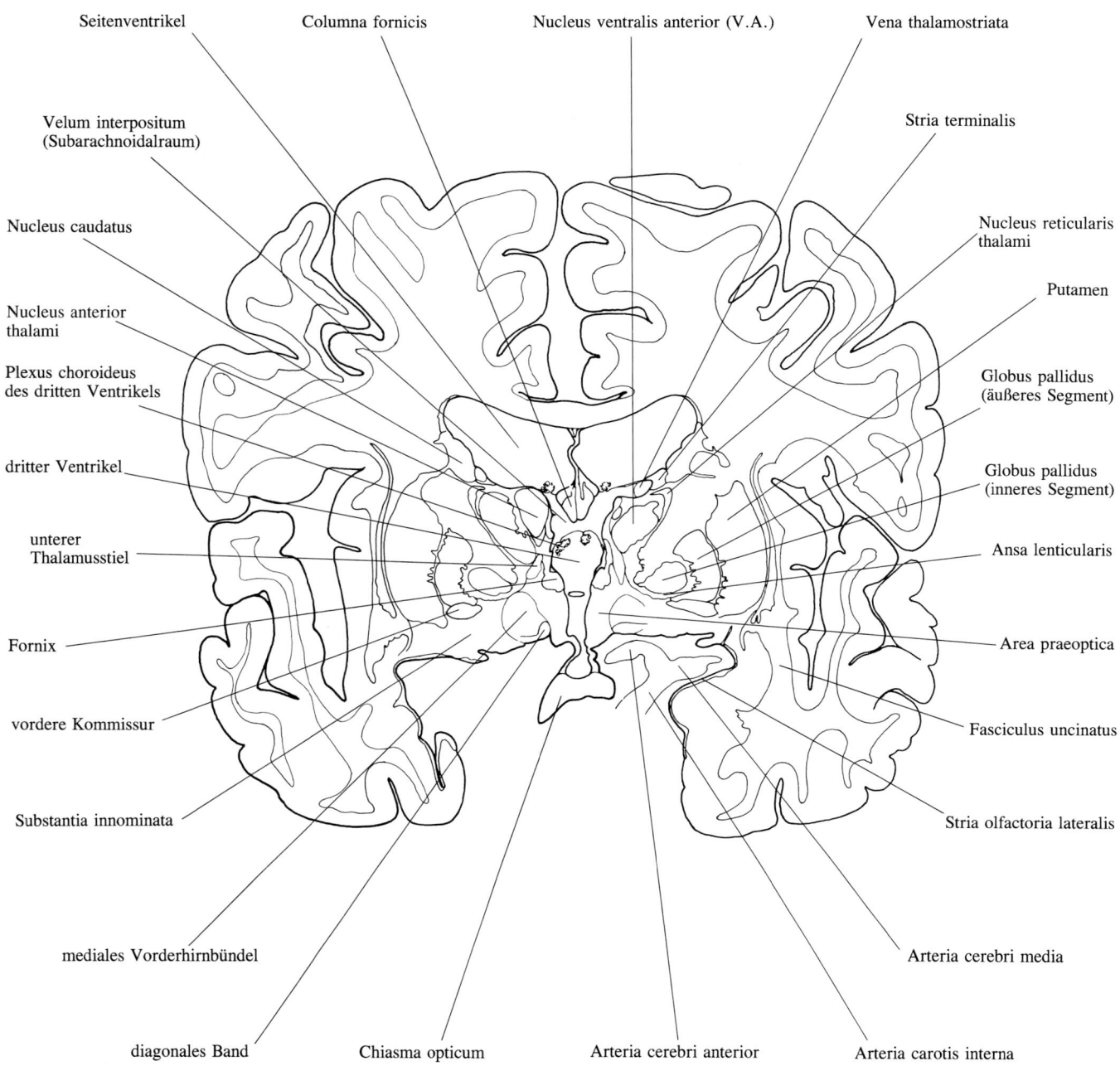

Seitenventrikel

Columna fornicis

Nucleus ventralis anterior (V.A.)

Vena thalamostriata

Velum interpositum
(Subarachnoidalraum)

Stria terminalis

Nucleus caudatus

Nucleus reticularis
thalami

Putamen

Nucleus anterior
thalami

Globus pallidus
(äußeres Segment)

Plexus choroideus
des dritten Ventrikels

dritter Ventrikel

Globus pallidus
(inneres Segment)

unterer
Thalamusstiel

Ansa lenticularis

Fornix

Area praeoptica

vordere Kommissur

Fasciculus uncinatus

Substantia innominata

Stria olfactoria lateralis

mediales Vorderhirnbündel

Arteria cerebri media

diagonales Band

Chiasma opticum

Arteria cerebri anterior

Arteria carotis interna

Substanz, die den dritten Ventrikel umgibt, ist die Area praeoptica, eine rostrale Erweiterung des Hypothalamus; in ihr liegt als dunkel gefärbter Kreis der quergeschnittene Fornix. Die wechselhaft gefärbte graue Substanz dorsal und medial von der inneren Kapsel ist der Thalamus. Auf der linken Seite des Schnittes gesellt sich dem Nucleus reticularis und dem Nucleus ventralis anterior (V.A.) der Nucleus anterior hinzu, eine viel gleichförmigere Masse grauer Substanz. Der Nucleus anterior ist der thalamische Teilnehmer an der als Papez-Leitungsbogen bezeichneten Schleife limbischer Projektionen.

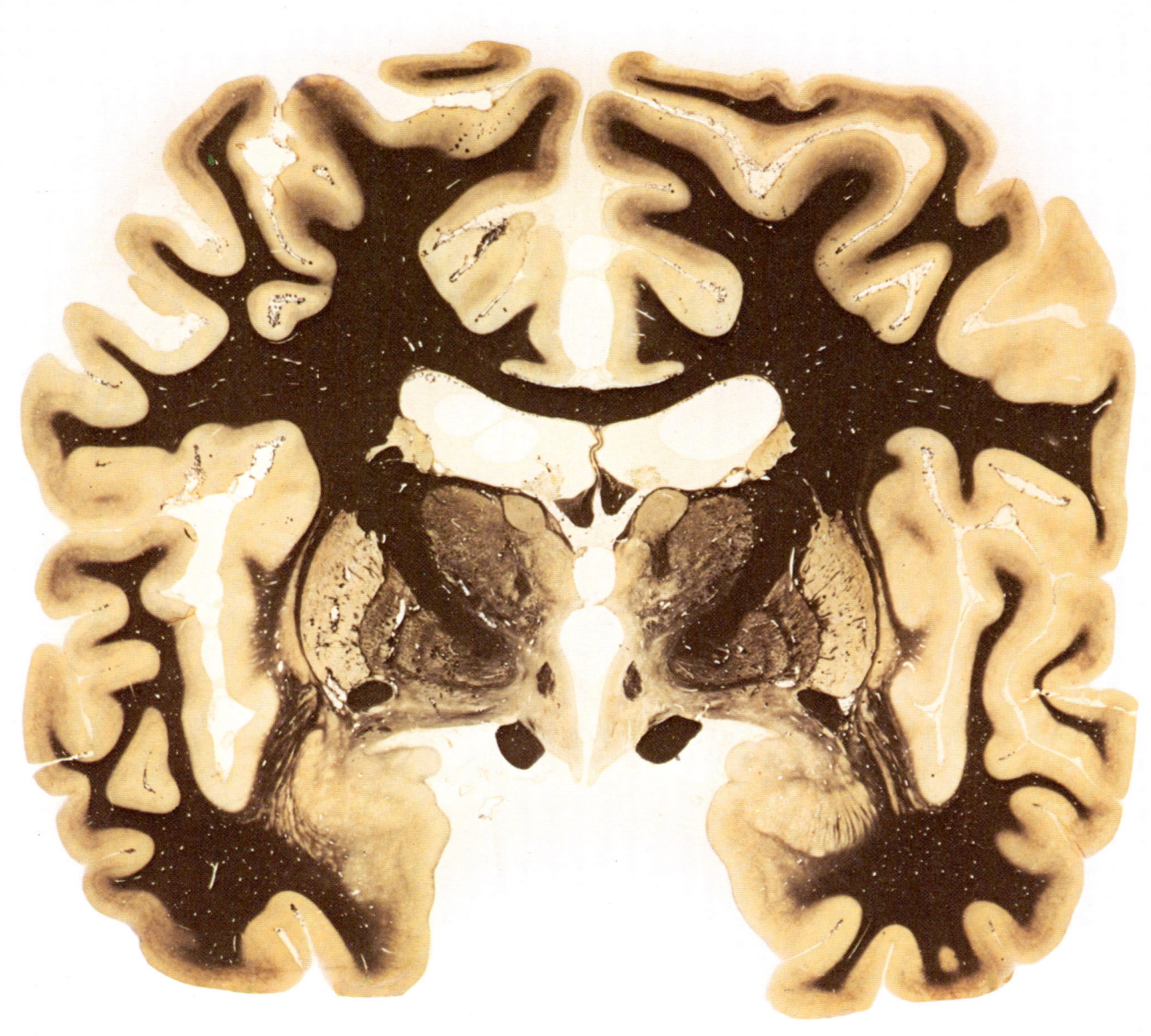

14.5 Der fünfte Schnitt im Atlas zeigt mehrere Vorderhirnstrukturen, die noch nicht voll ausgeprägt sind. Auf der rechten Seite des Schnittes nähert sich dem Nucleus anterior sein afferentes Bündel, der Tractus mamillothalamicus. Auf der medialen Seite dieses Bündels befindet sich eine große thalamische Zellgruppe, der Nucleus medialis dorsalis; auf seiner lateralen Seite liegt eine weitere thalamische Zellgruppe, die infolge einer stärkeren Myelinisierung dunkler gefärbt ist: der V.A.-V.L.-Komplex. Weiter unten im Schnitt bedeckt die mediale Seite des Temporallappens die Amygdala. Streifen weißer Substanz in diesem Kern (die rechts besser zu sehen sind) bestehen

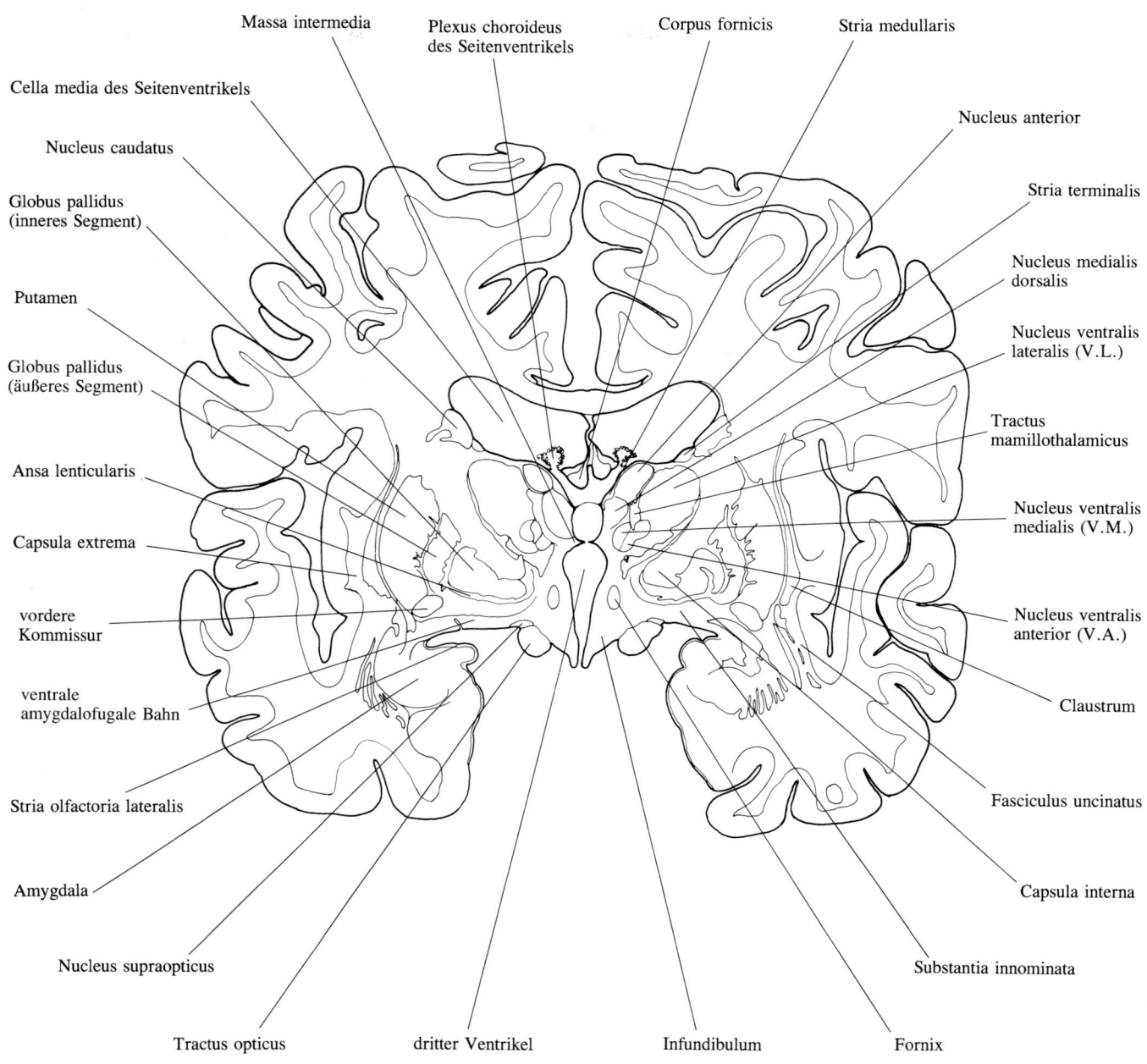

Massa intermedia

Plexus choroideus
des Seitenventrikels

Corpus fornicis

Stria medullaris

Cella media des Seitenventrikels

Nucleus caudatus

Globus pallidus
(inneres Segment)

Putamen

Globus pallidus
(äußeres Segment)

Ansa lenticularis

Capsula extrema

vordere
Kommissur

ventrale
amygdalofugale Bahn

Stria olfactoria lateralis

Amygdala

Nucleus supraopticus

Tractus opticus

dritter Ventrikel

Infundibulum

Fornix

Nucleus anterior

Stria terminalis

Nucleus medialis
dorsalis

Nucleus ventralis
lateralis (V.L.)

Tractus
mamillothalamicus

Nucleus ventralis
medialis (V.M.)

Nucleus ventralis
anterior (V.A.)

Claustrum

Fasciculus uncinatus

Capsula interna

Substantia innominata

aus den reziproken Verbindungen der Amygdala mit dem temporalen Neocortex. Die Amygdala grenzt wiederum an die Substantia innominata und diese ihrerseits an den Hypothalamus, der direkt vor dem Hypophysenstiel durchgeschnitten ist. Die weiße Substanz im Inneren des Hypothalamus ist der Fornix, der zu den Corpora mamillaria absteigt. Lateral vom Fornix besetzt ein weitläufigeres Fasersystem, das mediale Vorderhirnbündel, den Hypothalamus. Ein noch weiter lateral gelegener Streifen weißer Substanz unter dem inneren Segment des Globus pallidus ist das Kontingent pallidaler Efferenzen, das man als ventralen Anteil der Ansa lenticularis bezeichnet.

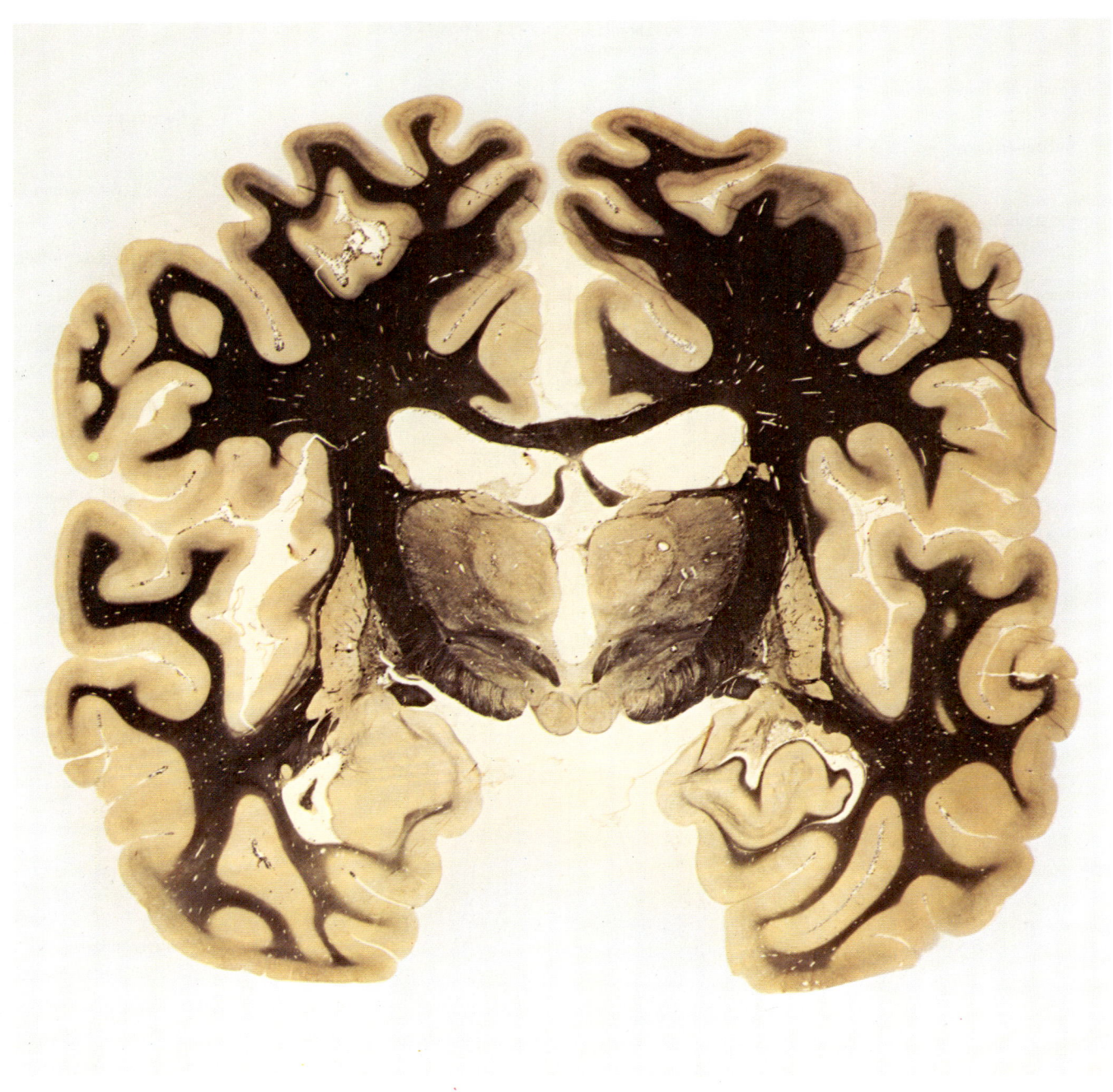

14.6 Der sechste Schnitt im Atlas deckt Komplikationen in der Anatomie des extrapyramidalen motorischen Systems auf. Im Zentrum des Schnittes dehnt sich die innere Kapsel zur Mittellinie hin aus, wo sie zum Hirnstiel (oder Hirnschenkel) wird. Dieser wird von einer Fülle von Bündeln durchbohrt — dem sogenannten Kammsystem, das aus striatalen und pallidalen Efferenzen besteht. Über dem Hirnstiel liegt der Subthalamus: zuerst der Nucleus subthalamicus und dann die sogenannten Forelschen H-Felder (Haubenfelder), ein Fasergeflecht, das insbesondere die Ansa lenti-

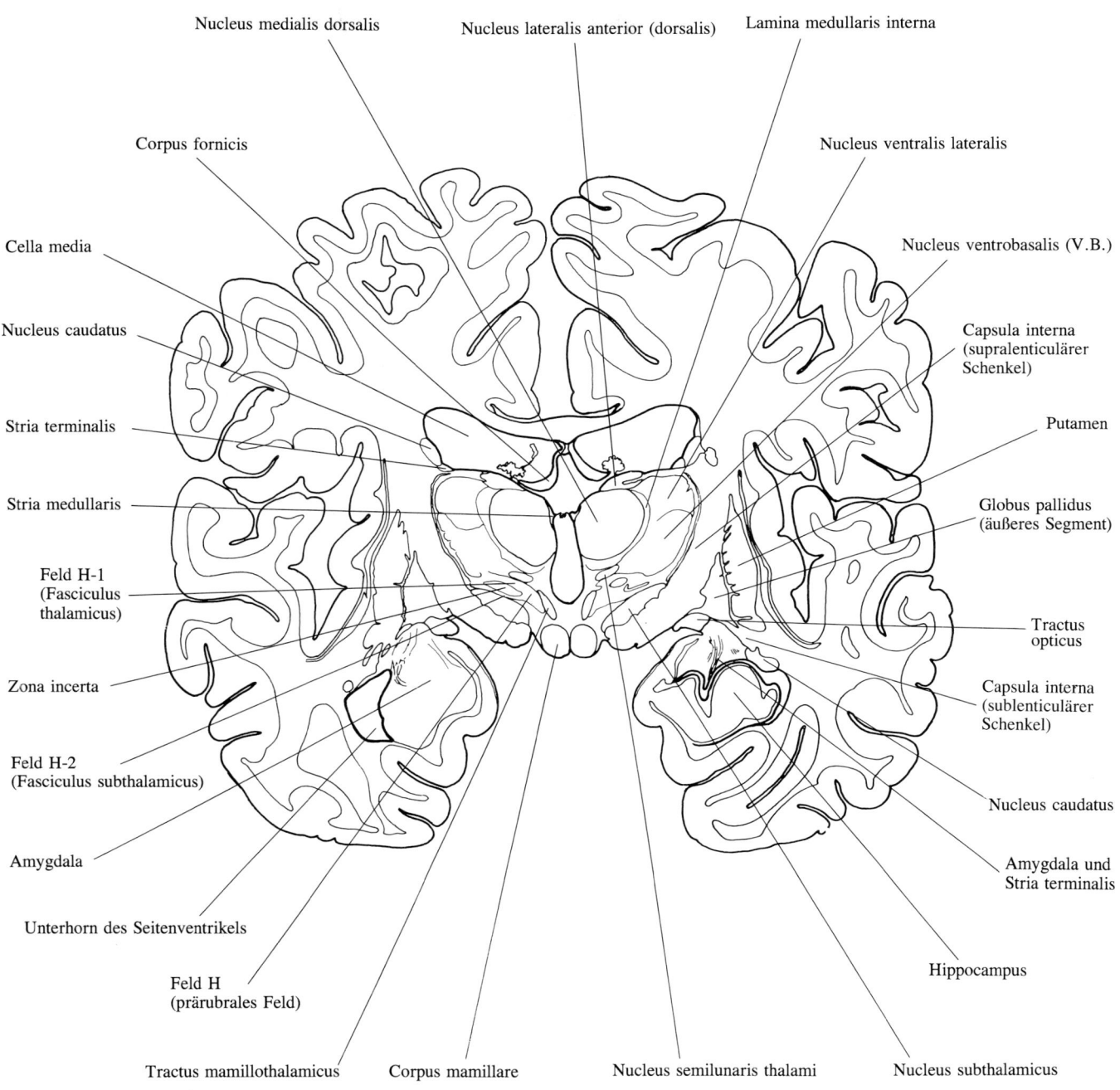

Nucleus medialis dorsalis

Nucleus lateralis anterior (dorsalis)

Lamina medullaris interna

Corpus fornicis

Nucleus ventralis lateralis

Cella media

Nucleus ventrobasalis (V.B.)

Nucleus caudatus

Capsula interna (supralenticulärer Schenkel)

Stria terminalis

Putamen

Stria medullaris

Globus pallidus (äußeres Segment)

Feld H-1 (Fasciculus thalamicus)

Tractus opticus

Zona incerta

Capsula interna (sublenticulärer Schenkel)

Feld H-2 (Fasciculus subthalamicus)

Nucleus caudatus

Amygdala

Amygdala und Stria terminalis

Unterhorn des Seitenventrikels

Hippocampus

Feld H (prärubrales Feld)

Tractus mamillothalamicus

Corpus mamillare

Nucleus semilunaris thalami

Nucleus subthalamicus

cularis — also die pallidalen Efferenzen — und zwei mit ihr verwobene aufsteigende Systeme, den Lemniscus medialis und die cerebellothalamische Projektion (den Bindearm), einschließt. Über den H-Feldern liegt der Thalamus. Er zeigt eine blaß gefärbte Innenzone, die hier vor allem aus dem Nucleus medialis dorsalis besteht, eine dunkel gefärbte Außenzone — hier der zum V.A.-V.L.-Komplex gehörende Nucleus ventralis lateralis und der Nucleus ventrobasalis — und zwischen ihnen die Lamina medullaris interna.

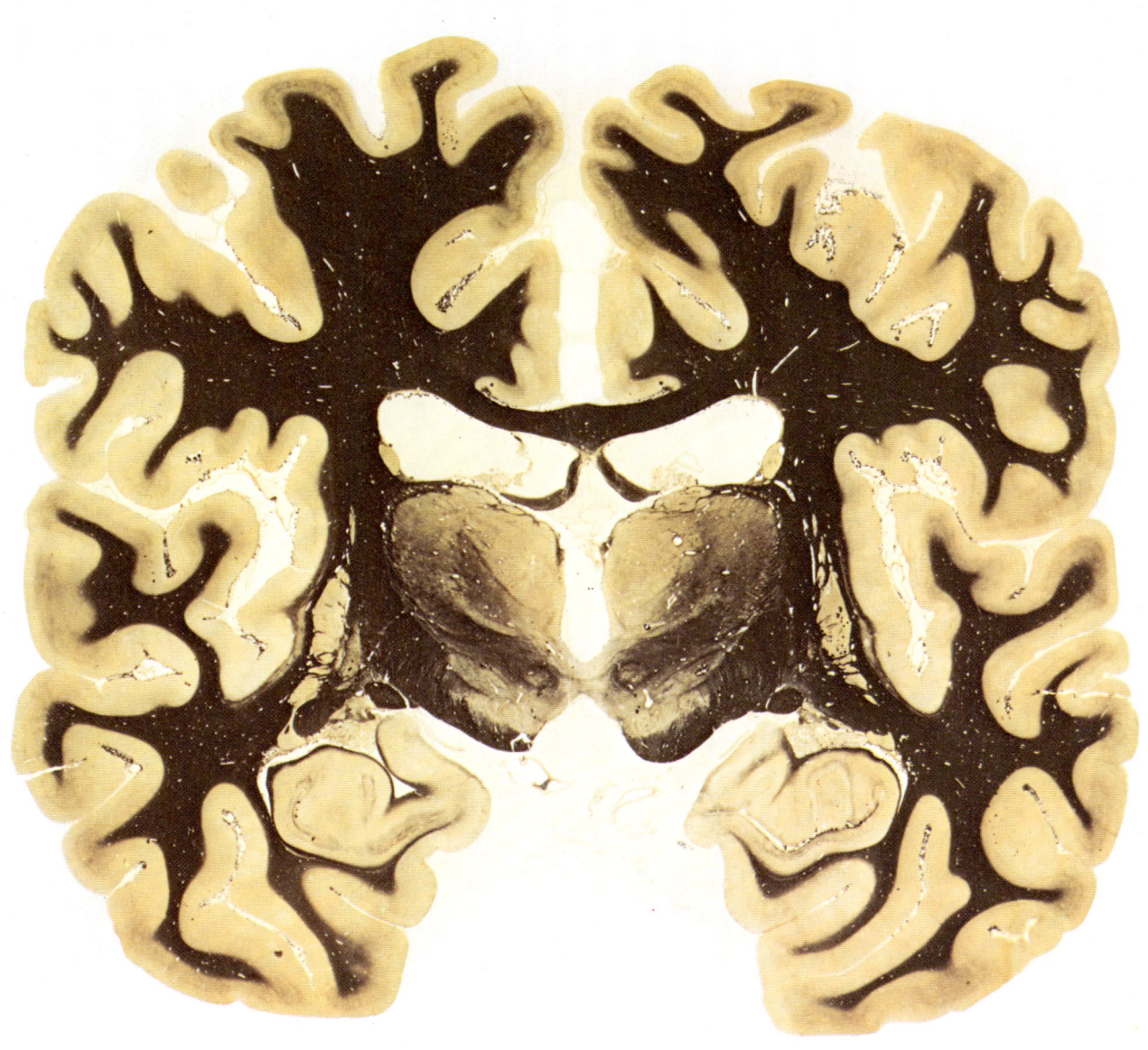

14.7 Der siebte Schnitt im Atlas kennzeichnet die Mitte des Vorderhirns: Er ist vom vorderen und hinteren Pol der Großhirnhemisphäre gleich weit entfernt. Zum Zeichen seiner Lage schließt er das Centrum medianum ein, den größten von mehreren thalamischen Kernen, die in die Lamina medullaris interna eingebettet sind. Der hell gefärbte, mediale Teil des Thalamus ist wieder der Nucleus medialis dorsalis; der dunkel gefärbte, laterale Teil setzt sich aus zwei Kernen zusammen,

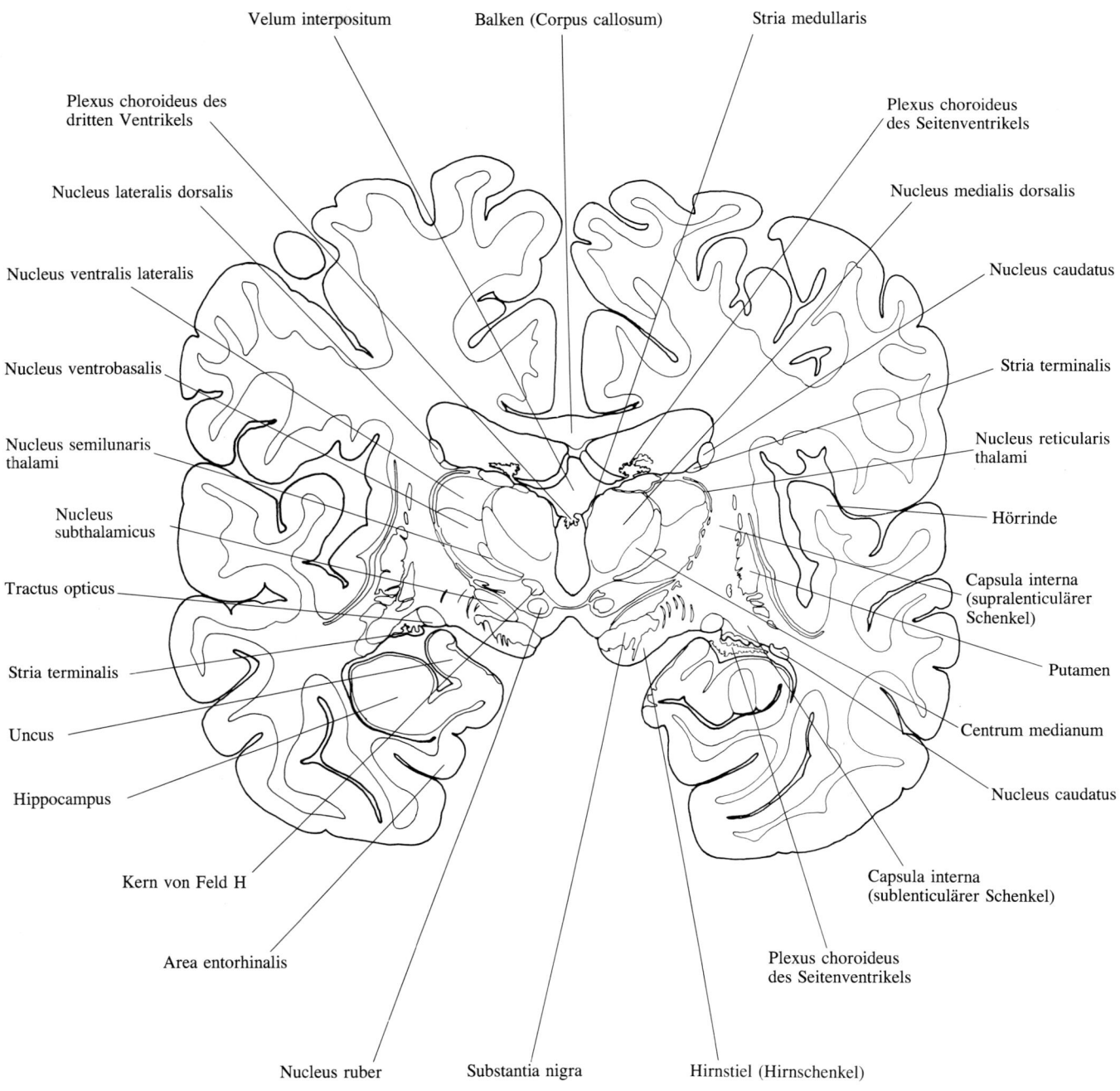

Velum interpositum

Balken (Corpus callosum)

Stria medullaris

Plexus choroideus des
dritten Ventrikels

Plexus choroideus
des Seitenventrikels

Nucleus lateralis dorsalis

Nucleus medialis dorsalis

Nucleus ventralis lateralis

Nucleus caudatus

Nucleus ventrobasalis

Stria terminalis

Nucleus semilunaris
thalami

Nucleus reticularis
thalami

Nucleus
subthalamicus

Hörrinde

Tractus opticus

Capsula interna
(supralenticulärer
Schenkel)

Stria terminalis

Putamen

Uncus

Centrum medianum

Hippocampus

Nucleus caudatus

Kern von Feld H

Capsula interna
(sublenticulärer Schenkel)

Area entorhinalis

Plexus choroideus
des Seitenventrikels

Nucleus ruber

Substantia nigra

Hirnstiel (Hirnschenkel)

dem Nucleus ventralis lateralis und dem Nucleus ventrobasalis darunter. Ein hell gefärbter Halbmond innerhalb des letzteren ist der Nucleus semilunaris (oder gustatorius) thalami, der Geschmacksempfindungen verarbeitet. Unter dem Thalamus weicht der Subthalamus dem Mittelhirn. Über dem Hirnstiel liegt die Substantia nigra. Überdies nimmt der rostrale Pol des Nucleus
ruber den medialen Teil der H-Felder ein.

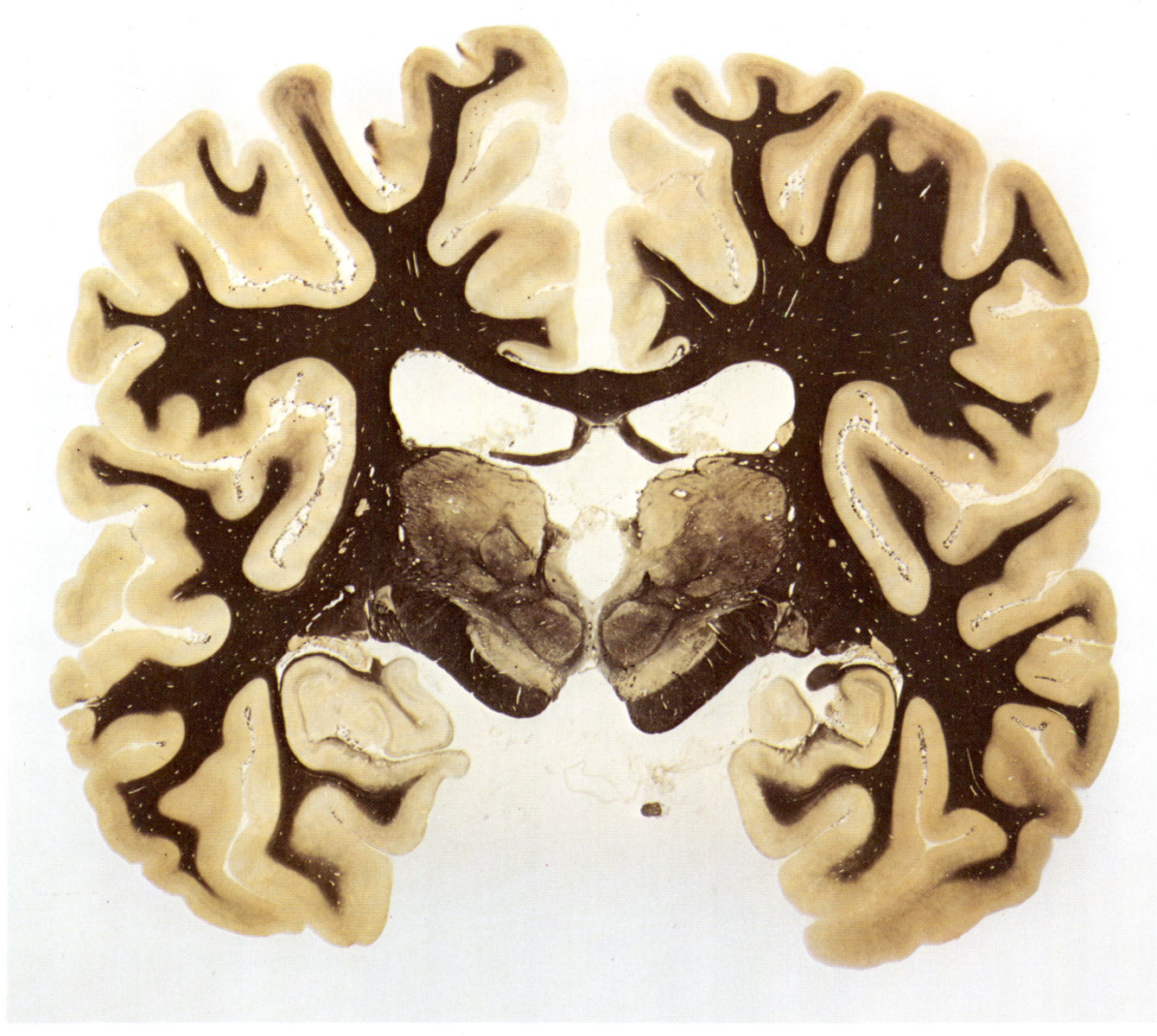

14.8 Der achte Schnitt im Atlas ist derjenige, der den Hippocampus am besten zeigt. Auf beiden Seiten des Schnittes faltet sich das corticale Blatt, das die mediale Seite des Temporallappens bedeckt, zuerst lateral, dann medial (also über sich selbst), dann unter die zweite Falte und in die Bucht des U-förmigen Gyrus dentatus. (Das Muster ist in Abbildung 14.10 in stärkerer Vergrößerung zu sehen.) Die weiße Substanz, die den Kabelkeller des Hippocampus bildet, ist die Fimbria fornicis: die Axonsammelstelle des Fornix. Die Hippocampusfalten kehren ihn nach außen, so daß

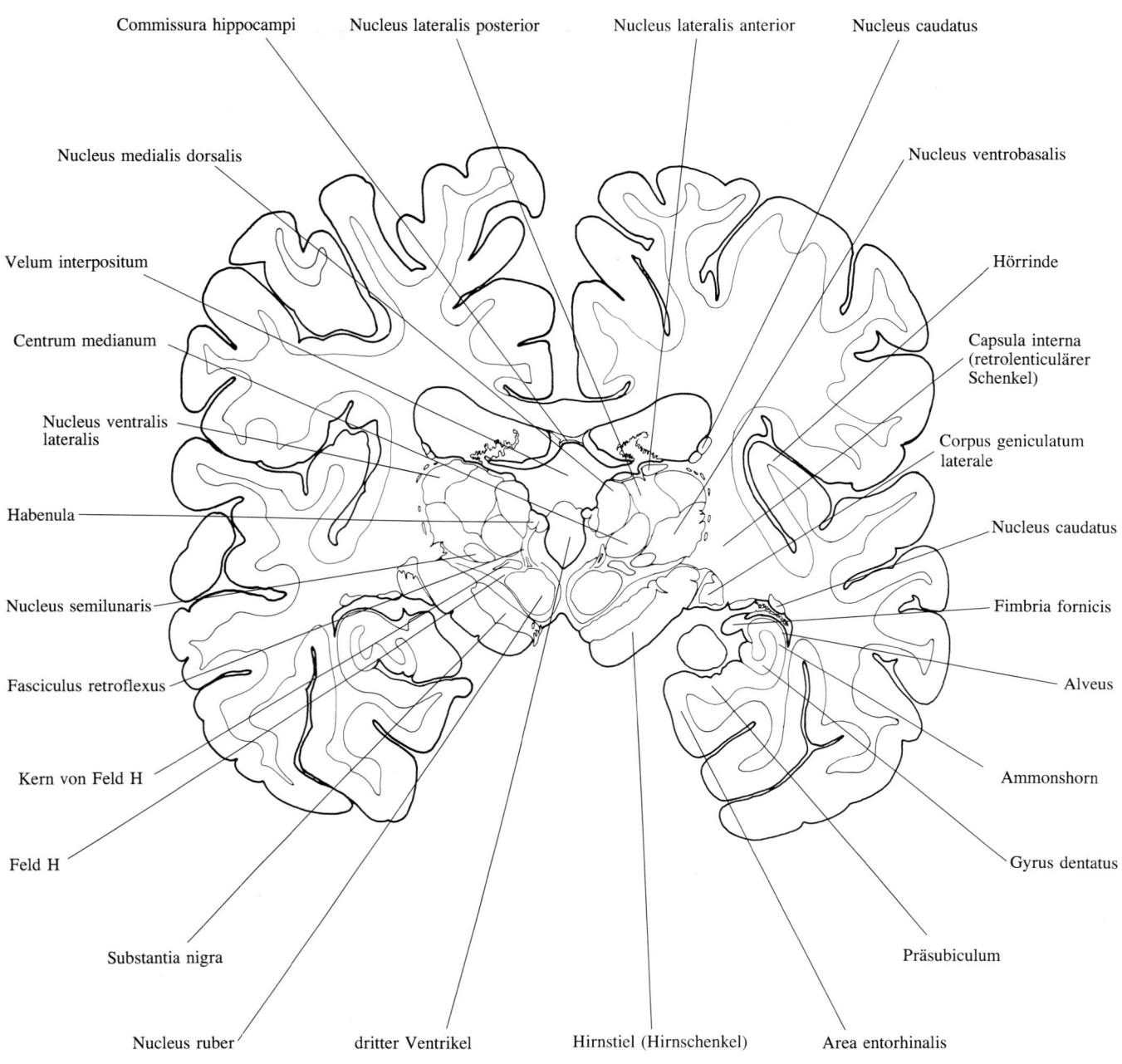

Commissura hippocampi

Nucleus lateralis posterior

Nucleus lateralis anterior

Nucleus caudatus

Nucleus medialis dorsalis

Nucleus ventrobasalis

Velum interpositum

Hörrinde

Centrum medianum

Capsula interna (retrolenticulärer Schenkel)

Nucleus ventralis lateralis

Corpus geniculatum laterale

Habenula

Nucleus caudatus

Nucleus semilunaris

Fimbria fornicis

Fasciculus retroflexus

Alveus

Kern von Feld H

Ammonshorn

Feld H

Gyrus dentatus

Substantia nigra

Präsubiculum

Nucleus ruber

dritter Ventrikel

Hirnstiel (Hirnschenkel)

Area entorhinalis

er einen Platz auf der Oberfläche des Gehirns einnimmt. Auf der linken Seite des Schnittes zeichnet sich der Thalamus durch den Fasciculus retroflexus aus, ein auffälliges Faserbündel, das von den als Nuclei habenulae bezeichneten thalamischen Zellgruppen auf die serotonergen Zellgruppen der Raphe des Mittelhirns projiziert. Auf der rechten Seite des Schnittes dringt das Corpus geniculatum laterale, das die caudale, sich leicht zurückbiegende Spitze des Thalamus bildet, von hinten in den retrolenticulären Schenkel der inneren Kapsel ein.

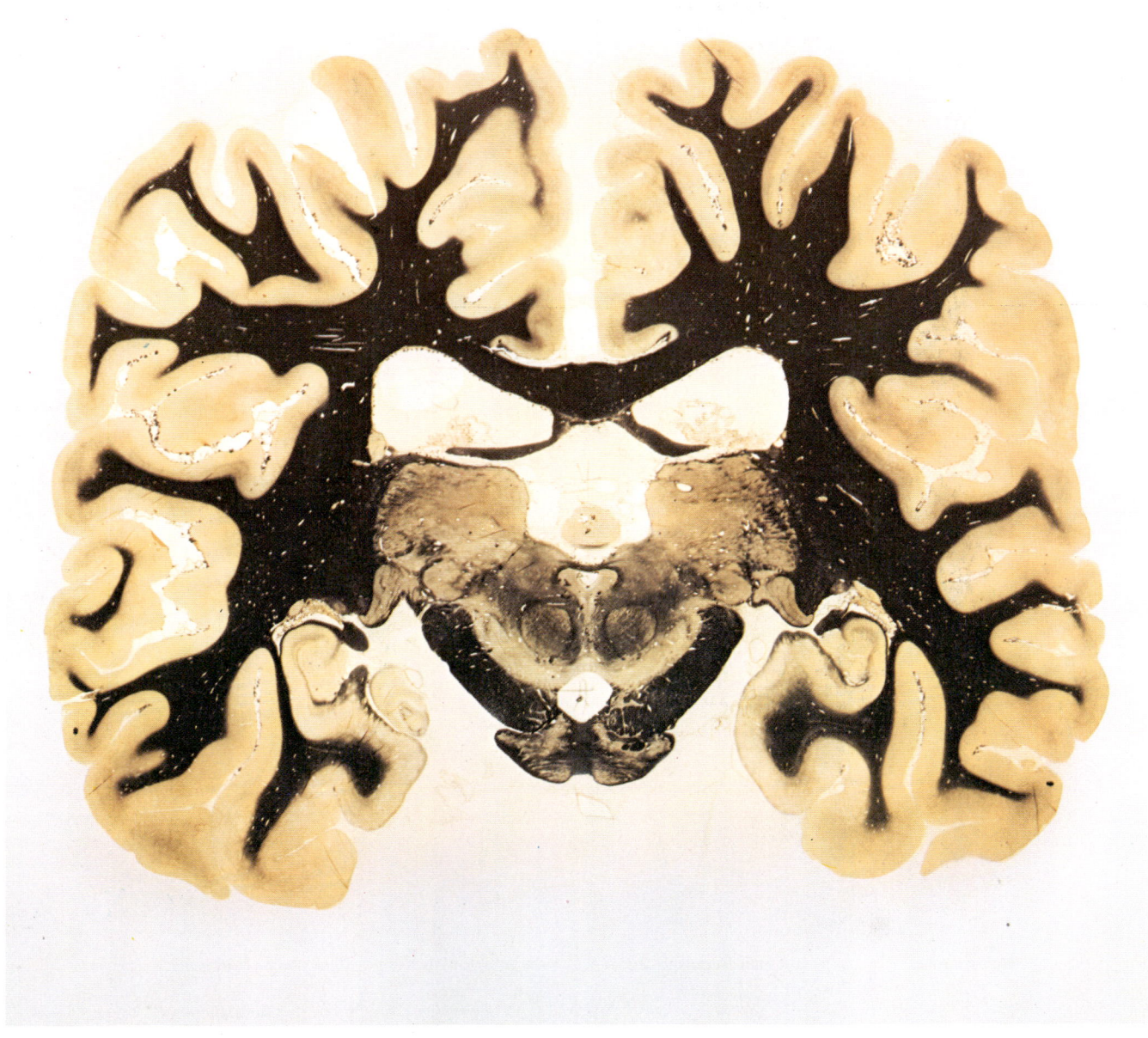

14.9 Der neunte Schnitt im Atlas ist der letzte photographisch wiedergegebene. (Ein zehnter Schnitt ist jedoch in Abbildung 14.1 zu sehen.) Der Thalamus, der sich hier seiner caudalen Grenze nähert, zeigt drei Kerne: das Pulvinar (den größten thalamischen Kern) und unter ihm die Corpora geniculata, das mediale und das laterale. Letzteres weist eine deutliche Schichtung auf. Unter dem

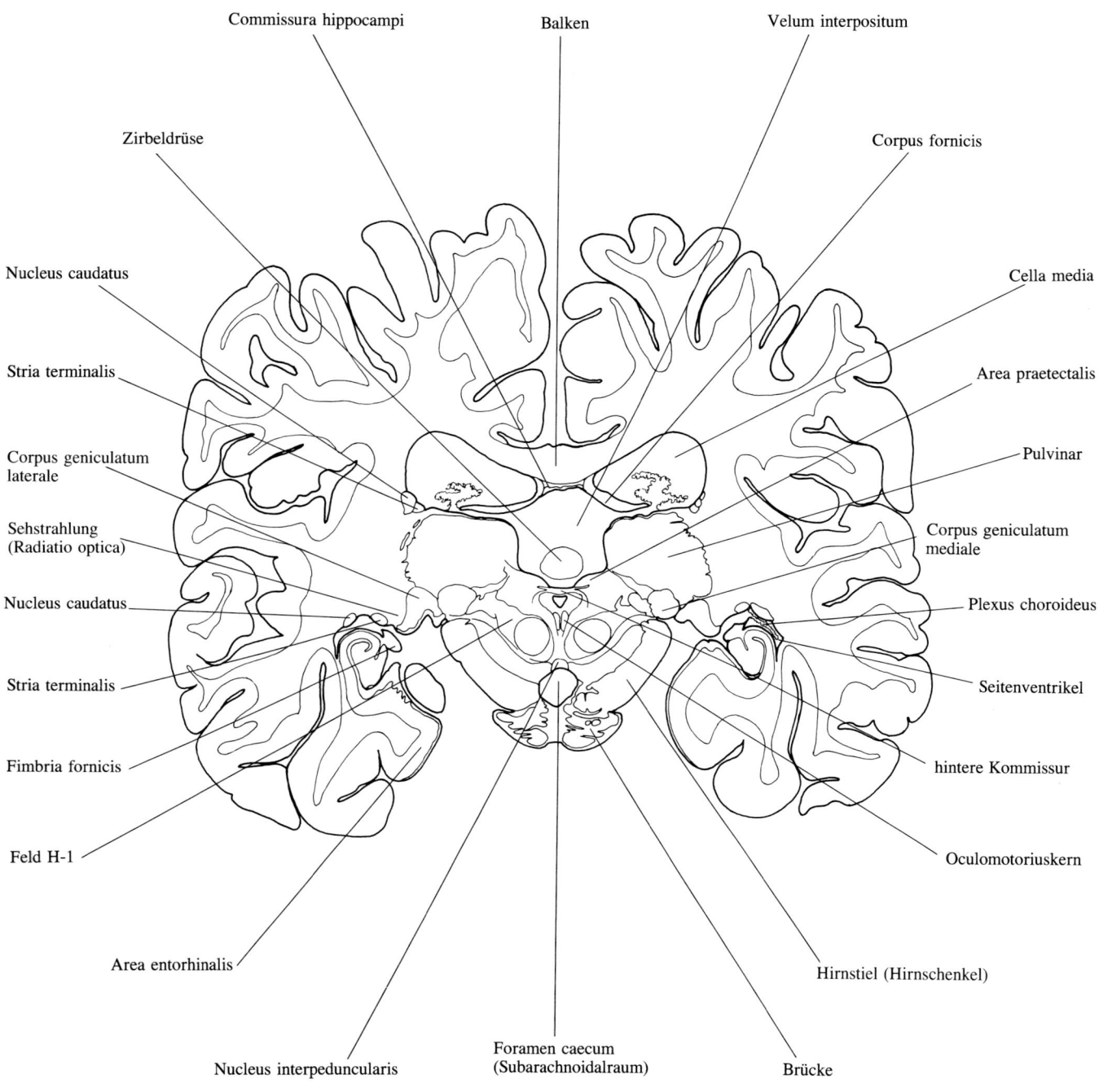

Commissura hippocampi

Balken

Velum interpositum

Zirbeldrüse

Corpus fornicis

Nucleus caudatus

Cella media

Stria terminalis

Area praetectalis

Corpus geniculatum
laterale

Pulvinar

Sehstrahlung
(Radiatio optica)

Corpus geniculatum
mediale

Nucleus caudatus

Plexus choroideus

Stria terminalis

Seitenventrikel

Fimbria fornicis

hintere Kommissur

Feld H-1

Oculomotoriuskern

Area entorhinalis

Hirnstiel (Hirnschenkel)

Nucleus interpeduncularis

Foramen caecum
(Subarachnoidalraum)

Brücke

Thalamus erscheint der Hirnstamm, der hier aufgrund des Winkels zwischen seiner Achse und der
des Vorderhirns schräg durchschnitten ist. Von ventral nach dorsal sieht man die rostrale Spitze
der Brücke, die Hirnstiele, die Substantia nigra, den Nucleus ruber, das zentrale Höhlengrau und
schließlich die Area praetectalis, die die hintere Kommissur (Commissura posterior) einschließt.

von dem supramamillären Gebiet dorsal von den Corpora mamillaria in Abbildung 14.6), und nur sie kommunizieren wenig mit anderen hypothalamischen Zellgruppen. Statt dessen empfangen sie etwa die Hälfte der Fornixfasern (der Rest endet zu einem großen Teil im Septum) und projizieren auf zwei Zielgebiete: auf den Nucleus anterior thalami (als Teil des Papez-Leitungsbogens) und auf eine Gruppe kleiner Kerne, die medial nahe der caudalen Grenze des Mittelhirntegmentum liegen. Bemerkenswerterweise verlassen die mamillofugalen Projektionen jedes Corpus mamillare in einem einzigen Faserbündel, das anterodorsal (nach vorne und oben) in das Vorderhirn führt. Das Bündel gabelt sich in den Tractus mamillothalamicus (in Abbildung 14.5 zu sehen) und den kleineren Tractus mamillotegmentalis.

Abbildung 14.6 stellt einen weiten Sprung caudalwärts dar; so macht dieser Schnitt drei Aspekte der Vorderhirnanatomie deutlich, die sich in Abbildung 14.5 gerade erst abzuzeichnen begannen. Der Thalamus offenbart jetzt den für ihn typischen Querschnitt. Die Amygdala zeigt ihre restlichen Verbindungen zum übrigen Vorderhirn. Die Ansa lenticularis (also das efferente Bündel, das aus dem Globus pallidus kommt) deutet ihren Verlauf jenseits des Punktes an, wo sie (in Abbildung 14.5) auf dem Rücken der inneren Kapsel angelangt war.

Wir wollen uns zuerst dem Thalamus zuwenden. Sein innerer Aufbau läßt sich leicht zusammenfassen. Auf einem großen Teil seiner Länge gliedert er sich in ein helles (also myelinarmes) Innensegment – auf dem Querschnitt liegt es medial und dorsal – und ein dunkleres Außensegment, das das Innensegment auf dessen ventraler und lateraler Seite flankiert. Zwischen den beiden liegt eine ziemlich auffällige Faserschicht, die Lamina medullaris interna. Das Innensegment besteht hauptsächlich aus einer einzelnen großen Zellmasse, dem Nucleus medialis dorsalis, und einer rostral davon gelegenen kleineren, aber trotzdem auffallenden Masse, dem Nucleus anterior. (Der Nucleus medialis dorsalis dominiert in Abbildung 14.6; der Nucleus anterior beherrschte den Thalamusquerschnitt in den Abbildungen 14.4 und 14.5.) Das Außensegment schließt den Nucleus ventralis ein, dessen drei Bereiche als Nucleus ventralis anterior, Nucleus ventralis lateralis und Nucleus ventralis posterior oder ventrobasalis bezeichnet werden. (In Abbildung 14.5 sind die ersten beiden zu sehen; in Abbildung 14.6 ist dann der Nucleus ventralis anterior verschwunden und durch den Nucleus ventrobasalis ersetzt.) Das Außensegment umfaßt auch den Nucleus lateralis, der ebenfalls drei Teile aufweist. Von rostral nach caudal sind das der Nucleus lateralis anterior (oder dorsalis), dann der Nucleus lateralis posterior und zuletzt das Pulvinar. In Abbildung 14.6 ist der erste der drei, der Nucleus lateralis anterior, auf dem Rücken des Thalamus oberhalb der Lamina medullaris interna zu sehen. Schließlich sind in den Maschen der Lamina medullaris interna etliche Kerne eingebettet, von denen das hier noch nicht sichtbare Centrum medianum der größte ist. Mehrere kleine Thalamuskerne widersetzen sich dieser schematischen Dreiteilung. Ein Beispiel erschien schon in Abbildung 14.5: die Massa intermedia, eine schlanke Brücke zwischen dem linken und dem rechten Thalamus (sie ist auch als Adhaesio interthalamica bekannt). Die Massa intermedia wird von zwei Zellgruppen gebildet, dem Nucleus periventricularis und dem Nucleus reuniens, die an die Wand des dritten Ventrikels grenzen. Ein weiteres Beispiel in Abbildung 14.5 liegt medial vom Tractus mamillothalamicus: der Nucleus ventralis medialis (oder ventromedialis). Noch ein Beispiel, die Habenula, wird in Abbildung 14.8 auftauchen.

Weshalb heißt diese ganze Kollektion Thalamus? Mit anderen Worten: Warum sollte man einer so unterschiedlichen Ansammlung von Zellgruppen einen einzigen, übergreifenden Namen geben? Die Versuche, Gemeinsamkeiten zwischen diesen Zellgruppen zu finden, haben nicht mehr erbracht als eine Einteilung in fünf verschiedene funktionelle Klassen. Die spezifischen sensorischen Relaiskerne des Thalamus sind in sensorische Leitungsbahnen eingeschaltet, die zu primären sensorischen Feldern des Neocortex aufsteigen. Es handelt sich um das Corpus geniculatum laterale, das Corpus geniculatum mediale und den Nucleus ventrobasalis − die thalamischen Verarbeitungsstationen für das Sehen, das Hören und den somatischen Sinn. Die ersten beiden haben ihren Auftritt in dieser Serie von Frontalschnitten noch vor sich. Die sekundären Relaiskerne des Thalamus sind in Leitungsbahnen eingeschaltet, die vom Globus pallidus und vom Kleinhirn nicht zu sensorischen Feldern des Neocortex ziehen, sondern zum motorischen Cortex und zu Feldern, die mit diesem Cortex in enger Verbindung stehen. Hierzu gehören der Nucleus ventralis anterior und der Nucleus ventralis lateralis, die zusammen den V.A.-V.L.-Komplex bilden. Die Assoziationskerne des Thalamus bilden die dritte Klasse thalamischer Zellgruppen. Man nahm lange an, daß sie nur mit dem Neocortex verbunden sind. Zumindest wußte man, daß sie auf ihn projizieren und umgekehrt corticofugale Fasern erhalten. Die Assoziationskerne sind der Nucleus medialis dorsalis, der mit dem frontalen Assoziationscortex „assoziiert" ist, und der Nucleus lateralis; letzterer steht mit einem zweiten großen Assoziationscortexfeld in Verbindung, das weite Teile der Parietal-, Okzipital- und Temporallappen umfaßt. Heute weiß man, daß beide Kerne auch anderen, nichtcorticalen Input erhalten. Um nur zwei Beispiele zu nennen: Der Nucleus medialis dorsalis empfängt Fasern von der Amygdala, der Nucleus lateralis (insbesondere der Nucleus lateralis posterior) solche vom Colliculus superior. Der Nucleus anterior thalami ist der einzige Vertreter der vierten Klasse thalamischer Zellgruppen. Er gehört zum Papez-Leitungsbogen und ist folglich ein „limbischer Kern". Im einzelnen empfängt er Fasern vom Corpus mamillare sowie einige direkt vom Fornix und unterhält seinerseits eine wechselseitige Verbindung mit limbischem Cortex: mit dem Gyrus cinguli.

Die unspezifischen Kerne des Thalamus schließlich umfassen die Nuclei intralaminares, die in die Maschen der Lamina medullaris interna eingebettet sind, und die Mittellinienkerne wie den Nucleus periventricularis und den Nucleus reuniens. Sie empfangen eine verwirrende Vielfalt von Inputs; einige der kleineren Kerne (es gibt nur einen großen, das Centrum medianum) erhalten beispielsweise Eingangsinformationen vom motorischen Cortex, vom Kleinhirn und von der Formatio reticularis. Das allein wäre schon Grund genug, sie unspezifisch zu nennen. Darüber hinaus ignorieren die Kerne, die auf den Neocortex projizieren, die Grenzen zwischen neocorticalen Feldern. Ein spezifischer sensorischer Relaiskern dagegen projiziert jeweils nur auf ein einziges primäres sensorisches Feld. Des weiteren bilden die auf den Neocortex projizierenden unspezifischen Kerne in sämtlichen Cortexschichten Synapsen, bevorzugt allerdings in der äußersten, der Molekularschicht, wo sie sich zwischen die Endaufzweigungen der apikalen Dendriten mischen, die von Neuronen aller zellenthaltenden Rindenschichten ausgehen. Es ist, als ob diese Kerne dem Cortex eine Art „Voreinstellung" vermittelten: eine Grunderregung. Im Gegensatz dazu enden die neocorticalen Afferenzen von „spezifischen" thalamischen Kernen (nach dieser

Einteilung also den Kernen der anderen vier Kategorien) bevorzugt in den Schichten 3 und 4 in der Mitte der Cortexdicke.

Somit gibt es also fünf verschiedene Kategorien! Sie alle als Thalamus zusammenzufassen, läßt sich trotzdem sowohl funktionell als auch anatomisch rechtfertigen. Erstens unterhalten fast alle als thalamisch bezeichneten Kerne reziproke Beziehungen mit dem einen oder anderen Bereich der Großhirnrinde. Die einzigen Ausnahmen sind anscheinend bestimmte intralaminäre Kerne, die sich aber anatomisch ohne weiteres dem Thalamus zuordnen lassen: Sie werden von ihm umhüllt. Zweitens sind alle als thalamisch bezeichneten Kerne in jener ovalen Masse enthalten, die – zusammen mit dem Nucleus caudatus – dorsal und medial von dem Kegel der inneren Kapsel liegt.

Als nächstes wollen wir die Amygdala betrachten. Auf der rechten Seite der Abbildung 14.6 sieht man ihren caudalen Pol, in dem sich zuführende Faserbündel der Stria terminalis sammeln. Der Schwanz des Nucleus caudatus grenzt an ihren lateralen Rand; das Unterhorn des Seitenventrikels liegt zwischen ihr und dem Hippocampus. Der Hippocampus seinerseits zeigt mehrere, zum Teil recht tiefe dorsale Einschnitte, von denen man einen oder zwei in der Abbildung erkennen kann. Sie sind als Impressiones digitatae bekannt, weil sie frühe Anatomen lebhaft an Abdrücke erinnerten, wie sie die Finger eines Töpfers in nassem Ton hinterlassen. Auf der linken Seite der Abbildung ist die Amygdala größer; der Hippocampus tritt hier noch nicht in Erscheinung. Grundsätzlich ist die Amygdala eine Masse grauer Substanz im medialen Teil des Temporallappens. Im Querschnitt erscheint sie typischerweise als tränenförmige Struktur mit einem dicken, abgerundeten ventralen Bereich, der in einen engen, sich dorsalwärts erstreckenden Hals übergeht. Ein Teil der medialen Seite der Amygdala – der sogenannte corticale Kern (Nucleus corticalis) – verschmilzt mit dem darüberliegenden olfaktorischen Cortex. Der Rest ist zweifellos subcortical. An seiner dorsomedialen Grenze geht der Hals der Amygdala in die Substantia innominata über. (Der Übergang war in Abbildung 14.5 zu sehen.) Der Hals selbst erstreckt sich noch weiter dorsalwärts und legt sich an das Putamen an, von dem er durch eine dünne, aber durchaus ansehnliche Faserschicht getrennt wird; nichtsdestoweniger hielten frühe Anatomen die Amygdala für einen Teil des Striatum und nannten ihn Archistriatum oder – angesichts seiner zusätzlichen Verschmelzung mit dem primären olfaktorischen Cortex – sogar olfaktorisches Striatum. Die Namen haben ausgedient. Schließlich schickt die Amygdala ihren Output hauptsächlich zum Hypothalamus; das Striatum – mit Ausnahme des Nucleus accumbens – tut das nicht. Umgekehrt sendet das Striatum seinen Output vor allem zum Globus pallidus und zur Substantia nigra; das wiederum tut die Amygdala nicht.

Zuletzt wollen wir uns dem Globus pallidus und seinem Outputkanal, der Ansa lenticularis, zuwenden. Hier sind einige einleitende Bemerkungen notwendig. In Abbildung 14.6 steht der Globus pallidus kurz vor seinem Abgang. Außerdem ist die graue Substanz unter ihm – die Substantia innominata – fast verschwunden. Auf der rechten Seite des Schnittes wird ihr Platz von einer breiten Straße weißer Substanz eingenommen, die vom Zentrum des Temporallappens medialwärts zieht und so unter dem Putamen und dann dem Globus pallidus hindurchführt. Dies ist der sublenticuläre Schenkel der inneren Kapsel, die sich hier weit genug ventral ausdehnt, um die Gehirnbasis zu erreichen, wo ihre mediale Fortsetzung den Hirnstiel oder -schenkel bildet. Über diesem ventromedialen Teil der Kapsel liegt eine Masse grauer Substanz, die die Form einer bikonvexen Linse hat. Das ist der Nucleus subthalamicus, jener Satellit des Pallidum, dessen Zerstörung Hemiballismus verursacht. Der Nucleus subthalamicus stellt die ventrale Hälfte des subthalamischen Gebiets oder einfach des Subthalamus dar: eines Teiles des caudalen Zwischenhirns, der sich wie ein Keil zwischen den Hirnstiel und den Thalamus schiebt. Der Keil ist in Wirklichkeit eine Fortsetzung des Mittelhirntegmentum nach vorne. Ab dem nächsten Frontalschnitt wird der Nucleus subthalamicus allmählich der Substantia nigra weichen. Im übernächsten Schnitt wird dann der Nucleus ruber das Zentrum des Keiles ausfüllen.

Über dem Nucleus subthalamicus in Abbildung 14.6 liegt der Rest des subthalamischen Keiles, also seine dorsale Hälfte. Sie wird von einem Fasernetz eingenommen, das überwiegend aus der Ansa lenticularis besteht. Die Anatomie ist entmutigend. Das Grundproblem besteht darin, daß sich der Nucleus lentiformis – also der Globus pallidus und das Putamen – lateral und ventral vom supralentikulären Schenkel der inneren Kapsel befindet. Demgegenüber liegen die Zielgebiete für Fasern, die den Nucleus lentiformis verlassen – nämlich der Nucleus subthalamicus, der Thalamus, die Substantia nigra und das Mittelhirntegmentum –, dorsal von der Kapsel oder, weiter caudalwärts, vom Hirnstiel. Das heißt, die Projektionen müssen die Kapsel entweder durchqueren oder sie in einer Schleife umgehen. Kein Wunder, daß die Ansa lenticularis kompliziert ist; sie besteht tatsächlich aus drei pallidofugalen Anteilen, die an mehreren Stellen nicht sichtbar sind, weil sie mit dem von innerer Kapsel und Hirnstiel gebildeten Kontinuum verstrickt sind.

Beachten Sie zuerst, daß der Hirnstiel in Abbildung 14.6 mehr oder minder senkrecht von einer Vielzahl von Faserbündeln durchbohrt wird, die ihm ein palisadenartiges Aussehen verleihen. So kommen diese Bündel zu ihrem Namen: Sie werden als Kammsystem (*comb system*) bezeichnet. In Abbildung 14.6 enthalten sie zwei Projektionen. Die ventraleren Bündel des Kammsystems setzen sich aus recht dünnen Fasern zusammen und kommen vom Striatum; somit gehören sie nicht zur Ansa lenticularis, die lediglich die Efferenzen vom Pallidum umfaßt. Weiter rostral im Vorderhirn waren diese striatalen Fasern Teil der Stiftbündel. Sie durchquerten dann den Globus pallidus und sind jetzt dabei, auf ihrem weiteren Weg zur Substantia nigra den Hirnstiel zu durchdringen. Ihrer Bahn entsprechen umgekehrt verlaufende dopaminerge Fasern, die von der Substantia nigra auf das Striatum projizieren. Die dorsaleren Bündel des Kammsystems bestehen aus ziemlich dicken Fasern. Auch sie haben den Globus pallidus durchquert – oder besser sein inneres Segment: Sie entspringen nämlich im äußeren Segment. In der Abbildung sieht man, wie sie von unten in den Nucleus subthalamicus eintreten. Sie bilden den mittleren Teil der Ansa lenticularis. Auch ihnen entspricht eine reziproke Projektion, die allerdings nicht allein im äußeren Segment des Pallidums endet, sondern auch im inneren. Somit erscheint der Nucleus subthalamicus als ein dem Globus pallidus aufsitzender neuronaler Apparat, der den größten Teil der Ausgangsinformation des äußeren Pallidumsegments empfängt, aber beide Segmente beeinflußt.

Die Fasern, die das innere Pallidumsegment entsendet, sollen im folgenden beschrieben werden. Sie gehören zu den dicksten, am stärksten myelinisierten Fasern im ganzen Vorderhirn. Irgendwie müssen auch sie auf die dorsale Seite der inneren Kapsel gelangen. Eine Gruppe von ihnen – der dor-

277

sale Teil der Ansa lenticularis – durchbohrt die innere Kapsel und bildet so einen rostralen Bereich des Kammsystems. Eine zweite Gruppe – der ventrale Teil der Ansa – folgt einer anderen Bahn: Diese Fasern ziehen nach unten, nicht nach oben, und verlassen das innere Segment durch dessen ventrale Grenze. Unmittelbar unter dem inneren Segment wenden sie sich zur Mittellinie hin; ihre Ansammlung war in Abbildung 14.5 deutlich zu sehen. Sobald die Fasern den medialen Rand der inneren Kapsel erreichen, biegen sie in einer scharfen Kurve dorsalwärts ab und kommen auf diese Weise über dem supralentikulären Schenkel der inneren Kapsel an; dort schließen sie sich mit den Fasern des Kammsystems zusammen, die dorthin gelangten, indem sie die Kapsel durchbohrten.* Das so entstehende vereinigte Faserbündel nennt man Fasciculus subthalamicus, manchmal auch Fasciculus lenticularis. Es ist in der Tat der gemeinsame Outputkanal für das innere Pallidumsegment. Der Fasciculus wendet sich unverzüglich caudalwärts. Zuerst liegt er unmittelbar dorsal vom medialen Rand der inneren Kapsel. Dann, in Abbildung 14.6, wird er durch das Erscheinen des Nucleus subthalamicus von der Kapsel (die inzwischen zum Hirnstiel geworden ist) weggedrängt und liegt nun als ein Faserblatt dem Rücken dieses Kernes auf. In diesem Teil seines Verlaufs bildet der Fasciculus subthalamicus das Forelsche Feld H-2. Auguste Forel, ein Schweizer Neurologe und Psychiater, verwendete das „H" als Abkürzung des Begriffs Haube, der gängigen deutschen Bezeichnung für das Tegmentum. Die H-Felder sind also die Hauben- oder tegmentalen Felder. Forel erkannte vielleicht als erster, daß der Subthalamus letztlich eine Verlängerung des Mittelhirntegmentum in das Vorderhirn darstellt. In Abbildung 14.6 dringt eine Zunge von grauer Substanz in die Forelschen Felder ein, und zwar auf deren lateraler Seite. Diese graue Zunge ist als Zona incerta bekannt. Ihre Inputs scheinen vom Kleinhirn und vom motorischen Cortex zu kommen und nicht, wie man verständlicherweise früher angenommen hatte, von der Ansa lenticularis. Ihre Outputs blieben lange ungeklärt. Hauptsächlich scheint die Zona incerta auf die Formatio reticularis des Mittelhirns zu projizieren. Der Faserstrang dorsal von der Zona incerta ist das Forelsche Feld H-1, das man auch als Fasciculus thalamicus bezeichnet, der Faserstrang ventral von ihr das Forelsche Feld H-2. Ein medialer, nicht von der Zona incerta zerteilter Knoten stellt das Feld H dar.

Die Fasern, die im inneren Segment des Globus pallidus entspringen, sammeln sich also im Feld H-2. Einige werden weiter caudalwärts verlaufen und in das Mittelhirntegmentum eintreten, ohne ein umschriebenes Bündel zu bilden. Sie werden im Nucleus tegmenti pedunculopontinus enden, einer tegmentalen Zellgruppe nahe der caudalen Grenze des Mesencephalon. Die meisten Fasern jedoch beschreiben eine Haarnadelkurve durch Feld H zum Feld H-1, ziehen dann in diesem Feld, wo sie sich mit einer Vielzahl von Fasern vom Bindearm und vom Lemniscus medialis mischen, rostralwärts

---

* Die Entdeckung der Ansa lenticularis war in Wirklichkeit eine Reihe von Entdeckungen, die sich über einen Zeitraum von 23 Jahren erstreckte. Sie begann mit dem ventralen Teil; das heißt, von den Fasern, die den Globus pallidus verlassen, kannte man zuerst den Anteil, der sich um die innere Kapsel herumbiegt. Tatsächlich kam die Anregung zu dem Begriff Ansa lenticularis, der 1872 von Theodor Meynert, dem Entdecker des ventralen Teiles, geprägt wurde, von der schlaufenartigen Bahn, die dieser Teil beschreibt. Im Jahre 1895 erkannte dann der Schweizer Histologe Constantin von Monakow den durchbohrenden dorsalen Teil. Gleichzeitig beschrieb er das Faserbündel, das vom äußeren Pallidumsegment auf den Nucleus subthalamicus projiziert. Er nannte es den mittleren Teil. Im Rückblick erscheint diese Entdeckung wundersam. Zu Monakows Zeiten war keine der experimentellen Axon-Tracing-Methoden bekannt, die heute zur Verfügung stehen.

und kommen so von unten am Thalamus an. Ihre Hauptzielgebiete sind der Nucleus ventralis anterior und der Nucleus ventralis lateralis, die den V.A.-V.L.-Komplex bilden. Erst 1939 war die eigenwillige Bahn der Ansa lenticularis endgültig geklärt. 1912 hatte die deutsche Neurologin Cécile Vogt die Haarnadelkurve erkannt, aber weder sie noch später sie und ihr Mann, der Neuropathologe Oskar Vogt, konnten feststellen, ob die Fasern vom Globus pallidus zum Thalamus oder in der umgekehrten Richtung verliefen. Man kann sich vorstellen, daß die Betrachtung der Haubenfelder die Forscher zu Zeiten Forels völlig verwirrt haben muß; sie sahen lediglich von grauen Flecken unterbrochene Massen von weißer Substanz und hätten sich niemals vorstellen können, daß ein einzelnes Fasersystem in eines der Forelschen Felder eintreten, ein anderes durchqueren, dann in das dritte sowie schließlich in den Thalamus eindringen könnte.

Das Centrum medianum

Der siebte Schnitt in Abbildung 14.1 liefert den in Abbildung 14.7 photographisch dargestellten Frontalschnitt. Er zeigt den caudalen Pol des Nucleus lentiformis. Auf der rechten Seite des Schnittes bleibt nur das Putamen; auf der linken ist auch noch ein schmaler Anschnitt des äußeren Pallidumsegments zu sehen. Der Schwanz des Nucleus caudatus erscheint zweimal, einmal in der lateralen Wand des Seitenventrikels (hier der Cella media) und noch einmal im Dach des Unterhornes des Seitenventrikels. Sehr deutlich zeigt Abbildung 14.7 den Übergang des Hirnstieles in die innere Kapsel (siehe hierzu auch Abbildung 13.3). Im Querschnitt betrachtet scheint sich die Kapsel zu gabeln. Der Bogen der Kapsel, der unter dem Putamen zum Mark des Temporallappens zieht, ist der sublenticuläre Schenkel. Er schließt die Hörstrahlung (Radiatio acustica) ein, die vom Corpus geniculatum mediale des Thalamus zur primären Hörrinde auf der oberen Temporalwindung (Gyrus temporalis superior) führt. Er umfaßt außerdem die Meyer-Archambault-Schlinge (oder einfach Meyer-Schlinge), einen ventralen Teil der Sehstrahlung (Radiatio optica), der wie der Rest dieser Strahlung vom Corpus geniculatum laterale zur primären Sehrinde führt. Er schwingt nach vorne durch die weiße Substanz des Temporallappens und beschreibt dann eine Kurve zurück zum okzipitalen Cortex. Der Bogen der inneren Kapsel, der über dem Putamen zum Mark des Frontal- und des Parietallappens zieht, ist der supralenticuläre Schenkel. Er umfaßt die thalamocorticalen Strahlungen, die zentralen Bereichen des Neocortex zustreben: dem motorischen Cortex auf dem Gyrus praecentralis und dem primären somatosensorischen Cortex auf dem Gyrus postcentralis. Außerdem schließt er die Pyramidenbahn ein, die vom motorischen Cortex absteigt. Dorsal vom Hirnstiel erscheint der rostrale Pol der Substantia nigra, der den Nucleus subthalamicus von seiner Lage auf dem Rücken des Hirnstieles verdrängt. Das Zwischenhirn weicht dem Mittelhirn. Die nächsten Strukturen in dorsaler Richtung sind die Forelschen Felder: zuerst das Feld H-2, der Fasciculus subthalamicus, und dann über ihm das Feld H-1, der Fasciculus thalamicus. Die Zona incerta befindet sich nicht länger zwischen ihnen. Die kleine Scheibe aus grauer Substanz im medialen Teil der H-Felder ist der rostrale Pol des Nucleus ruber.

Dann kommt der Thalamus. Wie zuvor teilt ihn die Lamina medullaris interna in einen inneren, dorsomedialen und einen äußeren, ventrolateralen

Teil. Der dorsomediale Teil wird vom Nucleus medialis dorsalis beherrscht, der ventrolaterale vom Nucleus ventralis. Auch hier ist der obere Teil des Nucleus ventralis der Nucleus ventralis lateralis; der dunklere, tiefer gelegene Teil ist der Nucleus ventrobasalis. Die dunkle Tönung des Nucleus ventrobasalis entsteht durch die dichte Myelinisierung des Neuropils, das der Lemniscus medialis in ihn einbringt. Eine schlanke, sichelförmige Region im ventralen Teil des Nucleus ventrobasalis fällt jedoch durch ihre überraschende Myelinarmut auf. Sie hat mehrere Namen: Nucleus semilunaris, Nucleus arcuatus oder (am anschaulichsten) gustatorischer Kern des Thalamus. Tatsächlich verarbeitet dieser Kern Geschmacksempfindungen. Seine sensorischen Afferenzen bezieht er vom gustatorischen Lemniscus, über den – nach synaptischer Unterbrechung in den Nuclei parabrachiales – Fasern vom rostralen Drittel des Kernes des Tractus solitarius zu ihm gelangen. Lateral vom Nucleus semilunaris repräsentiert der übrige Nucleus ventrobasalis – von ventral nach dorsal – somatische Empfindungen von Gesicht, Arm und Bein. Die Lamina medullaris interna erfährt in Abbildung 14.7 durch die Gegenwart des größten der intralaminären Kerne, des Centrum medianum, eine starke Erweiterung. Das Centrum medianum (auch Nucleus centromedianus genannt) erhielt seinen Namen von dem französischen Arzt Jean Luys, der auch als erster den Nucleus subthalamicus beschrieb. Er hatte beim Sezieren von Gehirnen entdeckt, daß Querschnitte genau auf der Hälfte zwischen dem frontalen und dem okzipitalen Pol immer eine große, umschriebene Zellgruppe freilegen, die im Thalamus sogar in nichtfixiertem, ungefärbtem Hirngewebe klar abgrenzbar ist. Seine Bezeichnung dieses Kernes – *centre médian* – bezieht sich auf dessen Lage auf genau der Hälfte der Gehirnlängsachse und stellt somit eine Ausnahme von der Regel dar, nach der „median" eine Position an der Mittellinie bezeichnet. Die Inputs und Outputs des Centrum medianum sind eigenartig. Ein massiver Input entspringt im inneren Segment des Globus pallidus als Teil der Ansa lenticularis. Er kommt daher als Bestandteil des Forelschen Feldes H-1 an. Ein zweiter Input entspringt im motorischen Cortex. Mit anderen Worten: Es kommt zu einer Konvergenz des pyramidalen und des extrapyramidalen motorischen Systems auf dieses gemeinsame thalamische Zielgebiet. Was den Output angeht, so projiziert das Centrum medianum auf das Striatum, hauptsächlich auf das Putamen, und schließt so den Leitungsbogen, der vom Putamen zum Globus pallidus, zum Thalamus und schließlich zurück zum Putamen führt. Bemerkenswerterweise scheint das Centrum medianum nicht auf die Großhirnrinde zu projizieren.

Der Hippocampus

Der achte Schnitt in Abbildung 14.1 liefert den in Abbildung 14.8 photographisch dargestellten Frontalschnitt. Der Nucleus lentiformis ist hier nicht mehr vertreten. An seiner Stelle schließt der Schnitt ein großes Dreieck weißer Substanz ein: den retrolenticulären Schenkel der inneren Kapsel. Dessen dorsaler Teil, der in den supralenticulären Schenkel übergeht, vermittelt vornehmlich den thalamocorticalen Verkehr zwischen dem Pulvinar und dem hinterem parietalen Cortex; sein ventraler Teil, der in den sublenticulären Schenkel übergeht, besteht überwiegend aus der Sehstrahlung. Einige letzte Inseln der grauen Substanz des Putamen sind im Inneren des retrolenticulären Schenkels zu sehen, insbesondere auf der linken Seite des Schnittes. Rechts erkennt man einen bemerkenswerten Einschluß: Der ventrale Teil des retrolenticulären Schenkels zeigt dort den rostralen Pol des Corpus geniculatum laterale. (Erinnern Sie sich, daß der caudale Thalamus mit dem Corpus geniculatum laterale an seiner Spitze sich zuerst ventralwärts und dann rostralwärts um den retrolenticulären Schenkel der inneren Kapsel biegt.) In der entsprechenden Lage auf der linken Seite des Schnittes sieht man noch allein den Tractus opticus. An seinen lateralen Rändern geht der retrolenticuläre Schenkel in die Corona radiata über. Auf der entgegengesetzten, medialen Seite dehnt er sich unterdessen nach unten und zur Mittellinie hin aus und wird zum Hirnstiel an der ventralen Oberfläche des Mittelhirns. Der Hirnstiel liegt unter der Substantia nigra, die sich ziemlich klar in einen ventralen Teil, die Pars reticulata, und einen dorsalen, die Pars compacta, unterteilen läßt. Letztere setzt sich auf der medialen Seite der Substantia nigra in die Area tegmentalis ventralis fort. Die Substantia nigra wird ihrerseits vom Nucleus ruber überlagert, der hier etwa in voller Breite zu sehen ist. Der Flecken myelinisierter Fasern unmittelbar lateral vom Nucleus ruber umfaßt den Lemniscus medialis, der auf seinem Weg zum Nucleus ventrobasalis des Thalamus ist, und den Bindearm (das Brachium conjunctivum) auf seinem Weg zum V.A.-V.L.-Komplex. Kurz, dieser Flecken ist die caudale Fortsetzung des Forelschen Feldes H-1.

In Abbildung 14.8 befindet sich der größte Teil des Thalamusquerschnittes — tatsächlich fehlt lediglich das Corpus geniculatum laterale — in seiner typischen Lage neben der inneren Kapsel. Der Nucleus medialis dorsalis nähert sich seinem caudalen Pol. Ventral und lateral von ihm zeigt sich deutlich das Centrum medianum, besonders links, wo die Lamina medullaris interna es kapselartig umschließt. Der übrige Thalamusquerschnitt besteht größenteils aus dem Nucleus ventralis, insbesondere dem Nucleus ventralis lateralis und darunter dem Nucleus ventrobasalis. Der Nucleus ventrobasalis ist stark myelinisiert, mit Ausnahme des gustatorischen Kernes. Wieder beruht die Myelinisierung vornehmlich auf dem Neuropil, das den Eintritt des Lemniscus medialis in den Nucleus ventrobasalis kennzeichnet. Dorsolateral im Thalamus erscheint ein weiterer Kern, der sich schon in Abbildung 14.7 ankündigte: der Nucleus lateralis posterior. Er projiziert auf den parietalen Assoziationscortex. Im nächsten, caudaleren Schnitt unserer Serie wird er sich zum Pulvinar erweitern, das im menschlichen Gehirn vielleicht als größter thalamischer Kern gelten kann.

Es gibt noch etwas über den Thalamus zu sagen. Auf der medialen Seite des Nucleus medialis dorsalis in den Abbildungen 14.6 und 14.7 ist genau an der Linie, entlang der das choroidale Dach sich an den Thalamus heftet, ein kompaktes, gut myelinisiertes Faserbündel zu erkennen. Es handelt sich um die Stria medullaris. Sie hat einen zweifachen Ursprung. Ein großer Teil entspringt im Stylus septi, dem verdickten Teil des Septum entlang des rostralen Randes der Columna fornicis, dorsal von der vorderen Kommissur. Die übrigen Fasern entspringen näher an der Vorderhirnbasis im lateralen Hypothalamus und im Kern des diagonalen Bandes sowie im Tuberculum olfactorium und im ventralen Pallidum. Das Bündel zieht caudalwärts; es enthält anscheinend keine Fasern, die Signale in die entgegengesetzte Richtung leiten. In Abbildung 14.8 endet es in den Nuclei habenulae (oder einfach in der Habenula), einer Reihe von Zellgruppen, die auf der medialen Seite des Nucleus medialis dorsalis — wieder am Dach des dritten Ventrikels — einen

281

kleinen, aber deutlichen Höcker bilden. Viele halten die Nuclei habenulae für einen eigenen Teil des Zwischenhirns, den sogenannten Epithalamus (*epi-* bedeutet „auf"). Jedenfalls ist der Name Habenula etwas nachlässig gewählt. Er bedeutet „Zügel" – die Zügel eines Pferdes. Die Kerne liegen nämlich gerade an einer Stelle, wo die Zirbeldrüse oder Epiphyse durch ein Paar von Stielen, die zwei Zügeln ähneln, an den Rücken des Thalamus angeheftet ist. Doch die Kerne schicken keine Axone in diese Zügel; das heißt, sie innervieren nicht die Zirbeldrüse*. Vielmehr entsendet die Habenula ein kompaktes Faserbündel, den Fasciculus retroflexus von Meynert, der zur Basis des Mittelhirns absteigt und dabei den Nucleus ruber umgeht. Man sieht ihn in Abbildung 14.8 sehr deutlich, besonders auf der linken Seite des Schnittes. Sein Hauptzielgebiet ist die Raphe des Mittelhirns; wir sind auf dem wichtigsten Input für die serotonergen Zellgruppen des Mittelhirns – und somit für die serotonerge Innervation der gesamten Großhirnhemisphäre – gestoßen. Welche Signale übermittelt dieses Faserbündel? Man kann lediglich sagen, daß die Leitungsbahn vom Vorderhirn zu den Raphekernen des Mittelhirns durch die Nuclei habenulae (und die als Nucleus interpeduncularis bekannte Mittelhirnzellgruppe) im Gegensatz zu einer weniger benutzten ventralen Bahn steht, die sich des medialen Vorderhirnbündels bedient und den Hypothalamus als zwischengelagerte Verarbeitungsstation einbezieht. Die beiden Bahnen benutzen zweifellos verschiedene Kombinationen von Neurotransmittern. So umfaßt der Fasciculus retroflexus beispielsweise ein cholinerges Faserkontingent, das in der absteigenden Axonpopulation des medialen Vorderhirnbündels anscheinend fehlt.

Abbildung 14.8 zeigt auch die Art, wie sich der Rand des corticalen Blattes zur Hippocampusformation einrollt. Auf beiden Seiten des Schnittes ist zu sehen, daß sich das corticale Blatt auf der medialen Seite der Spitze des Temporallappens zunächst zum Unterhorn des Seitenventrikels hin faltet, dessen mediale Wand es bildet. Dann faltet es sich über sich selbst. Bis hierhin beschreibt es also ein S. Als nächstes biegt es sich am Ende der oberen Falte unter sich selbst und erstreckt sich in den Hilus (den Mund) eines kleinen, im Querschnitt U-förmigen Endgyrus, des Gyrus dentatus (auch Fascia dentata genannt). Der größte Teil der Struktur – das S und seine Krümmung nach unten in den Hilus der Fascia dentata – ist das Ammonshorn oder Cor-

---

* Die Zirbeldrüse (englisch *pineal gland*), die ihren Namen wegen ihrer Ähnlichkeit mit dem Zapfen einer Zirbelkiefer (*pinecone*) trägt, empfängt offenbar überhaupt keine Fasern vom Gehirn. Statt dessen erhält sie eine postganglionäre sympathische Innervation. Die Bahn ist mittlerweile gut bekannt, zumindest bei Tieren wie der Ratte. Sie beginnt in der Retina, die über den sogenannten akzessorischen Tractus opticus auf eine hypothalamische Zellgruppe projiziert, die gemäß ihrer Lage dorsal vom Chiasma opticum als Nucleus suprachiasmaticus bezeichnet wird. Dieser Kern verwendet offenbar seine visuelle Afferenz dazu, einen (circadianen) Tag-Nacht-Rhythmus für das Gehirn zu erzeugen. Außerdem entsendet er eine absteigende Projektion, die präganglionäre sympathische motorische Neuronen des Seitenhornes beeinflußt. Diese wiederum wirken auf postganglionäre sympathische motorische Neuronen des oberen Halsganglions ein, das die zur Zirbeldrüse ziehenden Fasern entsendet. Die Fasern setzen den postganglionären sympathischen Transmitter, Noradrenalin, frei – und zwar am Tage weniger als in der Nacht. Als Reaktion darauf verwandelt die Zirbeldrüse die Aminosäure Tryptophan zuerst in Serotonin und anschließend in das Hormon Melatonin; die zwei zur Bildung des Melatonins erforderlichen chemischen Schritte werden von Enzymen katalysiert, die in den serotonergen Neuronen der Raphe des Mittelhirns nicht vorkommen. Die Funktion des Melatonins, das ausschließlich von der Zirbeldrüse produziert wird, bleibt fraglich. Dennoch beeindruckt Forscher der Rhythmus, in dem es von der Zirbeldrüse abgegeben wird: mehr in der Nacht als am Tage; mehr im Winter als im Sommer, wenn die Tage lang sind; eine beachtlich große Menge in den Jahren vor der Pubertät. So suchen Wissenschaftler wie beispielsweise Richard Wurtman und seine Mitarbeiter am Massachusetts Institute of Technology nach den Zusammenhängen zwischen Melatonin, der zeitlichen Steuerung der Pubertät und bestimmten Formen von psychischer Depression, die am häufigsten im Winter auftreten.

nu Ammoni, was im Lateinischen soviel wie „Füllhorn" bedeutet. Alles in allem ist es wenig verwunderlich, daß Broca überzeugt war, hier den Saum der Großhirnrinde gefunden zu haben, zumindest im Temporallappen, und daß er seine Entdeckung anfänglich den großen Saumlappen nennen wollte. Hier im Temporallappen ist der Saum deutlich in einer Weise angeordnet, die daran denken läßt, wie eine Schneiderin den Saum eines Kleidungsstückes fertigstellt, indem sie das Gewebe mehrmals faltet und sogar ein Extrastück Stoff über sein Ende legt, bevor sie alles zusammennäht. Ein Aspekt der Anatomie ist zuerst verwirrend. Die weiße Substanz des Hippocampus liegt an der Oberfläche des Gehirns und erweckt daher den Eindruck, nicht mehr unter dem grauen Cortex zu liegen oder, anders ausgedrückt, nicht mehr der Kabelkeller der Großhirnrinde zu sein. Aber das liegt einfach daran, daß die obere Falte des Ammonshornes die darunterliegende weiße Substanz in ihre scheinbar unangemessene Lage drängt. Wenn man so will, schwimmt die weiße Substanz durch die Auswärtskehrung des Hippocampus mit dem Bauch nach oben. Die größte Anhäufung von hippocampalem Mark erscheint in Abbildung 14.8 als Verankerung der choroidalen Membran des Unterhornes in der Nähe des Gyrus dentatus. Man nennt sie Fimbria fornicis, also den „Saum des Fornix", und tatsächlich ist sie der Sammelplatz für die Fasern dieses Bündels. In einem gut fixierten Gehirn kann man die Fimbria zurückziehen und so den medialen Rand des Gyrus dentatus mit der ihm aufgeprägten „Zahn"-Reihe freilegen. Die Fasern, aus denen sich die Fimbria zusammensetzt, entspringen im gesamten Bereich des Ammonshornes und sammeln sich in einer dünnen Marklamelle, die seine ventrikuläre Oberfläche bedeckt. Diese Lamelle ist unter dem Namen Alveus bekannt, was (im Lateinischen) „Bauch" bedeutet. Vielleicht hat diese Struktur frühe Beobachter wirklich an den gewölbten weißlichen Bauch eines Fisches oder vieler Säugetiere erinnert.

Man sollte erwähnen, daß sowohl das Ammonshorn als auch der Gyrus dentatus nur eine einzige Zellschicht aufweisen. Darin unterscheiden sie sich vom Neocortex, der den größten Teil der Großhirnhemisphäre bedeckt. Sie stellen — mit einem Wort — Archicortex dar. Ihr sonderbarer Aufbau beruht darauf, daß die Schichtung des corticalen Blattes die Tendenz hat, sich zum temporalen Rand hin schrittweise zu vereinfachen. Die Sequenz tritt am besten in einem Nissl-Präparat zutage, wie wir es in Abbildung 14.10 zeigen. Beachten Sie zuerst den medialen Anstieg des Cortex zum Scheitel des Gyrus parahippocampalis rechts unten in dieser Abbildung. Im unteren Teil des Anstiegs besitzt die graue Substanz ein Muster, das recht deutlich die corticale Schichtung zeigt. Fünf Zellschichten sind hier durch zellkörperarme Streifen voneinander getrennt. Dieses Muster kennzeichnet die Area entorhinalis, die Pforte für den neocorticalen Input zum Hippocampus. Am Scheitel des Gyrus parahippocampalis beginnen die Zellschichten miteinander zu verschmelzen. So entsteht das sogenannte Präsubiculum. Es stellt im wesentlichen Cortex mit zwei Zellschichten dar. Bald darauf — an einer ziemlich scharfen Grenze — weicht das Präsubiculum dem Subiculum (oder Subiculum hippocampi), dem ersten Cortexstück mit nur einer einzigen Zellschicht (wenn auch in Abbildung 14.10 nur zur linken Seite hin). Das Subiculum bildet einen großen Teil der untersten Windung des Ammonshornes; daher sein Name, der „hippocampales Fundament" bedeutet. Das Subiculum steuert Fasern zum Fornix bei; von daher ist es ein Teil des Hippocampus. Als nächstes kommt ungefähr am Ende des unteren Schenkels des

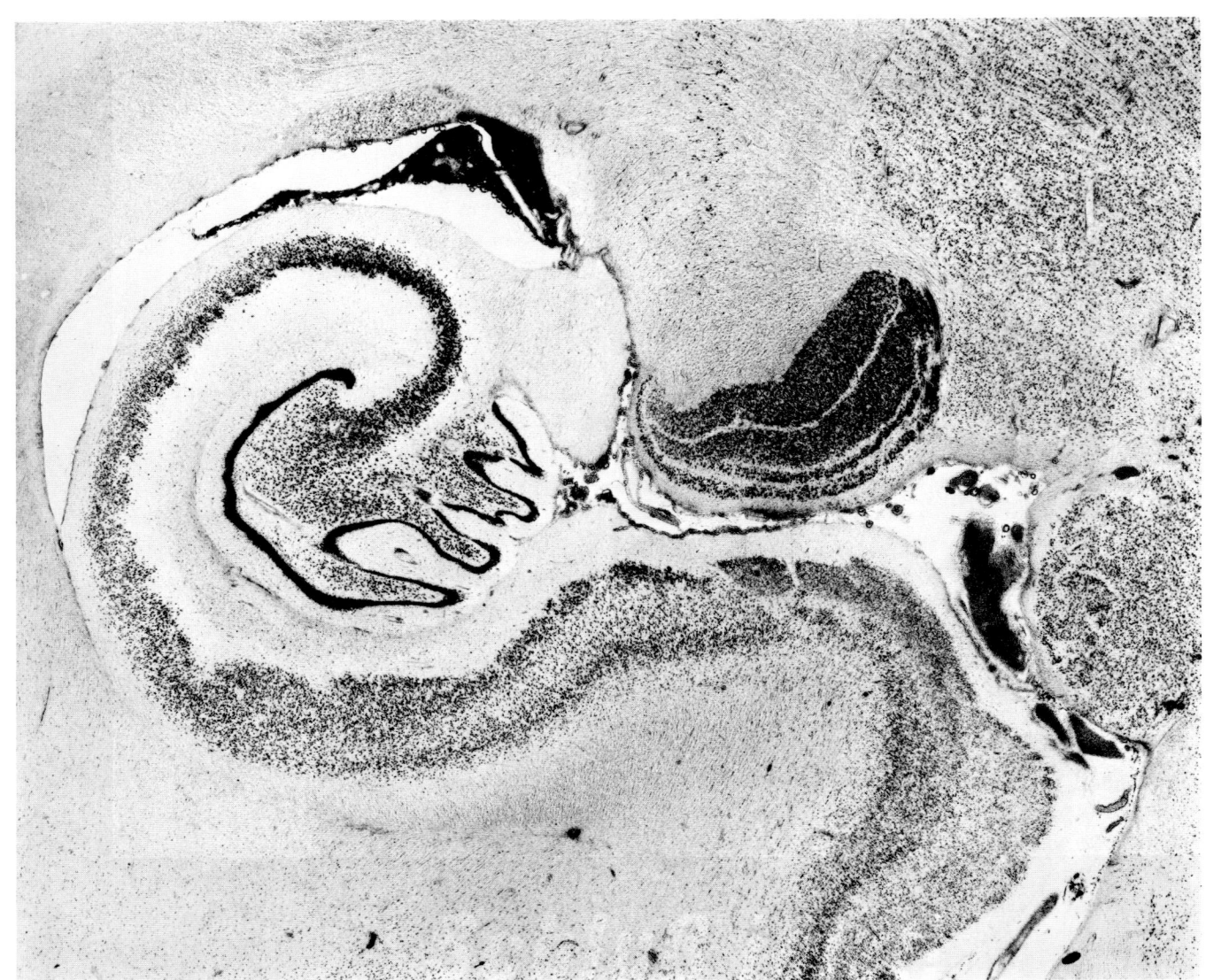

14.10 Der Hippocampus sowie die Folge corticaler Regionen, die zu ihm hinführen (beziehungsweise den hippocampalen Cortex selbst aufbauen), nehmen den größten Teil dieses Nissl-gefärbten Frontalschnittes ein, der Gewebe aus dem Temporallappen eines menschlichen Gehirns zeigt. Die Sequenz beginnt unten rechts, wo temporaler Cortex in Form des Gyrus parahippocampalis die mediale Seite des Temporallappens hinaufsteigt. Sein Anfangsabschnitt ist die Area entorhinalis, die Endstation für Projektionen vom Neocortex zum Hippocampus. Die Area entorhinalis baucht sich vorübergehend aus und bildet so das als Parasubiculum bezeichnete Feld. Am Ende dieser Auswölbung, wo der Cortex in die Horizontale umbiegt, wird er abrupt dünner, und einige seiner Zellschichten fließen zusammen, wobei das Präsubiculum entsteht. Nach etwa zwei Dritteln der Wegstrecke über den waagerechten Abschnitt des temporalen Cortex (unterhalb des Corpus geniculatum laterale, das in dieser Aufnahme vier seiner sechs Schichten zeigt) weicht das Präsubiculum dem Subiculum, dem ersten einer Reihe von Feldern mit nur einer Zellschicht, die den Hippocampus selbst bilden. Die einzelne Zellschicht verdichtet sich zum linken Bildrand hin. Ganz links außen wird die Schicht schmaler und richtet sich senkrecht aus. Das so entstehende Feld wird CA1 genannt. (Die Abkürzung CA steht für Cornu Ammonis, also Ammonshorn.) Zum höchsten Punkt der Kurve hin kennzeichnen Anhäufungen großer Neuronen das Feld CA2. Am höchsten Punkt selbst sind die großen Neuronen sehr dicht gepackt; hier befindet sich das Feld CA3. Dieses wendet sich in die Bucht des Gyrus dentatus, wo es zum Feld CA4 wird. Der Gyrus dentatus selbst hat eine so dicht mit Nervenzellkörpern bepackte Zellschicht, daß diese als dicke, schwarze Linie erscheint. An der Spitze des Hippocampus, in der ventralen Wand des Unterhornes des Seitenventrikels, sitzt hell gefärbt die Fimbria fornicis, der „Saum des Fornix". Über ihr, in der dorsalen Wand des Unterhornes, liegt als ovaler, mit Nervenzellkörpern getüpfelter Bereich der Schwanz des Nucleus caudatus. Die runde Zellmasse ganz rechts außen (rechts von dem Querschnitt einer dunkel gefärbten Vene) ist das Corpus geniculatum mediale.

vom Ammonshorn gebildeten S eine Stelle, an der die einzige noch verbliebene Zellschicht dünner wird und die in ihr enthaltenen Zellen wesentlich dichter aneinander rücken. Dort weicht das Subiculum den CA-(Cornu-Ammonis-)Feldern von Lorente de Nó – nach Rafael Lorente de Nó, einem Schüler von Santiago Ramón y Cajal. Zuerst kommt CA1, dann CA2 (das nicht deutlich begrenzt ist), danach CA3 und schließlich CA4, wo sich der Gyrus dentatus um das Ende der Folge von CA-Regionen legt und so den wirklichen Rand des corticalen Blattes bildet. Noch ein Wort zu den Projektionen: Kaskaden von corticocorticalen Fasern konvergieren auf die Area entorhinalis. Diese wiederum projiziert auf die CA-Felder; ihre Hauptprojektion führt jedoch zum Gyrus dentatus. Der Gyrus dentatus projiziert seinerseits auf CA3, und zwar mittels äußerst dünner Axone, die man als Moosfasern bezeichnet (nicht zu verwechseln mit einer anderen Klasse von Moosfasern, die in das Kleinhirn eintreten). In CA3 beginnt ein Teil des Fornix. Genauer gesagt, die in CA3 entspringenden Axone stoßen zum Alveus und werden so zu einem Bestandteil des Fornix. Zuvor geben sie noch Kollateralen ab (die sogenannten Schaffer-Kollateralen), die auf CA1 und das Subiculum projizieren. CA1 und Subiculum tragen ihrerseits zum Fornix bei. Heute weiß man, daß die Fasern, die von den CA-Feldern her zum Fornix stoßen, nur zwei Ziele haben: das Septum und die kontralateralen CA-Felder. (Der Verkehr zu letzteren erfolgt über die Commissura hippocampi.) Die restlichen Fornixfasern, die im Nucleus accumbens, im Nucleus anterior thalami und im Corpus mamillare enden, entspringen im Subiculum.

Der caudale Thalamus

Der neunte Schnitt in Abbildung 14.1 liefert den in Abbildung 14.9 photographisch dargestellten Frontalschnitt. Hier hat sich der Thalamus verändert. Über einen großen Teil seiner Länge gliederte ihn die Lamina medullaris interna in zwei Hauptbereiche. Jetzt, auf diesem caudalen Niveau, ist die Lamina verschwunden. Statt dessen sieht man drei thalamische Kerne. Das Pulvinar ist der dorsalste der drei. Unterhalb von ihm unterbrechen das Corpus geniculatum mediale und das Corpus geniculatum laterale die Kontinuität zwischen dem Hirnstiel und dem retrolenticulären Schenkel der inneren Kapsel. Das Corpus geniculatum mediale erscheint als eine ziemlich einheitliche Masse. Dennoch ist seine Cytoarchitektur nicht homogen. Das Corpus geniculatum laterale besitzt dagegen eine auffallende Schichtung: Seine Neuronen sind in sechs konzentrischen, U-förmigen Streifen angeordnet, die sich alle nach unten öffnen. Diese Streifen heißen Schicht 1 bis 6; man zählt hierbei vom innersten (und ventralsten) U nach außen. Die Fasern des Tractus opticus, die in das Corpus geniculatum laterale eintreten, verteilen sich so, daß gekreuzte Fasern, die jeweils die nasale Hälfte der kontralateralen Retina repräsentieren, in den Schichten 1, 4 und 6 enden, während ungekreuzte Fasern, die die temporale Hälfte der ipsilateralen (homolateralen) Retina repräsentieren, in den Schichten 2, 3 und 5 enden. Die Schichten sind exakt übereinander ausgerichtet; daher kreuzt eine Linie, die wie die Speiche eines Rades dorsoventral durch alle sechs Schichten verläuft, Zellen, die alle den gleichen Teil des Gesichtsfeldes vertreten. Anders ausgedrückt, die Repräsentation des retinalen Outputs in den beiden Corpora geniculata lateralia erfüllt gleichzeitig zwei Bedingungen: Die Daten von jedem Auge werden getrennt, doch die Topologie des binokularen Gesichtsfeldes bleibt erhalten. In Kapitel 16 werden wir eine andersartige Strategie beschreiben, durch die die primäre Sehrinde genau dasselbe erreicht. Auf der lateralen Seite des Corpus geniculatum laterale taucht die Radiatio optica (Sehstrahlung) auf, die auf dem Weg zur Sehrinde ist. Auf der rechten Seite des Schnittes tritt sie deutlich hervor: Die Fasern dringen in den retrolenticulären Schenkel der inneren Kapsel ein. Ein Teil der Sehstrahlung führt zuerst nach vorne in den sublenticulären Schenkel der Kapsel, so daß ihr Übergang in die Corona radiata bereits in Abbildung 14.7 und sogar schon in Abbildung 14.6 zu sehen war.

Die Wandlung des Thalamus zu der in Abbildung 14.9 erkennbaren Gestalt spiegelt die Evolution dieser Struktur wider. Bei nicht zu den Primaten zählenden Säugetieren ist sie oval. Bei Primaten jedoch, und ganz besonders im menschlichen Gehirn, gewinnt ihr caudaler Pol an Volumen und erstreckt sich in einer hakenförmigen Kurve über die Rückseite des Hirnstieles; diese Kurve setzt sich in lateraler und ventraler Richtung so fort, daß der caudale Thalamuspol die rostrale Hälfte des Mittelhirns entlang einer Bahn flankiert, die parallel zur Krümmung etwa des Nucleus caudatus verläuft. Der Haken wird rasch dünner; die verdünnte Stelle setzt sich aus dem Corpus geniculatum mediale und dem Corpus geniculatum laterale zusammen und wird manchmal als Metathalamus bezeichnet (griechisch für „das, was dem Thalamus folgt"). Am Scheitel, nicht am Ende der absteigenden Kurve liegt das Pulvinar. Sein Volumen ist in erster Linie für die Vergrößerung des caudalen Poles des menschlichen Thalamus verantwortlich. Der Ausdruck Pulvinar leitet sich vom lateinischen Wort *pulvinus* für „Kissen" ab; bei einem Primaten sieht der Thalamus durchaus einem Kissen ähnlich, das über einer Stuhllehne hängt. (Der Stuhl ist in diesem Fall der Hirnstiel.) Das Pulvinar ist ein Zipfel des Kissens – ein nach unten hängender Zipfel. Er macht diese ganze Analogie lebendig.

Der Anblick des Hirnstammes in Abbildung 14.9 ist ziemlich verwirrend. Das hat einen einfachen Grund. Ein Schnitt quer durch das Vorderhirn bedeutet einen schrägen Schnitt durch das übrige Gehirn. Nehmen wir den Hirnstiel als Ausgangspunkt für einige Ausflüge. An seinem ventromedialen Ende beginnt die graue Substanz der Brücke. Die darüberliegende Grotte ist kein Ventrikel, sondern das Foramen caecum. Dabei handelt es sich im wesentlichen um eine tiefe Einstülpung der Gehirnoberfläche und somit des Subarachnoidalraumes. Über dem Hirnstiel tritt die Substantia nigra hervor, ebenso der Nucleus ruber. Ein dreieckiges, stark myelinisiertes Gebiet, das sich von diesem Kern aus nach lateral ausdehnt, umfaßt vor allem den Lemniscus medialis und jenen Teil des Brachium conjunctivum, der am Nucleus ruber vorbei zum Thalamus zieht. Zur dorsalen Seite des Hirnstammes hin schließlich verengt sich der dritte Ventrikel zum Aquädukt. Hier und im gesamten Mittelhirn ist er vom zentralen Höhlengrau umgeben. Dieses hebt sich durch seine Myelinarmut scharf vom umgebenden Mittelhirntegmentum ab. (Die oculomotorischen Kerne im ventralen Teil der grauen Substanz sind noch ärmer an Myelin.)

Lateral vom zentralen Höhlengrau, ventral und medial vom Pulvinar und rostral vom Colliculus superior (wenn auch Abbildung 14.9 die letzte dieser anatomischen Beziehungen nicht zeigen kann) sieht man die Area praetectalis. Wie der Colliculus superior wird sie stark von Fasern von der Sehrinde sowie solchen von der Retina durchdrungen. Doch in einer der Zellgruppen dieses Gebiets hat man Neuronen identifiziert, die nicht auf Reize aus irgendeinem bestimmten Teil des Gesichtsfeldes ansprechen. Sie reagieren vielmehr auf alle Teile. Kurz, sie haben kein „rezeptives Feld", sofern man nicht das gesamte Gesichtsfeld so bezeichnen will. Offenbar registrieren sie die Gesamtintensität des Lichtes, das auf die Retina fällt. Sie sind sozusagen Belichtungsmesser, und genau das erwartet man von einem Gebiet des Gehirns, das der Kontrolle der Pupillenweite dient. Jede Seite der Area praetectalis erhält lediglich Eingangsinformationen vom kontralateralen Auge. Doch jede Seite projiziert auf die Edinger-Westphalschen Kerne auf beiden Seiten des Gehirns. Die kreuzende Projektion läuft über die Comissura posterior (die hintere Kommissur), ein ziemlich großes Faserbündel, das in Abbildung 14.9 recht deutlich in jenem Teil der grauen Substanz zu sehen ist, der das Dach des Aquädukts bildet. Die hintere Kommissur enthält auch echte kommissurale Fasern, die die Areae praetectales beider Seiten miteinander verbinden. Fällt Licht in eines der beiden Augen, so verengen sich beide Pupillen. Robert Whytt, ein schottischer Arzt, hat diese Tandemverengung, die man heute als konsensuellen Pupillenreflex bezeichnet, bereits vor zwei Jahrhunderten beschrieben.

Der zehnte Schnitt in Abbildung 14.1 ergibt einen letzten Frontalschnitt, den wir aber nicht mehr photographisch wiedergeben. Zu guter Letzt ist das Muster wieder einfach: Alles, was von der Großhirnhemisphäre übrigbleibt, sind die Okzipitallappen, unter denen der Hirnstamm liegt. Der Schnitt wird daher von Cortex beherrscht: dem des Großhirns und dem des Kleinhirns. Die Großhirnrinde ist durch die als Gyri bekannten breiten Falten gegliedert, die Kleinhirnrinde durch die als Folia bezeichneten schmalen Falten. In Abbildung 14.1 sind diese beiden Gehirnteile lediglich durch einen freien Raum voneinander getrennt. Im Schädel jedoch liegt ein durales Blatt dazwischen, das Tentorium cerebelli. Die Großhirnhemisphären zeigen noch einige letzte Einzelheiten. So gewährt beispielsweise das Mark jedes Okzipitallappens einen letzten Blick auf den Seitenventrikel, genauer gesagt, auf dessen Hinterhorn. Seine mediale Wand wird durch den Grund einer tiefen Furche eingedellt, der Fissura calcarina. Die entstehende Delle nennt man Calcar avis, den „Vogelsporn", denn sie sieht der hinteren Kralle eines Vogels ähnlich (also jener, mit der das Tier den Zweig umkrallt, auf dem es sitzt). Die Wände der Fissura calcarina bestehen hauptsächlich aus primärer Sehrinde. Das gilt auch für die Fortsetzung der ventralen Wand auf den Gyrus lingualis und die der dorsalen Wand auf den Cuneus. Die Fortsetzungen erstrecken sich über eine Distanz, die vielleicht gerade der Hälfte der Tiefe der Fissura calcarina entspricht; daraus kann man schließen, daß sich mehr als die Hälfte der Sehrinde im Inneren dieser Furche verbirgt. Der Hirnstamm zeigt ebenfalls einige Einzelheiten. Die beiden Vorsprünge, die auf der ventralen Oberfläche des Hirnstammes die Mittellinie flankieren, sind die jeweils durch eine Pyramidenbahn ausgebauchten medullären Pyramiden; der Schnitt verläuft caudal von der Brücke. Der Hirnnerv an der ventralen Oberfläche ist der Nervus statoacusticus. Das stark myelinisierte Faserbündel, das den Recessus anterior des vierten Ventrikels einrahmt, ist der Bindearm (Brachium conjunctivum), der gerade das Kleinhirn verläßt. Der Teil des Kleinhirns, der das Dach des Recessus anterior bildet, ist der Kleinhirnwurm (Vermis). Den Rest bilden die Kleinhirnhemisphären.

15. Die Kleinhirnrinde

Einer einfachen Auffassung des Gehirns zufolge setzt es sich aus Klümpchen und Blättern zusammen. Die kleinen Klumpen sind die Zellgruppen: die im Hirnstamm, die im Thalamus, die im Hypothalamus, die in der Amygdala und die im Corpus striatum. Mit ihrer Unordnung scheinen sie uns quälen zu wollen. Ihre Neuronen entsenden Dendriten in scheinbar zufällige Richtungen. Überdies ist die Form eines jeden Nervenzellkörpers offenbar nur für ihn allein typisch. Ganz besonders beunruhigend ist es, zum Beispiel in einem Golgi-Präparat ein solches Gewirr anzuschauen und daran zu denken, daß solch ein Klümpchen möglicherweise – und für manche trifft das zweifellos zu – an so exakt abgestimmten und lebenswichtigen Funktionen beteiligt ist wie etwa der Regelung der Körpertemperatur oder der Sauerstoffkonzentration im Blut. Die Blätter bieten da einen erfreulicheren Anblick. Im Rautenhirn gehört die untere Olive dazu, im Kleinhirn der Nucleus dentatus, im Mittelhirn der Colliculus superior und im Thalamus das Corpus geniculatum laterale. Vor allem erscheinen die Blätter wohlgeordnet. Auch bei ihnen besteht das Gewebe grundsätzlich aus in Neuropil eingebetteten Neuronen. Oft jedoch zeichnet sich in diesem Gewebe ein Muster ab. Zellen, die jeweils anders aussehen – zum Beispiel solche mit großen und solche mit kleinen Zellkörpern – liegen möglicherweise unterschiedlich tief im Blatt und unterschiedlich dicht aneinander. Zellkörperarme Ebenen betonen vielfach den geschichteten Eindruck. Die eindrucksvollsten Blätter im Gehirn eines Säugetieres sind die Cortexgebiete: die Kleinhirn- und die Großhirnrinde. Sie genügen den vier Kriterien, die wir im Teil I dieses Buches formuliert haben. Erstens liegen sie an der Oberfläche des Gehirns. Zweitens sind sie geschichtet. Drittens ist die äußerste Schicht an der äußersten Oberfläche des Gehirns eine Faserschicht, die kaum Zellkörper enthält. Viertens schlägt ein wesentlicher Anteil der von den Zellen ausgehenden Fortsätze bestimmte Richtungen ein, so daß das Gewebe (in entsprechenden Präparaten) an einen Palisadenzaun erinnern mag. Die Kleinhirnrinde ist ganz besonders beeindruckend. In ihr fehlt jegliche Unordnung. Dendriten und Axone liegen in spezifischen Mustern zusammen. Außerdem lassen sich die Zellen unbestreitbar Typen zuordnen: Die Form und die Verknüpfungen kennzeichnen jedes einzelne dieser vielen verschiedenen Neuronen als Körnerzelle, als Purkinje-Zelle, als Sternzelle, als Korbzelle oder als Golgi-Zelle. Nirgendwo sonst im Zentralnervensystem findet man eine derartige Stereometrie, eine solche dreidimensionale Regelmäßigkeit. So ist die Kleinhirnrinde zu einem Lieblingsobjekt der Anatomen und Physiologen geworden – schien doch ihre offensichtliche Ordnung zu versprechen, daß es in nicht allzu langer Zeit möglich sein sollte, die Funktion dieses Organs im einzelnen zu verstehen. Es ist deshalb ernüchternd, zugeben zu müssen, daß man sich über die genaue Beziehung zwischen Struktur und Funktion im Kleinhirn noch keineswegs im klaren ist. Wenn ein Klümpchen uns im wesentlichen durch seine scheinbare Unordnung beunruhigt, so tut es die Kleinhirnrinde gerade durch ihre perfekte Ordnung. Die folgenden Absätze sollen diesen Schwierigkeiten nachgehen.

Haupt- und Nebenbahnen

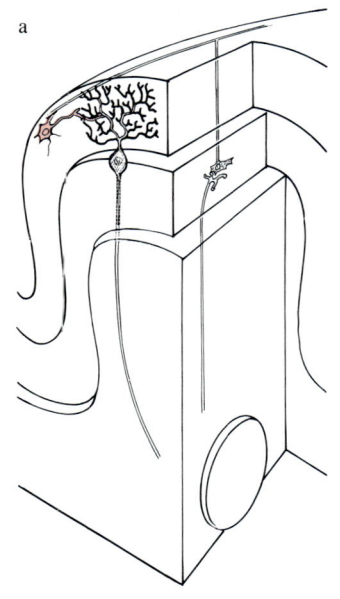

Die Axone, die vom Rückenmark, von den Vestibulariskernen, der Brücke und von anderswo in das Kleinhirn (Cerebellum) eintreten, geben vielfach Kollateralen an die tiefen Kleinhirnkerne ab. Hauptsächlich jedoch verteilen sie ihre Zweige auf die tiefste Schicht der Kleinhirnrinde, die Körnerschicht, deren Markenzeichen die Körnerzellen sind: äußerst kleine Neuronen, die so dicht aneinanderliegen, wie man es fast nirgendwo sonst im Gehirn findet. In der Körnerschicht bilden diese Zweige (die man Moosfasern nennt, weil sie große, etwas gelappte Endigungen besitzen) Synapsen mit den kurzen, krallenartigen Dendriten, die aus den Körnerzellen hervorgehen (Abb. 15.1). Die Körnerzellen entsenden ihrerseits dünne, nichtmyelinisierte Axone, die in die oberflächlichste Schicht der Kleinhirnrinde, die Molekularschicht, aufsteigen. Entsprechend der allgemeinen Definition von Cortex ist dies eine Schicht, die größtenteils von neuronalen Fortsätzen eingenommen wird und kaum Nervenzellkörper enthält. In der Molekularschicht gabelt sich jedes ankommende Axon in eine linke und eine rechte Kollaterale. Es nimmt also die Form eines T an. Jede Kollaterale verläuft parallel zur Längsachse der Kleinhirnwindung (des Folium), in der die Ursprungsfaser an-

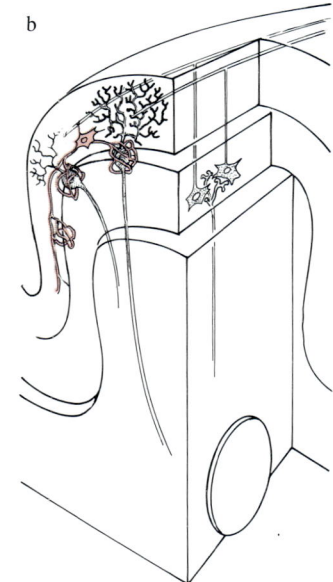

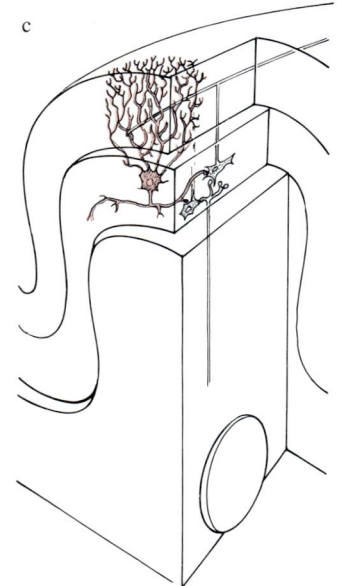

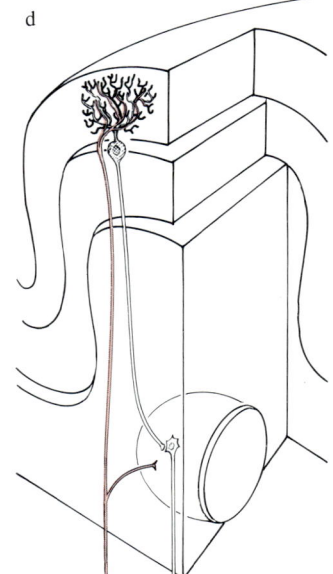

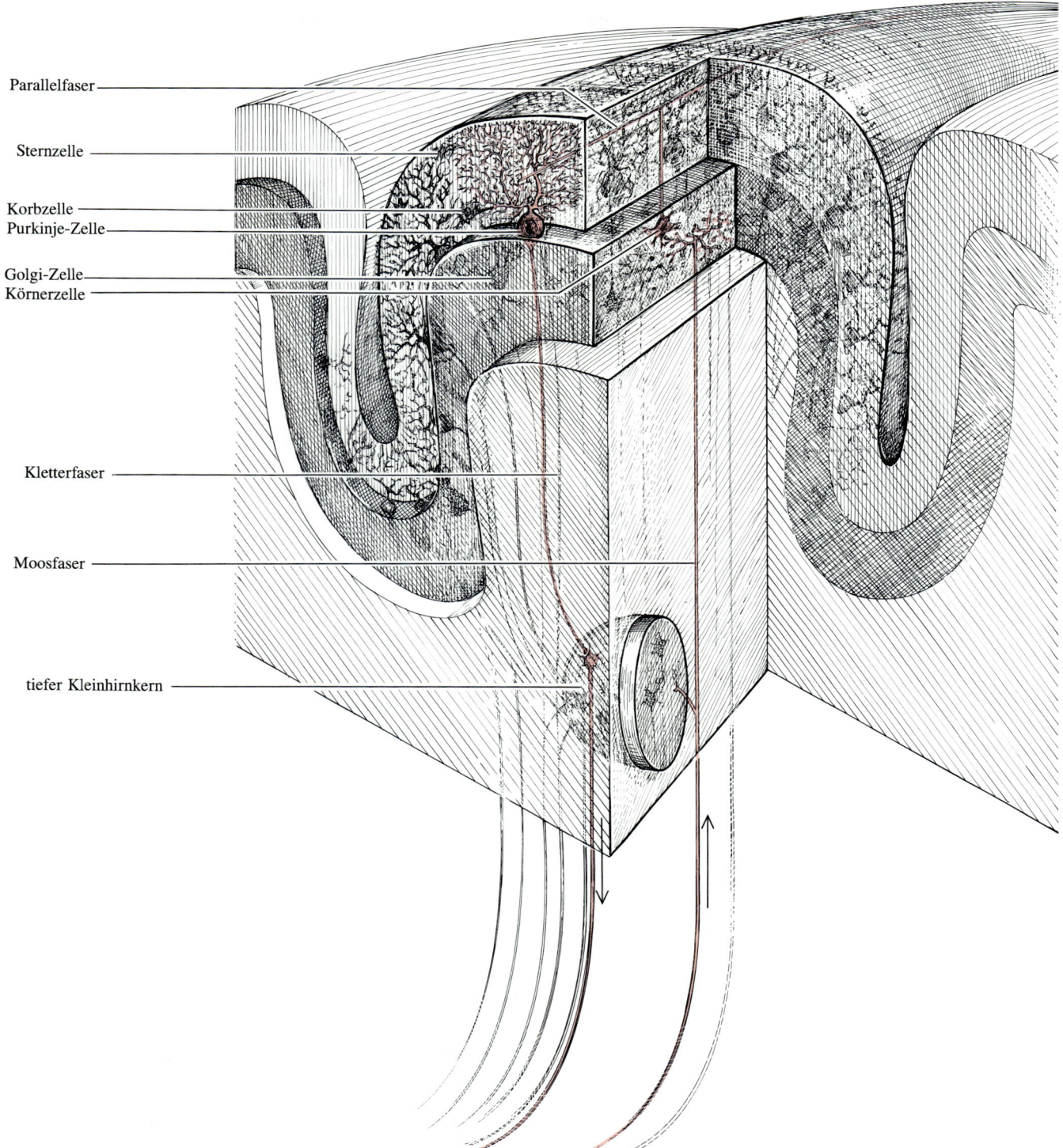

Parallelfaser

Sternzelle

Korbzelle
Purkinje-Zelle

Golgi-Zelle
Körnerzelle

Kletterfaser

Moosfaser

tiefer Kleinhirnkern

15.1 Der Schaltplan des Kleinhirns zeichnet sich sowohl durch seinen unveränderlichen Aufbau (er ist in der gesamten Kleinhirnrinde gleich) als auch durch seine Stereometrie aus (die neuronalen Elemente, die die Verschaltung bilden, halten eine eindrucksvolle dreidimensionale Ordnung ein). Oben ist der grundlegende Schaltkreis (rot) in ein ziemlich schematisch dargestelltes Folium (eine Kleinhirnwindung) eingezeichnet. Die als Moosfasern bezeichneten cerebellären Afferenzen treten in die innerste Schicht der Kleinhirnrinde, die Körnerschicht (Stratum granulosum), ein. Dort bilden sie Synapsen mit den Dendriten von Körnerzellen. Diese wiederum entsenden Axone, die in Form der sogenannten Parallelfasern die äußere Rindenschicht, die Molekularschicht (Stratum moleculare), füllen. Purkinje-Zellen sammeln Input von Parallelfasern und projizieren ihrerseits auf tiefe Kleinhirnkerne. Zwei Klassen von Kleinhirnneuronen (links) — die Sternzellen (a) und die Korbzellen (b) — beziehen Input von Parallelfasern und hemmen Purkinje-Zellen. Die Golgi-Zellen (c) sammeln ebenfalls Input von Parallelfasern, hemmen aber Körnerzellen. Die als Kletterfasern bezeichneten cerebellären Afferenzen (d) schließlich enthemmen Purkinje-Zellen. Zwei Elemente der Kleinhirnverschaltung (Parallelfasern und Purkinje-Zellen) sind in den nächsten zwei Abbildungen photographisch wiedergegeben.

291

15.2 Parallelfasern liegen dicht gepackt in der Molekularschicht der Kleinhirnrinde. Dieses Bild zeigt einen Querschnitt durch eine Kleinhirnwindung in einer Ebene zwischen zwei aufeinanderfolgender Dendritenbäumen von Purkinje-Zellen. Man sieht fast ausschließlich Parallelfasern; selbst Gliazellen fehlen. In der unteren Bildhälfte erscheinen einige wenige Nervenzellfortsätze. Es sind die dendritischen Dornen von Kleinhirnneuronen, die Input von Parallelfasern sammeln. Die elektronenmikroskopische Aufnahme von Sanford L. Palay von der Harvard Medical School zeigt Gewebe aus dem Kleinhirn einer Ratte bei etwa 30 000facher Vergrößerung.

kommt. Sie erstreckt sich somit parallel zu ihren unzähligen Gefährten. Man nennt solche Kollateralen deshalb Parallelfasern. Bei der Katze und vermutlich auch bei Primaten sind sie mehrere Millimeter lang. Es gibt so viele Körnerzellen, daß die Summe der Parallelfasern die Molekularschicht fast ausfüllt (Abb. 15.2). Trotzdem ist noch Platz für die Dendriten der Purkinje-Zellen, jener großen (erstmals im 19. Jahrhundert von dem tschechischen Physiologen Johannes Purkinje beschriebenen) Neuronen, deren kolbenförmige Zellkörper in Abständen von etwa hundert Mikrometern zwischen der unter ihnen liegenden Körnerschicht und der darüber befindlichen Molekularschicht aufgereiht sind. Diese Zellreihe bildet eine dritte Schicht der Kleinhirnrinde. Jede Purkinje-Zelle hat mindestens einen, gewöhnlich aber

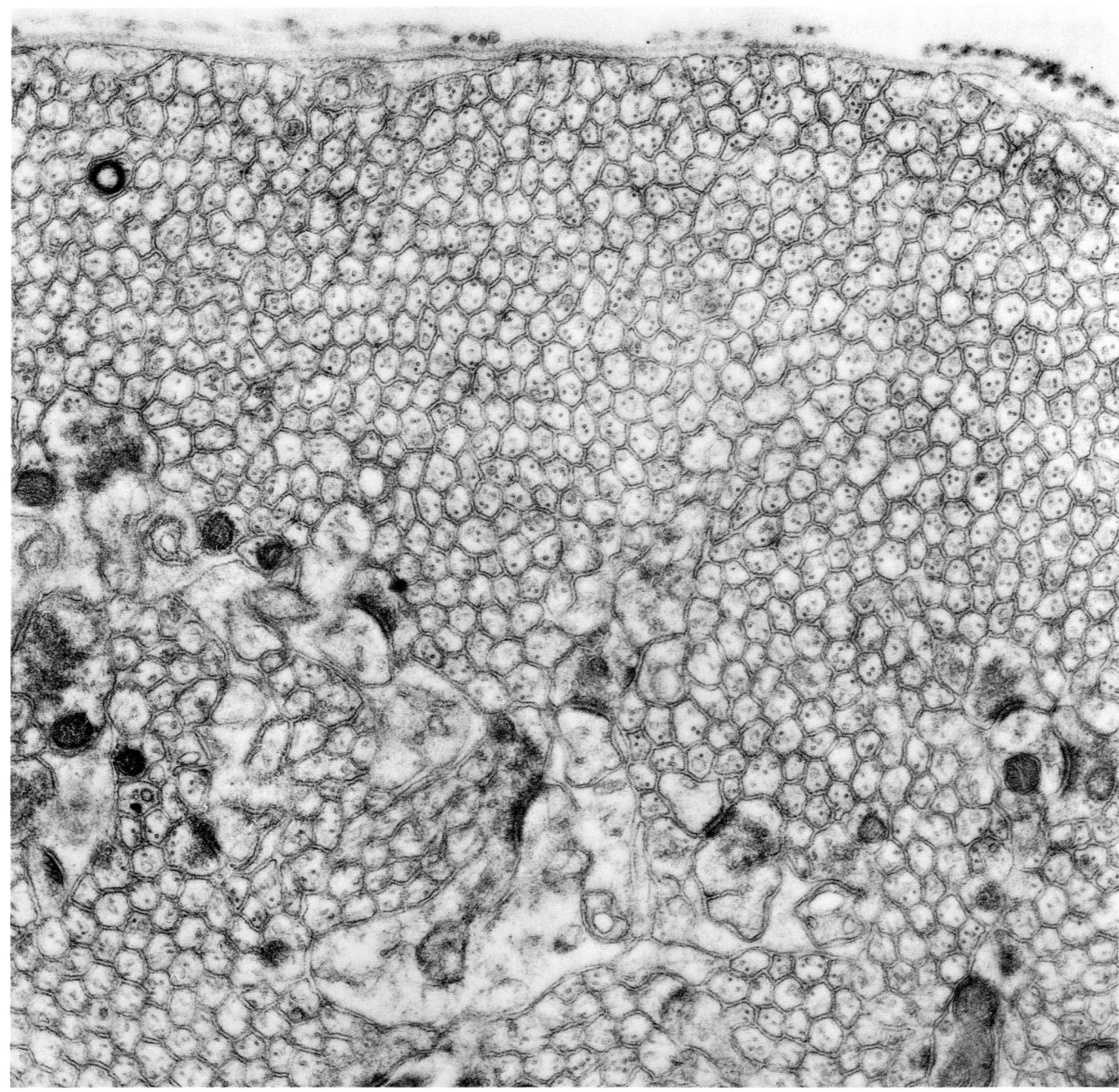

zwei oder drei Dendritenstämme. Diese Stämme steigen in die Molekular-schicht auf und bringen dort einen außergewöhnlichen Dendritenbaum her-vor, der sich nur in einer Ebene – senkrecht zur Längsachse des Folium und somit zu den Parallelfasern – ausbreitet (Abb. 15.3). Der Baum zeichnet sich durch eine Fülle von kurzen, dicken dendritischen Dornen aus; diese Dornen sind bevorzugte Plätze für Synapsen. Hier stellen sie die Orte dar, an denen jede Purkinje-Zelle erregende Signale von den vielen Parallelfasern empfängt, die durch ihre dendritische Ebene hindurchziehen. Der aus der Purkinje-Zelle hinausführende Kanal – ihr Axon – verläßt die Kleinhirnrin-de und bildet Synapsen in den tiefen Kleinhirnkernen, die ihrerseits auf den Nucleus ruber, den V.A.-V.L.-Komplex und andere Orte jenseits des Klein-hirns projizieren. Das ist die grundlegende Verschaltung des Kleinhirns.

Es gibt allerdings auch Umleitungen. Insbesondere die Information, die in die Hauptleitungsbahn – von Moosfaser über Körnerzelle und Purkinje-Zel-le zu tiefem Kleinhirnkern – eingeschleust wird, trifft auf Nebenschaltkrei-se. Betrachten Sie etwa eine Sternzelle. Ihr Zellkörper liegt weit oben in der Molekularschicht. Es kann jedoch nur wenige davon geben, denn sie und ih-resgleichen tun wenig, um den Eindruck zu zerstreuen, daß es der Moleku-larschicht an Zellkörpern mangelt. Der Dendritenbaum der Sternzelle ist in einer quer zum Parallelfaserverkehr liegenden Ebene abgeflacht. So erhält diese Zelle wie die Purkinje-Zelle ihre Eingangsinformation von Parallelfa-sern. Ihr Axon ist deutlich zu erkennen: Es läuft oberhalb der Purkinje-Zel-len entlang und bildet Synapsen mit deren Dendritenbäumen aus. Sein Ein-fluß ist hemmend.

Eine zweite Klasse von Nebenschaltkreisen in der Kleinhirnrinde bilden die Korbzellen. Auch ihr Dendritenbaum liegt in einer Ebene quer zur Längs-achse des Folium und sammelt Eingangsinformation von Parallelfasern. Der Zellkörper jedoch liegt tiefer in der Molekularschicht. Das Axon ist ebenfalls einzigartig. Etwa einen Millimeter weit verläuft es quer über die Breite des Folium und entsendet dabei Kollateralen, die abwärts führen und dann axonale Körbe um die Zellkörper von nicht weniger als zwölf Purkinje-Zellen flechten – daher auch der Name Korbzellen. Aus dem Stamm des Axons wie auch aus den Kollateralen gehen Seitenzweige hervor. Sie flech-ten Körbe um noch weitere Purkinje-Zellen. Auf diese Weise ist eine einzige Korbzelle an axonalen Körben um hundert oder sogar zweihundert Purkinje-Zellen beteiligt. Umgekehrt wird der vollständige Korb um eine jede Purkin-je-Zelle von mehreren Korbzellen geflochten. Die Anordnung der Körbe be-deutet natürlich, daß die Synapsen, die Korbzellen mit Purkinje-Zellen bil-den, auf den Zellkörpern der Purkinje-Zellen sitzen. Tatsächlich sind einige der Synapsen axoaxonal: Sie besetzen das Initialsegment des Axons der Pur-kinje-Zelle. Ihre Lage läßt vermuten, daß sie stark hemmend wirken – daß sie gar den Output der Purkinje-Zelle unmittelbar da, wo er erzeugt wird, zurückhalten können. Man geht deshalb davon aus, daß vor allem Korbzel-len die Aktivität der Purkinje-Zellen hemmen, weit mehr als Sternzellen, de-ren hemmende Synapsen hoch oben im Dendritenbaum der Purkinje-Zellen sitzen.

Eine dritte Klasse von Nebenschaltkreisen in der Kleinhirnrinde bilden die Golgi-Zellen. In ihrem Fall liegt der Zellkörper weit oben in der Körner-schicht, unmittelbar unter der Reihe von Purkinje-Zellen. Er breitet seine Dendriten über einen kugelförmigen Raumbereich mit einem Radius von vielleicht einem halben Millimeter aus; dann wenden sich die meisten der

293

Dendriten nach oben und dringen in die Molekularschicht ein. Die Golgi-Zelle ist somit der einzige Zelltyp in der Kleinhirnrinde, der seinen Input in der Molekularschicht sucht, ohne seine Dendriten in einer Ebene abzuflachen. Dennoch erhalten die Dendriten ihre Eingangsinformation von Parallelfasern. Der entscheidende Unterschied zwischen den Golgi-Zellen und den anderen Nebenneuronen der Kleinhirnrinde (den Sternzellen und den Korbzellen) besteht darin, daß die Golgi-Zelle keine Purkinje-Zellen hemmt. Sie inhibiert vielmehr Körnerzellen. Genauer gesagt, die vielen und weit ausgebreiteten Verzweigungen des Axons einer typischen Golgi-Zelle packen die Krallen von Körnerzelldendriten, so wie diese die Endigungen von Moosfasern ergreifen. Man kann also sagen, daß Impulse, die entlang von Parallelfasern laufen, zu den Dendriten von vier Zelltypen geleitet werden: Purkinje-Zellen, die die einzigen Projektionszellen in dem Schaltkreis sind, denn nur ihre Axone verlassen die Kleinhirnrinde; Korbzellen, deren Axone eine starke Hemmung auf die Zellkörper und Initialsegmente von Purkinje-Zellen ausüben; Sternzellen, deren Axone weit oben in den Dendritenbäumen von Purkinje-Zellen schwächer hemmend wirken; Golgi-Zellen, deren Axone eine inhibitorische Wirkung an den Orten entfalten, an denen Impulse in der Kleinhirnrinde ankommen.

Ein letztes Glied im Schaltkreis müssen wir dem bisher Beschriebenen noch hinzufügen: die Kletterfaser. Diese Fasern stellen insofern eine Spezialleitung zur Kleinhirnrinde dar, als sie die einzigen cerebellären Afferenzen sind, die ohne Einmischung von Körnerzellen auf Purkinje-Zellen wirken. Beim Eintritt in das Kleinhirn gibt jede Kletterfaser — wie die Moosfasern — Kollateralen an die tiefen Kleinhirnkerne ab. Dann jedoch führt sie auf geradem Wege durch die Körnerschicht sowie die Purkinje-Zellschicht der Kleinhirnrinde hindurch. In der Molekularschicht bildet sie eine bemerkenswerte Endigung: Ihre Verzweigungen heften sich an die Hauptdendritenstämme einer einzelnen Purkinje-Zelle wie eine Weinrebe an ein Spalier. Alle diese Anheftungsstellen sind dicht mit synaptischen Vesikeln vollgepackt. Man könnte diese gesamte Umschlingung durchaus als eine einzige, riesige Synapse ansehen. Physiologische Befunde stützen diese Annahme. Jede Kletterfaser verhält sich meistens eine Zeitlang ruhig und vermittelt dann der Purkinje-Zelle einen so starken Reiz, daß dieser jede zuvor bestehende Hemmung der Zelle durch die Axone von Korbzellen und Sternzellen aufhebt. Natürlich möchte man gerne wissen, worauf diese starke Enthemmung zurückgeht. Auf welche Weise dient sie dem Tier? Welche neuronalen Ereignisse führen sie herbei? Die Antworten werden von der Tatsache vernebelt, daß Kletterfasern großenteils, vielleicht sogar ausschließlich, in der unteren Olive zu entspringen scheinen. Natürlich erhält die untere Olive durch zwei Bahnen somatosensorische Eingangsinformationen vom Rückenmark: durch den Tractus spinothalamicus und durch eine Projektion von den Hinterstrangkernen. (Es ist nicht bekannt, ob sich diese Projektion aus einer vom Lemniscus medialis unabhängigen Gruppe von Fasern zusammensetzt oder einfach aus Kollateralen, die von bestimmten Fasern im Lemniscus entsandt werden.) Doch jede dieser Bahnen erreicht lediglich einen begrenzten Teil der Olive. Das massivste zur Olive führende Fasersystem ist offenbar der Tractus tegmentalis centralis, die zentrale Haubenbahn, die von rostral zur Olive gelegenen Hirnstammniveaus absteigt und überwiegend hoch oben in der Formatio reticularis des Mittelhirns entspringt. Nur über die Art der Information, die diese Bahn zur Olive leitet, weiß man absolut nichts.

15.3 Diese Aufnahme zeigt eine Purkinje-Zelle, eine Projektionszelle der Kleinhirnrinde, in Golgi-gefärbtem Gewebe aus dem Kleinhirn einer Ratte. Die Sicht ist schräg nach unten. Der Dendriten-baum der Zelle füllt einen großen Teil des Blickfeldes aus; er besteht aus wenigen Dendritenstäm-men, deren zahlreiche Verzweigungen alle auf eine Ebene beschränkt sind. Die scharf eingestell-ten Bereiche zeigen, daß der Baum mit dendritischen Dornen übersät ist. Das Golgi-Verfahren hat die Fülle von Parallelfasern, die durch seine Zweige laufen, ungefärbt gelassen. Der für eine Pur-kinje-Zelle typische kolbenförmige Zellkörper ist rechts zu sehen. Aus seinem rechten Rand sprießt eine schwach dunkel gefärbte Strähne: das Axon der Zelle, das nicht scharf eingestellt ist. Die Mi-krophotographie wurde bei 1000facher Vergrößerung von Sanford L. Palay gemacht. (Auch das Titelbild des Buches zeigt Purkinje-Zellen.)

Ein sonderbares Mißverhältnis

Unsere Übersicht über die cerebellären Verschaltungen ist beendet. Einige Einzelheiten haben wir weggelassen. So ziehen beispielsweise Axonkollateralen in Schleifen von einer Purkinje-Zelle zur nächsten, und Axonkollateralen von den tiefen Kleinhirnkernen beschreiben Schleifen zurück zur Kleinhirnrinde. Aber die Grundlagen haben wir beschrieben. Sicherlich ist das dreidimensionale Muster klar geworden. Parallelfasern erstrecken sich in jedem Folium parallel zur Längsachse, die Dendriten von Purkinje-Zellen quer dazu, und so weiter. Vielleicht würden die meisten Forscher darin übereinstimmen, daß diese Anordnungen das Kleinhirn befähigen, an der Regelung der zeitlichen Abfolge von Körperbewegungen mitzuwirken. Insbesondere scheint das Kleinhirn als Zeitmeßeinrichtung dienen zu können. Schließlich bilden alle Parallelfasern zahlreiche Synapsen aus, wenn sie im rechten Winkel eine Reihe hintereinanderliegender Dendritenbäume von Purkinje-Zellen passieren. Wenn also ein Impuls von einer Körnerzelle über eine Parallelfaser in die Molekularschicht einwandert, so erhalten bestimmte Reihen von Purkinje-Zellen die synaptische Nachricht in strenger zeitlicher Reihenfolge. Die begleitende Ausbreitung hemmender Einflüsse von Stern-, Korb- und Golgi-Zellen muß ebenfalls in geordneter Folge fortschreiten, wenn auch auf komplexere Art und Weise, wobei diese Hemmung im Laufe der Zeit ein immer größeres Feld von Purkinje-Zellen erreicht.

Was dann ist so irritierend an der Kleinhirnrinde? Zum einen gibt es ein sonderbares Mißverhältnis zwischen dem Muster ihrer afferenten Versorgung und dem Muster der Bewegungsstörungen, die sich aus verschiedenen Läsionen ergeben. Kurz gesagt, die Moosfasern, die somatosensorische Daten vom Rückenmark übermitteln, verteilen sich hauptsächlich auf die rostrale Hälfte des Kleinhirnwurmes; ein zweites Verteilungsfeld liegt direkt lateral vom caudalen Teil des Wurmes. So oder so erreichen die somatosensorischen Afferenzen lediglich eine paramediane Zone der Kleinhirnrinde. Doch eine medial im Kleinhirn lokalisierte Läsion beeinträchtigt nur (oder fast nur) den Rumpf: Sie führt zur Rumpfataxie. Eine Läsion in einem lateralen Bereich, wo gar keine somatosensorischen Fasern zu enden scheinen, beeinträchtigt die Gliedmaßen. Umgekehrt erhält die laterale Ausdehnung der Kleinhirnhemisphäre den größten Teil ihres Moosfaserinputs von der Brücke, die ihrerseits Eingangsinformationen vom gesamten Neocortex bekommt. Weshalb also sollte eine laterale Läsion eine für die Gliedmaßen spezifische Bewegungsstörung herbeiführen?

Eine mögliche Antwort fußt auf drei Erkenntnissen. Erstens weiß man aus klinischen Beobachtungen, daß sich bei einer Läsion, die große Bereiche der Kleinhirnrinde zerstört, manchmal keine deutliche Störung der Körperbewegungen zeigt. Dagegen löst eine viel kleinere Läsion, die unmittelbar die tiefen Kleinhirnkerne beeinträchtigt, deutliche ataktische Störungen aus. Zweitens belegt die Anatomie des Kleinhirns, daß die tiefen Kleinhirnkerne von beiden hereinkommenden Fasersystemen — Moosfasern wie Kletterfasern — direkte Afferenzen erhalten. Die dritte Erkenntnis ist ebenfalls anatomischer Natur: Die Axone von Purkinje-Zellen konvergieren auf die tiefen Kleinhirnkerne; sie wirken hemmend. Alles in allem scheint es denkbar, daß das Muster der Verbindungen in den tiefen Kleinhirnkernen letztlich für die Art der Bewegungsstörung verantwortlich ist. Das soll heißen, daß eine somatotope Karte tief im Kleinhirn sich möglicherweise als bedeutender erweist als die Karte, die, wie man weiß, an der Oberfläche existiert. Mit dieser Hypothese jedoch muß man annehmen, daß die komplexe Verschaltung der Kleinhirnrinde nicht mehr leistet als eine Feinabstimmung der tief im Inneren des Organs ablaufenden Vorgänge. Weshalb sollte sich die Kleinhirnrinde dann im Laufe der Evolution so deutlich vergrößert haben? Weshalb sollten so viele und verschiedenartige Strukturen im Zentralnervensystem – einschließlich des gesamten Neocortex – Daten dorthin übermitteln? Und weshalb sollte die Verschaltung überall in der Kleinhirnrinde die gleiche sein, wenn sich ihre Inputs so außerordentlich stark unterscheiden? Was genau bewirkt diese Verschaltung eigentlich? Daß diese Fragen noch nicht beantwortet sind, obwohl wir soviel über die Kleinhirnrinde wissen, ist herausfordernd und entmutigend zugleich.

16. Die Großhirnrinde

Die deutliche Regelmäßigkeit der Kleinhirnrinde stellt sie in einen klaren Gegensatz zu dem anderen, auffälligeren Cortex – der Großhirnrinde. Die grundlegende Verschaltung in der Kleinhirnrinde ist bekannt. Tatsächlich darf man annehmen, daß man über das Muster der neuronalen Verknüpfungen dort nichts entscheidend Neues mehr lernen wird. Die Funktion jedoch läßt sich nur schwer fassen: Niemand vermag zu sagen, was die Verschaltung eigentlich bewirkt. In der Großhirnrinde – insbesondere im Neocortex – ist die Situation eher umgekehrt. Über die Verschaltung weiß man nur wenig. Ein allgemeines Muster der neuronalen Verknüpfungen ist noch nicht aufgetaucht; möglicherweise gibt es keines. Man ist sich nicht einmal sicher, wie viele Typen von Neuronen dort vorkommen. Das konservativste Schema unterscheidet lediglich drei: die Pyramidenzelle, die Sternzelle und die fusiforme oder Spindelzelle. (Bei den Sternzellen differenziert man jedoch oft noch zwischen „dornigen" und „glatten".) Andere Schemata unterscheiden nicht weniger als 60 Zelltypen. Immer noch gibt es Berichte über neue Entdeckungen, da man jetzt nicht nur in den primären sensorischen Feldern, sondern auch im Assoziationscortex die funktionelle Organisation erforscht.

Neocortexschichten und neocorticale Axone

Abbildung 16.1 zeigt neocorticales Gewebe im Golgi-Präparat. Die Vergrößerung im linken Bild ist schwach; so veranschaulicht diese Photographie besonders gut die Allgegenwart jener neocorticalen Neuronen, deren Zellkörper gestreckten Dreiecken gleichen. Es handelt sich um die sogenannten Pyramidenzellen des Cortex. Das Axon, das an der Basis jeder solchen Pyramide auftaucht, steigt im typischen Fall in den corticalen Kabelkeller hinab, also in die weiße Substanz unter der Rinde; diese besteht aus Axonen, die in den Cortex eintreten (beispielsweise vom Thalamus her), und anderen, die ihn verlassen. Die Spitze jeder solchen Pyramide entsendet einen apikalen Dendriten, den man oft bis in die plexiforme oder Molekularschicht verfolgen kann, wo er sich bogenförmig verzweigt. Neuronen mit apikalen Dendriten findet man überall in der Rinde: in jeder Zellen enthaltenden Neocortexschicht und in sämtlichen neocorticalen Feldern. Doch steigen keineswegs alle corticalen Dendriten in die Molekularschicht auf. Zum einen ent-

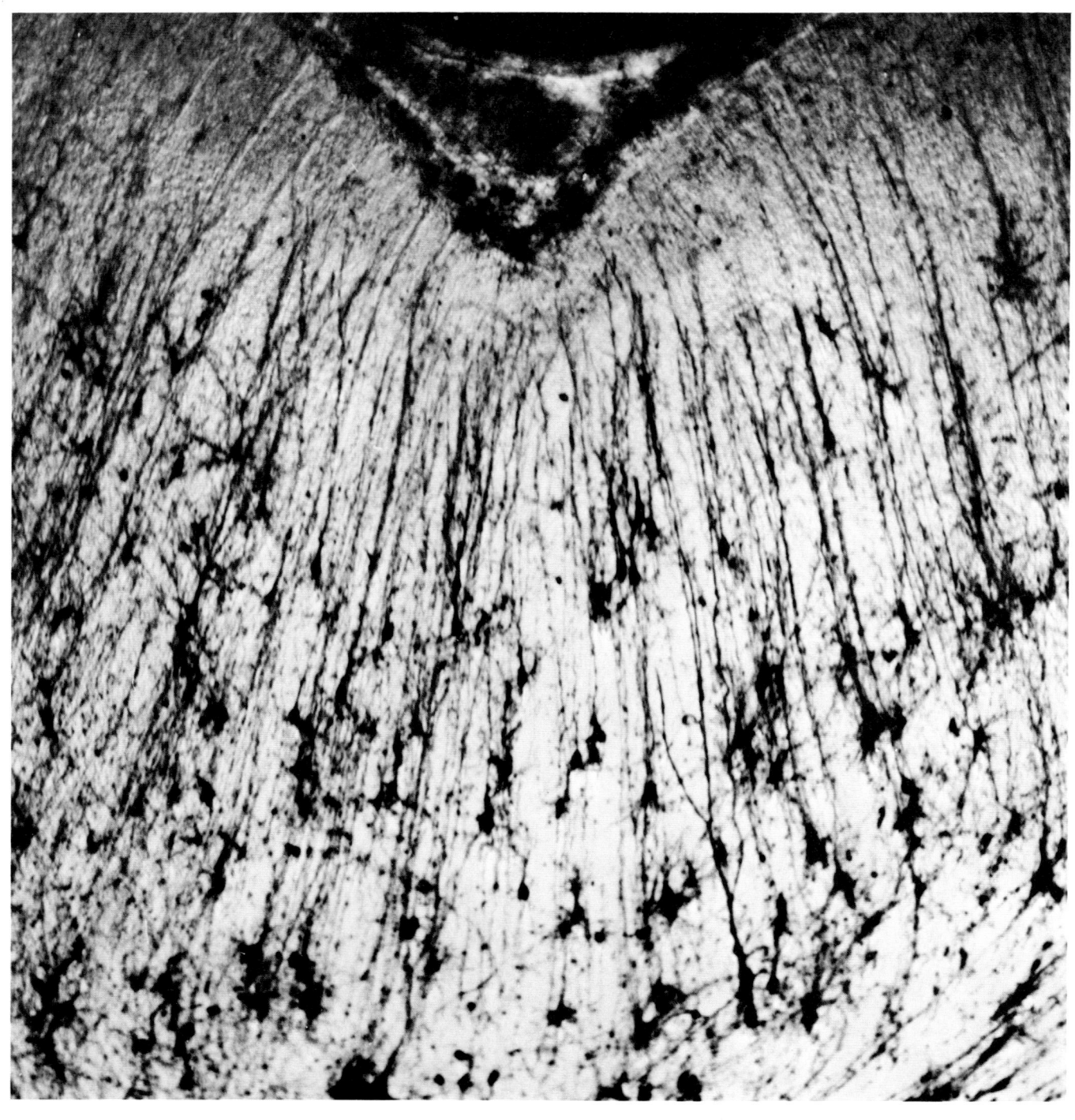

16.1 In Golgi-gefärbtem Neocortex zeigt sich die Allgegenwart jener neocorticalen Neuronen, deren Zellkörper wie langgezogene Pyramiden geformt sind. Von jeder solchen Zelle steigt ein apikaler Dendrit auf die äußerste Schicht des Gewebes, die plexiforme oder Molekularschicht, zu und vielfach bis in sie hinein. Die Mikroaufnahme links überspannt die volle Höhe eines Rindenfeldes in parietalem Assoziationscortex aus dem Gehirn einer Katze. Oben senkt sich die Cortexoberfläche ein; wenige Millimeter von der Schnittebene entfernt werden die beiden Hälften des Feldes zu zwei benachbarten Gyri. Die dunklen Krusten an der Oberfläche sind Artefakte, die in einem Golgi-Präparat nicht zu vermeiden sind. Die mangelnde Schärfe ist ebenfalls unvermeidbar: Um

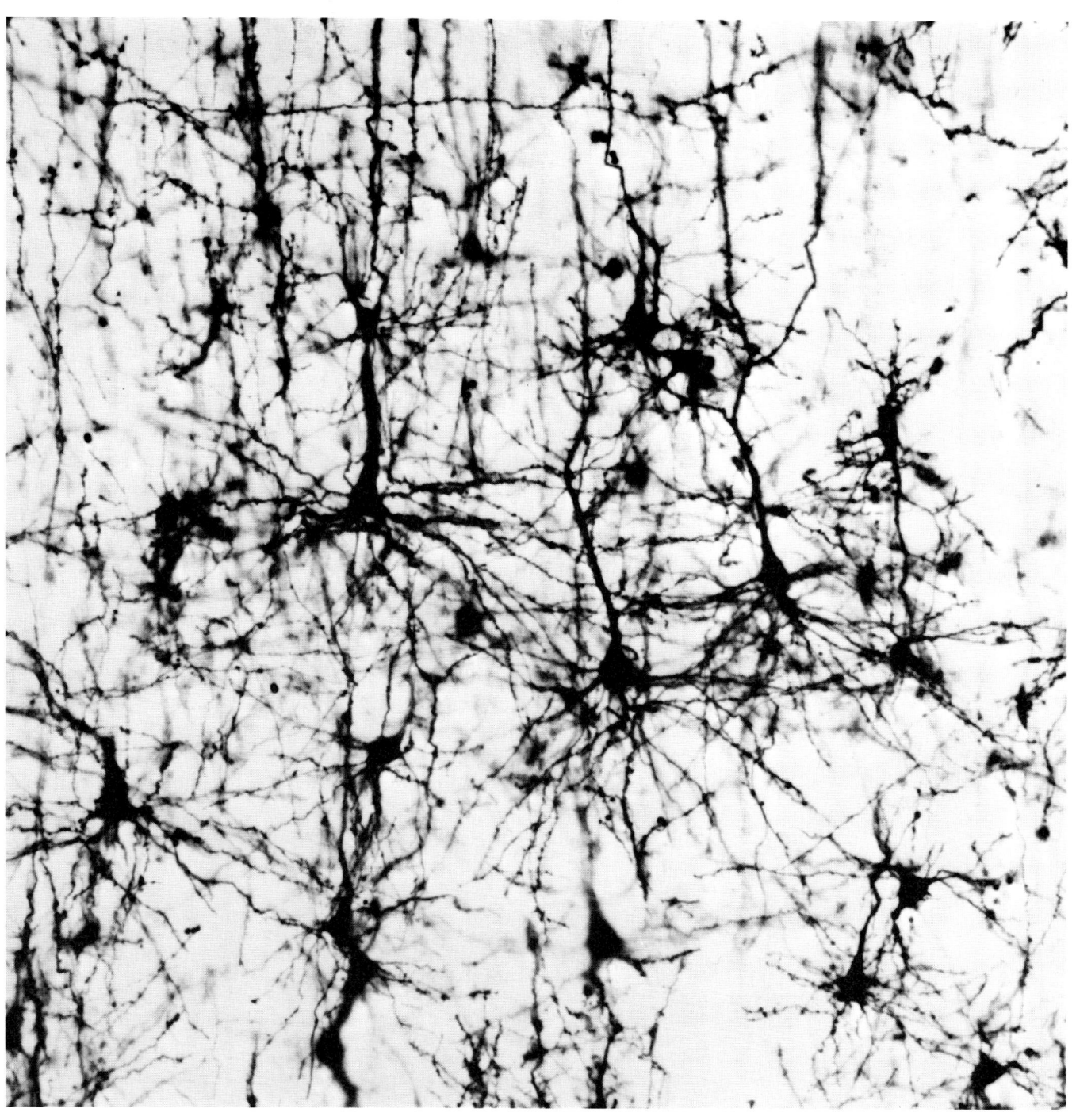

das palisadenartige Aussehen einzufangen, das apikale Dendriten dem Cortex verleihen, muß der Schnitt ungefähr 100 Mikrometer dick sein, was weit jenseits der Tiefenschärfe der Mikroskopoptik liegt; bei dünneren Schnitten würde die volle Länge jedes apikalen Dendriten in den meisten Fällen aus dem Schnitt herauswandern. Die Mikroaufnahme rechts zeigt (bei stärkerer Vergrößerung) einige Golgi-gefärbte Neuronen aus mittleren Tiefen (den Schichten 3 bis 5) des parietalen Cortex der Katze. Zu den Pyramidenzellen gesellen sich hier Sternzellen, die eine zweite große Klasse neocorticaler Neuronen bilden. Ihre Zellkörper sind oft deutlich nichtpyramidal, und ihre Fortsätze ziehen in alle Richtungen. So hat eine Sternzelle keinen apikalen Dendriten.

sendet die typische Pyramidenzelle (Abb. 16.2) mehrere Dendriten an ihrer Basis, und diese Fortsätze, die sogenannten Basaldendriten, verlaufen mehr oder weniger parallel (nicht senkrecht) zur Oberfläche des Gehirns. Sie sind im allgemeinen kürzer als apikale Dendriten. Außerdem enthält der Neocortex Mengen von Neuronen, deren Fortsätze sich alle im engeren Umkreis des Zellkörpers verteilen. Zu diesen Neuronen gehören die Sternzellen des Cortex (Abb. 16.3).

Abbildung 16.4 bildet eine Art Kontrapunkt zu Abbildung 16.1. Sie zeigt – wieder in schwacher Vergrößerung – zwei Neocortexfelder in einem Nissl-Präparat. Jetzt sind die Zellschichten deutlich zu sehen. Fangen wir mit dem Gewebe unter der Rinde an, mit dem corticalen Kabelkeller. Unmittelbar über dieser weißen Substanz folgt eine dicht gepunktete Schicht. Das ist die tiefste Schicht – Schicht 6 – des Neocortex. Jeder Punkt stellt eine Zelle dar. Einige davon sind Gliazellen. Die Glia wird jedoch meistens durch die auffälligeren Neuronen verdeckt. Schicht 6 zeichnet sich besonders durch große Pyramidenzellen sowie durch fusiforme Zellen (Spindelzellen) aus; das sind spindelförmige Neuronen, die in keiner anderen Schicht vorkommen. Unmittelbar über dieser Schicht, in Schicht 5, sitzen große (in einigen Teilen des Neocortex sehr große) Pyramidenzellen. Dann folgt eine Schicht, die durch ein Gewimmel sehr kleiner Sternzellen gekennzeichnet ist, die man hier Körnerzellen nennt. Das ist Schicht 4, die im ganzen Neocortex hervorsticht. Über ihr liegt ein breiter Streifen von Zellen, die weniger dicht beieinander liegen: die Schicht 3. Sie setzt sich weitgehend aus kleinen und mittelgroßen Pyramidenzellen zusammen. Darüber wiederum befindet sich die letzte Zellschicht, Schicht 2, die sowohl kleine Pyramidenzellen als auch Körnerzellen enthält. Schließlich kommt ganz außen die Molekularschicht, in der nur vereinzelt Neuronen erscheinen.

Die Zahl der Schichten in der Großhirnrinde variiert. Eine von Cécile und Oskar Vogt eingeführte Terminologie liefert die gröbste Einteilung. Hiernach wird der Neocortex mit seinen fünf Zellschichten unter der Molekularschicht als Isocortex bezeichnet, eine Ableitung vom griechischen *isos* für

16.2 (links) Diese Pyramidenzelle aus der primären Sehrinde eines Rhesusaffen veranschaulicht die Einzigartigkeit und Komplexität neocorticaler Neuronen; sie entfaltet ihre Fortsätze von einem Zellkörper aus, der weit oben in Schicht 6 liegt. Mit Dornen übersäte Dendriten kommen aus der Basis des Zellkörpers, und am entgegengesetzten Ende der Zelle steigt ein apikaler Dendrit auf; er entsendet Kollateralen, die alle mehr oder weniger senkrecht bleiben. In dieser Zelle erreicht der apikale Dendrit nicht die Molekularschicht; tatsächlich sammelt er seinen Input fast ausschließlich in Schicht 4. Das Axon zieht abwärts; es ist dünner als die Dendriten. Es entsendet ebenfalls Kollateralen, und zwar rückläufige, die sich nach oben wenden und der Schicht 4 zustreben. Der Hauptzweig des Axons verläßt den Cortex. Da sich die Zelle in Schicht 6 befindet, steigt das Axon zum Thalamus ab, genauer gesagt, zum Corpus geniculatum laterale, von wo die Sehrinde ihren sensorischen Input erhält. Die Zelle schließt eine corticothalamische Rückkopplungsschleife. Die Camera-lucida-Zeichnung stammt von Charles Gilbert von der Rockefeller University.

16.3 (rechts) Diese zwei Sternzellen in der primären Sehrinde eines Rhesusaffen – sie wurden ebenfalls von Charles Gilbert gezeichnet – sitzen in der Unterschicht 4c, der tiefsten der drei Lagen, aus denen sich in der Sehrinde eines Primaten die Schicht 4 zusammensetzt. Die Unterschicht 4c zeichnet sich dadurch aus, daß sie keine Pyramidenzellen enthält. Das heißt, alle ihre Neuronen sind Sternzellen. Bei der Zelle links handelt es sich um eine „dornige" Sternzelle: Ihre Dendriten sind dicht mit Dornen besetzt. Sie ist typisch für die Neuronen der Unterschicht 4c. Ihr Axon, das dünner als ihre Dendriten ist, verzweigt sich etwas weitläufiger als die Dendriten. Die Zelle rechts ist eine glatte Sternzelle: Sie besitzt nur wenige Dornen. Bei einigen glatten Sternzellen fehlen solche Dornen völlig.

„gleich". (Der Neocortex ist bei allen Säugetieren der größte Rindenbereich.) Dagegen werden der aus zwei Zellschichten bestehende olfaktorische Cortex oder Paläocortex und der einschichtige hippocampale Cortex oder Archicortex als Allocortex bezeichnet, von *allos*, was „anders" bedeutet. Über die Gesamtzahl von sechs Neocortexschichten herrscht keineswegs Einigkeit: Manche Forscher unterteilen Schichten noch weiter, die andere für Einheiten halten. Auf jeden Fall lassen sich in vielen Teilen des Neocortex ohne weiteres sechs Schichten unterscheiden, und somit kann man den Neocortex als die höchstentwickelte Cortexform bezeichnen — zumindest, was die Zahl der Schichten betrifft. Außerdem kommt eine sechsschichtige Rinde nur bei Säugetieren vor und ist folglich die Cortexform, die in der Evolution zuletzt entstanden ist.

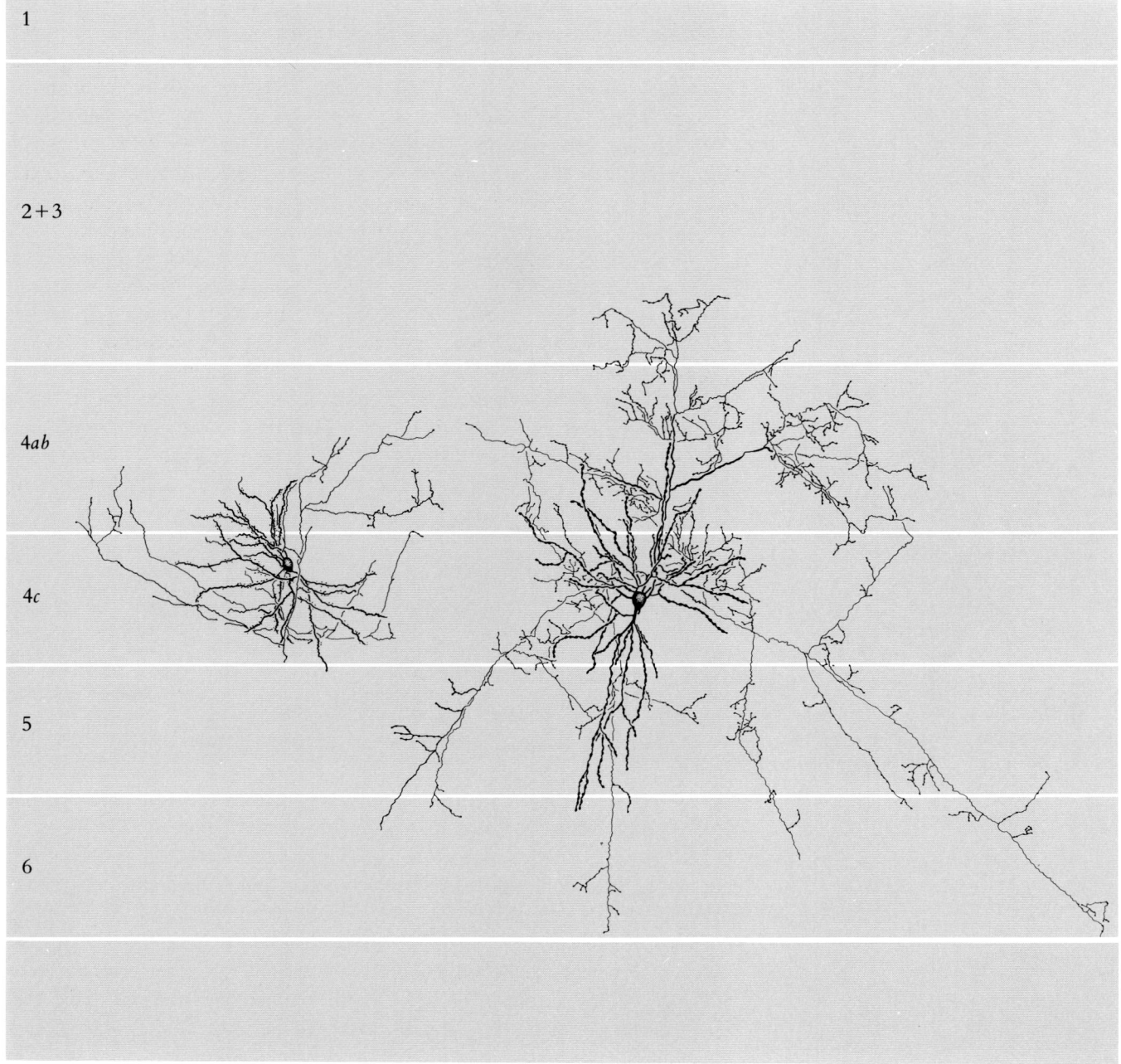

1

2 + 3

4*ab*

4*c*

5

6

6   5   4   3   2   1

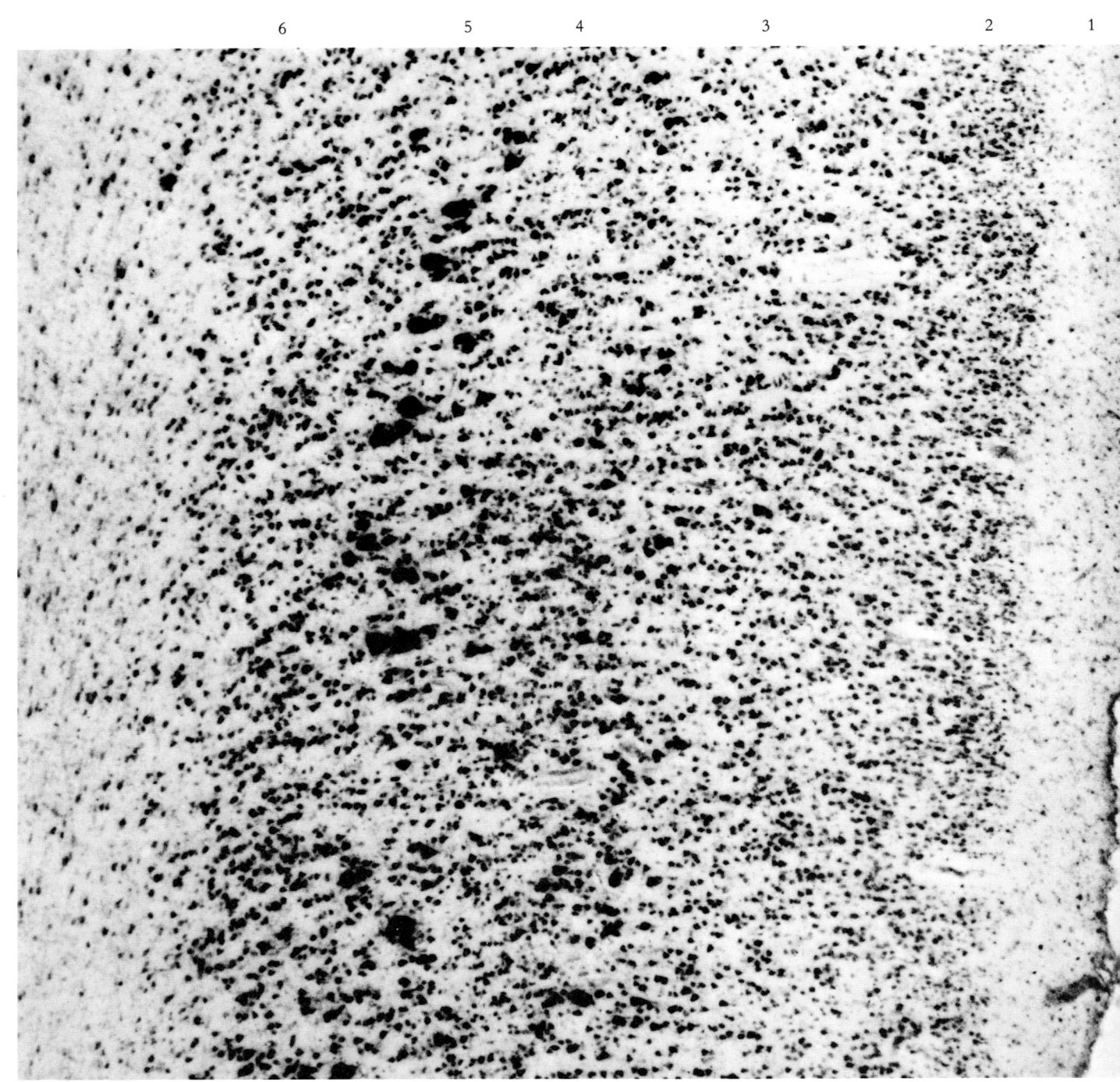

Das sechsschichtige neocorticale Muster ist jedoch nicht unveränderlich. Nissl-gefärbte Neocortexschnitte aus verschiedenen Teilen der Großhirnhemisphäre zeigen, daß sich Dicke, Deutlichkeit und Zusammensetzung der neocorticalen Schichten von Ort zu Ort unterscheiden. Schicht 4 zeigt vielleicht die größte Variabilität. Besonders ausgeprägt ist diese Schicht in den primären sensorischen Feldern: dem somatischen, dem auditorischen und vor allem dem visuellen. Tatsächlich liegen in Schicht 4 eines primären sensorischen Feldes die Körnerzellen so nah beieinander, daß die Schicht in Nissl-Präparaten als ein auffälliges dunkles Band erscheint. (Sehen Sie sich daraufhin Abbildung 3.4 und die rechte Seite der Abbildung 16.4 an.) Oft

1   2   3   4   5   6

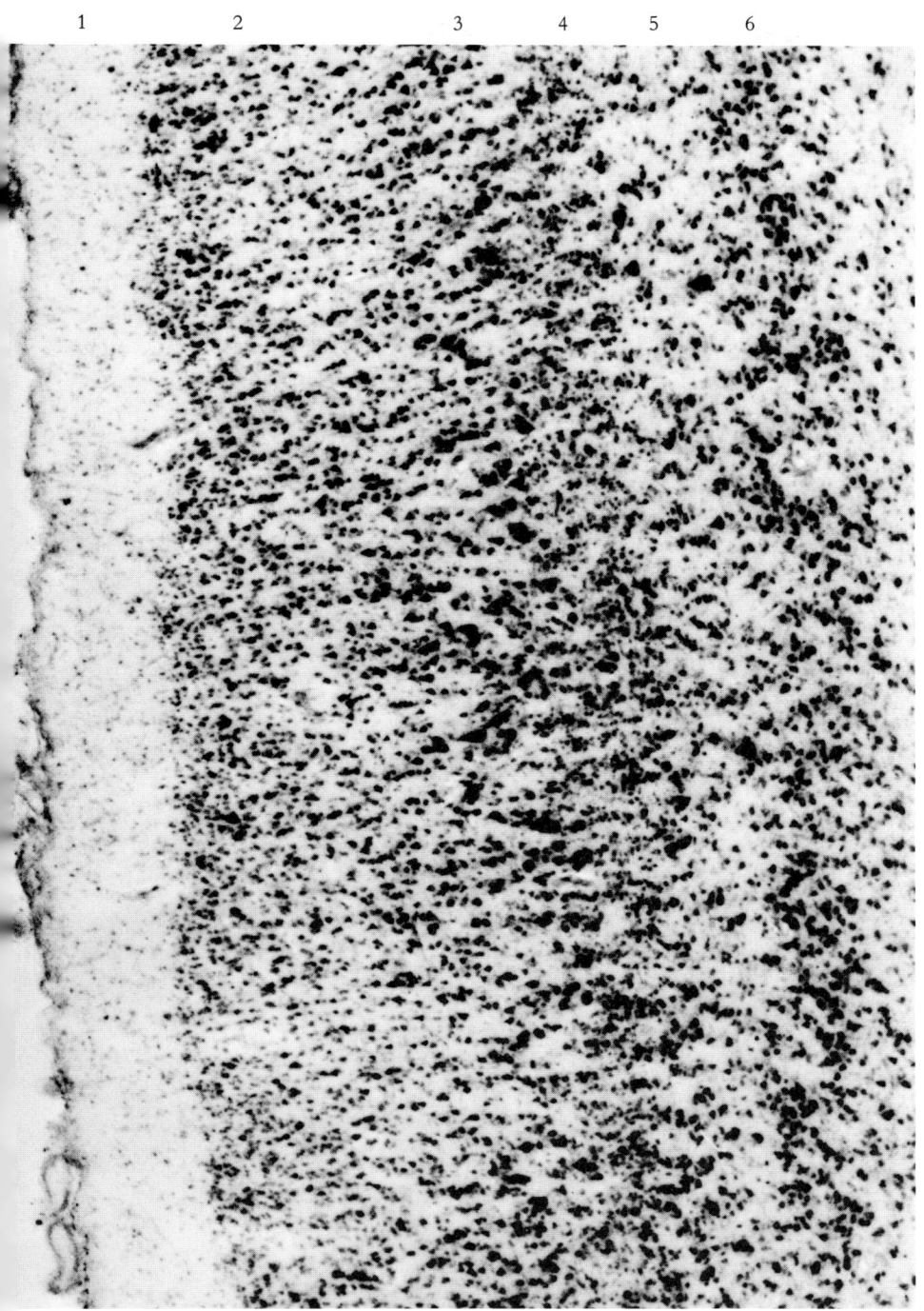

16.4 Diese zwei neocorticalen Felder nehmen benachbarte Gyri oder Windungen in einem Nissl-gefärbten menschlichen Gehirn ein. Genauer gesagt, sie bilden die Wände der Zentralfurche (Sulcus centralis), die in der Mitte dieser Doppelseite liegt. Beide Felder sind sechsschichtig, wobei die äußerste Schicht – Schicht 1, die plexiforme oder Molekularschicht – weitgehend frei von Nervenzellkörpern ist. Darüber hinaus unterscheiden sich die Felder deutlich. Links, auf dem Gyrus praecentralis, befindet sich motorischer Cortex. Die größten Neuronen dort (also die größten Tupfen in der Aufnahme) sind Pyramidenzellen in Schicht 5: die sogenannten Betzschen Riesenpyramiden, die es nur im motorischen Cortex gibt. Rechts, auf dem Gyrus postcentralis, befindet sich somatosensorischer Cortex. Er ist dünner als der motorische. Im somatosensorischen Cortex sitzen die größten Neuronen in Schicht 3; Schicht 5 sieht ziemlich leer aus. Dagegen zeichnet sich Schicht 4 durch eine dichte Packung kleiner Sternzellen (Körnerzellen) aus.

ist dieses Band schon ohne Vergrößerung zu erkennen. Dementsprechend nennt man die primären sensorischen Felder auch Koniocortex („staubiger Cortex", vom griechischen *konis* für „Staub"). Dieser Ausdruck charakterisiert die Extremform einer als granulärer Cortex bezeichneten Kategorie. Demgegenüber ist die Schicht 4 in der vorderen Hälfte des Gyrus cinguli und dem größten Teil der hinteren Hälfte des Frontallappens schwach entwickelt. Diese Bereiche werden deshalb als dysgranulärer Cortex bezeichnet. Kaum zu erkennen ist die Schicht 4 schließlich im hintersten Teil der frontalen Konvexität, das heißt, im motorischen Cortex, den man daher den agranulären Cortex nennt (siehe die linke Seite von Abbildung 16.4).

Angesichts seines variierenden Musters kann man den Neocortex als eine Art Flickenteppich ansehen, der sich aus Feldern oder Areae zusammensetzt, die jeweils in sich cytoarchitektonisch einheitlich sind, sich aber von ihren Nachbarfeldern mehr oder weniger deutlich unterscheiden. Zu den Feldern, die sich stärker abheben, gehören die primären sensorischen Felder mit ihrem koniocorticalen Muster. Am deutlichsten abgegrenzt ist die primäre Sehrinde am hinteren Pol des Gehirns. In ihr besteht – beim Menschen wie bei den meisten Primaten – die Schicht 4 in Wirklichkeit aus zwei getrennten Zellschichten mit einer dazwischenliegenden zellarmen Lage (Abb. 16.5). An der Grenze der primären Sehrinde vereinigen sich diese beiden Schichten plötzlich, als wollten sie ankündigen, daß man nun in einen umgebenden Cortexgürtel kommt, in dem Information auf andere Weise verarbeitet wird. Andere Bereiche des corticalen Flickenteppichs lassen sich viel schwerer abgrenzen. Im frontalen Assoziationscortex, am vorderen Pol des Gehirns, findet der eine Forscher mehrere Felder, während der andere nur

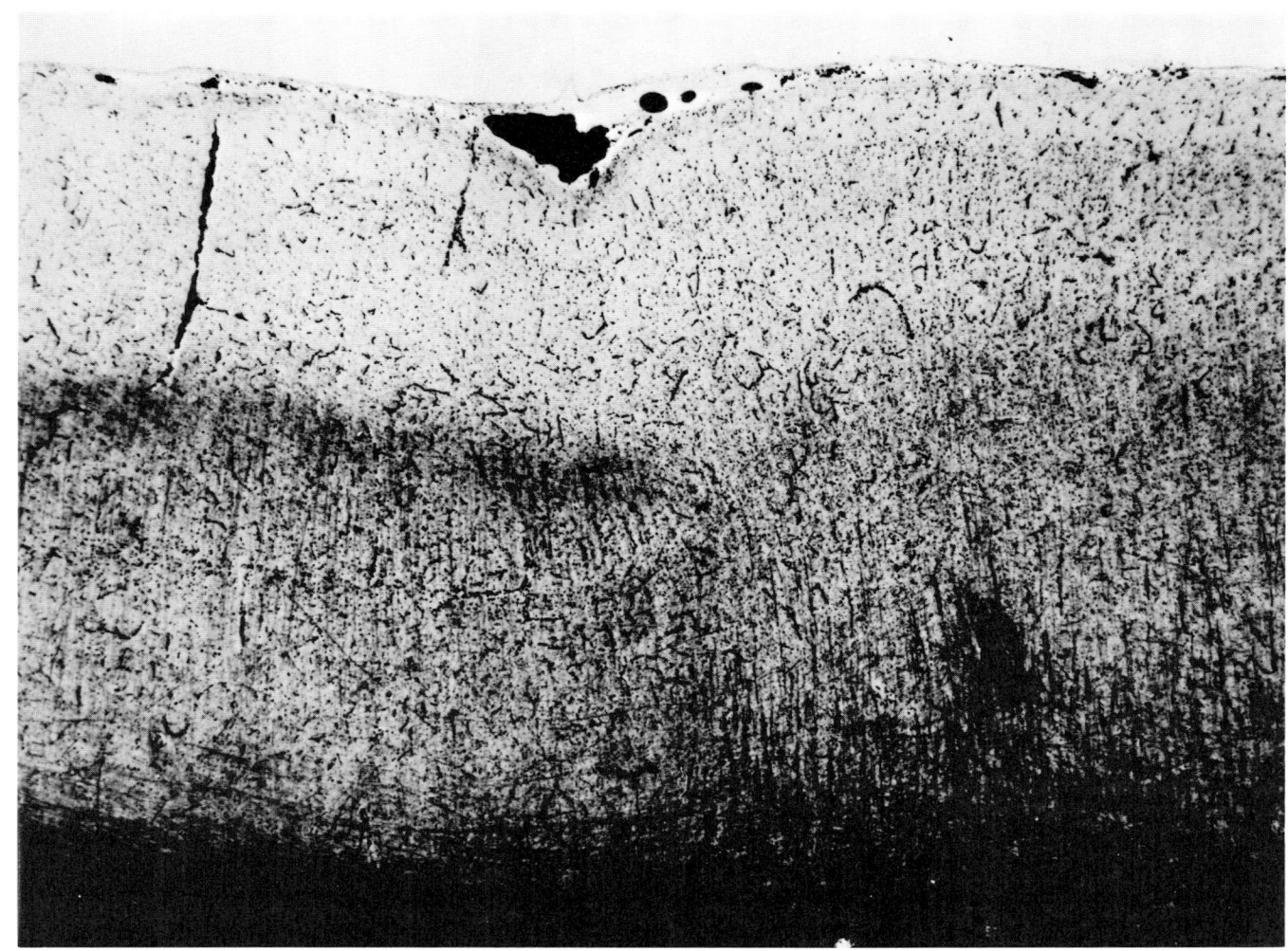

16.5 Die schärfste Grenze zwischen zwei neocorticalen Feldern ist die zwischen Area 17, der primären Sehrinde, und Area 18, einem umgebenden Cortexstreifen, der Fasern aus der primären Sehrinde erhält. Hier ist diese Grenze in einem menschlichen Gehirn gezeigt – genauer gesagt, in Querschnitten des Gyrus lingualis des Okzipitallappens. Zwei Färbeverfahren wurden angewandt. Der Schnitt links ist Weigert-gefärbt: Diese Technik weist Myelin (also Markscheiden) nach. Der dunkle Streifen auf halber Höhe der Rinde in der linken Hälfte des Bildfeldes ist der als Gennari-

ein einziges, homogenes Gebiet granulärer Rinde sieht. Die allgemein aner-
kannten Schemata für die Einteilung des Neocortex sind die Karten von
Brodmann sowie von Economo und Koskinas. Sie ähneln sich beträchtlich.
Doch sind in der Karte von Brodmann mit Zahlen mehr als 40 Felder unterschieden (Abb. 16.6), während die zweite Karte mit Buchstaben etwa 80
Felder kennzeichnet. Das allein weist darauf hin, daß es hier Meinungsver-
schiedenheiten gibt.

In einer Hinsicht gleichen sich alle neocorticalen Felder. Neocortexquerschnitte, die gefärbt sind, um Myelin nachzuweisen, zeigen, daß die Axone,
die senkrecht zu den Rindenschichten verlaufen, sich in gewissen Abständen
zu dünnen, sich zuspitzenden Bündeln zu sammeln pflegen, die aus der darunterliegenden weißen Substanz wie Stacheln in die graue Substanz der Rinde ragen (Abb. 16.7). Das sind die Radialbündel der Großhirnrinde. Sie
nehmen nach und nach an Umfang ab und lassen sich bis zur Schicht 3 verfolgen, in der sie sich schließlich verlieren. Es zeigt sich, daß die meisten der

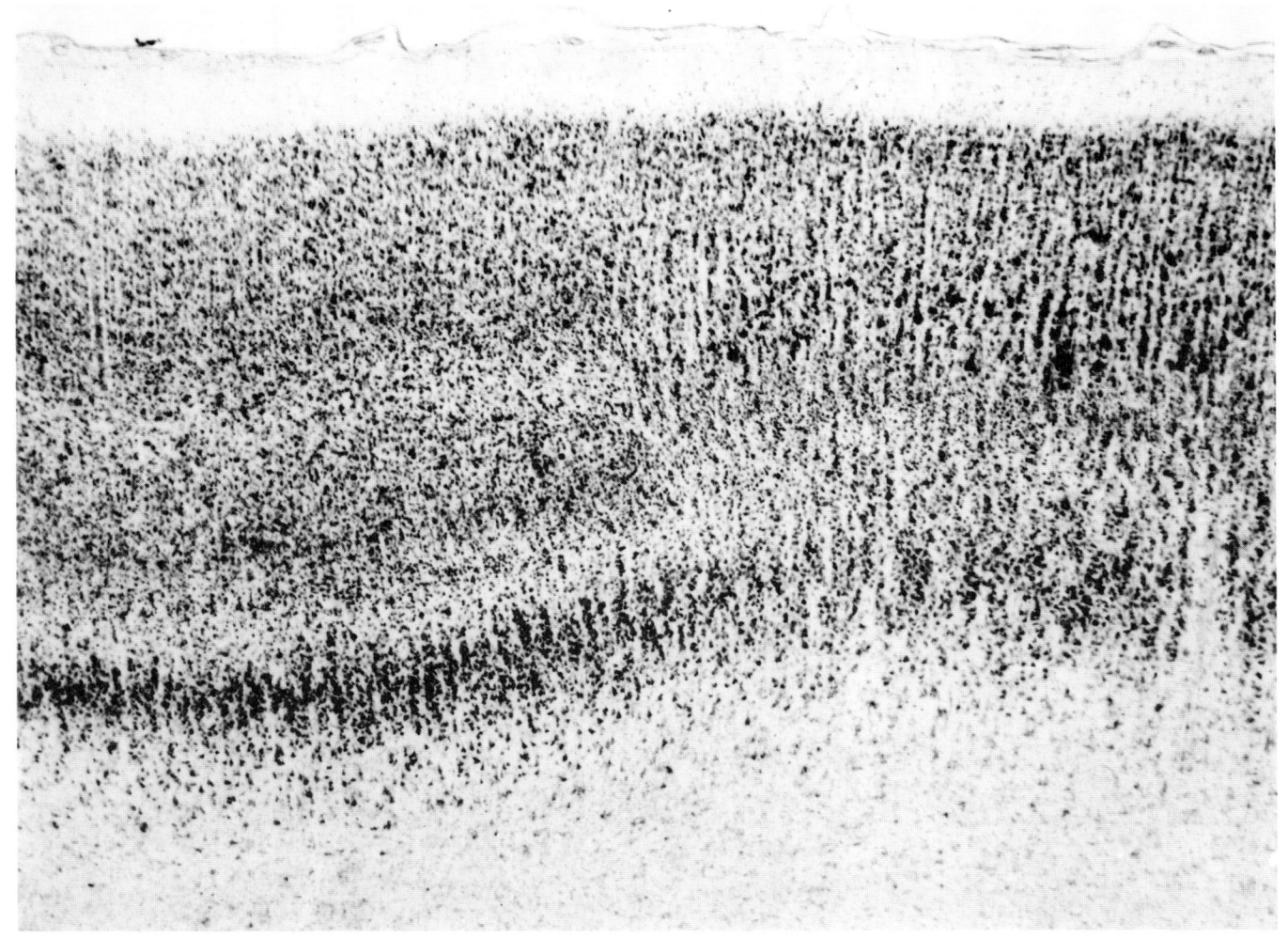

scher Streifen bezeichnete Axonplexus; er kennzeichnet die primäre Sehrinde. Seine obere Begrenzung ist die Grenze zwischen den Unterschichten 4a und 4b; seine untere Begrenzung liegt
irgendwo in Unterschicht 4c. Der Schnitt rechts ist Nissl-gefärbt: Das bedeutet eine Färbung der
Nervenzellkörper. Auf Höhe des Gennarischen Streifens in der primären Sehrinde (wieder in der
linken Hälfte des Bildfeldes) sieht man eine ziemlich zellarme Zone: Unterschicht 4b. Über und unter ihr ist die übrige Schicht 4 dicht mit Körnerzellen getüpfelt.

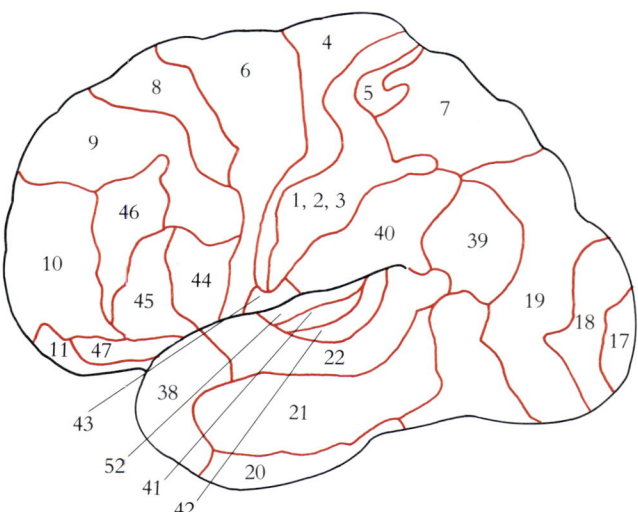
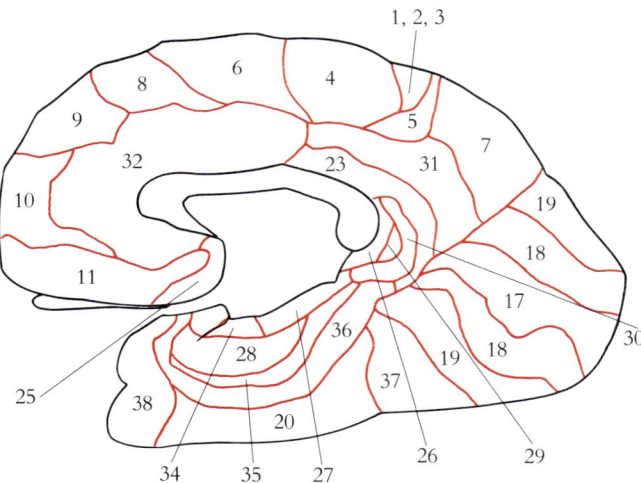

16.6 Der neocorticale Flickenteppich von Feldern oder Areae wurde im Jahre 1909 von dem deutschen Neurologen Korbinian Brodmann kartiert; sein Schema wird heute zur Einteilung des Neocortex bevorzugt verwendet. Die primäre Sehrinde (der primäre visuelle Cortex) ist die Area 17; die primäre Hörrinde (weitgehend auf der Oberseite des Temporallappens in der Sylvischen Furche versteckt) die Area 41; der primäre somatosensorische Cortex umfaßt die Areae 1, 2 und 3; der motorische Cortex ist die Area 4. Die Sprachzentren sind schwerer zu pla-zieren. Das Brocasche Sprachzentrum nicht weit vom motorischen Cortex entspricht mehr oder weniger der Area 44; das Wernickesche Sprachzentrum nicht weit von der primären Hörrinde umfaßt drei der Brodmannschen Felder: 22, 39 und 40. Das corticale Zentrum für die Steuerung der Augenbewegung läßt sich noch schwerer einordnen. Die elektrische Reizung von drei Feldern — 8, 19 und 22 — kann die Augen veranlassen, sich gemeinsam zur kontralateralen Seite des Gesichtsfeldes zu drehen.

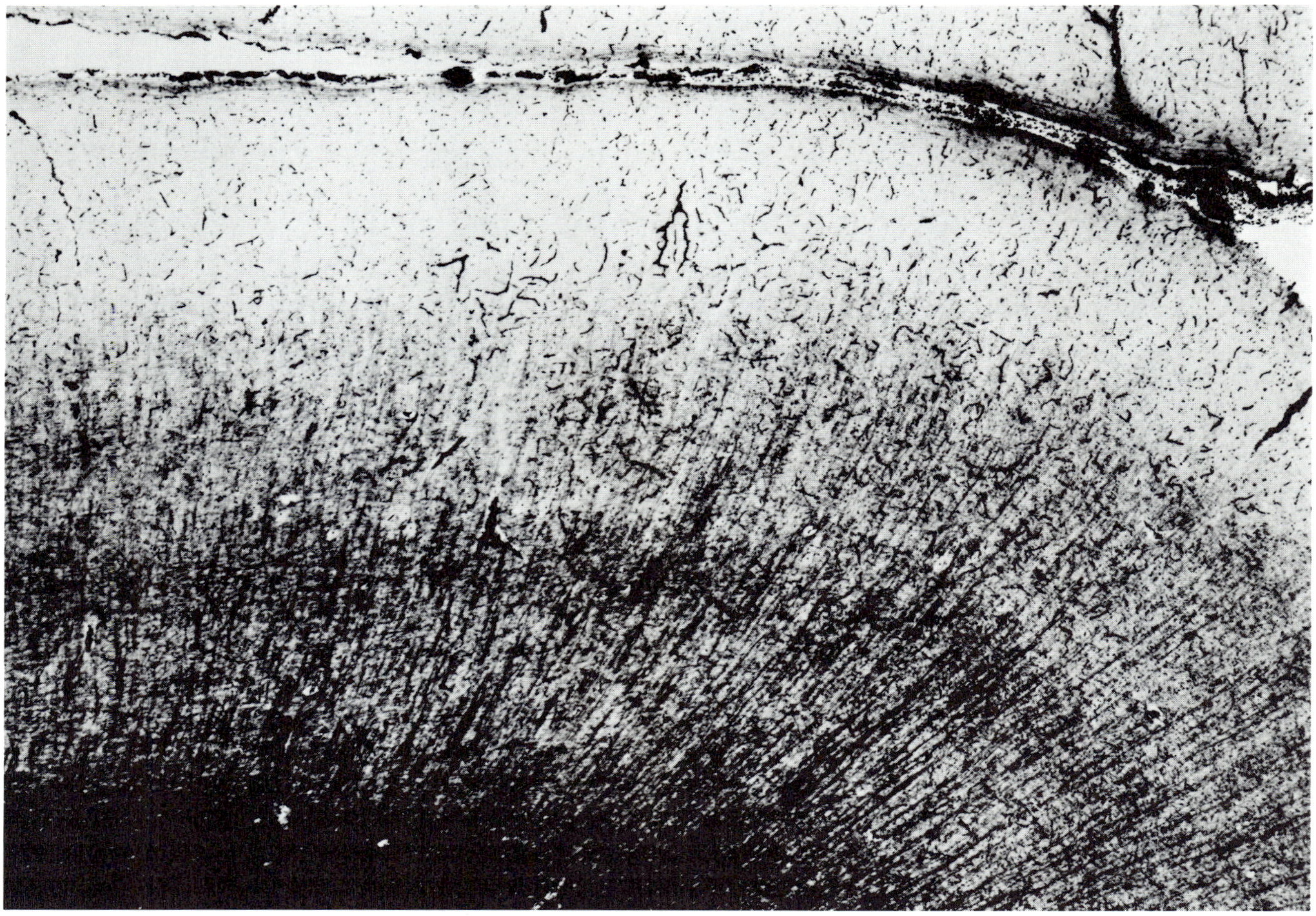

Fasern in den Bündeln die Axone von Pyramidenzellen in den Schichten 3 und 5 sowie von Pyramiden- und Spindelzellen in Schicht 6 sind. Die Axone ziehen von den Zellen abwärts; so stellen diese radialen „Stacheln" den sichtbaren Ausdruck dafür dar, daß neocorticale Ausgangsfasern dazu neigen, sich zu kompakten Bündeln zu gruppieren. Die Anwesenheit dieser Bündel bedeutet, daß die tiefen Neocortexschichten eine radiale Organisation annehmen: Die Bündel sind mehr oder weniger zellfreie corticale Strahlen (Radii), zwischen die sich zellreiche corticale Radii einschieben.

Die Fasern in den Bündeln gehorchen folgendem Schema. Diejenigen, die von Schicht 5 und Schicht 6 abwärts ziehen, sind echte Projektionsfasern. Die von Schicht 6 enden im Thalamus, die von Schicht 5 in den anderen subcorticalen Stationen, auf die der Neocortex projiziert. Die von Schicht 3 absteigenden Fasern dagegen kehren zum Neocortex zurück. Einige bleiben auf einer Seite des Gehirns: Sie heißen ipsilaterale (homolaterale) corticocorticale Fasern oder ipsilaterale corticale Assoziationsfasern. Sie stellen eine Fülle von Verbindungen zwischen neocorticalen Feldern her. Die kürzesten dieser Fasern verbinden benachbarte Gyri miteinander, indem sie in einer Kurve durch den Grund der dazwischenliegenden Furche ziehen. Sie werden treffend als U-Fasern bezeichnet. Andere Fasern sind länger und gruppieren sich in der subcorticalen weißen Substanz im Gehirn eines Primaten häufig zu massiven Bündeln (Abb. 16.8). Eine einfache Sektion kann sie freilegen. Nehmen Sie ein gut fixiertes menschliches Gehirn und ziehen Sie die temporalen und parietofrontalen Teile der Großhirnhemisphäre auseinander, deren Opercula oder Deckel die Sylvische Furche bilden. Das Mark unter der Rinde wird sich auf eine ziemlich vorhersehbare Art und Weise spalten, und die in diesem Spalt bloßgelegte weiße Substanz wird Streifen zeigen, die auf die Orientierung der Fasern hinweisen. (Im allgemeinen wird ein Spalt, der tief genug ist, um die Corona radiata freizulegen, Streifen erkennen lassen, die radial zur Insel verlaufen. Die Assoziationsbündel liegen weniger tief; deshalb wird ein flacher Spalt Streifen zeigen, die mehr oder weniger längs im Vorderhirn verlaufen.) Corticale Assoziationsfasern, die auf Neocortexfelder auf der anderen Seite des Gehirns projizieren, beginnen ebenfalls als Bestandteile der Radialbündel. Sie heißen kontralaterale corticocorticale Fasern, kontralaterale corticale Assoziationsfasern, corticale kommissurale Fasern oder callosale Fasern. Die letzte dieser Bezeichnungen besagt, daß die meisten derartigen Fasern durch den Balken (das Corpus callosum), eine massive Kommissur, von einer Hemisphäre zur anderen führen. (Die übrigen besetzen die vordere Kommissur oder Commissura anterior, ein weit kleineres Bündel.) Die callosalen Fasern verbinden homotope Felder der linken und der rechten Großhirnhemisphäre miteinander. Mehre-

16.7 „Schuß" und „Kette" des neocorticalen Gewebes (das heißt, die Übereinanderlagerung radialer und tangentialer Anordnungen neocorticaler Axone) findet man im gesamten Neocortex; hier sieht man sie in einem menschlichen Gehirn, und zwar in Weigert-gefärbtem motorischem Cortex. Die radiale Anordnung zeigt sich in Form radialer Bündel, die rechts besonders deutlich zu sehen sind. Es handelt sich dabei um stachelartige Ansammlungen efferenter neocorticaler Fasern, die durch die Cortexschichten absteigen. Die tangentiale Anordnung nimmt die Form axonaler Netze in jeweils gleichbleibender Tiefe im neocorticalen Blatt an. In motorischem Cortex ist das auffälligste Beispiel der innere Baillarger-Streifen, ein dunkel gefärbtes Band tief in Schicht 5. Über ihm, in Schicht 3, an den Spitzen der radialen Bündel, liegt der weit schwerer erkennbare Kaes-Bechterew-Streifen. Ein drittes Netz, der äußere Baillarger-Streifen, den man in visuellem Cortex sehr deutlich erkennen kann — man bezeichnet ihn dort als Gennarischen Streifen —, ist im motorischen Cortex kaum zu sehen.

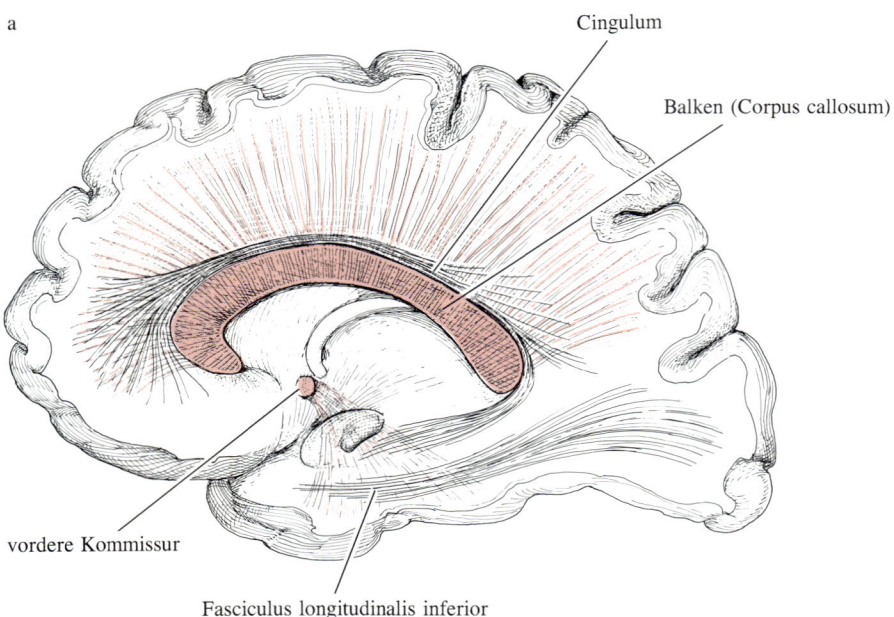

a

Cingulum

Balken (Corpus callosum)

vordere Kommissur

Fasciculus longitudinalis inferior

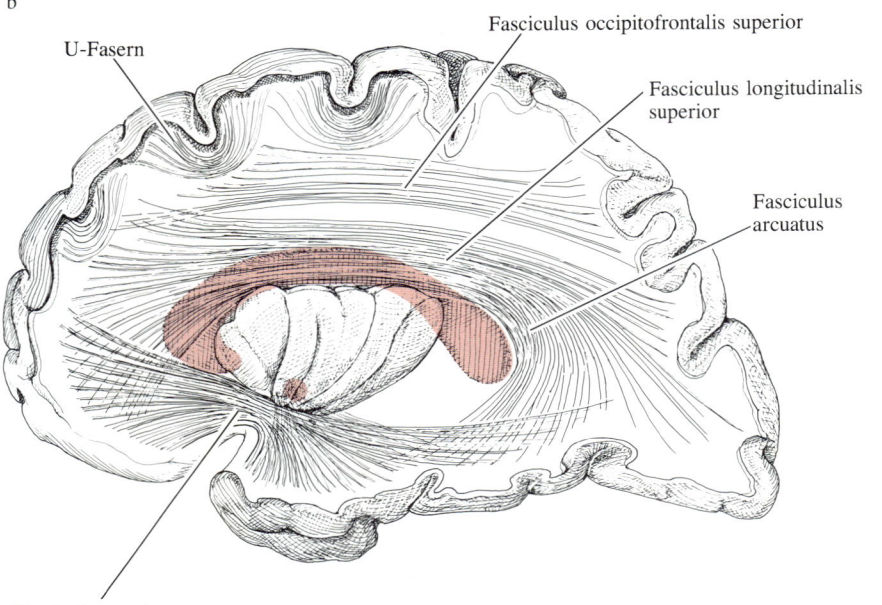

b

U-Fasern

Fasciculus occipitofrontalis superior

Fasciculus longitudinalis superior

Fasciculus arcuatus

Fasciculus uncinatus

16.8 Assoziationsfasern (corticocorticale Fasern) verknüpfen Neocortexfelder miteinander. Einige sind einfach U-Fasern, die benachbarte Gyri verbinden. Andere, oft weit längere, erzeugen systematische Streifenmuster in der weißen Substanz unter dem neocorticalen Blatt. In solchen Anhäufungen werden diese langen Fasern als Assoziationsbündel bezeichnet. Die Zeichnungen deuten die Muster an, die durch einen Parasagittaloder Längsschnitt ziemlich medial in der Großhirnhemisphäre (a) beziehungsweise durch einen Schnitt etwas weiter lateral (b) freigelegt werden. Die Zeichnungen schließen auch die beiden neocorticalen Kommissuren ein, die Commissura anterior oder vordere Kommissur und das Corpus callosum, den Balken (rot).

re Cortexbereiche bilden allerdings keine derartige Querverbindung. Beim Affen beispielsweise sind an demjenigen Teil des primären sensorischen Cortex, der die Hand (oder vielmehr die Vorderpfote) repräsentiert, keine callosalen Fasern beteiligt. Man fühlt sich an das biblische Wort erinnert, wonach die Linke nicht weiß, was die Rechte tut. Physiologische Experimente deuten jedoch darauf hin, daß callosale Fasern, die homotope Felder in der Nähe des somatosensorischen Cortex auf jeder Seite des Gehirns miteinander verbinden, Signale übermitteln, die somatische Empfindungen von der Hand repräsentieren.

Neocortexquerschnitte, die gefärbt sind, um Myelin nachzuweisen, zeigen nicht nur Radialbündel, sondern auch tangentiale Fasernetze: Netze, die sich aus Axonen zusammensetzen, die parallel zur Oberfläche des Gehirns verlaufen. Jedes Netz liegt somit im corticalen Blatt in konstanter Tiefe. Eines dieser Netze bildet den oberen Teil von Schicht 3; es wird nach Theodor Kaes (einem deutschen Neurologen) und Wladimir Bechterew (einem russischen Psychiater und Neuropathologen) als Kaes-Bechterew-Streifen bezeichnet. Ein zweites Netz bildet ein breiteres, die ganze Dicke von Schicht 4 einnehmendes Band; das ist der äußere Baillarger-Streifen, benannt nach dem französischen Neurologen Jules Gabriel François Baillarger, der als erster (im Jahre 1840) feststellte, daß die corticale graue Substanz aus sechs Schichten besteht. Im primären visuellen Cortex ist der Streifen deutlich zu sehen: Er teilt die Schicht 4 in die oben erwähnten Unterschichten. Daher hat er in der primären Sehrinde einen besonderen Namen: Er wird nach Francesco Gennari, dem italienischen Medizinstudenten, der 1776 bei der Untersuchung von Schnitten eines gefrorenen menschlichen Gehirns diesen Streifen in der okzipitalen grauen Substanz entdeckte, als Gennarischer Streifen bezeichnet. Ein drittes und letztes Netz, der innere Baillarger-Streifen, liegt tief in Schicht 5. Alle drei Netze bestehen hauptsächlich aus innercorticalen Fasern. Sie enthalten höchstwahrscheinlich Kollateralen von jenen Axonen, die von den Pyramidenzellen absteigen. Man weiß, daß viele der Axone, die von großen Pyramidenzellen in den Schichten 5 und 6 entsandt werden, Zweige hervorbringen, die ein kurzes Stück waagerecht ziehen und dann durch den Cortex aufsteigen. Diese Kollateralen durchqueren die Schichten 6 und 5, um zu Schicht 3 und Schicht 2 und manchmal sogar bis in die Molekularschicht zu gelangen. Außerdem vermag eine Unterschneidung der primären Sehrinde und die sich daraus ergebende Wallersche Degeneration von Fasern, die vom Corpus geniculatum laterale aufsteigen, den Gennarischen Streifen nicht merklich zu vermindern. Das zeigt, daß dieser Streifen nicht hauptsächlich aus den Endverzweigungen einlaufender sensorischer Fasern bestehen kann.

Säulenorganisation

Die Faserarchitektur des Neocortex läßt also darauf schließen, daß zwei Organisationsmuster — eines radial, das andere tangential — wie gewebt übereinanderliegen. Es ist deshalb sonderbar, daß sich Forscher oft nur auf das radiale Organisationsmuster, sozusagen die corticale „Kette", konzentrieren, ohne das tangentiale Organisationsmuster, quasi den „Schuß", zu berücksichtigen. Sicherlich spiegeln sich in den Leistungen des Neocortex beide Organisationsmuster wider. Andererseits haben sich aus der Entwicklung der Mikroelektrode als Werkzeug für die Messung der physiologischen Aktivität einzelner Neuronen einige höchst bemerkenswerte Erkenntnisse über das radiale Muster ergeben. Insbesondere hat man auf diese Weise entdeckt, daß Neuronen mit bemerkenswert ähnlichen Antwortcharakteristika (ein Begriff aus der Neurophysiologie) im gesamten Bereich der primären sensorischen Felder in Säulen angeordnet sind, die sich senkrecht durch alle sechs Neocortexschichten erstrecken. Der erste derartige Befund wurde 1957 von Vernon B. Mountcastle von der Johns Hopkins University beschrieben; er hatte das primäre somatosensorische Feld bei der Katze und beim Affen untersucht und herausgefunden, daß Zellen in solchen Säulen jeweils auf eine Reizung bestimmter Stellen an der Körperoberfläche reagieren. Die Zellen in einer gegebenen Säule pflegen zudem gleichförmig schnell oder langsam zu adaptieren (das heißt, aufzuhören, auf die Reizung zu reagieren). Offenbar sind sie nicht nur für somatische Reizung an bestimmten Stellen des Körpers besonders empfindlich, sondern auch für eine ganz bestimmte somatosensorische Modalität. Für den Fall der schnellen Adaptation schlug Mountcastle vor, daß der sensorische Input in die Säule von Berührungsempfindungen herrührt. Berührungsempfindungen sind, wie jeder weiß, vorübergehender Natur. Man verliert beispielsweise schnell das bewußte Gefühl für die Kleidung, die man trägt.

In der primären Hörrinde ist, wie sich bald herausstellte, jede einzelne Säule auf eine bestimmte Tonhöhe „gestimmt". Am eindrucksvollsten jedoch zeigte sich die Säulenorganisation und ihre Bedeutung in der primären Sehrinde, was vor allem den Untersuchungen zu verdanken ist, die David H. Hubel und Torsten N. Wiesel an der Harvard Medical School an der primären Sehrinde der Katze durchführten. In der primären Sehrinde der Katze reagierten die meisten − vielleicht auch sämtliche − Zellen in einer gegebenen Säule bevorzugt auf einen Lichtstreifen, den die Forscher auf eine bestimmte Stelle auf einer dem Tier gegenüberstehenden dunklen Wand projizierten. Viele der Zellen reagierten dann am besten, wenn der Streifen in einer bestimmten Weise ausgerichtet war oder in eine bestimmte Richtung bewegt wurde. Benachbarte Säulen zeigten eine ähnliche Vorliebe für die Plazierung des Streifens, zogen aber jeweils andere Orientierungen vor. So weiß man heute, daß ein bestimmter kleiner Bereich der primären Sehrinde immer eine Gruppe von Säulen umfaßt, die unterschiedliche Orientierungen an einem gegebenen Ort im visuellen Raum repräsentieren. Dieser Cortexbereich bezieht seine Information offenbar nur von einem Auge. Unmittelbar neben ihm findet man einen zweiten Bereich mit einer zweiten Gruppe von Säulen. Diese Säulen repräsentieren Orientierungen am gleichen Ort im visuellen Raum, beziehen ihre Information aber vom anderen Auge. Die zwei Säulengruppen bilden zusammen eine Makrosäule. Sie mißt ungefähr 800 Mikrometer im Durchmesser und sorgt für eine binokulare Repräsentation eines Punktes im visuellen Raum. Die Daten der beiden Augen bleiben jedoch streng voneinander getrennt. Die Makrosäulen sind tatsächlich so angeordnet, daß Input von jedem Auge einander abwechselnde gewundene Streifen in der primären Sehrinde erreicht. Im Ganzen erinnert das Muster an die Streifen eines Zebras (Abb. 16.9). Zweifellos ist die Organisation des primären visuellen Cortex topologisch genau: Eine in beliebiger Richtung durch seine Oberfläche gelegte Linie wird die corticalen Repräsentationen einer verbundenen Folge von Teilen des visuellen Raumes schneiden. Entscheidend ist, daß man bei einer Serie von Penetrationen mit der Mikroelektrode, die einer gewundenen Bahn der Rindenoberfläche folgt, nacheinander nur auf Säulen stoßen wird, die von der linken (oder von der rechten) Retina versorgt werden, wogegen sich bei einer im rechten Winkel zu einem beliebigen Teil dieser Bahn gewählten Richtung abwechselnde Bänder corticaler Säulen zeigen werden, die zuerst das eine Auge repräsentieren, dann das andere und dann wieder das erste. Diese Anordnung zeigt anschaulich die Fähigkeit corticalen Gewebes, gleichzeitig mehrere Variablen abzubilden. Im Jahre 1982 fand Hubel in Zusammenarbeit mit Margaret Livingstone an der Harvard Medical School noch eine andere Art von Karte, nämlich fleckförmige Bereiche (sogenannte „Blobs"), die in gleichen Abständen in Schicht 3 der primären Sehrinde angeordnet sind und Zellen enthalten, die besonders empfindlich für bestimmte gegensätzliche Farben in bestimmten Teilen des

Gesichtsfeldes sind. Es scheint unbestreitbar, daß die corticale Repräsentation der Topologie der Netzhäute dadurch bestimmt wird, daß die Fasern von jeder Retina streng topologisch zum Corpus geniculatum laterale und die vom Corpus geniculatum genauso streng zum Cortex geführt werden. Andererseits wird die Empfindlichkeit corticaler Neuronen für das Muster von Helligkeit und Bewegung eines visuellen Reizes oder für Farbkontraste wahrscheinlich durch eine Folge lokaler neuronaler Verschaltungen in der Retina, im Corpus geniculatum laterale und in der Rinde selbst bestimmt.

Wie weit verbreitet sind neocorticale Säulen? Vielleicht gibt es sie überall. Zum einen sammeln sich im gesamten Bereich des Neocortex efferente neocorticale Fasern zu Radialbündeln. Außerdem ist die Projektion von einem Neocortexfeld zum anderen bemerkenswert gut geordnet. In einer am Massachusetts Institute of Technology durchgeführten Untersuchung injizierte Patricia Goldman-Rakic tritiummarkiertes Leucin in den Neocortex auf der Konvexität der Großhirnhemisphäre knapp hinter dem frontalen Pol des Gehirns eines Affen. Die Autoradiographie zeigte dann, daß einige der corticocorticalen Fasern, die auf der Konvexität in der Nähe des frontalen Poles entspringen, ihre Synapsen auf der medialen Seite der Hemisphäre bilden,

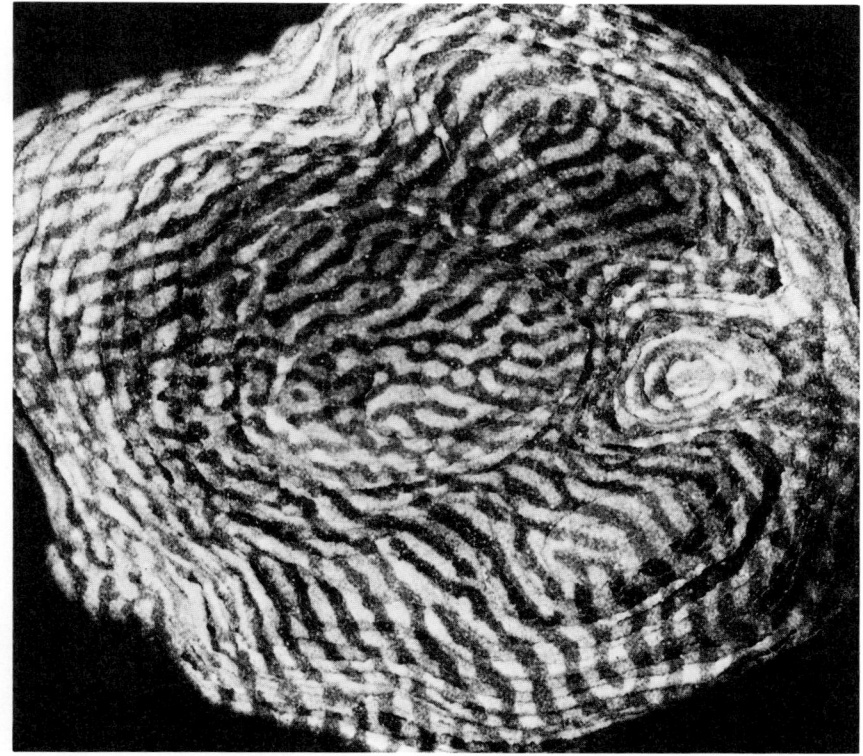

16.9 Augendominanzstreifen in Schicht 4 der primären Sehrinde belegen die Fähigkeit der Sehrinde, die visuelle Welt abzubilden und dabei gleichzeitig die Trennung der Daten von jedem Auge beizubehalten. In dem Experiment, das dieser Montage von Dunkelfeldautoradiographien zugrunde liegt, wurde einem Makaken in eines seiner Augen eine mit Tritium oder radioaktivem Wasserstoff markierte Aminosäure (Prolin) injiziert. Während der nächsten zwei Wochen gelangte die Radioaktivität zum Corpus geniculatum laterale und dann in Schicht 4 des primären visuellen Cortex, wo sie aufgrund der Verteilung der ankommenden Axone auf eine Reihe von Streifen beschränkt blieb (weiße Bänder). Die dazwischenliegenden Streifen erhalten ihren visuellen Input vom anderen Auge. Die Montage umfaßt etwa ein Viertel der Gesamtausdehnung der Area 17 auf einer Seite des Gehirns (der Seite, die ipsilateral zum markierten Auge liegt). Jeder Streifen ist etwa 350 Mikrometer breit. Das Experiment führte Simon LeVay an der Harvard Medical School durch.

313

nämlich im retrosplenialen Gebiet des Gyrus cinguli, direkt hinter dem Balken. Die Synapsen liegen in einer Reihe von Säulen mit einem Durchmesser von 200 bis 500 Mikrometern, die jeweils durch ähnlich breite Cortexvolumina ohne derartige Synapsen getrennt sind (Abb. 16.10). Bei dieser Projektion ist weder der Ursprung noch das Zielgebiet ein primäres sensorisches Feld. Tatsächlich sind beide gegen die Einwirkung neu im Neocortex eintreffender sensorischer Daten recht gut isoliert. So ist beispielsweise der Ursprung – der Cortex in der Nähe des frontalen Poles – mindestens drei synaptische Schritte (das heißt, drei aufeinanderfolgende Projektionen) vom somatosensorischen Cortex entfernt; somit liegt das Zielgebiet – der retrospleniale Cortex – noch einen weiteren Schritt entfernt. Außerdem erhalten beide Regionen einen massiven Input von einer thalamischen Zellgruppe, die keine lemniscalen Afferenzen besitzt. Der frontale Cortex erhält Fasern vom Nucleus medialis dorsalis, die retrospleniale Rinde solche vom Nucleus anterior. Man kann nicht einmal ahnen, welche Umwandlungen Nervensignale erfahren, wenn sie auf solche Zwischenstationen stoßen. Und doch bleibt folgende Aussicht: Wenn neocorticale Projektionen selbst in den entferntesten Teilen des Assoziationscortex sauber von Säule zu Säule abgebildet werden, dann mag sich die Säulenorganisation als Grundprinzip des gesamten Neocortex herausstellen.

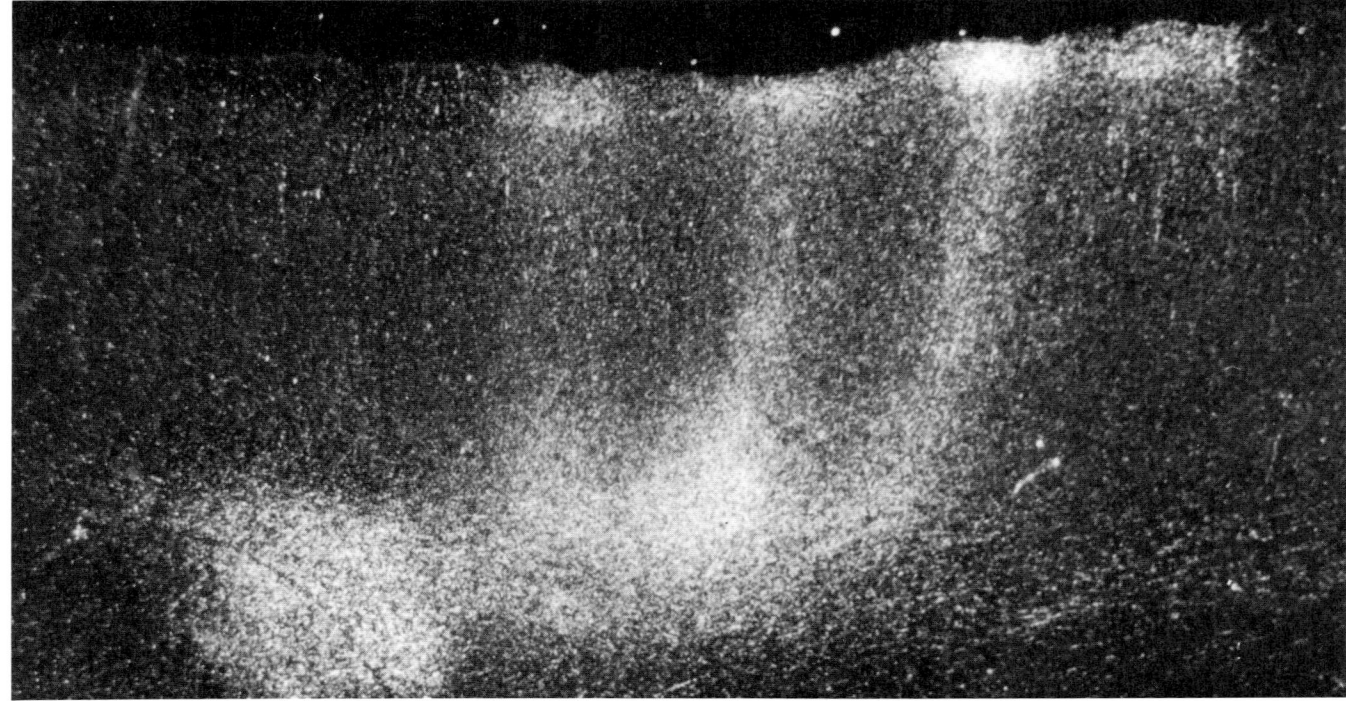

16.10 Säulen in retrosplenialem Cortex lassen vermuten, daß die Säulenorganisation ein Grundprinzip des gesamten Neocortex sein könnte, nicht nur der primären sensorischen Felder. Patricia Goldman-Rakic, die damals am Massachusetts Institute of Technology arbeitete, injizierte eine tritiummarkierte Aminosäure (Leucin) in den Assoziationscortex nahe dem frontalen Pol eines Affengehirns. Die Autoradiographie des retrosplenialen Gebiets (Assoziationscortex auf der medialen Seite der Großhirnhemisphäre hinter dem Splenium des Balkens) ergab, daß Axone, die vom frontalen Cortex ankommen, in Säulen enden, deren Durchmesser 500 Mikrometer nicht übersteigt. Hier sind drei Säulen zu sehen; in der Molekularschicht des Cortex ist die radioaktive Markierung bemerkenswert dicht und umschrieben. Weitere Arbeiten von Goldman-Rakic haben bewiesen, daß die dazwischenliegenden Gebiete Orte sind, wo callosale Fasern aus dem homotopen Feld der gegenüberliegenden Seite des Gehirns ihre Synapsen ausbilden.

Assoziationsfelder

Wozu aber könnte eine Säulenorganisation gut sein, die nicht in der Nähe frischer sensorischer Daten liegt? Welcher Form der Weiterverarbeitung von Information – und welcher Art von topologischer Abbildung – könnte sie auf einer höheren Stufe der kaskadenartigen neocorticalen Verschaltung dienen? Wie kann die Topologie des binokulären Gesichtsfeldes das Ordnungsprinzip in der gesamten Folge jener neocorticalen Projektionen bleiben, die Information aus der Retina bis zum Assoziationscortex weiterleiten? Wie kann Frequenz das Ordnungsprinzip für den auditorischen Verkehr bleiben? Wie kann die Topologie der Körperoberfläche das Ordnungsprinzip für den somatosensorischen Verkehr bleiben? Und welches Ordnungsprinzip gilt schließlich in einem Cortexfeld, in dem sich Verkehr mit Vorläufern in allen drei primären sensorischen Bereichen grob-anatomisch überschneidet? Nach einer neueren Zählung gibt es in der Großhirnrinde des Rhesusaffen acht Karten des visuellen Raumes. Bei der Katze sind es 13, bei der Ratte sechs und bei der Maus vier. Je mehr man sucht, desto mehr scheint man zu finden. Bei einem physiologischen Experiment, das „visuelle Areale" aufdeckt, müssen die Versuchstiere jedoch betäubt sein, wenn die Mikroelektrode eingeführt ist. Unter solchen Bedingungen gelangt zwar weiterhin visuelle Information in das neocorticale Blatt, aber andere Gehirnfunktionen sind bestimmt nicht normal. Die Argumentation läßt sich auf verschiedenen Wegen fortsetzen. Zunächst einmal finden Wissenschaftler, die den Neocortex untersuchen, immer wieder Zellen, die in keine einfache physiologische Kategorie passen: Zellen, die nicht einfach für Licht, Laute oder eine Berührung der Haut empfindlich sind. Außerdem weisen Neocortexfelder jenseits der primären sensorischen Felder keinen einzelnen dominanten Input auf. Statt dessen haben sie häufig viele miteinander konkurrierende Inputs. Dafür gibt es ein physiologisches Korrelat. In einem primären sensorischen Feld erfolgen grobe Veränderungen im Muster der neuronalen Aktivität überwiegend als Reaktion auf grobe Veränderungen des sensorischen Inputs und darüber hinaus nur bei gravierenden Veränderungen im Zustand des Tieres wie etwa beim Übergang vom Wachzustand zum Tiefschlaf. Die Zellen in einem primären sensorischen Cortexareal werden stark vom sensorischen Input angetrieben. Dagegen verändern sich die Muster der neuronalen Aktivität jenseits der primären sensorischen Felder ständig, selbst wenn sich in der Umgebung des Tieres nichts geändert zu haben scheint. Die Ursache dieser Modulation läßt sich nur als Motivierungslage des Tieres erklären. Alles in allem liegen vielleicht viele „sensorische Karten" in Arealen des neocorticalen Blattes vor, deren Funktion weitaus abstrakter ist, als irgendeine Karte sensorischer Inputs vermuten lassen würde.

Einige Experimente, die Mountcastle und seine Mitarbeiter an der Johns Hopkins University durchgeführt haben, sind fast Gleichnisse zu dieser Thematik. Ein Teil der Arbeiten betrifft das obere Parietalläppchen (Lobulus parietalis superior) oder die Area 5 von Brodmann, ein Assoziationsfeld unmittelbar hinter dem somatosensorischen Cortex, von dem es direkt Input bekommt. Zunächst wurden Affen auf eine bestimmte Aufgabe trainiert: Man lehrte jedes Tier, beim Aufleuchten eines Lämpchens eine Morsetaste zu drücken, woraufhin das Lämpchen etwas abgeblendet wurde. Der Affe mußte die Taste eine bestimmte Zeit lang herunterdrücken. Führte er diese Aufgabe richtig durch, so erlosch das Lämpchen, und der Affe erhielt zur

Belohnung ein wenig Orangensaft. Nach einer Weile fing dann ein neuer Versuch an. Den Affen, die diese Lektion beherrschten, stellte man neue Aufgaben. Man lehrte sie, die Taste loszulassen und statt dessen eine Platte herunterzudrücken, einen Hebel zu ziehen oder zwischen zwei Hebeln zu wählen. In einer 1975 von Mountcastle und seinen Mitarbeitern beschriebenen Versuchsreihe beherrschten nach einem guten Monat Training vier Affen eine ganze Serie von Aufgaben. Nun machte man Einzelzellableitungen von fast tausend Zellen in Area 5. Ungefähr zwei Drittel der Zellen reagierten, wenn der Experimentator ein Glied des Tieres in eine andere Lage brachte. Ein weiteres Zehntel wurde durch mechanische Reizung der Haut angeregt. Diese Zellen ähnelten Zellen der somatosensorischen Rinde, verhielten sich aber doch in mehreren Punkten anders. Zum einen wurden sie oft unbeeinflußbar, wenn das Tier schläfrig war: Verglichen mit dem Einfluß, den ankommende sensorische Daten auf primäre sensorische Felder ausüben, hatten solche Daten auf diese Zellen keine Wirkung. Außerdem besaßen die Zellen, die auf mechanische Reizung reagierten, große rezeptive Felder: in einem Fall die gesamte Handfläche und einen beträchtlichen Teil des Unter- und des Oberarmes. Dies waren bestimmt keine Neuronen, die in Konfrontation mit der Welt feine sensorische Unterscheidungen treffen. Dann gab es Zellen, die sich durch sensorische Reizung nicht stimulieren ließen. Es waren schlicht und einfach keine sensorischen Zellen. Sie machten ebenfalls ungefähr ein Zehntel der Gesamtzahl aus. Einige entluden sich, wenn sich das Tier nach etwas streckte, aber nur »nach einem Objekt, das es begehrt, so wie nach Futter, wenn es hungrig ist«. Das Entladungsmuster war unabhängig von der jeweiligen Bahn des Armes. Andere Zellen entluden sich, wenn die Hand mit dem Objekt umging. Es drängt sich die Vermutung auf, daß der parietale Assoziationscortex etwas mit *Raum* zu tun hat – mit dem Raum, der das Tier umgibt und der durch die Reichweite seines Armes definiert ist. Ein solcher Raum stellt eine Abstraktion von sensorischen Daten dar; zweifellos berechnet ihn das Gehirn aus dem Sehen, den Berührungsempfindungen und der augenblicklichen Körperposition. Dennoch bleibt eine Schwierigkeit bestehen. Die sonderbaren Neuronen aus Area 5 reagieren nicht, wenn Objekte „uninteressant" sind. Offenbar entscheidet das Gehirn also, daß bestimmte Objekte interessanter sind als andere. Wie und wo werden solche Entscheidungen getroffen?

17. Ausblick

Santiago Ramón y Cajal wurde am 1. Mai 1852 in dem spanischen Dorf Petilla geboren. Seine Ausbildung in Anatomie begann in seinem 15. Lebensjahr; sein Lehrer war sein Vater, Don Justo Ramón Casasús, ein bekannter Chirurg (damals eine Stufe niedriger als Arzt) in Aragonien. Die ersten Lektionen galten der Knochenkunde. Vater und Sohn kletterten über Friedhofsmauern, um »halb im Gras verborgene« Knochen auszugraben. Der junge Cajal »fand besonderen Gefallen daran, die organische Uhr Stück für Stück auseinanderzunehmen und wieder zusammenzusetzen, in der Hoffnung, eines Tages etwas von ihrem komplizierten Mechanismus zu verstehen«. (Die Zitate stammen aus seiner Autobiographie.) Nach Abschluß seiner Gymnasialzeit ging er an die Faculdad de Medicina in Zaragoza, um Arzt zu werden. Tatsächlich wurde er Armeechirurg. 1877 war er dann wieder in Zaragoza – im kubanischen Dschungel hatte er sich Malaria zugezogen. Durch die Hilfestellung eines Freundes bekam er einen Zeitvertrag als Assistent in der Anatomie; zwei Jahre später wurde er befristet zum außerplanmäßigen Professor ernannt. Mittlerweile hatte er (auf Raten mit den Ersparnissen aus seiner Armeezeit) ein Mikroskop und ein Mikrotom erworben. Das Mikrotom war schlecht; er ging wieder dazu über, eine Rasierklinge zu benutzen. Seine ersten Untersuchungen galten der mikroskopischen Struktur von Knorpel, der Hornhaut, der Linse des Auges und von Muskelfasern. Letztere regten ihn dazu an, Nervenendigungen im Muskel zu untersuchen. Schließlich wandte er sich dem Nervensystem selbst zu. Dafür waren die um 1880 verbreiteten Färbetechniken unzulänglich. Wie Cajal später selbst schrieb: »Das große Rätsel in der Organisation des Gehirns war die Art und Weise, in der die Nervenverzweigungen endeten und in der Neuronen wechselseitig miteinander verbunden waren. Es ging darum, herauszufinden, wie die Wurzeln und Zweige dieser Bäume in der grauen Substanz enden, in diesem Wald, der so dicht ist, daß keine Freiräume bleiben und die Stämme, Zweige und Blätter sich überall berühren.« Die Verzweigungen verloren sich jedoch in dem »trüben Nebel«. Die einzige Zuflucht bestand darin, einen Gewebeblock aufzuweichen und dann mit Hilfe von Nadeln zu versuchen, auf dem Objekttisch eines Mikroskops eine Nervenzelle aus dem Wald herauszuziehen. Als gelegentliches glänzendes Ergebnis bekam man ein Neuron zu sehen. Aber selbst dann erfuhr man lediglich, daß Neuronen Fortsätze entsenden, daß also Axone beispielsweise keine unabhängigen zellulären Einheiten sind.

Eine neue Färbetechnik – »das Werkzeug der Enthüllung« – gab es bereits: die Golgi-Technik, die Camillo Golgi einige Jahre zuvor in Pavia in Italien entdeckt hatte. Cajal erfuhr davon im Jahre 1887. Im Jahre 1888 – »mein bestes Jahr, mein Glücksjahr« – setzte er diese Technik dann zum Nachweis der Doktrin ein, daß Neuronen nicht miteinander verschmelzen, aber dennoch – durch direkten Kontakt – den Nervenimpuls übertragen. Im Jahre 1892 nahm er den Lehrstuhl für Normale Histologie und Pathologische Anatomie in Madrid an. Wie er sich später erinnerte, war das eine Zeit »verzehrender Aktivität«, in der er »nach Zellen mit zarten und eleganten Formen jagte, geheimnisvollen Schmetterlingen der Seele, deren Flügelschläge vielleicht eines Tages – wer weiß? – das Geheimnis des Geisteslebens aufklären können«. In dieser Phase konzentrierten sich seine Untersuchungen auf die Großhirnrinde. Insbesondere dehnte er seine Studien auf die menschliche Großhirnrinde aus, um einem qualitativen Unterschied zwischen den Gehirnen von Menschen und Tieren zu suchen; es schien ihm »der menschlichen Spezies ein bißchen unangemessen«, etwas anderes zu vermuten. Er fing mit der primären Sehrinde an; später folgten Untersuchungen anderer Cortexfelder. »Die funktionelle Überlegenheit des menschlichen Gehirns«, so beschloß er letztlich, »hängt sehr eng mit dem erstaunlichen Überfluß und der ungewöhnlichen Formenvielfalt der sogenannten Neuronen mit kurzen Axonen zusammen.« Sie hängt also – anders gesagt – mit den komplizierten wechselseitigen Verbindungen der Interneuronen oder *local circuit*-Neuronen zusammen. Das war der Kern des Problems der Großhirnrinde. »Ich wollte soweit wie möglich ihren Grundplan herausarbeiten. Aber leider, mein Optimismus täuschte mich! Denn die unbeschreibliche Komplexität der Struktur der grauen Substanz [in der Großhirnrinde] ist so vertrackt, daß sie der hartnäckigen Neugier von Forschern trotzt und noch viele Jahrhunderte lang trotzen wird.«

Formen der Komplexität

Hatte Cajal recht? Werden Jahrhunderte nötig sein? Oder wird das Gehirn selbst dann noch genauso vertrackt sein? Am Ende dieser Darstellung der Neuroanatomie scheint es angemessen, ein paar der Kernprobleme anzusprechen. Uns kommen hier drei in den Sinn: Spezifität gegen Unspezifität, Richtung des Informationsflusses und Systeme im Gehirn.

Spezifität gegen Unspezifität. Als „unspezifisch" bezeichnet man eine Gehirnstruktur, deren Input inhomogen oder multimodal ist. Praktisch kennzeichnet der Begriff also eine Struktur, auf deren Zellen mehrere Projektionen konvergieren. Dafür gibt es viele Beispiele. So sind die Neuronen in der Formatio reticularis unspezifisch, zumindest bezüglich ihrer Afferenzen. (Hinsichtlich der Richtung, in die sie ihr Axon aussenden, können sie recht wählerisch sein.) Umgekehrt bezeichnet der Begriff „spezifisch" eine Gehirnstruktur mit unimodalem Input. Dafür gibt es nur wenige Beispiele. Am häufigsten werden die spezifischen sensorischen Relaiskerne des Thalamus zitiert. Aber selbst diese sind nicht wirklich spezifisch. Auch sie erhalten wahrscheinlich zusätzlichen Input mit einer modulatorischen Funktion. So dringen die im Hirnstamm entspringenden monoaminergen Projektionen sogar in diejenigen Zellgruppen ein, die man am ehesten für unimodal halten würde. Spezifität wie Unspezifität könnten möglicherweise eine wichtige Rolle in der Organisation des Gehirns spielen. Die Spezifität mag beispielsweise die Erhaltung einer sensorischen Karte ermöglichen; die Unspezifität mag dem Gehirn erlauben, aus seinem sensorischen Input einen Grundaktivitätszustand herauszudestillieren. In dieser Hinsicht ist der Nucleus ventralis medialis des Thalamus (der medialste Teil des Nucleus ventralis lateralis) bemerkenswert. Dieser Kern erhält Eingangsinformation von der Substantia nigra und schickt zwei Projektionen zum Neocortex. Eine folgt dem Schema einer spezifischen thalamocorticalen Projektion, indem sie sowohl ihre Endigungen in einem klar umgrenzten Teil des neocorticalen Blattes (genauer gesagt, in einem Teil des frontalen Assoziationscortex) verteilt als auch vorzugsweise in bestimmten neocorticalen Zellschichten (genauer gesagt, in den Schichten 3, 4 und 6) endet. Die zweite Projektion ist geradezu himmelschreiend unspezifisch. Sie erstreckt sich über ein weites Gebiet und ignoriert die Grenzen zwischen neocorticalen Feldern. Tatsächlich verteilt sie ihre Fasern bei der Ratte in nach und nach abnehmender Zahl vom frontalen Pol so weit bis zum hinteren Pol, daß einige von ihnen sogar in den primären visuellen Cortex eintreten. Außerdem beschränkt die Projektion ihre Endigungen auf die Schicht 1, die plexiforme oder Molekularschicht – genauer gesagt, auf die obere Hälfte dieser Schicht, unmittelbar unter der Pia mater. So beeinflussen die Endigungen die entferntesten Ausläufer der apikalen Dendriten von Pyramidenzellen in allen neocorticalen Schichten. Zwei Projektionen zum Neocortex also, spezifisch und unspezifisch, aber von einer einzigen Zellgruppe erzeugt. Das zeigt, wie hohl unsere Erklärungen und Vermutungen klingen können, wenn sie mit den Details des Gehirns konfrontiert werden.

Richtung des Informationsflusses. Der Forscher, der Leitungsbahnen im Gehirn verfolgt, ist sich der Bedeutung einer Entdeckung am sichersten, wenn das Tracing von einer sensorischen Oberfläche ausgeht und sich von dort nach innen fortsetzt. Bei einem solchen Unterfangen kann der Forscher dem Gehirn einen sensorischen Reiz anbieten – eine Berührung der Haut, einen Ton, einen Lichtfleck auf der Retina – und zuversichtlich sein, daß dies dem Reiz ähnelt, auf den sensorische Neuronen typischerweise reagieren. Bei einer motorischen Leitungsbahn ist die Situation weniger bequem. Das Tracing erfolgt gegenläufig: entgegen der Richtung des Impulsverkehrs. Von daher hat eine periphere Erregung keine physiologische Bedeutung. Nehmen wir an, der Forscher wählt einfach ein Neuron aus und wendet elektrischen Strom an. Er entfacht damit einen elektrischen Sturm: eine grobe elektrische Aktivität, die im Grunde keine Ähnlichkeit mit jener komplexen Konvergenz neuronaler Einflüsse hat, die etwa an einem lokalen motorischen Apparat auftritt. Auf jeden Fall dient es aber dem Verständnis des Gehirns, Signale von einer Anordnung von sensorischen Rezeptoren zu einer Verarbeitungsstation in Rückenmark oder Hirnstamm zu verfolgen und von dort aus einem lemniscalen Aufstieg zum Thalamus und vom Thalamus schließlich einem letzten Bindeglied zur Großhirnrinde nachzuspüren. Es erscheint dann vernünftig, zu sagen, daß der Organismus etwas gefühlt, gehört oder gesehen hat und daß er sich darauf vorbereitet, in angemessener Weise auf seine Umgebung zu reagieren.

Es ist klar, daß die Leitungsbahnen, die solche Reaktionen erlauben, lebenswichtig sind. Aber möglicherweise benötigt ein Organismus in gleicher Weise Informationen, die in umgekehrter Richtung fließen. Ein recht deutliches Beispiel dafür ist die Projektion, mit der ein primäres sensorisches Feld im Neocortex seine thalamischen Afferenzen erwidert. Der somatosensorische Cortex dehnt diese Rückprojektion aus, indem er einige seiner absteigenden Fasern zu den Hinterstrangkernen, dem Ursprung des Lemniscus medialis, schickt. Doch immer noch befinden sich die Fasern auf der sensorischen Seite der Organisation: Sie könnten dem Neocortex ermöglichen, seinen sensorischen Input zu filtern. Ein weniger klares Beispiel liefert die Projektion, über die die Amygdala auf die temporalen Assoziationsfelder einwirkt, von denen sie ihren neocorticalen Input bekommt. Hier könnte man den Schluß ziehen, die Amygdala nehme an der neocorticalen Wahrnehmung der Welt teil. Vielleicht wird die neocorticale Wahrnehmung der Welt auf ihre mögliche Wirkung auf den Organismus geprüft. Ein sehr interessantes Beispiel hat mit dem Colliculus superior zu tun. Diese Struktur entsendet zwei Projektionen. Die eine führt abwärts und ist tectobulbär und tectospinal. Sie ist zweifellos motorisch: Sie deutet darauf hin, daß der Colliculus superior an der Blickführung beteiligt ist. Die andere, aufsteigende Projektion zieht zu dem als Nucleus lateralis posterior bezeichneten Bereich des Pulvinar, der seinerseits auf weite Bereiche des Assoziationscortex projiziert und so die in Abbildung 5.9 dargestellte „sekundäre Sehbahn" hervorbringt. Wozu hat die Natur diese zweite Bahn eingerichtet? Eine Antwort auf diese Frage liegt in einer der so glänzend einfachen Beobachtungen, die der deutsche Physiker und Physiologe Hermann von Helmholtz vor mehr als einem Jahrhundert machte. Helmholtz war aufgefallen, daß bei einer Bewegung der Augen oder des Kopfes das Bild der Welt eigentlich über die Retina schweifen müßte. Doch die visuelle Welt steht für uns still. (Eine sich drehende Person bemerkt sogar zuverlässig das Kaninchen, das sich durch eine sonst bewegungslose Landschaft bewegt.) Stößt man dagegen mit dem Finger gegen ein Auge, so scheint die visuelle Welt zu springen. Offenbar können die oculomotorischen Stationen des Gehirns den visuellen sensorischen Stationen ankündigen, daß die Augen in Kürze gedreht werden. Es ist, als ob bestimmte motorische Stationen den sensorischen Stationen die Anweisung geben könnten, ihre Karte der Welt zu drehen, um nicht irregeleitet zu werden.

Systeme im Gehirn. Die von Neuroanatomen erfundene Nomenklatur scheint manchmal nahezulegen, daß sich das Gehirn wie gut durchdachte elektronische Geräte in Module oder Systeme einteilen läßt. Nehmen wir das Telencephalon (also die Großhirnhemisphäre). Es besteht, grob gesagt, aus drei anatomischen Hauptgebieten: dem Neocortex, dem limbischen System und dem extrapyramidalen motorischen System. Aber sind das drei getrennte Reiche? Eigentlich nicht. Der Neocortex und das limbische System verschmelzen an zahlreichen Stellen. Die Amygdala ist limbisch, kommuniziert aber mit temporalem Neocortex. Die frontalen Assoziationsfelder sind neocortical, aber sie kommunizieren mit dem Hypothalamus. Das limbische System und das extrapyramidale motorische System verschmelzen vielerorts. Der Nucleus accumbens ist ein Teil des Striatum, projiziert aber auf den Hypothalamus. Die dopaminerge Zellgruppe A-10 in der Area tegmentalis ventralis gehört zur Substantia nigra; zusammen mit der übrigen dopaminergen Zellpopulation der Substantia nigra innerviert sie das Striatum, aber sie liegt in der Bahn der wichtigsten limbischen Verkehrsader, des medialen Vorderhirnbündels. Das extrapyramidale motorische System und der Neocortex verschmelzen an mindestens einer Stelle: Das extrapyramidale System ist eine große Schaltschleife, die einem Destillat neocorticaler Aktivität ermöglicht, auf den motorischen Cortex einzuwirken, nachdem es nacheinander das Striatum, das Pallidum und den Thalamus durchlaufen hat.

Das extrapyramidale motorische System mit seinem Zentrum, dem Striatum, ist beispielhaft für die problematische Natur von Gehirn-„Systemen". Sicher besitzt kein anderer Gehirnteil eine solche Vielfalt von Inputs. Schließlich erhält das Striatum Afferenzen von jedem Feld des Neocortex. Es bekommt Afferenzen von den beiden wichtigsten limbischen Strukturen, dem Hippocampus und der Amygdala. Es erhält Afferenzen von den unspezifischen Thalamuskernen. Und es bekommt dopaminerge Afferenzen von der Substantia nigra und serotonerge Afferenzen von den Raphekernen des Mittelhirns. Kann all das ausschließlich als Input für ein „motorisches System" gedacht sein? Kann es lediglich zur Feinabstimmung der Kontraktion von Skelettmuskeln dienen? Dafür erscheint es nicht angemessen, zumal ein großer Teil des striatalen Outputs offenbar wieder in das Gebiet seines Ursprungs zurückgeleitet wird: zum Neocortex oder zum limbischen System. Was aber ist dann das Striatum? Denken Sie daran, daß sowohl körperliche Bewegung als auch zielgerichtete Denkprozesse eine Motivation voraussetzen: ein Bemühen, sie zu beginnen, und ein Bemühen, sie „in Gang" zu halten. Sie teilen einen Bedarf nach Rückkopplung: nach einer Möglichkeit für Nacheinstellungen. Sie sind physiologisch gekoppelt: Vorstellungen verursachen oft unbeabsichtigte Veränderungen von Körperhaltung und Gesichtsausdruck. Schließlich haben körperliche Bewegung und zielgerichtetes Denken anscheinend umgekehrte Beziehungen zu Dopamin, das — unter anderem — der nigrostriatale Transmitter ist. Die für Schizophrenie typische Denkstörung spricht oft auf Medikamente an, die die Übertragung neuronaler Signale von dopaminergen Neuronen blockieren. Bei chronischer Verabreichung jedoch können solche Medikamente somatomotorische Störungen auslösen, die der Parkinsonschen Krankheit ähneln. Es ist, als handele es sich bei Schizophrenie und Parkinsonscher Krankheit um Störungen an entgegengesetzten chemischen Polen, wobei Schizophrenie durch einen Überschuß und die Parkinsonsche Krankheit durch einen Mangel an Dopamin entsteht.

Ist das Striatum ein Ort, an dem sich Gehirnmechanismen der Bewegung, des Denkens und der Motivation überschneiden? Das läßt sich schwer beantworten. Bewegung an sich entzieht sich schon unserem Verständnis — Denken und Motivation dürften noch schwieriger zu untersuchen sein. Selbst nach einem Jahrhundert intensiver Gehirnforschung kann man nicht einmal sagen, wo im Gehirn der Impuls für eine willkürliche Körperbewegung entsteht oder durch welche Folge von Schritten er sich in den erforderlichen Mustern von Aktivierung und Hemmung der jeweiligen Motoneuronen ausdrückt.

Komplexität auf allen Ebenen

Was bedeutet es denn wirklich, „das Gehirn zu verstehen"? Im Jahre 1977 formulierten David Marr und Tomaso Poggio am Massachusetts Institute of Technology drei Ebenen des Verstehens. Die erste ist die Ebene der Ziele der Informationsverarbeitung. Auf dieser Ebene fragt man sich: Welche Aufgaben muß das Gehirn erfüllen? Das heißt, warum muß es Information von einer Form in eine andere verwandeln? Die zweite Ebene ist die der Algorithmen. Hier fragt man: Welche Folge von Operationen bringt die Information in eine nützliche Form? Die dritte Ebene schließlich ist die der Hardware. Man fragt: Wie vermag der im Gehirn verfügbare Apparat – also die Neuronen und ihre synaptischen Verbindungen – einen Algorithmus auszuführen und so Daten sinnvoll zu verarbeiten? Keine Ebene erklärt alles. (Wie Marr schreibt, kann man das Phänomen des Fliegens nicht dadurch begreifen, daß man die Struktur einer Feder untersucht.) Jede Ebene erlegt jedoch den anderen Grenzen auf. So richtet sich ein Algorithmus sowohl nach der Art der Verarbeitungsaufgabe, die er erledigen soll, als auch nach der Hardware, mit der er ausgeführt wird. Er ist also eingeengt durch das, was Neuronen tun können.

Vielleicht helfen hier zwei Beispiele, die aus dem Studium des Sehens stammen. Die Rekonstruktion der dreidimensionalen visuellen Welt aus den zweidimensionalen Bildern, die die Welt auf die beiden Netzhäute wirft, ist eine Informationsverarbeitungsaufgabe. Die Folge von Operationen, die aus den zweidimensionalen Bildern nützliche Anhaltspunkte (etwa Schattierungen, Texturen und binokuläre Disparitäten) herauszieht, ist ein Algorithmus. Die neuronalen Netzwerke, die den Algorithmus ausführen, sind die Hardware. Vermutlich beginnen die Netzwerke in der Retina mit Neuronen, die empfindlich sind für Beleuchtungsmuster entlang bestimmter Linien im Gesichtsfeld, und setzen sich zuerst im Corpus geniculatum laterale und dann in der primären Sehrinde mit Neuronen fort, die aus visuellen Daten „Helligkeitskonturen" extrahieren. Ein weiteres Beispiel: Das Erkennen eines Gesichts ist eine Informationsverarbeitungsaufgabe. Die Repräsentation eines Gesichts in einer Form, die es von den veränderlichen Verhältnissen der Beleuchtung und des Blickwinkels befreit, so daß das Gesicht mit Gesichtern in der Erinnerung verglichen werden kann, erfordert einen Algorithmus. Wieder stellen neuronale Netzwerke die Hardware dar.

Die Neuroanatomie ist – neben Neurophysiologie und Neurochemie – natürlich die Untersuchung der Hardware: der dritten der Ebenen, auf denen das Gehirn verstanden werden muß. Aber da die Ebenen gekoppelt sind, klingen auf der Ebene der Anatomie die anderen Ebenen durch. Sie ist sicherlich die Ebene, auf der Verarbeitungsaufgaben und Algorithmen sich im Gehirn manifestieren müssen, und die Stufe, auf der das Verständnis getestet werden muß. Betrachten Sie daraufhin einen Block primärer Sehrinde unter einem Quadratmillimeter der Gehirnoberfläche. Wie viele Neuronen befinden sich in diesem Cortexblock? Die Antwort ist leicht zu finden. T. P. S. Powell und seine Mitarbeiter an der Oxford University haben gezeigt, daß die Anzahl der Neuronen in einem zylindrischen Volumen mit 30 Mikrometern Durchmesser, das sich senkrecht durch alle sechs Cortexschichten erstreckt, praktisch konstant 110 beträgt, in motorischem und somatosensorischem Cortex ebenso wie in frontalen, parietalen und temporalen Assoziationsfeldern, obwohl sich diese Bereiche in ihrem Aufbau und vermutlich auch in ihrer Funktion unterscheiden. (Menschlicher motorischer Cortex hat eine Dicke von ungefähr fünf Millimetern. Visueller Cortex ist weniger als halb so dick.) Ebenso überraschend ist die Konstanz dieser Anzahl im Gehirn der Maus, der Ratte, der Katze, des Affen und des Menschen. Es gibt allerdings eine Ausnahme. In der primären Sehrinde eines Primaten ist die Zahl mehr als doppelt so hoch, trotz der relativ geringen Dicke des neocorticalen Blattes im primären visuellen Feld. Dieser Verdopplung liegt sicherlich die außerordentliche Ballung von Sternzellen in Schicht 4 der primären Sehrinde zugrunde. In einem Block von visuellem Cortex mit einer Oberfläche von 25 mal 30 Mikrometern gibt es zwischen 260 und 270 Neuronen.

Die Anzahl von Neuronen in einem Block mit einer Oberfläche von einem Quadratmillimeter läßt sich leicht errechnen. Es sind mindestens 300 000.

Betrachten Sie Schicht 4 des Blockes. Die im Corpus geniculatum laterale entspringenden Afferenzen enden dort dicht beieinander, während ihre Kollateralen zu Schicht 1 und Schicht 6 ziehen. Schicht 4 ist daher von entscheidender Bedeutung. In der Sehrinde eines Primaten besteht sie aus drei Unterschichten, die Brodmann mit a, b und c bezeichnet hat. Untersuchen Sie die Unterschicht $4c$. Sie ist in zweierlei Hinsicht bemerkenswert. Erstens enthält sie keine Pyramidenzellen, sondern nur Sternzellen. Zweitens empfängt sie die thalamocorticalen Axone, die von X-Zellen im Corpus geniculatum laterale entsandt werden. Die X-Zellen adaptieren langsam: Die Aktivität, die sie als Reaktion auf einen visuellen Reiz erzeugen, ist meistens langlebig. (Die Y-Zellen des Corpus geniculatum laterale dagegen adaptieren schnell: Sie reagieren nur flüchtig auf ihre Reize.) Alles in allem ist die Unterschicht $4c$ ein ziemlich gut umschriebener Teilbereich der primären Sehrinde. Sie hat eine Dicke von ungefähr 140 Mikrometern. Die gesamte primäre Sehrinde ist mehr als zehnmal so dick. Aber nehmen wir an, daß die Unterschicht $4c$ etwa 15 Prozent aller Neuronen in der primären Sehrinde enthält – was eine vorsichtige Schätzung ist. Auf jeden Quadratmillimeter ihrer Ausdehnung kommen dann 40 000 Zellen.

Wie steht es mit ihrem Input? Die meisten Forscher gehen davon aus, daß die Zahl der Neuronen im Corpus geniculatum laterale nicht viel größer ist als die Zahl der Fasern des Sehnervs, die dort von den Augen her ankommen, nämlich eine Million. Nehmen wir an, daß alle Zellen im Corpus geniculatum laterale auf die Sehrinde projizieren; wir versuchen hier wieder vorsichtig zu sein. Und nehmen wir weiter an, daß die primäre Sehrinde eine Oberfläche von 1500 Quadratmillimetern hat. Eigenartigerweise ist das die unsicherste Zahl in dieser Folge von Berechnungen. Sie werden in der neuroanatomischen Literatur vergeblich nach einem Diagramm suchen, das den Neocortex als Fläche abbildet – ähnlich wie die runde Erde durch geometrische Verfahren zu einer zweidimensionalen Karte abgeflacht wird –, auf der man die Größe des primären visuellen Cortex abschätzen und mit der Größe anderer Felder vergleichen kann, so wie man etwa die Größe von Texas abschätzen und mit der Größe Frankreichs vergleichen würde. Wenn aber unter 1500 Quadratmillimetern neocorticaler Oberfläche eine Million Fasern ihre Verbindungen herstellen, dann kommen auf jeden Quadratmillimeter mit seinen 300 000 Zellen lediglich 700 Fasern. Selbst wenn alle diese Fasern in Unterschicht $4c$ enden – was nicht der Wirklichkeit entspricht, aber nehmen wir es einmal an –, kontrollieren sie immerhin 40 000 Zellen.

Wie stellen diese Fasern ihre Verbindungen her? Jede Faser ähnelt einem Rosenkranz mit seinen Perlen. Die Perlen sind synaptische Endknöpfchen. Wenn jede Faser tausend Endknöpfchen besitzt, dann hat jeder Quadratmillimeter der Unterschicht $4c$ 700 000 solche Endknöpfchen oder durchschnittlich 15 für jede seiner Sternzellen. Nun sind, so wie die Endknöpfchen Orte darstellen, an denen die Faser chemische Signale abgibt, die dendritischen Dornen die Orte, an denen ein Neuron solche Signale empfängt. Wie viele Dornen schmücken eine Sternzelle? Sagen wir 500; diese Zahl ist das Ergebnis einer Zählung von Edward White an der Boston University School of Medicine. Wie viele Dornen werden von jedem Endknöpfchen erreicht? Sagen wir vier. Die 15 Endknöpfchen, die jeder Zelle zugeteilt sind und die ihr visuelle sensorische Daten liefern, müssen also gewissermaßen die Aufmerksamkeit von 60 der insgesamt 500 dendritischen Dornen erregen. Das sind nur zwölf Prozent. Die Zelle erhält noch andere Inputs; diese dominieren sogar, wenn auch nur zahlenmäßig. Auf jeden Fall widersprechen diese Schätzungen deutlich den intuitiven Erwartungen. Man scheint die Komplexität des Gehirns fortwährend zu unterschätzen.

Eine letzte Berechnung steht noch aus. Betrachten Sie wieder die geschätzten 300 000 Neuronen unter jedem Quadratmillimeter Oberfläche der primären Sehrinde. Wie viele dieser Neuronen schicken ihre Axone, das heißt, ihren Output, über das primäre sensorische Feld hinaus? Zwei Drittel? Dann verlassen etwa 200 000 Fasern jeden Quadratmillimeter, während nur 700 mit visuellen Daten beladene Fasern eindringen. Das Output-Input-Verhältnis liegt damit weit über 200 : 1. Eine gewagte Schätzung wäre vielleicht 5 : 1 gewesen — wieder versagt die Intuition. Das Verhältnis erinnert daran, daß das Gehirn wirklich unvorstellbar komplex ist. Eine andere Zahl besagt Ähnliches. Erinnern Sie sich, daß sich sensorische Information von den primären sensorischen Feldern nach außen ausbreitet. Einige neocorticale Felder erhalten recht „reine" sensorische Daten, andere nicht. Einige Sequenzen sind linear, andere nicht. Dennoch summieren sich die aufeinanderfolgenden Umwandlungen der sensorischen Daten zu Erinnerungen, Worten, Verhaltensweisen, Gefühlen und Zukunftserwartungen. Die Umwandlungen erleichtern es dem Gehirn, sich in der Welt zurechtzufinden. Im Laufe dieser Transformationen addieren sich die zeitlichen Verzögerungen von Feld zu Feld im Neocortex zu Zehnteln einer Sekunde auf. Auf der Skala der neuronalen Aktivität ist das eine fast schon endlos lange Zeit; die Zeit, die eine beliebige einzelne synaptische Unterbrechung auf der Bahn eines gegebenen Signals beansprucht, kann dessen Weiterverarbeitung um nicht mehr als den hundertsten Teil dieses Intervalls verzögern. Was mag das Gehirn in einem Zeitraum von Zehntelsekunden alles leisten? Eine solche Frage gibt einen Eindruck von der Arbeit, die noch vor uns liegt.

Danksagung

Viele Leute haben zu diesem Buch beigetragen. Francis Crick war schon früh beteiligt: Am Salk Institute las er einen vorläufigen Entwurf von Teil II und gab detaillierte Kommentare; im Jahre 1979 lieferte dann seine Befragung der Forscher, die sich in Woods Hole, Massachusetts, zu einer Konferenz über die Großhirnrinde versammelt hatten, jene Schätzwerte, die der Folge von Berechnungen bezüglich der primären Sehrinde am Ende von Teil III zugrundeliegen. Unter den späteren Lesern von Entwürfen des Buches waren Floyd E. Bloom, jetzt an der Scripps Clinic in La Jolla, Kalifornien, und Sanford L. Palay von der Harvard Medical School besonders sorgfältig und hilfreich. Sie machten uns außerdem bestimmte Aspekte der Neurowissenschaften klar. Wie sie unterstützten uns auch andere mit ihrem Wissen und ihrer Erfahrung: A. J. Hudspeth von der School of Medicine der University of California in San Francisco, Rodolfo R. Llinás von der New York University School of Medicine, Bryce L. Munger vom Hershey Medical Center der Pennsylvania State University, Pasko Rakic von der Yale University School of Medicine, James L. Roberts vom College of Physicians and Surgeons der Columbia University, Gordon M. Shepherd von der Yale University School of Medicine und Richard J. Wurtman vom Massachusetts Institute of Technology. Die Abbildungen stammen von mehreren dieser Forscher und von vielen anderen: David Barry von Bolt, Beranek & Newman, Milton W. Brightman von den National Institutes of Health, John E. Dowling von der Harvard University, Charles R. Gerfen von den National Institutes of Mental Health, Charles Gilbert von der Rockefeller University, Patricia Goldman-Rakic von der Yale University School of Medicine, P. P. C. Graziadei von der Florida State University in Tallahassee, Miles Herkenham von den National Institutes of Mental Health, David H. Hubel von der Harvard Medical School, Robert S. Kimura vom Massachusetts Eye and Ear Infirmary, Simon LeVay, der jetzt am Salk Institute ist, M. M. Mesulam von der Harvard Medical School, Haring J. W. Nauta, der heute an der University of Texas Medical Branch in Galveston arbeitet, Peter Paskevich von den Mailman Research Laboratories des McLean Hospital in Belmont, Massachusetts, Max Pavans de Ceccatty von der Université Claude Bernard in Lyon, Cedric S. Raine vom Albert Einstein College of Medicine der Yeshiva University, Arnold B. Scheibel von der School of Medicine der University of California in Los Angeles, Peter S. Spencer vom Albert Einstein College of Medicine, Robert E. Waterman von der University of New Mexico School of Medicine und Josiah N. Wilcox vom College of Physicians and Surgeons der Columbia University. Die Zeichnungen stammen von drei Künstlern. Carol Donner ist für die anatomischen Illustrationen im gesamten Buch verantwortlich; Gabor Kiss erstellte die schematischen Zeichnungen der Verschaltung des Gehirns im Teil II; einige Zeichnungen (darunter die

Darstellungen von Neurotransmittermolekülen in den Abbildungen 2.8, 2.9 und 2.10) stammen von Edward Bell. Dutzende von Photographien sind ohne Quelle aufgeführt. Sie stammen vom M.I.T. Dort erstellte Diane Major die histologischen Präparate; Henry Hall photographierte sie. Die Weigertgefärbten Hirnstammquerschnitte in den Kapiteln 11 und 12 waren ihre schwersten Aufgaben. Friedrich von Klützow vom Veterans' Administration Hospital in Wichita stellte außerordentlich gut fixiertes menschliches Gehirngewebe zur Verfügung. Zwei Illustrationen (die Nissl-gefärbten motorischen Neuronen der Abbildung 2.2 und die Astrocyten in Abbildung 2.13) stellten besondere histologische Anforderungen; für sie brachte Neil W. Kowall vom Massachusetts General Hospital menschliches Gehirngewebe bei. Am M.I.T. betreute Ann M. Graybiel die photographische Seite der Bemühungen. Ebenfalls am M.I.T. ebnete Rigmor C. Clark unseren Weg auf vielfältige Weise. Die Frontalschnitte, die in Kapitel 14 in Farbe wiedergegeben sind, wurden aus einer einzigartigen Sammlung menschlicher Gehirnschnitte ausgewählt, die der verstorbene Paul I. Yakovlev der Harvard Medical School geschenkt hat. Die in den Abbildungen 1.4, 2.1 und 16.1 erscheinenden Golgi-Präparate wurden aus einer Serie von Golgi- und Nisslgefärbten Katzenhirnschnitten ausgewählt, die uns Enrique Ramón-Moliner von der University of Sherbrooke gab. Im Verlag W. H. Freeman entwarf Michael Suh das Layout des Buches und übernahm in heroischer Weise den Umbruch all seiner Seiten selbst. Perry Bassas steuerte die Seiten durch die Schwierigkeiten der Produktion. Ein ganzes Aufgebot von Sekretärinnen bewältigte die verschiedenen aufeinanderfolgenden Textversionen. Gertrude Swope tippte den letzten Entwurf — und auch den, der darauf folgte.

Literatur

Auswahl weiterführender Bücher

Angevine, J. B. jr.; Cotman, C. *Principles of Neuroanatomy*. Oxford (Oxford University Press) 1981.

Brodal, A. *Neurological Anatomy in Relation to Clinical Medicine*. 3. Aufl. Oxford (Oxford University Press) 1981.

Carpenter, M. B.; Sutin, J. *Human Neuroanatomy*. 8. Aufl. Baltimore (Williams & Wilkins) 1983.

Cooke, I.; Lipkin, M. jr. (Hrsg.) *Cellular Neurophysiology: A Source Book*. London (Holt, Rinehart and Winston) 1972.

Cooper, J. R.; Bloom, F. E.; Roth, R. H. *The Biochemical Basis of Neuropharmacology*. 5. Aufl. Oxford (Oxford University Press) 1987.

DeArmond, S. J. *Structure of the Human Brain: A Photographic Atlas*. 3. Aufl. Oxford (Oxford University Press) 1976.

Heimer, L. *The Human Brain and Spinal Cord*. Berlin/Heidelberg/New York (Springer) 1983.

Herrick, C. J. *Neurological Foundations of Animal Behavior*. New York (Holt) 1924.

Kandel, E. R. *Cellular Basis of Behavior: An Introduction to Behavioral Neurobiology*. New York (Freeman) 1976.

Kandel, E. R.; Schwartz, J. H. (Hrsg.) *Principles of Neural Science*. 2. Aufl. Amsterdam/New York (Elsevier) 1985.

Katz, B. *Nerve, Muscle and Synapse*. New York (McGraw-Hill) 1966. In deutscher Übersetzung erschienen unter dem Titel: *Nerv, Muskel und Synapse*. 5. Aufl. Stuttgart (Thieme) 1987.

Kuffler, S. W.; Nicholls, J. G. *From Neuron to Brain: A Cellular Approach to the Function of the Nervous System*. 2. Aufl. Sunderland (Sinauer) 1984.

Mountcastle, V. B. (Hrsg.) *Medical Physiology*. 2 Bde. 14. Aufl. St. Louis (Mosby) 1980.

Netter, F. H. *Nervous System. Part I. Anatomy and Physiology*. (The CIBA Collection of Medical Illustrations. Bd. I.) West Caldwell, New Jersey (CIBA Pharmaceutical Co.) 1983.

Nieuwenhuys, R.; Voogt, J.; Huijzen, C. van. *The Human Nervous System. A Synopsis and Atlas*. 3. Aufl. Berlin/Heidelberg/New York (Springer) 1987. In deutscher Übersetzung erschienen unter dem Titel: *Das Zentralnervensystem des Menschen*. 2. Aufl. Berlin/Heidelberg/New York (Springer) 1990.

Peters, A.; Palay, S. L.; Webster, H. de F. *The Fine Structure of the Nervous System*. London/Philadelphia (Saunders) 1976.

Shepherd, G. M. *The Synaptic Organization of the Brain*. 2. Aufl. Oxford (Oxford University Press) 1979.

Shepherd, G. M. *Neurobiology*. 2. Aufl. Oxford (Oxford University Press) 1988.

Siegel, G. J.; Albers, R. W. *Basic Neurochemistry*. 3. Aufl. Boston (Little, Brown and Co.) 1981.

Stedman's Medical Dictionary. 23. oder 24. Aufl. Baltimore (Williams & Wilkins) 1976 oder 1981.

Warwick, R.; Williams, P. L. *Neurology*. In: *Gray's Anatomy*. 35. britische Aufl. London (Saunders) 1973. Außerdem 1975 bei Saunders, Philadelphia, veröffentlicht unter dem Titel *Functional Neuroanatomy of Man*.

Weiner, H. L. *Neurology for the House Officer*. 2. Aufl. Baltimore (Williams & Wilkins) 1978.

Worden, F. G.; Swazey, J. P.; Adelman, G. (Hrsg.) *The Neurosciences: Paths of Discovery*. Cambridge, USA (M.I.T. Press) 1975.

Einzel- und Übersichtsarbeiten

Nervensysteme bei Wirbellosen

Bullock, T. H.; Horridge, G. A. *Structure and Function in the Nervous System of Invertebrates*. 2 Bde. New York (Freeman) 1965.

Pantin, C. F. A. *The Elementary Nervous System*. In: *Proceedings of the Royal Society of London, Series B*, 140 (1952) S. 147–168.

Parker, G. H. *The Elementary Nervous System*. Philadelphia (Lippincott) 1919.

Pavans de Ceccatty, M. *The Origin of the Integrative Systems: A Change in View Derived from Research on Coelenterates and Sponges*. In: *Perspectives in Biology and Medicine* (Frühjahr 1974) S. 379–390.

Pavans de Ceccatty, M. *Coordination in Sponges: The Foundations of Integration*. In: *American Zoologist* 14 (1974) S. 895–903.

Young, J. Z. *A Model of the Brain*. Oxford (Oxford University Press) 1964.

Embryologie

Cowan, W. M. *Die Entwicklung des Gehirns*. In: *Spektrum der Wissenschaft* 11 (1979) S. 82–92. Auch veröffentlicht in *Gehirn und Nervensystem*. Heidelberg (Spektrum der Wissenschaft) 1980.

Hamilton, N. J.; Mossman, H. W. *Human Embryology*. 4. Aufl. Baltimore (Williams & Wilkins) 1972.

Hughes, A. F. W. *Aspects of Neural Ontogeny*. London/New York (Academic Press) 1968.

Jacobson, M. *Developmental Neurobiology*. 2. Aufl. New York (Plenum Publishing) 1978.

Rakic, P. *Neuronal Migration and Contact Guidance in the Primate Telencephalon*. In: *Postgraduate Medical Journal* 54 (1979) S. 25–40.

Rakic, P. *Genesis of Visual Connections in the Rhesus Monkey*. In: Freeman, R. D. (Hrsg.) *Developmental Neurobiology of Vision*. New York (Plenum Publishing) 1979.

Rakic, P.; Riley, K. P. *Overproduction and Elimination of Retinal Axons in the Fetal Rhesus Monkey*. In: *Science* 219 (1983) S. 1441–1444.

Schmechel, D. E.; Rakic, P. *A Golgi Study of Radial Glial Cells in Developing Monkey Telencephalon: Morphogenesis and Transformation into Astrocytes*. In: *Anatomy and Embryology* 156 (1979) S. 115–152.

Sidman, R. L.; Rakic, P. *Development of the Human Central Nervous System*. In: Haymaker, W.; Adams, R. D. (Hrsg.) *Histology and Histopathology of the Nervous System*. Springfield (Thomas) 1982.

Physiologie

Brightman, M. W.; Reese, T. S. *Junctions between Intimately Apposed Cell Membranes in the Vertebrate Brain*. In: *Journal of Cell Biology* 40 (1969) S. 648–677.

Eccles, J. C. *The Physiology of Synapses*. London/New York (Academic Press) 1964.

Hodgkin, A. L.; Huxley, A. F. *A Quantitative Description of Membrane Current and Its Application to Conduction and Excitation in Nerve*. In: *Journal of Physiology* 117 (1952) S. 500–544.

Llinás, R. R. *Comparative Electrobiology of Mammalian Central Neurons*. In: Dingledine, R. (Hrsg.) *Brain Slices*. New York (Plenum Publishing) 1984.

Shepherd, G. M. *The Neuron Doctrine: A Revision of Functional Concepts*. In: *Yale Journal of Biology and Medicine* 45 (1972) S. 584–599.

Shepherd, G. M. *Microcircuits in the Nervous System*. In: *Scientific American* 238 (1978) S. 92–103.

Shepherd, G. M. *The Nerve Impulse and the Nature of Nervous Function*. In: Roberts, A.; Bush, B. M. H. (Hrsg.) *Neurons Without Impulses*. (Society for Experimental Biology Seminar Series, Bd. 6.) Cambridge (Cambridge University Press) 1981.

Sherrington, C. S. *The Integrative Action of the Nervous System*. London/New Haven (Yale University Press) 1906.

Stevens, C. F. *Die Nervenzelle*. In: *Spektrum der Wissenschaft* 11 (1979) S. 46–56. Auch veröffentlicht in: *Gehirn und Nervensystem*. Heidelberg (Spektrum der Wissenschaft) 1980.

Neurochemie und anatomische Techniken

Bloom, F. E. *Neuropeptide – Botenstoffe in Gehirn und Körper*. In: *Spektrum der Wissenschaft* 12 (1981) S. 72–83.

Dahlström, A.; Fuxe, K. *Evidence for the Existence of Monoamine-Containing Neurons in the Central Nervous System*. In: *Acta Physiologica Scandinavica*. Suppl. 232 (1964) S. 1–55.

Dale, H. *Pharmacology and Nerve Endings*. In: *Proceedings of the Royal Society of Medicine* 28 (1935) S. 319–332.

Gee, C. E.; Roberts, J. L. *In Situ Hybridization Histochemistry: A Technique for the Study of Gene Expression in Single Cells*. In: *DNA* 2 (1983) S. 157–163.

Gerfen, C. R.; Sawchenko, P. E. *An Anterograde Neuroanatomical Tracing Method That Shows the Detailed Morphology of Neurons, Their Axons and Terminals: Immunohistochemical Localization of an Axonally Transported Plant Lectin, Phaseolus vulgaris Leucoagglutinin (PHA-L)*. In: *Brain Research* 290 (1984) S. 219–238.

Herkenham, M.; Pert, C. B. *Light Microscopic Localization of Brain Opiate Receptors: A General Autoradiographic Method Which Preserves Tissue Quality*. In: *Journal of Neuroscience* 2 (1982) S. 1129–1149.

Hökfelt, T.; Johansson, O.; Goldstein, M. *Chemical Anatomy of the Brain*. In: *Science* 225 (1984) S. 1326–1334.

Iversen, L. L. *Die Chemie der Signalübertragung im Gehirn*. In: *Spektrum der Wissenschaft* 11 (1979) S. 94–105. Auch veröffentlicht in *Gehirn und Nervensystem*. Heidelberg (Spektrum der Wissenschaft) 1980.

Kreutzberg, G. W. *100 Years of Nissl Staining*. In: *Trends in Neurosciences* 7 (1984) S. 236f.

Lindvall, O.; Björklund, A. *Dopamine and Noradrenaline-Containing Neuron Systems: A Review of Their Anatomy in the Rat Brain*. In: Emson, P. C. (Hrsg.) *Chemical Neuroanatomy*. New York (Raven Press) 1983.

Mesulam, M. M.; Mufson, E. J.; Levey, A. I.; Wainer, B. H. *Atlas of Cholinergic Neurons in the Forebrain and Upper Brainstem of the Macaque Based on Monoclonal Choline Acetyltransferase Immunohistochemistry and Acetylcholinesterase Histochemistry*. In: *Neuroscience* 12 (1984) S. 669–686.

Roberts, J. L.; Chen, C.-L. C.; Dionne, F. T.; Gee, C. E. *Peptide Hormone Gene Expression in Heterogeneous Tissues*. In: *Trends in Neurosciences* 5 (1982) S. 314–317.

Roberts, J. L.; Seeburg, P. H.; Shine, J.; Herbert, E.; Baxter, J. D.; Goodman, H. M. *Corticotropin and Beta-Endorphin: Construction and Analysis of Recombinant DNA Complementary to mRNA for the Common Precursor*. In: *Proceedings of the National Academy of Sciences* 76 (1979) S. 2153–2157.

Rothman, R. B.; Herkenham, M.; Pert, C. B.; Liang, T.; Cascieri, M. A. *Visualization of Rat Brain Receptors for the Neuropeptide Substance P*. In: *Brain Research* 309 (1984) S. 47–54.

Schwartz. J. H. *Stofftransport in Nervenzellen*. In: *Spektrum der Wissenschaft* 6 (1980) S. 64–74. Auch veröffentlicht in *Gehirn und Nervensystem*. Heidelberg (Spektrum der Wissenschaft) 1980.

Snyder, S. H. *Brain Peptides as Neurotransmitters*. In: *Science* 209 (1980) S. 976–983.

Steinbusch. H. W. M. *Distribution of Serotonin Immunoreactivity in the Central Nervous System of the Rat – Cell Bodies and Terminals*. In: *Neuroscience* 6 (1981) S. 557–618.

Sutcliffe, J. G.; Milner, R. J.; Gottesfeld, J. M.; Reynolds, W. *Control of Neuronal Gene Expression*. In: *Science* 225 (1984) S. 1308–1315.

Nervengewebe und neuronale Organisation

Morell, P. *Myelin*. 2. Aufl. New York (Plenum Press) 1984.

Morell, P.; Norton, W. T. *Myelin*. In: *Spektrum der Wissenschaft* 7 (1980) S. 12–22. Auch veröffentlicht in *Gehirn und Nervensystem*. Heidelberg (Spektrum der Wissenschaft) 1980.

Nauta, W. J. H.; Karten, H. J. *A General Profile of the Vertebrate Brain, with Sidelights on the Ancestry of Cerebral Cortex*. In: Schmitt, F. O. (Hrsg.) *The Neurosciences. Second Study Program*. New York (Rockefeller University Press) 1970.

Rakic, P. (Hrsg.) *Local Circuit Neurons*. In: *Neurosciences Research Program Bulletin* 13 (1975) S. 291–446.

Ramón y Cajal, S. *Histologie du Système Nerveux de l'Homme et des Vertébrés*. 2 Bde. Paris (Maloine) 1909, 1911. Nachdruck 1952 durch das Instituto Ramón y Cajal in Madrid.

Sensorische Mechanismen

Boycott, B. B.; Dowling, J. E. *Organization of the Primate Retina: Light Microscopy*. In: *Philosophical Transactions B* 255 (1969) S. 109–184.

Dowling, J. E. *Information Processing by Local Circuits: The Vertebrate Retina as a Model System*. In: Schmitt, F. O.; Worden, F. G. (Hrsg.) *The Neurosciences. Fourth Study Program*. Cambridge, USA (M.I.T. Press) 1979.

Goldstein, M. H. *The Auditory Periphery*. In: Mountcastle, V. B. (Hrsg.) *Medical Physiology*. 14. Aufl. St. Louis (Mosby) 1980.

Graziadei, P. P. C. *The Olfactory Mucosa in Vertebrates*. In: Beidler, K. (Hrsg.) *Handbook of Sensory Physiology*. Bd. 5: *Chemical Senses*. Sektion 1: *Olfaction*. Berlin/Heidelberg/New York (Springer) 1971.

Hudspeth, A. J.; Corey, D. P. *Sensitivity, Polarity, and Conductance Change in the Response of Vertebrate Hair Cells to Controlled Mechanical Stimuli*. In: *Proceedings of the National Academy of Sciences* 74 (1977) S. 2407–2411.

Maturana, H. R.; Lettvin, J. Y.; McCulloch, W. S.; Pitts, W. H. *Anatomy and Physiology of Vision in the Frog (Rana pipiens)*. In: *Journal of General Physiology* 43 (1960) S. 129–175.

Mountcastle, V. B. *Central Neural Mechanisms in Hearing.* In: Mountcastle, V. B. (Hrsg.) *Medical Physiology.* 14. Aufl. St. Louis (Mosby) 1980.

Mountcastle, V. B. *Neural Mechanisms in Somesthesia.* In: Mountcastle, V. B. (Hrsg.) *Medical Physiology.* 14. Aufl. St. Louis (Mosby) 1980.

Munger, B. L. *Neural-Epithelial Interactions in Sensory Receptors.* In: *The Journal of Investigative Dermatology* 69 (1983) S. 27–40.

Munger, B. L. *The Sensory Innervation of Primate Facial Skin. I. Hairy Skin.* In: *Brain Research Reviews* 5 (1983) S. 45–80. *II. Vermillion Border and Mucosa of Lip.* In: *Brain Research Reviews* 5 (1983) S. 81–107.

Norgren, R. *Taste Pathways to Hypothalamus and Amygdala.* In: *Journal of Comparative Neurology* 166 (1976) S. 17–30.

Norgren, R.; Leonard, C. *Ascending Central Gustatory Pathways.* In: *Journal of Comparative Neurology* 150 (1973) S. 217–237.

Polyak, S. *The Retina.* Chicago (University of Chicago Press) 1941.

Rasmussen, G. L.; Windle, W. F. (Hrsg.) *Neural Mechanisms of the Auditory and Vestibular Systems.* Springfield (Thomas) 1960.

Spencer, P. S.; Schaumberg, H. H. *An Ultrastructural Study of the Inner Core of the Pacinian Corpuscle.* In: *Journal of Neurocytology* 2 (1973) S. 217–235.

Das somatosensorische System

Evarts, E. V. *Die Steuerung von Bewegungen durch das Gehirn.* In: *Spektrum der Wissenschaft* 11 (1979) S. 118–124. Auch veröffentlicht in *Gehirn und Nervensystem.* Heidelberg (Spektrum der Wissenschaft) 1980.

Evered, D.; O'Connor, M. *Functions of the Basal Ganglia.* (CIBA Foundation Symposium 107.) London (Pitman) 1984.

Graybiel, A. M. *Organization of Oculomotor Pathways in the Cat and Rhesus Monkey.* In: Baker, R.; Berthoz, A. (Hrsg.) *Control of Gaze by Brainstem Neurons* (Developments in Neurosciences, Bd. 1). Amsterdam/New York (Elsevier North Holland Biomedical Press) 1978.

Haber, S.; Groenewegen, H. J.; Grove, E. A.; Nauta, W. J. H. *Efferent Connections of the Ventral Pallidum: Evidence of a Dual Striatopallidofugal Pathway.* In: *Journal of Comparative Neurology* 235 (1985) S. 322–335.

Henneman, E. *Motor Functions of the Cerebral Cortex.* In: Mountcastle, V. B. (Hrsg.) *Medical Physiology.* 14. Aufl. St. Louis (Mosby) 1980.

Henneman, E. *Motor Functions of the Brainstem and Basal Ganglia.* In: Mountcastle, V. B. (Hrsg.) *Medical Physiology.* 14. Aufl. St. Louis (Mosby) 1980.

Kuypers, H. G. J. M. *Anatomy of the Descending Pathways.* In: *Handbook of Physiology.* Sektion 1: *The Nervous System.* Bd. 2: *The Motor System.* Teil 2. Bethesda (American Physiological Society) 1981.

Lundberg, A. *Control of Spinal Mechanisms from the Brain.* In: Tower, D. B. (Hrsg.) *The Nervous System.* Bd. 1: *The Basic Neurosciences.* New York (Raven Press) 1975.

Székely, G. *Functional Specifity of Spinal Cord Segments in the Control of Limb Movements.* In: *Journal of Embryology and Experimental Morphology* 11 (1963) S. 431–444.

Székely, G. *Development of Limb Movements: Embryological, Physiological and Model Studies.* In: Wolstenholme, G. E. W.; O'Connor, M. (Hrsg.) *Growth of the Nervous System.* London (Churchill Livingstone) 1968.

Das somatoviscerale System und das limbische System

Anderson, P. *Organization of Hippocampal Neurons and Their Interconnections.* In: Isaacson, R. L.; Pribram, K. H. (Hrsg.) *The Hippocampus.* Bd. 1: *Structure and Development.* New York (Plenum Publishing) 1975.

Bard, P. *A Diencephalic Mechanism for the Expression of Rage, with Special Reference to the Sympathetic Nervous System.* In: *American Journal of Physiology* 84 (1928) S. 490–515.

Ben-Ari, Y. (Hrsg.) *The Amygdaloid Complex.* Amsterdam/New York (Elsevier North Holland Biomedical Press) 1981.

Cannon, W. B. *Bodily Changes in Pain, Hunger, Fear, and Rage.* (Appleton & Co.) 1929.

Gloor, P. *Temporal Lobe Epilepsy: Its Possible Contribution to the Understanding of the Functional Significance of the Amygdala and of Its Interaction with Neocortical-Temporal Mechanisms.* In: Eleftheriou, B. E. (Hrsg.) *The Neurobiology of the Amygdala.* New York (Plenum Publishing) 1972.

Isaacson, R. L. *The Limbic System.* 2. Aufl. New York (Plenum Publishing) 1982.

Milner, B. *Amnesia Following Operation on the Temporal Lobes.* In: Whitty, C. W. M.; Zangwill, G. L. (Hrsg.) *Amnesia.* London (Butterworth) 1966.

Milner, B. *Disorders of Learning and Memory after Temporal Lobe Lesions in Man.* In: *Clinical Neurosurgery* 19 (1972) S. 421–446.

Nauta, W. J. H.; Domesick, V. B. *Ramifications of the Limbic System.* In: Matthysse, S. (Hrsg.) *Psychiatry and the Biology of the Human Brain.* Amsterdam/New York (Elsevier North Holland Biomedical Press) 1981.

Nauta, W. J. H.; Haymaker, W. *Hypothalamic Nuclei and Fiber Connections.* In: Haymaker, W.; Anderson, E.; Nauta, W. J. H. (Hrsg.) *The Hypothalamus.* Springfield (Thomas) 1969.

Olds, J. *Mapping the Mind onto the Brain.* In: Worden, F. G.; Swazey, J. P.; Adelman, G. (Hrsg.) *The Neurosciences: Paths of Discovery.* Cambridge, USA (M.I.T. Press) 1975.

Papez, J. W. *A Proposed Mechanism of Emotion.* In: *American Medical Association Archives of Neurology and Psychiatry* 38 (1937) S. 725–743.

Ricardo, J. A.; Koh, E. T. *Anatomical Evidence of Direct Projections from the Nucleus of the Solitary Tract to the Hypothalamus, Amygdala, and Other Forebrain Structures in the Rat.* In: *Brain Research* 153 (1978) S. 1–26.

Saper, C. B.; Loewy, A. D.; Swanson, L. W.; Cowan, W. M. *Direct Hypothalamo-Autonomic Connections.* In: *Brain Research* 177 (1976) S. 305–312.

Scharrer, E.; Scharrer, B. *Secretory Cells within the Hypothalamus.* In: *Research Publications, Association for Research in Nervous and Mental Disease* 20 (1940) S. 170–194.

Swanson, L. W. *The Hippocampus.* In: *Trends in Neurosciences* 2 (1975) S. 9–12.

Willoughby, J.; Martin, J. *The Role of the Limbic System in Neuroendocrine Regulation.* In: Livingstone, K.; Hornykiewicz, O. (Hrsg.) *Limbic Mechanisms: The Continuing Evolution of the Limbic System Concept.* New York (Plenum Publishing) 1978.

Rückenmark

Brown, A. G. *Organization in the Spinal Cord: The Anatomy and Physiology of Identified Neurons.* Berlin/Heidelberg/New York (Springer) 1981.

Fields, H. L.; Basbaum, A. J. *Brainstem Control of Spinal Pain-Transmission Neurons.* In: *Annual Review of Physiology* 40 (1978) S. 217–248.

Henneman, E. *Organization of the Spinal Cord and Its Reflexes.* In: Mountcastle, V. B. (Hrsg.) *Medical Physiology.* 14. Aufl. St. Louis (Mosby) 1980.

Mountcastle, V. B. *Central Nervous Mechanisms in Sensation.* In: Mountcastle, V. B. (Hrsg.) *Medical Physiology.* 14. Aufl. St. Louis (Mosby) 1980.

Perl, E. R. *Myelinated Afferent Fibers Innervating the Primate Skin and Their Response to Noxious Stimuli.* In: *Journal of Physiology* 197 (1968) S. 593–615.

Rexed, B. *The Cytoarchitectonic Organization of the Spinal Cord in the Cat.* In: *Journal of Comparative Neurology* 96 (1952) S. 415–495.

Rexed, B. *The Cytoarchitectonic Atlas of the Spinal Cord in the Cat.* In: *Journal of Comparative Neurology* 100 (1954) S. 297–379.

Wall, P. D. *The Substantia Gelatinosa, a Gate Control Mechanism Set across a Sensory Pathway.* In: *Trends in Neurosciences* 3 (1980) S. 221–224.

Willis, W. D.; Coggeshall, R. E. *Sensory Mechanisms of the Spinal Cord.* New York (Plenum Publishing) 1978.

Hirnstamm

Brodal, A. *The Reticular Formation of the Brainstem: Anatomical Aspects and Functional Correlations.* Edinburgh (Oliver and Boyd) 1957.

Brodal, A. *The Cranial Nerves: Anatomy and Anatomic-Clinical Correlations.* 2. Aufl. Oxford (Blackwell) 1965.

Moruzzi, G.; Magoun, H. W. *Brainstem Reticular Formation and Activation of the EEG.* In: *Clinical Neurophysiology* 1 (1949) S. 455–473.

Nauta, W. J. H.; Kuypers, H. G. J. M. *Some Ascending Pathways in Brainstem Reticular Formation.* In: Jasper, H. H. et al. (Hrsg.) *Reticular Formation of the Brain.* Boston (Little, Brown and Co.) 1958.

Scheibel, M. E.; Scheibel, A. B. *Structural Substrates for Integrative Patterns in the Brainstem Reticular Core.* In: Jasper, H. H. et al. (Hrsg.) *Reticular Formation of the Brain.* Boston (Little, Brown and Co.) 1958.

Kleinhirn

Gilman, S.; Bloedel, J. R.; Lechtenberg, R. *Disorders of the Cerebellum.* Philadelphia (Davis) 1981.

Llinás, R. R. *The Cortex of the Cerebellum.* In: *Scientific American* 232 (1975) S. 56–71.

Llinás, R. R. *Electrophysiology of the Cerebellar Networks.* In: *Handbook of Physiology.* Sektion 1: *The Nervous System.* Bd. 2: *The Motor System.* Teil 2. Bethesda (American Physiological Society) 1981.

Palay, S. L.; Chan-Palay, V. *Cerebellar Cortex: Cytology and Organization.* Berlin/Heidelberg/New York (Springer) 1973.

Palay, S. L.; Chan-Palay, V. (Hrsg.) *The Cerebellum: New Vistas.* (Experimental Brain Research, Suppl. Nr. 6.) Berlin/Heidelberg/New York (Springer) 1982.

Neocortex

Bizzi, E.; Schiller P. H. *Single-Unit Activity in the Frontal Eye Fields of Unanaesthetized Monkeys during Eye und Head Movements.* In: *Experimental Brain Research* 10 (1970) S. 151–158.

Geschwind, N. *The Apraxias.* In: Straus, E. W.; Griffith, R. M. (Hrsg.) *Phenomenology of Will and Action.* Pittsburgh (Duquesne University Press) 1967.

Geschwind, N. *Problems in the Anatomical Understanding of the Aphasias.* In: Benton, A. L. (Hrsg.) *Contributions to Clinical Neuropsychology.* New York (Aldine) 1969.

Geschwind, N. *The Organization of Language and the Brain.* In: *Selected Papers on Language and the Brain.* Dordrecht (Reidel) 1974.

Graybiel, A. M. *Some Ascending Connections of the Pulvinar and Nucleus Lateralis Posterior of the Thalamus in the Cat.* In: *Brain Research* 44 (1972) S. 99–125.

Hécaen, H.; Albert, M. L. *Human Neuropsychology.* Chichester/New York (Wiley) 1978.

Hubel, D. H.; Wiesel, T. N. *Receptive Fields and Functional Architecture of Monkey Striate Cortex.* In: *Journal of Physiology* 195 (1968) S. 215–244.

Hubel, D. H.; Wiesel, T. N. *Ferrier Lecture: Functional Architecture of Macaque Monkey Visual Cortex.* In: *Proceedings of the Royal Society of London, Series B* 198 (1977) S. 1–59.

Hubel, D. H.; Wiesel, T. N. *Die Verarbeitung visueller Informationen.* In: *Spektrum der Wissenschaft* 11 (1979) S. 106–117. Auch veröffentlicht in *Gehirn und Nervensystem.* Heidelberg (Spektrum der Wissenschaft) 1980.

Hubel, D. H.; Wiesel, T. N.; Stryker, M. P. *Anatomical Demonstration of Orientation Columns in Macaque Monkey.* In: *Journal of Comparative Neurology* 177 (1979) S. 361–379.

Jones, E. G.; Powell, T. P. S. *Connexions of the Somatic Sensory Cortex of the Rhesus Monkey. I. Ipsilateral Cortical Connexions.* In: *Brain* 92 (1969) S. 477–502.

Jones, E. G.; Powell, T. P. S. *An Anatomical Study of Converging Sensory Pathways within the Cerebral Cortex of the Monkey.* In: *Brain* 93 (1970) S. 793–820.

Klüver, H. *Psychic Blindness and Other Symptoms Following Bilateral Temporal Lobectomy in Rhesus Monkeys.* In: *American Journal of Physiology* 119 (1937) S. 352 f.

Klüver, H. *Visual Functions after Removal of the Occipital Lobes.* In: *Journal of Psychology* 11 (1941) S. 23–45.

LeVay, S.; Connolly, M.; Houde, J.; Van Essen, D. C. *The Complete Pattern of Ocular Dominance Stripes in the Striate Cortex and Visual Field of the Macaque Monkey.* In: *Journal of Neuroscience* 5 (1985) S. 486–501.

Lorente de Nó, R. *Cerebral Cortex: Architecture, Intracortical Connections, Motor Projections.* In: Fulton, J. F. *Physiology of the Nervous System.* 2. Aufl. Oxford (Oxford University Press) 1943.

Luria, A. R. *Higher Cortical Functions in Man.* New York (Plenum Publishing) 1966.

Luria, A. R. *Man with a Shattered World: A History of a Brain Wound.* New York (Basic Books) 1972.

Mountcastle, V. B. *Modality and Topographic Properties of Single Neurons of Cat's Somatic Sensory Cortex.* In: *Journal of Neurophysiology* 20 (1957) S. 408–434.

Mountcastle, V. B.; Lynch, J. C.; Georgopoulos, A.; Sakata, H.; Acuna, A. *Posterior Parietal Association Cortex of the Monkey: Command Functions for Operations within Extrapersonal Space.* In: *Journal of Neurophysiology* 38 (1975) S. 871–908.

Nauta, W. J. H. *The Problem of the Frontal Lobe: A Reinterpretation.* In: *Journal of Psychiatric Research* 8 (1971) S. 167–187.

Pandya, D. N.; Kuypers, H. G. J. M. *Corticocortical Connections in the Rhesus Monkey.* In: *Brain Research* 13 (1969) S. 13–36.

Szentágothai, J. *Synaptology of the Visual Cortex.* In: Jung, R. (Hrsg.) *Central Processing of Visual Information. Handbook of Sensory Physiology,* Bd. VII/3B. Berlin/Heidelberg/New York (Springer) 1973.

Teuber, H. L. *Alterations of Perception after Brain Injury.* In: Eccles, J. C. (Hrsg.) *Brain and Conscious Experience.* Berlin/Heidelberg/New York (Springer) 1966.

Wiesel, T. N.; Hubel, D. H.; Lam, D. M. K. *Autoradiographic Demonstration of Ocular-Dominance Columns in the Monkey Striate Cortex by Means of Transneuronal Transport.* In: *Brain Research* 79 (1974) S. 273–279.

Zurif, E. B.; Blumstein, S. E. *Language and the Brain.* In: Halle, M.; Bresnan, J.; Miller, G. A. (Hrsg.) *Linguistic Theory and Psychological Reality.* Cambridge, USA (M.I.T. Press) 1978.

Ausblick

Crick, F. H. C. *Gedanken über das Gehirn.* In: *Spektrum der Wissenschaft* 11 (1979) S. 146–150. Auch veröffentlicht in: Singer, W. (Hrsg.) *Gehirn und Kognition.* Heidelberg (Spektrum der Wissenschaft) 1990.

Marr, D. *Vision.* New York (Freeman) 1982.

Marr, D.; Poggio, T. *From Understanding Computation to Understanding Neural Circuitry.* In: *Neurosciences Research Program Bulletin* 15 (1977) S. 470–488.

Marr, D.; Poggio, T. *A Computational Theory of Human Stereo Vision.* In: *Proceedings of the Royal Society of London, Series B* 204 (1979) S. 301–328.

McCulloch, W. S. *Embodiments of Mind.* Cambridge, USA (M.I.T. Press) 1965.

Poggio, T. *Wie Computer und Menschen sehen.* In: *Spektrum der Wissenschaft* 6 (1984) S. 114–125. Auch veröffentlicht in: Ritter, M. (Hrsg.) *Wahrnehmung und visuelles System.* Heidelberg (Spektrum der Wissenschaft) 1986.

Ramón y Cajal, S. *The Structure and Connexions of Neurons.* In: *Nobel Lectures: Physiology or Medicine, 1901–1921* (1906). Amsterdam/New York (Elsevier Science Publishing) 1967.

Ramón y Cajal, S. *Recollections of My Life.* (Memoirs of the American Philosophical Society.) 2 Bde. Neuaufl. Cambridge, USA (M.I.T. Press) 1966.

Zusätzliche deutschsprachige Bücher

Benninghoff, A. *Makroskopische und mikroskopische Anatomie des Menschen.* Bd. 3: *Nervensystem, Haut und Sinnesorgane.* (Hrsg. v. W. Zenker.) 14. Aufl. München/Wien/Baltimore (Urban & Schwarzenberg) 1985.

Creutzfeld, O. D. *Cortex cerebri.* Berlin/Heidelberg/New York/Tokyo (Springer) 1983.

Forssman, W. G.; Heym, C. *Neuroanatomie.* 4. Aufl. Berlin/Heidelberg/New York/Tokyo (Springer) 1985.

Kahle, W.; Leonhardt, H.; Platzer, W. *Taschenatlas der Anatomie.* Bd. 3: *Nervensystem und Sinnesorgane.* 5. Aufl. Stuttgart/New York (Thieme) 1986.

Reichert, H. *Neurobiologie.* Stuttgart/New York (Thieme) 1990.

Rohen, J. W. *Funktionelle Anatomie des Nervensystems.* 4. Aufl. Stuttgart/New York (Schattauer) 1985.

Schmidt, R. F. (Hrsg.) *Grundriß der Neurophysiologie.* 6. Aufl. Berlin/Heidelberg/New York/Tokyo (Springer) 1987.

Snyder, S. H. *Chemie der Psyche.* Heidelberg (Spektrum der Wissenschaft) 1988.

Index

In der neuroanatomischen Nomenklatur gibt es oftmals für eine Struktur mehrere unterschiedliche Bezeichnungen. Um dem Leser zumindest für den Rahmen dieses Buches eine nomenklatorische Hilfestellung zu geben – von Vollständigkeit kann angesichts der Vielfalt der Begriffe keine Rede sein –, sind für etliche Stichwörter Synonyme angegeben (in eckigen beziehungsweise bei einzelnen Begriffsbestandteilen in runden Klammern; letztere dienen gelegentlich auch zur Kennzeichnung kurzer Zusätze). Zahlreiche Verweise verfolgen den gleichen Zweck. Allgemein werden – unter anderem – folgende Bezeichnungen (als Bestandteile neuroanatomischer Termini) häufig synonym gebraucht: Fasciculus/Tractus, Fissura/Sulcus, außerdem Lageangaben wie anterior/rostral (auch: ventral) und posterior/caudal (auch: dorsal).